COLLECTION

ALCHIMISTES GRECS

IMPRIMERIE LEMALE ET Cie, HAVRE

COLLECTION

DES ANCIENS

ALCHIMISTES GRECS

PUBLIÉE

SOUS LES AUSPICES DU MINISTÈRE DE L'INSTRUCTION PUBLIQUE

Par M. BERTHELOT

Sénateur, Membre de l'Institut, Professeur au Collège de France

AVEC LA COLLABORATION DE M. Ch.-Em. RUELLE

Bibliothécaire a la Bibliothèque Sainte-Geneviève

PREMIÈRE LIVRAISON

COMPRENANT :

INTRODUCTION AVEC PLANCHES ET FIGURES EN PHOTOGRAVURE

INDICATIONS GÉNÉRALES. — TRAITÉS DÉMOCRITAINS
(Démocrite, Synésius, Olympiodore)

TEXTE GREC ET TRADUCTION FRANÇAISE
AVEC VARIANTES, NOTES ET COMMENTAIRES

PARIS

GEORGES STEINHEIL, ÉDITEUR

2, RUE CASIMIR-DELAVIGNE, 2

1887

AVANT-PROPOS

RAPPORT

FAIT AU COMITÉ DES TRAVAUX HISTORIQUES ET SCIENTIFIQUES

Par M. BERTHELOT

SUR LA COLLECTION DES MANUSCRITS GRECS ALCHIMIQUES
ET SUR L'UTILITÉ DE LEUR PUBLICATION

SUIVI DE L'EXPOSÉ DES CONDITIONS ET DE L'ORDRE ADOPTÉS DANS CETTE PUBLICATION

« Il existe dans la plupart des grandes bibliothèques d'Europe une collection de manuscrits grecs, fort importante pour l'histoire des Sciences naturelles, de la Technologie des métaux et de la Céramique, ainsi que pour l'histoire des idées philosophiques aux premiers siècles de l'ère chrétienne : c'est la collection des manuscrits alchimiques, demeurés inédits jusqu'à ce jour. La Bibliothèque Nationale de Paris contient un certain nombre de ces manuscrits, et des plus intéressants. Le plus ancien de tous ceux que l'on connaît, paraît remonter à la fin du xe siècle de notre ère; il existe à Venise. Il est resté deux ans à Paris, entre les mains de M. Berthelot, par suite d'un prêt momentané, fait avec beaucoup de libéralité par le Gouvernement Italien.

« Tous ces manuscrits ont une composition pareille. Ils sont formés par un même ensemble de traités théoriques et pratiques, constituant une sorte de *Corpus* des auteurs chimiques, antérieurs presque tous au vii⁰ siècle de notre ère. Les principaux de ces auteurs paraissent avoir écrit aux iii⁰ et iv⁰ siècles, vers les temps de Dioclétien, de Constantin et de Théodose. Le plus important, Zosime, serait contemporain de Clément d'Alexandrie, de Porphyre et de Tertullien ; c'est un écrivain congénère des gnostiques et des néo-platoniciens, dont il partage les idées et les imaginations. Le Pseudo-Démocrite, sur lequel M. Berthelot a publié récemment un article étendu dans le *Journal des Savants*, remonterait vers le commencement de l'ère chrétienne. Enfin les recettes relatives aux teintures des verres et à la composition des alliages se rattachent en partie, d'après certaines indications, à la vieille Égypte.

« Ce *Corpus* des Alchimistes grecs a été formé vers le viii⁰ ou ix⁰ siècle de notre ère, à Constantinople, par des savants byzantins, de l'ordre de Photius et des compilateurs des 53 séries de Constantin Porphyrogénète, savants qui nous ont transmis sous des formes analogues les restes de la science grecque. Les auteurs qu'il renferme sont cités par les Arabes, notamment dans le Kitab-al-Fihrist, comme la source de leurs connaissances en chimie. Ils sont devenus, par cet intermédiaire, l'origine des travaux des savants occidentaux, au moyen âge, et par suite le point de départ initial des découvertes de la Chimie moderne.

« En raison de cette connexion leur publication offre une grande importance. Ils renferment d'ailleurs une multitude de procédés et de recettes techniques, susceptibles de jeter un jour nouveau sur la fabrication des verres, des alliages et des métaux antiques : sujet jusqu'ici si obscur et si controversé dans l'histoire des grandes industries. M. Maspero, à qui l'on a donné communication de ces manuscrits, pense qu'ils contiennent de précieux débris des pratiques industrielles et des idées techniques de l'ancienne Égypte, débris dont une publication complète permettra seule de reconnaître tout l'intérêt et de poursuivre la filiation dans les inscriptions des monuments. L'histoire des doctrines et des illusions qui ont régné dans le monde au moment de l'établissement du Christianisme tirera également des lumières nouvelles de cette publication. Bref, elle offre un égal intérêt, au point de vue spécial des débuts des sciences chimiques et industrielles, et au point de vue général des développements de l'esprit humain.

« Si cette publication n'a pas été faite jusqu'à présent, c'est en raison de l'obscurité du sujet, du caractère chimérique d'une partie des questions traitées, telles que celle de la transmutation des métaux ; enfin de la difficulté de rencontrer le concours d'un savant versé dans la connaissance de la langue et de la paléographie grecque, avec un savant au courant des théories et des pratiques de la chimie. Un heureux ensemble de circonstances permet de réunir aujourd'hui cette collaboration.

« La publication dont il s'agit comprendrait environ quatre à cinq cents pages de textes grecs inédits, avec traduction, collation des manuscrits, notes et commentaires, etc. Mais la publication peut être faite par parties successives, de façon à donner ses fruits sans de trop grands délais et à partager la dépense sur un certain nombre d'années. En effet ces textes peuvent être classés à peu près par moitié, en deux séries : les textes historiques et théoriques, et les textes techniques relatifs à des fabrications spéciales. Chacune de ces deux séries pourrait être partagée en groupes, tels que les traités Démocritains, les œuvres de Zosime, les Commentateurs, les traités sur la fabrication des verres et pierres précieuses artificielles ; les traités sur la fabrication des métaux et des alliàges, etc.

« Il s'agirait dès lors de publier chaque année un demi-volume renfermant 120 à 150 pages de textes grecs, avec traduction, tables, etc., ce qui ferait environ 300 à 350 pages en tout chaque année, 1400 à 1500 pages pour l'ensemble. La publication des figures des appareils, dessinées dans les manuscrits, et qui seraient reproduites par la photogravure avec la perfection et l'exactitude absolue des procédés modernes, augmenterait beaucoup l'intérêt de la publication. Telle que nous le comprenons, ce serait une *édition princeps*, accompagnée d'un appareil développé de variantes d'après les principaux manuscrits, ainsi que de notes et commentaires appropriés. Dans l'espace de quatre à cinq ans, on pourrait venir à bout de cette œuvre, désirée depuis longtemps par les savants et qui ferait honneur à la nation qui l'exécuterait. »

Ce rapport a été adopté par la section du comité des travaux historiques et scientifiques, chargée spécialement des sciences mathématiques, physiques et météorologiques, dans sa séance du 12 novembre 1884. Le présent rapport a été lu de nouveau devant le comité central, le 17 décembre 1884, et adopté par ce comité, qui a chargé M. Berthelot de présenter le rapport et la proposition de publication au Ministre.

M. Charmes, directeur du Secrétariat, a bien voulu, avec le zèle pour les intérêts de la science qui le distingue, rechercher les ressources nécessaires à l'exécution, transmettre le rapport et faire des propositions définitives au Ministre, qui a ordonné la publication.

Cette publication a lieu dans les conditions suivantes :

M. Ch.-Em. Ruelle, bibliothécaire à la bibliothèque Sainte-Geneviève, s'est chargé du texte grec. Il a exécuté d'abord une copie fondamentale, d'après le manuscrit n° 299 de la Bibliothèque de Saint-Marc, à Venise, manuscrit de la fin du xe siècle, le plus ancien et le plus autorisé de tous. Pour les parties non contenues dans ce manuscrit, la copie fondamentale a été faite en général, d'après le manuscrit n° 2327 de la Bibliothèque nationale de Paris, manuscrit de la fin du xve siècle, le plus complet et le meilleur, après celui de Saint-Marc. La copie fondamentale une fois établie, elle a été collationnée avec les manuscrits principaux de la Bibliothèque nationale, tels que les n°s 2325 (xiiie siècle), 2275, 2326, 2329 (xvie-xviie siècle), 2249 et 2447 (xvie siècle), 2250, 2251 et 2252 (xviie siècle), 2419 (xve siècle), et quelques autres : en tout douze manuscrits étudiés d'une manière approfondie. Les variantes principales, résultant de cet ensemble de collations, ont été transcrites en note ; travail rendu doublement considérable, par la nécessité de relever toutes les variantes des manuscrits, puis de faire un choix convenable entre ces variantes. Dans certains cas où les variantes ont plus d'importance et d'étendue, on les a données dans le texte même, comme rédaction parallèle. M. Ruelle a joint à ces variantes un grand nombre de notes philologiques. Il se propose de publier aussi une notice sur les manuscrits et une liste des mots nouveaux rencontrés dans le cours de son travail.

Il y aurait eu quelque avantage à poursuivre ces comparaisons d'une façon complète, en étudiant tous les manuscrits de la même collection qui existent dans les principales bibliothèques de l'Europe, manuscrits sur lesquels M. H. Kopp *(Beiträge zur Geschichte der Chemie*, 1869, p. 254 à 340) a réuni des renseignements très étendus et très intéressants, tirés de leurs catalogues imprimés. Mais ces manuscrits sont fort nombreux, et disséminés. Leur collation aurait exigé bien des années, et le travail serait devenu ainsi presque inexécutable par sa durée et sa complication. On a dû se limiter aux douze manuscrits ci-dessus ; ce qui représente déjà un très grand travail.

Cependant les éditeurs, dans le désir de n'omettre aucune œuvre importante, ont cru utile de faire procéder à un examen spécial, non seulement des catalogues imprimés des diverses Bibliothèques d'Europe, mais aussi de certains manuscrits qui avaient été signalés comme susceptibles de contenir des traités antérieurs au viie siècle, manquant dans les deux manuscrits fondamentaux pris comme base de notre travail, celui de Saint-Marc et le n° 2327 de Paris. Tels sont les manuscrits du Vatican, de Leide et de l'Escurial.

M. André Berthelot, maître de conférences à l'École des Hautes-Études, a été sur les lieux étudier les manuscrits du Vatican et de Leide, et il en a comparé la composition avec celle des manuscrits fondamentaux. Il a aussi examiné les manuscrits des Bibliothèques allemandes, notamment ceux de Gotha, de Munich, de Weimar, de Leipsick et divers autres. Les résultats de son étude ont été publiés en partie dans les *Archives des Missions scientifiques* (3e série, t. XIII, p. 819 à 854); ils seront signalés dans l'*Introduction*. Sauf un court fragment de l'auteur alchimique qui a pris le nom de Justinien, ils n'ont pas fourni de morceau inconnu ; mais ils ont été fort utiles par l'étude des figures de ces manuscrits, qui ont jeté une lumière nouvelle sur les transformations successives des appareils alchimiques dans le cours des siècles.

Le manuscrit principal de l'Escurial a été l'objet d'un examen spécial par M. de Loynes, secrétaire de l'ambassade française à Madrid, principalement au point de vue de l'existence soupçonnée de traités propres à ce manuscrit. Mais ces traités n'existent point en réalité, comme il sera dit en détail dans l'*Introduction ;* ce manuscrit étant une copie, probablement directe, de celui de Venise.

Les manuscrits pris comme base de notre publication renfer- ment donc tout ce qu'il y a d'essentiel et d'antique, c'est-à-dire d'antérieur au viiie siècle de notre ère, dans la collection ; plu- sieurs traités qu'il a paru utile d'y comprendre sont même de date plus récente, mais connexes avec les précédents. Quant au long détail des variantes des manuscrits que nous n'avons pas dépouillés, c'est un travail considérable, qu'il conviendra de faire ultérieurement en prenant pour base la publication actuelle : nous avons dit plus haut que nous n'avions pas cru possible de l'entreprendre, dans la crainte de compromettre notre entreprise en lui donnant une étendue démesurée. Voici déjà trois ans écou- lés depuis ses débuts et nous n'avons réussi à terminer que l'im- pression de la 1re Livraison. Mais la seconde, texte et traduction, est tout entière aux mains de l'imprimeur, et les textes de la troisième livraison sont presque entièrement copiés à l'heure présente : nous sommes donc en mesure de la conduire jusqu'au bout, sans interruption, et cela dans un délai qui ne dépassera pas désormais deux années.

Il est utile de prévenir le lecteur que pour la publication de ces textes nous nous sommes attachés d'abord aux écrits inédits ; mais nous avons cru devoir ajourner jusqu'à nouvel ordre une nouvelle mise au jour de certains traités déjà imprimés, tels que : l'ouvrage du commentateur *Stephanus,* auteur du viie siècle, précédemment imprimé par Ideler, d'après une copie de Dietz,

faite sur un manuscrit de Munich, dérivé lui-même de celui de
Venise (dans l'ouvrage intitulé *Physici et medici græci minores,*
t. II, p. 199 à 253, 1842); et les *Poëtes alchimiques,* imprimés
par le même éditeur (t. II, p. 328 à 352). Quoique ces impressions laissent à désirer sous divers rapports et qu'elles ne
renferment pas de variantes, nous avons pensé qu'elles suffiraient
pour le moment aux personnes qui s'intéressent à ce genre d'études. Quant nous atteindrons le terme de notre travail, nous nous
réservons de revenir sur ces divers traités et même d'en entreprendre une édition plus complète, si le temps le permet et si les
crédits consacrés à la présente publication ne sont pas épuisés.

Nos manuscrits contiennent encore un petit traité des poids
et mesures, sous le nom de Cléopâtre, traité que nous avons
également jugé superflu de reproduire, parce qu'il a été déjà
plusieurs fois imprimé depuis le temps d'Henri Estienne; il
a en outre été commenté et rapproché des textes analogues par
les savants qui se sont occupés de la Métrologie des anciens,
notamment dans l'ouvrage classique de Hultsch.

En général, nous n'avons pas cru devoir comprendre dans notre
publication les écrits grecs alchimiques postérieurs aux Arabes,
à l'exception de certains traités techniques, transcrits dans les
manuscrits que nous imprimons et connexes avec des ouvrages
plus anciens. Il existe cependant un certain nombre d'auteurs
alchimiques grecs plus récents que cette date dans les manuscrits
des bibliothèques, tels que : une lettre sur la Chrysopée par
Michel Psellus, polygraphe byzantin du xie siècle, mise en guise
de préface en tête de certains manuscrits (voir mes *Origines de
l'Alchimie,* p. 240); un ouvrage de Nicéphore Blemmidès, du
xiiie siècle (transcrit entr'autres dans le n° 2329 de la Bibliothèque
nationale); plusieurs traités et opuscules relevés par M. André

Berthelot dans la Bibliothèque du Vatican (*Archives des Missions scientifiques*, 3ᵉ série, t. XIII, p. 819 à 854); et divers autres contenus dans le précieux manuscrit grec in-folio, astrologique, magique et alchimique (xvᵉ siècle) qui porte le n° 2419 à la Bibliothèque nationale de Paris. L'ouvrage alchimique le plus considérable que ce dernier renferme est un traité méthodique, inscrit sous le nom de Theoctonicos, et qui est le même que l'Alchimie latine attribuée à Albert le Grand. L'existence de cet ouvrage dans les deux langues grecque et latine, avec des variantes considérables d'ailleurs, soulève des problèmes historiques très curieux : on les discutera dans l'*Introduction*, d'après une étude approfondie des deux textes. En tous cas, cet ouvrage grec de Theoctonicos est postérieur aux Arabes : il est tout au plus de la fin du xiiiᵉ siècle; il appartient donc à une période beaucoup plus moderne que les nôtres; le texte latin correspondant a été publié à diverses reprises, dans le *Theatrum Chemicum* et à la fin des œuvres d'Albert le Grand. Le manuscrit 2419 nous a fourni en outre divers renseignements essentiels relatifs à l'histoire des notations alchimiques, à la liste planétaire des métaux et de leurs dérivés, aux rapports entre les parties de l'homme et les signes du Zodiaque, aux cercles de Pétosiris pour prévoir l'issue des maladies, cercles dont les analogues se retrouvent dans les Papyrus de Leide, dans le manuscrit 2327, etc.

Le texte grec étant ainsi arrêté et défini, M. Ruelle en a fait une traduction littérale, sans se préoccuper des obscurités ou des passages en apparence incompréhensibles. M. Berthelot a repris cet essai de traduction; avec l'aide de ses connaissances techniques, il a cherché à en tirer un sens régulier, en se conformant au texte grec, dont il a été ainsi conduit à faire à son tour une revision spéciale. il réclame toute l'indulgence du lecteur pour cette tentative d'interprétation, dans une matière rendue triplement difficile : par les obscurités du sujet, des notations et du langage technique, les explications des praticiens laissant toujours beaucoup de choses sous-entendues ; par le symbolisme mystique et le vague intentionnel des auteurs, sans parler de leurs erreurs scientifiques ; enfin par les fautes matérielles des copistes, qui souvent ne comprenaient rien aux signes et aux textes qu'ils transcrivaient. La langue même de cet ordre de traités était très incorrecte dès le début, comme le montrent les papyrus alchimiques de Leide, publiés par M. Leemans et dont M. Berthelot donne une traduction complète avec commentaires dans l'INTRODUCTION. En somme, on ne saurait envisager notre traduction des alchimistes grecs que comme un premier essai, qui sera assurément perfectionné par suite des études ultérieures, auxquelles il n'a d'autres prétentions et d'autre mérite que de fournir leur premier fondement.

Les conditions de notre publication étant ainsi définies, exposons l'ordre que nous avons adopté. Elle se compose de trois parties, savoir :

Une INTRODUCTION, due à M. Berthelot ;

Un TEXTE GREC, avec variantes et notes philologiques, établi par M. Ruelle ;

Et une TRADUCTION, due à la collaboration des deux savants, avec notes et commentaires de M. Berthelot.

Parlons d'abord du TEXTE GREC.

Nous avons partagé les nombreux morceaux qui le constituent dans les manuscrits en six parties distinctes, savoir :

Une *Première partie*, sous le titre d'*Indications générales*, contient les morceaux d'un caractère général, tels que : la Dédicace antique, le Lexique, les nomenclatures de l'Œuf philosophique, les articles sur le Serpent, sur l'Instrument d'Hermès pour prévoir l'issue des maladies, sur la liste planétaire des métaux et de leurs dérivés, sur les noms des Faiseurs d'or et des Villes où l'on fabriquait l'or, les Serments, les mœurs des philosophes, l'assemblée des philosophes, la fabrication de l'asèm et du cinabre, les procédés de diplosis, et enfin le Labyrinthe de Salomon ; soit en tout vingt morceaux, que nous avons recueillis dans les diverses parties des manuscrits, où ils sont disséminés.

La *Seconde partie* comprend les *Traités Démocritains*, c'est-à-dire le Pseudo-Démocrite, contemporain des auteurs anonymes du Papyrus alchimique de Leide, représenté par deux ouvrages, savoir : *Physica et Mystica*, et un livre dédié à Leucippe ; puis le traité philosophique de Synésius (fin du iv⁵ siècle) ; enfin le long et curieux écrit d'Olympiodore (commencement du v⁵ siècle). Ce sont les œuvres les plus intéressantes, au point de vue historique et philosophique.

Ces deux parties constituent la première livraison du texte grec, celle que nous donnons aujourd'hui au public.

La seconde livraison, complètement préparée et livrée à l'impression, renferme aussi deux parties. Ce sont :

La *Troisième partie*, la plus longue de toutes, laquelle embrasse les œuvres ou plutôt les fragments attribués à Zosime, fragments recueillis et parfois développés par des commentateurs plus récents, de diverses époques, quelques-uns postérieurs au vii⁵ siècle. Les œuvres de Zosime, telles que nous pouvons en entrevoir la composition d'après ces fragments, offraient déjà le caractère d'une compilation étendue, faite vers le IIIe siècle de notre ère avec les écrits de Démocrite et ceux de divers écrivains perdus, tels que : Cléopâtre, auteur de traités sur la distillation, dont les figures ont été en partie conservées dans les manuscrits et seront reproduites dans l'Introduction ; Marie la Juive, auteur d'ouvrages sur les appareils de digestion et les fourneaux, dont les figures ont été aussi conservées en partie et seront également reproduites ; Pamménès, Pébéchius, Ostanès, Pétésis, Pausiris, Africanus, les apocryphes Sophé (Chéops), Chymès, Hermès et Agathodémon, etc. Toute une littérature alchimique, aujourd'hui perdue, a précédé Zosime qui l'avait résumée. Ses œuvres ont servi à leur tour de base à des compilations plus récentes, qui se sont confondues avec le texte primitif. Au lieu de chercher à démêler immédiatement une semblable complication, il a paru préférable de donner ces œuvres, telles qu'elles existent dans les manuscrits, en nous bornant à en réunir les morceaux parfois dispersés, et au risque d'y intercaler des ouvrages plus récents. Nous avons pensé qu'il convenait d'abord de mettre aux mains des érudits les textes, avant d'en discuter la formation.

La *Quatrième partie*, comprise aussi dans notre seconde livraison, contient tous les ouvrages anciens qui portent un nom d'auteur, que cette attribution soit apocryphe ou non. Tels sont les Écrits de Pélage, d'Ostanès, de Jean l'Archiprêtre, d'Agathodémon, de Comarius, et le traité technologique inscrit sous le nom de Moïse, lequel renferme des morceaux de diverses dates, quelques-uns contemporains des Papyrus alchimiques de Leide.

La 3e livraison enfin, dès à présent arrêtée quant à son plan et quant à la plus grande partie de ses textes, sera formée des deux dernières parties, qui sont :

La *Cinquième partie*, essentiellement technologique, comprenant le livre de l'Alchimie métallique, un traité d'Orfèvrerie beaucoup plus moderne, le travail des quatre éléments, la technurgie de Salmanas, la coloration des verres et émeraudes, la trempe du fer et du bronze, la fabrication du verre, de la bière, etc., etc. Ces traités ou articles, presque tous anonymes, portent le caractère d'ouvrages pratiques, remaniés successivement dans le cours des siècles ; à côté de certaines recettes remontant, ce semble, jusqu'à la vieille Égypte, ils renferment parfois des procédés contemporains de la dernière copie du manuscrit qui nous les a transmis.

La *Sixième partie* sera consacrée aux commentateurs, tels que le philosophe Anonyme et le philosophe Chrétien, auteurs dont les écrits se confondent souvent avec la rédaction actuelle de ceux de Zosime, transcrits dans la 3ᵉ partie. C'est là que nous donnerons la réimpression de Stephanus et celle des poètes, si les ressources de notre publication le permettent.

Le texte grec est publié avec une pagination indépendante : il est dû au travail consciencieux de M. Ch.-Em. Ruelle, qui a collationné les manuscrits mis à notre disposition et reproduit les variantes principales, en notes développées au bas des pages. Son travail personnel était plus étendu et plus complet ; mais il a dû en restreindre l'impression aux limites actuelles, se réservant de donner ailleurs, s'il y a lieu, le surplus. Voilà ce qui est relatif au texte.

Quelques mots maintenant sur la TRADUCTION. Le volume actuel la contient, imprimée dans un fascicule séparé, avec pagination spéciale. Au bas des pages se trouvent également des notes, constituant un commentaire perpétuel, technique, historique et philosophique. Elle est nécessairement partagée en six parties et trois livraisons, comme le texte grec correspondant. Cette traduction est donnée aussi clairement que possible, toutes les fois que l'on a cru réussir à comprendre la vraie signification des procédés. Pour le reste, on s'est tenu au plus près du sens littéral, laissant aux lecteurs le soin de pénétrer plus avant dans l'interprétation de ces textes difficiles, et au besoin de rectifier, à l'aide du grec, les erreurs qui auraient pu être commises.

Texte et traduction sont précédés par une INTRODUCTION, formant dans la livraison actuelle près de 300 pages, que M. Berthelot a jugé utile de rédiger pour l'intelligence du texte : elle constitue une sorte d'introduction générale à la métallurgie et à la chimie des anciens. Elle est formée par huit chapitres ou mémoires, séparés et indépendants les uns des autres, savoir :

1° Une étude sur les *Papyrus grecs de Leide*, avec traduction complète du papyrus X spécialement alchimique, et explication des recettes qui y sont contenues. C'est le plus vieux texte authentique de cet ordre qui soit connu. Il a été écrit au IIIe siècle de notre ère ; mais une partie des procédés techniques qu'il renferme remontent beaucoup plus haut, ce genre de procédés se transmettant d'âge en âge. M. Berthelot a montré comment les recettes d'alliage destinées à l'orfèvrerie que ce texte expose ont été le point de départ pratique des travaux et des tentatives des alchimistes. Le Pseudo-Démocrite et le Pseudo-Moïse notamment s'y rattachent très directement.

2° Une étude sur les *relations entre les métaux et les planètes*, relations originaires de Babylone ; elles président à toute la notation alchimique et jouent un rôle capital dans l'histoire des croyances et des superstitions humaines.

3° Une notice sur la sphère de Démocrite et sur les médecins astrologues, avec deux figures des cercles de Pétosiris, en photogravures, tirées du manuscrit 2419 de Paris.

4° La reproduction, d'après des photogravures, des listes des *signes et notations alchimiques*, contenues dans le manuscrit de Saint-Marc et dans le manuscrit 2327 de Paris. Cette reproduction comprend huit planches, avec traduction et commentaire; on y a joint un petit lexique alphabétique, pour servir de point de repère.

5° La reproduction des *figures d'appareils et autres*, au nombre de 35, contenues dans le manuscrit de Saint-Marc, et dans le manuscrit 2327 de Paris; reproduction faite pour la plupart en photogravure, et qui dès lors doit être regardée comme aussi voisine que possible des manuscrits. On a donné l'explication des opérations accomplies à l'aide de ces appareils, ainsi qu'une comparaison des dessins des mêmes appareils, faits à des époques éloignées les unes des autres de plusieurs siècles. Cette comparaison constitue une véritable histoire des manipulations des alchimistes, ainsi que des changements qui s'y sont introduits pendant le cours du moyen âge.

6° Divers *renseignements et notices sur quelques manuscrits* alchimiques et sur leur filiation. On y trouvera l'étude d'une vieille liste d'ouvrages, placée en tête du manuscrit de Saint-Marc; une discussion sur divers traités perdus depuis; l'indication des lacunes que ce manuscrit offre dans son état présent; sa comparaison avec les manuscrits 2325 et 2327 de Paris, l'examen comparatif des manuscrits de l'Escurial, du Vatican, de Leide, etc.: certaines hypothèses sur l'origine et la filiation de nos manuscrits actuels; une étude spéciale du manuscrit 2419 de la Bibliothèque Nationale de Paris et sur l'Alchimie de Theoctonicos ; enfin quelques indications sur un manuscrit arabe d'Ostanès, existant à la Bibliothèque Nationale de Paris.

7° Une note relative à *quelques minéraux et métaux provenant de l'antique Chaldée*, et tirés des Collections du Musée du Louvre : minéraux et métaux que M. Berthelot a soumis à ses analyses.

8° Des *notices de minéralogie, de métallurgie et diverses*, destinées à servir de commentaires aux expressions chimiques et minéralogiques employés par les alchimistes. Ce commentaire a été établi d'après Théophraste, Dioscoride, Pline et les écrivains anciens, et complété à l'aide du *Speculum majus* de Vincent de Beauvais, des auteurs contenus dans la *Bibliotheca Chemica* de Manget, le *Theatrum chemicum,* la *Bibliothèque des Philosophes alchimiques* publiée chez Cailleau, à Paris (1754), joints aux articles du *Lexicon Alchemiæ Rulandi,* ouvrages qui nous font connaître les interprétations du moyen âge. On a tiré également parti des dictionnaires de du Cange (*Glossarium mediæ et infimæ Græcitatis*), d'Henri Estienne (*Thesaurus,* édition Didot), et de ceux du grec moderne.

Si la place le permet, on présentera à la fin de la présente collection un résumé des procédés et méthodes chimiques qui y sont signalés ; enfin on terminera par des Tables analytiques et un Index général.

Peut-être ne sera-t-il pas superflu d'ajouter que les commentaires et explications de la publication actuelle doivent être complétés par l'ouvrage de M. Berthelot, intitulé les *Origines de l'Alchimie,* ouvrage composé en grande partie d'après une première lecture de nos manuscrits, et dans lequel les faits historiques et les théories philosophiques se trouvent exposés avec des développements plus considérables.

Paris, 25 Octobre 1887.

TABLE ANALYTIQUE

DE L'INTRODUCTION

TABLE DES MATIÈRES

COLLECTION

DES ANCIENS

ALCHIMISTES GRECS

IMPRIMERIE LEMALE ET Cie, HAVRE

COLLECTION

DES ANCIENS

ALCHIMISTES GRECS

PUBLIÉE

SOUS LES AUSPICES DU MINISTÈRE DE L'INSTRUCTION PUBLIQUE

Par M. BERTHELOT

Sénateur, Membre de l'Institut, Professeur au Collège de France

AVEC LA COLLABORATION DE CH.-ÉM. RUELLE

Conservateur adjoint à la Bibliothèque Sainte-Geneviève

INTRODUCTION

AVEC PLANCHES, FIGURES EN PHOTOGRAVURE

TABLES ET INDEX

PARIS

GEORGES STEINHEIL, ÉDITEUR

2, RUE CASIMIR-DELAVIGNE, 2

1888

COLLECTION

DES

ALCHIMISTES GRECS

INTRODUCTION

LISTE

M. BERTHELOT.

INTRODUCTION

I. — LES PAPYRUS DE LEIDE

PAPYRI GRÆCI musei antiquarii publici Lugduni Batavi..... edidit, interpretationem latinam, adnotationem, indices et tabulas addidit C. LEEMANS, Musei antiquarii Lugduni Batavi Director. — PAPYRUS GRECS du musée d'antiquités de Leide, édités, avec une traduction latine, notes, index et planches par C. LEEMANS, directeur du Musée. — Tome II, publié à Leide, au Musée et chez E. J. Brill. 1885. In-4°, viii-310 pages ; 4 planches. — Tiré à 150 exemplaires.

La Chimie des anciens nous est connue principalement par quelques articles de Théophraste, de Dioscoride, de Vitruve et de Pline l'Ancien sur la matière médicale, la minéralogie et la métallurgie ; seuls commentaires que nous puissions joindre jusqu'à présent à l'étude et à l'analyse des bijoux, instruments, couleurs, émaux, vitrifications et produits céramiques retrouvés dans les débris des civilisations antiques. L'Egypte en particulier, si riche en objets de ce genre et qu'une tradition constante rattache aux premières origines de l'Alchimie, c'est-à-dire de la vieille Chimie théorique et philosophique ; l'Egypte, dis-je, ne nous a livré jusqu'ici aucun document hiéroglyphique, relatif à l'art mystérieux des transformations de la matière. Nous ne connaissons l'antique science d'Hermès, la Science sacrée par excellence, que par les textes des alchimistes gréco-égyptiens ; source suspecte, troublée dès les débuts et altérée par les imaginations mystiques de plusieurs générations de rêveurs et de scoliastes.

C'est en Egypte cependant, je le répète, que l'Alchimie a pris naissance ; c'est là que le rêve de la transmutation des Métaux apparaît d'abord et il a

obsédé les esprits jusqu'au temps de Lavoisier. Le rôle qu'il a joué dans
les commencements de la Chimie, l'intérêt passionné qu'il a donné à ces
premières recherches dont notre science actuelle est sortie, méritent toute
l'attention du philosophe et de l'historien. Aussi devons-nous saluer avec
joie la découverte des textes authentiques que nous fournissent les papyrus
de Leide.

La publication de ce volume était réclamée depuis longtemps et atten-
due (1) avec impatience par les personnes qui s'intéressent à l'histoire des
sciences antiques, et le contenu du volume actuel, déjà connu par une
description sommaire de Reuvens (Lettres à M. Letronne, publiées à Leide
en 1830), paraissait de nature à piquer vivement la curiosité des archéologues et des chimistes. En effet, l'un des principaux papyrus qui s'y trouvent,
le papyrus X (p. 199 à 259 du volume actuel), est consacré à des recettes
de chimie et d'alchimie, au nombre de cent-une, suivies de dix articles
extraits de Dioscoride. C'est le manuscrit le plus ancien aujourd'hui connu,
où il soit question de semblables sujets : car il remonte à la fin du troisième
siècle de notre ère, d'après Reuvens et Leemans.

Ce serait donc là l'un de ces vieux livres d'Alchimie des Égyptiens sur
l'or et l'argent, brûlés par Dioclétien vers 290, « afin qu'ils ne pussent s'en-
richir par cet art et en tirer la source de richesses qui leur permissent de se
révolter contre les Romains. »

Cette destruction systématique nous est attestée par les chroniqueurs
byzantins et par les actes de saint Procope (2) ; elle est conforme à la pratique du droit romain pour les livres magiques, pratique qui a amené
l'anéantissement de tant d'ouvrages scientifiques durant le moyen âge.
Heureusement que le papyrus de Leide y a été soustrait et qu'il nous
permet de comparer jusqu'à un certain point, et sur un texte absolument
authentique, les connaissances des Égyptiens du III⁰ siècle avec celles des
alchimistes gréco-égyptiens, dont les ouvrages sont arrivés jusqu'à nous
par des copies beaucoup plus modernes. Les unes et les autres sont liées
étroitement avec les renseignements fournis par Dioscoride, par Théo-

---

(1) Le premier volume avait paru en
1843.

(2) Voir mon ouvrage : *Origines de
l'Alchimie*, p. 72. 1885.

phraste et par Pline sur la minéralogie et la métallurgie des anciens ; ce qui
paraît indiquer que plusieurs de ces recettes remontent aux débuts de l'ère
chrétienne. Elles sont peut-être même beaucoup plus anciennes, car les
procédés techniques se transmettent d'âge en âge. Leur comparaison avec
les notions aujourd'hui acquises sur les métaux égyptiens (1), d'une part,
et avec les descriptions alchimiques proprement dites, d'autre part,
confirme et précise mes inductions précédentes sur le passage entre ces
deux ordres de notions. Je me suis attaché à pénétrer plus profondément
ces textes, en faisant concourir à la fois les lumières tirées de l'histoire des
croyances mystiques des anciens et de leurs pratiques techniques, avec
celles que nous fournit la chimie actuelle : je me proposais surtout d'y
rechercher des documents nouveaux sur l'origine des idées des alchimistes
relatives à la transmutation des métaux, idées qui semblent si étranges
aujourd'hui. Mon espoir n'a pas été trompé ; je crois, en effet, pouvoir
établir que l'étude de ces papyrus fait faire un pas à la question, en montrant avec précision comment les espérances et les doctrines alchimiques
sur la transmutation des métaux précieux sont nées des pratiques des
orfèvres égyptiens pour les imiter et les falsifier.

Le nom même de l'un des plus vieux alchimistes, Phiménas ou Pammenès, se retrouve à la fois, dans le papyrus et dans le Pseudo-Démocrite,
comme celui de l'auteur de recettes à peu près identiques.

Étrange destinée de ces papyrus ! ce sont les carnets d'un artisan
faussaire et d'un magicien charlatan, conservés à Thèbes, probablement
dans un tombeau, ou, plus exactement, dans une momie. Après avoir
échappé par hasard aux destructions systématiques des Romains, à des
accidents de tout genre pendant quinze siècles, et, chose plus grave peut-
être, aux mutilations intéressées des fellahs marchands d'antiquités, ces
papyrus nous fournissent aujourd'hui un document sans pareil pour appré-
cier à la fois les procédés industriels des anciens pour fabriquer les alliages,
leur état psychologique et leurs préjugés mêmes relativement à la puissance de l'homme sur la nature. La concordance presque absolue de ces
textes avec certains de ceux des alchimistes grecs vient, je le répète,

____

(1) *Origines de l'Alchimie*, p. 211.

appuyer par une preuve authentique ce que nous pouvions déjà induire sur l'origine de ces derniers et sur l'époque de leur composition. En même temps la précision de certaines des recettes communes aux deux ordres de documents, recettes applicables encore aujourd'hui et parfois conformes à celles des Manuels Roret, opposée à la chimérique prétention de faire de l'or, ajoute un nouvel étonnement à notre esprit. Comment nous rendre compte de l'état intellectuel et mental des hommes qui pratiquaient ces recettes frauduleuses, destinées à tromper les autres par de simples apparences, et qui avaient cependant fini par se faire illusion à eux-mêmes, et par croire réaliser, à l'aide de quelque rite mystérieux, la transformation effective de ces alliages semblables à l'or et à l'argent en un or et en un argent véritables ?

Quoi qu'il en soit, nous devons remercier vivement M. Leemans d'avoir terminé sur ce point, avec un zèle que la vieillesse n'a pas épuisé, une œuvre commencée dans son âge mûr, il y a quarante-deux ans. Elle fait partie de la vaste publication des papyrus de Leide, poursuivie par lui depuis près d'un demi-siècle. Les papyrus grecs n'en constituent d'ailleurs qu'une partie relativement minime ; ils viennent compléter les impressions antérieures des papyrus grecs de Paris (1), de Turin et de Berlin (2). J'ai déjà examiné ces derniers au point de vue chimique (3), ainsi que ceux de Leide, d'après les seules indications de Reuvens (4). Il convient aujourd'hui de procéder à une étude plus approfondie de ces derniers, à l'aide du texte complet désormais publié : je ferai cette étude surtout au point de vue chimique, sur lequel je puis apporter les lumières d'un spécialiste, réservant la discussion philologique des textes à des savants plus compétents.

Rappelons d'abord l'origine des papyrus grecs du musée de Leide ; puis nous décrirons sommairement les principaux écrits contenus dans le tome II, tels que les papyrus V, W et X. A la vérité, les deux premiers sont surtout magiques et gnostiques. Mais ces trois papyrus sont associés

---

(1) Tome XVIII, 2ᵉ partie, des *Notices et extraits des Manuscrits*, etc., *publiés par l'Académie des inscriptions* (1866), volume préparé par Letronne, Brunet de Presle et le regretté Egger.

(2) Publié par Parthey, sous le patronage de l'Académie de Berlin.
(3) *Origines de l'Alchimie*, p. 331.
(4) Même ouvrage, p. 80-94.

entre eux étroitement, par le lieu où ils ont été trouvés et même par certains renvois du papyrus X, purement alchimique, au papyrus V, spécialement magique. L'histoire de la magie et du gnosticisme est étroitement liée à celle des origines de l'alchimie : les textes actuels fournissent à cet égard de nouvelles preuves à l'appui de ce que nous savions déjà (1). Le dernier papyrus est spécialement chimique. J'en examinerai les recettes avec plus de détail, en en donnant au besoin la traduction, autant que j'ai pu réussir à la rendre intelligible.

Les papyrus de Leide, grecs, démotiques et hiéroglyphiques, proviennent en majeure partie d'une collection d'antiquités égyptiennes, réunies au commencement du xixe siècle par le chevalier d'Anastasi, vice-consul de Suède à Alexandrie. Il céda en 1828 cette collection au gouvernement des Pays-Bas. Un grand nombre d'entre eux ont été publiés depuis, par les ordres du gouvernement néerlandais. Je ne m'occuperai que des papyrus grecs. Ils forment, je le répète, deux volumes in-4°, l'un de 144 pages, l'autre de 310 pages : celui-ci a paru l'an dernier. Le texte grec y est accompagné par une version latine, des notes et un index, enfin par des planches représentant le fac-similé de quelques lignes ou pages des manuscrits. En ce qui touche les planches, on doit regretter que M. Leemans n'ait pas cru devoir faire cette reproduction, au moins pour le second volume, par le procédé de la photo-gravure sur zinc, qui fournit à si bon marché des textes si nets, absolument identiques avec les manuscrits et susceptibles d'être tirés typographiquement d'une façon directe (2). Les planches lithographiées des *Papyri græci* sont beaucoup moins parfaites et ne donnent qu'une idée incomplète de ces vieilles écritures, plus nettes en réalité, ainsi que j'ai pu m'en assurer sur des épreuves photographiques que je dois à l'obligeance de M. Révillout.

Le tome I, qui a paru en 1843, est consacré aux papyrus notés A, B, C. jusqu'à V, papyrus relatifs à des procès et à des contrats, sauf deux, qui décrivent des songes : ces papyrus sont curieux pour l'étude des mœurs et du droit égyptien ; mais je ne m'y arrêterai pas, pour cause d'incompétence.

---

(1) Voir également : *Origines de l'Alchimie*, p. 211.

(2) Voir les *Signes* et les *Notations alchimiques*, dans le présent volume.

Je ne m'arrêterai pas non plus dans le tome II au papyrus Y, qui renferme seulement un abécédaire, ni au papyrus Z, trouvé à Philæ, très postérieur aux autres ; car il a été écrit en l'année 391 de notre ère, et renferme la supplique d'Apion, « évêque de la légion qui tenait garnison à Syène, Contre-Syène et Éléphantine » : cette supplique est adressée aux empereurs Théodose et Valentinien, pour réclamer leur secours contre les incursions et déprédations des barbares.

Décrivons au contraire avec soin les trois papyrus magiques et alchimiques.

PAPYRUS V

Le papyrus V est bilingue, grec et démotique ; il est long de 3ᵐ, 60, haut de 24 centimètres ; le texte démotique y occupe 22 colonnes, longues chacune de 30 à 35 lignes. Le texte grec y occupe 17 colonnes de longueur inégale.

Le commencement et la fin sont perdus. Il paraît avoir été trouvé à Thèbes. Il a été écrit vers le iiie siècle, d'après le style et la forme de l'écriture, comme d'après l'analogie de son contenu avec les doctrines gnostiques de Marcus. Le texte grec est peu soigné, rempli de répétitions, de solécismes, de changements de cas, de fautes d'orthographe attribuables au mode de prononciation locale, telles que η pour ε et réciproquement ; ει pour ι, υ pour οι, etc. Il contient des formules magiques : recettes pour philtres, pour incantations et divinations, pour procurer des songes. Ces formules sont remplies de mots barbares ou forgés à plaisir et analogues à celles que l'on lit dans Jamblique (*De Mysteriis Egyptiorum*) et chez les gnostiques. Donnons seulement l'incantation suivante, qui ne manque pas de grandeur.

> Les portes du ciel sont ouvertes ;
> Les portes de la terre sont ouvertes ;
> La route de la mer est ouverte ;
> La route des fleuves est ouverte ;
> Mon esprit a été entendu par tous les dieux et les génies ;
> Mon esprit a été entendu par l'esprit du ciel ;
> Mon esprit a été entendu par l'esprit de la terre ;
> Mon esprit a été entendu par l'esprit de la mer ;
> Mon esprit a été entendu par l'esprit des fleuves.

Ce texte rappelle le refrain d'une tablette cunéiforme, citée par F. Lenormand dans son ouvrage sur la magie chez les Chaldéens.

Esprit du ciel, souviens-toi.
Esprit de la terre, souviens-toi.

Dans le papyrus actuel on retrouve la trace des vieilles doctrines égyptiennes, défigurées par l'oubli où elles commençaient à tomber. Les noms juifs, tels que Jao, Sabaoth, Adonaï, Abraham, etc., celui de l'Abraxa, l'importance de l'anneau magique dont la pierre porte la figure du serpent qui se mord la queue, anneau qui procure gloire, puissance et richesse (1), le rôle prépondérant attribué au nombre sept (2), « nombre des lettres du nom de Dieu, suivant l'harmonie des sept tons », l'invocation du grand nom de Dieu (3), la citation des quatre bases et des quatre vents : tout cela rappelle les gnostiques et spécialement (4) les sectateurs de Marcus, au IIIe siècle de notre ère. Les pierres gravées de la Bibliothèque nationale de Paris portent de même la figure du serpent *ouroboros*, avec les sept voyelles et divers signes cabalistiques (5) du même ordre. Ce serpent joue d'ailleurs en Alchimie un rôle fondamental. Le nom de Jésus ne paraît qu'une seule fois dans le papyrus, au milieu d'une formule magique (6) et sans attribution propre. Le papyrus n'a donc point d'attaches chrétiennes. Par contre, les Égyptiens, les Grecs et les Hébreux sont fréquemment rapprochés et mis en parallèle dans les invocations (col. 8, l. 15) : ce qui est caractéristique. Signalons aussi le nom des Parthes (7), qui disparurent avant le milieu du IIIe siècle de notre ère et dont il n'est plus question ultérieurement : il figure dans le papyrus V, aussi bien que dans l'un des écrits de l'alchimiste Zosime. Plusieurs auteurs sont cités dans le papyrus, mais ils appartiennent au même genre de littérature. Les uns, tels que Zminis le Tentyrite, Hémérius, Agathoclès et Urbicus, sont des magiciens, inconnus ailleurs. Mais Apollo Béchès (Horus l'Épervier ou Pébéchius), Ostanès, Démocrite et Moïse, lui-même, figurent déjà à

---

(1) Papyrus V, col. 8, l. 24; col. 6, l. 26.
(2) Pap. V, col. 1, l. 21, 23, 30; col. 4, l. 13; col. 8, l. 6; col. 9, l. 20, etc.
(3) Col. 5, l. 13; col. 28, l. 15.

(4) Pap. V, col. 2, l. 20, 29, etc. — *Origines de l'Alchimie*, p. 34.
(5) *Origines de l'Alchimie*, p. 62.
(6) Pap. V, col. 6, l. 17.
(7) Pap. V, col. 8, l. 18.

2

ce même titre dans Pline l'Ancien, et ils jouent un grand rôle chez les alchimistes. Au contraire, dans le papyrus, Agathodémon n'est pas encore évhémérisé et transformé en un écrivain, comme chez ces derniers : c'est toujours la divinité « au nom magique de laquelle la terre accourt, l'enfer est troublé, les fleuves, la mer, les lacs, les fontaines, sont frappées de congélation, les rochers se brisent ; celle dont le ciel est la tête, l'éther le corps, la terre les pieds, et que l'Océan environne (pap. V, col. 7, l. 30). Il y a là un indice d'antiquité plus grande.

Trois passages méritent une attention spéciale pour l'histoire de la science ; ce sont : la sphère de Démocrite, astrologico-médicale ; les noms secrets donnés aux plantes par les scribes sacrés ; et les recettes alchimiques. Le mélange de ces notions, dans le même papyrus, avec les incantations et recettes magiques, est caractéristique. Je consacrerai un article spécial à la sphère de Démocrite et aux figures du même ordre qui existent dans plusieurs manuscrits grecs.

Les noms sacrés des plantes donnent lieu à des rapprochements analogues entre le papyrus, les écrits alchimiques et l'ouvrage, tout scientifique d'ailleurs, de Dioscoride. Voici le texte du papyrus V (col. 12 fin et col. 13).

« Interprétation tirée des noms sacrés dont se servaient les scribes sacrés, afin de mettre en défaut la curiosité du vulgaire. Les plantes et les autres choses dont ils se servaient pour les images des dieux ont été désignées par eux de telle sorte que, faute de les comprendre, on faisait un travail vain, en suivant une fausse route. Mais nous en avons tiré l'interprétation de beaucoup de descriptions et renseignements cachés. »

Suivent 37 noms de plantes, de minéraux, etc., les noms réels étant mis en regard des noms mystiques. Ceux-ci sont tirés du sang, de la semence, des larmes, de la bile, des excréments et des divers organes (tête, cœur, os, queue, poils, etc.) des dieux égyptiens grécisés (Héphaistos ou Vulcain, Hermès ou Mercure, Vesta, Hélios ou Soleil, Cronos ou Saturne, Hercule, Ammon, Arès ou Mars) ; des animaux (serpent, ibis, cynocéphale, porc, crocodile, lion, taureau, épervier), enfin de l'homme et de ses diverses parties (tête, œil, épaule). La semence et le sang y reparaissent continuellement : sang de serpent, sang d'Héphaistos, sang de Vesta, sang de

l'œil, etc. ; semence de lion, semence d'Hermès, semence d'Ammon ; os
d'ibis, os de médecin, etc. Or cette nomenclature bizarre se retrouve
dans Dioscoride. En décrivant les plantes et leurs usages dans sa *Matière
médicale*, il donne les synonymes des noms grecs en langue latine, égyptienne, dacique, gauloise, etc., synonymie qui contient de précieux renseignements. On y voit figurer, en outre, les noms tirés des ouvrages qui
portaient les noms d'Ostanès (1), de Zoroastre (2), de Pythagore (3), de
Pétésis (4), auteurs également cités par les alchimistes et par les *Geoponica*.
On y lit spécialement les noms donnés par les prophètes (5), c'est-à-dire
par les scribes sacerdotaux de l'Égypte : j'ai relevé 54 de ces noms, formés
précisément suivant les mêmes règles que les noms sacrés du papyrus :
sang de Mars, d'Hercule, d'Hermès, de Titan, d'homme, d'ibis, de chat,
de crocodile ; sang de l'œil ; semence d'Hercule, d'Hermès, de chat ; œil
de Python ; queue de rat, de scorpion, d'ichneumon ; ongle de rat, d'ibis ;
larmes de Junon, etc.

Il existe encore dans la nomenclature botanique populaire plus d'un
nom de plante de cette espèce : œil de bœuf, dent de lion, langue de
chien, etc., lequel nom remonte peut-être jusqu'à ces vieilles dénominations symboliques (6). Le mot de *sang dragon* désigne aujourd'hui la
même drogue que du temps de Pline et de Dioscoride. Ces dénominations
offraient, dès l'origine, bien des variantes. Car, dans le papyrus comme
dans Dioscoride, un même nom s'applique parfois à deux ou à trois plantes
différentes. Ainsi le nom de semence d'Hercule désigne, dans les papyrus,
la roquette ; dans Dioscoride, le safran (I, 25), le myrte sylvestre (IV, 144)
et l'ellébore (IV, 148). Le sang de Cronos signifie l'huile de cèdre et le lait
de porc, dans le papyrus. D'autres noms ont une signification différente dans
le papyrus et dans Dioscoride, quoique unique dans chacun d'eux. Ainsi
la semence d'Hermès signifie l'anis dans le papyrus ; le bouphthalmon

---

(1) Diosc., *Mat. médicale*, I, 9; II,
193, 207; III, 105; IV, 33, 126, 175.
(2) *Ibid.*, II, 144; IV, 175.
(3) *Ibid.*, II, 144, 207; III, 33, 41.
(4) *Ibid.*, V, 114.
(5) Diosc., *Mat. méd.*, I, 9, 25, 120,
134; II, 144, 152, 165, 180, etc.; III,
6, 26, 28, etc.; IV, 4, 23, etc.
(6) Cependant ces noms populaires
sont plutôt destinés à faire image. A ce
titre, ils auraient pu précéder la nomenclature symbolique et en suggérer l'idée

dans Dioscoride (III, 146). Le sang de taureau signifie l'œuf du scarabée dans le papyrus, le *Marrubium* dans Dioscoride (III, 109). Réciproquement, une même plante peut avoir deux noms différents dans les deux auteurs. L'*Artemisia* s'appelle sang de Vulcain dans le papyrus, sang humain dans Dioscoride (III, 117). Un seul nom se trouve à la fois dans le papyrus et dans Dioscoride, c'est celui de l'*Anagallis*, désigné par le mot : sang de l'œil.

On voit que les nomenclatures des botanistes d'alors ne variaient pas moins que celles de notre temps, alors même qu'elles procédaient de conventions symboliques communes, comme celles des prophètes égyptiens. Quelques-uns de ces mots symboliques ont passé aux alchimistes, mais avec un sens différent; tels sont les noms : semence de Vénus, pris pour la fleur (oxyde, carbonate, etc. de cuivre; bile de serpent, pris pour le mercure, ou bien pour l'eau divine: éjaculation du serpent, pris pour le mercure; Osiris (1), pris pour le plomb (ou le soufre); lait de la vache noire, pris pour le mercure tiré du soufre (2); sang de moucheron, pris pour l'eau d'alabastron; boue (ou lie) de Vulcain, pour l'orge, etc.; toutes désignations tirées du vieux lexique alchimique. Dans le papyrus et dans Dioscoride, on trouve souvent les mêmes mots, mais avec une autre signification. Tout ceci concourt à reconstituer le milieu intellectuel et les sources troublées où a eu lieu l'éclosion des premières théories de la chimie.

Arrivons aux quelques notions de cette science dont le papyrus V conserve la trace. Elles se bornent à une recette d'encre, en une ligne (col. 12, l. 16) et à un procédé pour affiner l'or (col. 6, l. 18).

1° L'encre dont il s'agit est composée avec 4 drachmes de misy, 2 drachmes de couperose (verte), 2 drachmes de noix de galle, 3 drachmes de gomme et 4 drachmes d'une substance inconnue, désignée par deux Z, dans chacun desquels est engagé une petite lettre complémentaire. Un signe analogue existe chez les alchimistes et les médecins et paraît signifier pour eux le gingembre (voir plus loin le tableau des signes reproduit d'après une photogravure); mais ce sens n'est pas applicable ici. Je crois qu'il s'agit de

---

(1) Dans Dioscoride, III, 80, c'est le nom d'une plante.

(2) Lait d'une vache noire, au sens propre, à ce qu'il semble. (Pap. W, col. 3, l. 43, et col. 4, l. 4.)

l'encre mystique fabriquée avec les sept parfums (1) et les sept fleurs (2). au moyen de laquelle on écrivait les formules magiques sur le nitre, d'après le papyrus suivant (pap. W, col. 6, l. 5 ; col. 3, l. 8 ; col. 9, l. 10 : col. 10, l. 41 : en effet. la lettre Z exprime précisément le nombre sept. et se retrouve, isolée, avec ce sens dans le même papyrus (col. 11. l. 26 ; v. aussi col. 6. l. 5).

Cette composition rappelle, par sa complexité, celle du Kyphi, substance sacrée 3) des Égyptiens.

2° Le procédé (4) pour affiner l'or (Ἴωσις χρυσοῦ). (5), ne manque pas d'intérêt, il est cité d'ailleurs dans une préparation sur la coloration de l'or, donnée dans le papyrus X alchimique ; ce qui établit la connexité des deux papyrus. Ajoutons qu'il se trouve transcrit entre une formule pour demander un songe (ὀνειραιτητόν) et la description d'un anneau magique qui donne le bonheur ; ce qui montre bien le milieu intellectuel d'alors : les mêmes personnes pratiquaient la magie et la chimie. Enfin ce procédé renferme une recette intéressante, par sa ressemblance avec la méthode connue sous le nom de *cément royal*, à l'aide de laquelle on séparait autrefois l'or et l'argent. Donnons d'abord la traduction de ce texte :

---

(1) Voici le texte même du Papyrus W : « Les sept parfums sont : le styrax consacré à Saturne, le malabathrum à Jupiter, le costus à Mars, l'encens au soleil, le nard indien à Vénus, le casia à Hermés, la myrrhe à la lune. »

(2) Voici le texte du papyrus W : « Les sept fleurs, d'après Manéthon (l'astrologue), sont: la marjolaine commune, le lis, le lotus, l'*Eriphyllium* (renoncule ?) le narcisse, la violette blanche, la rose. » (Pap. W, col. 1, l. 22.) On les broie dans un mortier blanc 21 jours avant la cérémonie et on les sèche à l'ombre.

(3) *Origines de l'Alch.*, p. 30. Diosc. *Mat. méd.*; I, 24.

(4) *Papyri græci*, V. col. 6.

(5) Le mot ἴωσις a quatre sens : il signifie :

1° L'opération de la rouille, c'est-à-dire l'oxydation d'un métal ;

2° L'affinage du métal. lequel est souvent connexe avec l'oxydation du métal impur, celle-ci tendant à éliminer les métaux étrangers dont les oxydes sont plus stables : ce qui est le cas des métaux alliés à l'or dans la nature ;

3° La virulence, ou possession d'une propriété active spécifique ; telle notamment que celle que l'oxydation développe dans certains métaux ; mais avec un sens plus compréhensif ;

4° Enfin la coloration en violet. Ce dernier sens, qui se trouve chez les alchimistes et qui répond parfois à la formation de certains dérivés colorés de l'or, n'est pas applicable ici.

« Prenez du vinaigre piquant (1), épaississez, prenez de..... (2), 8 drachmes de sel commun, 2 drachmes d'alun lamelleux (schiste), 4 drachmes de litharge, broyez avec le vinaigre pendant 3 jours, séparez par décantation et employez. Alors ajoutez au vinaigre 1 drachme de couperose, une demi-obole de..... (3), trois oboles de chalcite (4), une obole et demie de sory (5), une silique (6) de sel commun, deux siliques de sel de Cappadoce (7). Faites une lame ayant deux quarts (d'obole?) Soumettez-la à l'action du feu... jusqu'à ce que la lame se rompe, ensuite prenez les morceaux et regardez-les comme de l'or affiné.

« Ayant pris quatre paillettes (8) d'or, faites-en une lame, chauffez-la et trempez-la dans de la couperose broyée avec de l'eau et avec une autre (couperose) sèche, battez (une partie)..... avec la matière sèche, une autre avec la matière mélangée : déversez la rouille et jetez dans..... »

Il y a là deux recettes distinctes. Dans toutes deux figure le sulfate de cuivre plus ou moins ferrugineux, sous les noms de *chalcanthon* ou couperose et de sory. La seconde recette semble un fragment mutilé d'une formule plus étendue. La première présente une grande ressemblance avec une formule donnée dans Pline pour préparer un remède avec l'or, en communiquant aux objets torréfiés avec lui une propriété spécifique active, désignée par Pline sous le nom de *virus*. Remarquons que ce mot est la traduction littérale du grec ἰός, rouille ou venin, d'où dérive ἴωσις : ce qui complète le rapprochement entre la formule de Pline et celle du papyrus. Voici les paroles de Pline (*Hist. Nat.*, XXXIII, 25) :

« On torréfie l'or dans un vase de terre, avec deux fois son poids de sel et

---

(1) Le texte porte ὀξιάου, qui n'a pas de sens ; c'est ὀξιμύ qu'il faut lire.

(2) Lacune.

(3) 1 drachme = 6 oboles, mesure de poids.

(4) Minerai de cuivre, tel que la pyrite.

(5) Produit de l'altération de la pyrite, pouvant renfermer à la fois du sulfate de cuivre et du sulfate de fer basique. Le sory est congénère du misy, produit d'altération analogue, mais moins riche en cuivre. (V. Diosc. *Mat. méd.*, V, 116-118 ; Pline, *H. N.*, XXXIV, 30, 31.

(6) Silique = tiers de l'obole, mesure de poids.

(7) Variété de sel gemme.

(8) Le texte porte le mot ὄζεια. Ce mot ne se trouve pas dans les dictionnaires et a fort embarrassé M. Leemans et Reuvens, qui y a vu le nom du roi (ou du prophète) juif Osée. Je le rattacherai à ὄζος, nœud ou rameau. Il répondrait au latin *ramentum*, si fréquent dans Pline.

trois fois son poids de misy (1); puis on répète l'opération avec 2 parties de
sel et 1 partie de la pierre appelée schiste (2). De cette façon, il donne des
propriétés actives aux substances chauffées avec lui, tout en demeurant pur
et intact. Le résidu est une cendre que l'on conserve dans un vase de terre. »

Pline ajoute que l'on emploie ce résidu comme remède. L'efficacité de l'or,
le plus parfait des corps, contre les maladies et contre les maléfices est un
vieux préjugé. De là, au moyen âge, l'idée de l'or potable. La préparation
indiquée par Pline devait contenir les métaux étrangers à l'or, sous forme
de chlorures ou d'oxychlorures. Renfermait-elle aussi un sel d'or ? A la rigueur, il se pourrait que le chlorure de sodium, en présence des sels basiques de peroxyde de fer, ou même du bioxyde de cuivre, dégageât du chlore,
susceptible d'attaquer l'or métallique ou allié, en formant du chlorure d'or,
ou plutôt un chlorure double de ce métal. Mais la chose n'est pas démontrée. En tous cas, l'or se trouve affiné dans l'opération précédente.

C'est en effet ce que montre la comparaison de ces textes avec l'exposition du procédé du *départ par cémentation*, donnée par Macquer (*Dictionnaire de chimie*, 1778). Il s'agit du problème, fort difficile, qui consiste à
séparer l'or de l'argent par voie sèche. On y parvient aujourd'hui aisément
par la voie humide, qui remonte au xviie siècle. Mais elle n'était pas connue
auparavant. Au moyen âge on opérait cette séparation soit au moyen du
cément royal, soit au moyen d'une sorte de coupellation, assez difficile à
réaliser, et où le soufre et l'antimoine remplaçaient le plomb.

Voici la description donnée par Macquer du cément royal, usité autrefois
dans la fabrication des monnaies. On prend 4 parties de briques pilées et
tamisées, 1 partie de vitriol vert, calciné au rouge, 1 partie de sel commun ;
on en fait une pâte ferme que l'on humecte avec de l'eau ou de l'urine.
On la stratifie avec des lames d'or minces, dans un pot de terre ; on lute
le couvercle et on chauffe à un feu modéré pendant vingt-quatre heures, en
prenant garde de fondre l'or. On répète au besoin l'opération.

---

(1) Le misy représente le produit de
l'oxydation lente des pyrites, renfermant à la fois du sulfate de cuivre et
du sulfate de fer plus ou moins basique.
(Voir, plus haut, page précéd., note 5).

(2) Le schiste de Pline signifie un
minerai divisible en lamelles : c'est tan
tôt de l'alun, tantôt un minerai de fer
congénère de l'hématite (*Hist. nat.*,
XXVI, 37).

En procédant ainsi, l'argent et les autres métaux se dissolvent dans le chlorure de sodium, avec le concours de l'action oxydante et, par suite, chlorurante, exercée par l'oxyde de fer dérivé du vitriol ; tandis que l'or demeure inattaqué. Ce procédé était même employé, d'après Macquer, par les orfèvres, qui ménageaient l'action, de façon à changer la surface d'un bijou en or pur, tandis que la masse centrale demeurait à bas titre.

Il est facile de reconnaître la similitude de ce procédé avec la recette de Pline et avec celle du papyrus égyptien. Geber, Albert le Grand (pseudonyme) et les chimistes du moyen âge en ont gardé constamment la tradition.

PAPYRUS W

Passons au papyrus W, qui fournit plus spécialement des lumières sur les relations entre la magie et le gnosticisme juif. Il est formé de 7 feuillets et demi, haut de 0^m,27, large de 0^m,32. Il renferme 25 pages de texte en lettres onciales, quelques-unes cursives, chacune de ces pages a de 52 à 31 lignes, parfois moins. Il remonte au IIIe siècle et se rattache fort étroitement aux doctrines de Marcus et des Carpocratiens (1). Il est tiré principalement des ouvrages apocryphes de Moïse, écrits à cette époque ; il cite, parmi ces ouvrages, la *Monade*, le *Livre secret*, la *Clef* (2), le *Livre des Archanges*, le *Livre lunaire*, peut-être aussi un *Livre sur la loi*, le 5e livre des *Ptolémaïques*, le livre *Panarétos* (3) : ces derniers donnés sans nom d'auteur. Tous ces ouvrages sont congénères et probablement contemporains de la *Chimie domestique de Moïse*, dont j'ai retrouvé des fragments étendus dans les alchimistes grecs (4)

---

(1) Matter. *Hist. du gnosticisme*, t. II, p. 265.

(2) On attribuait à Hermés un ouvrage du même titre, Κλείς, adressé à Toth, et cité par Lactance et par Stobée.

(3) Un ouvrage du même titre, attribué à Hermés Trismégiste, est cité par Scaliger, dans son édition de *Manilius*, p. 209. Il y était question des sept « sorts » répondant aux sept planètes, savoir :

οἱ ἑπτὰ κλῆροι ἐν τῇ Παναρέτῳ Τρισμεγίστου.

Saturne : νέμεσις.
Jupiter : νίκη.
Mars : τόλμα.
Soleil : ἀγαθοδαίμων.
Vénus : ἔρως.
Mercure : ἀνάγκη.
Lune : ἀγαθὴ τύχη.

(4) *Origines de l'Alchimie*, p. 55, 123, 171.

ainsi que des écrits de Moïse le magicien cité dans Pline (1) : c'est la même famille d'apocryphes. Le manuscrit actuel est, d'ailleurs, rempli de solécismes et de fautes d'orthographe, attestant l'ignorance des copistes égyptiens. On y cite Hermès Ptéryx, Zoroastre le Persan, Tphé l'hiérogrammate, auteur d'un livre adressé au roi Ochus, Manéthon l'astrologue, le même sans doute que celui dont nous possédons un poème, les mémoires d'Evenus, Orphée le théologien. Érotyle, dans ses Orphiques. Les noms d'Orphée et d'Érotyle se retrouvent aussi chez les alchimistes grecs. Le nom du second, cité aussi par Zosime, a été d'ailleurs méconnu et pris pour celui d'un instrument chimique ; sa reproduction dans le Papyrus W (*Papyri*, t. II. p. 254) en fixe le sens définitif. Toth t. II, p. 103) et l'étoile du chien (II, 109-115) rappellent la vieille Égypte. Les noms d'Abraham, Isaac, Jacob, Michel (t. II, p. 144-153, celui des deux Chérubins (t. II, p. 101), l'intervention du temple de Jérusalem (t. II, p. 99), montrent les affinités juives de l'auteur. Apollon et le serpent Pythien (II, 88) manifestent le mélange de traditions grecques, aussi bien que dans les papyrus de Berlin et chez les alchimistes (2). Ces affinités sont en même temps gnostiques. C'est ici le lieu de rappeler que les Marcosiens avaient composé un nombre immense d'ouvrages apocryphes, d'après Irénée (*Hérésies*. I, 17). Le titre même énoncé à la première ligne du papyrus : « livre sacré appelé Monas, le huitième de Moïse, sur le nom saint », est tout à fait conforme aux doctrines des Carpocratiens, pour lesquels Monas était le grand Dieu ignoré (3). Le grand nom ou le saint nom possède des vertus magiques (*Papyri*, t. II. p. 99) : il rend invisible, il attire la femme vers l'homme, il chasse le démon, il guérit les convulsions, il arrête les serpents, il calme la colère des rois, etc. Le saint nom est appelé aussi Ogdoade (*Papyri*, t. II, p. 141) et formé de sept voyelles, la *monas* complétant le nombre huit. Le nombre sept joue ici, comme dans toute cette littérature, un rôle prépondérant : il est subordonné à celui des planètes divines, à chacune desquelles est consacrée une plante et un parfum spécial (*Papyri*, t. II, p. 33 ; voir ci-dessus les notes de la p. 13).

Sans nous arrêter aux formules d'incantation et de conjuration, farcies

---

(1) *H., N.*, XXX. 2.
(2) *Origines de l'Alchimie*, p. 333.

(3) Matter, *Hist. du gnosticisme*, t. II, p. 265.

de mots barbares, nous pouvons relever, au point de vue des analogies historiques, la mention du serpent qui se mord la queue et celle des sept voyelles entourant la figure du crocodile à tête d'épervier, sur lequel se tient le Dieu polymorphe (*Papyri*, t. II, p. 85). C'est encore là une figure toute pareille à celles qui sont tracées sur les pierres gravées de la Bibliothèque nationale. (*Origines de l'alchimie*, p. 62).

Citons aussi la mention de l'Agathodémon ou serpent divin : « le ciel est ta tête. l'éther ton corps, la terre tes pieds, et l'eau t'environne ; tu es l'Océan qui engendre tout bien et nourrit la terre habitée. »

J'y relève, en passant, quelques mots chimiques pris dans un sens inaccoutumé : tel est le « nitre tétragonal » (p. 85), sur lequel on doit écrire des dessins et des formules compliquées. Ce n'était assurément pas notre salpêtre, ni notre carbonate de soude, qui ne se prêteraient guère à de pareilles opérations. Le sulfate de soude fournirait peut-être des lames suffisantes ; mais il est plus probable qu'il s'agit ici d'un sel insoluble, suffisamment dur, tel que le carbonate de chaux (spath calcaire), ou le sulfate de chaux, peut-être le feldspath : car il est question plus loin de lécher et de laver deux de ses faces (*Papyri*, t. II. p. 91) ; il y a là une énigme. Sur ce nitre, on écrit avec une encre faite des sept fleurs et des sept aromates (*Papyri*, t. II, p. 90, 99). On doit y peindre une « stèle » sacrée renfermant l'invocation suivante :

« Je t'invoque, toi, le plus puissant des dieux, qui as tout créé ; toi, né de toi-même, qui vois tout, sans pouvoir être vu. Tu as donné au soleil la gloire et la puissance. A ton apparition, le monde a existé et la lumière a paru. Tout t'est soumis, mais aucun des dieux ne peut voir ta forme, parce que tu te transformes dans toutes..... Je t'invoque sous le nom que tu possèdes dans la langue des oiseaux, dans celle des hiéroglyphes, dans celle des Juifs, dans celle des Égyptiens, dans celle des cynocéphales..... dans celle des éperviers, dans la langue hiératique..... »

Ces divers langages mystiques reparaissent un peu plus loin, après une invocation à Hermès et en tête d'un récit gnostique de la création, récit que je reproduis en l'abrégeant, afin de donner une idée plus complète de ce genre de littérature qui a eu un rôle historique si considérable.

« Le Dieu aux neufs formes te salue en langage hiératique... et ajoute :

je te précède, Seigneur. Ce disant, il applaudit trois fois. Dieu rit : cha, cha, cha, cha, cha, cha, cha (sept fois), et Dieu ayant ri, naquirent les sept dieux qui comprennent le monde ; car ce sont eux qui apparurent d'abord. Lorsqu'il eut éclaté de rire, la lumière parut et éclaira tout ; car le Dieu naissait sur le monde et sur le feu. Bessun, berithen, berio.

« Il éclata de rire pour la seconde fois : tout était eau. La terre, ayant entendu le son, s'écria, se courba, et l'eau se trouva partagée en trois. Le Dieu apparut, celui qui est préposé à l'abîme ; sans lui l'eau ne peut ni croître, ni diminuer. »

Au troisième éclat de rire de Dieu, apparaît Hermès : au cinquième, le Destin, tenant une balance et figurant la Justice. Son nom signifie la barque de la révolution céleste : autre réminiscence de la vieille mythologie égyptienne. Puis vient la querelle d'Hermès et du Destin, réclamant chacun pour soi la Justice. Au septième rire, l'âme naît, puis le serpent Pythien, qui prévoit tout (1).

J'ai cité, en l'abrégeant, tout ce travestissement gnostique du récit biblique des sept jours de la création, afin d'en montrer la grande ressemblance avec la *Pistis Sophia* et les textes congénères, et pour mettre en évidence le milieu dans lequel vivaient et pensaient les premiers alchimistes.

PAPYRUS X

Nous allons maintenant examiner le papyrus X, le plus spécialement chimique : il témoigne d'une science des alliages et colorations métalliques fort subtile et fort avancée, science qui avait pour but la fabrication et la falsification des matières d'or et d'argent : à cet égard, il ouvre des jours nouveaux sur l'origine de l'idée de la transmutation des métaux. Non seulement l'idée est analogue ; mais les pratiques exposées dans ce papyrus sont les mêmes, comme je l'établirai, que celles des plus vieux alchimistes, tels que le Pseudo-Démocrite, Zosime, Olympiodore, le Pseudo-Moïse. Cette démonstration est de la plus haute importance pour l'étude des ori-

(1) Voir plus haut (p. 16, note 3) les sept κλῆροι, tirés du livre *Panaretos*.

gines de l'alchimie. Elle prouve en effet que ces origines ne sont pas fondées sur des imaginations purement chimériques, comme on l'a cru quelquefois ; mais elles reposaient sur des pratiques positives et des expériences
véritables, à l'aide desquelles on fabriquait des imitations d'or et d'argent.
Tantôt le fabricant se bornait à tromper le public, sans se faire illusion sur
ses procédés ; c'est le cas de l'auteur des recettes du papyrus. Tantôt, au
contraire, il ajoutait à son art l'emploi des formules magiques ou des prières,
et il devenait dupe de sa propre industrie.

Les définitions du mot « or », dans le lexique alchimique grec qui fait
partie des vieux manuscrits, sont très caractéristiques : elles sont au nombre
de trois, que voici :

« On appelle or le blanc, le sec et le jaune et les matières dorées, à l'aide
desquelles on fabrique les teintures solides ; »

Et ceci : « L'or, c'est la pyrite, et la cadmie et le soufre ; »

Ou bien encore : « L'or, ce sont tous les fragments et lamelles jaunis et
divisés et amenés à perfection. »

On voit que le mot « or », pour les alchimistes comme pour les orfèvres des
papyrus de Leide, et j'ajouterai même, à certains égards, pour les orfèvres et
les peintres d'aujourd'hui, avait un sens complexe : il servait à exprimer
l'or vrai d'abord, puis l'or à bas titre, les alliages à teinte dorée, tout objet
doré à la surface, enfin toute matière couleur d'or, naturelle ou artificielle.
Une certaine confusion analogue règne même de nos jours, dans le langage
courant ; mais elle n'atteint pas le fond des idées, comme elle le fit autrefois. Cette extension de la signification des mots était en effet commune chez
les anciens ; le nom de l'émeraude et celui du saphir, par exemple, étaient
appliqués par les Egyptiens aux pierres précieuses et vitrifications les plus
diverses [1]. De même que l'on imitait l'émeraude et le saphir naturels, on
imitait l'or et l'argent. En raison des notions fort confuses que l'on avait
alors sur la constitution de la matière, on crut pouvoir aller plus loin et on
s'imagina y parvenir par des artifices mystérieux. Mais, pour atteindre le
but, il fallait mettre en œuvre les actions lentes de la nature et celles d'un
pouvoir surnaturel.

---

[1] *Origines de l'Alchimie*, p. 218.

« Apprends, ô ami des Muses, dit Olympiodore, auteur alchimique du
« commencement du v⁰ siècle de notre ère, apprends ce que signifie le mot
« *économie* (1) et ne vas pas croire, comme le font quelques-uns, que l'action
« manuelle seule est suffisante : non, il faut encore celle de la nature, et une
« action supérieure à l'homme. »

Et ailleurs : « Pour que la composition se réalise exactement, dit Zosime ;
« demandez par vos prières à Dieu de vous enseigner, car les hommes ne
« transmettent pas la science ; ils se jalousent les uns les autres, et l'on ne
« trouve pas la voie..... Le démon Ophiuchus entrave notre recherche, ram-
« pant de tous côtés et amenant tantôt des négligences, tantôt la crainte,
« tantôt l'imprévu, en d'autres occasions les afflictions et les châtiments, afin
« de nous faire abandonner l'œuvre. »

De là la nécessité de faire intervenir les prières et les formules magiques, soit pour conjurer les démons ennemis, soit pour se concilier la
divinité.

Tel était le milieu scientifique et moral au sein duquel les croyances à la
transmutation des métaux se sont développées : il importait de le rappeler.
Mais il est du plus haut intérêt, à mon avis, de constater quelles étaient
les pratiques réelles, les manipulations positives des opérateurs. Or ces pratiques nous sont révélées par le papyrus de Leide, sous la forme la plus
claire et en concordance avec les recettes du Pseudo-Démocrite et d'Olympiodore. Nous sommes ainsi conduits à étudier avec détail les recettes du
papyrus, qui contient la forme première de tous ces procédés et doctrines.
Dans le Pseudo-Démocrite, et plus encore dans Zosime, elles sont déjà com
pliquées par des imaginations mystiques ; puis sont venus les commentateurs, qui ont amplifié de plus en plus la partie mystique, en obscurcissant
ou éliminant la partie pratique, à la connaissance exacte de laquelle ils
étaient souvent étrangers. Les plus vieux textes, comme il arrive souvent,
sont ici les plus clairs.

Donnons d'abord ce que l'on sait sur l'origine de ce papyrus, ainsi que sa
description. Le papyrus X a été trouvé à Thèbes, sans doute avec les deux
précédents ; car la recette 15 qui s'y trouve s'en réfère au procédé d'affinage

______

(1) Il s'agit du traitement mis en pratique pour fabriquer l'or.

de l'or cité dans le papyrus V (v. plus haut, p. 13). Il est formé de dix grandes feuilles, hautes de 0ᵐ30, larges de 0ᵐ34, pliées en deux dans le sens de la largeur. Il contient seize pages d'écriture, de vingt-huit à quarante-sept lignes, en majuscules de la fin du iiiᵉ siècle. Il renferme soixante-quinze formules de métallurgie, destinées à composer des alliages, en vue de la fabrication des coupes, vases, images et autres objets d'orfèvrerie ; à souder ou à colorer superficiellement les métaux; à en essayer la pureté, etc.; formules disposées sans ordre et avec de nombreuses répétitions. Il y a en outre quinze formules pour faire des lettres d'or ou d'argent, sujet connexe avec le précédent. Le tout ressemble singulièrement au carnet de travail d'un orfèvre, opérant tantôt sur les métaux purs, tantôt sur les métaux alliés ou falsifiés. Ces textes sont remplis d'idiotismes, de fautes d'orthographe et de fautes de grammaire : c'est bien là la langue pratique d'un artisan. Ils offrent d'ailleurs le cachet d'une grande sincérité, sans ombre de charlatanisme, malgré l'improbité professionnelle des recettes. Puis viennent onze recettes pour teindre les étoffes en couleur pourpre, ou en couleur glauque. Le papyrus se termine par dix articles tirés de la *Matière médicale* de Dioscoride, relatifs aux minéraux mis en œuvre dans les recettes précédentes.

On voit par cette énumération que le même opérateur pratiquait l'orfèvrerie et la teinture des étoffes précieuses. Mais il semble étranger à la fabrication des émaux, vitrifications, pierres précieuses artificielles. Du moins aucune mention n'en est faite dans ces recettes, quoique le sujet soit longuement traité dans les écrits des alchimistes. Le papyrus X ne s'occupe d'ailleurs que des objets d'orfèvrerie fabriqués avec les métaux précieux; les armes, les outils et autres gros ustensiles, ainsi que les alliages correspondants, ne figurent pas ici.

Les recettes relatives aux métaux sont inscrites sans ordre, à la suite les unes des autres. Cherchons-en d'abord les caractères généraux.

En les examinant de plus près, on reconnaît qu'elles ont été tirées de divers ouvrages ou traditions. En effet, les unités auxquelles se rapportent ces compositions métalliques sont différentes, quoique spéciales pour chaque recette. L'écrivain y parle tantôt de mesures précises, telles que les mines, statères, drachmes, etc. (le mot drachme ou le mot statère étant employé de préférence); tantôt il se sert du mot partie; tantôt enfin du mot mesure.

La teinture des métaux est désignée par plusieurs mots distincts :

χρυσίου χρῶσις. teinture en or ;

ἀργύρου χρύσωσις. dorure de l'argent ;

χαλκοῦ χρυσοφανοῦς ποίησις. coloration (superficielle) du cuivre en or.

χρίσις, coloration par enduits ou vernis.

χρυσοῦ κατάβαφή : il s'agit d'une teinture en or, superficielle et opérée par voie humide.

ἀσήμου κατάβαφή : cette fois c'est une teinture en argent, ou plutôt en *asèm*, faite à chaud, avec trempe.

Nous avons affaire, je le répète, à plusieurs collections de recettes de dates et d'origines diverses, mises bout à bout. C'est ce que confirment les répétitions qu'on y rencontre.

Ainsi, la même recette pour préparer l'*asèm* (1) fusible (amalgame de cuivre et d'étain) reparait trois fois. L'*asèm*, dans une formule où il est spécialement regardé comme un amalgame d'étain, figure deux fois avec de légères variantes ; la coloration en *asèm,* deux fois ; la coloration du cuivre en or à l'aide du cumin, trois fois ; la dorure apparente, à l'aide de la chélidoine et du misy, deux fois ; l'écriture en lettres d'or, à l'aide de feuilles d'or et de gomme, deux fois. D'autres recettes sont reproduites, une fois en abrégé, une autre fois avec développement : par exemple, la préparation de la soudure d'or, l'écriture en lettres d'or au moyen d'un amalgame de ce métal, la même écriture au moyen du soufre et du corps appelé alun. En discutant de plus près ces répétitions, on pourrait essayer de reconstituer les recueils originels, si ce travail semblait avoir quelque intérêt.

Les recettes mêmes offrent une grande diversité dans le mode de rédaction : les unes sont les descriptions minutieuses de certaines opérations, mélanges et décapages, fontes successives, avec emploi de fondants divers. Dans d'autres, les proportions seules des métaux primitifs figurent, avec

---

(1) Voir plus loin ces diverses recettes.

l'énoncé sommaire des opérations, les fondants eux-mêmes étant omis. Par exemple (pap. X, col. 1, l. 5), on lit : le plomb et l'étain sont purifiés par la poix et le bitume ; ils sont rendus solides par l'alun, le sel de Cappadoce et la pierre de Magnésie jetés à la surface. Dans certaines recettes on n'indique que les proportions des ingrédients, et sans qu'il soit fait mention des opérations auxquelles ils sont destinés. Ainsi :

« *Asèm* fusible (col. 2, l. 14) : cuivre de Chypre, une mine ; étain en baguettes, une mine ; pierre de Magnésie, seize drachmes ; mercure, huit drachmes ; pierre de Paros, vingt drachmes. »

Parfois même l'auteur se borne à donner la proportion de quelques-uns des produits seulement : « Pour écrire en lettres d'or (col. 6, l. 1) : litharge couleur d'or une partie, alun deux parties. »

Ceci ressemble beaucoup à des notes de praticiens, destinées à conserver seulement le souvenir d'un point essentiel, le reste étant confié à la mémoire.

Les recettes finales : *asèm* égyptien, d'après Phiménas le Saïte ; eau de soufre ; dilution de l'*asèm*, etc.; ont au contraire un caractère de complication spéciale qui rappelle les alchimistes ; aussi bien que les signes planétaires de l'or et de l'argent, inscrits dans la dernière.

Deux questions générales se présentent encore, avant d'aborder l'étude détaillée de ces textes : celle des auteurs cités et celle des signes ou abréviations. Un seul auteur est nommé dans le papyrus X, sous le titre : *Procédé de Phiménas le Saïte pour préparer l'asèm égyptien* (col. 11, l. 15). Ce nom parait le même que celui de Pamménès, prétendu précepteur de Démocrite, cité par Georges le Syncelle, et qui figure dans les textes alchimistes de nos manuscrits (1). Ce nom s'écrit aussi Paménasis et Paménas, peut-être même Phaminis : dévoué au dieu Mendès ; dévoué au roi Ménas (2). Le rapprochement entre Phiménas et Pamménès doit être regardé comme certain : attendu que la dernière des deux recettes données sous le nom de Phiménas dans le papyrus se trouve presque sans changement dans le Pseudo-Démocrite, parmi des recettes attribuées pareillement à l'Égyptien Pamménès : j'y reviendrai.

---

(1) *Origines de l'Alchimie*, p. 170.
(2) *Papyri græci*, t. II, p. 260. On peut en rapprocher le nom grécisé de *Ménodore*.

Il y a quelque intérêt à comparer les signes et abréviations du papyrus avec les signes des alchimistes. Je note d'abord le signe de l'or (col. 12, l. 20), qui est le même que le signe astronomique du soleil, précisément comme chez les alchimistes : c'est le plus vieil exemple connu de cette identification. A côté figure le signe lunaire de l'argent (1). Ces notations symboliques ne s'étendent pas encore aux autres métaux. On trouve aussi dans le papyrus (col. 9, l. 42 et 44) un signe en forme de pointe de flèche, à la suite des mots θείου ἀπύρου (soufre apyre) : ce signe est pareil à celui qui désigne le fer, ou, dans certains cas, répété deux fois, les pierres, dans les écrits alchimiques (2). Dans le papyrus il semble qu'il exprime une mesure de poids. Les autres signes sont surtout des abréviations techniques, parmi lesquelles je note celle de l'alun lamelleux στυπτηρία σχιστή : l'une d'elles en particulier (pap. X, col. 6, l. 19) est toute pareille à celle des alchimistes (3). Les noms des mesures sont abrégés ou remplacés par des signes, conformément à un usage qui existe encore de notre temps dans les recettes techniques de la pharmacie.

Il convient d'entrer maintenant dans l'examen détaillé des cent onze articles du papyrus : articles relatifs aux métaux, au nombre de quatre-vingt-dix, dont un sur l'eau divine ; articles sur la teinture en pourpre, au nombre de onze ; enfin dix articles extraits de Dioscoride. La traduction complète des articles sur les métaux va être donnée et suivie d'un commentaire ; mais je ne m'arrêterai guère sur les procédés de teinture proprement dite, fondés principalement sur l'emploi de l'orcanette et de l'orseille, procédés dont quelques-uns sont à peine indiqués en une ligne : comme si l'écrivain avait copié des lambeaux d'un texte qu'il ne comprenait pas. D'autres sont plus complets. Le tout est du même ordre que la recette de teinture en pourpre du Pseudo-Démocrite, contenue dans les manuscrits alchimiques et dont

---

(1) Le signe de l'or est absolument certain. Quant à celui de l'argent, M. Leemans a pris ce signe pour un B : il est assez mal dessiné, comme le montre la photographie que je possède, mais le texte ne me parait pas susceptible d'une autre interprétation. M. Leemans dans ses notes (t. II, p. 257) le traduit aussi par *Luna* ; mais il n'a pas compris qu'il s'agissait ici de l'or et de l'argent.

(2) Voir les photogravures que je reproduis plus loin dans le présent volume : Planche I, l. 21 ; Pl. II, l. 5 ; Pl. IV, l. 25 ; Pl. VIII, l. 23.

(3) *Ibid.*, Pl. II, l. 5 à droite ; Pl. IV, l. 21.

J'ai publié naguère le texte et la traduction, reproduits dans le présent volume.

J'ai collationné avec soin les dix articles extraits de Dioscoride, tous relatifs à des minéraux employés dans les recettes, et qui donnent la mesure des connaissances minéralogiques de l'auteur du papyrus. Ils concernent les corps suivants :

Arsenic (notre orpiment) ;

Sandaraque (notre réalgar) ;

Misy (sulfate basique de fer, mêlé de sulfate de cuivre) ;

Cadmie (oxyde de zinc impur, mêlé d'oxyde de cuivre, voire même d'oxyde de plomb, d'oxyde d'antimoine, d'acide arsénieux, etc) ;

Soudure d'or ou chrysocolle (signifiant à la fois un alliage d'or et d'argent ou de plomb, ou bien la malachite et divers corps congénères) ;

Rubrique de Sinope (vermillon, ou minium, ou sanguine) ;

Alun (notre alun et divers autres corps astringents) ;

Natron (*nitrum* des anciens, notre carbonate de soude, parfois aussi le sulfate de soude) ;

Cinabre (notre minium et aussi notre sulfure de mercure) ;

Enfin Mercure.

Le texte du papyrus sur ces divers points est, en somme, le même que le texte des manuscrits connus de Dioscoride (édition Sprengel, 1829) ; à cela près que l'auteur du papyrus a supprimé les vertus thérapeutiques des minerais, le détail des préparations et souvent celui des provenances. Ces suppressions, celle des propriétés médicales en particulier, sont évidemment systématiques.

Quant aux variantes de détail, elles sont nombreuses ; mais la plupart n'ont d'intérêt que pour les grammairiens ou les éditeurs de Dioscoride.

Je note seulement que, dans l'article *Cinabre*, l'auteur du papyrus distingue sous le nom de *minium* le cinabre d'Espagne ; tandis que Sprengel a adopté la variante *ammion* (sable ou minerai) : cette confusion entre le nom du cinabre et celui du minium existe aussi dans Pline et ailleurs.

L'article *Mercure* donne lieu à des remarques plus importantes. On y trouve dans le papyrus, comme dans le texte de l'édition classique de Sprengel, le mot ἄμβιξ désignant le couvercle d'un vase, couvercle à la face inférieure duquel se condensent les vapeurs du mercure sublimé (κωδία) : ce même mot, joint à l'article arabe *al*, a produit le nom *alambic*. On voit que *l'ambix* est le chapiteau d'aujourd'hui. L'alambic proprement dit et l'aludel, instrument plus voisin encore de l'appareil précédent, sont d'ailleurs décrits dans les alchimistes grecs : ils étaient donc connus dès le ive ou ve siècle de notre ère.

Il manque à l'article *Mercure* du papyrus une phrase célèbre que Hœfer, dans son Histoire de la chimie t. I, p. 149, 2e édition avait traduite dans un sens alchimique : « Quelques-uns pensent que le mercure existe essentiellement et comme partie constituante des métaux. » Ἔνιοι δὲ ἱστοροῦσι καὶ καθ' ἑκάστην ἐν τοῖς μετάλλοις εὑρίσκεσθαι τὴν ὑδράργυρον. J'avais d'abord adopté cette interprétation de Hœfer : mais en y pensant davantage, je crois que cette phrase signifie seulement : « quelques-uns rapportent que le mercure existe à l'état natif dans les mines. » En effet le mot μέταλλα a le double sens de métaux et de mines, et ce dernier est ici plus naturel. En tous cas la phrase manque dans le papyrus : soit que le copiste l'ait supprimée pour abréger ; soit qu'elle n'existât pas alors dans les manuscrits, ayant été intercalée plus tard par quelque annotateur.

Une autre variante n'est pas sans intérêt, au point de vue de la discussion des textes, dans l'article *Mercure*. Le texte donné par Sprengel porte : « on garde le mercure dans des vases de verre, ou de plomb, ou d'étain, ou d'argent ; car il ronge toute autre matière et s'écoule. » La mention du verre est exacte ; mais celle des vases de plomb, d'étain, d'argent est absurde ; car ce sont précisément ces métaux que le mercure attaque : elle n'a pu être ajoutée que par un commentateur ignorant. Or le papyrus démontre qu'il en est réellement ainsi : car il parle seulement des vases de verre, sans faire mention des vases métalliques. Zosime insiste aussi sur ce point.

On sait que l'on transporte aujourd'hui le mercure dans des vases de fer, dont l'emploi ne paraît pas avoir été connu des anciens.

Venons à la partie vraiment originale du papyrus.

Je vais présenter d'abord la traduction des articles relatifs aux métaux, au nombre de quatre-vingt-dix, dont un article sur l'eau de soufre ou eau divine; et celle des articles sur la teinture, au nombre de onze; puis j'en commenterai les points les plus importants (1).

TRADUCTION DU PAPYRUS X DE LEIDE

1. *Purification et durcissement du plomb.*

« Fondez-le, répandez à la surface de l'alun lamelleux et de la couperose réduits en poudre fine et mélangés, et il durcira. »

2. *Autre (purification) de l'étain.*

« Le plomb et l'étain blanc sont aussi purifiés par la poix et le bitume. Ils sont rendus solides par l'alun et le sel de Cappadoce, et la pierre de Magnésie (2). jetée à leur surface. »

3. *Purification de l'étain que l'on jette dans le mélange de l'asèm* (3).

« Prenez de l'étain purifié de toute autre substance, fondez-le, laissez-le refroidir; après l'avoir recouvert d'huile et bien mélangé, fondez-le de nouveau; ensuite ayant broyé ensemble de l'huile, du bitume et du sel, frottez-en le métal, et fondez une troisième fois; après fusion, mettez à part l'étain après l'avoir purifié par lavage; car il sera comme de l'argent durci. Lorsque vous voudrez l'employer dans la fabrication des objets d'argent, de telle sorte qu'on ne le reconnaisse pas et qu'il ait la dureté de l'argent,

---

(1) *Papyri Græci* de Leide, t. II, p. 199 à 259. — Quelques mois après l'impression de mon travail dans le *Journal des Savants*, M. le Dr W. Pleijte a publié en hollandais un mémoire sur *l'Asemos*, avec étude chimique par le Dr W. K. J. Schoor, dans les *Verslagen des koninklijke Akademie van Wetenschappen*, Amsterdam (Juin 1886; p. 211 à 236). Il confirme en général mes propres résultats.

(2) Ce n'est pas notre magnésie, mais l'oxyde magnétique de fer, ou quelque autre minerai noir, roux (pyrite) ou blanc, venant des villes ou provinces qui portaient le nom de Magnésie (*Voir* PLINE, *H. N.*, XXXVII, 25.) Chez les alchimistes le sens du mot s'est encore étendu.

(3) *Asèm* désignait divers alliages destinés à imiter l'or et l'argent; *voir* plus loin.

mêlez 4 parties d'argent, 3 parties d'étain, et le produit deviendra comme un objet d'argent. »

C'est la fabrication d'un alliage d'argent et d'étain, destiné à simuler l'argent ; ou plutôt un procédé pour doubler le poids du premier métal.

4. *Purification de l'étain.*

« Poix liquide et bitume, une partie de chaque ; jetez sur l'étain), fondez, agitez. Poix sèche, 20 drachmes ; bitume, 12 drachmes. »

5. *Fabrication de l'asèm.*

« Étain, 12 drachmes ; mercure, 4 drachmes ; terre de Chio (1), 2 drachmes. A l'étain fondu, ajoutez la terre broyée, puis le mercure, agitez avec du fer, et mettez en œuvre (le produit'. »

6. *Doublement de l'asèm.*

Voici comment on opère le doublement de l'asèm.

« On prend : cuivre affiné, 40 drachmes ; asèm, 8 drachmes ; étain en bouton, 40 drachmes ; on fond d'abord le cuivre et, après deux chauffes, l'étain ; ensuite l'asèm. Lorsque tous deux sont ramollis, refondez à plusieurs reprises et refroidissez au moyen de la composition précédente (2). Après avoir augmenté le métal par de tels procédés, nettoyez-le avec le coupholithe (3). Le *triplement* s'effectue par les mêmes procédés, les poids étant répartis conformément à ce qui a été dit plus haut. »

C'est un bronze blanc amalgamé, analogue à certain métal de cloche.

7. *Masse inépuisable (ou perpétuelle).*

« Elle se prépare par les procédés définis dans le doublement de l'asèm. Si vous voulez prélever sur la masse 8 drachmes, séparez-les et refondez 4 drachmes de ce même asèm ; fondez-les trois fois et répétez, puis refroidissez et mettez-les en réserve dans le coupholithe. »

Voir aussi recette 60.

---

(1) Sorte d'argile. — Diosc., *Mat. méd.*, V, 173. — Pline, *H. N.*, XXXV, 56.

(2) Amalgame d'étain décrit dans l'article 5.

(3) Talc ou sélénite.

Il y a là l'idée d'un ferment, destiné à concourir à la multiplication de la matière métallique.

8. *Fabrication de l'asèm.*

« Prenez de l'étain en petits morceaux et mou, quatre fois purifié ; prenez-en 4 parties et 3 parties de cuivre blanc pur et 1 partie d'asèm. Fondez, et, après la fonte, nettoyez à plusieurs reprises, et fabriquez avec ce que vous voudrez : ce sera de l'asèm de première qualité, qui trompera même les ouvriers. »

Alliage blanc, analogue aux précédents ; avec intention de fraude.

9. *Fabrication de l'asèm fusible.*

« Cuivre de Chypre, 1 mine ; étain en baguettes, 1 mine ; pierre de Magnésie, 16 drachmes ; mercure, 8 drachmes ? pierre de Poros (1), 20 drachmes ».

« Ayant fondu le cuivre, jetez-y l'étain, puis la pierre de Magnésie en poudre, puis la pierre de Poros, enfin le mercure ; agitez avec du fer et versez au moment voulu. »

Alliage analogue, avec addition de mercure.

10. *Doublement de l'asèm.*

« Prenez du cuivre de Chypre affiné, jetez dessus parties égales, c'est-à-dire 4 drachmes de sel d'Ammon (2) et 4 drachmes d'alun ; fondez et ajoutez parties égales d'asèm. »

Bronze enrichi en cuivre.

11. *Fabrication de l'asèm.*

« Purifiez avec soin le plomb avec la poix et le bitume, ou bien l'étain ; et mêlez la cadmie (3) et la litharge, à parties égales, avec le plomb, et remuez

---

(1) Pline, *H. N.*, XXXVI, 28. Pierre blanche et dure, assimilée au marbre de Paros.

(2) Ce mot a changé de sens ; à la fin du moyen âge il signifiait notre chlorhydrate d'ammoniaque ; mais à l'origine il s'appliquait à un sel fossile qui se développait par efflorescence, sel analogue au natron. Pline, *H. N.*, XXXI, 39. On y reviendra dans le présent ouvrage.

(3) *Voir* p. 26.

jusqu'à mélange parfait et solidification. On s'en sert comme de l'asèm naturel (1). »

Alliage complexe renfermant du plomb, ou de l'étain, et du zinc.

12. *Fabrication de l'asèm.*

« Prenez les rognures (2) des feuilles (métalliques), trempez dans le vinaigre et l'alun blanc lamelleux et laissez-les mouillées pendant sept jours, et alors fondez avec le quart de cuivre 8 drachmes de terre de Chio (3), et 8 drachmes de terre asémienne (4), et 1 drachme de sel de Cappadoce, plus alun lamelleux, 1 drachme ; mêlez, fondez, et jetez du noir à la surface. »

13. *Fabrication du mélange.*

« Cuivre de Gaule (5), 8 drachmes ; étain en baguettes, 12 drachmes ; pierre de Magnésie, 6 drachmes ; mercure, 10 drachmes; asèm, 5 drachmes. »

14. *Fabrication du mélange pour une préparation.*

« Cuivre, 1 mine (poids), fondez et jetez-y 1 mine d'étain en boutons et travaillez ainsi. »

15. *Coloration de l'or.*

« Colorer l'or pour le rendre bon pour l'usage. Misy et sel et vinaigre provenant de la purification de l'or ; mêlez le tout et jetez dans le vase (qui renferme) l'or décrit dans la préparation précédente ; laissez quelque temps et, ayant ôté l'or du vase, chauffez-le sur des charbons ; puis de nouveau jetez-le dans le vase qui renferme la préparation susdite ; faites cela plusieurs fois, jusqu'à ce qu'il devienne bon pour l'usage. »

C'est une recette d'affinage, qui s'en réfère à la préparation décrite plus haut (p. 14) ; ce qui montre que le papyrus alchimique X et le

---

(1) L'asèm naturel est l'électrum, alliage d'or et d'argent, χρυσὸς λευκός d'Hérodote. Voir *Origines de l'Alchimie*, p. 215.

(2) La nature du métal qui fournit les rognures n'est pas indiquée : est-ce de l'argent, ou de l'asèm précédent ?

(3) Sorte de terre argileuse. *Voir* recette 5.

(4) Est-ce un minerai d'asèm ? ou plutôt la terre argileuse de Samos ? PLINE, *H. N.*, XXXV, 53, et XXXVI, 40. — Diosc., *Mat. méd.*, V. 171, 172.

(5) *Voir* PLINE, *H. N.*, XXXIV, 20.

papyrus magique V se faisaient suite et ont été composés par un même écrivain.

16. *Augmentation de l'or.*

« Pour augmenter l'or, prenez de la cadmie de Thrace, faites le mélange avec la cadmie en croûtes (1), ou celle de Gaule. »

Cette phrase est le commencement d'une recette plus étendue ; car elle doit être complétée par la suivante, qui en est la suite : le second titre *fraude de l'or* étant probablement une glose qui a passé dans le texte, par l'erreur du copiste.

17. *Fraude de l'or.*

« Misy et rouge de Sinope (2) parties égales pour une partie d'or. Après qu'on aura jeté l'or dans le fourneau et qu'il sera devenu d'une belle teinte, jetez-y ces deux ingrédients et, enlevant (l'or), laissez refroidir, et l'or est doublé. »

La cadmie en croûtes, c'est-à-dire la portion la moins volatile des oxydes métalliques condensés aux parois des fourneaux de fusion du cuivre, renfermait, à côté de l'oxyde de zinc, des oxydes de cuivre et de plomb. On devait employer en outre quelque corps réducteur, omis dans la recette. Le tout formait un alliage d'or et de plomb, avec du cuivre et peut-être du zinc. C'était donc en somme une falsification, comme la glose l'indique.

18. *Fabrication de l'asèm.*

« Étain, un dixième de mine ; cuivre de Chypre, un seizième de mine ; minerai de Magnésie, un trente-deuxième ; mercure, deux statères (poids). Fondez le cuivre, jetez-y d'abord l'étain, puis la pierre de Magnésie ; puis, ayant fondu ces matières, ajoutez-y un huitième de bel asèm blanc, de nature conforme. Puis, lorsque le mélange a eu lieu et au moment de refroidir, ou de refondre ensemble, ajoutez alors le mercure en dernier lieu. »

---

(1) Sur les diverses variétés de cadmie, *voir* DIOSCORIDE, *Matière médicale*, V, 84 ; PLINE, *H. N.*, XXXIV, 22.

(2) Ce mot a eu plusieurs sens : vermillon, minium, rouge d'oxyde de fer. Dans Dioscoride, V, III, il semble indiquer une ocre rouge ; car il est indiqué comme un remède susceptible d'être pris à l'intérieur. De même dans PLINE, *H. N.*, XXXV, 13. Ici ce serait, semble-t-il, du minium, lequel fournirait du plomb à l'alliage.

19. *Autre (formule).*

« Cuivre de Chypre, 4 statères : terre de Samos, 4 statères ; alun lamelleux, 4 statères ; sel commun, 2 statères : asèm noirci, 2 statères, ou, si vous voulez faire plus beau, 4 statères. Ayant fondu le cuivre, répandez dessus la terre de Chio et l'alun lamelleux broyés ensemble, remuez de façon à mélanger ; et, ayant fondu cet asèm, coulez. Ayant mêlé ce qui vient d'être fondu avec du (bois de) genièvre, enlevez ; avant de l'ôter, après avoir chauffé, éteignez le produit dans l'alun lamelleux et le sel, pris à parties égales, avec de l'eau visqueuse ; épaississement minime ; et, si vous voulez terminer le travail, trempez de nouveau dans le mélange susdit : chauffez, afin que (le métal devienne plus blanc. Ayez soin d'employer du cuivre affiné d'avance : l'ayant chauffé au commencement et soumis à l'action du soufflet, jusqu'à ce qu'il ait rejeté son écaille et soit devenu pur : et alors employez-le, comme il vient d'être écrit. »

C'est encore un procédé d'alliage, mais pour lequel on augmente la proportion du cuivre dans l'asèm déjà préparé : ce qui devait rapprocher le bronze obtenu de la couleur de l'or.

20. *Autre (formule).*

« Prenez un statère Ptolémaïque (1) ; car ils renferment dans leur composition du cuivre. et trempez-le ; or la composition du liquide pour tremper est celle-ci : alun lamelleux, sel commun dans le vinaigre pour trempe ; épaississement visqueux. Après avoir trempé et lorsque le métal fondu aura été nettoyé et mêlé avec cette composition, chauffez, puis trempez, puis enlevez, puis chauffez. »

20 *bis (sans titre).*

« Voici la composition du liquide pour tremper : alun lamelleux, sel commun dans le vinaigre pour trempe, épaississement visqueux ; ayant trempé dans cette mixture, chauffez, puis trempez, puis enlevez, puis chauffez : quand vous aurez trempé quatre fois ou davantage, en chauffant chaque fois auparavant, le (métal) deviendra supérieur à l'asèm noirci. Plus nombreux seront les traitements, chauffes et trempes, plus il s'améliorera. »

____

(1) Il s'agit ici d'une monnaie.

Ce sont des formules de décapage et d'affinage, dans lesquelles n'entre aucun métal nouveau. Il semble que, dans ceci, il s'agisse soit de rehausser la teinte, comme on le fait en orfèvrerie, même de notre temps; soit de faire passer une monnaie riche en cuivre pour une monnaie d'argent, en dissolvant le cuivre à la surface.

En effet, les orfèvres emploient aujourd'hui diverses recettes analogues pour donner à l'or une belle teinte.

21. *Traitement de l'asèm dur.*

« Comme il convient de faire pour changer l'asèm dur et noir en (un métal) mou et blanc. Prenant des feuilles de ricin, faites infuser dans l'eau un jour; puis mouillez dans l'eau avant de fondre et fondez deux fois et aspergez avec l'aphronitron (1). Et jetez dans la fonte de l'alun; employez. Il possède la qualité, car il est beau. »

22. *Autre (formule.*

« Secours pour tout *asèm* gâté. Prenant de la paille et de l'orge et de la rue sauvage, infusez dans le vinaigre, versez-y du sel et des charbons : jetez le tout dans le fourneau, soufflez longtemps et laissez refroidir. »

Ce sont des procédés d'affinage d'un métal oxydé ou sulfuré à la surface.

23. *Blanchiment du cuivre.*

« Pour blanchir le cuivre, afin de le mêler à l'asèm à parties égales, sans qu'on puisse le reconnaître. Prenant du cuivre de Chypre, fondez-le, jetant dessus 1 mine de sandaraque décomposée (2), 2 drachmes de sandaraque couleur de fer, 5 drachmes d'alun lamelleux, et fondez. Dans la seconde fonte, on jette 4 drachmes de cire du Pont, ou moins; on chauffe et l'on coule. »

C'est ici une falsification, par laquelle le cuivre est teint au moyen de l'arsenic. La recette est fort voisine de celle des alchimistes. — On prépare aujourd'hui par un procédé analogue (avec le concours du flux noir) le cuivre blanc ou *tombac blanc.*

---

(1) Peut-être s'agit-il ici de notre salpêtre? *Voir* DIOSCORIDE, *Matière médicale,* V, 131. Le mot d'*aphronitron* désignait des efflorescences salines de composition fort diverse.

(2) Sulfure d'arsenic grillé?

24. *Durcissement de l'étain.*

« Pour durcir l'étain, répandez séparément (à sa surface) l'alun lamelleux et la couperose : si en outre vous avez purifié l'étain comme il faut et employé les matières dites précédemment, de sorte qu'il ne leur échappe pas en s'écoulant pendant la chauffe, vous aurez l'asèm égyptien pour la fabrication des objets (d'orfèvrerie).

25. *Enduit d'or.*

« Pour enduire l'or, autrement dit pour purifier l'or et le rendre brillant : misy, 4 parties ; alun, 4 parties ; sel, 4 parties. Broyez avec l'eau. Et ayant enduit l'or, placez-le dans un vase de terre déposé dans un fourneau et luté avec de la terre glaise, jusqu'à ce que les matières susdites aient été fondues (1), retirez-le et nettoyez avec soin. »

26. *Purification de l'argent.*

« Comment on purifie l'argent et on le rend brillant. Prenez une partie d'argent et un poids égal de plomb ; mettez dans un fourneau, maintenez fondu jusqu'à ce que le plomb ait été consumé ; répétez l'opération plusieurs fois, jusqu'à ce qu'il devienne brillant. »

C'est une coupellation incomplètement décrite.

Srabon signale déjà cette méthode.

27. *Coloration en argent.*

« Pour argenter les objets de cuivre : étain en baguettes, 2 drachmes ; mercure, 2 drachmes ; terre de Chio, 2 drachmes. Fondez l'étain, jetez dessus la terre broyée, puis le mercure, et remuez avec du fer et façonnez en globules. »

C'est la fabrication d'un amalgame d'étain, destiné à blanchir le cuivre.

28. *Fabrication du cuivre pareil à l'or.*

« Broyez du cumin ; versez-y de l'eau, délayez, laissez en contact pendant trois jours. Le quatrième jour, secouez, et si vous voulez vous en servir comme enduit, mêlez-y de la chrysocolle (2) ; et l'or paraîtra.

---

(1) Ou plutôt, jusqu'à ce que le fondant ait été en quelque sorte absorbé par le vase, ou complètement évaporé.

(2) Soudure d'or. *Voir* la recette 31.

C'est un vernis.

29. *Fabrication de l'asèm fusible.*

« Cuivre de Chypre, 1 partie ; étain, 1 partie ; pierre de Magnésie, 1 partie, pierre de Paros brute broyée finement.... D'abord on fond le cuivre, puis l'étain, puis la pierre de Magnésie (1) ; ensuite on y jette la pierre de Paros pulvérisée : on remue avec du fer et l'on exécute l'opération du creuset. »

30. *Fabrication de l'asèm.*

« Étain, une mesure ; cuivre de Gaule, une demi-mesure. Fondez d'abord le cuivre, puis l'étain, remuez avec du fer, et jetez dessus la poix sèche, jusqu'à saturation ; ensuite versez, refondez, en employant de l'alun lamelleux, à la façon de la poix ; et alors versez. Si vous voulez fondre d'abord l'étain, puis la limaille de cuivre ci-dessus, suivez la même proportion et la même marche. »

31. *Préparation de la chrysocolle* (2).

« La soudure d'or se prépare ainsi : cuivre de Chypre, 4 parties ; asèm, 2 parties ; or, 1 partie. On fond d'abord le cuivre, puis l'asèm, ensuite l'or. »

32. *Reconnaître la pureté de l'étain.*

« Après avoir fondu, mettez du papier au-dessous et versez : si le papier brûle, l'étain contient du plomb. »

Ce procédé repose sur le fait que l'étain fond à une température plus basse que le plomb, température incapable de carboniser le papier.

Pline donne un procédé analogue (*H. N.* XXXIV, 48). On exécute encore aujourd'hui dans les Cours de Chimie une manipulation du même ordre.

33. *Fabrication de la soudure pour travailler l'or.*

« Comment il convient de faire la soudure pour les ouvrages d'or : or, 2 parties ; cuivre, 1 partie ; fondez, divisez. Lorsque vous voulez une couleur brillante, fondez avec un peu d'argent. »

---

(1) Ceci semble indiquer un oxyde de fer (?).   (2) Soudure d'or.

Ce sont là des recettes d'orfèvrerie. On lit de même aujourd'hui dans le *Manuel Roret* (1832) :

« Argent fin, 1 partie; cuivre. 1 partie : fondez ensemble, ajoutez or, 2 parties. »

34. *Procédé pour écrire en lettres d'or.*

« Pour écrire en lettres d'or, prenez du mercure, versez-le dans un vase propre, et ajoutez-y de l'or en feuilles ; lorsque l'or paraîtra dissous dans le mercure, agitez vivement : ajoutez un peu de gomme, 1 grain, par exemple. et, laissant reposer, écrivez des lettres d'or. »

35. *Autre (recette).*

« Litharge couleur d'or. 1 partie; alun, 2 parties.

36. *Fabrication de l'asèm noir comme de l'obsidienne* (1).

« Asèm, 2 parties ; plomb, 4 parties. Placez sur un vase de terre vide, jetez-y un poids triple de soufre apyre (2), et, l'ayant mis dans le fourneau, fondez. Et l'ayant tiré du fourneau, frappez, et faites ce que vous voulez. Si vous voulez faire un objet figuré, en métal battu, ou coulé, alors limez et taillez : il ne se rouille pas. »

C'est un alliage noirci par les sulfures métalliques.

Pline décrit une préparation analogue, usitée en Égypte *H. N.* XXXIII, 46.

37. *Fabrication de l'asèm.*

« Bon étain, 1 partie; fondez ; ajoutez-y : poix sèche, le tiers du poids de l'étain; ayant remué, laissez écumer la poix jusqu'à ce qu'elle ait été entièrement rejetée ; puis, après refroidissement de l'étain, refondez-le et ajoutez 13 drachmes d'étain, 1 drachme de mercure, agitez ; laissez refroidir et travaillez comme l'asèm. »

C'est de l'étain affiné, avec addition d'un peu de mercure.

38. *Pour donner aux objets de cuivre l'apparence de l'or.*

« Et que ni le contact ni le frottement contre la pierre de touche ne les décèle ; mais qu'ils puissent servir surtout pour (la fabrication d') un anneau de belle

---

(1) Sur l'obsidienne, Pline, *H. N.* XXXVI, 67.

(2) N'ayant pas subi l'action du feu.

apparence. En voici la préparation. On broie l'or et le plomb en une poussière fine comme de la farine, 2 parties de plomb pour 1 d'or, puis, ayant mêlé, on incorpore avec de la gomme, et l'on enduit l'anneau avec cette mixture ; puis on chauffe. On répète cela plusieurs fois, jusqu'à ce que l'objet ait pris la couleur. Il est difficile de déceler (la fraude) ; parce que le frottement donne la marque d'un objet d'or ; et la chaleur consume le plomb, mais non l'or. »

39. *Écriture en lettres d'or.*

« Lettres d'or : safran ; bile de tortue fluviale. »

40. *Fabrication de l'asèm.*

« Prenez étain blanc, très divisé, purifiez-le quatre fois ; puis prenez-en 4 parties, et le quart de cuivre blanc pur et 1 partie d'asèm, fondez : lorsque le mélange aura été fondu, aspergez-le de sel le plus possible, et fabriquez ce que vous voudrez, soit des coupes, soit ce qui vous plaira. Le métal sera pareil à l'*asèm* initial, de façon à tromper même les ouvriers. »

41. *Autre (procédé).*

« Argent, 2 parties ; étain purifié, 3 parties ; cuivre... drachmes ; fondez ; puis enlevez et décapez ; mettez en œuvre comme pour les ouvrages d'argent de premier ordre. »

42. *Enduit du cuivre.*

« Si vous voulez que le cuivre ait la couleur de l'argent ; après avoir purifié le cuivre avec soin, mettez-le dans le mercure et la céruse : le mercure seul suffit pour l'enduit. »

C'est du cuivre simplement blanchi à la surface par le mercure.

43. *Essai de l'or.*

« Si vous voulez éprouver la pureté de l'or, refondez-le et chauffez-le : s'il est pur, il garde sa couleur après le chauffage et reste pareil à une pièce de monnaie. S'il devient plus blanc, il contient de l'argent ; s'il devient plus rude et plus dur, il renferme du cuivre et de l'étain ; s'il noircit et s'amollit, du plomb. »

Ce procédé d'essai sommaire répond à des observations exactes.

44. *Essai de l'argent.*

« Chauffez l'argent ou fondez-le, comme l'or ; et, s'il reste blanc, brillant, il est pur et non fraudé ; s'il paraît noir, il contient du plomb ; s'il paraît dur et jaune, il contient du cuivre. »

Pline donne un procédé analogue (*H. N.* XXXIII, 44. On voit par là que les orfèvres égyptiens, tout en cherchant à tromper le public, se réservaient à eux-mêmes des procédés de contrôle.

45. *Écriture en lettres d'or.*

« Écrire des lettres d'or. Écrivez ce que vous voulez avec de la soudure d'orfèvre et du vinaigre. »

46. *Décapage des objets de cuivre.*

« Ayant fait cuire des bettes, décapez soigneusement avec le jus les objets de cuivre et d'argent. On fait bouillir les bettes dans l'eau. »

47. *Cuivre pareil à l'or.*

« Cuivre semblable à l'or par la couleur, soit : broyez du cumin dans l'eau : laissez reposer avec soin pendant trois jours ; le quatrième, ayant arrosé abondamment, enduisez le cuivre et écrivez ce que vous voudrez. Car l'enduit et l'écriture ont la même apparence. »

48. *Décapage des objets d'argent.*

« Nettoyez avec de la laine de mouton, après avoir trempé dans de la saumure piquante ; puis décapez avec de l'eau douce (sucrée?) et faites emploi. »

49. *Dorure de l'argent.*

« Pour dorer sans feuilles (d'or), un vase d'argent ou de cuivre, fondez du natron jaune et du sel avec de l'eau, frottez avec et il sera (doré). »

Recette obscure. Elle se réfère au natron jaune, corps dont il est question dans Pline, *H. N.* XXXI, 46. Pline le donne comme un sel natif ; mais, dans les lignes précédentes, il parle de la fusion du natron avec du soufre : ce qui formerait un sulfure, capable en effet de teindre les métaux. Zosime signale aussi le natron jaune.

50. *Écriture en lettres d'or*.

« Broyez l'arsenic (1) avec de la gomme, puis avec de l'eau de puits ; en troisième lieu, écrivez. »

51. *Dorure de l'argent*.

« Broyez le misy avec la sandaraque et le cinabre et frottez-en l'objet d'argent. »

53. *Écriture en lettres d'or*.

« Après avoir séché des feuilles d'or, broyez avec de la gomme et écrivez. »

54. *Préparation de l'or liquide*.

« Placez des feuilles d'or dans un mortier, broyez-les avec du mercure et ce sera fait. »

55. *Coloration en or*.

« Comment on doit préparer l'argent doré. Délayez du cinabre avec de l'alun, versez dessus du vinaigre blanc, et ayant amené le tout en consistance de cire, exprimez à plusieurs reprises et laissez passer la nuit. »

Il semble qu'il s'agit ici d'un enduit préliminaire.

56. *Préparation de l'or*.

« Asèm, 1 statère, ou cuivre de Chypre, 3 ; 4 statères d'or : fondez ensemble. »

C'est une préparation d'or à bas titre.

57. *Autre préparation*.

« Dorer l'argent d'une façon durable. Prenez du mercure et des feuilles d'or, façonnez en consistance de cire ; prenant le vase d'argent, décapez-le avec l'alun, et prenant un peu de la matière cireuse, enduisez-le avec le polissoir et laissez la matière se fixer ; faites cela cinq fois. Tenez le vase avec un chiffon de lin propre, afin qu'il ne s'encrasse pas ; et prenant de la braise, préparez des cendres, adoucissez avec le polissoir et employez-le comme un vase d'or. Il peut subir l'épreuve de l'or régulier. »

―――――――――――――――――――――――――――――――――――――

(1) Sulfure d'arsenic.

Ces derniers mots montrent qu'il s'agit d'un procédé de falsification, à l'épreuve de la pierre de touche.

58. *Écriture en lettres d'or.*

« Arsenic couleur d'or, 20 drachmes ; verre pulvérisé, 4 statères ; ou blanc d'œuf, 2 statères, gomme blanche, 20 statères, safran,... après ... écrit, laissez sécher et polissez avec une dent (1). »

59. *Fabrication de l'asèm.*

« On prépare aussi l'asèm avec le cuivre ; (argent,) 2 mines ; éta... ... bouton, 1 mine ; fondant d'abord le cuivre, jetez-y l'étain et du coup∫iolithe, appelé craie (2), une demi-mine par mine ; poursuivez jusqu'à ce que vous voyiez fondus l'argent et la craie ; après que le reste aura été dissipé et que l'argent restera seul, alors laissez refroidir, et employez-le comme de l'asèm préférable au véritable..... »

60. *Autre (préparation).*

« L'asèm perpétuel (3) se prépare ainsi : 1 statère de bel asèm ; ajoutez-y 2 statères de cuivre affiné, fondez deux ou trois fois. »

61. *Blanchiment de l'étain.*

« Pour blanchir l'étain. Ayant chauffé avec de l'alun et du natron, fondez. »

62. *Écriture en lettres d'asèm.*

« Délayez de la couperose et du soufre avec du vinaigre ; écrivez avec la matière épaissie. »

63. *Écriture en lettres d'or.*

« Fleur du cnecos (4), gomme blanche, blanc d'œuf mélangés dans une coquille, et incorporez avec de la bile de tortue, à l'estime, comme on fait pour les couleurs ; faites emploi. La bile de veau très amère sert aussi pour la couleur. »

---

(1) *Voir* PLINE, *H. N.*, XIII, 25.
(2) Ce n'est pas notre craie, mais, sans aucun doute, quelque terre ar-

gileuse, jouant le rôle de fondant.
(3) *Voir* recette nº 7.
(4) Plante analogue au carthame.

Ici la couleur est à base organique.

64. *Essai de l'asèm.*

« Pour reconnaître si l'asèm est fraudé. Placez dans la saumure, chauffez ; s'il est fraudé, il noircit. »

Cette recette est obscure. Se rapporte-t-elle à la formation d'un oxychlorure de cuivre ?

65. *Décapage de l'étain.*

« Placez du gypse dans un chiffon et nettoyez. »

66. *Décapage de l'argent.*

« Employez l'alun humide. »

De même aujourd'hui, dans le *Manuel Roret* (t. II, p. 195 ; 1832).

« Dissolvez de l'alun, concentrez, écumez, ajoutez-y du savon et frottez l'argent avec un linge trempé dans cette composition. »

67. *Teinture de l'asèm.*

« Cinabre, 1 partie ; alun lamelleux, 1 partie ; terre cimolienne, 1 partie ; mouillez avec de l'eau de mer et mettez en œuvre. »

68. *Amollissement du cuivre.*

« Chauffez-le ; placez-le dans la fiente d'oiseau et après refroidissement enlevez. »

69. *Teinture de l'or.*

« Misy grillé, 3 parties ; alun lamelleux, chélidoine, environ 1 partie ; broyez en consistance de miel avec l'urine d'un enfant impubère et colorez l'objet ; chauffez et trempez dans l'eau froide. »

70. *Écriture en lettres d'or.*

« Prenez un quart d'or éprouvé, fondez dans un creuset d'orfèvre ; quand il sera fondu, ajoutez un kération (carat, tiers d'obole) de plomb ; après qu'il a été mélangé, ôtez et refroidissez et prenez un mortier de jaspe, jetez-y la matière fondue ; ajoutez 1 kération de natron et mêlez la poudre avec soin avec du vinaigre piquant, à la façon d'un collyre médicinal, pendant trois jours ; puis, quand le mélange est fait, incorporez 1 kération (mesure) d'alun lamelleux, écrivez et polissez avec une dent. »

71. Écriture en lettres d'or.

« Feuilles d'or ductiles ; broyez avec du mercure dans un mortier ; et employez-le pour écrire, à la façon de l'encre noire. »

72. Autre (préparation).

« Soufre apyre..... alun lamelleux ... ; gomme ... ; arrosez la gomme avec de l'eau. »

73. Autre (préparation).

« Soufre apyre, ..., alun lamelleux, une drachme ; ajoutez au milieu de la rouille sèche ; broyez la rouille, le soufre et l'alun finement ; mêlez pour le mieux, broyez avec soin, et servez-vous-en comme d'encre noire à écrire, en délayant dans du vin exempt d'eau de mer. Écrivez sur papyrus et parchemin. »

74. Autre (préparation).

Écrire en lettres d'or, sans or. Chélidoine, 1 partie ; résine pure. 1 partie ; arsenic couleur d'or, 1 partie, de celui qui est fragile ; gomme pure ; bile de tortue, 1 partie ; partie liquide des œufs, 5 parties ; prenez de toutes ces matières sèches le poids de 20 statères ; puis jetez-y 4 statères de safran de Cilicie. On emploie non seulement sur papier ou parchemin ; mais aussi sur marbre bien poli ; ou bien si vous voulez faire un beau dessin sur quelque autre objet et lui donner l'apparence de l'or. »

75. Dorure.

Dorure faisant le même effet. Arsenic lamelleux, couperose, sandaraque dorée (1), mercure, gomme adraganthe, moelle d'arum, à parties égales ; délayez ensemble avec de la bile de chèvre. On l'applique sur les objets de cuivre passés au feu, sur les objets d'argent, sur les figures de (métal) et sur les petits boucliers. L'airain ne doit pas avoir d'aspérité. »

---

(1) Il s'agit probablement d'un sulfure d'arsenic naturel ou artificiel, intermédiaire entre l'orpiment et le réalgar. La poudre même du réalgar est plus jaune que la masse compacte. Peut-être aussi était-ce du réalgar modifié par un commencement de grillage, mode de traitement auquel tous les minéraux usités en pharmacie étaient alors soumis. (*Voir* DIOSCORIDE, *Mat. méd., passim,* et spécialement V, 120 et 121).

76. *Autre (procédé)*.

« Misy des mines, 3 statères ; alun des mines, 3 statères ; chélidoine, 1 statère ; versez-y l'urine d'un enfant impubère ; broyez jusqu'à ce que le mélange devienne visqueux et trempez (-y l'objet). »

77. *Autre (procédé)*.

« Prenez du cumin, broyez, laissez infuser trois jours dans l'eau, le quatrième, enlevez ; enduisez-en les objets de cuivre, ou ce que vous voulez. Il faut maintenir le vase fermé pendant les trois jours. »

78. *Écriture en lettres d'or*.

« Broyez des feuilles d'or avec de la gomme, séchez et employez comme de l'encre noire. »

79. *Écriture en lettres d'argent*.

« Écrire des lettres d'argent. Litharge, 4 statères ; délayez avec de la fiente de colombe et du vinaigre ; écrivez avec un stylet passé au feu. »

80. *Teinture de l'asèm (ou en couleur d'asèm)*.

« Cinabre, terre cimolienne, alun liquide, parties égales ; mêlez avec de l'eau de mer, chauffez et trempez plusieurs fois. »

81. *Coloration en argent*.

« Afin qu'elle ne puisse être enlevée que par le feu.

« Chrysocolle et céruse et terre de Chio, et mercure broyés ensemble ; ajoutez du miel et, ayant traité d'abord le vase par le natron, enduisez. »

82. *Durcissement de l'étain*.

« Fondez-le, ajoutez-y un mélange homogène d'alun lamelleux et de couperose ; pulvérisez, et aspergez (le métal), et il sera dur. »

Le durcissement (σκλήρωσις, σκλήρασία) de l'étain et du plomb (1) sont regardés ici comme corrélatifs de leur purification.

83. *Fabrication de l'asèm*.

« Bon étain, 1 mine ; poix sèche, 13 statères ; bitume, 8 statères ; fondez

____

(1) Voir recettes 1, 24.

dans un vase de terre cuite luté autour ; après avoir refroidi, mêlez 10 statères de cuivre en grains ronds et 3 statères d'asèm antérieur et 12 statères de pierre de Magnésie broyée. Fondez et faites ce que vous voudrez. »

84. *Fabrication de l'asèm égyptien.*

« Recette de Phiménas le Saïte. Prenez du cuivre de Chypre doux, purifiez-le avec du vinaigre, du sel et de l'alun ; après l'avoir purifié, fondez en jetant sur 10 statères de cuivre 3 statères de céruse bien pure, 2 statères de litharge couleur d'or (ou provenant de la coupellation de l'or), ensuite il deviendra blanc ; alors ajoutez-y 2 statères d'asèm très doux et sans défaut, et l'on obtiendra le produit. Empêchez en fondant qu'il n'y ait liquation. Ce n'est pas l'œuvre d'un ignorant, mais d'un homme expérimenté, et l'union des deux métaux sera bonne. »

Cette recette est fort claire, sauf l'omission des agents destinés à réduire la litharge et la céruse.

85. *Autre procédé.*

« Préparation exacte d'asèm, préférable à celle de l'asèm proprement dit. Prenez : orichalque 1), par exemple, 1 drachme ; mettez dans le creuset jusqu'à ce qu'il coule ; jetez dessus 4 drachmes de sel ammoniac (2), ou cappadocien ; refondez, ajoutez-y alun lamelleux, le poids d'une fève d'Égypte ; refondez, ajoutez-y 1 drachme de sandaraque décomposée 3), non de la sandaraque dorée, mais de celle qui blanchit ; ensuite transportez dans un

---

(1) Laiton ou analogue.

(2) Il est plus que douteux qu'il s'agisse ici de notre sel ammoniac moderne. C'est plutôt une variété de sel gemme ou de carbonate de soude, d'après les textes formels de DIOSCORIDE, *Mat. méd.*, V, 125, et de PLINE, *H. N.*, XXXI, 39. De même, dans le traité *De Mineralibus*, attribué à ALBERT LE GRAND, l. V, tr. I, ch. II, Dans le Pseudo-Aristote, auteur de l'époque arabe, (MANGET, *Bibl. chem.*, t. I, p. 648), c'est aussi un sel fusible, qui n'émet pas de fumée. Mais dans GEBER, *Summa perfectionis*, livre I, ch. X et *Libri investigationis* (IXᵉ siècle), ainsi que dans AVICENNE (XIᵉ siècle), cité dans le *Speculum majus* de VINCENT DE BEAUVAIS (*Speculum naturale*, l. VIII, 60), le mot sel ammoniac s'applique à un corps sublimable, tel que notre chlorhydrate d'ammoniaque. Le sens de ce mot a donc changé dans le cours des temps.

(3) Sulfure d'arsenic, probablement en partie désagrégé par le grillage.

autre creuset enduit à l'avance de terre de Chio ; après fusion, ajoutez un tiers d'asèm et employez. »

Cette préparation donne un alliage de cuivre et de zinc arsénical.

86. *Autre (procédé)*.

« Prenez : étain, 12 drachmes ; mercure, 4 drachmes : terre de Chio, 2 drachmes ; fondez l'étain ; jetez-y la terre en poudre, puis le mercure ; remuez avec un morceau de fer ; mettez en globules. »

87. *Doublement de l'or*.

« Pour augmenter le poids de l'or. Fondez avec le quart de cadmie, et il deviendra plus lourd et plus dur. »

Il fallait évidemment ajouter un agent réducteur et un fondant, dont la recette ne fait pas mention. On obtenait ainsi un alliage de l'or avec les métaux dont les oxydes constituaient la cadmie, c'est-à-dire le zinc, le cuivre, ou le plomb spécialement ; alliage riche en or. La même recette se lit aussi dans le Pseudo-Démocrite, mais comme toujours plus compliquée et plus obscure. Ce qui suit est plus clair.

88. *Autre (procédé)*.

« On altère l'or en l'augmentant avec le misy et la terre de Sinope (1) ; on le jette d'abord à parties égales dans le fourneau ; quand il est devenu clair dans le creuset, on ajoute de chacun ce qui convient, et l'or est doublé. »

89. *Autre (procédé)*.

« Invention de l'eau de soufre (2). Une poignée de chaux, et autant de soufre en poudre fine ; placez-les dans un vase contenant du vinaigre fort, ou de l'urine d'enfant impubère (3) ; chauffez par en-dessous, jusqu'à ce que la

---

(1) Minium ou sanguine.

(2) Ou de l'eau divine ; le mot grec est le même.

(3) L'urine d'un enfant impubère, παιδὸς ἀφθόρου, était employée par les anciens dans beaucoup de recettes, comme on le voit dans Dioscoride, dans Pline, dans Celse, etc. Elle agissait vraisemblablement comme source de phosphates alcalins et d'ammoniaque, résultant de la décomposition de l'urée. Mais nous ne voyons pas pourquoi toute urine humaine ne ferait pas le même effet ; à moins qu'il n'y ait là une idée mystique. Plus tard, le mot d'*enfant* ayant disparu dans les recettes des

liqueur surnageante paraisse comme du sang ; décantez celle-ci proprement pour la séparer du dépôt, et employez. »

On prépare ainsi un polysulfure de calcium, susceptible d'attaquer l'or, du moins à sec, capable aussi de teindre les métaux par voie humide.

L'eau de soufre ou *eau divine* joue un très grand rôle chez les alchimistes grecs.

90. *Comment on dilue l'asèm.*

« Ayant réduit l'asèm en feuilles et l'ayant enduit de mercure, et appliqué fortement sur la feuille, on saupoudre de pyrite la feuille ainsi disposée, et on la place sur des charbons, pour la dessécher et jusqu'à ce que la couleur de la feuille paraisse changée ; car le mercure s'évapore et la feuille s'attendrit. Puis on incorpore dans le creuset 1 partie d'or (1), 2 parties d'argent (2); les ayant mêlées, jetez sur la rouille qui surnage de l'arsenic couleur d'or, de la pyrite, du sel ammoniac (3), de la chalcite (4), du bleu (5), et ayant broyé avec l'eau de soufre, grillez, puis répandez le mercure à la surface. »

Les recettes suivantes sont des recettes de teinture en pourpre.

91. *Fixation de l'orcanette.*

« Urine de brebis ; ou arbouse, ou jusquiame pareillement. »

C'est un fragment de recette sans suite, recueilli sans doute par un copiste ignorant. A moins qu'il ne s'agisse d'un simple détail, destiné à compléter une recette connue du lecteur.

---

copistes, celles-ci ont appliqué l'épithète à l'urine; et il n'est plus guère mention que d'urine non corrompue (οὖρον ἄφθορον) dans les ouvrages alchimiques grecs. Cependant la notion primitive a subsisté pendant tout le moyen âge, dans quelques textes. Ainsi on lit encore dans la *Bibliotheca Chemica* de Manget, t. I. Préface, avant-dernière page (1702) : « *Sal volatile et fixum, ut et spiritus urinæ, sic parantur. Recipe urinæ puerorum 12 circiter annos natorum, etc.* ».

(1) L'or est désigné ici par le signe du Soleil, exactement pareil à celui des alchimistes : c'est le plus vieil exemple connu de cette notation.

(2) L'argent est désigné par le croissant lunaire, toujours comme chez les alchimistes.

(3) *Voir* la remarque de la page 45.

(4) Minerai pyriteux de cuivre.

(5) Sulfate de cuivre, ou émail bleu, ou azurite.

92. *Dilution (falsification) de l'orcanette.*

« On dilue l'orcanette avec les pommes de pins (?), la partie intérieure des pêches, le pourpier, le suc des bettes, la lie de vin, l'urine de chameau et l'intérieur des citrons. »

93. *Fixation de l'orcanette.*

« Cotylédon (1) et alun mêlés à parties égales, broyez finement, jetez-y l'orcanette. »

94. *Agents styptiques.*

« Melanteria (2), couperose calcinée, alun, chalcitis, cinabre, chaux, écorce de grenade, gousse d'arbre épineux, urine avec aloès : ces choses servent en teinture. »

95. *Préparation de la pourpre.*

« Cassez en petits morceaux la pierre de Phrygie (3) ; faites bouillir et, ayant immergé la laine, abandonnez jusqu'à refroidissement ; ensuite jetant dans le vase une mine (poids) d'algue (4), faites bouillir et jetez-y une mine d'algue ; faites bouillir et jetez-y la laine, et, laissant refroidir, lavez dans l'eau de mer [la pierre de Phrygie est grillée (5), avant d'être concassée], jusqu'à coloration pourpre. »

96. *Teinture de la pourpre.*

« Mouillez la chaux avec de l'eau et laissez reposer pendant une nuit ; ayant décanté, déposez la laine dans la liqueur pendant un jour ; enlevez-la, séchez ; ayant arrosé l'orcanette avec du vinaigre, faites bouillir et jetez-y la

---

(1) Plante, *voir* Dioscoride, *Mat. méd.*, IV, 90 et 91.

(2) Vitriol, produit par la décomposition de certains minerais à l'orifice des mines de cuivre (Diosc., *Mat. médicale.* V, 117).

(3) Pline, *H. N.* XXXVI, 36. — Dioscoride, *Mat. médicale,* V, 140. Cette pierre était autrefois employée pour la teinture des étoffes. Il sem-

ble que ce fût une sorte d'alunite.

(4) Herbes et lichens marins fournissant l'orseille.

(5) Ceci s'accorde avec Pline. C'est d'ailleurs une parenthèse, la coloration en pourpre s'appliquant à la laine. Il y a avant deux mots inintelligibles, par suite de quelque transposition du copiste.

laine et elle sortira teinte en pourpre — l'orcanette bouillie avec l'eau et le natron produit la couleur pourpre. »

« Ensuite séchez la laine, et teignez-la comme il suit : Faites bouillir l'algue avec de l'eau, et, lorsqu'elle aura été épuisée, jetez dans l'eau une quantité imperceptible de couperose, afin de développer la pourpre, et alors plongez-y la laine, et elle se teindra : s'il y a trop de couperose, elle devient plus foncée. »

Il y a là deux procédés distincts, l'un avec l'orcanette, l'autre avec l'orseille.

97. *Autre procédé*.

« Broyez des noix avec de l'orcanette de bonne qualité ; cela fait, mettez-y du vinaigre fort ; broyez de nouveau ; ajoutez-y de l'écorce de grenadier ; laissez trois jours ; et après, plongez-y la laine et elle sera teinte à froid. »

« On dit qu'il y a un certain acanthe (1) qui fournit de la couleur pourpre ; mouillé avec du natron de Bérénice, au lieu de noix, il produit le même effet. »

98. *Autre procédé*.

« Nettoyez la laine avec l'herbe à foulon, et tenez à votre disposition de l'alun lamelleux ; en broyant la partie intérieure de la noix de galle, jetez avec l'alun dans un pot, puis mettez la laine et laissez reposer quelques heures ; enlevez-la et laissez-la sécher. Au préalable, suivez cette marche. Ayant broyé de la lie (2) et l'ayant mise dans un vase, versez de l'eau de mer, agitez et laissez déposer. Puis décantez l'eau claire dans un autre vase et tenez-la à votre disposition. Prenant de l'orcanette et la mettant dans un vase, mêlez avec l'eau de la lie, jusqu'à ce qu'elle s'épaississe convenablement et devienne comme sablonneuse. Alors mettez le produit dans le vase (réservé), délayant à la main avec l'eau précédente qui provient de l'orcanette. Ensuite, lorsqu'il sera devenu comme visqueux, mettez-le dans une

(1) Plante non identifiée. (*Voir* Diosc., *Mat. méd.* III, 17. — Pline, *H. N.* XXII, 34.)

(2) La lie de vin agit ici par le bitartrate de potasse qu'elle contient.

petite marmite, ajoutez-y le reste de l'eau d'orcanette, et laissez jusqu'à ce qu'il ait tiédi ; alors plongez-y la laine, laissez quelques heures et vous trouverez la pourpre solide. »

99. *Autre (procédé).*

« Prenant de l'orcanette, de la léontice (1), ôtez l'écorce, prenez-la pour la broyer dans un mortier, aussi fine que de l'antimoine : ajoutez-y de l'hydromel dilué avec de l'eau, broyez de nouveau, mettez le produit broyé dans un vase, et faites bouillir : quand vous verrez tiédir (la liqueur), plongez-y la laine ; laissez séjourner. La laine doit être nettoyée avec l'herbe à foulon et épaissie (cardée et feutrée). Alors prenez-la, plongez-la dans l'eau de chaux (2), laissez imbiber ; enlevez-la, lavez fortement avec du sel marin, séchez ; plongez de nouveau dans l'orcanette et laissez séjourner. »

100. *Autre (procédé).*

« Prenez le suc des parties supérieures de l'orcanette et une noix de galle compacte [omphacite (3)] grillée dans la rôtissoire ; l'ayant broyée avec addition d'un peu de couperose, mêlez au suc, faites bouillir, et donnez la teinture de pourpre. »

101. *Substitution de couleur glauque (4).*

« Au lieu de couleur glauque, prenez la scorie de fer, écrasez-la avec soin jusqu'à réduction à l'apparence du smegma (5), et faites bouillir avec du vinaigre, jusqu'à ce qu'il durcisse ; plongez la laine préalablement nettoyée avec l'herbe à foulon épaissie (cardée et feutrée), et vous la trouverez teinte en pourpre ; teignez ainsi avec les couleurs que vous avez. »

    DIOSCORIDE. Extraits du livre sur la *Matière médicale.*

102. Arsenic. — 103. Sandaraque. — 104. Misy. — 105. Cadmie. — 106. Chrysocolle. — 107. Rubrique de Sinope. — 108. Alun. — 109. Natron. — 110. Cinabre. — 111. Mercure.

---

(1) Plante. *Voir* DIOSC., *Mat. méd.* III, 100. — PLINE, *H. N.* XXV, 85.

(2) Est-ce la même chose que la dissolution de la chaux vive dans l'eau ?

(3) DIOSC., *Mat. méd.* I, 146.

(4) Bleu verdâtre. Cette recette est obscure et incomplète.

(5) Variété d'oxyde de cuivre produite par le vent du soufflet sur le cuivre fondu. PLINE *H. N.* XXXIV, 36.

On se borne à rappeler ces titres pour mémoire, les articles ayant été tirés d'un Ouvrage connu et publié *voir* p. 26 .

EXPLICATION DES RECETTES DU PAPYRUS DE LEIDE

Ces textes étant connus, il s'agit maintenant de les rapprocher et d'en tirer certaines conséquences.

Les recettes relatives aux métaux sont les plus nombreuses et les plus intéressantes. Elles montrent tout d'abord la corrélation entre la profession de l'orfèvre, qui travaillait les métaux précieux, et celle de l'hiérogrammate ou scribe sacré, obligé de tracer sur les monuments de marbre ou de pierre, aussi bien que sur les livres en papyrus ou en parchemin, des caractères d'or ou d'argent : les recettes données pour dorer les bijoux dans le papyrus sont en effet les mêmes que pour écrire en lettres d'or. Nous commencerons par ce dernier ordre de recettes, dont les applications sont toutes spéciales, avant d'entrer dans le détail des préparations métalliques: car elles forment en quelque sorte l'introduction aux procédés de teinture des métaux.

I. — *Recettes pour écrire en lettres d'or.*

L'art d'écrire en lettres d'or ou d'argent préoccupait beaucoup les artisans qui se servaient de notre papyrus; il n'y a pas moins de quinze ou seize formules sur ce sujet, traité aussi à plusieurs reprises dans les manuscrits de nos bibliothèques; Montfaucon et Fabricius ont déjà publié plusieurs recettes, tirées de ces derniers.

Rappelons rapidement celles du papyrus :

Feuilles d'or broyées avec de la gomme (53 et 78 .

Ce procédé figure encore de nos jours dans le *Manuel Roret* (t. II, p. 136; 1832) [Triturer une feuille d'or avec du miel et de la gomme, jusqu'à pulvérisation, etc.]

Or amalgamé et gomme (34 et (71).

Amalgame d'or (54).

Dans une autre recette (70) et (45), on prépare d'abord un alliage d'or et de plomb, auquel on fait subir certaines préparations.

Dans les recettes précédentes, l'or forme le fond du principe colorant. Mais on employait aussi des succédanés pour écrire en couleur d'or, sans or : par exemple, un mélange intime de soufre natif, d'alun et de rouille, (72) et (73), délayés dans du vin ;

Et encore : litharge couleur d'or (35) ;

Safran et bile de tortue (39) ;

Cuivre rendu semblable à l'or par un enduit de cumin (47) : voir aussi (77).

Fleur de carthame et bile de tortue ou de veau (63).

Les recettes suivantes reposent sur l'emploi de l'orpiment (arsenic des anciens) ; telles sont les recettes (50) et (58), avec addition de safran.

Dans une autre préparation plus compliquée (74), l'orpiment, la chélidoine, la bile de tortue et le safran sont associés, suivant une recette composite.

L'orpiment apparaît ici comme matière employée pour sa couleur propre, et non comme colorant des métaux, emploi qu'il a pris plus tard.

On trouve encore une recette (62) pour écrire en lettres d'asèm (alliage d'argent et d'or), au moyen de la couperose, du soufre et du vinaigre : c'est-à-dire sans or ni argent ;

Et une recette (79) pour écrire en lettres d'argent, avec de la litharge délayée dans la fiente de colombe et du vinaigre.

Il existe aujourd'hui des recettes analogues dans le *Manuel Roret* t. II, p. 140 ; 1832 : « Étain pulvérisé et gélatine, on forme un enduit, on polit au brunissoir ; on ajoute une couche de vernis à l'huile ou à la gomme laque, ce qui fournit une couleur blanche, ou dorée, sur bois, sur cuir, fer, etc. »

Si j'ai donné quelques détails sur ces recettes pour écrire des lettres d'or ou d'argent, c'est parce qu'elles caractérisent nettement les personnes à qui elles étaient destinées. Ce sont, je le répète, des formules précises de praticiens, intéressant spécialement le scribe qui transcrivait ce papyrus, et toute la classe, si importante en Égypte, des hiérogrammates ; car il ne s'agissait pas seulement d'écrire et de dessiner sur papyrus, mais aussi sur marbre ou sur tout autre support. Certaines de ces recettes, par une transition singulière, sont devenues, comme je le dirai bientôt, des recettes de transmutation véritable.

II. — *Manipulation des Métaux.*

Venons aux formules relatives à la manipulation des métaux. Elles portent la trace d'une préoccupation commune : celle d'un orfèvre préparant des métaux et des alliages pour les objets de son commerce, et poursuivant un double but. D'une part, il cherchait à leur donner l'apparence de l'or et de l'argent, soit par une teinture superficielle, soit par la fabrication d'alliages ne renfermant ni or, ni argent, mais susceptibles de faire illusion à des gens inhabiles et même à des ouvriers exercés, comme il le dit expressément. D'autre part, il visait à augmenter le poids de l'or et de l'argent par l'introduction de métaux étrangers, sans en modifier l'aspect. Ce sont là toutes opérations auxquelles se livrent encore les orfèvres de nos jours ; mais l'État leur a imposé l'emploi de marques spéciales, destinées à définir le titre réel des bijoux essayés dans les laboratoires officiels, et il a séparé avec soin le commerce du faux, c'est-à-dire les imitations, ainsi que celui du doublé, du commerce des métaux authentiques. Malgré toutes ces précautions, le public est continuellement déçu, parce qu'il ne connait pas et ne peut pas connaître suffisamment les marques et les moyens de contrôle.

Il y a là des tentations spéciales : les fraudes professionnelles ne semblent pas toujours, dans l'esprit des gens du métier, relever des règles de la probité commune. Le prix de l'or est si élevé, les bénéfices résultant de son remplacement par un autre métal sont si grands, que, même de nos jours, il s'exerce de la part des orfèvres une pression incessante dans ce sens, pression à laquelle les autorités publiques ont peine à résister. Elle a pour but, soit d'abaisser le titre des alliages d'or employés en orfèvrerie, tout en les vendant comme or pur ; soit de vendre au prix du poids total, estimé comme or, les bijoux renfermant des émaux ou des morceaux de fer ou d'autres métaux : même de notre temps, c'est là une tradition commerciale que l'on n'a pas réussi à interdire. Déjà l'on disait au siècle dernier, au temps des métiers organisés par corporations : « Il semble que l'art de tromper ait ses principes et ses règles ; c'est une tradition que le maître enseigne à son apprenti, que le corps entier conserve comme un secret important. » Ici, comme dans bien d'autres industries, il y a tendance perpétuelle à opérer des substitutions et des altérations de matière, fort lucratives pour le marchand et exécutées de façon que le public ne s'en aperçoive pas ; sans cependant se mettre en contradiction flagrante avec le texte des lois et règlements. Au delà commence la criminalité, et il n'est pas rare que la limite soit franchie.

Or ces lois et règlements, cette séparation rigoureuse entre l'industrie du faux, du doublé, du plaqué, des imitations, et l'industrie du vrai or et du vrai argent, ces marques légales, ces moyens précis d'analyse dont nous disposons aujourd'hui, n'existaient pas au temps des anciens. Le papyrus de Leide est consacré à développer les procédés par lesquels les orfèvres d'alors imitaient les métaux précieux et donnaient le change au public. La fabrication du doublé et celle des bijoux fourrés ne figurent cependant pas dans ces recettes, quoiqu'on en trouve des traces chez Pline (1). Les recettes sont ici d'ordre purement chimique, c'est-à-dire que l'intention de fraude est moins évidente. De là pourtant à l'idée qu'il était possible de rendre l'imitation si parfaite qu'elle devînt identique à la réalité, il n'y avait qu'un pas. C'est celui qui fut franchi par les alchimistes.

La transmutation était d'autant plus aisée à concevoir dans les idées du temps que les métaux purs, doués de caractères définis, n'étaient pas distingués alors de leurs alliages : les uns et les autres portaient des

---

(1) *Hist. nat.*, XXXIII, 6, anneau de fer entouré d'or ; lame d'or creuse remplie avec une matière légère ; 52, lits plaqués d'or, etc. Les monnaies fourrées, c'est-à-dire formées d'une âme de cuivre, de fer ou de plomb, recouverte d'une feuille d'argent ou d'or, ont été usitées dans l'antiquité et même fabriquées par le Gouvernement, qui les mêlait en certaines proportions avec la monnaie loyale dans ses émissions, dès le temps de la République romaine et aussi à l'époque impériale, ce que l'on appelait *miscere monetam : — tingere* ou *inficere monetam*, — dernière expression applicable à l'or. (*La Monnaie dans l'antiquité*, par Fr. Lenormant, I, 221 à 236).

noms spécifiques, regardés comme équivalents. Tel est le cas de l'airain
(*æs*), alliage complexe et variable, assimilé au cuivre pur, et qui était souvent désigné par le même nom. Notre mot *bronze* reproduit la même
complexité; mais ce n'est plus pour nous un métal défini. Le mot de
cuivre lui-même s'applique souvent à des alliages jaunes ou blancs, dans
la langue commune de nos jours et dans celle des artisans. De même l'orichalque, qui est devenu après plusieurs variations notre *laiton* (1 ; le chrysochalque, qui est devenu notre *chrysocale* ou *similor*, etc. L'*electrum*, alliage
naturel d'or et d'argent, a servi à fabriquer des monnaies en Asie Mineure,
(Lydie et villes d'Ionie. en Campanie et à Carthage, où l'on prenait même
soin de leur faire subir une cémentation, destinée à leur donner l'aspect de
l'or pur (v. p. 16). L'airain de Corinthe, alliage renfermant de l'or, du cuivre et de l'argent, n'était pas sans analogie avec le quatrième titre de l'or, usité
aujourd'hui en bijouterie. L'alliage monétaire, employé pour les monnaies
courantes, était aussi un métal propre ; de même que notre billon d'aujour-
d'hui ; la planète Mars lui est même attribuée, au même titre que les autres
planètes aux métaux simples, dans la vieille liste de Celse. Le *claudianon* et
le *molybdochalque*, alliages de cuivre et de plomb mal connus, souvent
cités par les alchimistes, ne sont pas sans analogie avec le clinquant, le po-
tin et avec certains laitons ou bronzes artistiques, spécialement signalés
dans divers passages de Zosime. Mais ils ont disparu, au milieu des nombreux alliages que l'on sait former maintenant entre le cuivre, le zinc, le
plomb, l'étain, l'antimoine et les autres métaux. Le *pseudargyre* de Strabon
est un alliage qui n'a pas non plus laissé d'autre trace historique ; peut-être
contenait-il du nickel. Les Romains ajoutaient parfois au bronze monétaire,
(cuivre et étain), du plomb, jusqu'à la dose de 29 p. o/o dans leurs monnaies. Le *stannum* de Pline était un alliage analogue au claudianon, renfermant parfois de l'argent, et dont le nom a fini par être identifié avec
celui du plomb blanc, autre alliage variant depuis les composés de plomb
et d'argent, qui se produisent pendant le traitement des minerais de plomb,
jusqu'à l'étain pur, qu'il a fini par signifier exclusivement. La monnaie

(1) Le nom même du laiton vient
d'*electrum*, qui avait pris ce sens
pendant le moyen âge, d'après du
Cange.

d'étain frappée par Denys de Syracuse, d'après Aristote, devait être un alliage de cet ordre ; même au temps des Sévères on a fabriqué des monnaies d'étain, simulant l'argent (Lenormant, *La Monnaie dans l'antiquité*, p. 213) et qui sont venues jusqu'à nous.

Au point de vue de l'imitation ou de la reproduction de l'or et de l'argent, le plus important alliage était l'*asèm*, identifié souvent avec l'électrum, alliage d'or et d'argent qui se trouve dans la nature : mais le sens du mot *asèm* est plus compréhensif. Le papyrus X offre à cet égard beaucoup d'intérêt, en raison des formules multipliées d'asèm qu'il renferme. C'est sur la fabrication de l'asèm en effet que roule surtout l'imitation de l'or et de l'argent, d'après les recettes du papyrus : c'est aussi sa fabrication et celle du molybdochalque, qui sont le point de départ des procédés de transmutation des alchimistes. Toute cette histoire tire un singulier jour des textes du papyrus qui précisent nettement ce qu'il était déjà permis d'induire à cet égard (1) : je les rapprocherai des textes des vieux alchimistes que j'ai spécialement étudiés.

Abordons donc de plus près la discussion du papyrus. Nous y trouvons d'abord des *recettes pour la teinture superficielle des métaux* (2) : telles que la dorure et l'argenture, destinées à donner l'illusion de l'or et de l'argent véritables et assimilées soit à l'écriture en lettres d'or et d'argent, soit à la teinture en pourpre, dont les recettes suivent. Tantôt on procédait par l'addition d'un liniment ou d'un vernis : tantôt, au contraire, on enlevait à la surface du bijou les métaux autres que l'or, par une cémentation qui en laissait subsister à l'état invisible et caché le noyau composé (v. p. 16).

On y rencontre aussi des recettes destinées à accomplir une imitation plus profonde : par exemple, en alliant au métal véritable, or ou argent, une dose plus ou moins considérable de métaux moins précieux ; c'était l'opération de la *diplosis*, qui se pratique encore de nos jours (3). Mais l'orfèvre

---

(1) *Origines de l'Alchimie*. Les métaux chez les Égyptiens, p. 211 et suivantes.

(2) *Ibid.*, p. 238.

(3) Manilius, poète latin du 1er siècle de l'ère chrétienne, en parle aussi dans un vers dont l'authenticité a été contestée autrefois par des raisons *à priori* : la diplosis étant réputée inconnue avant le moyen âge. Mais la connaissance positive de cette opération chez les anciens, établie par le papyrus de Leide, tend à rétablir la valeur du texte de Manilius. — Voir *Origines de l'Alchimie*, p. 70.

égyptien croyait ou prétendait faire croire que le métal vrai était réellement multiplié, par une opération comparable à la fermentation : deux textes du papyrus [*masse inépuisable*, recettes **7** et **66**, etc.] le montrent clairement. C'est là d'ailleurs la notion même des premiers alchimistes, clairement exposée dans Énée de Gaza [1].

Enfin la falsification est parfois complète, l'alliage ne renfermant pas trace d'or ou d'argent initial. C'est ainsi que les alchimistes espéraient réaliser une transmutation intégrale.

Dans ces diverses opérations, le mercure joue un rôle essentiel, rôle qui a persisté jusqu'à nos jours, où il a été remplacé pour la dorure par des procédés électriques. L'arsenic, le soufre et leurs composés apparaissent aussi comme agents tinctoriaux : ce qui complète l'assimilation des recettes du papyrus avec celles des alchimistes.

Les divers procédés employés dans le papyrus, pour *reconnaître la pureté des métaux* (docimasie, **43**, **44**, **64**, **32** ; pour les affiner et les purifier (**15**, or), (**26**, argent), (**2**, **3**, **4**, étain), **21**, **22**, asèm ; pour les décaper, opération qui précède la soudure ou la dorure **46**, **48**, **65**, **66**, **20**, **20** *bis*, sont rappelés ici seulement pour mémoire.

En ce qui touche la *soudure des métaux*, il n'y a que deux recettes relatives à la soudure d'or (chrysocolle). Observons que ce nom a plusieurs sens très différents chez les anciens : il signifie tantôt la malachite [2], tantôt un alliage de l'or avec l'argent [3], ou avec le plomb, parfois avec le cuivre : ces divers corps étant d'ailleurs mis en œuvre simultanément. Enfin on le trouve appliqué dans Olympiodore à l'opération même, par laquelle on réunissait en une masse unique les parcelles ou paillettes métalliques. C'est un alliage de l'or et du cuivre, associé à l'argent ou à l'asèm, qui est désigné sous ce nom dans notre papyrus, recettes **31** et **33**.

Venons aux procédés pour dorer, argenter, teindre et colorer les métaux superficiellement. Deux formules de décapage rappelées plus haut **19**, **20**, **20** *bis* ont déjà cette destination ; dans un but de tromperie, ce semble, en modifiant l'apparence de la monnaie. La recette **25** tend vers le même but :

---

(1) *Origines de l'Alchimie*, p. 75.
(2) DIOSCORIDE, *Mat. méd.*, V. 104.

(3) PLINE, *Hist. Nat.*, XXXIII, 29.

c'est à peu près celle du cément royal, au moyen duquel on séparait l'or de l'argent et des autres métaux (p. 11). Employée comme ci-dessus, elle a pour effet de faire apparaître l'or pur à la surface de l'objet d'or, le centre demeurant allié avec les autres métaux. C'est donc un procédé de fraude (v. p. 16). Mais on pouvait aussi s'en servir pour lustrer l'or.

Aujourd'hui encore les orfèvres emploient diverses recettes analogues, pour donner à l'or une belle teinte:

« Or mat, salpêtre, alun, sel ;

« Or fin, avec addition d'acide arsénieux ;

« Or rouge, par addition d'un sel de cuivre ;

« Or jaune, par addition de salpêtre, de sel ammoniac.

« *Pour lustrer et polir*. Tartre brut, 2 onces ; soufre en poudre, 2 onces ; sel marin, 4 onces ; faites bouillir dans parties égales d'eau et d'urine ; trempez-y l'or, ou l'ouvrage doré. » (*Manuel Roret*, t. II, p. 188; 1832).

Le soufre et l'urine se retrouvent ici, dans le manuel Roret, comme chez les alchimistes égyptiens.

Voici maintenant des procédés de dorure véritable. L'un d'eux (38) est remarquable, parce qu'il procède sans mercure, au moyen d'un alliage de plomb : il représente peut-être une pratique antérieure à la connaissance du mercure, dont il n'est pas question jusqu'au v° siècle avant notre ère.

En tout cas, c'est toujours un procédé pour tromper l'acheteur, comme le texte le dit expressément.

Un autre procédé (57) est destiné à dorer l'argent, par application avec des feuilles d'or et du mercure. L'objet, dit l'auteur, peut subir l'épreuve de l'or régulier (la pierre de touche) : c'est donc un procédé de fraude.

D'autres recettes donnent seulement l'apparence de l'or : on la communique au cuivre par l'emploi du cumin par exemple (28) ; avec des variantes (47) et (77).

Rappelons ici les recettes pour écrire en couleur d'or avec l'aide du safran, du carthame et de la bile de veau ou de tortue (39), (63), (74). Pline explique également que l'on colore le bronze en or avec le fiel de taureau (*H. N.* XXVIII, 146).

Une autre recette est destinée à dorer sans or un vase d'argent ou de cuivre, au moyen du natron jaune, substance mal connue (49): c'était

peut-être un sulfure, capable de teindre superficiellement les métaux
(v. p. 39).

Une recette pour dorer l'argent (51) repose sur l'emploi de la sandaraque
(c'est-à-dire du réalgar), du cinabre et du misy (sulfates de cuivre et de fer
basiques). Elle constate ainsi l'apparition des composés arsénicaux pour
teindre en or. Mais ces composés semblent employés ici seulement par
application, sans intervention de réactions chimiques, telles que celles qui
font au contraire la base des méthodes de transmutation par l'arsenic chez
les alchimistes.

Une apparence de dorure superficielle (69) et 76 repose sur l'emploi du
misy grillé, de l'alun et de la chélidoine, avec addition d'urine.

Ces procédés de teinture superficielle sont devenus un procédé de transmutation dans le Pseudo-Démocrite (*Physica et Mystica*, qui s'exprime
ainsi :

« Rendez le cinabre (1) blanc au moyen de l'huile, ou du vinaigre, ou du
miel, ou de la saumure, ou de l'alun; puis jaune, au moyen du misy, ou du
sory, ou de la couperose, ou du soufre apyre, ou comme vous voudrez.
Jetez le mélange sur de l'argent et vous obtiendrez de l'or, si vous avez
teint en or; si c'est du cuivre, vous aurez de l'électrum : car la nature jouit
de la nature. »

Cette recette est reproduite avec plus de détails un peu plus loin, dans le
même auteur.

Ailleurs le Pseudo-Démocrite donne un procédé fondé sur l'emploi du
safran et de la chélidoine, pour colorer la surface de l'argent ou du cuivre
et la teindre en or : ce qui est conforme aux recettes pour écrire en lettres
d'or exposées plus haut.

La chélidoine apparait aussi associée à l'orpiment, dans l'une des recettes
du papyrus pour écrire en lettres d'or sur papier, sur parchemin, ou sur
marbre (74).

A la suite figure un procédé de dorure par vernissage, fondé sur l'emploi
simultané des composés arsénicaux, de la bile et du mercure (75).

---

(1) Ce mot semble signifier ici le minium (oxyde de plomb), sens que l'on trouve
dans Dioscoride.

Ce procédé rappelle à certains égards le vernis suivant, pour donner
une couleur d'or à un métal quelconque (*Manuel Roret*, t. II, p. 192;
1832) :

« Sangdragon, soufre et eau, faire bouillir, filtrer; on met cette eau dans
un matras avec le métal qu'on veut colorer. On bouche, on fait bouillir, on
distille. Le résidu est une couleur jaune, qui teint les métaux en couleur
d'or. On peut encore opérer avec parties égales d'aloès, de salpêtre et de sulfate de cuivre. »

Les procédés suivants sont des procédés d'argenture, tous fondés sur une
coloration apparente, opérée sans argent. Ainsi 42, sous le nom d'*enduit
de cuivre*, on enseigne à blanchir le cuivre en le frottant avec du mercure :
c'est encore aujourd'hui un procédé pour donner à la monnaie de cuivre l'apparence de l'argent et duper les gens inattentifs.

De même un amalgame d'étain, destiné à blanchir le cuivre 27.

De même le procédé pour colorer l'argent 81.

La teinture en couleur d'asèm 80 et 67, intermédiaire entre l'or et l'argent, est répétée deux fois.

Citons encore une recette pour blanchir le cuivre par l'arsenic 23.

Au lieu de teindre la surface des métaux, pour leur donner l'apparence
de l'or ou de l'argent, les orfèvres égyptiens apprirent de bonne heure à les
teindre à fond, c'est-à-dire en les modifiant dans toute leur masse. Les procédés employés par eux consistaient à préparer des alliages d'or et d'argent
conservant l'apparence du métal : c'est ce qu'ils appelaient la *diplosis*, l'art de
doubler le poids de l'or et de l'argent (V. plus haut p. 56) ; expression qui a passé
aux alchimistes, en même temps que la prétention d'obtenir ainsi des métaux,
non simplement mélangés, mais transformés à fond. Le mot actuel de *doublé*
se rapporte au même ordre d'idées, mais avec un sens tout différent, puisqu'il s'agit aujourd'hui de deux lames métalliques superposées. Chez les
anciens la signification était plus extensive. En effet, le mot *diplosis* impliquait
autrefois, tantôt la simple augmentation de poids du métal précieux, additionné d'un métal de moindre valeur qui n'en changeait pas l'apparence, (16
et (17, 56, 87 et 88 ; tantôt la fabrication de toutes pièces de l'or et de
l'argent, par la transmutation de nature du métal surajouté ; tous les métaux
étant au fond identiques, conformément aux théories platoniciennes sur la

matière première. L'agent même de la transformation est une portion de
l'alliage antérieur, jouant le rôle de ferment.

Toutes ces préparations sont aussi claires et positives, sauf l'incertitude
sur le sens de quelques mots, que nos recettes actuelles. Il n'en est que plus
surprenant de voir naître, au milieu de procédés techniques si précis, la
chimère d'une transmutation véritable ; elle est corrélative d'ailleurs avec
l'intention de falsifier les métaux. Le faussaire, à force de tromper le public,
finissait par croire à la réalité de son œuvre ; il y croyait, aussi bien que la
dupe qu'il s'était d'abord proposé de faire. En effet, la parenté de ces recettes avec celles des alchimistes peut être aujourd'hui complètement établie.

J'ai déjà signalé l'identité de quelques recettes de dorure du papyrus
avec les recettes de transmutation du Pseudo-Démocrite : je poursuivrai
cette démonstration tout à l'heure en parlant de l'asèm. Elle est frappante
pour la *diplosis* de Moïse [1], recette aussi brève, aussi claire que celle des
papyrus de Leide et tirée probablement des mêmes sources ; du moins si
l'on en juge par le rôle de Moïse dans ces mêmes papyrus ce volume,
p. 16.

Le procédé de Moïse, exposé en quelques lignes, est celui-ci :

« Prendre du cuivre, de l'arsenic (orpiment), du soufre et du plomb [2] ;
on broie le mélange avec de l'huile de raifort ; on le grille sur des charbons
jusqu'à désulfuration ; on retire ; on prend de ce cuivre brûlé 1 partie et 3
parties d'or ; on met dans un creuset ; on chauffe ; et vous trouverez le tout
changé en or, avec le secours de Dieu. »

C'est un alliage d'or à bas titre, analogue à ceux signalés plus haut.

Les soudures d'argent des orfèvres de nos jours sont encore exécutées
au moyen des composés arsénicaux. On lit par exemple dans le *Manuel
Roret*, t. II. p. 186 (1832) :

« 3 parties d'argent, 1 partie d'airain : fondez ; jetez-y un peu d'orpiment
en poudre.

« Autre : argent fin, 1 once ; airain mince, 1 once ; arsenic, 1 once. On
fond d'abord l'argent et l'airain et l'on y ajoute l'arsenic.

---

(1) *Manuscrit* **299** *de Saint-Marc*
(M), f. 185, recto.

(2) Ou bien du soufre natif : d'après
le symbole du manuscrit.

« Autre : argent, 4 onces ; airain, 3 onces ; arsenic, 2 gros.

« Autre : argent, 2 onces ; clinquant, 1 once ; arsenic, 4 gros ; couler de suite ; bonne soudure. »

On remarquera que l'énoncé même de ces formules de nos jours affecte une forme analogue à celui des formules du papyrus (23 notamment) et des manuscrits. C'est d'ailleurs par des recettes analogues que l'on prépare aujourd'hui le *tombac blanc* ou cuivre blanc, et le faux argent des Anglais. En tous cas, le cuivre est teint dans le papyrus au moyen de l'arsenic, comme chez les alchimistes ; le tout dans une intention avouée de falsification.

La formule d'Eugenius, qui suit dans le manuscrit de Venise, est un peu plus complexe que celle de Moïse.

Elle repose aussi sur l'emploi du cuivre brûlé, mêlé à l'or et fondu, auquel on ajoute de l'orpiment : ce composé traité par le vinaigre est exposé au soleil pendant deux jours, puis on le dessèche ; on l'ajoute à l'argent, ce qui le rend pareil à l'électrum ; le tout ajouté à l'or, par parties égales, consomme l'opération.

C'est toujours le même genre d'alliages, que l'auteur prétend identifier finalement avec l'or pur.

III. — *Fabrication de l'Asèm.*

Le nœud de la question est dans la fabrication de l'asèm.

L'asèm (1) des Égyptiens désignait à l'origine l'électrum, alliage d'or et d'argent, qui se trouve dans la nature et qui se produit aisément dans les traitements des minerais. Son nom a été traduit chez les Grecs anciens par celui de ἄσημον, ἄσημος, ou ἄσημη, qui était aussi celui de l'argent sans marque, c'est-à-dire sans titre, lequel est devenu chez les Grecs modernes le nom même de l'argent. De là une confusion extrême dans les textes. Mais à l'origine l'*asèm* égyptien avait un sens propre, comme le montrent, sans doute possible, les papyrus de Leide. D'après Lepsius, d'ailleurs, l'asèm était regardé comme un métal distinct, comparable à l'or et à l'argent ; il est figuré à côté d'eux

---

(1) *Origines de l'Alchimie,* p. 215.

sur les monuments égyptiens. Il a été placé de même sous le patronage
d'une divinité planétaire. Jupiter, qui, plus tard, fut attribuée à l'étain, vers
le ve ou vi^e siècle de notre ère, lorsque l'électrum disparut de la liste des
métaux.

Cependant ce métal prétendu variait notablement dans ses propriétés,
suivant les doses relatives d'or, d'argent et des autres corps simples, alliés
dans sa constitution : mais alors la chose ne paraissait pas plus surprenante que la variation des propriétés de l'airain, nom qui comprenait à la
fois et notre cuivre rouge, et les bronzes et les laitons d'aujourd'hui.

Ce n'est pas tout : l'asèm jouissait d'une faculté étrange : suivant les traitements subis, il pouvait fournir de l'or pur, ou de l'argent pur, c'est-à-dire
être changé en apparence en ces deux autres métaux.

Enfin, et réciproquement, on pouvait le fabriquer artificiellement, en alliant l'or et l'argent entre eux, voire même sans or, et sans argent et en
outre avec association d'autres métaux, tels que le cuivre, l'étain, le zinc, le
plomb, l'arsenic, le mercure, qui en faisaient varier la couleur et les diverses
propriétés : on va citer tout à l'heure de nombreux exemples de ce genre
de fabrication (v. aussi p. 54 et 56, les formules des monnaies falsifiées).

C'était donc à la fois un métal naturel et un métal factice. Il établissait
la transition de l'or et de l'argent entre eux et avec les autres métaux et semblait fournir la preuve de la transmutation réciproque de toutes ces substances, métaux simples et alliages. On savait d'ailleurs en retirer dans un
grand nombre de cas l'or et l'argent, au moins par une analyse qualitative, et
l'on y réussissait même dans des circonstances, telles que le traitement du
plomb argentifère, où il ne semblait pas qu'on eût introduit l'argent à
l'avance dans les mélanges capable de fournir ce métal.

Tels sont les faits et les apparences qui servaient de bases aux pratiques,
aux conceptions et aux croyances des orfèvres des papyrus de Leide, comme
à celles des alchimistes gréco-égyptiens de nos manuscrits. On voit par là
que, étant donné l'état des connaissances d'alors, ces conceptions et ces
croyances n'avaient pas le caractère chimérique qu'elles ont pris pour nous ;
maintenant que les métaux simples sont définitivement distingués, les uns
par rapport aux autres, comme par rapport à leurs alliages. La seule chose
surprenante, c'est la question de fait : je veux dire que les praticiens aient

cru si longtemps à la réalité d'une transmutation complète, alors qu'ils fabriquaient uniquement des alliages ayant l'apparence de l'or et de l'argent, alliages dont nous possédons maintenant, grâce au papyrus de Leide, les formules précises. Or ces formules sont les mêmes que celles des manuscrits alchimiques. En fait, c'étaient là des instruments de fraude et d'illusion vis-à-vis du public ignorant. Mais comment les gens du métier ont-ils pu croire si longtemps qu'ils pouvaient réellement, par des pratiques d'artisan, ou par des formules magiques, réussir à changer ces apparences en réalité ? Il y a là un état intellectuel qui nous confond. Quoi qu'il en soit, il est intéressant de pousser la connaissance des faits jusqu'à son dernier degré, et c'est ce que je vais essayer de faire.

Le nombre des recettes relatives à l'asèm s'élève à 28 ou 30 ; c'est plus du quart du nombre total des articles du papyrus. Elles comprennent des procédés pour la fabrique de toutes pièces ; des procédés pour faire l'asèm noir, correspondant à ce que nous appelons l'argent oxydé ; des procédés pour teindre en asèm ; pour faire des lettres de cette couleur, pour essayer l'asèm ; enfin des procédés pour doubler et multiplier la dose de l'asèm, pour le diluer, etc. : ce qui répond à la *diplosis* de l'or, signalée plus haut (p. 56 et 60).

Entrons dans quelques détails, en commençant par les procédés de fabrication, qui mettent en pleine évidence le caractère réel de l'asèm. On trouve désignés sous ce nom, indépendamment de l'asèm naturel ou electrum, alliage d'or et d'argent figuré sur les monuments égyptiens :

1° Un alliage d'étain et d'argent (3).

C'est un procédé de *diplosis* de l'argent.

2° Un amalgame d'étain, (5 et 86).

Ici il s'agit uniquement de simuler l'argent.

Dans une autre recette (37), l'étain affiné est simplement additionné d'un peu de mercure : ce qui montre que la dose de ce dernier variait.

3° L'étain affiné a été parfois identifié à l'asèm (v. p. 55), comme le montre la recette suivante, tirée du manuscrit 299 de Saint-Marc (M, fol. 106, recto) :

« Prenez de l'étain affiné, fondez-le et, après cinq fusions, jetez du bitume à sa surface dans le creuset ; et chaque fois que vous le refondrez, coulez-le dans du sel ordinaire, jusqu'à ce qu'il devienne un asèm parfait et abondant. »

C'est la formule 3 du papyrus, dans lequel elle précède la fabrication d'un alliage d'étain et d'argent. En tous cas, elle montre la similitude parfaite des recettes du papyrus et de celles du manuscrit de Saint-Marc.

4° Le nom de l'asèm paraît avoir été aussi appliqué à un alliage de plomb et d'argent, obtenu dans la fusion des minerais de plomb : ainsi que l'établit le texte suivant [1], tiré du manuscrit de Saint-Marc fol. 106, recto) :

« Prenez du plomb fusible, tiré des minerais lavés. Le plomb fusible est très compact. On le fond à plusieurs reprises, jusqu'à ce qu'il devienne asèm. Après avoir obtenu l'asèm, si vous voulez le purifier, jetez dans le creuset du verre de Cléopâtre et vous aurez de l'asèm pur; car le plomb fusible fournit beaucoup d'asèm. Chauffez le creuset sur un feu modéré et pas trop fort. »

Et un peu plus bas :

« On tire l'asèm du plomb purifié, comme il est écrit sur la stèle d'en haut [2]. Il faut savoir que cent livres de plomb ordinaire fournissent dix livres d'asèm. »

Dans les autres recettes, le cuivre intervient toujours; on rapprochait par là l'apparence et les propriétés de l'alliage de celles de l'or. L'asèm formait dès lors, aussi bien que l'électrum naturel, la transition entre l'or et l'argent. Toutefois, dans aucune des recettes, sauf la dernière 90 , l'or n'est ajouté; ce qui montre bien l'intention d'imitation, ou plutôt de fraude.

5° Un alliage d'étain et de cuivre, sorte de bronze où l'étain dominait 30 ; ou bien il était pris à parties égales 29) et 14 .

6° Un alliage analogue, avec addition d'asèm antérieur 8 et 40 .

L'intention de fraude est ici très explicitement avouée.

Dans cette formule, il n'est pas question des fondants et des tours de main pour affiner l'alliage, mais ils sont décrits en détail dans une autre recette 19 , par laquelle on augmente la proportion de cuivre dans l'asèm

---

[1] Le titre est : Sur la fabrication de l'asèm ; tandis que le signe employé dans le courant du texte est celui de l'argent. (Texte grec ci-après, I, xvi.)

[2] Il s'agit évidemment de la recette précédente, inscrite probablement dans le temple sur une stèle ou colonne.

déjà préparé : ce qui devait rapprocher le bronze obtenu de la couleur de l'or. De même 83 , dans une recette où l'on décrit les précautions pour éviter l'oxydation.

7° Un alliage d'argent, d'étain et de cuivre (41 .

Une recette analogue, un peu plus détaillée et avec moitié moins d'étain, se termine par ces mots : « Employez-le comme de l'asèm, préférable au véritable 59 . »

8° Un amalgame de cuivre et d'étain 9) et (29 .

9° Un amalgame de cuivre, d'étain et d'asèm (13 et (18 .

C'est une variante de la formule précédente.

Ces recettes paraissent se rapporter à ces prescriptions fondamentales du Pseudo-Démocrite : « Fixe le mercure avec le corps (ou métal) de la magnésie. » La magnésie était, à proprement parler, tantôt la pierre d'aimant, avec addition de divers métaux et oxydes métalliques, tantôt un sulfure métallique contenant du fer, du cuivre, du plomb, etc.

10° Un alliage de plomb, de cuivre, de zinc et d'étain (11); avec ces mots à la fin : « On s'en sert comme de l'asèm naturel. »

On voit paraître ici l'idée d'imiter par l'art le métal naturel, par analogie avec la reproduction artificielle des pierres précieuses.

11° Un alliage de plomb, de cuivre et d'asèm (84), désigné sous le nom d'*asèm égyptien*, *d'après la recette de Phiménas le Saïte*, personnage qui est le même que le Pamménès des alchimistes. En effet, il est expressément cité par le Pseudo-Démocrite, comme artiste en Chrysopée, au début d'une série de recettes pour la fabrication de l'asèm (p. 24).

Cet ordre d'alliages rappelle le *métal anglais* de nos jours, formé de 80 parties de cuivre; 4, 3 de plomb; 10, 1 d'étain; 5, 6 de zinc.

De même *l'alliage indien* : 16 parties de cuivre; 4 parties de plomb; 2 parties d'étain; 16 parties de zinc;

Ou bien le *métal du prince Robert* : 4 parties de cuivre et 2 de zinc;

Les alliages de cuivre et de zinc (100 cuivre, 8 à 14 zinc);

Les alliages de cuivre (100 parties), de zinc et d'étain (de 3 à 7 parties de chacun);

L'argentan, le *packfong*, le *cuivre blanc des Chinois*, le *maillechort;* alliages de cuivre (de 3 à 5 parties) avec le zinc et le nickel (parties égales, formant la moitié ou les deux tiers du poids du cuivre), additionnés d'un peu de plomb;

Et un grand nombre d'alliages complexes et du même ordre. cuivres, bronzes et laitons blancs et jaunes encore usités dans l'industrie : la variété en est infinie.

12° Un alliage d'asèm et d'orichalque laiton arsénical, décrit à la suite du précédent :85 .

Cette recette compliquée, où l'arsenic intervient, rappelle tout à fait celle des alchimistes. On lit, par exemple, dans le Pseudo-Démocrite *Physica et Mystica*. Texte grec, I, 7) :

« *Fabrication de l'or jaune.* — Prenez du claudianon (1), rendez-le brillant et traitez-le suivant l'usage, jusqu'à ce qu'il devienne jaune. Jaunissons donc : je ne dis pas avec la pierre, mais avec sa portion utile. Vous jaunirez avec l'alun décomposé 2 , avec le soufre, ou l'arsenic (sulfuré), ou la sandaraque (réalgar), ou le titanos (calcaire), ou à votre idée : si vous y ajoutez de l'argent, vous aurez de l'or; si vous mettez de l'or, vous aurez du corail d'or (3) : car la nature victorieuse domine la nature. »

Le procédé semble le même : mais il est moins clair chez l'alchimiste et il est devenu une méthode de transmutation. Une recette analogue se retrouve un peu plus loin dans le même auteur.

Voici encore un résumé de la recette d'Olympiodore, auteur alchimiste du v° siècle, laquelle est très claire.

« *Première teinture teignant le cuivre en blanc.* — L'arsenic est une espèce de soufre qui se volatilise au feu. Prenez de l'arsenic doré, 14 onces : porphyrisez, faites tremper dans du vinaigre deux ou trois jours et faites sécher à l'air, mêlez avec 5 onces de sel de Cappadoce 4 ; l'emploi de ce sel

---

(1) Alliage de plomb et d'étain avec le zinc et le cuivre.

(2) Dans le langage des alchimistes grecs. ce mot s'applique non seulement à notre alun plus ou moins pur, mais à l'acide arsénieux, provenant du grillage des sulfures : cette signification est donnée dans les textes d'une façon très explicite.

(3) Quintessence de l'or. Ce mot est parfois synonyme de *coquille d'or*. dénomination conservée dans le langage des orfèvres par le mot *or en coquilles*. c'est-à-dire or en poudre, dont le sens actuel n'est peut-être pas le même que celui des anciens.

(4) Sel gemme.

a été proposé par Africanus. On place au-dessus du vaisseau qui contient le mélange une fiole ou vase de verre et au-dessus une autre fiole, assujettie de tous côtés, pour que l'arsenic brûlé ne se dissipe pas (1). Faites brûler à plusieurs reprises, jusqu'à ce qu'il soit devenu blanc : on obtient ainsi de l'alun blanc et compact (2). Ensuite on fait fondre du cuivre avec de la cendre de chêne de Nicée (3), puis vous prenez de la fleur de natron (4), vous en jetez au fond du creuset 2 ou 3 parties pour ramollir. Ensuite vous projetez la poudre sèche (arsenic) avec une cuiller de fer, 1 once pour 2 onces de cuivre ; puis vous ajoutez dans le creuset un peu d'argent, pour rendre la teinture uniforme : vous projetez encore un peu de sel. Vous aurez ainsi un très bel asèm. »

On voit que les recettes des premiers alchimistes ne sont nullement chimériques, mais pareilles à celles du papyrus et même aux recettes des orfèvres et métallurgistes de nos jours.

Venons aux procédés de *diplosis* proprement dite, destinés à augmenter le poids de l'asèm, envisagé comme un métal défini, procédés analogues aux *diplosis* de l'or et de l'argent décrites plus haut et donnant des alliages plus ou moins riches en cuivre 6 , (10) et (90).

Dans le dernier procédé, il semble qu'il s'agisse d'accroître le poids de l'asèm et d'en modifier la couleur. On le ramollit par amalgamation, afin d'y pouvoir incorporer de l'or, de l'argent, du soufre, de l'arsenic et du cuivre. Les derniers métaux sont tirés de leurs sulfures, dissous ou désagrégés par le polysulfure de calcium, qui forme l'eau de soufre : le tout, avec le concours des grillages et d'une nouvelle amalgamation finale. C'est là tout à fait un procédé d'alchimiste transmutateur.

Une mention spéciale est due à la substance appelée ὕδωρ θεῖον : ce qui veut dire *eau de soufre*, ou *eau divine*, substance qui a un rôle énorme chez les alchimistes, lesquels jouent continuellement sur le double sens de ce mot. Cette liqueur est désignée dans le lexique alchimique sous le nom de *bile de serpent;* dénomination qui est attribuée à Pétésis, seul auteur cité

---

(1) Cette description répond à celle de l'aludel.

(2) Ce nom s'appliquait donc à l'acide arsénieux.

(3) Flux blanc.

(4) Fondant.

dans ce lexique, lequel figure aussi dans Dioscoride, ainsi que Phiménas ou Pamménès, désigné à la fois dans le papyrus et dans le Pseudo-Démocrite. Ces noms représentent deux personnages réels, deux de ces prophètes ou prêtres chimistes qui ont fondé notre science.

L'eau de soufre apparaît pour la première fois dans le papyrus X 89. La recette est très claire : elle désigne la préparation d'un polysulfure de calcium. Dans la recette consécutive 90, qui est fort compliquée, on met en œuvre la liqueur ci-dessus.

Cette liqueur préparée avec du soufre natif ὕδωρ θείου ἀθίκτου se trouve décrite dans divers passages des alchimistes, par exemple dans le petit résumé de Zosime intitulé : γνησία γραφή, *écrit authentique*. Rappelons ici que les descriptions de Zosime se rapportent en divers endroits à des liqueurs chargées d'acide sulfhydrique (1).

Une semblable eau de soufre possède une activité remarquable, surtout vis-à-vis des métaux, activité qui a dû frapper vivement ses inventeurs. Non seulement elle donne des précipités ou produits colorés en noir, en jaune, en rouge, etc., avec les sels et oxydes métalliques : mais les polysulfures alcalins exercent une action dissolvante sur la plupart des sulfures métalliques : ils colorent directement la surface des métaux de teintes spéciales ; enfin ils peuvent même, par voie sèche à la vérité, dissoudre l'or.

Dans ces procédés de *diplosis* et dans la plupart des fabrications d'asèm, l'auteur ajoute toujours au mélange une certaine dose d'asèm préexistant, pour faciliter l'opération. Il y a là une idée analogue à celle d'un ferment et qui est exposée d'une façon plus explicite dans deux articles spéciaux (7 et (60.

Quelques mots maintenant sur l'asèm noir, préparation analogue à notre argent oxydé 36). C'est un alliage noirci par des sulfures métalliques. Pline dit de même *Hist. nat.*, XXXIII, 46 :

« L'Égypte colore l'argent, pour voir dans les vases son Anubis ; elle peint l'argent, au lieu de le ciseler. Cette matière a passé de là aux statues triomphales ; et, chose étrange, elle augmente de prix en voilant son éclat.

---

(1) *Sur la même eau divine :* on y lit le passage suivant : découvrant l'alam- | bic, tu te boucheras le nez à cause de l'odeur, etc.

Voici comment on opère. On mêle avec un tiers d'argent deux parties de cuivre de Chypre très fin, nommé coronaire, et autant de soufre vif que d'argent. On combine le tout par fusion, dans un vase de terre luté avec de l'argile... On noircit aussi avec un jaune d'œuf durci ; mais cette dernière teinte est enlevée par l'emploi de la craie et du vinaigre. »

Ainsi Pline opère avec de l'argent pur, tandis que le papyrus met en œuvre un alliage plombifère.

IV. — *Recettes du Pseudo-Démocrite.*

Pour achever de caractériser ces colorations de métaux en or et en argent, ainsi que toute l'industrie des orfèvres et métallurgistes égyptiens qui a donné naissance à l'Alchimie, il semble utile de donner les recettes des premiers alchimistes eux-mêmes. J'en ai déjà reproduit quelques-unes (p. 59, 61, 62, 64, 65, 67). Les plus vieilles de ces recettes sont exposées dans le Traité du Pseudo-Démocrite, intitulé *Physica et Mystica ;* je les ai étudiées et j'ai réussi à en tirer un sens positif, à peu près aussi clair que pour les procédés décrits par Pline ou Dioscoride. Or leur comparaison fournit les résultats les plus dignes d'intérêt.

Après un fragment technique sur la teinture en pourpre et un récit d'évocation, ce Traité poursuit par deux Chapitres, l'un sur la Chrysopée ou art de faire de l'or : l'autre sur la fabrication de l'asèm, assimilée à l'art de faire de l'argent. Ces deux Chapitres sont en réalité des collections de recettes ayant le même caractère pratique, c'est-à-dire relatives tant à la préparation de métaux teints superficiellement, qu'à celle d'or et d'alliages d'argent. Les recettes mêmes sont comparables de tous points à celles du papyrus de Leide, à cela près que chacune d'elles se termine par les refrains mystiques : La nature triomphe de la nature ; la nature jouit de la nature ; la nature domine la nature, etc. Cependant il n'y a ni magie, ni mystère dans le corps même des recettes. Donnons-en le résumé en quelques lignes.

ART DE FAIRE DE L'OR. — *Première recette.* — On éteint le mercure, en l'alliant avec un autre métal ; ou bien en l'unissant au soufre, ou au sulfure

d'arsenic ; ou bien en l'associant avec certaines matières terreuses. On étend
cette pâte sur du cuivre pour le blanchir. En ajoutant de l'électrum ou
de l'or en poudre, on obtient un métal coloré en or. Dans une variante, on
blanchit le cuivre au moyen des composés arsénicaux, ou du cinabre décomposé. Il s'agit donc, en somme, d'un procédé d'argenture apparente du
cuivre, précédant une dorure superficielle.

Deuxième recette. — On traite le sulfure d'argent naturel par la litharge
de plomb, ou par l'antimoine, de façon à obtenir un alliage ; et l'on colore en
jaune par une matière non définie.

Troisième recette. — On grille la pyrite cuivreuse, on la fait digérer avec
des solutions de sel marin, et l'on prépare un alliage avec de l'argent ou de l'or.
Le claudianon alliage de cuivre, d'étain et de plomb avec le zinc est
jauni par le soufre, ou l'arsenic, puis allié à l'argent ou à l'or.

Quatrième recette. — Le cinabre, décomposé par divers traitements, teint
l'argent en or, le cuivre en électrum.

Cinquième recette. — On prépare un vernis jaune d'or avec la cadmie,
ou la bile de veau, ou la térébenthine, ou l'huile de ricin, ou le jaune
d'œuf (v. p. 56, 58, 59).

Sixième recette. — On teint l'argent en or, par une sulfuration superficielle, obtenue au moyen de certaines pyrites, ou de l'antimoine oxydé, joints
à l'eau de soufre (polysulfure de calcium et au soufre même.

Septième recette. — On prépare d'abord un alliage de cuivre et de plomb
(molybdochalque et on le jaunit, de façon à obtenir un métal couleur d'or.

Huitième recette. — On teint le cuivre et l'argent à la surface en jaune,
au moyen de la couperose verte altérée. Puis vient une recette d'affinage de
l'or, rappelant le cément royal.

Neuvième recette. — Même recette appliquée à la cémentation superficielle, qui donne aux parties extérieures du métal les caractères de l'or.
Vient après une petite déclamation de l'auteur sur les phénomènes chi-

miques et sur la nature de sa science; puis trois recettes de vernis, pour teindre en or par digestion avec certains mélanges de substances végétales, safran, chélidoine, carthame, etc., recettes qui rappellent le procédé tiré du *Manuel Roret*, que j'ai exposé plus haut (p. 60). L'auteur dit finalement : « Cette matière de la Chrysopée accomplie par des opérations naturelles est celle de Pamménès, qu'il enseignait aux prêtres en Égypte. »

Art de faire de l'asèm. — Il expose ensuite la fabrication de l'asèm, ou Argyropée (c'est-à-dire l'art de faire de l'argent).

Première recette — On blanchit le cuivre par les composés volatils de l'arsenic; cette action opérée par sublimation étant assimilée à celle du mercure (1).

Deuxième recette. — Le mercure sublimé est éteint avec de l'étain, du soufre et divers autres ingrédients; et l'on s'en sert pour blanchir les métaux.

Troisième recette. — Analogue à la précédente et appliquée à un alliage de cuivre, d'orichalque et d'étain.

Quatrième recette. — Sulfure d'arsenic et soufre employés pour blanchir et modifier les métaux.

Cinquième recette. — Préparation d'un alliage blanc à base de plomb.

Sixième recette. — C'est un simple vernis superficiel pour donner au cuivre, au plomb, au fer, l'apparence de l'argent; ce vernis étant fixé par décoction et enduits sans l'action du feu (v. p. 52).

Septième recette. — Elle représente une teinture par amalgamation, et la 8ᵉ *recette* un simple vernis.

On voit que toutes ces recettes du Pseudo-Démocrite et d'Olympiodore, aussi bien que celles du papyrus de Leide, sont réelles, positives, sans mélange de chimère. Plus tard sont venus les philosophes et les commenta-

---

(1) De là, l'idée des deux mercures, l'un tiré du cinabre, l'autre de l'arse- nic, qui se trouve souvent chez les al- chimistes.

teurs, étrangers à la pratique et animés d'espérances mystiques, qui ont jeté une grande confusion dans la question. Mais le point de départ est beaucoup plus clair, comme le montrent les textes que je viens analyser.

J'ai cru utile de développer cette étude de l'asèm, parce qu'elle est nouvelle et parce qu'elle jette beaucoup de lumière sur les idées des Égyptiens du IIIᵉ siècle de notre ère, relativement à la constitution des métaux. On voit en effet qu'il n'existe pas moins de douze ou treize alliages distincts, désignés sous ce même nom d'asèm, alliages renfermant de l'or, de l'argent, du cuivre, de l'étain, du plomb, du zinc, de l'arsenic. Leur caractéristique commune était de former la transition entre l'or et l'argent, dans la fabrication des objets d'orfèvrerie. Rien n'était plus propice qu'une semblable confusion pour donner des facilités à la fraude : aussi a-t-elle dû être entretenue soigneusement par les opérateurs. Mais, par un retour facile à concevoir, elle a passé des produits traités dans les opérations jusqu'à l'esprit des opérateurs eux-mêmes. Les théories des écoles philosophiques sur la matière première, identique dans tous les corps, mais recevant sa forme actuelle de l'adjonction des qualités fondamentales exprimées par les quatre éléments, ont encouragé et excité cette confusion. C'est ainsi que les ouvriers habitués à composer des alliages simulant l'or et l'argent, parfois avec une perfection telle qu'eux-mêmes s'y trompaient, ont fini par croire a la possibilité de fabriquer effectivement ces métaux de toutes pièces, à l'aide de certaines combinaisons d'alliages, et de certains tours de main, complétés par l'aide des puissances surnaturelles, maîtresses souveraines de toutes les transformations.

II.— RELATIONS ENTRE LES MÉTAUX ET LES PLANÈTES

LE NOMBRE SEPT (1).

« Le monde est un animal unique, dont toutes les parties, quelle qu'en soit la distance, sont liées entre elles d'une manière nécessaire. »

(1) Cet article a été publié dans mon ouvrage intitulé : *Science et* *Philosophie*. Toutefois j'ai cru devoir le reproduire ici avec certains

Cette phrase de Jamblique le Néoplatonicien ne serait pas désavouée par les astronomes et par les physiciens modernes; car elle exprime l'unité des lois de la nature et la connexion générale de l'Univers. La première perception de cette unité remonte au jour où les hommes reconnurent la régularité fatale des révolutions des astres : ils cherchèrent aussitôt à en étendre les conséquences à tous les phénomènes matériels et même moraux, par une généralisation mystique, qui surprend le philosophe, mais qu'il importe pourtant de connaître, si l'on veut comprendre le développement historique de l'esprit humain. C'est la *chaîne d'or* qui reliait tous les êtres, dans le langage des auteurs du moyen âge. Ainsi l'influence des astres parut s'étendre à toute chose, à la génération des métaux, des minéraux et des êtres vivants, aussi bien qu'à l'évolution des peuples et des individus. Il est certain que le soleil règle, par le flux de sa lumière et de sa chaleur, les saisons de l'année et le développement de la vie végétale; il est la source principale des énergies actuelles ou latentes à la surface de la terre. On attribuait autrefois le même rôle, quoique dans des ordres plus limités, aux divers astres, moins puissants que le soleil, mais dont la marche est assujettie à des lois aussi régulières. Tous les documents historiques prouvent que c'est à Babylone et en Chaldée que ces imaginations prirent naissance ; elles ont joué un rôle important dans le développement de l'astronomie, étroitement liée avec l'astrologie dont elle semble sortie. L'alchimie s'y rattache également, au moins par l'assimilation établie entre les métaux et les planètes, assimilation tirée de leur éclat, de leur couleur et de leur nombre même.

Attachons-nous d'abord à ce dernier : c'est le nombre sept, chiffre sacré que l'on retrouve partout, dans les jours de la semaine, dans l'énumération des planètes et des zones célestes, dans celle des métaux, des couleurs, des cordes de la lyre et des tons musicaux, des voyelles de l'alphabet grec, aussi bien que dans le chiffre des étoiles de la grande ourse, des sages de la Grèce, des portes de Thèbes et des chefs qui l'assiègent, d'après Eschyle.

---

développements nouveaux, parce qu'il est indispensable pour l'intelligence des textes et des notations alchimiques.

L'origine de ce nombre paraît être astronomique et répondre aux phases de la lune, c'est-à-dire au nombre des jours qui représentent le quart de la révolution de cet astre. Ce n'est pas là une opinion *a priori*. On la trouve en effet signalée dans Aulu-Gelle, qui l'a attribuée à Aristide de Samos [1]. Dans le papyrus W de Leide, il est aussi question (p. 17) des 28 lumières de la lune.

L'usage de la semaine était ancien en Egypte et en Chaldée, comme en témoignent divers monuments et le récit de la création dans la Genèse. Mais il n'existait pas dans la Grèce classique et il ne devint courant à Rome qu'au temps des Antonins [2]. C'est seulement à l'époque de Constantin et après le triomphe du Christianisme qu'il fut reconnu comme mesure légale de la vie civile: depuis il est devenu universel chez les peuples européens.

Le hasard fit que le nombre des astres errants (planètes), visibles à l'œil nu, qui circulent ou semblent circuler dans le ciel autour de la terre s'élève précisément à sept : ce sont le Soleil, la Lune, Mars, Mercure, Jupiter, Vénus et Saturne. A chaque jour de la semaine, un astre fut attribué en Orient : les noms même des jours, tels que nous les prononçons maintenant, continuent à traduire, à notre insu, cette consécration babylonienne.

A côté des sept Dieux des sphères ignées, les Chaldéens invoquaient les sept Dieux du ciel, les sept Dieux de la terre, les sept Dieux malfaisants, etc.

D'après François Lenormant les inscriptions cunéiformes mentionnent les sept pierres noires, adorées dans le principal temple d'Ouroukh en Chaldée, bétyles personnifiant les sept planètes. C'est au même rapprochement que se rapporte, sans doute, un passage du roman de Philostrate sur la vie d'Apollonius de Tyane III, 41, dans lequel il est question de sept anneaux, donnés à ce philosophe par le brahmane Iarchas.

La connaissance des divinités planétaires de la semaine ne se répandit dans le monde gréco-romain qu'à partir du 1er siècle de notre ère [3]. On a trouvé à Pompéi une peinture représentant les sept divinités planétaires.

---

(1) *Noctes Atticæ*, III, 10. Lunæ curriculum confici integris quatuor septenis diebus... auctorem que hujus opinionis Aristidem esse Samium.

(2) *Dion Cassius*, Histoire Romaine, XXXVII, 18.

(3) *Lunæ cursum stellarumque septem imagines*. PÉTRONE, *Satyricon*, 30.

De même divers autels sur les bords du Rhin. Une médaille à l'effigie d'Antonin le Pieux, frappée la 8me année de son règne, représente les bustes des sept Dieux planétaires avec les signes du zodiaque, et au centre le buste de Sérapis (1).

Une autre coïncidence, aussi fortuite que celle du nombre des planètes avec le quart de la révolution lunaire, celle du nombre des voyelles de l'alphabet grec, nombre égal à sept, a multiplié ces rapprochements mystiques, surtout au temps des gnostiques : les pierres gravées de la Bibliothèque nationale de Paris et les papyrus de Leide en fournissent une multitude d'exemples. Ce n'est pas tout : les Grecs, avec leur esprit ingénieux, ne tardèrent pas à imaginer entre les planètes et les phénomènes physiques des relations pseudo-scientifiques, dont quelques-unes, telles que le nombre des tons musicaux et des couleurs se sont conservées. C'est ainsi que l'école de Pythagore établit un rapport géométrique des tons et diapasons musicaux avec le nombre et les distances mêmes des planètes (2).

Le nombre des couleurs fut pareillement fixé à sept. Cette classification arbitraire a été consacrée par Newton et elle est venue jusqu'aux physiciens de notre temps. Elle remonte à une haute antiquité. Hérodote rapporte (Clio, 98) que la ville d'Ecbatane avait sept enceintes, peintes chacune d'une couleur différente : la dernière était dorée; celle qui la précédait, argentée. C'est, je crois, la plus vieille mention qui établisse la relation du nombre sept avec les couleurs et les métaux. La ville fabuleuse des Atlantes, dans le roman de Platon, est pareillement entourée par des murs concentriques, dont les derniers sont revêtus d'or et d'argent; mais on n'y retrouve pas le mystique nombre sept.

Entre les métaux et les planètes, le rapprochement résulte, non seulement de leur nombre, mais surtout de leur couleur. Les astres se manifestent à la vue avec des colorations sensiblement distinctes : *suus cuique color est*, dit Pline (*H. N.* II, 16). La nature diverse de ces couleurs a fortifié le rapprochement des planètes et des métaux. C'est ainsi que l'on conçoit aisément l'assimilation de l'or, le plus éclatant et le roi des métaux, avec la lumière

---

(1) DE WITTE, *Gazette archéologique*, 1877 et 1879.

(2) PLINE. *H. N.*, II. 20. — Th. H. Martin, *Timée de Platon*, t. II, p. 38.

jaune du soleil, le dominateur du Ciel. La plus ancienne indication que l'on possède à cet égard se trouve dans Pindare. La cinquième ode des Isthméennes débute par ces mots : « Mère du Soleil, Thia, connue sous beaucoup de noms, c'est à toi que les hommes doivent la puissance prépondérante de l'or ».

Μᾶτερ Ἀλίου, πολυώνυμε Θεία,
σέο γ' ἕκατι καὶ μεγασθενῆ νόμισαν,
χρυσόν ἄνθρωποι περιώσιον ἄλλων.

Dans Hésiode, Thia est une divinité, mère du soleil et de la lune, c'est-à-dire génératrice des principes de la lumière *Théogonie*, 371, 374. Un vieux scoliaste commente ces vers en disant : « de Thia et d'Hypérion vient le soleil, et du soleil, l'or. A chaque astre une matière est assignée. Au Soleil, l'or ; à la Lune, l'argent ; à Mars, le fer ; à Saturne, le plomb ; à Jupiter, l'électrum ; à Hermès, l'étain ; à Vénus, le cuivre 1 ». Cette scolie remonte à l'époque Alexandrine. Elle reposait à l'origine sur des assimilations toutes naturelles.

En effet, si la couleur jaune et brillante du soleil rappelle celle de l'or

................................orbem
Per duodena regit mundi sol aureus astra (2) ;

la blanche et douce lumière de la lune a été de tout temps assimilée à la teinte de l'argent. La lumière rougeâtre de la planète Mars *igneus*, d'après Pline : πυρόεις d'après les alchimistes) a rappelé de bonne heure l'éclat du sang et celui du fer, consacrés à la divinité du même nom. C'est ainsi que Didyme, dans son commentaire sur l'Iliade l. V, commentaire un peu antérieur à l'ère chrétienne, parle de Mars, appelé l'astre du fer. L'éclat bleuâtre de Vénus, l'étoile du soir et du matin, rappelle pareillement la teinte des sels de cuivre, métal dont le nom est tiré de celui de l'île de Chypre, consacrée à la déesse Cypris, l'un des noms grecs de Vénus. De là le rapprochement fait par la plupart des auteurs. Entre la teinte blanche et sombre du plomb et celle de la planète Saturne, la parenté est plus étroite encore et elle est constamment invoquée depuis l'époque Alexandrine. Les couleurs et les

---

(1) Pindare, édition de Boeckh, t. II, p. 540, 1819. (2) Virgile, *Géorgiques*, I, 452.

métaux assignés à Mercure l'étincelant (στίλβων : *radians*, d'après Pline; apparence due à son voisinage du soleil, et à Jupiter le resplendissant (Φαέθων), ont varié davantage, comme je le dirai tout à l'heure.

Toutes ces attributions sont liées étroitement à l'histoire de l'astrologie et de l'alchimie. En effet, dans l'esprit des auteurs de l'époque Alexandrine ce ne sont pas là de simples rapprochements; mais il s'agit de la génération même des métaux, supposés produits sous l'influence des astres dans le sein de la terre.

Proclus, philosophe néoplatonicien de Ve siècle de notre ère, dans son commentaire sur le *Timée* de Platon, expose que « l'or naturel et l'argent et chacun des métaux, comme des autres substances, sont engendrés dans la terre sous l'influence des divinités célestes et de leurs effluves. Le Soleil produit l'or; la Lune, l'argent; Saturne, le plomb, et Mars, le fer » (p. 14 C).

L'expression définitive de ces doctrines astrologico-chimiques et médicales se trouve dans l'auteur arabe Dimeschqi, cité par Chwolson (*sur les Sabéens*, t. II, p. 380, 395, 411, 544). D'après cet écrivain, les sept métaux sont en relation avec les sept astres brillants, par leur couleur, leur nature et leur propriétés : ils concourent à en former la substance. Notre auteur expose que chez les Sabéens, héritiers des anciens Chaldéens, les sept planètes étaient adorées comme divinités: chacune avait son temple, et, dans le temple, sa statue faite avec le métal qui lui était dédié. Ainsi le Soleil avait une statue d'or; la Lune, une statue d'argent; Mars, une statue de fer; Vénus, une statue de cuivre; Jupiter, une statue d'étain; Saturne, une statue de plomb. Quant à la planète Mercure, sa statue était faite avec un assemblage de tous les métaux, et dans le creux on versait une grande quantité de mercure. Ce sont là des contes arabes, qui rappellent les théories alchimiques sur les métaux et sur le mercure, regardé comme leur matière première. Mais ces contes reposent sur de vieilles traditions défigurées, relatives à l'adoration des planètes, à Babylone et en Chaldée, et à leurs relations avec les métaux.

Il existe, en effet, une liste analogue dès le second siècle de notre ère. C'est un passage de Celse, cité par Origène (*Opera*, t. I, p. 646; *Contra Celsum*, livre VI, 22; édition de Paris, 1733). Celse expose la doctrine des Perses et les mystères mithriaques, et il nous apprend que ces mystères étaient exprimés par un certain symbole, représentant les révolutions célestes et le passage des âmes à travers les astres. C'était un escalier, muni de 7 portes élevées, avec une 8ᵉ au sommet.

La première porte est de plomb: elle est assignée à Saturne, la lenteur de cet astre étant exprimée par la pesanteur du métal[1].

La seconde porte est d'étain; elle est assignée à Vénus, dont la lumière rappelle l'éclat et la mollesse de ce corps.

La troisième porte est d'airain, assignée à Jupiter, à cause de la résistance du métal.

La quatrième porte est de fer, assignée à Hermès, parce que ce métal est utile au commerce, et se prête à toute espèce de travail.

La cinquième porte, assignée à Mars, est formée par un alliage de cuivre monétaire, inégal et mélangé.

La sixième porte est d'argent, consacrée à la Lune:

La septième porte est d'or, consacrée au soleil ; ces deux métaux répondent aux couleurs des deux astres.

Les attributions des métaux aux planètes ne sont pas ici tout à fait les mêmes que chez les Néoplatoniciens et les alchimistes. Elles semblent répondre à une tradition un peu différente et dont on trouve ailleurs d'autres indices. En effet, d'après Lobeck *Aglaophamus*, p. 936, 1829, dans certaines listes astrologiques, Jupiter est de même assigné à l'airain, et Mars au cuivre.

On rencontre la trace d'une diversité plus profonde et plus ancienne encore, dans une vieille liste alchimique, reproduite dans plusieurs manuscrits alchimiques ou astrologiques et où le signe de chaque planète est suivi du nom du métal et des corps dérivés ou congénères, mis sous le patronage de la planète. Cette liste existe également dans le Ms. 2419 de notre Bibliothèque Nationale fol. 46 verso, où elle fait partie d'un traité astrologique d'Albumazar, auteur du IXᵉ siècle, avec des variantes et des surcharges qui ne sont pas sans importance : une partie des mots grecs y sont d'ailleurs écrits en caractères hébreux, comme s'ils avaient un sens mystérieux *voir* dans ce volume, *texte grec*, p. 24. Dans cette liste,

_____

[1] *Saturni sidus gelidæ ac rigentis esse naturæ.* PLINE. *H. N.*, II, 6.

la plupart des planètes répondent aux mêmes métaux que dans les énuméra-
tions ordinaires, à l'exception de la planète Hermès, à la suite du signe de
laquelle se trouve non le nom d'un métal, mais celui d'une pierre précieuse :
l'émeraude. Le mercure est cependant inscrit vers la fin de l'énumération
des substances consacrées à Hermès, mais comme s'il avait été ajouté après
coup. Or, chez les Égyptiens, d'après Lepsius, la liste des métaux comprenait, à côté de l'or, de l'argent, du cuivre et du plomb, les noms des pierres
précieuses, telles que le *mafek* ou émeraude, et le *chesbet* ou saphir, corps
assimilés aux métaux à cause de leur éclat et de leur valeur (1).

Dans le roman égyptien de Satni-Khâm-Ouas, le livre magique de Tahout
est renfermé dans sept coffres concentriques, de fer, de bronze, de bois de
palmier, d'ivoire, d'ébène, d'argent et d'or (2). La rédaction primitive de
ce roman remonterait aux dernières dynasties; sa transcription connue,
au temps des Ptolémées. Tout ceci concourt à établir que la liste des sept
métaux n'a été arrêtée que fort tard, probablement vers l'époque des
Antonins.

C'est ici le lieu de parler des tablettes métalliques trouvées à Khorsabad. Dans le cours des fouilles, en 1854, M. Place découvrit, sous l'une
des pierres angulaires du palais assyrien de Sargon, un coffret contenant
sept tablettes. C'étaient des tablettes votives, destinées à rappeler la fondation
de l'édifice (700 ans avant J.-C.), et à lui servir en quelque sorte de Palla-
dium. Quatre de ces tablettes se trouvent aujourd'hui au Musée du Louvre. J'en ai fait l'analyse, et les résultats de mon étude sont consignés
plus loin dans le présent volume. Je me borne à dire ici que les quatre
tablettes sont constituées en fait par de l'or, de l'argent, du bronze et du
carbonate de magnésie pur, minéral rare que l'on ne supposait pas connu
des anciens, et dont l'emploi reposait sans doute sur quelque idée religieuse. Les noms des matières des tablettes, tels qu'ils sont indiqués dans
les inscriptions qui les recouvrent, sont d'après M. Oppert, l'or (*hurasi*),
l'argent (*kaspi*, le cuivre *urudi* ou *er* [bronze], puis, deux mots (*anaki*

---

(1) Voir les métaux égyptiens, dans
mon ouvrage sur les *Origines de l'Alchimie*, p. 221 et 233, Steinheil, 1885.

(2) *Histoire ancienne de l'Orient*, par
Fr. Lenormant, 9ᵉ édition, t. III,
p. 158 (1883).

et *kasaçatiri* ou *abar*) que les interprètes ont traduit par plomb et étain, bien que l'un d'eux semble en réalité désigner la 4ᵉ tablette signalée plus haut (carbonate de magnésie), et enfin deux noms de corps portant le déterminatif des pierres, et traduits par marbre (*sipri* ou *çakour*) et albâtre (*gis-sin-gal*). Rien d'ailleurs n'indique des attributions planétaires, si ce n'est le nombre sept. Ajoutons toutefois que, d'après un renseignement que m'a fourni M. Oppert, deux métaux étaient désignés par les Assyriens et les Babyloniens sous des dénominations divines : le fer sous le nom de Ninip, Dieu de la guerre : ce qui rappelle l'attribution ultérieure du métal à Mars ; et le plomb, sous le nom du Dieu Anu, Dieu du ciel que l'on pourrait rapprocher de Saturne : toutefois ce ne seraient pas là des Dieux planétaires.

Voilà ce que j'ai pu savoir relativement à l'interprétation des noms métalliques contenus dans ces tablettes. Un des points les plus essentiels qui résultent de leur étude, c'est l'assimilation de certaines pierres ou minerais aux métaux, précisément comme chez les Égyptiens.

Il y a là le souvenir de rapprochements très différents des nôtres, mais que l'humanité a regardé autrefois comme naturels, et dont la connaissance est nécessaire pour bien concevoir les idées des anciens. Toutefois l'assimilation des pierres précieuses aux métaux a disparu de bonne heure ; tandis que l'on a pendant longtemps continué à ranger dans une même classe les métaux purs, tels que l'or, l'argent, le cuivre, et certains de leurs alliages, par exemple l'électrum et l'airain. De là des variations importantes dans les signes des métaux et des planètes.

Retraçons l'histoire de ces variations ; il est intéressant de les décrire pour comprendre les écrits alchimiques.

Olympiodore, néoplatonicien du vıᵉ siècle, attribue le plomb à Saturne ; l'électrum, alliage d'or et d'argent regardé comme un métal distinct, à Jupiter ; le fer à Mars ; l'or au Soleil ; l'airain ou cuivre à Vénus ; l'étain à Hermès (planète Mercure) ; l'argent à la Lune. Ces attributions sont les mêmes que celle du scoliaste de Pindare cité plus haut ; elles répondent exactement et point pour point, à une liste du manuscrit alchimique de Saint-Marc, écrit au xıᵉ siècle, et qui renferme des documents très anciens.

Les symboles alchimiques qui figurent dans les manuscrits comprennent les métaux suivants, dont l'ordre et les attributions sont constants pour la plupart :

1º L'or correspondait au Soleil, relation que j'ai exposée plus haut (p. 77 ; — voir aussi fig. 3, Pl. I, l. 1, à gauche).

Le signe de l'or est presque toujours celui du Soleil, à l'exception d'une notation isolée où il semble répondre à une abréviation (ms. 2327, fol. 17 verso, l. 19; ce volume, fig. 8, Pl. VI, l. 19).

2º L'argent correspondait à la Lune et est toujours exprimé par le signe planétaire (ce volume, fig. 3, Pl. I, l. 2).

3º L'électrum, alliage d'or et d'argent: cet alliage était réputé un métal particulier chez les Égyptiens qui le désignaient sous le nom d'*asèm* : nom qui s'est confondu plus tard avec le mot grec *ascmon* (ἄσημον), argent non marqué. Cet alliage fournit à volonté, suivant les traitements, de l'or ou de l'argent. Il est décrit par Pline, et il fut regardé jusqu'au temps des Romains comme un métal distinct. Son signe était celui de Jupiter (ce volume, fig. 3, Pl. I, l. 4), attribution que nous trouvons déjà dans Zosime, auteur alchimique du iiie ou ive siècle de notre ère.

Quand l'électrum disparut de la liste des métaux, son signe fut affecté à l'étain, qui jusque-là répondait à la planète Mercure (Hermès). Nos listes de signes portent la trace de ce changement. En effet la liste du manuscrit de Saint-Marc porte (ce volume, fig. 3, Pl. I, l. 4) : « Jupiter resplendissant, électrum », et ces mots se retrouvent, toujours à côté du signe planétaire, dans le manuscrit 2327 de la Bibliothèque nationale de Paris, fol. 17 recto, l. 16 (ce volume, fig. 7, Pl. V, l. 16) ; la première lettre du mot Zeus, figurant sous deux formes différentes (majuscule et minuscule). Au contraire un peu plus loin, dans une autre liste du dernier manuscrit (fol. 18, verso l. 5 ; ce volume, fig. 10, Pl. VIII, l. 5), le signe de Jupiter est assigné à l'étain. Les mêmes changements sont attestés par la liste planétaire citée plus loin.

4º Le plomb correspondait à Saturne : cette attribution n'a éprouvé aucun changement; quoique le plomb ait plusieurs signes distincts dans les listes (ms. de Saint-Marc, fol. 6, dernière ligne à gauche et ce volume, fig. 3, Pl. I, l. 3 ; ms. 2327, fol. 17 recto, l. 11 et 12 et ce volume, fig. 9,

Pl. VII, l. 11 et 12). Le plomb était regardé par les alchimistes égyptiens comme le générateur des autres métaux et la matière première de la transmutation ; ce qui s'explique par ses apparences, communes à divers autres corps simples et alliages métalliques.

En effet, ce nom s'appliquait à l'origine à tout métal ou alliage métallique blanc et fusible ; il embrassait l'étain plomb blanc et argentin. opposé au plomb noir ou plomb proprement dit, dans Pline), et les nombreux alliages qui dérivent de ces deux métaux, associés entre eux et avec l'antimoine, le zinc, le bismuth, etc. Les idées que nous avons aujourd'hui sur les métaux simples ou élémentaires, opposés aux métaux composés ou alliages, ne se sont dégagées que peu à peu dans le cours des siècles. On conçoit d'ailleurs qu'il en ait été ainsi, car rien n'établit à première vue une distinction absolue entre ces deux groupes de corps ;

5° Le fer correspondait à Mars. Cette attribution est la plus ordinaire. Cependant, dans la liste de Celse, le fer répond à la planète Hermès.

Le signe même de la planète Mars se trouve parfois donné à l'étain dans quelques-unes des listes (ms. 2327, fol. 16 verso, l. 12, 3ᵉ signe [ce volume, fig. 6. Pl. IV. l. 12]; fol. 17 recto, l. 12, 3° signe [ce volume, fig. 7, Pl. V, l. 12]). Ceci rappelle encore la liste de Celse, qui assigne à Mars l'alliage monétaire. Mars et le fer ont d'ailleurs deux signes distincts, quoique communs au métal et à la planète, savoir : une flèche avec sa pointe, et un θ, abréviation du mot θουρός, nom ancien de la planète Mars (ce volume, fig. 3, Pl. I. l. 5) ; parfois même avec adjonction d'un π. abréviation de πυρόεις, l'enflammé, autre nom ou épithète de Mars (ce volume, fig. 7, Pl. V, l. 17) ;

6° Le cuivre correspondait à Aphrodite (Vénus), ou Cypris, déesse de l'île de Chypre, où l'on trouvait des mines de ce métal ; déesse assimilée elle-même à Hathor, la divinité égyptienne multicolore, dont les dérivés bleus, verts, jaunes et rouges du cuivre rappellent les colorations diverses. Le signe du cuivre est en effet celui de la planète Vénus (ce volume, fig. 3, Pl. I, l. 6, et fig. 8, Pl. VI, l. 3) ; sauf un double signe qui est une abréviation (ce volume, fig. 8, Pl. VI, l. 4.

Toutefois la liste de Celse attribue le cuivre à Jupiter et l'alliage monétaire à Mars, etc. La confusion entre le fer et le cuivre, ou plutôt l'airain, aussi attribué à la planète Mars, a existé autrefois ; elle est attestée par celle de leurs noms : le mot *as* qui exprime l'airain en latin dérive du sanscrit *ayas* qui signifie le fer (1). C'était sans doute, dans une haute antiquité, le nom du métal des armes et des outils, celui du métal dur par excellence.

7° L'étain correspondait d'abord à la planète Hermès ou Mercure. Quand Jupiter eut changé de métal et fut affecté à l'étain, le signe de la planète primitive de ce métal passa au mercure (ce vol. fig. 10, Pl. VIII, l. 6).

La liste de Celse attribue l'étain à Vénus : ce qui rappelle aussi l'antique confusion du cuivre et du bronze (airain).

8° Mercure. Le mercure, ignoré, ce semble, des anciens Égyptiens, mais connu à partir du temps de la guerre du Péloponèse et par conséquent à l'époque alexandrine, fut d'abord regardé comme une sorte de contre-argent et représenté par le signe de la lune retourné (ce volume, fig. 3, Pl. I, l. 19). Il n'en est pas question dans la liste de Celse (IIe siècle). Entre le VIe siècle (liste d'Olympiodore le Philosophe, citée plus haut) et le VIIe siècle de notre ère (liste de Stéphanus d'Alexandrie, qui sera donnée plus loin), le mercure prit (fig. 10, Pl. VIII, l. 6) le signe de la planète Hermès, devenu libre par suite des changements d'affectation relatifs à l'étain. Dans la liste planétaire, il a été également ajouté après coup, à la suite des dérivés de cette planète, spécialement affectée à l'émeraude (voir p. 79).

Ces attributions nouvelles et ces relations astrologico-chimiques sont exprimées dans le passage suivant de Stephanus : « Le démiurge plaça d'abord Saturne, et vis-à-vis le plomb, dans la région la plus élevée et la première ; en second lieu, il plaça Jupiter vis-à-vis de l'étain, dans la seconde région ; il plaça Mars le troisième, vis-à-vis le fer, dans la troisième région ; il plaça le Soleil le quatrième, et vis-à-vis l'or, dans la quatrième région ; il plaça Vénus la cinquième, et vis-à-vis le cuivre, dans la cinquième région ; il plaça Mercure, le sixième, et vis-à-vis le vif-argent, dans la sixième région ; il plaça la lune la septième, et vis-à-vis l'argent, dans la septième et dernière région (2). » Dans le manuscrit, au-dessus de chaque planète, ou de chaque métal, se trouve son symbole. Mais, circonstance caractéristique,

---

(1) *Origines de l'Alchimie*, p. 225. | (2) Manuscrit 2327, folio 73 verso.

le symbole de la planète Mercure et celui du métal ne sont pas encore les mêmes, malgré le rapprochement établi entre eux ; le métal étant toujours exprimé par un croissant retourné. Le mercure et l'étain ont donc chacun deux signes différents dans nos listes, suivant les époques.

La copie de la liste planétaire donnée par Albumasar (ix⁸ siècle) et traduite en hébreu et en grec dans le manuscrit 2419 (fol. 46 verso) porte aussi la trace de ces changements (texte grec, I, viii, p. 24, notes). Non seulement le signe de la planète Hermès répond à l'émeraude, le nom de Mercure étant ajouté après coup et tout à fait à la fin, comme il a été dit plus haut ; mais l'auteur indique que les Persans affectent l'étain à la planète Hermès. De même, la planète Jupiter étant suivie de l'étain, l'auteur ajoute également que les Persans ne font pas la même affectation, mais assignent cette planète au métal argenté (1) : ce qui se rapporte évidemment à l'asèm ou électrum, dont l'existence était déjà méconnue au ix⁸ siècle. Ce sont là des souvenirs des attributions primitives.

Voilà les signes planétaires des métaux fondamentaux, signes qui se retrouvent dans ceux des corps qui en dérivent: chacun des dérivés étant représenté par un double signe, dont l'un est celui du métal, et l'autre répond au procédé par lequel il a été modifié (division mécanique, calcination, alliage, oxydation, etc.).

Les principes généraux de ces nomenclatures ont donc moins changé qu'on ne serait porté à le croire, l'esprit humain procédant suivant des règles et des systèmes de signes qui demeurent à peu près les mêmes dans la suite des temps. Mais il convient d'observer que les analogies fondées sur la nature des choses, c'est-à-dire sur la composition chimique, telle qu'elle est démontrée par la génération réelle des corps et par leurs métamorphoses réalisées dans la nature ou dans les laboratoires ; ces analogies, dis-je, subsistent et demeurent le fondement de nos notations scientifiques ; tandis que les analogies chimiques d'autrefois entre les planètes et les métaux, fondées sur des idées mystiques sans base expérimentale, sont tombées dans un juste discrédit. Cependant leur connaissance conserve encore de l'intérêt pour l'intelligence des vieux textes et pour l'histoire de la science.

---

(1) Οἱ δὲ Πέρσαι οὐχ οὕτως, ἀλλὰ διάργυρος : Texte grec I, viii, p. 24 (notes).

III. — LA SPHÈRE DE DÉMOCRITE

ET LES MÉDECINS ASTROLOGUES

La sphère de Démocrite, inscrite dans le papyrus V de Leide, représente l'œuvre de l'un de ces Ἰατρομαθηματικοί, ou médecins astrologues dont parlent les anciens. Ils prédisaient l'issue des maladies. Horapollon (I, 38) cite ce genre de calculs, et il existe un traité attribué à Hermès sur ce sujet, dans les *Physici et medici græci minores* d'Ideler (1). La prédiction se faisait d'ordinaire à l'aide d'un cercle ou d'une table numérique ; elle reposait sur un calcul, dans lequel l'âge du malade, la somme des valeurs numériques répondant aux lettres de son nom, la durée de sa maladie, etc., se combinaient avec le jour du mois et les phases de la révolution lunaire. J'ai retrouvé six figures de ce genre dans les manuscrits alchimiques et astrologiques de la Bibliothèque nationale.

Donnons d'abord le texte du papyrus V.

« Sphère de Démocrite, pronostic de vie et de mort. Sache sous quelle lune (dans quel mois) le malade s'est alité et le nom de sa nativité (2). Ajoute le calcul de la lune (3), et vois combien il y a de fois trente jours, prends le reste et cherche dans la sphère : si le nombre tombe dans la partie supérieure, il vivra ; si c'est dans la partie inférieure, il mourra. »

La sphère est représentée ici par un tableau qui contient les trente premiers nombres (nombre des jours du mois), rangés sur trois colonnes et d'après un certain ordre. La partie supérieure contient trois fois six

---

(1) T. I, p. 387 et 430. Le traité a été imprimé deux fois sous des titres un peu différents, par une singulière négligence.

(2) Le nom donné le jour de la nais-

sance, afin de calculer le nombre représenté par les lettres de ce nom.

(3) C'est-à-dire, ajoute le nombre du jour du mois où il s'est alité au nombre représenté par le nom du malade.

nombres ou dix-huit ; la partie inférieure en renferme trois fois quatre ou douze.

Le mot sphère répond à la forme circulaire qui devait être donnée au tableau, comme on le voit dans certains manuscrits (voir les figures ci-dessous).

Il existait en Egypte un grand nombre de tableaux analogues. Ainsi dans le manuscrit 2327 de la Bibliothèque nationale, consacré à la collection des alchimistes, on trouve au folio 293 (recto) :

L'instrument d'Hermès trismégiste, renfermant 35 nombres, partagés en trois lignes : « on compte depuis le lever de l'étoile du Chien Sothi ou Sirius, c'est-à-dire depuis Épiphi, 25 juillet, jusqu'au jour de l'alitement ; on divise le nombre ainsi obtenu par trente-six (1) et on cherche le reste dans la table ».

Certains des nombres représentent *la vie*, d'autres *la mort*, d'autres *le danger* du malade. C'est un principe de calcul différent.

Dans le manuscrit grec 2419 de la Bibliothèque nationale, collection astrologico-magique et alchimique, il y a deux grands tableaux de ce genre, plus voisins de la sphère de Démocrite, et deux petits tableaux. Les deux grands sont circulaires et attribués au vieil astrologue Pétosiris, qui avait déjà autorité du temps d'Aristophane.

L'un d'eux, dédié (fol. 32) par Pétosiris au roi Necepso (2), se compose d'un cercle représenté entre deux tableaux verticaux. Les tableaux renferment le comput des jours de la lune ; le cercle principal renferme un autre cercle plus petit, partagé en quatre quadrants. Entre les deux cercles concentriques se trouvent les mots : *grande vie, petite vie, grande mort, petite mort*. En haut et en bas : *vie moyenne, mort moyenne*. Ces mots s'appliquent à la probabilité de la vie ou de la mort du malade. Les nombres de 1 à 29 sont distribués dans les quatre quadrants et sur une colonne verticale moyenne formant diamètre.

Voici la photogravure de ce tableau :

---

(1) Ce chiffre rappelle les 36 décans qui comprennent les 360 jours de l'année.

(2) Ces deux noms sont associés pareillement dans Pline l'Ancien, *Hist. nat.*, l. II, 21 et l. VII, 50.

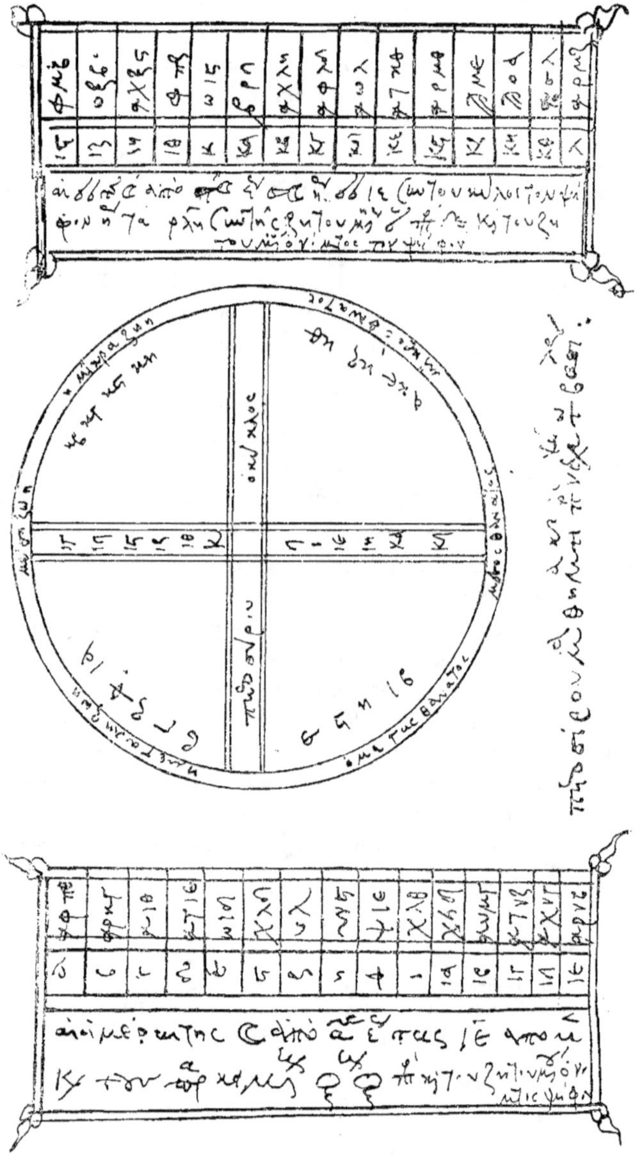

FIGURE 1. — **Cercle de Pétosiris**

L'autre cercle de Pétosiris fol. 156, dédié aussi au très honoré roi
Necepso, porte extérieurement et en haut: *Levant*, au-dessus de la terre,
entre les deux mots *grande vie, petite vie* ; en bas : *Couchant*, au-dessous de
la terre, entre les deux mots *grande mort, petite mort ;* mots précisés par
les inscriptions contenues entre les deux cercles concentriques :

En haut : « ceux-ci guérissent de suite — ceux-ci guérissent en 7 jours ».

En bas : « ceux-ci meurent de suite — ceux-ci meurent en 7 jours ».

Les diagonales sont terminées par les mots : air, terre, feu, eau.

Entre les deux régions, sur le diamètre horizontal : « limites de la vie et
de la mort ».

A l'une des extrémités de ce diamètre : « Nord — milieu de la terre ».

A l'autre extrémité : « Midi — milieu de la terre ».

Sur les octans : « Nord, au-dessus de la terre, (région) de Borée. — Midi,
au dessus de la terre, (région) de Borée. — Nord, au-dessus de la terre,
(région) du Notus. — Midi, au-dessus de la terre, (région) du Notus. »

Les nombres de 1 à 30 sont distribués suivant les huitièmes de circonfé-
rence et dans la colonne verticale moyenne.

Voici la photogravure de ce tableau :

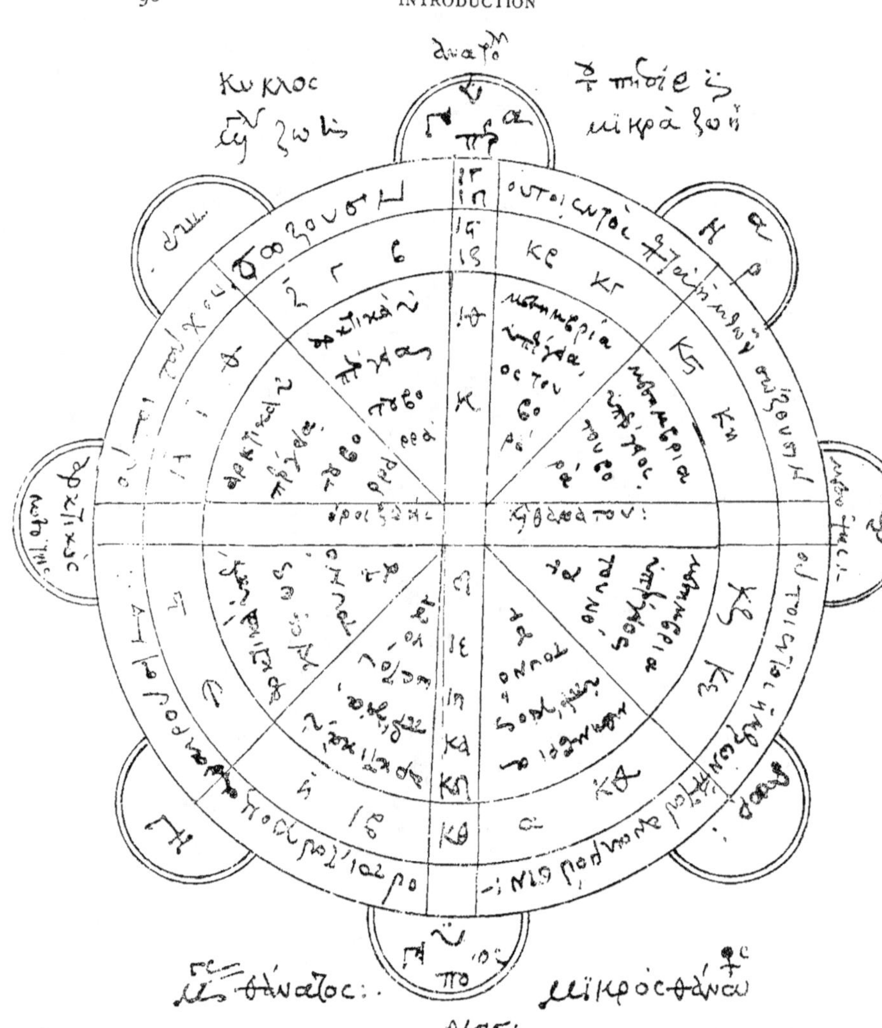

FIGURE 2. — **Autre Cercle de Pétosiris.**

Quant aux bases et procédés de calcul, il est inutile de nous y arrêter.

Les personnes qui s'y intéresseraient trouveront sur ce point des renseignements très intéressants dans une notice publiée par M. Paul Tannery : *Sur des fragments d'Onomatomancie arithmétique* (Notices et Extraits des manuscrits de la Bibliothèque nationale, t. XXXI, 2ᵉ partie, 1885). Il y montre l'origine de la preuve par neuf, d'après un passage fort curieux des *Philosophumena*, où l'on enseigne à prendre le résidu par 9 ou par 7 de la valeur numérique des lettres du nom propre, en diversifiant le procédé de calcul suivant des conventions arbitraires. On calculait ainsi, d'après les nombres des noms propres : soit la vie d'un malade ; soit le succès d'un combat entre deux guerriers ; soit le résultat de diverses autres alternatives relatives au vol, au mariage, aux voyages, à la survivance, etc. Ce mode de divination était attribué à Pythagore.

M. P. Tannery donne, d'après les manuscrits 2009, 2256, 2419 et 2426 de la Bibliothèque nationale, une prétendue lettre de Pythagore à Telaugès (ou à Laïs, ou à Hélias, suivant les manuscrits), avec table divinatoire annexée, table fondée sur de pures combinaisons numériques (1), sans données astrologiques proprement dites. Plus loin, il présente le texte et la traduction des deux petits tableaux dont je vais parler.

En effet, au folio 33 du manuscrit 2419 se trouvent deux tableaux qui ressemblent beaucoup plus que les précédents à la sphère de Démocrite et à l'instrument d'Hermès. Le premier, sous la rubrique ψῆφος δόκιμος... (calcul éprouvé...), consiste en trois lignes, renfermant chacune douze nombres horizontaux de 1 à 36, par tranches verticales. Vis-à-vis la première ligne : ζωή (vie) ; vis-à-vis la seconde : état moyen (μέσα) ; vis-à-vis la troisième ligne : θάνατος (mort).

Voici le résumé du texte :

« Calcule le jour où le malade s'est alité, où l'enfant est né, où le fugitif a disparu, où l'on s'est embarqué, enfin opère pour tout ce que tu désires ; comptes aussi depuis le 18 mai (2) jusqu'au jour donné, et du nombre obtenu

---

(1) « Calcule le nom du malade et le jour de son alitement. Si le nom du malade l'emporte, il vivra ; si c'est le jour de l'alitement qui l'emporte, il mourra, etc. »

(2) Époque de l'entrée du soleil dans

retranche 36 autant de fois que possible. Prends le reste. Si le nombre se trouve dans la première ligne, le malade vivra, l'événement sera heureux (ἀγαθά, etc.; dans la troisième ligne, c'est la mort ou le malheur (ἐναντία): sur la seconde ligne, la maladie sera longue, etc. (εἰς μακρόν)». — Ce tableau est une variante de l'instrument d'Hermès contenu dans le manuscrit alchimique.

Le second tableau est sous la rubrique : ψῆφος ἑβδοματικὴ ἡμερῶν διαγνωστικὴ ζωῆς καὶ θανάτου: calcul d'après les jours de la semaine pour diagnostiquer la vie ou la mort. Ce sont deux colonnes verticales, chacune de 15 chiffres, de 1 à 30, l'une ayant pour titre : vie ; l'autre : mort. Le calcul est à peu près le même, sauf variantes (1), que celui de la sphère de Démocrite du Papyrus de Leide, traduite plus haut. De plus, il n'y a que deux colonnes dans le manuscrit 2419, tandis qu'il en existe trois dans le Papyrus.

Il m'a paru de quelque intérêt de rapprocher ces divers tableaux et cercles de la sphère de Démocrite, contenues dans le Papyrus V, ainsi que l'instrument d'Hermès, transcrit au manuscrit 2327. En effet les noms d'Hermès et de Démocrite, ainsi que l'existence du tableau du Papyrus, établissent l'antiquité de ces pratiques, contemporaines des premiers alchimistes : elles en montrent l'origine orientale et spécialement égyptienne.

On voit en même temps, par une nouvelle preuve, comment le nom de Démocrite, dans l'Egypte hellénisante était devenu celui du chef d'une école d'astrologues et de magiciens ; le tout conformément aux traditions que j'ai exposées et discutées ailleurs (2).

IV. — SIGNES ET NOTATIONS ALCHIMIQUES

Les alchimistes avaient, comme les chimistes de nos jours, des notations et des nomenclatures particulières : ces notations étaient construites, en partie du moins, d'après des méthodes précises et qui rappellent même, à certains égards, nos conventions actuelles. La difficulté que présente la lecture

---

les Gémeaux et commencement de l'été, au temps de l'Empire romain.

(1) Telles que l'addition du nombre 10 et l'omission du 1er jour de la maladie.

(2) *Origines de l'Alchimie*, p. 156 et suivantes.

des vieux textes alchimiques, qui remontent jusqu'au temps de l'Égypte romaine et des Antonins, résulte souvent du peu d'intelligence que nous avons de ces notations.

Elles sont cependant nécessaires à connaître, pour ceux qui veulent faire des recherches sur les doctrines et les pratiques de la Chimie, de la Médecine, de la Pharmacie, de la Métallurgie et de la Minéralogie, dans l'antiquité et au moyen âge. C'est ce qui m'a engagé à les reproduire ici.

Un seul auteur jusqu'à présent a essayé de les figurer : c'est le savant Du Cange, au xviiᵉ siècle, dans son Glossaire du grec au moyen âge. Mais cette publication est très incomplète, très négligée et très incorrecte. Il n'était pas facile d'ailleurs de transcrire ces signes avec une précision parfaite, à une époque où les procédés fondés sur la photographie n'étaient pas connus. En outre, le plus vieux et le plus beau manuscrit qui existe, celui de Saint-Marc, à Venise (fin du xᵉ ou commencement du xiᵉ siècle), ne parait pas avoir été connu de Du Cange.

Ayant eu occasion depuis quelques années d'étudier d'une manière approfondie les textes manuscrits des alchimistes grecs, pour la composition de mon ouvrage sur « *les Origines de l'Alchimie* », j'ai fait reproduire en photogravure les symboles des manuscrits, en prenant comme types ceux du manuscrit de Saint-Marc (xiᵉ siècle) et ceux du manuscrit nᵒ 2327, le plus complet qui existe à la Bibliothèque nationale de Paris, lequel a été copié en 1478.

Ces symboles, de même que ceux de la Chimie actuelle, sont placés en tête des manuscrits. Ils ont été construits suivant deux règles différentes : l'une applicable aux métaux et à leurs dérivés, l'autre aux substances minérales et aux produits de matière médicale, ainsi qu'à certains mots d'usage courant.

Les symboles des métaux sont purement figuratifs : ce sont les mêmes que ceux des planètes, auxquelles les métaux étaient respectivement dédiés par les Babyloniens ; c'est-à-dire des astres sous l'influence desquels les métaux étaient supposés produits dans le sein de la Terre (voir p. 78). Parmi ces symboles, ceux du Soleil et de la Lune (or et argent) figurent déjà dans les papyrus de Leide, qui remontent au iiiᵉ siècle de notre ère (voir p. 25 et 47).

J'ai reproduit sur ce point les opinions de Proclus, du Scoliaste de Pin-

dure (p. 81), ainsi que la vieille liste de Celse (p. 77 et 78), et les attributions
d'Olympiodore le Philosophe (p. 81, correspondant à la liste du manuscrit
de Saint-Marc, figurée dans la colonne droite de notre planche I.

Rappelons brièvement les notations et symboles suivants :

1° Or, correspondant au Soleil et représenté par le même signe ;

2° Argent, correspondant à la Lune et représenté par le même signe

3° Électrum ou asèm, dont le signe était celui de Jupiter.

Cependant, dans les vieux textes, où l'asèm est confondu avec l'argent,
il en affecte quelquefois le signe, à savoir un croissant dont l'ouverture
est tournée vers la droite.

L'asèm ou électrum ayant cessé d'être regardé comme un métal particulier, vers le vi⁰ siècle de notre ère (p. 84), le signe de Jupiter fut affecté à l'étain
qui, jusque-là, répondait à la planète Mercure (Hermès). Nos listes portent
la trace de ce changement (ce vol. fig. 3, Pl. I, l. 4, à droite ; fig. 7, Pl. V,
l. 10, signes de l'électrum ; fig. 10, Pl. VIII, l. 5, signe de l'étain).

On trouve, notamment dans la fig. 7, Pl. V, l. 12 et 13 : deux signes pour
la planète Jupiter et son métal (p. 82) ; trois autres signes pour l'étain, et
trois autres signes, semblables aux derniers, pour la planète Hermès.

4° Plomb, correspondant à Saturne ; il a plusieurs signes dans les listes.
fig. 7, Pl. V, l. 11 et 12. Le nom même du plomb comprenait à l'origine la
plupart des métaux ou alliages, blancs et fusibles (p. 83).

5° Fer, correspondant à Mars.

Cependant le fer et l'étain sont représentés par des signes pareils dans
notre fig. 6, Pl. IV, l. 12 (troisième signe de l'étain), comparée à la fig. 7,
Pl. V, l. 1, 12 et 13 (Cf. p. 83).

6° Cuivre, correspondant à Vénus et représenté par le même signe (p. 83).

Ce nom s'étendait à diverses variétés de bronze, confondues sous le nom
d'airain.

7° Étain, correspondant d'abord à la planète Hermès ou Mercure, plus
tard à Jupiter (p. 84).

Le signe de Jupiter semble avoir eu à un certain moment un caractère
générique : du moins on le trouve en outre associé à celui de Mercure dans
l'une des listes (fig. 7, Pl. V, l. 5).

8° Mercure, d'abord représenté par le signe de la Lune (argent) retourné, c'est-à-dire par un croissant dont la convexité est tournée vers la droite (fig. 3, Pl. I, col. de droite, l. 19 ; fig. 6, Pl. IV, l. 5). Nous avons dit p. 84) comment, entre le ve siècle (liste d'Olympiodore le Philosophe) et le vne siècle de notre ère (liste de Stéphanus d'Alexandrie), le mercure prit le signe de la planète Hermès, auparavant affecté à l'étain (fig. 10, Pl. VIII, l. 6).

Cette affectation nouvelle figure aussi dans la liste planétaire du Traité d'Albumazar (ixe siècle), transcrite par le manuscrit 2419 fol. 46 verso .

Le mercure et l'étain ont donc chacun deux signes différents dans nos listes, suivant leur époque.

L'étain a encore d'autres signes (fig. 7, Pl. V, l. 13), et ceux du plomb sont multiples, comme il a été dit.

Le fer, métal plus moderne que les autres, a également plusieurs signes (fig. 3, Pl. I, l. 21 ; fig. 7, Pl. V, l. 1) dans les listes.

Mais les signes fondamentaux de l'or, de l'argent, du cuivre, ne semblent pas avoir varié, du moins depuis l'époque où nos tableaux ont été établis.

Tels sont les signes des corps simples ou radicaux, comme nous dirions aujourd'hui.

Ces signes sont le point de départ de ceux d'un certain nombre de corps, dérivés de chaque métal et répondant aux divers traitements physiques ou chimiques qui peuvent en changer l'état ou l'apparence.

Par exemple, la limaille, la feuille, le corps calciné ou fondu, d'une part ; et, d'autre part, la soudure, le mélange, les alliages, le minerai, la rouille ou oxyde (Pl. V, col. de gauche).

Chacun de ces dérivés possède un signe propre, qui se combine avec le symbole du métal : exactement comme on le fait dans la nomenclature chimique de nos jours. Quand le nom du métal reparait dans celui d'un alliage, d'une dissolution, d'une évaporation, d'un précipité, d'un minéral, ou d'une plante, il est remplacé par son symbole.

Le symbole de la litharge (mot à mot, pierre d'argent), renferme, par exemple, celui de l'argent (argyrion) ; la sélénite, celui de ce même argent, c'est-à-dire de la Lune (sélénè) ; quoique le nom du métal n'ait été introduit dans ces dénominations et ne leur ait été appliqué que par analogie. La concrétion blanche renferme aussi le signe de l'argent ; la concrétion jaune, celui de l'or (fig. 3, Pl. I, l. 21 et 22, à droite). Le signe du molybdochalque,

alliage de plomb et de cuivre, renferme celui du cuivre (fig. 6, Pl. IV, l. 13).
Le signe du plomb se trouve dans celui de l'antimoine (sulfuré), par
suite d'une certaine confusion entre les deux métaux (fig. 7, Pl. V, l. 10).
Le symbole d'un métal figure également dans les noms de certains minéraux,
dont ce métal peut être extrait : par exemple, le signe du vermillon du Pont
renferme celui du mercure (fig. 6, Pl. IV, l. 24, 2ᵉ signe). Tous ces rapprochements, les derniers surtout, rappellent nos nomenclatures.

Les listes alchimiques ne contiennent pas seulement les noms des métaux,
mais aussi ceux des substances minérales et des produits employés, soit
dans l'industrie, soit dans la matière médicale. Les signes correspondants
ont été formés toujours suivant une règle pareille à celle qui préside aujour-
d'hui à la formation des symboles de nos corps simples et de nos radicaux
composés ; je veux dire en prenant les premières lettres ou les lettres principales du nom que l'on voulait exprimer : c'est ce qu'on peut voir dans les
planches qui suivent.

Les listes inscrites dans ces planches se rapportent à des époques très
diverses ; les plus anciennes remontent au commencement du moyen âge.
Mais elles ont été remaniées à plusieurs reprises : chaque copiste ajoutant
à la suite tous les signes qu'il connaissait, ou qu'il trouvait dans d'autres
ouvrages, sans craindre de donner trois ou quatre signes distincts pour le
même nom plusieurs fois répété. Il est facile de reconnaître ces additions
ou intercalations, soit d'après le changement de sujet, soit d'après le mot
ἄλλως (autrement , parfois écrit dans les manuscrits avec une initiale rouge.

L'analyse des signes du manuscrit 2327, comparés avec ceux du manuscrit de Saint-Marc, du manuscrit 2325, du manuscrit 2419 et de quelques
autres, permet d'y reconnaître dans la liste fondamentale au moins neuf
listes partielles de ce genre, successivement ajoutées.

Développons cette discussion.

1º. On distingue d'abord une première liste, très courte et très ancienne,
laquelle renferme seulement les signes des sept planètes, suivies des noms
des sept métaux correspondants, donnés en sept lignes dans le manuscrit de
Saint-Marc (Pl. I, col. de droite, l. 1 à 7). Dans le manuscrit 2327, on
retrouve les cinq derniers métaux : plomb, électrum, fer, cuivre, étain, suivant le même ordre et avec les mêmes épithètes (Pl. V, de la l. 15, dernier mot,

à la l. 18), l'or et l'argent ayant été inscrits auparavant et séparément. Seulement les signes des métaux sont à la suite des noms, au lieu de les précéder comme dans le reste des planches. Les cinq mêmes métaux, désignés pareillement, sans l'or, ni l'argent, existent aussi, à la suite d'une liste différente, dans le manuscrit 2325. Cette première liste ne comprend ici que les métaux et les planètes et elle répond à une autre liste beaucoup plus développée, dans laquelle se trouvent, à la suite de chaque signe planétaire, les diverses substances dérivées du métal correspondant ou consacrées à sa planète. Nous y reviendrons tout à l'heure. Observons encore que dans la liste présente de Saint-Marc l'électrum figure avec le signe de Jupiter et l'étain avec le signe d'Hermès. Dans le fragment de liste correspondant du manuscrit 2327 (Pl. V, l. 15 à 18), Jupiter et l'électrum sont représentés par deux signes distincts; mais celui de l'électrum dérive en réalité de celui de Zeus, déformé par le copiste, comme le montre sa comparaison avec le manuscrit de Saint-Marc (voir la planche I, l. 14); d'autre part, l'étain a perdu son signe : le copiste transcrivait machinalement des symboles qu'il ne comprenait plus.

2° Une seconde liste, plus longue et plus méthodique, comprend les noms des métaux et de leurs dérivés : or, argent, cuivre, fer, plomb, étain, mercure. Elle est très claire et très nette dans le manuscrit de Saint-Marc (Pl. I, col. de gauche, l. 1 à 26, et col. de droite, l. 10 à 19). Cette liste est plus moderne que la précédente ; car l'électrum n'y figure plus comme un métal spécial, mais comme un dérivé de l'or (chrysélectron, l. 5 avec un symbole complexe, dérivé de ceux de l'or et de l'argent : la nature chimique véritable de la variété d'électrum à base d'or était donc reconnue. Le mercure est inscrit à la suite de l'étain, mais à part et sans dérivés particuliers ; son signe est celui de l'argent retourné, et non celui de la planète Hermès : ce qui répond aussi à une époque intermédiaire, quoique antérieure à celle où Hermès est affecté définitivement au mercure.

Cette liste manque dans le manuscrit 2325, le plus ancien après celui de Saint-Marc; tandis qu'elle forme le début de celle du manuscrit 2327 (Pl. IV., l. 4 à 17. Seulement l'argent a été intercalé ici au milieu des dérivés de l'or, ainsi que le mercure, placé à côté de l'argent. Le chrysélectron a disparu ; deux des dérivés de l'argent (feuille et limaille) sont omis à la fin des dérivés du cuivre. Après ὀρείχαλκος (Pl. IV, l. 11) vient le mot χαλκός, puis κατοπτηρος (l. 12) ; à la place du fer et de ses dérivés, inscrits dans la liste du manuscrit de Saint-Marc. Ceux-ci sont rejetés plus loin dans le manuscrit 2327 (Pl. V, l. 1 et 2), avec des noms identiques, et des signes différents. Mais le manuscrit 2327 reprend par le plomb (Pl. V, l. 11), dont le nom est suivi par les mots intercalés : χρόνος φκίνων ; puis viennent les dérivés du plomb, les mêmes dans les deux manuscrits (sauf une inversion). L'article étain, coupé en deux par le plomb intercalé, reprend, dans le manuscrit 2327 (Pl. V, l. 15), par le second des signes de ce métal, donné dans le manuscrit de Saint-Marc Pl. I, col. de droite, l. 14 et précédé de même du mot ἄλλως (autrement). Bref, toute cette liste est évidemment la même dans les deux manuscrits; mais elle est régulière dans le manuscrit de Saint-Marc : elle est transcrite, au contraire, avec une certaine confusion dans le manuscrit 2327.

3º Les noms et les signes des métaux sont suivis dans le manuscrit de Saint-Marc (Pl. I, col. de droite, l. 20-27, et Pl. II, col. droite d'abord ; puis col. de gauche, l. 1 à 2 , par des mots tels que νεφέλη, etc., se rapportant aux dérivés du mercure (Pl. I. l. 20 à 22), à la litharge, au soufre, à la sélénite, à la couperose, etc., jusqu'aux mots : un jour et une nuit, puis πέταλα (Pl. II, col. de gauche, l. 11).

Tout ceci manque dans le manuscrit 2325, aussi bien que la seconde liste.

Dans le manuscrit 2327, au contraire, la même suite de mots forme la fin de la planche IV, lignes 17 à 27, jusqu'à πέταλα exclusivement, et sauf des variantes de dialecte et autres, peu importantes.

Cette troisième liste peut être regardée comme la suite de la seconde, puisqu'elle coexiste dans les mêmes manuscrits. Mais elle n'a pas subi les inversions et les confusions qui distinguent la seconde dans le manuscrit 2327. Le manuscrit 2275, dans ces premières parties, est exactement conforme au manuscrit 2327 (1) ; identité d'autant plus remarquable, qu'il n'en reproduit pas les figures, mais celles du manuscrit 2325. Il y a donc eu une source commune, antérieure aux trois manuscrits.

4º Le manuscrit 2325 débute par une liste toute différente des trois précédentes ; laquelle manque dans le manuscrit de Saint-Marc, mais se

<hr>

(1) Le manuscrit 2275 est antérieur de 13 ans au manuscrit 2327; c'est presque toujours une copie directe de 2325. faite avant la mutilation de ce dernier.

retrouve dans le manuscrit 2327. Dans ce dernier Pl. V, l. 3, le fer et ses dérivés, transposés comme il a été dit plus haut, sont suivis du mot χαλκίον. qui manque ailleurs. Puis vient le mot ὑάλασσα. début de ce qui nous reste de la liste mutilée du manuscrit 2325, jusqu'à λευκή κιθία ἡ ὑδράργυρος λέγεται (Pl. V, l. 15). Tout ceci est commun aux manuscrits 2325, 2275 et 2327, mais manque dans le manuscrit de Saint-Marc.

Ensuite on trouve dans les trois premiers les noms des cinq métaux, autres que l'or et l'argent plomb, électrum. fer, cuivre, étain), conformes par les épithètes à la première liste de Saint-Marc ; on a déjà signalé ce rapprochement. La similitude des manuscrits 2325 et 2327 à cet égard atteste une certaine communauté d'origine.

5º Les quatre manuscrits de Saint-Marc, 2325, 2275 et 2327, contiennent ensuite une même liste. faisant suite à la troisième dans le premier manuscrit. Elle débute par χαλκάνθεον Pl. II, col. gauche, l. 12 ; Pl. V, l. 18 et se poursuit sans variante importante, jusqu'à χρός Pl. III, l. 16. et Pl. VI, l. 3. Cette liste renferme à la fois des mots de Chimie et de Minéralogie, des mots de Botanique et de matière médicale, et certaines abréviations d'usage plus commun. Les listes du manuscrit de Saint-Marc sont ainsi épuisées. On voit qu'elles se retrouvent entièrement dans le manuscrit 2327 ; mais non dans le manuscrit 2325.

6º A la suite de la précédente, on lit dans les manuscrits 2325, 2275 et 2327 une petite liste. en cinq lignes Pl. VI, l. 3 à 7, contenant les noms des métaux et divers autres. depuis χρυσός jusqu'à πιθρεσως. Le cuivre y figure deux fois, l'une avec son signe ordinaire, l'autre avec deux signes, dont l'un n'est autre que la première lettre du mot χαλκός. Ceci accuserait une origine plus moderne. Mais, par contre. le mot μπέσπις semble répondre à une source égyptienne. On y voit encore ici le mystérieux mercure d'arsenic (l. 4 lequel était probablement notre arsenic métallique. corps sublimable, susceptible d'être extrait par l'action de divers agents réducteurs du sulfure d'arsenic, et aussi capable d'être fixé par sublimation sur le cuivre qu'il blanchit : le tout à la façon du mercure ordinaire, extrait de son sulfure.

7º Cette liste est suivie par une autre, existant dans les manuscrits 2325, 2275 et 2327, et qui débute par le mot caractéristique ἄλλο (Pl. VI, l. 8 à 20) C'est une série d'abréviations très diverses, et plus modernes, comme en témoigne le mot νερόν, qui signifie *eau* dans le grec actuel. Les symboles de l'ange et du démon semblent indiquer que cette liste a été tirée de quelque livre magique. L'or y est désigné par un signe nouveau (l. 19).

Là s'arrêtent les listes des manuscrits 2325 et 2275.

8° Le manuscrit 2327 renferme ensuite une huitième liste, comprenant des matières médicales et débutant par le mot ἄλλως (Pl. VI, l. 20 à 25).

Elle se termine au mot ἀλέη. — Ce qui définit cette liste comme distincte c'est son existence séparée dans le manuscrit 2419 de la Bibliothèque nationale (fol. 274, verso 6). Là les signes seuls y sont dessinés, sans interprétation, à l'exception des mots καρδία (cœur) et ἧπαρ (foie).

Cependant la suite du manuscrit 2327 (Pl. VI, l. 26 ; Pl. VII, Pl. VIII, l. 1 à 4 n'accuse aucune transition brusque ; sauf peut-être au mot pompholyx (Pl. VIII, l. 1).

Cette liste paraît d'ailleurs formée par diverses juxtapositions, comme le montre la répétition de certains mots (camphre, aloès).

Il existait en effet bien des listes de ce genre au moyen âge : je citerai, par exemple, une liste de signes et abréviations, transcrite dans le manuscrit 2419, (fol. 154, tout à fait distincte par l'ordre des mots qu'elle renferme ; quoique ceux-ci soient en somme les mêmes et répondent pour la plupart aux mêmes symboles ou abréviations : par exemple l'or, l'argent, le fer, le cuivre, l'étain, le plomb, le ciel, etc. Il y a cependant quelques signes différents, tels que ceux de l'ange, du démon, de la couperose. La céruse notamment est exprimée au moyen d'un μ barré par une ligne verticale, etc. Mais revenons au manuscrit 2327.

9° Le mot ἄλλως (Pl. VIII, l. 4) marque dans ce manuscrit le début d'une dernière liste, probablement composite comme la précédente. Elle débute par les noms des métaux. Elle est plus moderne, car l'électrum a disparu et l'étain s'y trouve avec le signe de la planète Jupiter, au lieu du signe de la planète Hermès, qu'il possédait dans les premières listes. Au contraire le mercure a pris le symbole de la planète Hermès.

En résumé, ces listes multiples semblent avoir été tirées de manuscrits distincts par l'époque et la composition, dans lesquels elles figuraient d'abord ; elles ont été mises bout à bout en tête de la collection du manuscrit 2327.

Celle du manuscrit de Saint-Marc est la plus ancienne et a passé entièrement dans le manuscrit 2327 : ce qui est fort important pour les questions de filiation ; mais elle a subi des intercalations et transpositions, qui témoignent de remaniements considérables.

Je donnerai maintenant le résumé des comparaisons entre les signes multiples d'un même corps, et spécialement d'un métal, telles qu'elles résultent de l'examen de ces tableaux.

Les métaux sont représentés surtout par les signes des planètes correspondantes. Cependant, à côté des signes planétaires des métaux, on en trouve d'autres, qui sont de simples abréviations, réduites parfois à l'initiale du nom de la planète ou du métal : tels que :

Or Pl. VI, l. 19 ;

Cuivre (Pl. VI, l. 3 et 6);

Fer (Pl. V, l. 1 et 17);

Mercure Pl. VI, l. 15 ;

Étain (Pl. V, l. 12 et 16).

De même le nom de l'eau est tantôt figuré par son hiéroglyphe (Pl. II, l. 5 ; Pl. IV, l. 26; Pl. V, l. 3 ; tantôt par l'abréviation du mot grec correspondant Pl. VI, l. 5). De même le mot fleuve Pl. III, l. 1 ; Pl. V, l. 25 : comparées avec Pl. VII, l. 7).

Le nom de la litharge a aussi deux signes : l'un, dérivé de l'argent, l'autre, simple abréviation (Pl. IV, l. 19 et Pl. VIII, l. 20).

Le signe générique des rouilles (oxydes) métalliques offre deux variantes (Pl. I, l. 19 et 25; Pl. VI, l. 11), etc.

Signalons maintenant les répétitions.

Tous les noms des métaux existent dans les listes de Saint-Marc, deux fois; une fois séparément, une fois dans la liste planétaire. En outre, le nom de l'or se retrouve cinq fois dans la seconde liste, celle du manuscrit 2327 (Pl. IV, l. 4; Pl. VI, l. 3 et 19; Pl. VII, l. 9; Pl. VIII, l. 5). Son signe est toujours celui du Soleil, à l'exception d'un signe figuré dans la planche VI, l. 19, qui est double et semble une abréviation.

Le nom de l'argent se lit trois fois dans la seconde liste (Pl. IV, l. 4 ; Pl. VIII, l. 6 et 22). Son signe n'a pas de variante, si ce n'est que le croissant est placé horizontalement à la dernière place.

Le nom du cuivre est écrit six fois dans la deuxième liste (Pl. IV, l. 9;

Pl. VI, l. 3, 6, 11 : Pl. VII, l. 6 ; Pl. VIII, l. 6). Son signe offre six variantes,
dont l'une répond à l'un des signes du fer (Pl. V, l. 12).

Le nom du fer est transcrit quatre fois dans la deuxième liste (Pl. V, l. 1 et
17 ; Pl. VI, l. 20 ; Pl. VIII, l. 5 et 22). Son signe offre quatre variantes principales. En effet, le nom du fer est représenté par quatre signes principaux.
L'un d'eux une flèche avec sa pointe, semble une abréviation du signe planétaire. Un autre signe, un θ, est nous l'avons vu l'initiale du mot θουρός,
nom ancien de la planète Mars ; parfois avec adjonction d'un π, abréviation
du πυρόεις, l'enflammé, autre nom ou épithète de Mars (Pl. V, l. 17).

Le nom du plomb figure six fois dans la deuxième liste (Pl. IV, l. 11 ;
Pl. V, l. 11 et 16 ; Pl. VI, l. 4 ; Pl. VII, l. 6 ; Pl, VIII, l. 5) : son signe offre six
variantes. Aucun métal n'a plus de signes que le plomb, matière première de
la transmutation chez les Égyptiens. Dans l'une des planches (Pl. VII, l. 6),
le signe ordinaire est doublé par l'adjonction du signe du cuivre. Un autre
signe du plomb (Pl. VI, l. 4) se retrouve à peine modifié, comme signe de
cuivre (Pl. VI, l. 6), et même comme signe adjoint au mercure (Pl. VI, l. 15).
Ce signe rappelle encore l'un de ceux du soufre (Pl. IV, l. 18), désigné comme
le plomb par le nom d'Osiris, chez les Egyptiens.

Le nom de l'étain se voit quatre fois dans la deuxième liste (Pl. IV, l. 12 ;
Pl. V, l. 13 et 18 ; Pl. VIII, l. 5). Son signe offre cinq variantes. Dans l'une
d'elles, on retrouve l'un des signes du cuivre (Pl. V, l. 13) ; dans une autre,
l'un des signes du fer (Pl. V, l. 13).

Le nom du métal mercure est signalé cinq fois dans la deuxième liste
(Pl. IV, l. 5 : Pl. V, l. 5 ; Pl. VI, l. 15 ; Pl. VIII, l. 6 et 8). Son signe offre trois
variantes, savoir : le signe de l'argent retourné ; le signe de la planète Hermès, plus moderne (Pl. VIII, l. 6) ; enfin le double signe de l'eau-argent, avec
le croissant ordinaire. (Pl. VI, l. 15). On trouve encore le nom du mercure
associé à celui de l'arsenic (Pl. VI, l. 4), et représenté par un double signe,
dont la première partie est le signe du mélange ou alliage d'or ; la seconde,
le signe de l'arsenic retourné. Il y là une idée se rattachant à la transmutation des métaux et à la fabrication de l'or par l'intermédiaire du mercure,
réputé former l'essence des métaux, et de l'arsenic, regardé comme l'un de
leurs principes colorants (*Origines de l'Alchimie*, p. 238 et 279).

Le nom de l'arsenic (sulfures arsénicaux) est tracé quatre fois dans la deuxième liste (Pl. V. l. 19; Pl. VI, l. 17 et 26; Pl. VIII, l. 21), avec trois ou quatre signes différents. Le signe de la planche VI, ligne 26, est le plus moderne ; car il est employé couramment dans le manuscrit 2419. Le nom même de l'arsenic est associé deux fois (Pl. V, l. 7 et 9, à celui de la sandaraque sulfure analogue , laquelle est confondue parfois sous le même signe (Pl. V. l. 7 . Ailleurs la sandaraque est exprimée par le signe du soufre Pl. VIII. l. 22) : ce qui montre que les alchimistes en avaient bien saisi les analogies complexes.

Le signe de l'antimoine sulfure d'antimoine) existe deux fois dans la deuxième liste Pl. V, l. 10 et 25 : la première fois, il est associé à celui du plomb. probablement parce que l'on avait aperçu l'analogie des deux métaux.

Les mots : *matras, sel, vapeurs sublimées*, etc., donnent lieu à des remarques analogues, mais sur lesquelles il paraît superflu de s'étendre.

Nous allons reproduire maintenant ces listes, d'après des photogravures prises sur les manuscrits. L'échelle exacte a été conservée pour le manuscrit 2327 : mais elle a été un peu réduite pour le manuscrit de Saint-Marc.

J'ai donné la traduction, aussi exacte que j'ai pu dans une matière si obscure. de tous les mots qui figurent dans ces listes.

Je me suis aidé à cet effet des œuvres de Dioscoride édition Sprengel : de celles de Vitruve, de Pline édition Sillig et des Commentaires de Saumaise *Pliniana Exercitationes*, 1689). Je laisse à d'autres le soin des remarques grammaticales sur ces textes, me bornant à faire observer que l'iotacisme est bien plus marqué dans le second manuscrit que dans le plus ancien.

Pour le manuscrit de Saint-Marc. dont l'écriture est très différente de celle du grec moderne, j'ai cru utile de fournir en même temps le texte grec en lettres actuelles : ce qui m'a paru superflu pour le manuscrit. 2327.

Voici ces textes :

Les planches I, II et III reproduisent les folios 6 et 7 du manuscrit de St-Marc, à Venise. Les signes sont tracés à l'encre rouge dans le manuscrit.

Plusieurs signes ont été ajoutés à des époques postérieures à la première transcription du manuscrit; les uns au XIVᵉ siècle, les autres au XVᵉ. Ils se distinguent par la forme des caractères et la couleur de l'encre. Je les noterai en passant.

Les planches IV. V, VI, VII et VIII sont la reproduction identique des fol. 16, 17 et 18 du manuscrit 2327 de la Bibliothèque nationale de Paris.

La traduction répond. ligne pour ligne, au texte placé vis-à-vis.

FIGURE 3. — **Planche I**

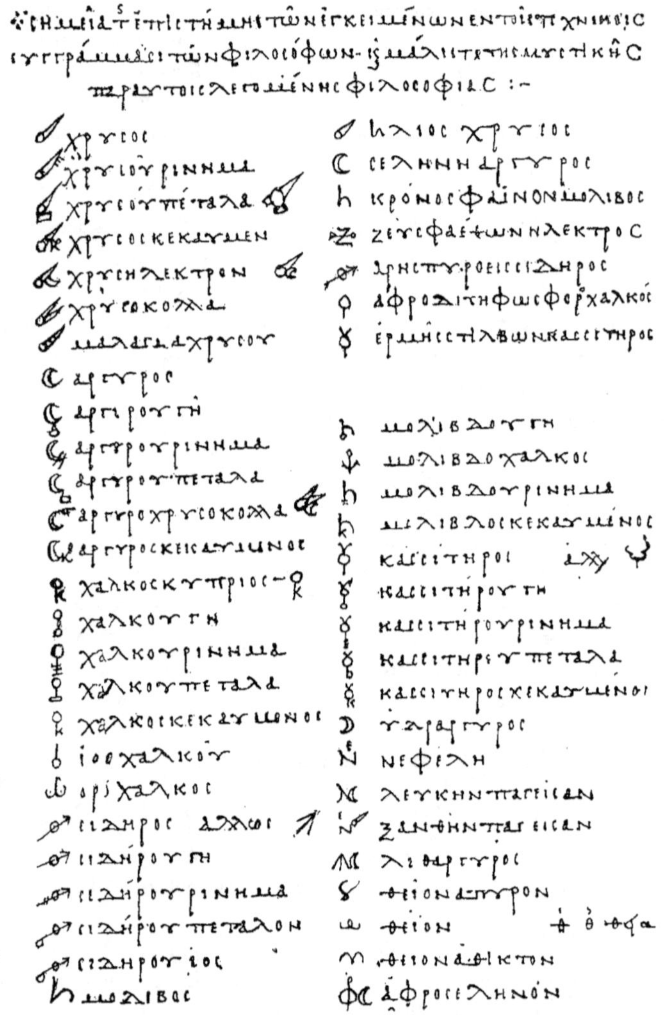

σημεῖα τε τῆς τῆ μη τῶν ἐγκειμένων ἐν τοῖς παχνικοῖς
συγγράμμασι τῶν φιλοσόφων· ἡ μάλιστα τῆς μυστικῆς
παρὰ τοῖς λεγομένης φιλοσοφίας :—

☉ χρυσος	☉ ηλιος χρυσος	
χρυσου ρινημα	☾ σεληνη αργυρος	
χρυσου πεταλα	♄ κρονος φαινον μολιβος	
χρυσος κεκαυμεν	♃ ζευς φαεθων ηλεκτρος	
χρυσηλεκτρον	♂ αρης πυροεις σιδηρος	5
χρυσοκολλα	♀ αφροδιτη φωσφορ χαλκος	
μαλαγμα χρυσου	☿ ερμης στιλβων κασσιτηρος	
☾ αργυρος		
αργυρου ρη		
αργυρου ρινημα	♄ μολιβδου ρη	10
αργυρου πεταλα	μολιβδο χαλκος	
αργυρο χρυσοκολλα	μολιβδου ρινημα	
αργυρος κεκαυμινος	μολιβδος κεκαυμινος	
χαλκος κυπριος	κασσιτηρος	
χαλκου ρη	κασσιτηρου ρη	15
χαλκου ρινημα	κασσιτηρου ρινημα	
χαλκου πεταλα	κασσιτηρου πεταλα	
χαλκος κεκαυμινοι	κασσιτηρος κεκαυμινοι	
ιος χαλκου	υδραργυρος	
ορειχαλκος	νεφελη	20
σιδηρος αλλως	λευκην παγεισαν	
σιδηρου ρη	ξανθην παγεισαν	
σιδηρου ρινημα	λιθαργυρος	
σιδηρου πεταλον	θειον απυρον	
σιδηρου ιος	θειον	25
μολιβος	θειον αθικτον	
	αφροσεληνον	

SIGNES ALCHIMIQUES

Planche I, première colonne, à gauche

Photogravure d'après le manuscrit de Saint-Marc, fol. 6.

Σημεῖα τῆς ἐπιστήμης τῶν ἐγκειμένων ἐν τοῖς τεχνικοῖς συγγράμμασι τῶν φιλοσόφων, καὶ μάλιστα τῆς μυστικῆς παρ' αὐτοῖς λεγομένης φιλοσοφίας.

« Signes de la Science, qui se trouvent dans les écrits techniques des philosophes : ce sont surtout les signes de ce que ceux-ci appellent la Philosophie mystique.

Χρυσός	Or.
Χρυσοῦ ῥίνημα	Limaille d'or.
Χρυσοῦ πέταλα	Feuilles d'or — avec second signe à droite, d'une écriture plus récente.
Χρυσὸς κεκαυμένος	Or calciné (fondu).
5 Χρυσήλεκτρον	Electrum — avec 2ᵉ signe plus récent.
Χρυσόκολλα	Soudure d'or.
Μάλαγμα χρυσοῦ	Mélange d'or.
Ἄργυρος	Argent.
Ἀργύρου γῆ	Terre d'argent.
10 Ἀργύρου ῥίνημα	Limaille d'argent.
Ἀργύρου πέταλα	Feuilles d'argent.
Ἀργυροχρυσόκολλα	Soudure d'or et d'argent — avec second signe récent.
Ἄργυρος κεκαυμένος	Argent calciné (fondu).
Χαλκὸς κύπριος	Cuivre de Chypre — avec second signe d'une ancienne écriture.
15 Χαλκοῦ γῆ	Terre de cuivre (minerai).
Χαλκοῦ ῥίνημα	Limaille de cuivre.
Χαλκοῦ πέταλα	Feuilles de cuivre.
Χαλκὸς κεκαυμένος	Cuivre calciné (oxydé).
Ἰὸς χαλκοῦ	Rouille de cuivre.
20 Ὀρείχαλκος	Orichalque.
Σίδηρος	Fer. — Ἄλλως, autre signe.
Σιδήρου γῆ	Terre de fer (minerai).
Σιδήρου ῥίνημα	Limaille de fer.
Σιδήρου πέταλον	Feuille de fer.
25 Σιδήρου ἰός	Rouille de fer.
Μόλυβος (sic)	Plomb.

Planche I, deuxième colonne, à droite.

Ἥλιος χρυσός. . . . .   Soleil, or.
Σελήνη ἄργυρος. . . . .   Lune, argent.
Κρόνος φαίνων μόλιβος. . . . . . .   Saturne brillant, plomb.
Ζεὺς φαέθων ἤλεκτρος. . . . .   Jupiter resplendissant, électrum.
5 Ἄρης πυρόεις σίδηρος. . . . . . .   Mars enflammé, fer.
Ἀφροδίτη φωσφόρος χαλκός. . .   Vénus lumineuse, cuivre.
Ἑρμῆς στίλβων κασσίτηρος. .   Mercure brillant, étain.

La suite forme le commencement du verso de la feuille 6 dans le manuscrit ; elle a été ajoutée par le graveur sur la planche I, après les noms des planètes, lesquels sont effectivement à droite du recto de la feuille 6 dans le manuscrit.

10 Μολίβδου γῆ. . . . .   Terre de plomb (minerai).
Μολιβδόχαλκος. . . . .   Molibdochalque.
Μολίβδου ῥίνημα. . . . .   Limaille de plomb.
Μόλιβδος κεκαυμένος. . . . .   Plomb calciné.
Κασσίτηρος (sic). . . . .   Étain. — Ἄλλο, autre signe
15 Κασσιτήρου γῆ. . . . .   Terre d'étain (minerai).
Κασσιτήρου ῥίνημα. . . . .   Limaille d'étain.
Κασσιτήρου πέταλα. . . . .   Feuilles d'étain.
Κασσίτηρος κεκαυμένος. . . . . . .   Étain calciné.
Ὑδράργυρος. . . . .   Mercure.
20 Νεφέλη. . . . .   Brouillard (vapeur condensée).
Λευκήν παγεῖσαν. . . . .   Concrétion (coagulum) blanche.
Ξανθήν παγεῖσαν. . . . .   Concrétion jaune.
Λιθάργυρος. . . . .   Litharge.
Θεῖον ἄπυρον. . . . .   Soufre apyre, n'ayant pas subi l'action du feu.
25 Θεῖον, θεῖα. . . . .   Soufre. — Matières sulfureuses.
Θεῖον ἄθικτον. . . . .   Soufre natif.
Ἀφροσέληνον. . . . .   Sélénite.

Le verso de la feuille 6 du manuscrit n'étant pas inséré en entier dans ce qui précède, on a ajouté et intercalé les signes qui suivent avec leur interprétation, dans la colonne de droite, sur la planche II.

FIGURE 4. — **Planche II**

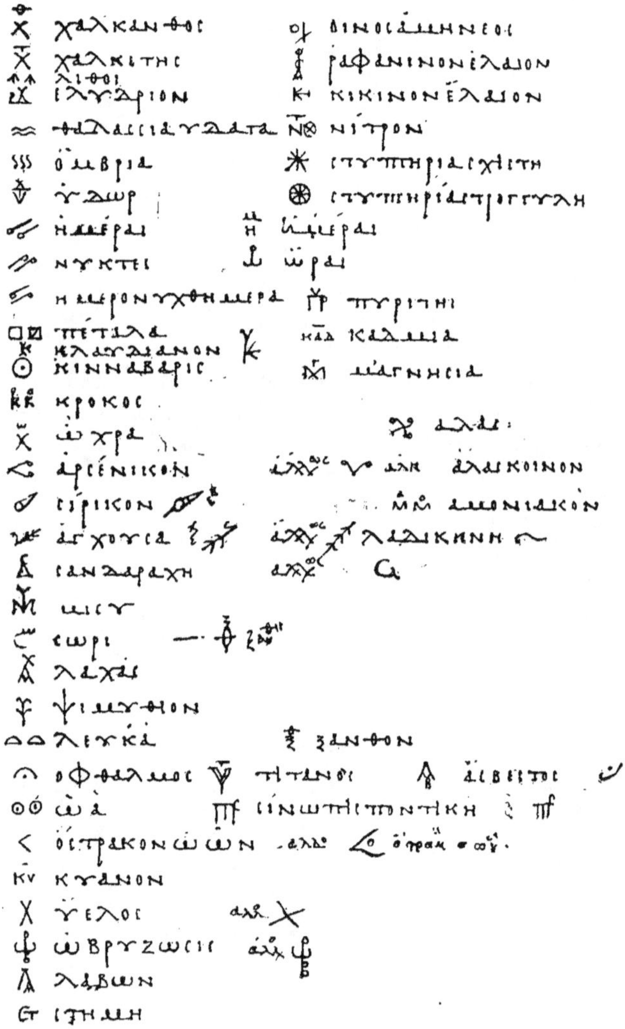

χαλκανθος   οἱ οινος ελληνεος
χαλκιτης   ραφανινον ελαιον
λιθοι
ιλυαριον   κικινον ελαιον
θαλασσια υδατα   νιτρον
ομβρια   στυππηρια σχιτη
υδωρ   στυππηρια στρογγυλη
ημεραι   ημεραι
νυκτι   ωραι
ημερον νυχθημερα   πυριτηι
πεταλα   καδμια
κλαυδιανον
κινναβαρις   μαγνησια
κροκος
ωχρα   αλας
αρσενικον   αλας κοινον
σιρικον   αμμωνιακον
σανδαραχη   λαδικηνη
μισυ
σωρι
λεχαι
ψιμμυθιον
λευκα   ξανθον
οφθαλμος   τιτανος   αλβεστος
ωα   σινωπη ποντικη
οστρακον ωων   οπται ωου
κυανον
υελοι
ωβρυζωσις
λαβων
τηλμη

Première colonne, à gauche.

La colonne gauche de la planche II renferme les signes du folio 7 recto du manuscrit, et la colonne droite la fin du folio 6 verso.

Χάλκανθος .... Couperose.
Χαλκίτης .... Minerai pyriteux de cuivre.
Λίθοι .... Pierres.
Ἐλύδριον .... Chélidoine.
5 Θαλάσσια ὕδατα .... Eaux marines.
Ὄμβρια .... Eaux pluviales.
Ὕδωρ .... Eau.
Ἡμέραι .... Jours — 2e s. anc.
Νύκτες .... Nuits. — Ὧραι. heures.
10 Ἡμερονυχθήμερα .. 1 jour et 1 nuit.
Πέταλα .... Feuilles.
Κλαυδιανόν .... Claudianon (alliage) — 2e signe plus moderne.
Κιννάβαρις ...... Cinabre.
Κρόκος .... Safran.
15 Ὤχρα .... Ochre.
Ἀρσένικον .... Arsenic — autre signe ancien.
Σίρικον (sic) ...... Couleur rouge particulière — 2e signe plus moderne.
Ἄγχουσα .... Orcanette. — 2e signe plus mod. autre signe ancien: λαδικηνή. de Laodicée.

Σανδαράχη .... Sandaraque (autre signe anc.).
Μίσυ .... Misy (couperose jaune). 20
Σῶρι (sic) .... Sori (corps analogue) — ξανθόν. jaune; signe d'écriture plus moderne.
Λάκχα .... Laccha, sorte d'orcanette.
Ψιμύθιον .... Céruse.
Λευκά .... Les blancs. — Ξανθόν. jaune; signe ancien.
Ὀφθαλμός .... Œil. 25
Ὠά .... Les œufs.
Ὄστρακον ὠῶν .... Coquille des œufs — répété avec autre signe plus moderne.
Κύανον .... Bleu.
Ὕελος .... Verre — autre signe plus mod.
Ὠβρύζωσις .... Épreuve des métaux (coupellation) — autre signe plus mod. 30
Λαβών .... Ayant pris.
Στίμμη (sic) .... Antimoine.

Deuxième colonne, à droite.

Οἶνος ἀμηνέος ..... Vin doux.
Ῥαφάνινον ἔλαιον .. Huile de raifort.
Κίκινον ἔλαιον ..... Huile de ricin.
Νίτρον .... Natron.
5 Στυπτηρία σχιστή ... Alun en lamelles.
Στυπτηρία στρογγύλη Allun arrondi.
10 Πυρίτης .... Pyrite.
Καδμία .... Cadmie.
Μαγνησία .... Magnésie.

Ἅλας .... Sel. 15
Ἅλας κοινόν ...... Sel commun.
— ἀμμωνιακόν sic Sel ammoniac.
Τίτανος .... Chaux, plâtre. 25
Ἄσβεστος .... Chaux vive — 2e signe ancien.
Σινώπις ποντική .... Rubrique du Pont — 2e signe ancien.

FIGURE 5. — **Planche III**

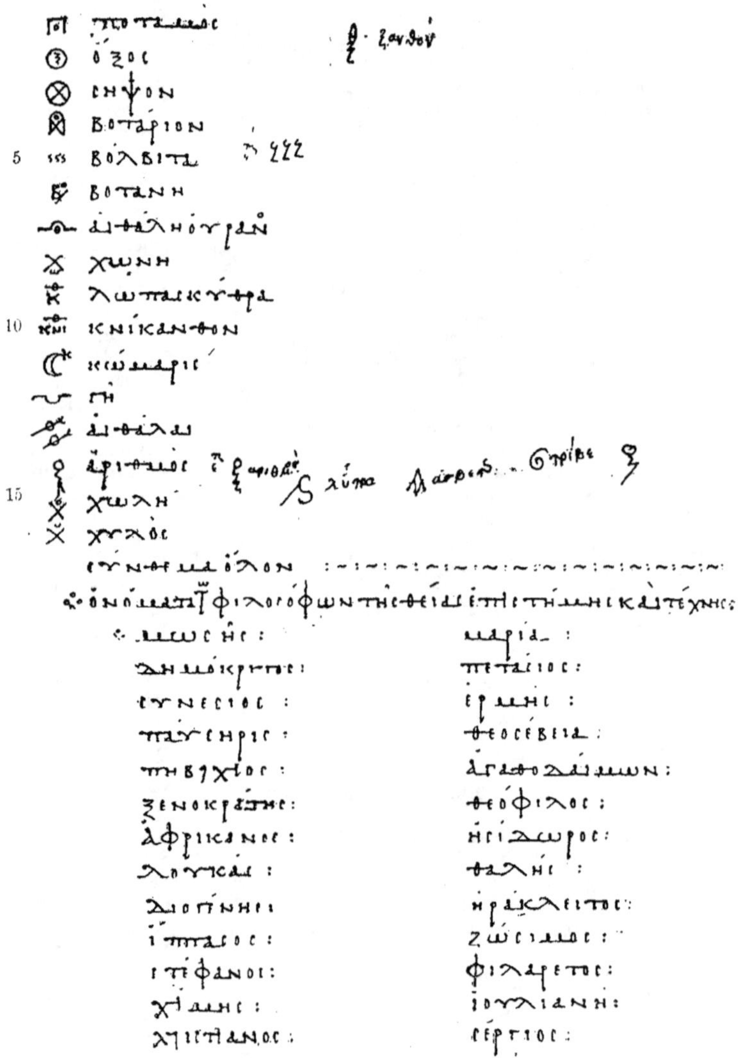

Folio 7, verso. — Planche III.

Ποταμός	Fleuve. — ξανθόν, jaune — signe plus mod.
Ὄξος	Vinaigre.
Σήψον	Faites fermenter.
Βοτάριον	Botarion (vase de digestion?)
5 Βόλβιτα	Fumier, fiente — signe plus moderne.
Βοτάνη	Plante.
Αἰθάλη οὐρανοῦ	Vapeur céleste.
Χώνη	Creuset.
Λωπὰς κύθρα	Matras de terre cuite.
Κνίκανθον (*sic*)	Fleur de cnécos ou carthame.
10 Κώμαρις	Sélénite ou talc.
Γῆ	Terre.
Αἰθάλαι	Vapeurs sublimées, fumées.
Ἀριθμός	Nombre — répété avec signe plus moderne.

    λίτρα, livre (poids)
    ἄσβεστος, chaux vive   } signes plus mod.
    τρίβε, broyez.

15 Χωλή	Bile.
Χυλός	Suc.
Σύνθεμα ὅλον	Formule complète.

Ὀνόματα τῶν φιλοσόφων τῆς θείας ἐπιστήμης καὶ τέχνης.

Noms des Philosophes de la Science et de l'Art divins.

Μωσῆς	Moïse.	Μαρία	Marie.
20 Δημόκριτος	Démocrite.	Πετάσιος	Pétasius.
Συνέσιος	Synésius.	Ἑρμῆς	Hermès.
Παυσῆρις	Pauséris.	Θεοσέβεια	Théosébie.
Ἡβύχιος	Péblchlus.	Ἀγαθοδαίμων	Agathodémon.
Ξενοκράτης	Xénocrate.	Θεόφιλος	Théophile.
25 Ἀφρικανός	Africanus	Ἰσίδωρος	Isidore.
Λουκᾶς	Lucas.	Θαλῆς (*sic*)	Thalès.
Διογένης	Diogène.	Ἡράκλειτος	Héraclite.
Ἵππασος	Hippasus.	Ζώσιμος	Zosime.
Στέφανος	Stephanus.	Φιλάρετος	Philarète.
Χίμης	Chimès.	Ἰουλιανή	Juliana.
Χριστιανός	Le Chrétien.	Σέργιος	Sergius.

Cette dernière liste a un intérêt historique, plutôt que technique. Son commentaire se trouve dans l'ouvrage sur les *Origines de l'Alchimie*, cité plus haut, p. 128 et suivantes.

Figure 6. — **Planche IV**

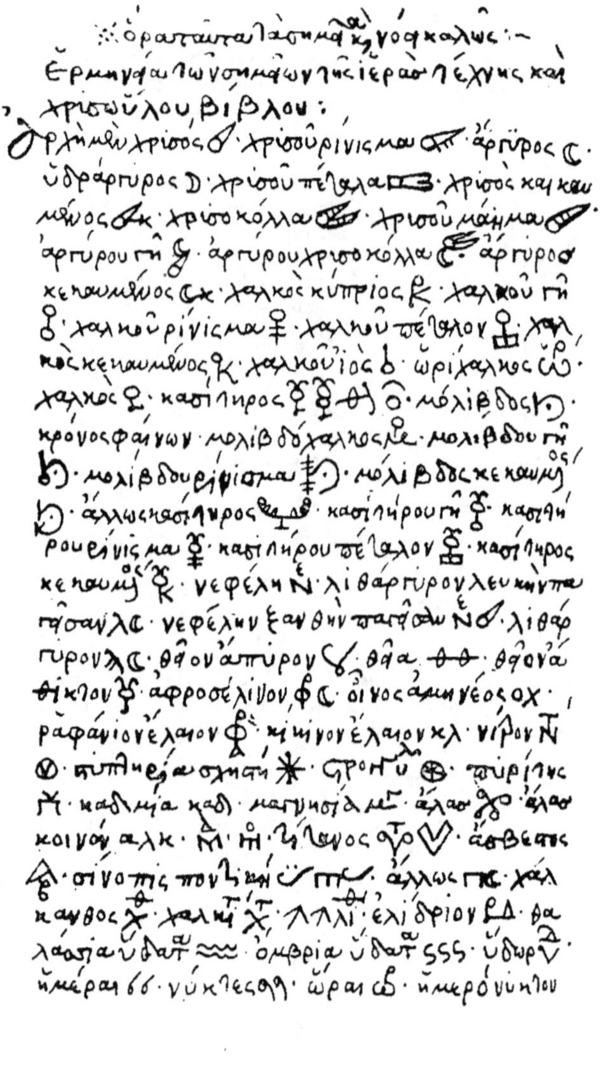
ὅρα ταῦτα τὰ σημεῖα καὶ νόει καλῶς :—
Ἑρμηνεία τῶν σημείων τῆς ἱερᾶς τέχνης καὶ
χρυσοῦ λόγου βιβλίου :
Ἀρχὴ μὲν χρυσὸς · χρυσοῦ ῥίνισμα · ἄργυρος ·
ὑδράργυρος · χρυσοῦ πέταλα · χρυσὸς κεκαυμένος · χρυσόκολλα · χρυσοῦ μάλαγμα ·
ἀργύρου γῆ · ἀργυροχρυσόκολλα · ἄργυρος
κεκαυμένος · χαλκὸς κύπριος · χαλκοῦ γῆ
· χαλκοῦ ῥίνισμα · χαλκοῦ πέταλον · χαλκὸς κεκαυμένος · χαλκοῦ ἰὸς · ὀρείχαλκος ·
χαλκὸς · κασσίτερος · μόλιβδος ·
κρόνος φαίνων · μολιβδόχαλκος · μολίβδου γῆ
· μολίβδου ῥίνισμα · μόλιβδος κεκαυμένος
· ἄλλως κασσίτερος · κασσιτέρου γῆ · κασσιτέρου ῥίνισμα · κασσιτέρου πέταλον · κασσίτερος
κεκαυμένος · νεφέλη · λιθαργύρου λευκῆς πάσης · νεφέλη ξανθὴ πάσης · λιθάργυρος · θεῖον ἄπυρον · θεῖα · θεῖον ἄ-
θικτον · ἀφροσέληνον · οἶνος ἀμιναῖος ·
ῥαφάνιον ἔλαιον · κίκινον ἔλαιον · νίτρον
· στυπτηρία σχιστή · στρογγύλη · πυρίτης
· καδμεία · μαγνησία · ἅλας · ἅλας
κοινὸν · τίτανος · ἄσβεστος
· σινωπὶς ποντική · ἄλλως · χάλκανθος · χαλκῖτις · ἀλλ' ἑλίδριον · θαλάσσια ὕδατα · ὄμβρια ὕδατα · ὕδωρ ·
ἡμέραι · νύκτες · ὧραι · ἡμερονύκτιον

SIGNES DU MANUSCRIT 2327.

Planche IV, feuille 16 du manuscrit. verso.

Vois ces signes et comprend-les bien :

Interprétation des signes de l'art sacré et du livre sur la matière
  de l'or.

Au commencement : or — limaille d'or — argent.

Mercure — feuilles d'or — or calciné ou fondu.

5 Soudure d'or — mélange ou alliage d'or.

Terre ou minerai d'argent — soudure d'or et d'argent — argent
  calciné ou fondu — cuivre de Chypre — terre de cuivre.

Limaille de cuivre — feuille de cuivre.

Cuivre calciné — rouille de cuivre — orichalque (bronze et al-

10   liages analogues).

Cuivre — étain (quatre signes) — plomb.

Saturne brillant — molibdochalque (alliage de cuivre et de plomb)
  — terre ou minerai de plomb.

Limaille de plomb — plomb calciné.

Autre signe de l'étain — terre ou minerai d'étain — limaille
  d'étain —feuille d'étain — étain

15   calciné — brouillard ou vapeur condensée — litharge
  concrétion blanche — vapeur concrétée jaune.

Litharge — soufre apyre, n'ayant pas subi l'action du feu.
  matières sulfureuses — soufre
  natif — sélénite — vin d'Amina.

Huile de raifort — huile de ricin — natron (deux signes).

20 Alun en lamelles — (alun) arrondi — pyrite.

Cadmie — magnésie — sel — sel
  commun — sel ammoniac (en abrégé) — chaux (deux signes).
  chaux vive.

Vermillon du Pont — autre signe — couperose.

Chalcite (minerai pyriteux de cuivre) — pierres (en abrégé) —

25   Chélidoine.

Eaux marines — eaux de pluie — eau

Jours — nuits — heures — un jour et une nuit.

INTRODUCTION

Figure 7. — **Planche V**

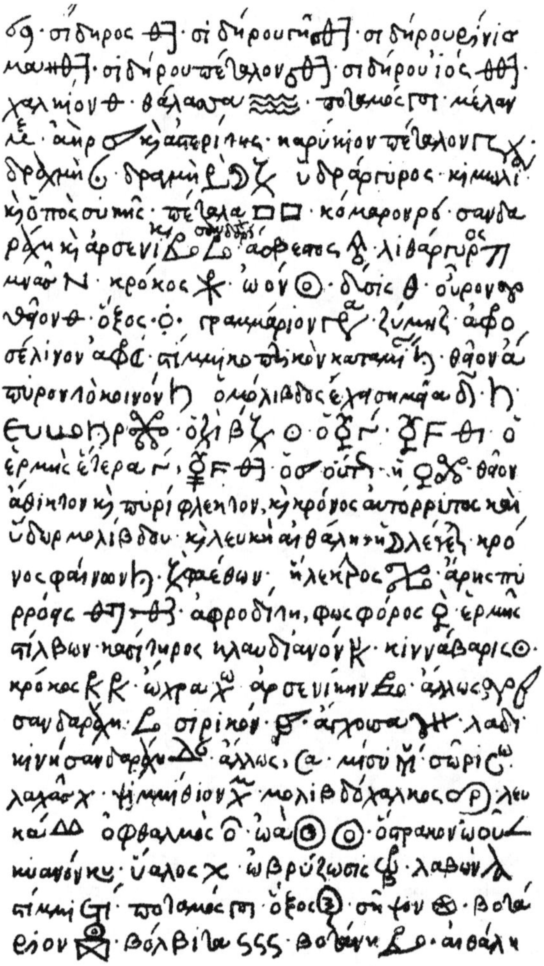

Planche V, feuille 17 du manuscrit, recto.

Fer — minerai de fer — limaille de fer.

Feuille de fer — rouille de fer.

Chalque (poids et monnaie) — mer — fleuve — noir.

Air et astérite (pierre précieuse) — feuille de noyer.

5 Drachme — poignée (mesure) — mercure (deux signes qui précèdent le mot).

Terre de Cimole et suc de figuier (sans signe) — feuilles — arbouse.

Sandaraque et arsenic — sandaraque (au-dessus de la ligne) — chaux — litharge.

Mine (poids) — safran — œuf — coucher du soleil — urine.

Soufre — vinaigre — scrupule (fraction de l'once) — levain.

Sélénite — stimmi (antimoine) de Coptos mélangé.

10 Soufre apyre commun — le plomb a quatre signes.

Puis vient une ligne de signes se rapportant au plomb, à Jupiter, deux signes (électrum), à l'étain, trois signes.

Hermès en a trois autres (trois signes) — l'or est tel — le cuivre.

Le soufre natif et le soufre brûlé par le feu (fondu ?) et Saturne, c'est-à-dire le plomb, s'écoulant de lui-même (cette ligne n'a pas de signe spécial).

15 L'eau de plomb et la vapeur condensée blanche qui se dit mercure.

Saturne brillant — Jupiter resplendissant — électrum.

Mars enflammé (deux signes) — Vénus lumineuse.

Mercure étincelant; étain (pas de signe) — claudianon — cinabre.

20 Safran — ochre — arsenic (autre signe double).

Sandaraque — séricon (soie ? ou couleur rouge ?) — orcanette.

Sandaraque de Laodicée. — autre signe — misy — sory.

Laccha — céruse — molibdochalque.

Les blancs — œil — les œufs — coquille d'œuf.

Bleu — verre — coupellation — ayant pris.

Antimoine — fleuve — vinaigre — ferment ou septique (?).

25 Botarion (vase à digestion) — fumier — plante — vapeur (céleste — le signe est à la page suivante).

FIGURE 8. — **Planche VI**

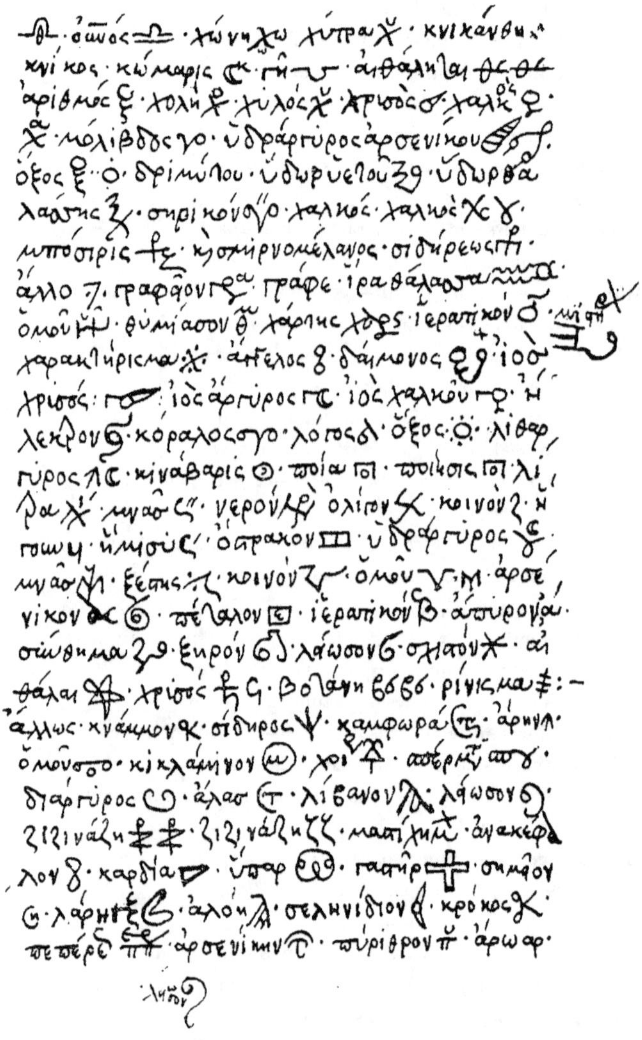

Planche VI, feuille 17 du manuscrit, verso.

Ciel — creuset — matras de terre cuite — fleur jaune du cnécos
  (plante assimilée parfois au carthame) — cnécos (sans signe).
Sélénite ou talc — terre — vapeurs sublimées.
Nombre — bile — suc — or — cuivre (deux signes).
Plomb — mercure d'arsenic.
5 Vinaigre (deux signes) — (vinaigre) piquant — eau de pluie —
  eau de mer.
Séricon (pigment rouge) — cuivre (répété deux fois —
  deux signes).
Mposiris (1) : c'est le signe de l'eau précédent, avec un ? : ou peut-
  être le même signe que l'or à la ligne 19 — le noir de myrrhe
  — ferrugineux.
Autre liste — stylet — écris — mer sacrée.
Ensemble — encensoir ou parfum — papier — sacré — mystère.
10 Signe caractéristique — ange — démon — rouille
  de l'or — rouille de l'argent — rouille de cuivre.
Électrum — corail — discours (ou rapport) — vinaigre — litharge.
Cinabre — herbes — fabrication.
Livre (poids) — mines (poids — eau — un peu — commun.
15 Ou bien — demi — coquille — mercure.
Mines (poids) — setier — commun — ensemble (deux signes).
Arsenic (deux signes) — feuille — sacré — apyre.
Composition — sec — pulvérisez — divisez en lamelles.
Vapeurs, fumées — or — plante — limaille.
20 Autre liste — raclure — fer — camphre — arèn (mâle, ou ar-
  senic ?, ou Mars ? ?).
Ensemble — cyclamen — porc (ou utérus ? — semences.
Argenté — sel — encens — pulvérisez.
Zizi nazé (gingembre ?) deux fois répété avec signes — mastic --
  partie supérieure de la tête ? ou rassemblement ?
Cœur — foie — estomac — signe
25 Larynx — aloès — lunule ou sélénite — safran.
Poivre — arsenic — pyrèthre — Aromate ?
Pulvérisez.

<hr>

(1) Mp est ici pour B.

Figure 9. — **Planche VII**

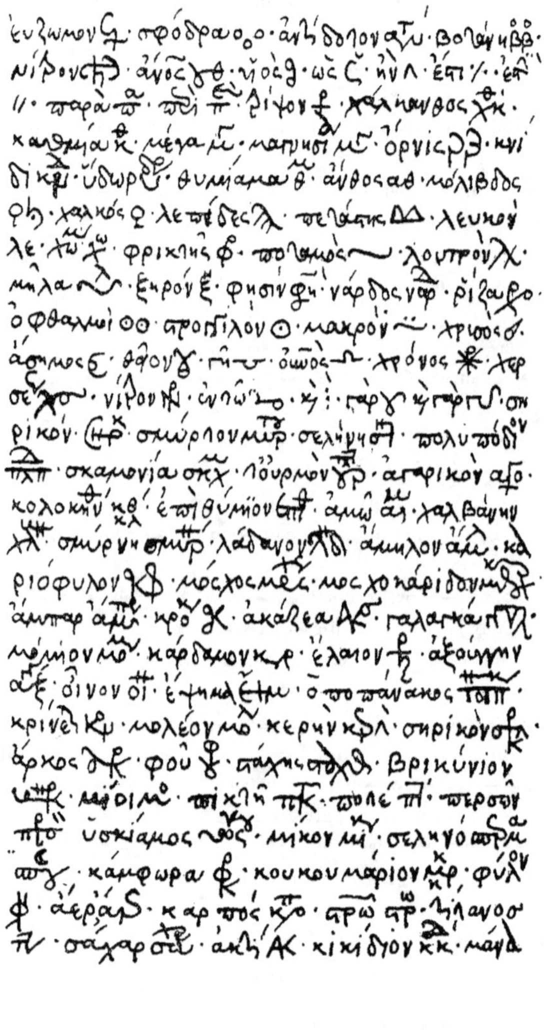

Planche VII, folio 18 du manuscrit, recto

Roquette (eruca) — fortement — antidote — plante.

Natron — homme — fils — comme — si — il est (deux signes).

De ou de la part — sur — triturez — couperose.

Cathmie ou cadmie — grand — magnésie — oiseau — ortie.

5 Eau — encens — fleur — plomb (signe double).

Cuivre — écailles ou écorces — pétasite (plante) — blanc.

Amas de terre — frisson ou arcane fleuve — bain.

Pomme — sec — il dit — nard — racine.

Yeux — arrondi — long — or

10 Asemos — soufre — terre — ciel — temps.

Terrestre — natron — dans le — et — car — et car.

Séricon — fruit de myrte — lune — polype (ou fougère).

Scammonée — marrubium (?) — agaric.

Coloquinte — fleur de thym — amome — galbanum.

15 Myrrhe — Ladanum (gomme aromatique) — amidon (farine).

Clou de girofle — musc — noix muscade.

Ambre — safran — acacia — galanga.

Momion (bitume) — cardame — huile — axonge.

Vin — décoction — opoponax.

20 Lis — rue des bois — corne? — soie ou pigment rouge.

Arcos, plante? (1) — valériane — stachys — véronique.

Meum (ombellifère) — coagulum, lait caillé — une fois — pêche (?).

Jusquiame — pavot — semence de lune.

Camphre — concombre — feuille.

25 Air — fruit — tapis, couche — chaux.

Sucre — farine — ricin — manne (le signe est à la page suivante).

---

(1) Voir SALMASIUS, *de Homonymis Hyles Iatricæ*, p. 52, a, C. — Dioscoride, *Matière médicale*, livre IV, chap. CIV et CV.

Figure 10. — **Planche VIII**

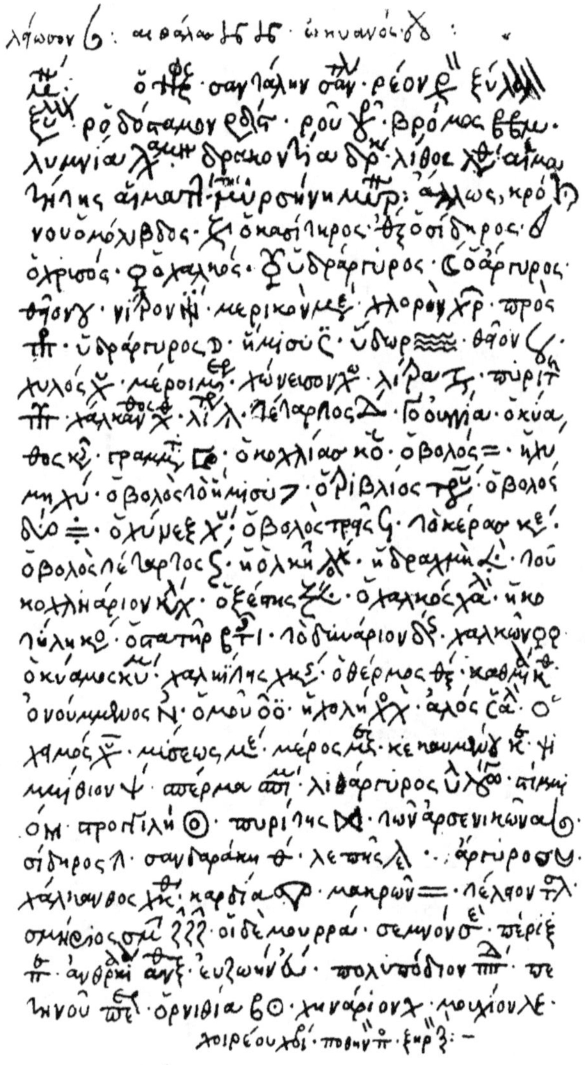

Planche VIII, folio du manuscrit, verso.

(En haut et hors ligne) pulvérisez — vapeurs condensées — océan
(ou le bleu ?). — le pompholix ? (signe seul) — santal — rhubarbe — aloès.

Miel rosat — sumac — avoine.

Grande centaurée — serpentaire — pierre — hématite (deux fois,
sans signe).

Myrte — autre liste (les signes précèdent ici les mots) — le plomb,
5   de Saturne — l'étain — le fer.

L'or — le cuivre — le mercure — l'argent.

(Puis les mots précèdent de nouveau les signes) — soufre — natron
— partiel — vert — vers.

Mercure — demi — eau — soufre.

Suc (des plantes) — divisez (ou parties) — faites fondre — livre
10   — pyrite.

Couperose — livre — quatrième ou quart (d'once ?) — le cyathe
(mesure de poids).

Scrupules (poids) — cuillerée (mesure) — obole — chême (mesure
de capacité).

Demi-obole — triblios ou cotyle (mesure de capacité) — deux
oboles — chénice (mesure) — trois oboles — le carat (tiers d'o-
bole) — quart d'obole — l'holque (poids) — la drachme.

15 Cuillerée (mesure) — le setier — le chalque (monnaie) — la cotyle.

Le statère — le denier — les chalques (mesure).

La fève (mesure) — chalcite ou calamine — le chaud — cathmie
(pour cadmie).

Le premier jour du mois (?) — ensemble — la bile — le sel.

Le suc (des viandes) — couperose (misy) — partie — calciné.

20 Céruse — semence — litharge — antimoine.

Ronde — pyrite — arsénicaux.

Fer — sandaraque — écorce ou écaille — argent.

Couperose — cœur — des longues (?) — complet.

Emeri — gingembre? selon d'autres myrrhe — vénérable — autour.

25 Brasier — vie heureuse — polype ou fougère.

Volatil — oiseaux (œufs d') — oison — champignon.

Porcin — désirable — sec.

Quelques mots, en finissant, sur la date à laquelle remontent les signes que nous venons de reproduire. Les signes des planètes figurent déjà dans les papyrus astronomiques du Louvre, qui remontent au temps des Antonins ; ainsi que dans ceux de Leide, un peu plus récents. Dans ces derniers, ils sont en outre appliqués à l'or (1), à l'argent et à des noms de plantes et de minéraux, comme dans nos manuscrits. Certains autres signes, celui de l'eau par exemple, sont des hiéroglyphes. Le nom d'Osiris (Pl. VI, l. 7) était employé, d'après Stéphanus (*Origines de l'Alchimie*, p. 32), pour désigner le plomb et le soufre (même signe pour ces deux corps, Pl. V, l. 11) chez les Égyptiens ; dans notre planche VI, ce signe rappelle aussi un signe spécial de l'or, situé plus bas (Pl. VI, l. 19).

Les signes de matière médicale sont plus modernes que ceux des métaux et des planètes. Je ne les ai pas trouvés, par exemple, dans les pages reproduites par Lambecius (*Comm. de Biblioth. Cœs.*, Liv. II, p. 135 et suivantes) et par Montfaucon (*Paléographie grecque*, p. 202), d'après un manuscrit célèbre de Dioscoride, écrit vers la fin du ve siècle pour Juliana Anicia, fille d'Olybrius, l'un des derniers empereurs d'Occident (2).

En raison de l'importance de ces signes, pour la lecture des manuscrits alchimiques et médicaux, j'ai cru utile de faire un petit lexique des mots contenus dans les tableaux précédents, avec indication de la planche et de la ligne correspondante : les mots ont été conservés, pour plus de sincérité, tels qu'ils existent dans le Manuscrit, sans en corriger les fautes et sans les ramener soit à leur forme régulière, soit au nominatif.

---

(1) Le Soleil (et l'or) sont parfois désignés par un cercle avec un point central, surtout chez les astronomes ; l'électrum et Jupiter de même (fig. 7, l. 13). Ce signe représente aussi l'œuf (fig. 4, l. 20), l'œil (fig. 9, l. 9), le ciel, tout objet rond (fig. 9, l. 9), tel qu'une variété d'alun, par exemple ; mais il est généralement affecté au cinabre, ingrédient fondamental de l'œuf philosophique, dans nos manuscrits (fig. 4, l. 13; fig. 8, l. 13).

(2) Lambecius, p. 222 ; Montfaucon, p. 204. Le nom même de Juliana figure dans la liste du ms. de Saint-Marc, *Pl. III*, avant-dernière ligne, p. 110 du présent Volume.

LEXIQUE DES NOTATIONS ALCHIMIQUES

A

Ἀγαρικόν : VII, 13.
Ἄγγελος : VI, 10.
Ἄγχουσα : II, 18, 20.
— λαδικίνη : II, 18; V, 20.
Ἄερ : VII, 25.
Ἀήρ : V, 4.
Αἰθάλαι : III, 13; VI, 19; VIII, 10.
— οὐρανοῦ : III, 7; V, 26.
Αἰθάλη λευκή : V, 15.
Αἰθάληται : VI, 2.
Αἱματίτης : VIII, 4.
Ἀκάζεα : VII, 17.
Ἀκτί : VII, 26.
Ἄλας : II, 15; IV, 22; VI, 22; VIII, 18.
— κοινόν : II, 16; IV, 23.
Ἀμμωνιακόν : II, 17; IV, 23.
Ἀλόη : VI, 25.
Ἄμηλον : VII, 15.
Ἄμπαρ : VII, 17.
Ἀμῶ : VII, 14.
Ἀνάκεφαλον : VI, 24.
Ἄνθρωπος : VII, 21.
Ἄνθος : VII, 5.
Ἀνθράκια : VIII, 25.
Ἀξούγγην : VII, 18.
Ἀντίδοτον : VI, 1.

Ἄπυρον : VI, 17.
(Voir Θεῖον.)
Ἄργυρος, ἀργύρου : I, 2, 8; IV, 4; VIII, 6, 22.
— γῆ : I, 9; IV, 7.
— ἰός : VI, 11.
— κεκαυμένος : I, 13; IV, 8.
— πέταλα : I, 11.
— ξίνημα, ῥίνισμα : I, 10.
— χρυσόκολλα : I, 12, IV, 7.
Ἄρην : VI, 20.
Ἄρης : I, 5; V, 17.
Ἀριθμός : III, 14; VI, 3.
Ἄρχος : VII, 21.
Ἀρσένικον, ἀρσενίκην : II, 16; V, 7 19; VI, 17, 26; VIII, 21.
Ἄρωαρ : VI, 26.
Ἄσβεστος : II, 25; III, 14; IV, 24; V, 7.
Ἄσημος : VII, 10.
Ἀστερίτης : V, 4.
Ἀφροδίτη : I, 6; V, 17.
Ἀφροσέληνον : I, 27; IV, 19; V, 10.

B

Βόλβιτα : III, 5; V, 25.

Βοτάνη : III, 6; V, 25; VI, 19; VII, 1.
Βοτάριον : III, 4; V, 25.
Βρικόνιον : VII, 21.
Βρόμιος : VIII, 2.

Γ

Γαλαγκά : VII, 17.
Γάρ : VII, 11.
Γαστήρ : VI, 24.
Γῆ : III, 12; VII, 10.
(Voir les métaux.)
Γραμμάριον : V, 9; VIII, 11.
Γράφε : VI, 8.
Γραφεῖον : VI, 8.

Δ

Δαίμονος : VI, 10.
Δηνάριον : VIII, 16.
Διάργυρος : VI, 22.
Δραγμή : V, 5.
Δραχμή : V. 5; VIII, 14.
Δρακοντία : VIII, 3.
Δριμύτου : VI, 5.
Δύσις : V, 8.

E

Ἔλαιον : VII, 18.
Voir κίκινον et ῥαφάνινον.)

Ἐλύδριον : II, 4; IV, 25.
Ἐν τῷ : VII, 11.
Ἐπιθύμιον : VII, 14.
Ἑρμῆς : I, 7; V, 13, 17.
Ἔστι : VII, 2.
Εὐζωήν : VIII, 25.
Εὔχωμον : VII, 1.
Ἔψημα : VII, 19.

Z

Ζεύς : I, 4; V, 12, 16.
Ζιζινάζη : VI, 23.
Ζύμη : V, 9.

H

Ἤγουν : VI, 15.
Ἤλεκτρος, ἤλεκτρον I, 3. 5; V, 12, 16; VI, 12.
Ἥλιος : I, 1.
Ἡμέραι : II, 9; IV, 27.
Ἡμερονυκθήμερα : II, 10; ἡμερόνυκτον : V, 1.
Ἥμιση : VI, 15; VIII, 8.
Ἧπυ : VII, 2.
Ἧπαρ (ὕπαρ) : VI, 24.

Θ

Θάλασσα : V, 3; VI, 8.

Θαλάσσια ὕδατα : II, 5; IV, 26; VI, 7.

Θεῖα : I, 25; IV, 18.

Θεῖον : I, 25; V, 9; VII, 10; VIII, 7, 8.

— ἄθικτον : I, 26; IV, 19; V, 14. ;

— ἄπυρον ; I, 24; IV, 18; V, 11.

Θέρμος : VIII, 17.

Θυμίαμα : VII, 5.

Θυμίασον : VI, 9.

I

Ἱερατικόν : VI, 9, 17.

Ἰός : VI, 11. (Voir les métaux.)

Ἴρα θάλασσα : VI, 8.

K

Καδμία, καθμία : II, 11; IV, 22; VII, 4; VIII, 17.

Καμφωρά : VI, 20; VII, 24.

Κάρδαμον : VII, 18.

Καρδία : VI, 24; VIII, 23.

Καριόφυλον : VII, 16.

Καρπὸς : VII, 25.

Καρύκιον πέταλον : V, 4.

Κασσίτερος, κασσιτέρου : I, 7; IV, 12, 15; V, 12, 18; VIII, 5.

— γῆ : I, 15; IV, 15.

— κεκαυμένος : I, 18; IV, 17.

— πέταλα : I, 17; IV, 16.

— ῥίνημα, ῥίνισμα : I, 16; IV, 16.

Κεκαυμένος : VIII, 19. (Voir les métaux.)

Κέρας : VIII, 8.

Κερὴν : VII, 20.

Κιχίδιον : VII, 26.

Κίκινον ἔλαιον : II, 4; IV, 20.

Κικλάμινον : VI, 21.

Κιμωλία : V, 5.

Κιννάβαρις : II, 13; V, 18; VI, 13.

Κλαυδιανόν : II, 12; V, 18.

Κνάμμον : VI, 20.

Κνίκανθον : III, 10; VI, 1.

Κνίκος : VI, 2.

Κνίδι : VII, 5.

Κοινόν : VI, 14, 16.

Κολοκύνθη : VII, 14.

Κόμαρον : V, 6.

Κόραλος : VI, 12.

Κοτύλη : VIII, 15.

Κουκουμάριον : VII, 24.

Κοχληάριον : VIII, 15.

Κοχλίας : VIII, 11.

Κρίνεα : VIII, 20.

Κρόκος : II, 14; V, 8, 18; VI, 25; VII, 17.

Κρόνος : v. χρόνος.

Κύαθος : VIII, 11.

Κύαμος : VIII, 17.

Κυανόν : II, 28; V, 24.

Κύθρα : III, 9.

Κώμαρις : III, 11; VI, 2.

Λ

Λαβὼν : II, 31; V, 24.

Λάδανον : VII, 15.

Λαδικίνη : II, 18; V, 20.

Λάρηγξ : VI, 25.

Λαχᾶς : II, 22; V, 22.

Λείωσον : VI, 18, 22, 27.

Λεπίδες : VII, 6; VIII, 22.

Λευκὰ : II, 24; V, 23.

Λευκὴ αἰθάλη : V, 15.

Λευκὴν παγεῖσαν : I, 21; IV, 18.

Λευκόν : VII, 7.

Λίβανον : VI, 22.

Λιθάργυρος : I, 23; IV, 17, 18; V, 7; VI, 13; VIII, 20.

Λίθοι : II, 3; IV, 25; VIII, 3.

Λόγος : VI, 12.

Λουτρόν : VII, 7.

Λυμνία : VIII, 3.

Λύτρα, λίτρα : III, 14; VI, 14; VIII, 9.

Λωπὰς κύθρα : III, 9.

M

Μαγνησία : II, 13; IV, 22; VII, 4.

Μακρόν : VII, 9; VIII, 23.

Μάνα : VII, 26.

Μαστίχη : VI, 23.

Μέγα : VII, 4.

Μέλαν : V, 4.

Μερικόν : VIII, 7.

Μέροι (μέρη) : VIII, 9.

Μέρος : VIII, 19.

Μῆλα : VII, 8.

Μίχον : VII, 23.

Μίοι : VII, 22.

Μίσυ : II, 20; V, 21; VIII, 19.

Μνᾶς : V, 8; VI, 14, 16.

Μολέον : VII, 20.

Μόλιβδος, μολίβδου : I, 3, 26; IV, 12; V, 11; VI, 4; VII, 6; VIII, 5.

— γῆ : I, 10; IV, 13.

— κεκαυμένος : I, 13; IV, 14.

— ῥίνημα, ῥίνισμα : I, 12; IV, 14.

— ὕδωρ : V, 15.

Μολιβδόχαλκος : I, 11; IV, 13; V, 22.

Μύμιον : VII, 18.

Μόσχος : VII, 16.

Μοσχοκάρυδον : VII, 16.

Μουρρά : VIII, 24.

Μουχίον : VIII, 26.

Μπόσιρις : VI, 7.

Μυρσίνη : VIII, 4.

Μυστήριον : VI, 10.

N

Νάρδος : VII, 8.

Νερόν : VI, 14.

Νεφέλη : I, 20; IV, 17, 18.

Νίτρον : II, 5; IV, 20; VII, 2, 11; VIII, 7.

Νούμμενος : VIII, 13.

Νύκτες : II, 9; IV, 27.

Ξ

Ξανθὴν παχεῖσαν : I, 22; IV, 18.

Ξανθόν : II, 24; III, 1.

Ξέστης : VI, 16; VIII, 15.

Ξηρόν : VI, 18; VII, 8; VIII, 27.

Ξυλαλόη : VIII, 1.

O

'Οβολός : VIII, 11, 12, 13, 14.

Οἶνον : VII, 19.

Οἶνος ἀμηνέος : II, 1; IV, 19.

'Ολίγον : VI, 14.

'Ολκή : VIII, 14.

"Ομβρια : II, 6; IV, 26.

'Ομοῦ : VI, 9, 16, 21; VIII, 18.

"Οξος : III, 2; V, 9, 25; VI, 5, 12.

'Οποπάνακος : VII, 19.

'Οπὸς συκῆς : V, 6.

'Ορείχαλκος : I, 20.

'Ορνιθία : VIII, 26.

"Ορνις : VII, 4.

"Οστρακον : VI, 15.

"Οστρακον ὠῶν : II, 27; V, 23.

Οὐγγία : VIII, 10.

Οὐρανός : VI, 1, VII, 10.

Οὐρανοῦ αἰθάλη : III, 7; V, 26.

Οὖρον : V, 8.

"Οφθαλμος : II, 25; V, 23; VII, 9.

Π

Παχεῖσαν λευκήν : I, 21; IV, 18.

— ξανθήν : I, 22; IV, 18.

Παρά : VII, 3.

Πεπέρεως : VI, 26.

Περί : VII, 3.

Πέρξ : VIII, 24.

Περσῶν : VII, 22.

Πέταλα : II, 11; V, 6; VI, 17. (Voir les métaux.)

Πετηνοῦ : VIII, 26.

Πετάστης : VII, 6.

Πηκτή (πηκτή) : VII, 22.

Ποθηνός : VIII, 27.

Ποία : VI, 13.

Ποίησις : VI, 13.

Πολυπόδιον : VII, 12; VIII, 25.

Πομφόλυξ : VIII, 1.

Ποταμός : III, 1; V, 3, 25; VII, 7.

Ποτέ : VII, 22.

Πρός : VIII, 8.

Πύρεθρον : VI, 26.

Πυρίτης : II, 10; IV, 22; VIII, 9, 21.

Πυρός : I, 5.

P

'Ραφάνινον ἔλαιον : II, 3; IV, 20.

'Ρέον : VIII, 1.

'Ρίζα : VII, 8.

'Ρίντημα, ῥίνισμα : VI, 19. (Voir les métaux.)

'Ροδόσταμον : VIII, 2.

'Ροῦ : VIII, 2.

Σ

Σανδαράχη : II, 19; V, 7, 20; VIII, 22.

Σανταλην : VIII, 1.

Σάχαρ : VII, 26.

Σελήνη : I, 2; VII, 12.

Σεληνίδιον : VI, 25.

Σεληνόσπερμα : VII, 20.

Σεμνόν : VIII, 24.

Σημεῖον : VI, 24.

Σήρικον, σίρικον : II, 17; V, 20; VI, 6; VII, 12, 20.

Σήψον; III, 3; V, 25.

Σιδηρέως : VI, 7.

Σίδηρος, σιδήρου : I, 5, 21; V, 1, 17; VI, 20; VIII, 5, 22.

— γῆ : I, 22; V, 1.

— ἰός : I, 25; V, 2.

— πέταλον : I, 24; V, 2.

— ῥίνισμα, ῥίνημα : I, 23; V, 2.

Σινωπὶς ποντική : II, 26; IV, 24.

Σκαμονία : VII, 13.

Σμήριος VIII, 24.

Σμιρνομέλανος : VI, 7.

Σμύρνη : VII, 15.

Σμύρτον : VII, 12.

Σπέρματα : VI, 21; VIII, 20.

Στατήρ : VIII, 16.

Στάχης : VII, 21.

Στήμη, στίμμι : II, 32; V, 25; VIII, 20.

Στίλβων : I, 7.

— κοπτικόν : V, 10.

Στρογγύλον : VII, 9; VIII, 20.

V. — FIGURES D'APPAREILS

ET AUTRES OBJETS

Les manuscrits alchimiques renferment un certain nombre de figures d'appareils et autres objets, destinés à faire comprendre les descriptions du texte. Ces figures offrent un grand intérêt. Quelques-unes ont varié d'ailleurs dans la suite des temps; sans doute parce que les expérimentateurs qui se servaient de ces traités en ont modifié les figures, suivant leurs pratiques actuelles. Le tout forme, avec les figures de fourneaux et appareils d'une époque plus récente, tels qu'ils sont reproduits dans la *Bibliotheca Chemica* de Manget, un ensemble très important pour l'histoire de la Chimie. Je me bornerai à étudier les plus vieux de ces appareils; car ce serait sortir du sujet de la présente publication que d'en discuter la suite et la filiation jusqu'aux temps modernes; il serait d'ailleurs nécessaire de rechercher les intermédiaires chez les Arabes et les auteurs latins du moyen âge.

Les figures symboliques mériteraient à cet égard une attention particulière, par leur corrélation avec certains textes de Zosime, dans son traité *sur la vertu*, etc. Je citerai, par exemple, de très beaux dessins coloriés, contenus dans le manuscrit latin 7147 de la Bibliothèque nationale de Paris, représentant les métaux et les divers corps, sous l'image d'hommes et de rois, renfermés au sein des fioles où se passent les opérations (fol. 80, 81 et suivants). Dans la *Bibl. Chemica* de Manget, on voit aussi des figures du même genre (t. I, p. 938, pl. 2, 8, 11, 13, etc; Genève, 1702). Il y a là une tradition mystique, qui remonte très haut et sans doute jusqu'au symbolisme des vieilles divinités planétaires.

Mais ce côté du sujet est moins intéressant pour notre science chimique que la connaissance positive des appareils eux-mêmes. En ce qui touche ceux-ci, je ne veux pas sortir aujourd'hui de l'étude des alchimistes grecs. J'ai relevé tous les dessins qui se trouvent dans le manuscrit de Saint-Marc (xi⁰ siècle), dans le manuscrit 2325 de la Bibliothèque nationale (xiii⁰ siècle).

et dans le manuscrit 2327 (xve siècle), ainsi que dans les manuscrits 2249, 2250 à 2252, 2275, 2329, enfin dans les deux manuscrits alchimiques grecs de Leide et dans le manuscrit grec principal du Vatican. J'ai fait exécuter des photogravures de ceux de Paris et de celui de Venise, afin d'éviter toute incertitude d'interprétation. Ce sont ces figures qui vont être transcrites ici : on y renverra dans l'occasion, lors de l'impression des textes correspondants.

Figures du manuscrit de Saint-Marc.

Je donnerai d'abord les figures les plus anciennes, celles du manuscrit de Saint-Marc, savoir :

La Chrysopée de Cléopâtre, formée de plusieurs parties corrélatives les unes des autres, les unes d'ordre pratique et les autres d'ordre mystique ou magiques : c'est la figure 11.

La figure 12 en est l'imitation grossière (partielle), tirée du manuscrit 2325, et la figure 13, tirée du manuscrit 2327, dérive du même type, avec des variantes considérables et caractéristiques.

Les figures 14 et 14 *bis* reproduisent l'alambic à deux récipients (*dibicos*), déjà dessiné dans les précédentes, mais avec diverses variantes.

La figure 15 est celle de l'alambic à trois récipients (*tribicos*).

La figure 16 représente un appareil distillatoire, sans dôme ou condensateur supérieur, et muni d'un seul récipient.

La figure 17 est celle du tribicos, d'après le manuscrit 2325.

La figure 18 a l'apparence d'une chaudière distillatoire.

La figure 19, à peine ébauchée, semble le chapiteau d'un appareil analogue.

Les figures 20 et 21 sont des appareils à digestion, en forme de cylindres.

La figure 22 est un bain-marie à kérotakis (palette pour amollir les métaux).

La figure 23 en est la reproduction, d'après le manuscrit 2325.

La figure 24 est un autre bain-marie à kérotakis.

Les figures 25, 26, 27 reproduisent des variantes et détails des appareils précédents.

Le manuscrit de Saint-Marc ne renferme pas seulement des figures d'appareils, mais aussi divers dessins mystiques ou magiques, comme la Chrysopée de Cléopâtre en a déjà fourni l'exemple : je les ai fait également reproduire.

Ce sont :

Fig. 28 : la formule de l'écrevisse (ou du scorpion), qui semble résumer une transmutation.

Fig. 29 : deux alphabets magiques ou cryptographiques.

Fig. 30 : le Labyrinthe de Salomon, d'une écriture plus moderne.

Fig. 31 : un symbole en forme de cœur renversé, contenant le signe de l'or, du mercure, etc.

La plupart de ces figures du manuscrit de Saint-Marc ont été recopiées dans le manuscrit 2249 de la Bibliothèque Nationale de Paris ; dans le Voss, de Leide, dans le principal manuscrit du Vatican et dans divers autres ; quelques-unes ont été imitées d'après les manuscrits 2249 et autres, dans l'histoire de la Chimie de Hœfer et dans les *Beiträge* de H. Kopp. Il m'a paru intéressant d'en donner les types originaux et complets, tels qu'ils ont été dessinés à la fin du xe ou au commencement du xie siècle, sans nul doute d'après une tradition beaucoup plus vieille ; car ils répondent exactement aux descriptions de Zosime, de Synésius et d'Olympiodore l'alchimiste. Je les rassemblerai donc tous ici, bien que certains d'entre eux s'appliquent à des traités qui paraîtront seulement dans les livraisons suivantes : remarque applicable aussi aux figures tirées des manuscrits 2325 et 2327, dont il va être question.

Le manuscrit 2327, en effet, a été écrit en 1478, quatre ou cinq siècles après le manuscrit de Saint-Marc ; les figures des mêmes appareils y reparaissent, mais profondément modifiées ; elles ne répondent plus exactement au texte, mais sans doute à des pratiques postérieures.

Le manuscrit 2325 (xiiie siècle) reproduit au contraire les formes des appareils du manuscrit de Saint-Marc, quoique avec des variantes importantes.

Figures du manuscrit 2327.

Dans le manuscrit 2327, on trouve, outre la figure 13 déjà présentée, deux grandes figures du serpent Ouroboros, variantes développées de celle de la Chrysopée de Cléopâtre. Il suffira d'en donner une seule : c'est la figure 34.

La figure 35 reproduit le signe d'Hermès, grossièrement dessiné, d'après le même manuscrit.

La figure 36 est celle de quatre images géométriques, d'après les manuscrits 2325 et 2327.

La figure 32 est un dessin mystique, tiré du manuscrit 2327.

La figure 33, tirée du manuscrit 2325, reproduit le même dessin. Ce dessin singulier semble une variante du symbole cordiforme de la figure 31.

Les figures qui suivent représentent des appareils; elles sont tirées des manuscrits 2325 et 2327, mais dessinées d'une façon bien plus grossière que dans le manuscrit de Saint-Marc.

Ainsi la figure 37 comprend l'alambic à trois récipients (tribicos de la fig. 17) ; plus un alambic à un seul récipient, et des vases à digestion.

La figure 38 reproduit quelques variantes de la précédente.

La figure 39 est tirée du manuscrit Ru. 6 de Leide : c'est un vase à digestion et à sublimation, correspondant à l'un de ceux des figures 37 et 38.

La figure 40, tirée de la *Bibliotheca Chemica* de Manget, est l'aludel décrit dans Geber ; instrument qui répond de très près aux figures 38 et 39 et en donne l'interprétation.

La figure 41 représente un petit alambic, tiré du manuscrit 2327.

La figure 42, l'alambic de Synésius, d'après le même manuscrit.

La figure 43, le même alambic de Synésius, d'après le manuscrit 2325.

La figure 44 est une simple fiole (2327).

La figure 45, un alambic avec appendice à 6 pointes (2327).

Figures du manuscrit 2325

Enumérons spécialement les figures du manuscrit 2325, figures dont plusieurs viennent d'être transcrites. On y trouve :

L'alambic de Synésius, qui forme la figure 43.

Le dessin mystique de la 3e leçon de Stéphanus (fol. 46, verso ; représenté figure 33 ;

On y voit aussi les quatre dessins géométriques (fol. 3) de la figure 36 ;

Ainsi que (fol. 83) la formule de l'Écrevisse de la figure 28.

Puis vient un alambic à une pointe, avec deux petits appareils à *fixation* (1). dessinés dans la figure 12, qui répond à la figure 11 de Saint-Marc.

Citons aussi le tribicos, dont nous avons reproduit les variantes (fig 17, 37 et 38 : le tout répond à la figure 13 ;

Quant à l'appareil distillatoire de la figure 16, qui se trouve aussi dans le manuscrit 2325, il nous a paru inutile de le reproduire.

Nous avons donné, toujours d'après le manuscrit 2325, un appareil à digestion, sphérique et à kérotakis (fig. 23) ; qui répond à la figure 22, tirée de Saint-Marc.

Telle est l'énumération des figures différentes qui sont dessinées dans les manuscrits fondamentaux. J'ai cru devoir les reproduire toutes, afin de fournir un fondement solide à la double étude technique et historique des appareils et des opérations décrits dans les textes.

Je vais transcrire maintenant ces figures, en accompagnant chacune d'elles de commentaires et de renseignements spéciaux.

Figure 11. — Elle est reproduite en photogravure, d'après le manuscrit de Saint-Marc (fol. 188, verso), avec une réduction d'un cinquième environ. Elle porte le titre de *Chrysopée de Cléopâtre*. Κλεοπάτρης Χρυσοποιία.

---

(1) Opération qui avait pour but de durcir les métaux mous, de solidifier les métaux liquides, de rendre fixes les métaux volatils ; enfin de communiquer aux métaux imparfaits une teinture stable (*fixe*) d'or ou d'argent.

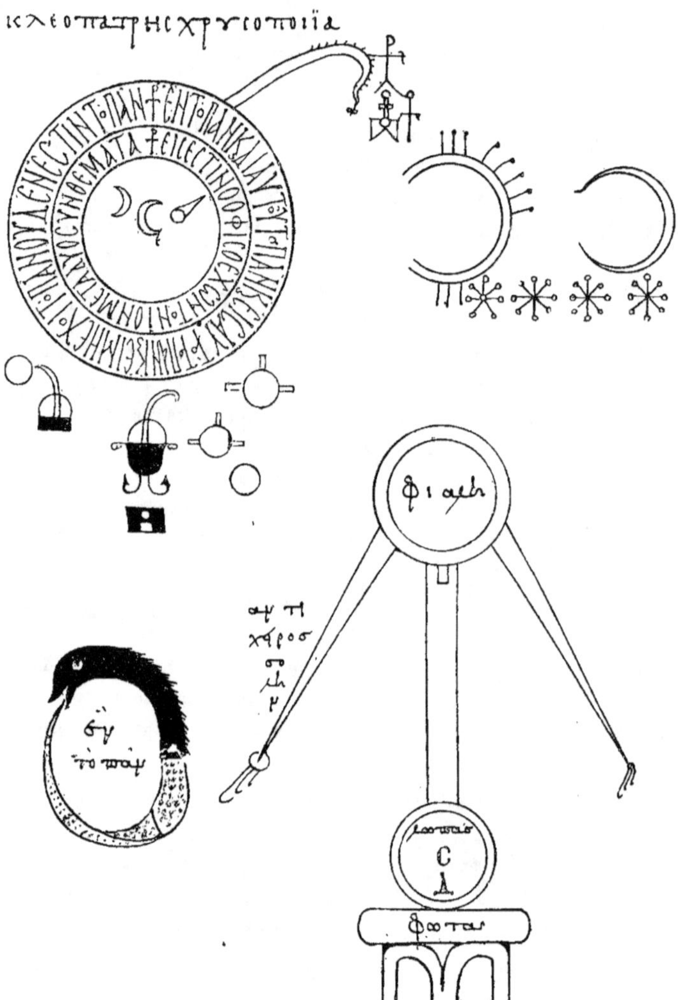

FIGURE 11. — **Chrysopée de Cléopâtre.**

Commentons les diverses portions de cette grande figure :

1° Au-dessous du titre se trouve un premier dessin, formé de trois cercles concentriques. Au centre des cercles, les signes de l'or, de l'argent (avec un petit appendice) et du mercure.

Dans l'anneau intérieur : Εἷς ἐστιν ὁ ὄφις ὁ ἔχων τὸν ἰὸν μετὰ δύο συνθέματα : « le serpent est un, celui qui a le venin, après les deux emblèmes. »

Dans l'anneau extérieur : Ἓν τὸ πᾶν καὶ δι' αὐτοῦ τὸ πᾶν καὶ εἰς αὐτὸ τὸ πᾶν καὶ εἰ μὴ ἔχοι τὸ πᾶν οὐδέν ἐστιν τὸ πᾶν (1).

« Un est le tout et par lui le tout et vers lui le tout; et si le tout ne contient pas le tout, le tout n'est rien. »

A droite, le cercle extérieur se prolonge par une sorte de queue, qui montre que ce système est la figuration du serpent mystique.

2° Puis viennent divers appendices et signes d'apparence magique, situés à droite, dont la signification est inconnue. Cependant je serais porté à rapprocher le double cercle incomplet, muni de huit appendices supérieurs, du signe de l'Ecrevisse à huit pattes antérieures, dessiné figure 28; lequel est traduit par les mots : molybdochalque (alliage de plomb et de cuivre) brûlé, et argyrochalque (alliage de cuivre et d'argent) brûlé. Ces signes seraient alors les symboles chimiques d'une opération de transmutation du plomb en argent, de même que ceux de la figure 28.

Au-dessous des grands cercles sont des signes répondant à des opérations chimiques, exécutées dans certains appareils que je vais énumérer.

3° Tel est le petit dessin central, représentant un appareil pour *fixer* les métaux. Il est posé sur un bain marie, muni de deux pieds recourbés et placé lui-même au-dessus d'un fourneau. Cet appareil est pourvu d'un tube central qui le surmonte, tube destiné sans doute au départ des gaz ou des vapeurs. Ce dessin est reproduit d'une façon plus précise, avec le mot πῆξις, sur le folio 220 du manuscrit 2327 (v. fig. 13, à droite).

4° Le petit dessin, situé à gauche du précédent, représente un appareil analogue, avec un ballon supérieur, destiné à recevoir les vapeurs dégagées par la pointe du tube. Le tout répond à l'alambic de gauche de la figure 13.

5° Les deux petits cercles, situés à droite et munis de trois appendices

---

(1) Cf. Olympiodore, texte grec, p. 84, lig. 13.

rectilignes, semblent représenter des appareils avec leurs trépieds posés sur le feu ; tels que celui de gauche des figures 13 et 38. On pourrait en rapprocher aussi le symbole du βοτάριον (fig. 5, l. 4 et fig. 7, l. 27), représentant un vase à digestion sur son fourneau, analogue au dessin situé à gauche et en bas de la figure 37 et au dessin situé à droite de la fig. 38.

6° Le cercle inférieur, muni d'un point central, symbolise l'œuf philosophique (?), ou le cinabre (Voir fig. 4, Pl. II, lig. 13, et la note de la page 122).

7° Vers le bas à gauche, est figuré le serpent Ouroboros, avec l'axiome central : Ἓν τὸ πᾶν ; le tout est un.

8° Sur le côté droit du serpent, un grand alambic à deux pointes (dibicos), posé sur son fourneau, lequel porte le mot : φῶτα, feux. Le récipient inférieur, ou chaudière, s'appelle λωπάς, matras. Le récipient supérieur, dôme ou chapiteau, est la φιάλη, mot qui signifiait autrefois tasse ou coupe, mais qui a ici le sens plus moderne de fiole ou ballon renversé.

Voici l'usage de cet alambic. La vapeur monte du matras, par un large tube, dans l'ouverture plus étroite du chapiteau ou ballon renversé ; elle s'y condense et s'échappe goutte à goutte, par deux tubes coniques et inclinés. A côté du tube gauche, se trouvent les mots ἀντίχειρος σωλήν (*sic*) : tube du pouce, ou plutôt contre-tube ; attendu que le rôle de ce tube descendant est inverse du rôle du tube ascendant, qui joint le matras au chapiteau.

La figure de la Chrysopée de Cléopâtre existe, sous le même titre et avec ses diverses portions essentielles, dans les manuscrits copiés directement sur celui de Saint-Marc ; elle en caractérise la filiation.

Dans les manuscrits 2325, 2327 et dans leurs dérivés, le titre a disparu ; mais la figure subsiste encore, moins belle et moins nette, avec les axiomes mystiques qui la caractérisent. Les annexes : alambic à une ou deux pointes, vases à *fixation* et trépied, y ont été aussi modifiés dans leur forme. Cependant le tout existe à la même place du texte, c'est-à-dire en tête des ouvrages de Zosime sur les instruments (2327, fol. 220 ; 2325, fol. 82).

Figure 12. — Je donne ici le décalque des appareils représentés dans le manuscrit 2325 (fin du XIIIᵉ siècle) : ces dessins sont bien plus grossiers.

Je n'ai pas cru utile de reproduire la figure même des trois cercles concentriques, qui sont à peu près pareils à ceux de la figure 11 ; mais je vais en indiquer les inscriptions, à cause des variantes.

L'anneau extérieur porte la même inscription, à demi-effacée et avec des suppressions : ἓν τὸ πᾶν δι' οὗ τὸ πᾶν (καὶ δι' αὐτοῦ τὸ) πᾶν καὶ ἐν αὐτῷ τὸ πᾶν

Dans l'anneau intérieur, on lit : εἷς ἐστιν ὁ ὄφις ὁ ἔχων τὰ δύο συνθέματα καὶ τὸν ἰόν.

Au centre, de droite à gauche, on voit les signes de l'or, de l'argent, du mercure, du plomb. Au-dessus, le cinabre (ou l'œuf philosophique), qui se trouvait en dehors des cercles dans la figure du manuscrit de St-Marc (6°). Venons maintenant à la portion du dessin du manuscrit 2325 que j'ai reproduite dans la figure 12 :

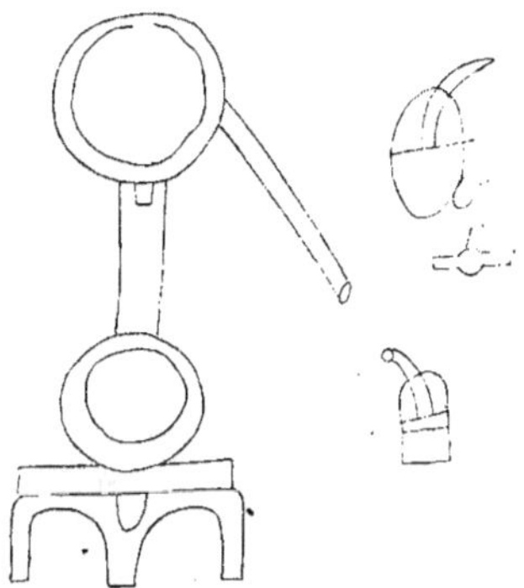

FIGURE 12. — **Alambic et Vases à fixation**
(Décalque du Ms. 2325.)

A gauche des cercles, on voit l'image grossière d'un alambic à une pointe, avec condensateur supérieur et matras inférieur, le tout de la même forme générale que la portion 8° de la figure du manuscrit de St-Marc. A côté, deux appareils à *fixation*, à pointe tournée vers le haut, lesquels sont évidemment imités des portions 3° e 14° de la fig. 11. Il en est de même d'un dernier reste du petit cercle à 3 appendices ou trépied, coupé dans le manuscrit 2325 par le relieur, mais qui se retrouve intact dans le manuscrit 2275, lequel a toute cette figure.

En effet, le manuscrit 2275 (daté de 1465) reproduit les cercles concentriques, l'alambic à une pointe, les deux vases, et le petit trépied, pris avec des formes qui semblent fidèlement copiées sur le 2325, lequel est d'ailleurs beaucoup plus ancien.

Figure 13. — Elle reproduit les dessins analogues du manuscrit 2327, fol. 220 (xvᵉ siècle). Les inscriptions des cercles concentriques sont identiques à celles du manuscrit 2325, sauf l'absence des symboles centraux.

Par contre, au folio 80 du 2327, au début d'une autre copie du même ouvrage de Zosime, les cercles concentriques ont été supprimés, probablement faute de place, par le copiste ; mais il a transcrit à l'encre rouge les axiomes mystiques, suivis des signes du plomb, de l'argent, du mercure et de l'or, surmontés par celui du cinabre (ou de l'œuf), exactement comme dans le manuscrit 2325.

Au verso du fol. 80 (2327,) existent les dessins de l'alambic à une pointe, avec condensateur supérieur, φιάλη, et matras, λωπάς, conformes à la figure 11 et à la figure 13 mais mutilés par le relieur. Sur la même page, on voit encore un appareil à *fixation métallique*, semblable à celui de la figure 13.

Il y a des inscriptions sur les divers appareils du folio 80, telles que πῆξις

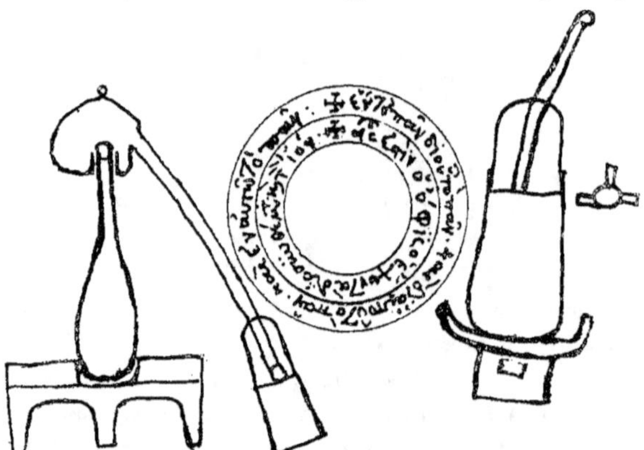

FIGURE 13. — **Cercle concentrique, Alambic et Vase à fixation** (Ms. 2327).

sur l'appareil à fixation ; (καμ.) ἥνιον, sur son fourneau et sur celui de l'alambic ; λωπάς, sur le matras de ce dernier ; (φι) άλη, deux fois répétés, sur son chapiteau.

La forme même des appareils dans les manuscrits 2325 et 2327 offre des variantes intéressantes pour l'histoire de la Science et sur lesquelles je reviendrai bientôt ; mais ici je veux seulement montrer la filiation des figures. En tout cas, la copie 2325 répond à une tradition postérieure à celle du prototype de Saint-Marc, puisque le nom de la Chrysopée de Cléopâtre a disparu.

On remarque que presque toutes les portions de la Chrysopée de Cléopâtre : cercles mystiques, serpent Ouroboros, alambics, appareils à fixation, trépieds, cinabre, se retrouvent, parfois même agrandis, dans les figures des manuscrits postérieurs. Une seule partie manque, ce sont les signes magiques. Peut-être doit-on en voir la transformation dans la formule de l'Écrevisse, qui se trouve à la fin du même traité de Zosime et qui présente avec les signes magiques certaines analogies singulières. J'y reviendrai tout à l'heure.

En tout cas, la Chrysopée peut être regardée comme le prototype, sans doute fort ancien, des dessins des appareils alchimiques. C'était un type antérieur à Zosime, dessiné sans doute dans les ouvrages perdus de Cléopâtre, cette femme savante (1), à laquelle nous devons aussi un traité des poids et mesures gréco-égyptiens venu jusqu'à nous. Ces ouvrages auraient été ensuite fondus dans ceux de ses continuateurs, tels que Zosime. Peut-être même la Chrysopée avait-elle constitué, à une époque plus ancienne encore, un tableau symbolique, complet en soi, et que l'on développait par des explications purement orales ; à peu près comme une page d'aujourd'hui remplie par les symboles des réactions chimiques et des appareils correspondants. Si cette conjecture est fondée, nous aurions ici la trace de divers états successifs de la science.

Figures 14 et 14 bis. — Ce sont celles d'un alambic à deux pointes. Elles sont tirées du manuscrit de Saint-Marc, folio 193, verso. La forme générale est pareille à celle du même instrument dans la figure 11, sauf les variantes suivantes. Le tube qui joint le matras ou chapiteau est élargi en entonnoir à la partie supérieure ; l'ajustement même des deux tubes coniques, par rapport à cet entonnoir, n'est pas clairement indiqué. Sous la pointe de chacun d'eux se trouve un petit ballon, pour recevoir les liquides distillés.

Le matras inférieur s'appelle toujours λωπάς, avec addition des mots θείου ἀπύρου, matras du soufre apyre. Ces deux mots manquent dans la figure 11 ;

______

(1) *Origines de l'Alchimie.* p. 173.

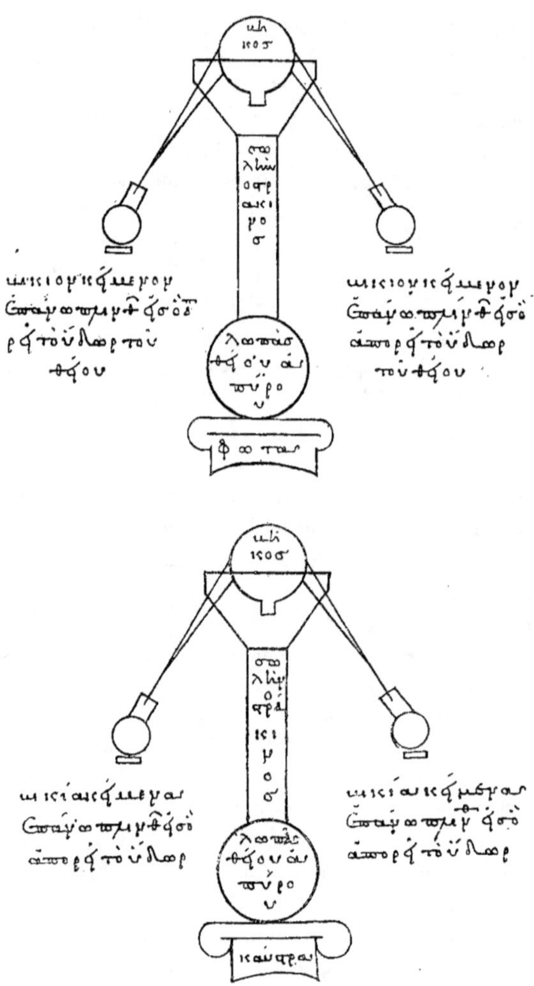

FIGURES 14 et 14 bis. — **Alambic à deux récipients** *(dibicos)*.
Réduction aux 2/3.

à moins qu'ils n'y soient représentés par deux signes inconnus, situés au-dessous de λωπάς. En tout cas, ils concordent avec la description du texte, dans lequel il est dit que l'on mettait du soufre dans le matras.

Le tube ascendant porte les mots σωλὴν ὀστράκινος : tube de terre cuite. Le chapiteau ne s'appelle pas φιάλη, mais βῆκος, pour βῖκος : amphore.

Les deux petits ballons destinés à recevoir les liquides distillés s'appellent également βικίον et tous deux portent la légende : κείμενον ἐπάνω πλίνθου εἰς ὃ ἀπορρεῖ τὸ ὕδωρ τοῦ θείου : c'est-à-dire « ballon placé au-dessus de la tablette rectangulaire, dans lequel s'écoule l'eau du soufre ».

Ceci, joint à l'inscription de la λωπάς, montre que cet alambic est destiné à la préparation de l' « eau de soufre ».

Cette figure est répétée deux fois dans le manuscrit de Saint-Marc, sauf que les mots βικίον κείμενον sont remplacés par le pluriel βικία κείμενα, et le mot φῶτα par le mot καύστρα : fourneau à combustion ; les mots τοῦ θείου manquent la seconde fois.

Figure 15 (manuscrit de Saint-Marc, fol. 194, verso). — Cette figure est

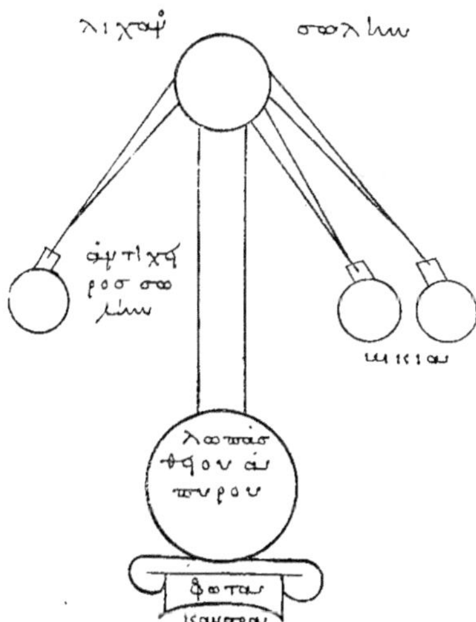

FIGURE 15. — **Alambic à trois récipients** (*tribicos*).
Réduction aux 2/3.

un alambic à trois récipients (βικία), ou *tribicos*. Le fourneau porte ici les deux mots superposés : καύστρα (lieu de la combustion) et φῶτα (lieu de la flamme). Le matras s'appelle de même : λωπὰς θείου ἀπύρου.

Enfin on distingue le tube ascendant, ou tube index, λιχανὸς σωλήν, c'est-à-dire tube direct du tube, descendant ou tube du pouce, ἀντίχειρος σωλήν, c'est-à-dire tube inverse (par sa direction).

Cette figure se retrouve dans les manuscrits 2325 et 2327 ; dans le dernier avec modifications considérables : je les signalerai tout à l'heure.

Figure 16. — Cette figure (manuscrit de Saint-Marc, fol. 194 verso, au-dessous de la précédente), est un alambic à col de cuivre, χαλκίον, avec un seul

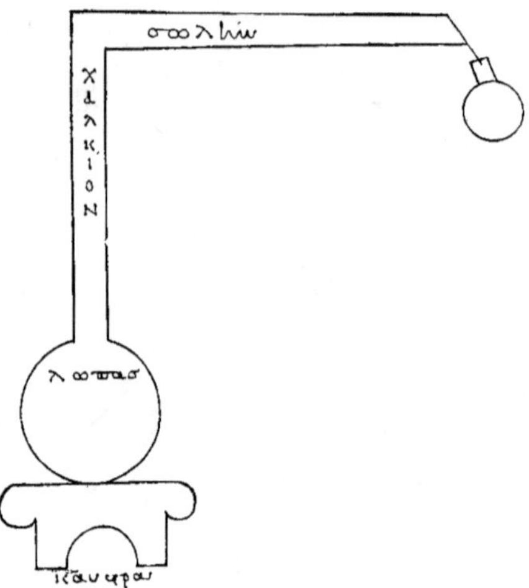

Figure 16. — **Appareil distillatoire.** Réduction aux 2/3.

tube, σωλήν, gros et fort, coudé à angle droit à sa partie supérieure et conduisant la vapeur, de la λωπάς au petit ballon.

Figure 17. — Les deux figures précédentes sont reproduites dans la même forme générale par le manuscrit 2325 (fol. 84), sauf quelques variantes ; je donne seulement le tribicos. Il existe aussi dans le manuscrit 2275 (fol. 57 verso). Les mêmes figures sont dessinées dans le manuscrit 2327 ;

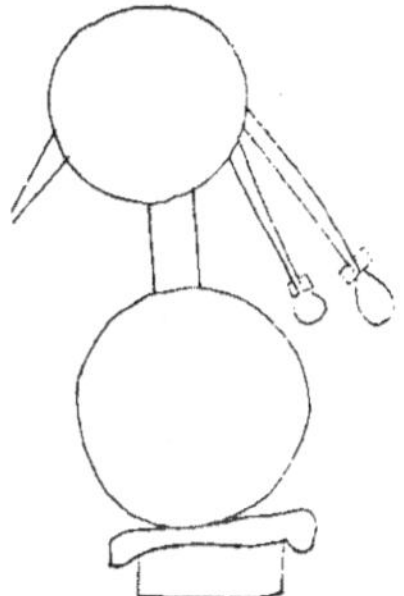

FIGURE 17. — **Tribicos.**
(Ms. 2325) Décalque.

mais la forme en a été profondément modifiée et s'est rapprochée de celle des alambics de verre du siècle dernier, que l'on emploie encore quelquefois aujourd'hui. Je transcrirai ces reproductions un peu plus loin (fig. 37 et 38).

Figure 18. — Elle se trouve au folio 10 du manuscrit de Saint-Marc, entre la première et la deuxième leçon de Stephanus ; elle est dessinée à l'encre

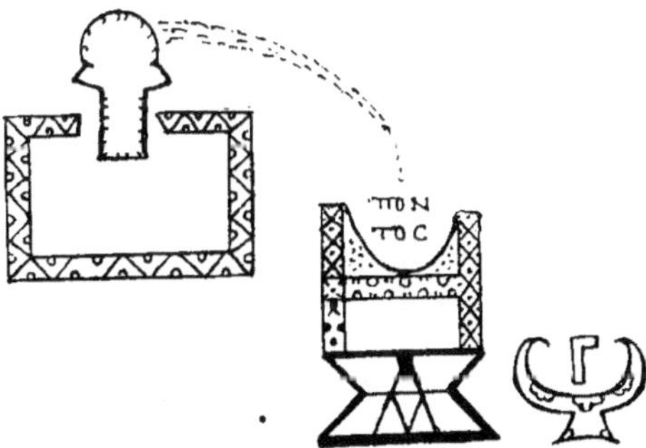

FIGURE 18. — **Chaudière distillatoire.**

rouge et contemporaine du texte. La signification en est difficile à préciser

avec certitude. Cependant il semble qu'il s'agisse d'une chaudière à tête
élargie en forme de chapiteau, et destinée à distiller des liquides qui
tombent dans un bassin hémisphérique appelé πόντος : la mer. Ce bassin
est porté sur une sorte de fourneau, bain de sable, ou bain-marie. A côté
se trouve un instrument inconnu ; à moins qu'il ne s'agisse d'une forme un
peu différente de bain de sable. Le texte même de Stephanus, soit à la fin
de la première leçon, laquelle est purement déclamatoire et enthousiaste,
soit au début de la deuxième leçon, lequel est relatif aux propriétés mystiques de l'Unité numérique ; ce texte, dis-je, ne m'a paru fournir aucune
lumière pour l'intelligence de cette figure.

Figure 19. — Cette figure (manuscrit de Saint-Marc, fol. 106 verso), est

FIGURE 19. — **Ebauche d'alambic.**
Décalque.

une ébauche à l'encre rouge, d'une écriture plus moderne ; elle est en marge
d'un article sur l'œuf philosophique, à côté des mots : τὸ δὲ (ici un mot gratté,
ὅσο ?) τοῦτο ὡμὲν λέγουσιν. Il semble que ce soit le chapiteau d'un alambic. On
donne cette figure pour ne rien omettre.

Les alambics et appareils distillatoires, que nous venons d'étudier, se rattachent à la tradition de la Chrysopée de Cléopâtre, laquelle en contient les
plus vieilles figures. Mais il est un autre ordre d'appareils, destinés ceux-ci
au traitement des métaux par le mercure, le soufre, les sulfures d'arsenic ;
appareils qui avaient été décrits spécialement par une autre femme, Marie
l'Alchimiste, de préférence aux appareils distillatoires (manuscrit de Saint-
Marc, fol. 186, avant-dernière ligne). Ce sont les appareils à *kérotakis*,
c'est-à-dire à palette, avec leurs fourneaux. Ces appareils n'existent pas dans
la Chrysopée et semblent plus modernes ; ils ont joué un rôle fort important dans le développement historique des pratiques alchimiques. Le
passage rappelé plus haut montre que le traité de Zosime sur les instruments et fourneaux, dont nous possédons des débris, embrassait, ainsi qu'il

arrive d'ordinaire dans les matières techniques, les traités antérieurs sur la même question, tels que ceux de Cléopâtre sur les alambics (v. p. 137) et ceux de Marie sur les appareils à kérotakis et leurs fourneaux.

Voici les figures de ces derniers :

Figures 20 et 21. — Ces figures (manuscrit de Saint-Marc, folio 196 verso), représentent des vases à digestion cylindrique, en terre cuite (ἄγγος ὀστράκινον, vase de terre), placés sur le feu (πῦρα).

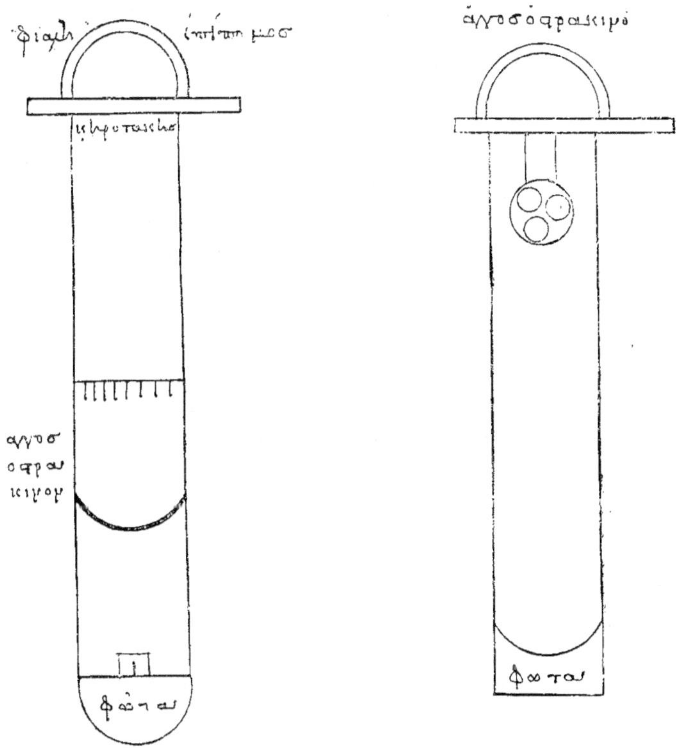

Figures 20 et 21. — Vases à digestion cylindriques. — Réduction aux 2/3.

Au-dessus du vase était posée une lame ou feuille métallique, κηρωτακίς, sur laquelle on faisait fondre les matières fusibles. La forme en était tantôt en parallélogramme et aplatie (fig. 22), avec les extrémités arrondies ; tantôt triangulaire (fig. 24 *bis*). La κηροτακίς paraît n'être autre que la palette des peintres anciens (1), qui y faisaient le mélange des couleurs, entr'elles et avec la cire ; ils maintenaient la palette à une douce chaleur, afin d'opérer le mélange, et aussi au moment de s'en servir.

J'ai déjà insisté sur les analogies que l'on établissait alors (2) entre la teinture des métaux et celle des étoffes. Les quatre couleurs des peintres grecs, d'après Pline (*H. N. XXXV*, 31), étaient le blanc, le noir, le jaune, le rouge. Ce sont précisément les quatre couleurs des premiers alchimistes, de Zosime par exemple (3). Ils cherchaient à en imprégner les métaux, en ramollissant ceux-ci.

Le mot *ceratio* (ἐγκήρωσις), employé par les traducteurs latins de Geber et qui a eu cours pendant tout le moyen âge, exprime cette dernière opération, imitée à la fois des pratiques des peintres anciens et de la fabrication de certains médicaments (*cérats*). Elle s'effectuait à l'aide du mercure, du soufre et de l'arsenic (sulfuré), par une digestion lente et une chaleur modérée (4).

Aux débuts, on opérait sur la palette des peintres (*kérotakis*) ; mais il fallut bientôt la pourvoir de deux appareils accessoires : l'un destiné à réchauffer les mixtures (bains-marie, bains de sable, de cendre ou analogues) ; l'autre, à condenser les vapeurs que l'on voulait retenir. C'était d'abord une coupe ou tasse (φιάλη) renversée, servant de couvercle (ἐπίπωμος), et dont la forme, modifiée graduellement est devenue le ballon ou fiole actuelle : le mot grec lui-même a pris peu à peu ce sens nouveau, dans les textes alchimiques. D'après certaines descriptions, il semble que la lame métallique n'ait pas seulement servi de support aux produits que l'on faisait réagir entre eux et sur les vapeurs sublimées d'en bas ; mais cette lame éprouvait dans sa propre matière, la transformation produite par les fondants et par les vapeurs.

Pendant l'emploi d'un appareil disposé comme il vient d'être dit, une

---

(1) Du Cange. *Glossarium mediæ et infimæ græcitatis*.

(2) *Origines de l'Alchimie*, p. 242 à 246.

(3) Même ouvrage, p. 35, 182, 242.

(4) *Bibliotheca chemica* de Manget, t. 1, p. 540, dans le traité de Geber.

nouvelle circonstance se présenta nécessairement. La kérotakis n'obturait
pas l'orifice du récipient inférieur. Elle avait même parfois une forme
triangulaire, à en juger d'après le dessin reproduit par la figure 24 *bis*. Dans
ces conditions, les matières fusibles déposées sur la kérotakis coulaient
à côté et tombaient au-dessous : on fut amené ainsi à placer un récipient
(ἄγγος ὑποδεχόμενον), pour les recevoir et les empêcher d'arriver jusqu'au
foyer.

Il semble même que l'on ait cherché à ce moment à opérer une certaine
séparation entre les matières solides, telles que métaux non ramollis, fragments divers, etc., et les matières liquéfiées ; on y parvenait, soit à l'aide
d'un ballon percé de trous (fig. 21), soit à l'aide d'un crible (fig. 20).

Les produits liquéfiés qui tombaient ainsi au fond se rapprochaient sans
cesse du foyer (πῶτα). La même chose pouvait arriver au mercure liquide,
condensé à la partie supérieure et retombant ensuite par son poids, voire
même au soufre et aux sulfures d'arsenic fondus et coulant sur les parois, si
la chaleur était suffisante. Mais ces dernières substances, aussi bien que
les corps qui déterminaient la liquéfaction des métaux (mercure, soufre,
sulfures d'arsenic et autres), en atteignant le fond, éprouvaient un nouveau
changement. En effet, les matières sublimables contenues parmi ces corps
et substances, lorsqu'elles arrivaient vers le fond de l'appareil, se trouvaient
portées à une température élevée ; elles se vaporisaient alors et remontaient
vers les parties supérieures.

Le caractère rétrograde de cette opération, qui permettait aux vapeurs
d'attaquer de nouveau le métal ou la substance placée sur la kérotakis, paraît
avoir frappé les opérateurs : de là sans doute le nom de κάραβος (écrevisse),
c'est-à-dire appareil fonctionnant en sens rétrograde, donné à certains de ces
appareils. De là aussi, ce semble, le signe de l'Écrevisse dans la formule de
la figure 27, signe surmonté des mots : alliage de plomb et de cuivre brûlé ;
alliage d'argent et de cuivre brûlé. L'emploi de ces sublimations réitérées,
pour blanchir le cuivre et pour amollir les métaux, c'est-à-dire *per rem
cerandam*, est indiqué par les alchimistes du moyen-âge.

Supprimons la kérotakis dans de semblables appareils et nous aurons
l'*aludel*, instrument de digestion et de sublimation décrit dans les œuvres
de Geber et figuré dans la *Bibliotheca Chemica* de Manget (t. I, planche

répondant à la page 540). Les figures qui se trouvent dans ce dernier ouvrage
tome I, au bas de la planche 5, p. 938, en haut de la planche 6 à gauche, ainsi
qu'au milieu de la planche 14, paraissent avoir une destination analogue. Je
citerai encore les dessins qui se trouvent aux folios 179 verso, 180, 181, du
vieux et beau manuscrit latin 7156, sur parchemin, de la Bibliothèque
nationale de Paris. Dans le manuscrit latin de la même Bibliothèque 7162,
folio 64, on voit la figure d'un bain de sable (*arena*). Dans le manuscrit latin
7161 (fol. 58 et fol. 113 verso) existe la figure d'un appareil à digestion, sur
son fourneau. Tous ces appareils correspondent à la suite d'une même tradition technique.

Observons ici que les appareils cylindriques pourvus de la kérotakis n'ont
été employés que par les plus anciens alchimistes. Ils sont figurés seulement
dans le manuscrit de Saint-Marc et dans les copies qui en dérivent; mais
ils n'existent ni dans le manuscrit 2325, ni dans le manuscrit 2275, ni dans
le manuscrit 2327.

Figure 22. — Cette figure (manuscrit de Saint-Marc, fol. 195 verso) est

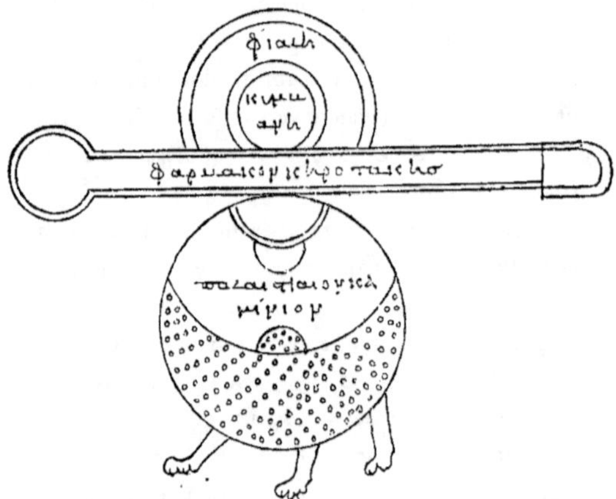

FIGURE 22. — **Bain-marie à kérotakis.** — Réduit aux 2/3.

aussi un appareil à digestion, appareil sphérique et porté sur trois pieds.
Au-dessous de la kérotakis et des vases à condensation supérieurs, il y existe

un digesteur, distinct du foyer, et intermédiaire ; le tout fut désigné sous le nom de *fourneau de Marie* l'alchimiste (1), prototype de notre bain-marie.

Le digesteur dessiné sur cette même figure 22 est long d'une palme, comme l'indiquent les mots πλακωτάριον καρίνον. Il semble criblé de trous ; à moins qu'il ne s'agisse d'une ornementation superficielle. C'était là d'abord un bain de cendres, ou un bain de sable. Dans l'une des formules de dorure du Papyrus X de Leide, il est question aussi de l'emploi des cendres (formule 57, ce volume, p. 40).

La palette des préparations, φαρμάκων κηροτακης (*sic*), offre ici de grandes dimensions. Elle est chauffée seulement au milieu.

Deux coupes inférieures, placées immédiatement sous la kérotakis, l'une grande et surmontant une coupe plus petite, reçoivent les matières fusibles.

Les produits sublimés sont récoltés dans deux condensateurs supérieurs, concentriques et successifs. L'un est appelé φιάλη (coupe) ; l'autre κυμβίνη (tasse).

Figure 23. — Cette figure, imitation de la précédente avec de légères

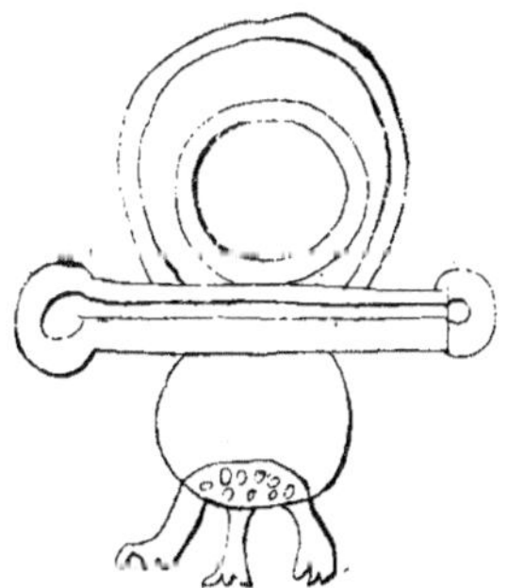

FIGURE 23. — **Bain-marie a kérotakis** (Ms. 2325).
D'après décalque.

---

(1) *Origines de l'Alchimie*, p. 171.

variantes, est reproduite d'après le manuscrit 2325, folio 84 recto. Elle existe aussi dans le manuscrit 2275, folio 57 verso.

Figure 24. — Cette figure (manuscrit de Saint-Marc, fol. 196), est encore un appareil analogue aux précédents, sauf quelques variantes plus importantes.

La palette porte deux coupes inférieures vers ses extrémités. Dans la coupe supérieure (φιάλη), on lit le mot βάθος (cavité).

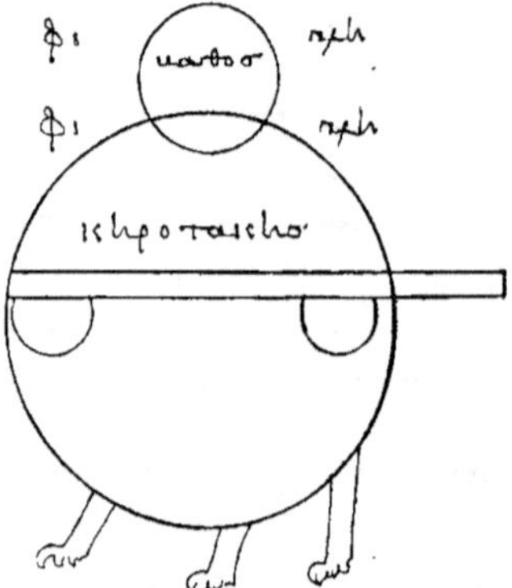

FIGURE 24. — **Autre bain-marie.** — Réduction aux 2/3.

Figure 24 bis. — Au-dessous, se trouve la kérotakis, ou palette triangulaire.

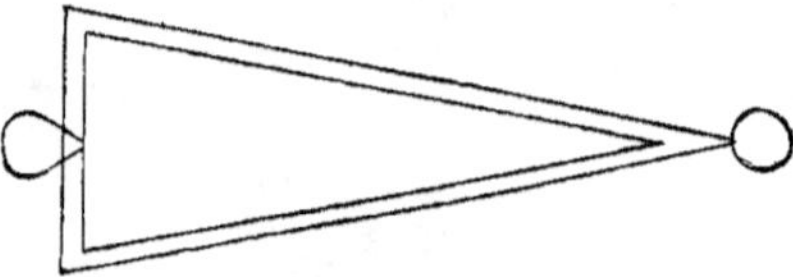

FIGURE 24 bis. — **Kérotakis.** — Réduction aux 2/3.

C'est une seconde forme de cet instrument, distincte de celles qui sont représentées figures 22 et 25.

Figure 25. — Cette figure (manuscrit de Saint-Marc, fol. 112 en marge) représente une disposition différente de l'appareil à digestion sphérique.

Ce dessin et les deux suivants se trouvent à la fin de l'article : Τοῦ χρισ-
τιανοῦ περὶ εὐσταθείας τοῦ χρυσοῦ, en marge ; ils sont d'une écriture postérieure au texte courant et presque effacée. Ils paraissent répondre à une
description d'appareils, qui forme le dernier paragraphe de cet article.

A côté de la figure 25 se trouve le mot κάμινος ; au-dessous on lit, en
caractères du XVIᵉ siècle, une inscription devenue presque illisible, mais
dont les lettres restées distinctes répondent sans nulle incertitude au texte

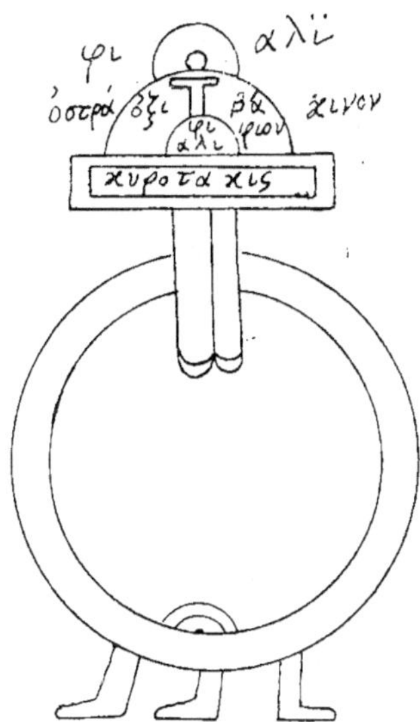

FIGURE 25. — **Vase à kérotakis.** — Décalque.
Les inscriptions sont reproduites ici en caractères actuels,
mais avec l'orthographe du manuscrit. — Réduction aux 2/3.

suivant : κάρκινος δ'ἐπὶ λευκώσεως · κεῖται δ'ὁ λόγος ἔμπροσθεν ; c'est-à-dire
« écrevisse pour le blanchiment ; l'explication se trouve au-dessus du texte
précédent » (1).

---

(1) Voir plus loin la formule de
l'Écrevisse. — Sur le sens de ce mot
appliqué à un appareil chimique, voir
p. 145.

Ce texte précis est tiré du manuscrit 1174 du Vatican, où il accompagne deux dessins à peu près identiques aux figures 25 et 27 ; sa comparaison avec les lettres non effacées du manuscrit de Saint-Marc ne laisse aucun doute sur le sens des mots formés par ces dernières.

Le même appareil est grossièrement dessiné dans le manuscrit 2275, folio 57 verso, avec une inscription similaire. Il existe également dans le manuscrit 2325 (fol. 84), avec la même inscription, laquelle se reconnaît encore, quoique effacée aux trois quarts. Enfin il existe dans un manuscrit grec de Leide. (Voss. in-4°, n° 47, fol. 55 verso).

Le texte que je viens de transcrire semble indiquer un appareil destiné à une opération rétrograde, c'est-à-dire telle que les produits tombés au fond par fusion remontent par volatilisation à la partie supérieure. Il est probable qu'il s'agit de la sublimation du mercure, ou de l'arsenic, destinés à *blanchir* le cuivre, en s'alliant à lui (p. 145).

La légende intérieure de la figure 25 est plus lisible que l'inscription placée à côté ; l'écriture semble également répondre au xvi° siècle, avec un iotacisme poussé à l'extrême : φιάλι remplaçant φιάλη, κυροτακίς remplaçant κηροτακίς, etc.

Remarquons que ce dessin ressemble aux figures 22, 23 et 24, sauf quelques variantes plus compliquées. Le système repose de même sur un vase à digestion. L'une des coupes supérieures est en terre : (ἄγγος) ὀστράκινον ; c'est une grande coupe, désignée à l'intérieur sous le nom de ὀξυβάφιον (saucière).

Figure 26. — Les deux condensateurs supérieurs des figures 25 et 27

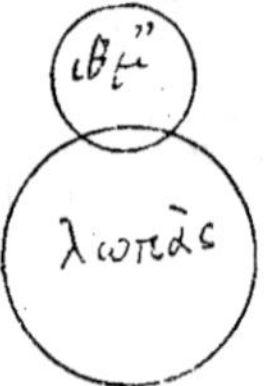

FIGURE 26. — **Récipients supérieurs des figures 25 et 27.**
Décalque. — Réduction aux 2/3. — Caractères actuels.

sont dessinés à côté séparément, avec le mot λωπάς pour le plus grand, et un nom abrégé pour le plus petit, situé au-dessous. Ce mot semble être

ιθμ.˙ abréviation avec iotacisme, remplaçant ἠθμὸς, couvercle percé de
trous.

Figure 27. — Dans ce dessin il n'y a pas de vase à digestion et l'action
du foyer s'exerce directement. Le mot κηροτακὶς est inscrit sur la portion verticale du dessin, au-dessus du feu; mais il est probable que c'est faute de
place pour l'inscrire sur la partie horizontale et supérieure. Cet appareil
doit être rapproché des figures 20 et 21, c'est-à-dire des aludels, plutôt que
des bains-marie des figures 22, 23, 24 et 25.

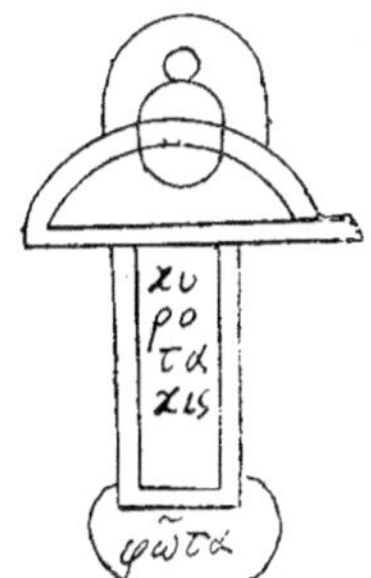

FIGURE 27. — **Autre vase à kérotakis.**
Décalque — Réduction aux 2/3.
Les inscriptions sont reproduites en caractères actuels.

Les appareils 25, 26 et 27 n'existaient pas sur le manuscrit initial de
Saint-Marc; ils ont été ajoutés plus tard, vers le XVIe siècle, sans doute,
d'après un autre manuscrit comparable au 2325 (XIIIe siècle), mais qui
n'existe plus.

Les dessins multipliés de ces appareils à κηροτακὶς, dans les divers manuscrits, montrent que ces appareils ont été d'un usage étendu et prolongé. Ils
représentent les premiers essais de bains-marie, bains de sable, et surtout
bains de cendre, employés même aujourd'hui dans nos laboratoires pour
les digestions. Mais c'étaient à l'origine des appareils beaucoup plus com-
pliqués et où s'opéraient à la fois certaines séparations de substances, par
fusion et sublimation, et certaines réactions lentes des produits fondus ou
sublimés, entre eux, ou sur d'autres matières placées dans les appareils. — Il
est probable qu'il serait possible de retrouver d'autres traces de ces appareils

dans les pharmacopées du moyen âge ; peut-être même existent-ils encore quelque part en Orient. Cependant il est digne de remarque qu'ils ont disparu dans le manuscrit 2327, pour faire place à des digesteurs d'une toute autre forme, sans doute inventés postérieurement, et que nous examinerons tout à l'heure.

Nous avons donné toutes les figures relatives aux appareils du manuscrit de Saint-Marc ; joignons-en quelques autres, d'un caractère différent.

Figure 28. — Il s'agit d'abord de la formule de l'Ecrevisse, ou du Scor-

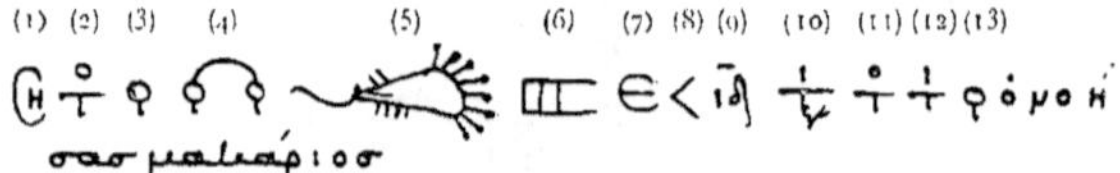

FIGURE 28. — **Formule de l'Ecrevisse**. — Réduction aux 2/3.

pion, formule mystérieuse, qui était réputée contenir le secret de la transmutation. Elle se trouve (1) à la fin des Mémoires de Zosime (manuscrit de Saint-Marc, fol. 193). Son interprétation est donnée, en même temps que sa répétition, sur la première page de garde du manuscrit de Saint-Marc, dans un texte d'une autre écriture, plus moderne (xive siècle) que le reste. Le tout se trouve aussi dans le manuscrit de Leide, Voss., in-4°, n° 47, fol. 70.

La première page de Saint-Marc débute par la description du traitement des scories, lequel paraît se rapporter au changement d'une scorie noire et métallique, telle que celle du plomb, en un composé blanc (carbonate ou sulfate), sous l'influence prolongée de l'eau et de l'air. La description, écrite dans un grec barbare, se termine par ces mots : « Ainsi a été accomplie avec le secours de Dieu, la pratique de Justinien. » (*Texte grec*, II, IV *bis*, appendice I). Puis viennent le nom de la tutie, ou oxyde de zinc impur, suivi par des mots magiques, analogues à ceux qui figurent dans les Papyrus de Leide, dans Jamblique et dans le manuscrit 2419.

---

(1) Voir aussi manuscrits 2249, folio 100 — 2325, folio 83 — 2327, folio 80 | et répétition au verso ; folio 220 verso. — Leide, Voss., n° 47, fol. 70.

Les voici :

Τουτία. μαραξή. ατεναήρ. αξή. νατράτετ. μηρηχαντήτ. χαντήτ. μουχάναρ.
πουμάν. ναιμαρίχ. τεχμηρίζαχρά. ρατουχ. ταρήτ. χήλαι. χηαρί. τ…άλπησιν. παρά.
κολπαχαρί.

Il semble que ce soient là des formules que l'on récitait au moment du traitement de la tutie, minerai de zinc (mêlé de plomb et de cuivre) employé dans l'opération de la diplosis, c'est-à-dire de la transmutation. En effet, à la suite, se trouve la formule de l'Écrevisse, surmontée de mots qui en interprètent chacun des signes (1). J'ai numéroté les signes dans la figure, pour donner plus de clarté aux explications.

Le premier signe (n° 1) se traduit fig. 8, Pl. VI, l. 24, par σημεῖον ou σημείωται = notez : c'est un signe employé fréquemment à la marge des manuscrits, pour désigner un passage important. Au-dessus, ce signe est ici répété, avec le mot παῖ ; c'est-à-dire : Attention ! initié.

Le second signe (n° 2) est traduit au-dessus par τὸ πᾶν ; ce qui veut dire la composition ou le mélange complet. Ce mot signifie aussi le molybdochalque (plomb et cuivre, sans doute associés au zinc), d'après un passage de Zosime. Cet alliage métallique résultait en effet de la réduction de la cadmie ou de la tutie impure, substance dérivée du grillage de certains sulfures métalliques et qui semble avoir été désignée parfois, en extension d'une dénomination appliquée à ces sulfures eux-mêmes, par le nom de *magnésie*. On peut le conclure avec probabilité, d'après un passage de Geber sur les esprits ou matières volatiles, et d'après quelques textes des alchimistes grecs.

Le troisième signe (n° 3) est celui du cuivre. Il est traduit au-dessus par χαλκοῦ ἰός : la rouille du cuivre. On introduisait sans doute cette rouille dans le mélange contenant de la tutie, avec l'intention d'y augmenter la dose du cuivre : ce qui rapprochait la teinte de l'alliage de la couleur de l'or.

---

(1) J'ai déjà donné cette interprétation : *Origines de l'Alchimie*, p. 348. — Mais la lecture actuelle est plus correcte.

Le quatrième signe (n° 4) répond à celui du cuivre, deux fois répété et assemblé par le signe du plomb ; ainsi que le montre la traduction superposée : μολυβδόχαλκος κεκαυμένος, molybdochalque (cuivre-plomb) brûlé.

Le cinquième signe (n° 5) est celui de l'Écrevisse, ou du Scorpion, pourvu de huit pattes antérieures. Dans certains manuscrits (Saint-Marc), la queue se termine par un dard, à la façon du Scorpion ; dans d'autres (2325 et 2327 par exemple), par un demi-cercle, formant une sorte de pince. Ce signe porte au-dessus les mots : ἀργυρόχαλκος κεκαυμένος καὶ πεπηγμένος. Mais le dernier mot correspond au sixième signe. Le tout veut dire argyrochalque (cuivre-argent) brûlé et fixé.

Le signe de l'Écrevisse se rapporte probablement à l'opération par laquelle on préparait un semblable alliage, formé avec le cuivre uni au plomb que l'on prétendait changer en argent, sans doute en le blanchissant de façon à lui donner la couleur de l'argent. Si cette interprétation était acceptée, il s'agirait d'un blanchiment par le mercure ou par l'arsenic, blanchiment opéré par sublimation et opération rétrograde dans l'appareil appelé καρκίνος, lequel est représenté par la figure 25. On justifierait ainsi le signe de l'Écrevisse, appliqué à la fabrication de l'alliage actuel.

Le septième signe (n° 7) est traduit par ἐμέριτος (divisé en parties ?), mot dont le sens est incertain.

Le huitième signe (n° 8) par δραγμαί : dragme (poids).

Le neuvième signe (n° 9) signifie 14, et s'applique probablement au poids dont l'unité vient d'être indiquée : soit 14 dragmes.

Le dixième signe (n° 10) est une abréviation, traduite par τίτανος χαλκὸς τὸ πᾶν ὄστρακον : chaux-cuivre (peut-être en un seul mot), toute la coquille (de l'œuf philosophique).

Le onzième signe (n° 11) est traduit par τὸ πᾶν ὄστρακον, qui répète les derniers mots du signe précédent.

Le douzième signe (n° 12) est traduit par τίτανος et est suivi par

Le treizième (n° 13) χαλκοῦ : de cuivre : mot à mot, chaux de cuivre.

Puis viennent en caractères ordinaires, les mots ὁ νοήσας μακάριος : celui qui aura compris sera heureux.

Dans cette formule, il s'agit de divers alliages et oxydes métalliques, ainsi

que de l'œuf philosophique. Mais elle ne présente pas par elle-même un sens
défini. C'était sans doute un memento hiéroglyphique, destiné à être complété
par des explications orales. Elle figure dans un traité de Zosime, et semble
le dernier débris d'un ancien symbolisme, antérieur aux écrits alchimiques
explicites que nous possédons, et qui représenterait le mode le plus ancien
de la transmission traditionnelle de la science v. p. 137. Le sens a dû s'en
conserver longtemps par tradition orale, comme le prouve le fait même de
sa transcription sur la première feuille de garde du manuscrit, avec des
formules magiques, que l'on prononçait sans doute pendant certaines des
opérations. Une partie de ces dernières est même indiquée par le texte qui
précède, lequel semble relatif au traitement des scories de plomb ; puis
viennent les mots magiques et la formule.

Au-dessous, toujours sur la même page de garde, se trouve reproduit un
passage correspondant d'Olympiodore sur les scories : « Sachez que les
scories dont on parle ci-dessus sont tout le mystère, etc. ». Ce passage est
imprimé dans le Traité d'Olympiodore (*Texte grec*, II, iv) et on a donné en
appendice *Texte grec*, II, iv *bis* le texte même qui le précède.

Voici le moment de rappeler les signes magiques de la Chrysopée de Cléopâtre figure 11, placée précisément en tête du traité de Zosime, à la fin duquel figure la formule de l'Ecrevisse. Ces signes, en effet, comparés à la formule, donnent lieu à quelques rapprochements utiles à noter. On y remarque,
par exemple, un grand croissant pourvu de huit appendices linéaires, qui
rappellent étrangement le signe de l'Ecrevisse. La signification de ce double croissant semblerait dès lors la même ; c'est-à-dire qu'il représenterait
la transformation (*fixation* du cuivre amalgamé ou arsenié en argent, au sein
d'un appareil à marche rétrograde. Le signe même de l'argent, ou plutôt
celui du mercure, serait alors exprimé par le croissant régulier et sans appendice, situé à côté. Doit-on voir aussi dans les signes de la Chrysopée placés
à côté du serpent, les symboles 3 et 4 du cuivre et du molybdochalque de
le formule de l'Ecrevisse ? Quoi qu'il en soit, il y a là un rapprochement
singulier et digne d'intérêt, au point de vue de la filiation historique des
symboles alchimiques.

Figure 29. — Cette figure manuscrit de Saint-Marc, fol. 193 reproduit
deux alphabets magiques ou cryptographiques, à demi effacés, avec leur tra-

duction (telle qu'elle est donnée dans le manuscrit). Au-dessus du premier
se trouve le mot : ἑλληνικὰ, c'est-à-dire (lettres) *helléniques*, écrit avec l'alphabet correspondant. Au-dessus du second : ἱερογλυφικὰ, c'est-à-dire (lettres)
hiéroglyfiques, écrit de même. A côté, en marge, le mot ἀλφάβητος, écrit
avec les lettres du premier alphabet.

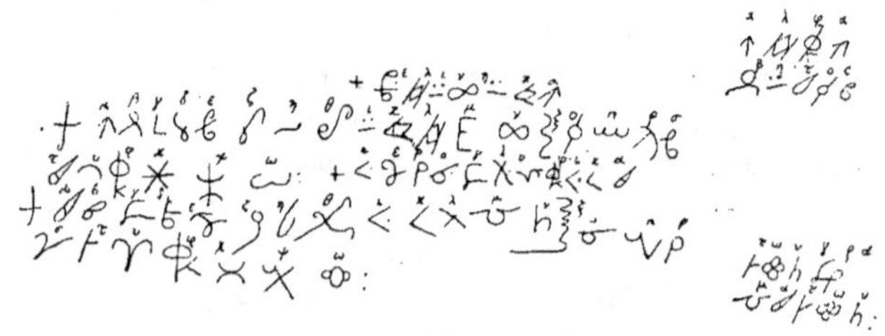

FIGURE 29. — **Alphabets magiques.** — Réduction à 1/2. — D'après décalque.

En réalité, aucun de ces alphabets n'a rien de commun avec les hiéroglyphes. Ce sont simplement deux alphabets cryptographiques, formés
avec des lettres grecques plus ou moins défigurées, mais sans modification
dans leur nombre ou leur valeur.

Il existait un grand nombre d'alphabets analogues au moyen âge. On
trouve notamment une page entière d'alphabets de ce genre dans le
manuscrit 2419, folio 279. Le premier alphabet de ce folio ressemble
beaucoup au premier du manuscrit de Saint-Marc, donné plus haut; le
sixième du manuscrit 2419 ressemble aussi, quoique d'un peu plus loin,
au second du manuscrit de Saint-Marc. Les alphabets du manuscrit 2419
semblent, d'après leur traduction superposée en lettres rouges presque
effacées, répondre à l'alphabet latin de préférence à l'alphabet grec.

C'étaient là en réalité des jeux d'esprit individuels, plutôt que des
alphabets usuels. En tout cas, il m'a paru intéressant de reproduire les
spécimens ci-dessus, surtout le premier, qui se retrouve à peu près pareil
dans deux manuscrits dissemblables de composition et d'origine.

Figure 30. — Cette figure (manuscrit de Saint-Marc, fol. 102 verso)
représente le Labyrinthe de Salomon, avec un commentaire en vers ;

le tout d'une encre et d'une écriture plus modernes, probablement du
XIVe siècle.

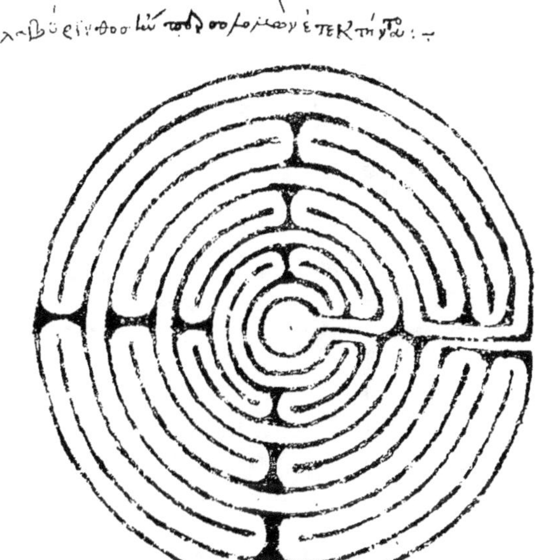

FIGURE 30. — **Labyrinthe de Salomon.** — Réduction à 1/2.

On donnera ailleurs (*Texte grec*, I, xx) ce commentaire.

Figure 31. — Cette figure (manuscrit de Saint-Marc, fol. 5) est un symbole

FIGURE 31. — **Symbole cordiforme.** — Décalque.

cordiforme, avec les signes de l'or, de l'argent, et peut-être d'autres métaux (1 :

---

(1) Le cercle droit d'en bas renferme
dans le manuscrit quatre signes mal
définis, dont un ɣ, lequel a disparu dans
la figure actuelle, par suite d'un accident
de gravure.

il se trouve à côté de la première ligne de Stéphanus, écrit à l'encre rouge ; il est contemporain du texte. Il semble que ce soit là un symbole de l'art de fabriquer l'or et l'argent. On croit utile d'en rapprocher la figure suivante.

Figures 32 et 33. — C'est un dessin mystique, formé par l'assemblage de divers signes destinés à représenter une opération chimique ; on dirait une

FIGURE 32. — **Dessin mystique** (2327).
Décalque.

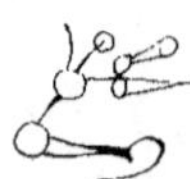

FIGURE 33. — **Dessin mystique** (2325).
Décalque.

sorte d'équation chimique, analogue aux équations atomiques et renfermant comme les nôtres les symboles des corps intervenants. Elle se trouve au folio 47, verso, du manuscrit 2327, vers la fin de la troisième leçon de Stephanus, vis-à-vis des mots : οὖτός ἐστιν ὁ ἐτήσιος ὁ πάρερμος ὁ πολύχρωμος. « C'est la pierre étésienne, le support polychrome (des teintures ?). » Puis vient tout un développement mystique sur la pierre philosophale.

Le relieur du manuscrit, au XVIe siècle, a coupé une partie de la branche gauche du dessin. Mais il n'y avait là rien de particulier, comme le montre le manuscrit 2325 qui contient la même figure (fol. 46, verso). On a reproduit cette dernière à côté (fig. 33).

Telles sont les figures fournies par le manuscrit de Saint-Marc et les dessins congénères de ces figures, reconnus dans les autres manuscrits.

Figures du manuscrit 2327.

Etudions maintenant les figures propres du manuscrit 2327, en commençant par les figures mystiques.

Figure 34. — Cette figure (manuscrit 2327, fol. 196) est celle du serpent

Ouroboros (1), en tête d'un article reproduit dans le *Texte grec* (I, v). Il est formé de trois cercles concentriques, comme la figure supérieure de la Chrysopée de Cléopâtre ; mais de plus il a ici trois oreilles et quatre pattes. La tête, les oreilles et l'anneau extérieur sont peints en rouge vif (*rrr*) ; le blanc

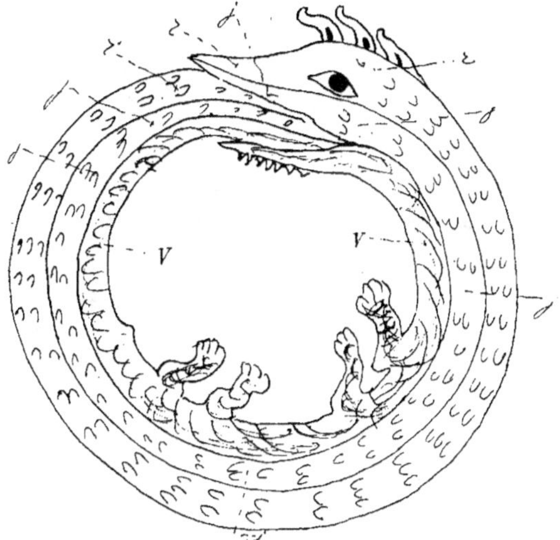

FIGURE 34. — **Serpent Ouroboros.** — D'après décalque.

de l'œil est blanc, la pupille noire ; le premier anneau est écailleux. Le second anneau (moyen) est écailleux et jaune (*jjj*). L'anneau intérieur est d'un vert continu (*vv*), ainsi que les pattes. Ces couleurs d'ailleurs ne répondent pas exactement à une description de Stéphanus (Lettre à Théodore), d'après laquelle l'origine de la queue est blanche comme du lait ; le ventre et le dos, couleur de safran, la tête noir verdâtre. Il devait y avoir bien des variantes.

Au folio 279 du même manuscrit se trouve une seconde figure du serpent, avec un texte un peu différent : celui-ci n'a que deux anneaux ou cercles ; ses écailles sont mieux marquées.

---

(1) *Origines de l'Alchimie,* p. 59 et 256.

Figure 35. — Cette figure (manuscrit 2327, fol. 297 verso) représente le signe d'Hermès, assez informe ; le folio a été remonté sur une bande blanche.

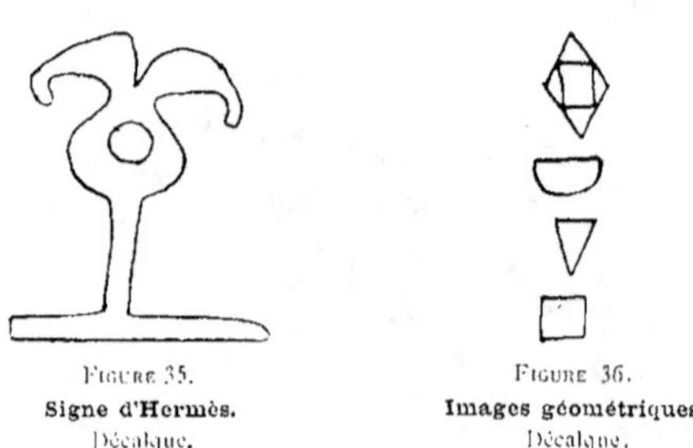

Figure 35.
Signe d'Hermès.
Décalque.

Figure 36.
Images géométriques.
Décalque.

Figure 36. — Cette figure renferme quatre images géométriques, destinées à commenter le texte du folio 106 recto (manuscrit 2327). Elles existent aussi au manuscrit 2325 (fol. 111), au manuscrit 2275 (fol. 78 verso), etc.

Les figures qui suivent concernent des appareils nouveaux, dont il convient de comparer soigneusement les formes avec celles des figures correspondantes du manuscrit de Saint-Marc.

Figure 37. — Cette figure (manuscrit 2327, folio 81 verso) contient deux alambics et deux vases à digestion.

1° A gauche, on voit l'alambic à trois pointes (*tribicos*), dont la forme générale (sauf le nombre de becs) s'est rapprochée de celle des alambics modernes en verre, usités au siècle dernier, et dont on fabrique encore aujourd'hui quelques échantillons.

Le matras ou chaudière porte d'ailleurs la même inscription que la figure 15 (λωπὰς θείου ἀπύρου : matras contenant le soufre apyre) ; il est posé de même sur le feu (φῶτα).

Le chapiteau est surmonté du mot χαλκίον (vase de cuivre), et les trois tubulures sont figurées cylindriques : l'un des trois récipients a été coupé par le relieur.

2° A côté se trouve un alambic à un seul bec, posé sur un fourneau (καμήνιον, sic) ; la forme générale en est la même. On doit le regarder comme équivalent à celui de la figure 16 ; à cela près que le tube de ce dernier (σωλήν) est remplacé par un chapiteau (χαλκίον).

On donnera tout à l'heure une figure similaire (fig. 38), d'après le manuscrit 2327, fol. 221 ; laquelle n'est pas identique à la précédente et se rapproche de celle de Saint-Marc, plutôt que de nos alambics actuels.

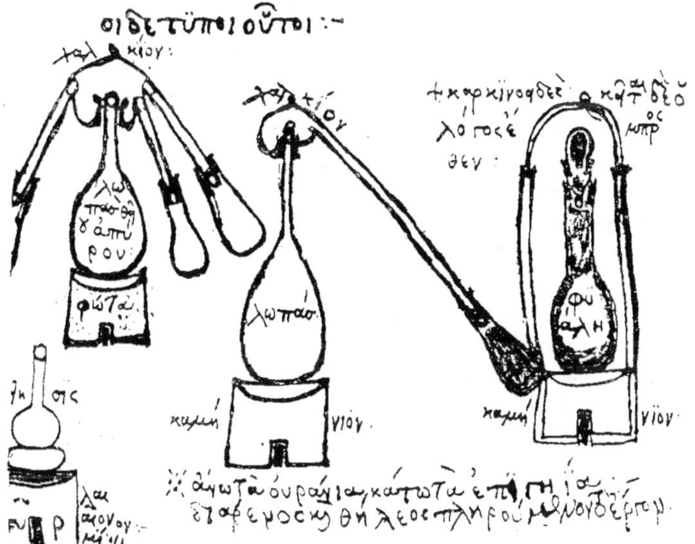

Figure 37. — Alambics et Vases à digestion.

Par contre, la forme de l'alambic est devenue à peu près identique à celle de nos vieux instruments (en verre), dans la figure, unique d'ailleurs et mal faite, du manuscrit 2252, copié au XVIIe siècle. Dans ce manuscrit, au-dessous des trois cercles concentriques et au début des Mémoires authentiques (γνήσια ὑπομνήματα) de Zosime, on aperçoit un alambic (βῖκος βελόνης), sur un foyer (καύστρα), et un récipient condensateur à col étroit, λοπὰς ἢ ἄγγος στενώτερον (sic). On voit qu'il y a de légères variantes dans les inscriptions.

3° A gauche et en bas, dans la figure 37 du manuscrit 2327, se trouve un appareil à digestion ou à cuisson, formé d'une fiole sur un bain de sable, chauffé par un fourneau (πῦρ).

La fiole est désignée par un mot coupé en deux par le relieur, et terminé par les syllabes τησις, tel que ἕψησις (cuisson). L'inscription qui désigne le fourneau est également coupée en deux ; mais on lit sur les trois lignes superposées les syllabes finales λαι — ατον — μίνιον. Il est facile de reconnaître ici l'inscription de la figure 22 : (πα) λαι (στι) ατον (και) μίνιον.

Il paraît donc que c'est là l'équivalent du bain de cendres, destiné à chauffer la palette ou κηροτακίς. Mais la palette est tombée en désuétude et les opérations effectuées à l'origine avec son concours ont été simplifiées dans le cours des temps, et réduites à de simples digestions ; celles-ci sont opérées également sur un bain de sable ou de cendres. La matière même, au lieu d'être placée sur une palette métallique, est déposée soit sur une pièce plate (fig. 38) ou conique (fig. 37), au-dessous du bouchon, soit même au fond de la fiole. Dans ces conditions, l'emploi de la palette constituait une complication inutile.

4° C'est ce que confirment le dessin et l'inscription placés à droite de la figure 37. Nous avons ici une fiole, le mot φυάλη (sic) ayant passé du sens ancien *coupe* au sens moderne *fiole*.

Cette fiole est surmontée d'un bouchon ou tête, assez compliqué, au-dessous duquel il semble qu'il reste quelque indice de la kérotakis, sous l'apparence d'une pièce conique peu distincte. Le tout est enfermé dans une enceinte, formée d'un cylindre inférieur, posé sur le fourneau, καμήνιον (sic), et d'une coupe hémisphérique renversée, qui constitue le haut du cylindre.

Il serait difficile de reconnaître à première vue que cet appareil a remplacé celui de la figure 25, ou plutôt ceux des figures 20 et 21 ; car la kérotakis a disparu. Mais la filiation des appareils résulte des inscriptions qui les accompagnent. En effet, on lit au-dessus du dessin (4°) de la figure 37, les mots : καρκινοειδὲς κεῖται δὲ ὁ λόγος ἔμπροσθεν ; c'est-à-dire la même inscription que sur la figure 25. Ce serait donc là encore un appareil à digestion et distillation rétrograde, dans lequel les produits sublimés retombent sur la matière inférieure qui les a fournis : ainsi qu'il arriverait dans un appareil disposé pour blanchir le cuivre par la sublimation réitérée du mercure ou de l'arsenic (p. 145).

Ajoutons qu'on lit au-dessous de l'ensemble de ces appareils la formule
mystiques des opérations qui s'y accomplissaient : « en haut les choses célestes, en bas les terrestres ; par le mâle et la femelle l'œuvre est accomplie »
(manuscrit 2327, fol. 81 verso) : ἄνω τὰ οὐράνια, κάτω τὰ ἐπίγεια, δι' ἄρενος καὶ
θήλεος πληρούμενον τὸ ἔργον.

Figure 38. — Cette figure (manuscrit 2327, fol. 221 verso) reproduit le
dessin de la figure 37, sauf variantes.

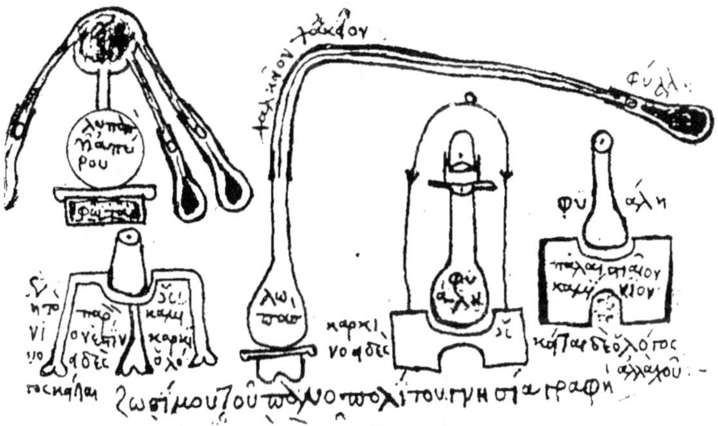

FIGURE 38. — Alambics et Vases à digestion.

1º Le dessin à gauche et en haut (*tribicos*) est à peu près le même.

2º Le dessin de l'alambic à un seul bec offre une variante, qui le rapproche
de la figure 16. Cette forme existe aussi, grossièrement dessinée, dans le
manuscrit 2275 (fol. 57 verso).

3º Le dessin de la fiole à digestion, reporté ici tout-à-fait à gauche, est
à peu près le même que dans la figure 37.

4º Mais le dessin voisin est un peu différent. Le bouchon de la fiole
offre des traits dissemblables, et peut-être un dernier reste de lame horizontale, répondant à la kérotakis. Il porte d'ailleurs la même inscription,
caractéristique d'un appareil à opération rétrograde, que la figure 37 ; sauf
la substitution du mot ἄλλαχοῦ (ailleurs) au mot ἔμπροσθεν.

5º A gauche, en bas, un vase à digestion (aludel mal fait ?) sur un grand trépied, avec l'inscription : ἤγουν τὸ παρὸν καμίνιον ἐστὶν καρκινοειδὲς ὁ λόγος κεῖται. « Le présent fourneau est rétrograde ; la description est ici. » (V. p. 134.)

Figure 39. — Cette figure (manuscrit 2327, fol. 289 verso), répétée deux fois, est un alambic à tubulure unique.

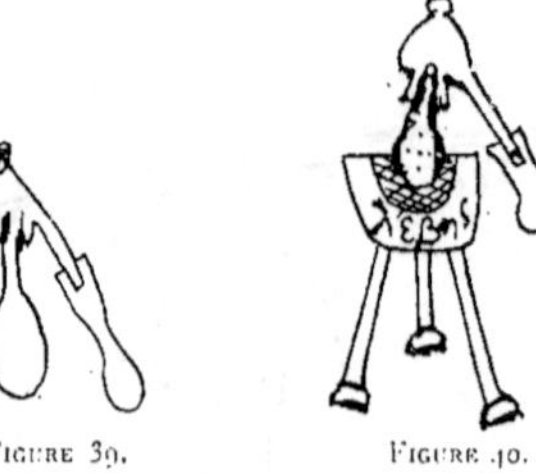

FIGURE 39.
Petit alambic.
Décalque.

FIGURE 40.
Alambic de Synésius
Décalque.

FIGURE 41.
Alambic de Synésius
(Ms. 2325.) Décalque.

Figure 40. — Cette figure (manuscrit 2327, fol. 33 verso), fait partie de l'ouvrage de Synésius et répond exactement au texte de l'auteur : c'est l'une des plus intéressantes, en raison de la date de cet ouvrage (ıvᵉ siècle). Elle représente un alambic, sur une marmite servant de bain-marie (λέβης), portée elle-même sur un trépied. Elle rappelle tout à fait la disposition de nos appareils modernes.

A côté se trouvent les mots caractéristiques : συναρμόζεται τῷ βοταρίῳ ὑάλινον ἔργανον ἔχων μαστάριον. « On ajuste au matras inférieur (βοτάριον) un instrument de verre, en forme de mamelle (μαστάριον). » Cet instrument est muni d'une gorge, ou rainure circulaire, destinée à récolter les liquides condensés dans le chapiteau et à les conduire dans la tubulure qui aboutit au récipient. C'est un appareil qui est encore en usage aujourd'hui. Le sens jusqu'ici obscur des mots βοτάριον et μαστάριον se trouve précisé par ce texte et cette figure.

La figure manque d'ailleurs dans le manuscrit de Saint-Marc, quoique le texte soit le même ; mais elle existe dans le manuscrit 2325 (xıııᵉ siècle). Le manuscrit 2275 la reproduit (fol. 16).

Figure 41. — Elle reproduit le dessin fort élémentaire du même alambic, d'après le manuscrit 2325.

Tout ceci est fort important pour l'histoire de la distillation. A l'origine, on distilla le mercure, en le condensant simplement dans un chapite au posé sur un pot (Dioscoride, Pline). Ce n'est que plus tard que l'on adapta une gorge à la partie inférieure, pour empêcher les liquides condensés de retomber dans le pot; puis cette gorge fut pourvue d'une tubulure, destinée à conduire au dehors le liquide condensé. On voit par le texte et par la figure conforme de Synésius que ces progrès étaient réalisés dès la fin du IVe siècle de notre ère. Rappelons que Synésius, dans une lettre à Hypatie, publiée parmi ses œuvres connues, a décrit aussi l'aréomètre, œuvre d'une science déjà avancée.

Figure 42. — Cette figure (manuscrit 2327, fol. 112 verso), répétée deux fois, est une simple fiole.

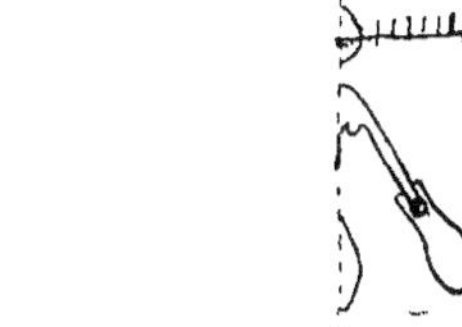

FIGURE 42. — **Fiole.**
Décalque.

FIGURE 43.
**Alambic
avec six appendices**
Décalque.

Figure 43. — Cette figure (manuscrit 2327, fol. 184 verso), malheureusement coupée par le relieur, se trouve vers la fin du poème de Théophraste. On y discerne un alambic, mais avec un appendice supérieur, fort singulier dont la position rappelle la κηροτακίς. Il est muni de six lignes verticales, répondant au texte suivant : φέροντας τὰς ἓξ ζώνας ὡς τήγμα (*sic*) φάγχι. « Portant six ceintures (enveloppes) pour absorber la matière fondue. »

Figures du manuscrit 2325

Les figures du manuscrit 2325 sont très intéressantes parce qu'elles répondent à une époque intermédiaire (xiii⁰ siècle) entre celui de Saint-Marc et le n° 2327 de Paris. Elles sont en général conformes à celles du manuscrit de Saint-Marc, bien que le manuscrit 2325 n'en dérive certainement pas directement, comme je le montrerai. Il résulte de cette double circonstance que la date des dessins du 2325 est antérieure à la copie actuelle du manuscrit de Saint-Marc, et même à la date de ses prototypes immédiats ; cependant ils doivent dériver tous les deux de quelque source commune et plus ancienne. Quant au détail, le nombre, la forme et la dimension des parties des appareils sont assez différents, pour quelques-uns du moins. Le manuscrit 2325 contient en plus l'alambic de Synésius, figure 41, et le dessin (fig. 33) mystique de la 3⁰ leçon de Stéphanus. Par contre, les appareils à digestion y sont moins multipliés.

Nous avons donné les figures essentielles de ce manuscrit, telles que : la figure 41 (fol. 23 verso) représentant l'alambic de Synésius, avec la chaudière (λέβης), et le feu (πῦρ).

La figure 17 (tribicos), est analogue à celle du manuscrit de Saint-Marc (fig. 15). Toutefois les dimensions relatives du matras à soufre (λωπὰς θείου ἀπύρου), du tube vertical, du condensateur supérieur et des ballons qui recueillent le produit distillé sont différentes ; le dessin de l'un de ces ballons a même disparu. — En outre, le mot πῦρ (feu) a remplacé καύστρα (foyer). La figure du tribicos, de même que toutes celles du manuscrit 2325, est beaucoup plus grossière que celles du manuscrit de Saint-Marc.

A côté se trouve également, très grossièrement dessiné, l'appareil distillatoire à large tube de cuivre (χαλκίον), de la figure 16 ; mais j'ai jugé inutile de reproduire ce dessin du manuscrit 2325.

Au-dessous du tribicos, on voit la figure 23 donnée plus haut : c'est celle d'un appareil à kérotakis, analogue à celui de la figure 22. Mais le fourneau (παλαιστιαῖον καμίνιον) est plus petit et les condensateurs supérieurs (φιάλη), sur l'extérieur, sont plus gros. Les ponctuations, indicatrices de trous sur le bain-marie, couvrent un espace bien moindre. Le mot de kérotakis n'y figure pas.

Enfin, au-dessous du ζωλήν et du χλλίον. on voit un autre appareil à kérotakis, reproduisant le καρκίνος de la figure 25, avec des variantes trop légères pour que j'aie cru utile de le donner.

On remarquera que les figures sont moins nombreuses dans le manuscrit 2325 que dans le manuscrit de Saint-Marc ; elles sont d'ailleurs concentrées en tête du mémoire de Zosime, dans le manuscrit 2325 aussi bien que dans le manuscrit 2327. Ce mode de distribution est évidemment plus moderne que celui du manuscrit de Saint-Marc.

Figures des manuscrits de Leide.

L'histoire des appareils alchimiques tire une nouvelle lumière de l'examen des manuscrits alchimiques grecs de Leide. L'un d'eux (Codex Vossianus, in-4°, n° 47), fort mal écrit d'ailleurs, reproduit presque toutes les figures du manuscrit de Saint-Marc, entre autres :

Nos trois planches I, II, III fig. 3, 4, 5, sauf quelques inversions ;

La Chrysopée de Cléopâtre de la figure 11 (fol. 49 verso) ;

La double figure 14 et 14 *bis* du dibicos (fol. 50 verso) ;

La figure 15 du tribicos (fol. 51 verso) ;

La figure 16 de l'appareil distillatoire (fol. 51 verso) ;

La figure 18 de la chaudière distillatoire (fol. 58 recto) ;

Les deux appareils cylindriques de nos figures 20 et 21 (fol. 53 verso) ;

Les kérotakis de nos figures 22 et 24 (fol. 52 verso) ;

La palette de la figure 24 *bis* (fol. 53 recto) ;

La figure 25 du vase à kérotakis, portant à côté le mot καρκινοειδὲς (fol. 55 verso) ;

Les récipients de la figure 26 (fol. 55 verso) ;

Le vase à kérotakis cylindrique de la figure 27 (fol. 55 verso) ;

La figure 31 cordiforme (fol. 51 recto) ;

La formule magique de l'Écrevisse (fig. 28), avec son explication (fol. 70 recto), fidèlement copiée.

Il est clair qu'il s'agit dans tout ceci d'une simple copie, directe ou indirecte, des figures du manuscrit de Saint-Marc.

L'autre manuscrit de Leide est noté xxiii. Ru. 6 (ayant appartenu à Ruhnkenius); il a été écrit au xviie siècle et est fort analogue par sa table, laquelle forme une grande partie de son contenu, à notre manuscrit 2327. Il en reproduit textuellement tout le tableau des signes, c'est-à-dire les cinq pages qui forment nos figures 6 à 10, planches IV à VIII.

Aux folios 21 et 22, il renferme diverses figures pareilles, avec des variantes dans les inscriptions et dans les dessins, dont quelques-unes fort importantes. Je vais les signaler :

Folio 21 : alambic de Synésius, conforme à la figure 40 ci-dessus ; mais il porte quatre mots, au lieu du seul mot λέβης inscrit au manuscrit 2327, mot qui se retrouve d'ailleurs aussi sur la marmite, dans le manuscrit Ru. On y lit en outre : λωπάς sur le matras, φιάλη sur le chapiteau, δοχεῖον sur le récipient.

Au-dessous on voit 5 dessins intéressants, savoir, de gauche à droite :

1º Un alambic à une pointe, correspondant à celui des figures 13 et 37. Il porte les mots καμίνιον sur le fourneau, λωπάς sur le matras. La forme du chapiteau indique très nettement que c'est une fiole renversée, dont le col entoure celui du matras, les lignes des deux cols n'étant pas confondues. — Cette différence ne m'a pas paru assez grande pour exiger la reproduction du dessin.

2º Un alambic, sans chapiteau, mais à large tube, répondant à celui des figures 16 et 38. On y lit les mots καμίνιον sur le fourneau, φιάλη sur le matras, χαλκεῖον (*sic*) sur le gros tube; le récipient n'a pas de nom. Ces mots ne coïncident pas exactement avec ceux des figures 16 et 38; ce qui montre que le manuscrit Ru. n'a pas été copié directement sur les nôtres.

3º Au-dessous de ce dessin, un matras à digestion (φιάλη), sur un bain de sable, chauffé sur un fourneau (παλαιστιαῖον καμίνιον), avec l'indication ὄπτησις, comme dans la figure 37.

4º Une fiole à digestion, recouverte d'une sorte de cloche, reproduisant à peu près identiquement la fiole de la figure 38, avec les mêmes appendices à la partie supérieure ; appendices dérivés, comme je l'ai établi, de la kérotakis (fig. 22 et 25). La seule inscription qui existe dans ce dessin est placée sur le fourneau : καμίνιον παλαιστιαῖον. Ces mots confirment l'opinion qu'il s'agit d'une transformation de l'appareil des figures 22 à 25.

5º Enfin, à la droite on voit le petit trépied de la Chrysopée de Cléopâtre (fig. 11). Au-dessous sont les mots ἐν βολβίτοις (dans le fumier). Ces mots sont caractéristiques. En effet, ils montrent qu'il s'agit d'un appareil destiné à être maintenu en digestion à une douce chaleur, au milieu du fumier en fermentation. Cet appareil est posé sur un trépied et paraît identique à celui qui est dessiné à gauche, au-dessous du tribicos, dans la figure 38.

En somme, ces cinq dessins sont les mêmes que ceux des figures 37 et 38; ils répondent à ceux des figures 12 et 13, lesquels sont eux-mêmes des dérivés faciles à reconnaître des dessins de la figure 11 (Chrysopée de Cléopâtre).

Toute la filiation des figures apparaît ainsi, de plus en plus clairement, grâce au détail des dessins et des inscriptions.

L'étude des dessins de la feuille 22 du manuscrit XXIII Ru. 6 de Leide permet de pousser plus loin et d'établir d'une façon directe la relation entre les appareils des alchimistes grecs et ceux des Arabes, tels qu'ils figurent dans les ouvrages de Geber. Ces dessins sont une sorte de doublets de ceux de la feuille 21; précisément comme dans le manuscrit 2327, les dessins de la figure 38 (fol. 221 verso) sont les doublets de ceux de la figure 37 (fol. 81 verso). Cette répétition du même système d'appareils, qui semblerait à première vue due à une inadvertance du copiste spécial du manuscrit 2327, doit en réalité résulter d'une répétition plus ancienne, puisqu'elle se retrouve dans un manuscrit en somme assez différent, quoique de même famille. Décrivons ces dessins du manuscrit Ru. de Leide.

On y voit:

1º Un tribicos, avec son matras (λωπάς θεῖου ἀπύρου), son chapiteau (χαλκεῖον), ses trois tubulures et récipients, et son fourneau (καμίνιον). La jonction du chapiteau au matras indique très clairement, comme plus haut, l'emboîtement de deux vases tout à fait distincts.

2º A droite, le dessin d'un alambic à une seule tubulure, reproduction du numéro 1º de la série précédente, c'est-à-dire des figures 13, 37, 38, portant notamment les trois inscriptions du dessin central de la figure 37.

3º Au-dessous, à gauche, le matras (λωπάς) à digestion (ἕψησις), posé sur le παλαιστιαῖον καμίνιον.

4° Les deux dernières figures sont si caractéristiques, que je vais les reproduire.

Figure. 44. — Vase à digestion.

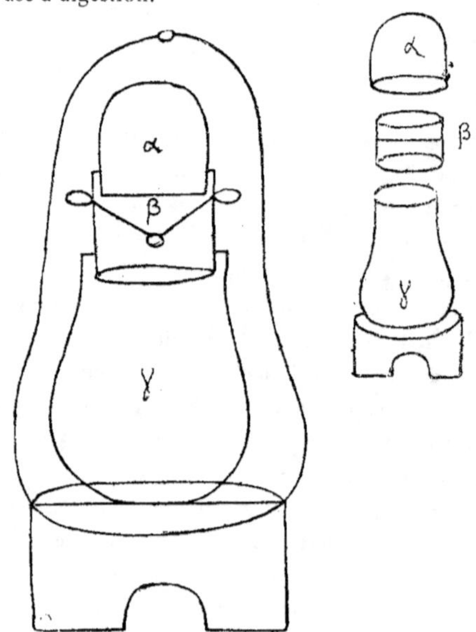

Figure 44. — **Vase à digestion.** — D'après un dessin.

La figure de droite reproduit l'appareil à digestion des figures 37 et 38, placé de même sous une enveloppe générale en forme de cloche. Pour plus de précision, je remarquerai que mon dessinateur a raccourci les petites oreilles, situées à droite et à gauche de la lettre β. Dans le manuscrit, ces oreilles s'étendent jusqu'à l'enveloppe et la touchent, de façon à marquer la division de cette enveloppe en deux portions superposées, telles qu'elles sont dessinées en effet dans les figures 37 et 38. Cette enveloppe générale semble avoir été symbolisée par la dénomination de l'œuf philosophique. D'autre part, les trois portions intérieures de cet appareil à digestion sont dessinées à côté, séparées et superposées, de façon à en montrer nettement tout l'ajustement.

Avant d'en discuter la signification, donnons les inscriptions correspondantes. Elles sont d'une grécité de très basse époque. Sur le dessin de
droite, la panse du matras y porte les mots : ὅμοιον ἔνε τοῦτο μετὰ τρία κομάτια (*sic*), c'est-à-dire : « ceci reproduit les trois segments séparés du dessin
qui est à côté. »

Sur le fourneau, on lit : ἐν βολβίτοις καμίνιον, c'est-à-dire : « fourneau entouré de fumier. »

Au-dessous de l'ensemble de ce dessin : καρκινοειδὲς κεῖται δὲ ὁ λόγος ἔμπροσθεν : « appareil rétrograde; la description est au-dessus. » — Rappelons
que ces mots caractéristiques se trouvent à côté du matras analogue des
figures 37 et 38 et de l'appareil à kérotakis de la figure 25.

Sur le côté, on lit, inscrits verticalement, les mots : ἐνατκλωνᾶτι φιλάζη
κατὰ τὰ τρία κομάτια. c'est-à-dire : « dans les trois segments, on ramollit et on
combine (les matières) ».

Venons au dessin de gauche, qui représente les trois segments séparés,
avec lettres correspondantes. On lit à côté, inscrits verticalement, les mots :
τοῦτ᾽ ἐμπνέης τὸ ἄλον καὶ τὸ ἄλον ἐνατάλῳ ἡ πρῶτος. δεύτερον, τρίτον (*sic*) ;
c'est-à-dire : « voici l'un des vases où l'on évapore, et l'autre où l'on ramollit;
c'est-à-dire le 1er, le 2e, le 3e (segment). »

Ces inscriptions confirment exactement les opinions émises plus haut,
relativement à l'usage de cet appareil. D'après lesdites inscriptions en effet
il répond aux figures 22, 24, 25, c'est-à-dire aux appareils à kérotakis. Il
suffit d'imaginer que les appareils placés au sommet des figures 22 et 25
ont été enveloppés par la sphère de la partie inférieure, pour comprendre
les figures 38 et 37 : c'est toujours là l'appareil rétrograde, destiné au blanchiment du cuivre par le mercure ou par l'arsenic sublimé. Ajoutons que,
les trois segments intérieurs ne sont autre chose que les trois parties des
figures 20 et 21 du manuscrit de Venise, représentant des vases à digestion
cylindriques. — De même la figure 27, qui en exprime une forme un peu
différente, donnant en quelque sorte la transition entre la figure 20 et les
figures 22, 24 et 25.

Mais la figure 44 nous permet d'aller plus loin et d'établir que ces appareils correspondent à l'aludel de Geber et des alchimistes arabes. Il suffit,
pour s'en assurer, de jeter un coup d'œil sur les dessins des aludels, figure 45.

Nous avons ici les trois segments à digestion des alchimistes grecs ; avec
cette différence pourtant que les deux segments inférieurs sont réunis en
un seul morceau dans les dessins des aludels. Le couvercle s'ajustait à
frottement doux sur la paroi de la région moyenne : et cela dans une portion considérable de sa hauteur. Les deux morceaux extrêmes sont terminés

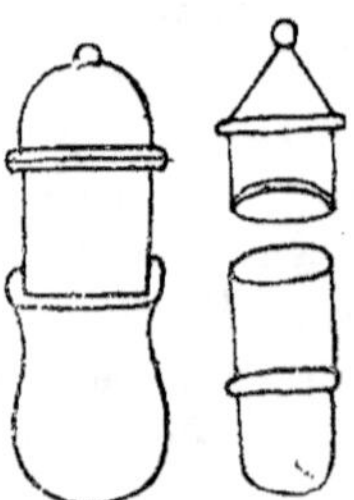

FIGURE 45. — **Aludel des Arabes.**

chacun par une couronne ou bague extérieure, l'une se superposant à l'autre,
de façon à compléter la jonction. Tout ceci est décrit en détail dans l'ouvrage
de Geber.

Le couvercle offre deux formes différentes : l'une hémisphérique, l'autre
conique. Ces aludels étaient en verre.

Cette figure est tirée de la *Bibliotheca Chemica* de Manget (t. I, p. 540,
fig. 2 — Genève, 1702).

Dans la même planche de l'ouvrage précédent, sont représentés (fig. 1) le
fourneau, au centre duquel l'on plaçait l'aludel (fig. 3), ainsi qu'un autre type
d'aludel, changé en alambic par l'adaptation d'un tube à son chapiteau, le
tout chauffé à la partie inférieure à l'aide d'un fourneau, etc.

La description de ces appareils existe, en traduction latine, dans le
second livre de l'ouvrage de Geber, intitulé : *De principiis magisterii
et perfectione.* Ce livre peut servir sur quelques points de commentaire
aux traités de Zosime sur les fourneaux et instruments ; il continue et
développe la tradition des alchimistes grecs ; non sans y ajouter d'ailleurs
bien des choses nouvelles. Mais cette comparaison nous mènerait trop loin.

Quoi qu'il en soit, on voit que ces diverses figures jettent un grand jour

sur les pratiques et appareils des anciens alchimistes, sur les changements
que ces appareils ont éprouvé dans le cours des temps, ainsi que sur la
filiation des manuscrits.

VI. — RENSEIGNEMENTS ET NOTICES
SUR QUELQUES MANUSCRITS ALCHIMIQUES

Il existe dans les catalogues imprimés des bibliothèques publiques d'Europe
des notices sur le contenu des manuscrits alchimiques de ces bibliothèques.
M. H. Kopp a réuni et rapproché ces notices dans ses *Beiträge zur Geschichte der Chemie* (1869), p. 256 à 315 ; mais sans prendre une connaissance directe des textes eux-mêmes. J'ai donné moi-même dans mes *Origines
de l'Alchimie*, p. 335 à 385, une analyse plus détaillée du manuscrit 2327
de la bibliothèque de Paris et du vieux manuscrit de la bibliothèque de
Saint-Marc, à Venise.

Je les avais comparés entre eux, et avec les manuscrits 2325, 2275 et 2249,
que j'ai eus aussi entre les mains, ainsi qu'avec les manuscrits de la Laurentienne à Florence et quelques autres ; ces derniers, d'après les catalogues
imprimés. La publication présente rendra inutile ces analyses pour les cinq
premiers manuscrits ; mais j'ai cru utile de préciser davantage la connaissance de certains autres, tels que les manuscrits du Vatican, que j'ai fait
examiner sur place par mon fils, M. André Berthelot ; les deux manuscrits
de Leide, celui de Gotha et divers manuscrits des Bibliothèques d'Allemagne, examinés également par mon fils ; ceux de l'Escurial, que M. de Loynes,
secrétaire d'Ambassade à Madrid, a bien voulu collationner pour certains
passages importants ; le manuscrit 2419 de la Bibliothèque nationale de Paris,
que j'ai étudié moi-même ; enfin un manuscrit arabe d'Ostanès, appartenant
à la même Bibliothèque et dont j'ai fait traduire quelques pages. — Ce sont
ces renseignements que je vais communiquer. Je les ferai précéder par quelques données précises, tirées des manuscrits eux-mêmes et spécialement du
manuscrit de Saint-Marc, lesquelles fournissent des indications nouvelles
sur le mode suivi dans leur composition, sur l'ordre relatif et la filiation

de leurs copies, et sur les accidents survenus pendant leurs transcriptions successives. Le tout forme une douzaine de petites notices sur les manuscrits alchimiques.

I. — *Ancienne liste du manuscrit de Saint-Marc.*

En tête du manuscrit de Saint-Marc se trouve une liste de traités alchimiques, qui ne coïncide avec le contenu même du manuscrit, ni par les titres des traités, ni par leur disposition; quoique la majeure partie des traités s'y retrouve. L'examen et la discussion de cette liste sont essentiels pour établir la filiation des manuscrits actuels.

Donnons d'abord la liste elle-même. Elle a été imprimée en 1745 par Bernard dans son édition du Traité de Palladius *de Febribus*, p. 114 à 116. Il suffira d'en fournir ici la traduction :

(1) Voici la table du livre des sages, avec l'aide de Dieu.

(2) Stéphanus d'Alexandrie, philosophe œcuménique et maître, sur l'art sacré de la fabrication de l'or (1re leçon).

(3) 2° leçon, du même.

(4) Lettre du même à Théodore.

(5) Sur le monde matériel, 3e leçon.

(6) Sur ce qui concerne l'acte (ἐνέργεια), 4e leçon.

(7) 5e leçon, (8) 6e leçon, (9) 7e leçon.

(10) Sur la division de l'art sacré, 8° leçon.

(11) Enseignement du même à l'Empereur Héraclius, 9e leçon.

(12) Héraclius Empereur, sur la chimie, à Modestus, préfet de la ville sainte (Constantinople).

(13) Du même Héraclius, onze chapitres sur la fabrication de l'or.

(14) Colloque du même Héraclius sur la question des philosophes, relative à cet art sacré.

(15) Lettre de l'Empereur Justinien.

(16) Du même Justinien, cinq chapitres sur l'art sacré et entretien avec les philosophes.

(17) Entretien de Comérius le philosophe avec Cléopâtre.

(18) Dialogue des philosophes et de Cléopâtre.

(19) Héliodore le philosophe à l'Empereur Théodose, sur l'art divin : vers iambiques.

(20) Théophraste le philosophe, sur cet art : vers iambiques.

(21) Hiérothée le philosophe, sur cet art divin : vers.

(22) Archelaüs le philosophe, sur cet art divin et sacré : vers.

(23) Pélage le philosophe ; Chrysopée.

(24) Ostanès le philosophe à Pétasius sur l'art sacré.

(25) Démocrite sur la pourpre et la fabrication de l'or, *Physica et mystica*.

(26) Du même, sur la fabrication de l'asèm.

(27) Synésius le philosophe à Dioscorus (commentaire sur le livre de Démocrite) : dialogue relatif au livre du divin Démocrite.

(28) Le philosophe Anonyme, sur l'eau divine du blanchiment.

(29) Du même, sur la Chrysopée, exposant l'enchaînement de la Chrysopée, conformément à la pratique, avec le secours de Dieu.

(30) Zosime le divin, de Panopolis, sur la vertu.

(31) Chapitre d'Agathodémon (principalement sur la fabrication du tout).

(32) Chapitres d'Hermès, Zosime, Nilus, Africanus.

(33) Du Chrétien, sur l'eau divine.

(34) Zosime le philosophe à Eusébie, sur l'art sacré et divin, 34 chapitres.

(35) Olympiodore le philosophe, sur la Chrysopée.

(36) Pappus le philosophe, sur l'art divin.

(37) Moïse, sur la diplosis de l'or.

(38) Chapitres d'Eugénius et de Hiérothée.

(39) Zosime, sur les instruments et fourneaux.

(40) Du même, sur l'eau divine.

(41) Du même, sur les instruments et fourneaux. Mémoires authentiques.

(42) Trempe ou changement du pyrochalque, en vue de l'astrochalque.

(43) Trempe et fabrication du fer indien.

(44) Trempe pour les épées et instruments pour tailler la pierre.

(45) Fabrication de l'asèm, du mercure et du cinabre.

(46) Extrait de l'ouvrage de Cléopâtre sur les poids et mesures.

(47) Du Chrétien, sur la bonne constitution (εὐστάθεια) de l'or.

(48) Du même, sur la Chrysopée, 3o chapitres.

(49) Περὶ φύρμων καὶ τόλων.

(50) Sur la diversité du plomb et sur les feuilles d'or.

(51) Lexique de la Chrysopée, par ordre alphabétique.

(52) Autres chapitres de divers opérateurs sur la Chrysopée.

Cette liste représente une rédaction plus ancienne que le manuscrit de Saint-Marc qu'elle précède, du moins tel que nous le possédons. Elle en diffère par la composition et par l'ordre relatif.

Au point de vue de la composition, les dix premiers numéros sont communs à la liste et au manuscrit ; mais les quatre traités (11), (12), (13), (14), attribués à Héraclius, et les deux traités (15), (16), attribués à Justinien, ont disparu. Rappelons ici que l'Empereur Héraclius était un grand fauteur d'astrologie et de sciences occultes. Son nom se retrouve dans les ouvrages arabes et dans la *Turba philosophorum* (sous la forme erronée de *Hercules*). Stéphanus, son contemporain, lui a dédié l'une de ses leçons authentiques. Les traités attribués à l'Empereur Justinien sont évidemment pseudonymes et, à ce qu'il semble d'après quelques fragments, d'une date peu reculée : peut-être s'agit-il de Justinien II, l'un des successeurs d'Héraclius, à la fin du viie siècle. Il existe encore une mention qui se rattache à ces traités (pratique de Justinien) dans l'article d'une écriture plus moderne, ajouté sur une page de garde du manuscrit de Saint-Marc (*Origines de l'Alchimie*, p. 348. — *Texte grec*, II, iv *bis*, Appendice I). Une page du même auteur nous a été conservée à la fin de l'un des manuscrits alchimiques de Leide (Voss. n° 47, fol. 70 verso). Je la donnerai plus loin.

Ces six traités perdus avaient été probablement rattachés à ceux de Stéphanus. Je montrerai tout à l'heure la trace laissée par cette perte.

Quant aux traités de Comérius, ou Comarius, et de Cléopâtre (17) et (18), il en subsiste un débris dans le manuscrit de Saint-Marc et des portions beaucoup plus étendues, sinon la totalité, dans le manuscrit 2327.

Les numéros (19) à (52) de la vieille liste existent encore aujourd'hui, en substance du moins, dans le manuscrit de Saint-Marc ; quoique certains, par exemple le numéro (32), chapitres d'Hermès, Zosime, Nilus, Africanus, et le numéro (38), chapitres d'Eugénius et de Hiérothée, aient peut-être subi des mutilations, qu'il n'est pas possible de préciser.

Le numéro (42), trempe du pyrochalque, n'existe plus sous ce titre ; mais il est probable qu'une partie en a été conservée dans un article relatif à la trempe du bronze (fol. 118).

Le traité de Zosime, indiqué sous le numéro 34, comme adressé à Eusébie (au lieu de Théosébie), se retrouve aussi (fol. 141 à 161), à l'exception du titre et des premières lignes, qui ont disparu : sans doute par suite de la perte d'un feuillet.

Signalons par contre des traités contenus dans le manuscrit de Saint-Marc, dont la liste ancienne ne fait pas mention : tels que les traités sur la fabrication des verres (fol. 115 verso) ; sur les vapeurs (fol. 116 verso ; sur la bière et l'huile aromatique (fol. 162) ; les chapitres de Zosime à Théodore (fol. 179, à 181 ; deux articles tirés d'Agatharchide fol. 138 à 140), etc.

Citons aussi le Labyrinthe de Salomon (fol. 102), figure très caractéristique, mais ajoutée à une époque postérieure et vers le xiv⁰ ou xv⁰ siècle.

La liste initiale et le contenu actuel du manuscrit de Saint-Marc ne se superposent donc pas exactement, quoique la plupart des traités soient communs. Il y a aussi des modifications dans l'ordre relatif, modifications dont je vais signaler les principales, en répartissant par groupes les numéros de la liste.

1er Groupe. — Les numéros (1) à (11) sont communs et disposés dans le même ordre fol. 8 à 43 du manuscrit actuel ; puis vient une lacune, numéros 12 à 18, comme si un ou plusieurs cahiers du manuscrit antérieur, qui a servi de type à la vieille liste, avaient disparu. Les poètes, numéros 19 à 22, et les traités de Pélage, d'Ostanès, de Démocrite, de Synésius, ceux de l'Anonyme, de Zosime, d'Agathodémon, d'Hermès, du Chrétien, numéros 23 à 33, etc., suivent dans le même ordre (fol. 43 à 101). Quant au traité 34, il est probable qu'il est représenté, au moins en substance, ou plutôt à l'état fragmentaire, dans les folios 119 à 128 et dans les folios 141 à 159.

Jusqu'ici le même ordre se maintient donc dans la vieille liste et dans le manuscrit actuel.

2e Groupe. — Mais le traité (35) d'Olympiodore se retrouve seulement aux folios 163-179, 35 feuillets plus loin. Le numéro 36, serment de Pappus, les numéros 37, 38, diplosis de Moïse et chapitres d'Eugénius, enfin les numéros (39), (40), 41, traité de Zosime sur les fourneaux, etc., forment presque à la suite les folios 184 à 195. Cependant il y a intercalation des

chapitres de Zosime à Théodore (fol. 179 à 181) et du traité de l'Anonyme
sur l'œuf (fol. 181).

3e Groupe. — Un autre groupe de traités, consécutifs aux précédents dans
la vieille liste, en sont au contraire séparés dans le manuscrit actuel. Ils
occupent les folios 104-118, transposés par le relieur (*Origines de l'Alchimie*, p. 350-351), et renfermant les articles (44) à (48). Peut-être aussi une
partie se retrouve-t-elle dans les folios 141 à 159, déjà attribués pour une
fraction au numéro (34).

4e Groupe. — Les numéros (42) et (43) de la vieille liste répondent à peu près
au folio 118.

5e Groupe. — Les numéros (49), (50), (51. lexique), répondent aux folios
129 à 138, placés à la suite.

En somme, la place du troisième groupe a été changée par le relieur,
comme il est facile de l'établir par la lecture des textes, et il n'y a qu'un autre
renversement important, celui des traités du second groupe, lesquels forment en quelque sorte un cahier à part, déjà interverti avant la constitution
de la copie actuelle.

Si l'on cherchait à décomposer ces traités en séries distinctes, d'après
leur contenu, on pourrait trouver ainsi les séries suivantes :

1re Série. — Stéphanus, en connexion avec les traités perdus d'Héraclius
et de Justinien, et probablement avec les Dialogues de Comarius et de
Cléopâtre : le tout a formé peut-être à l'origine une collection partielle et
indépendante.

2e Série. — Les poèmes, collection également distincte, dont la place
varie et qui manque même dans certains manuscrits, tel que le 2325.

3e Série. — Les vieux auteurs Pélage, Ostanès, Démocrite, Synésius,
l'Anonyme, Zosime, les extraits d'Agathodémon, de Moïse, d'Eugénius, etc.
Le tout formait sans doute une collection spéciale. A la vérité, les œuvres
de Zosime sont coupées en trois dans le manuscrit actuel de Saint-Marc;
mais c'est là évidemment le fait des copistes d'une certaine époque.

4e Série. — Olympiodore semble avoir été à part; il est cependant connexe avec les auteurs précédents. Mais la place de son traité varie dans les
divers manuscrits.

5e Série. — Le Chrétien était aussi à part. Il est coupé en deux (n°s **33, 47**) dans la vieille liste ; ce qui semble accuser quelque transposition, faite par le copiste d'un manuscrit antérieur.

6e Série. — Une ou plusieurs autres collections renfermaient des traités techniques, lesquels nous sont venus en grande partie par d'autres manuscrits, par le 2327 principalement. Dans la vieille liste, aussi bien que dans le manuscrit de Saint-Marc actuel, on rencontre cependant la trempe du bronze et du fer, et la fabrication de l'asèm, du mercure, ainsi que du cinabre. On y a joint dans le manuscrit actuel de Saint-Marc les fabrications du verre, de la bière et de l'huile aromatique, non mentionnées dans la vieille liste.

L'extrait d'Agatharchide est une annexe d'un autre genre, qui ne figurait non plus pas dans la vieille liste et qui a été abrégée dans le 2327.

7e Série. — A la fin de l'un des manuscrits qui ont précédé celui de Saint-Marc, on avait sans doute transcrit l'ouvrage de Cléopâtre sur les poids et mesures et le lexique. Ce lexique devait former la fin du manuscrit originel, d'après un usage assez fréquent chez les anciens copistes. On est autorisé par là à penser que ce qui suit dans la vieille liste représente l'état d'un manuscrit déjà modifié, par des additions faites à un prototype plus antique encore.

II. — *Sur les copies actuelles de la 9e Leçon de Stephanus.*

L'étude comparative des divers manuscrits qui renferment les leçons de Stéphanus fournit des renseignements très précis et spécifiques pour établir la filiation de ces manuscrits. J'ai déjà signalé quelques-uns de ces renseignements; mais il me paraît utile d'y revenir et de les compléter. C'est dans la 9e leçon de Stéphanus que se trouvent les principales différences.

1° Dans le manuscrit 2325 de la Bibliothèque Nationale de Paris, cette leçon finit beaucoup plus tôt que dans le manuscrit 2327 et dans le manuscrit de Saint-Marc. Elle s'arrête en effet fol. 81 verso, par une phrase qui répond au folio 73 recto ligne 6, du manuscrit 2327, et à la page 247, l. 23, du t. II d'Ideler : νεκρός · καὶ φησὶν ἐν τοῖς ζωμοῖς μετὰ τὸ ἐκ κάτω καὶ γενήσεται. Le dernier mot est ainsi répété pour la seconde fois dans le manuscrit 2325, et cela conformément à la ligne 21, située au-dessus dans

Ideler, laquelle ligne contient précisément les mots : ἐκ κάτω καὶ γενήσεται. Tandis que dans Ideler (ligne 23) et dans le manuscrit de Saint-Marc, on lit après la répétition des mots: ἐκ κάτω καὶ... le mot γέλεσαν, au lieu de γενήσεται, le texte poursuivant. Dans le manuscrit 2325 la 9ᵉ leçon s'arrête là ; puis vient un tiers de page blanche, suivi des mémoires authentiques de Zosime, avec les figures mystiques des cercles concentriques; sans qu'il soit aucunement question de Comarius, ni de Cléopâtre.

Telle est la finale la plus courte de la 9ᵉ Leçon de Stéphanus. Cette finale, suivie d'un signe qui caractérise la fin du traité, est aussi celle de la 9ᵉ leçon dans le manuscrit 2275 de la Bibliothèque de Paris, lequel reproduit fidèlement les figures du manuscrit 2325 ; voire même (fol. 56) celles qui ont été coupées en partie par le relieur de ce dernier manuscrit, au temps de Henri II: aussi semble-t-il en être une copie directe, faite avant cette reliure. La finale de la 9ᵉ leçon dans le manuscrit de Leide, Voss. nº 47, a lieu au même endroit, mais avec une variante dans le dernier mot, qui est: γέλεσαν. au lieu de γενήσεται. On y lit en effet : fol. 11 : μετὰ τὸ ἐκ κάτω καὶ γέλεσαν. Le dernier mot est celui du manuscrit de Saint-Marc et d'Ideler. Mais dans ces deux derniers, le texte poursuit par : καὶ ἀλήθεσαν. etc. pendant plusieurs pages; tandis que la 9ᵉ leçon de Stéphanus s'arrête là, dans le manuscrit de Leide comme dans le manuscrit 2325. Cependant un copiste, ou un lecteur, a pris soin d'ajouter en grec dans le manuscrit de Leide : « la fin manque ». Il avait sans doute eu connaissance des autres manuscrits. En tous cas, cette remarque prouve que le manuscrit de Leide n'a pas été copié directement sur le manuscrit de Saint-Marc; quoiqu'il appartienne à la même famille. Telle est la seconde finale de la 9ᵉ leçon de Stéphanus.

2º Le manuscrit 2327, au contraire (fol. 73 recto, ligne 6), après le premier : ἐκ κάτω καὶ γενήσεται. poursuit de la façon suivante : ἄρα τί γενήσεται· οὐκ ἄρα ἴδε νοηρὸς καὶ φησὶν ὁ μέγας Κομμάδωρος (sic) ἐν τοῖς ὑγροῖς ἐπιστεύθη τὸ μυστήριον τῆς χρυσοποιίας. et la suite jusqu'au folio 73 verso, ligne 5. Le tout constitue une page additionnelle; après laquelle le manuscrit 2327 continue comme dans le manuscrit de Saint-Marc et dans Ideler, où cette page manque. La jonction du texte du manuscrit 2327 avec celui de Saint-Marc et d'Ideler) se fait par les mots : μετὰ τὸ ἐκ κάτω καὶ γενήσεται (répétés pour la seconde fois), ἐκάλεσεν καὶ ἀλήθειαν εἰπών (2327, fol. 73 verso). — Dans le manuscrit de Saint-Marc et dans Ideler, on lit : μετὰ τὸ ἐκ κάτω καὶ γελήσεται καὶ ἀληθεύσειν καὶ ἀληθεύειν εἶπεν. C'est donc entre les deux répétitions des mots μετὰ τὸ ἐκ κάτω que se trouve le passage intercalaire du manuscrit 2327. Cette répétition même, comme il arrive souvent dans les copies mal collationnées, a pu être l'origine de l'omission de ce passage par le copiste du manuscrit de Saint-Marc qui, sautant une page de son original, au moment où il commençait un nouveau feuillet, aurait formé ainsi le mot γελήσεται, en réunissant la syllabe initiale γε de γενήσεται avec les syllabes finales du mot (ἐκκ)λησεν. Cette hypothèse ingénieuse est de M. Em. Ruelle. Elle s'accorderait avec le texte du manuscrit de Saint-Marc, dont le folio 39 verso se termine en effet par γε; tandis que le folio 40 commence par λησεν et continue comme il a été dit. Mais l'existence du mot γελήσεται comme finale définitive dans le manuscrit de Leide semble moins favorable à cette hypothèse, à moins de supposer quelque intermédiaire.

3º C'est alors que se trouve le passage relatif aux relations entre les métaux et les planètes, passage plus complet et plus clair dans le manuscrit 2327 que dans Ideler, et dans le manuscrit de Saint-Marc (fol. 40), dont le texte d'Ideler dérive par voie indirecte : car il y est mutilé et incompréhensible (Ideler, t. II, p. 247, lignes 31 à 36). En effet, dans ces deux derniers textes, Saturne et le plomb sont seuls opposés d'une façon régulière ; tandis que le mercure figure vis-à-vis de Jupiter, par suite de quelque confusion : puis viennent le Soleil et la Lune, sans métaux correspondants. Au contraire, il existe un parallélisme régulier et complet entre les 7 planètes et les 7 métaux, dans le texte donné par le manuscrit 2327 : ce texte est donc le seul logique et complet. Le manuscrit 2329 (fol. 158) reproduit le même passage.

4º Au delà, les textes de Saint-Marc, d'Ideler, du manuscrit 2327 et du manuscrit 2329 sont sensiblement conformes entre eux, jusqu'au folio 74 du 2327, répondant à la page 248 d'Ideler, ligne 13, et jusqu'à ces mots : καὶ ἕκαστον αὐτῶν ἐν τῇ γῇ κέκρυπται ἐν τῇ ἰδίᾳ δόξῃ. Après ces mots, le manuscrit 2329 termine en cinq lignes : ... ἐν τῇ ἰδίᾳ δόξῃ χαίρουσι καὶ εὐτραπελίζονται, ὡς μόνου θεοῦ τοῦ ἐν τριάδι ὑμνουμένου, τὸ δῶρον αὐτοῖς προστάξαντος εἶναι; puis vient la finale banale « attendu qu'il convient d'attribuer en tout gloire, honneur et vénération au Père, au Fils, au Saint-Esprit, maintenant et toujours, dans les siècles des siècles. Amen ». C'est une troisième finale de la 9ᵉ leçon.

5° Au contraire, après le mot δόξῃ, le manuscrit 2327 poursuit pendant trois pages, lesquelles manquent dans le manuscrit de Saint-Marc, dans Ideler et dans le manuscrit 2329 ; il poursuit, dis-je, jusqu'à la fin de la 9ᵉ leçon de Stéphanus, fin explicitement signalée. C'est la quatrième finale, qui paraît la plus exacte.

6° Puis le manuscrit 2327 transcrit un traité de Comarius, grand prêtre, maître de Cléopâtre, renfermant le dialogue des Philosophes et de Cléopâtre (fol. 74 à 79 verso), et précédé de son titre. Le manuscrit 2252 contient aussi le traité de Comarius. Ce traité et ce dialogue répondent aux numéros (17) et (18) de la vieille liste de Saint-Marc.

7° Mais le manuscrit de Saint-Marc ne reproduit ni le titre ni les débuts de ce traité. Au lieu de cela, après les mots : καὶ ἕκαστον αὐτῶν ἐν τῇ γῇ κέκρυπται ἐν τῇ ἰδίᾳ δόξῃ, ce manuscrit poursuit en plein texte, et sans apparence de lacune ou d'alinéa (fol. 40, l. 4 en remontant), par les mots : καὶ ὑμεῖς, ὦ φίλοι εἰ ἂν τὴν τέχνην ταύτην τὴν περικαλῆ βούλεσθε. (Ideler, t. II, p. 248, l. 13), et ainsi de suite pendant 7 pages jusqu'à la fin du traité : ce qui constitue la cinquième finale de la 9ᵉ leçon. Or ces pages, tirées du traité de Comarius, ne sont pas la vraie fin de la leçon de Stéphanus ; laquelle fin manque en réalité dans le manuscrit de Saint-Marc, ainsi que dans Ideler, dont la publication a été faite d'après une copie de Dietz, exécutée, paraît-il, sur le manuscrit de Munich, qui est un dérivé indirect de celui de Saint-Marc. Elle manque aussi dans la traduction latine de Pizimenti, faite sur quelque manuscrit de la même famille, dérivé également de celui de Saint-Marc, mais non identique, puisque cette traduction contient la lettre de Psellus. Il y a là dans la 9ᵉ leçon de Stéphanus une solution de continuité brusque et dont le copiste de Saint-Marc ne s'est pas aperçu.

8° Les mots mêmes : ὅταν τὴν τέχνην... se retrouvent dans le traité de Comarius (2327, fol. 75, l. 2 en remontant). ainsi que les 7 pages consécutives du manuscrit de Saint-Marc et d'Ideler. Elles sont conformes en général à la fin de ce traité dans le manuscrit 2327 (jusqu'au fol. 79 verso). Le traité se termine pareillement dans les deux manuscrits par les mots : ἐνταῦθα γὰρ τῆς φιλοσοφίας ἡ τέχνη πεπλήρωται. Ces derniers mots manquent dans Ideler (ce qui fait une sixième finale) ; mais la phrase précédente est identique.

J'ai cru nécessaire d'entrer dans ces détails minutieux, parce qu'ils carac-

térisent les familles de manuscrits et peuvent servir à reconnaître sûrement
ceux qui ont été copiés les uns sur les autres. Je montrerai ailleurs comment
ils établissent que le manuscrit de l'Escurial ne représente pas une source
propre, mais un dérivé, vraisemblablement direct, de Saint-Marc.

Il est probable que dans un manuscrit antérieur à celui de Saint-Marc,
et dont celui-ci même dérive, le verso d'une des pages se terminait par le
mot διήγ. Quelques folios déchirés ont fait disparaître la fin de Stéphanus
et le début de Comarius, et le copiste qui travaillait d'après ce manuscrit
a poursuivi en pleine page, au milieu d'une ligne, sans voir la lacune.

Le manuscrit 2327 dérive d'un manuscrit antérieur à la destruction de
ces feuillets et, par conséquent, à celui de Saint-Marc, tel que nous le possédons aujourd'hui. Il renferme en outre une autre page de plus, ainsi qu'il
a été dit (2°); page répondant peut-être à l'omission d'une page existant
dans un manuscrit antérieur à celui de Saint-Marc.

Mais cette explication ne suffit pas pour rendre un compte complet de
l'état présent des textes; attendu qu'il a disparu, en outre, les traités d'Héraclius et de Justinien, signalés par la vieille liste, et dont le manuscrit 2327,
pas plus que le manuscrit de Saint-Marc, n'offre aucune trace. Le prototype
du manuscrit 2327 devait donc appartenir, soit à une souche distincte de
celle qui répondrait à la vieille liste de Saint-Marc, et ne contenant pas le
cahier qui renfermait les traités d'Héraclius et de Justinien; soit à un dérivé
intermédiaire, tiré de la même souche que cette vieille liste, quoique déjà privé
de ce cahier, mais renfermant en plus, par rapport au manuscrit de Saint-
Marc actuel, la fin de Stephanus et les traités de Comarius et de Cléopâtre.

Ce n'est pas tout : la finale du manuscrit 2325, le passage intercalaire
signalé dans le manuscrit 2327, la confusion dans le texte du manuscrit
de Saint-Marc concernant les relations des métaux et des planètes, texte
resté intact dans le manuscrit 2327, la finale du manuscrit de Saint-Marc,
ainsi que la finale du manuscrit 2329 et celle du manuscrit de Leide, Voss.
n° 47, semblent indiquer que les manuscrits de Stéphanus ont éprouvé autrefois dans leurs derniers feuillets de grandes perturbations.

Enfin, il a subsisté, en dehors de ces divers manuscrits, des fragments des
traités de Justinien, tel que celui contenu dans le manuscrit de Leide,
Voss. n° 47, qui sera reproduit tout à l'heure. Il ne me paraît pas opportun

de développer en ce moment les hypothèses subsidiaires qui rendraient compte de tous ces détails.

III. — *Diverses lacunes et transpositions du manuscrit de Saint-Marc.*

Voici diverses autres comparaisons que j'ai eu occasion de faire et qui peuvent également être utiles, pour rapprocher les textes et en établir la filiation :

1° Je rappellerai qu'un ancien relieur du manuscrit de Saint-Marc a interposé après le folio 103 (traité de Chrétien sur l'eau divine) les folios 104 à 118; le texte du folio 119 faisant en effet suite au folio 103. Ceci peut servir à distinguer les copies faites sur ce manuscrit, après la reliure en question.

2° Dans les folios 104 à 118 règne une grande confusion. Les articles (42, 43, 44 de l'ancienne liste, sur la trempe du fer, sont coupés en deux, au début et à la fin du cahier, et les articles sur l'asèm, le mercure et le cinabre, qui les suivaient dans l'ancienne liste 45, se trouvent interposés.

3° Les traités de Cléopâtre et du Chrétien (46) et 47 sont intervertis, et le dernier auteur est coupé en deux; enfin les traités sur la fabrication du verre, de la bière, etc., ont été ajoutés. Il semble que ces modifications résultent d'un certain trouble, survenu à un moment donné dans les feuillets du manuscrit type, qui répondait à la vieille liste de Saint-Marc.

4° Le texte d'Agatharchide est brusquement interrompu à la fin du folio 140, comme si un ou plusieurs feuillets avaient disparu. — Cette lacune est corrélative de la suivante.

5° Les mémoires de Zosime, annoncés dans la vieille liste de Saint-Marc (n° 34, ne figurent plus parmi les titres du manuscrit actuel. Cependant ils y existent réellement. En effet, le titre et les premières lignes seules, lesquels sont transcrits dans le manuscrit 2327 (fol. 112), ont disparu dans celui de Saint-Marc. Mais le texte transcrit au folio 141 est resté. Car le manuscrit de Saint-Marc débute à la 3e ligne du folio 112 verso du manuscrit 2327 et poursuit de même jusqu'au folio 159, répondant au folio 133 verso du manuscrit 2327. — Il manque donc à cette place, je le répète, dans le manuscrit de Saint-Marc un ou plusieurs folios entiers, disparus avant l'époque où la pagination actuelle a été numérotée.

6° Les articles d'Agatharchide ne débutent pas au commencement d'une page, mais à la 4ᵉ ligne du folio 138 recto. Or les trois premières lignes appartiennent à la suite d'un article « sur le jaunissement » Saint-Marc, fol. 137 verso, article qui ne comprend que 14 lignes, dont 11 sur le folio 137 verso : les 3 dernières forment le commencement du folio 138 verso.

Ce dernier article occupe deux feuillets de plus dans le manuscrit 2327 fol. 110 à 112 : il se trouve donc mutilé par un arrêt brusque dans le manuscrit de Saint-Marc, et sans que le copiste s'en soit aperçu, puisque le copiste a entamé un autre article, ayant son titre spécial. Il semble que cette solution de continuité répondait, dans un manuscrit antérieur à celui de Saint-Marc, à une fin de cahier ou de folio, dont la suite aurait disparu : tandis que cette suite s'est conservée dans un manuscrit prototype du manuscrit 2327.

7° Les articles d'Agatharchide d'ailleurs semblent réellement une intercalation faite dans le manuscrit primitif ; car l'article du jaunissement dans le manuscrit 2327 est suivi précisément par les Mémoires authentiques de Zosime, comme dans le manuscrit de Saint-Marc : à cela près que le titre et les cinq premières lignes manquent dans le manuscrit de Saint-Marc.

8° Au folio 115 recto, du manuscrit de Saint-Marc se trouve un titre : Περὶ φώτων sur les feux), suivi d'une seule ligne : Ἐλαφρὰ φῶτα πᾶσαν τὴν τέχνην ἐπιφέρει. « Tout l'art consiste dans un feu léger ». C'est tout ce qui reste à cette place d'un traité qui existe *in extenso* dans le manuscrit 2327, folio 264 recto : la ligne précédente s'y retrouve, dans les 9ᵉ et 10ᵉ lignes qui suivent le titre. Il y a encore là l'indice d'un ancien résumé, ou d'une mutilation, faite sur un prototype qui s'est conservé dans le manuscrit 2327, et dont le manuscrit de Saint-Marc n'a gardé qu'une trace.

Toutes ces lacunes et ces défauts de soudure sont, je le répète, utiles pour constater l'histoire des manuscrits.

Signalons encore quelques additions faites, à diverses époques, sur des pages ou demi-pages blanches du manuscrit de Saint-Marc ; additions dont la reproduction dans les autres manuscrits peut servir à attester qu'ils dérivent, directement ou indirectement, de ce manuscrit type. Tels sont :

9° Le Labyrinthe de Salomon, avec ses 24 vers (v. *Texte grec* I, xx), ajouté, vers le xivᵉ ou xvᵉ siècle, sur une page blanche, dont le recto porte divers petitsarticles de l'ancienne écriture : le tout intercalé au milieu d'un traité du Chrétien. On ne comprend pas bien pourquoi ce verso avait été laissé en blanc à l'origine.

10° L'article sur la tutie, au folio 188 recto : écriture du xv° ou xvi° siècle.

11° La fabrication de l'argent, texte ajouté au bas du folio 194 verso : écriture du xv° siècle.

12° Diverses additions initiales : traité de Nicéphore sur les songes, par ordre alphabétique ; cercles astrologiques, etc., sur les feuilles de garde (1) et les marges.

13° Je signalerai encore les additions sur les scories et la formule de l'Ecrevisse, en écriture du xv° siècle, sur la première feuille de garde (v. p. 152).

14° Une addition du xv° siècle, ayant pour titre : Διάγραμμα τῆς μεγάλης ἱερουργίας, au folio 62 recto.

15° L'étude comparative des figures tracées dans les divers manuscrits fournit aussi des renseignements très intéressants pour l'histoire des sciences, comme pour la filiation des manuscrits. A ce dernier point de vue, je signalerai, par exemple, un petit alambic, figuré en marge du traité de Synésius, dans le manuscrit 2325 (fol. 23 verso), et dans le manuscrit 2327 (fol. 33 verso) ; tandis qu'il manque dans le manuscrit de Saint-Marc, à la même place (fol. 74 recto).

Les figures de la Chrysopée de Cléopâtre, celles des appareils à distillation et des appareils à digestion dans les divers manuscrits donnent aussi lieu à une discussion très importante : je l'ai développée plus haut dans un article spécial.

IV. — *Manuscrits de l'Escurial.*

Il existe à l'Escurial deux manuscrits alchimiques qui soulèvent des questions intéressantes. Ces manuscrits, les seuls sur cette matière qui aient survécu à un incendie de la Bibliothèque survenu en 1671, proviennent de la Bibliothèque de Hurtado de Mendoza ; ils ont été copiés au xvi° siècle. Ils ont été visités en 1843 par Emm. Miller, qui a publié un catalogue de leur contenu.

---

(1) Une partie de celles-ci sont palimpsestes, la vieille écriture ayant été grattée.

L'un d'eux, Φ-I-11 (Miller, p. 146), reproduit les titres et l'ordre du manuscrit 2327 de la Bibliothèque de Paris, même dans les additions intercalaires faites après coup (1); il les reproduit avec une telle fidélité que je ne doute pas qu'il n'ait été copié directement sur ce manuscrit.

L'autre mérite un examen plus approfondi; car on a supposé qu'il contenait les traités perdus de Justinien et d'Héraclius. Miller, dans son ouvrage sur les manuscrits grecs de l'Escurial, page 416, le désigne, d'après le catalogue officiel, par les signes Ψ-I-13. Il s'exprime ainsi.

« Voici le détail de tous les ouvrages contenus dans le manuscrit :

1. Traité d'Étienne d'Alexandrie sur l'art de faire de l'or.

2. De la chimie, adressé par l'empereur Héraclius à Modeste d'Hagiopolis.

3. De la fabrication de l'or, par l'empereur Héraclius.

4. Σύλλογος sur ceux qui cherchent la pierre philosophale, par l'empereur Héraclius.

5. Lettre de l'empereur Justinien sur l'alchimie.

6. De l'art divin, par Justinien.

7. Διάλεξις, adressée aux philosophes par l'empereur Justinien.

8. Sur la fabrication de l'or, par Comarius.

9. Dialogue des philosophes et de Cléopâtre.

10. Poème d'Héliodore sur l'art sacré.

11. Vers iambiques de Théophraste sur l'art sacré.

| 12. | dº | Hiérothée | dº |
| 13. | dº | Archélaüs | dº |

14. Pélagius sur la Chrysopée.

15. Ostanès à Pétasius sur l'art sacré.

16. Démocrite *de porphyrâ*, etc.

17. Démocrite, περὶ ἀσήμου ποιήσεως.

18. Scholies de Synésius sur la physique de Démocrite, à Dioscorus.

19. De l'eau sacrée, par un anonyme.

---

(1) Par exemple, l'article de Zosime sur l'asbestos, intercalé entre la lettre de Psellus et le traité de Cléopâtre sur les poids et mesures, dans des feuilles originairement blanches du manuscrit 2327.

20. De la Chrysopée, par un anonyme.

21. Zosime, περὶ ἀρετῆς. κ. τ. λ.

22. Chapitre d'Agathodémon.

23. Chapitres d'Hermès. Zosime, Nilus, Africanus.

24. Zosime à Eusebia, sur l'art sacré.

25. Olympiodore sur Zosime.

26. Zosime à Théodore, vingt-cinq chapitres.

27. De la Chrysopée, par un anonyme.

28. Pappus, sur l'art sacré.

29. Moïse, περὶ διπλώσεως χρυσοῦ.

30. Chapitres d'Eugénius et d'Hiérothée.

31. Zosime, περὶ ὀργάνων καὶ καμίνων.

32. Zosime, sur l'eau sacrée.

33. Zosime, περὶ ὀργάνων καὶ καμίνων γνήσια ὑπομνήματα.

« Les articles suivants ne se trouvent pas dans le manuscrit; mais ils sont indiqués dans une table placée en tête du volume, comme existant primitivement.

34. Βαφὴ ἤτοι μεταβολὴ πυρογχάλκου πρὸς ἀσπροχάλκου.

35. Βαφὴ καὶ ποίησις τοῦ ἰνδικοῦ σιδήρου.

36. Βαφὴ πρὸς ξίφη καὶ ἐργαλεῖα λαξευτικά.

37. Περὶ ἀσήμου καὶ ὑδραργύρου καὶ κινναβάρεως ποίησις.

38. Extrait de Cléopâtre sur les mesures.

39. Περὶ εὐστακθείας τοῦ χρυσοῦ. par un philosophe chrétien.

40. De la Chrysopée, par le même.

41. Περὶ φουρμῶν καὶ τίλων ποιήσεως.

42. Περὶ διαφορᾶς μολίβδου καὶ περὶ χρυσοπετάλων.

43. Lexique pour la Chrysopée.

44. Autres chapitres de différents poètes sur la Chrysopée.

(Puis deux articles indiqués comme existant dans le manuscrit.)

45. Vers de Nicéphore sur les songes.

46. Synésius sur les songes. »

Cette liste est fort étrange, dans la forme même donnée par Miller. C'est un mélange de mots grecs, de mots latins et de mots français traduits du grec; mélange dont on ne comprend pas bien l'utilité, si les titres ont été

relevés fidèlement par Miller. Les mots traduits contiennent eux-mêmes
de singuliers contresens. Par exemple, à l'article 2, au lieu de Modeste
d'Hagiopolis. il y a dans la vieille liste grecque de Saint-Marc : Μοδέστου
ἐπάρχου τῆς ἁγίας πόλεως : Modestus, préfet de la ville sacrée, c'est-à-dire
de Constantinople.

L'article 18 porte : scholies de Synésius sur la physique de Démocrite : ces
derniers mots traduisent τὰ φυσικά. dont le sens est tout différent.

De même à l'article 44 il ne s'agit pas de « poètes », mais de chimistes
opérateurs ποιητῶν. Il semble que Miller ait copié un vieux catalogue, dû à
un auteur qui ne savait pas bien le grec, sans se donner la peine de le refaire
lui-même.

Si nous examinons la liste en elle-même, nous la trouvons, comme titres et
ordre relatif sauf légères variantes , parfaitement conforme à la vieille liste
qui se trouve en tête du manuscrit de Saint-Marc fol. 2 à 5, liste que j'ai
transcrite dans l'un des articles précédents (p. 174. Or le contenu actuel du
manuscrit de Saint-Marc ne concorde pas avec cette liste, ni comme matière,
ni comme ordre relatif.

Ces détails étant donnés, une question capitale se présente : le manuscrit
de l'Escurial renferme-t-il réellement, comme le catalogue de Miller
semblerait l'indiquer, six à huit traités qui manquent dans tous les
autres ? La question avait beaucoup d'importance pour la présente publication.

J'aurais désiré la vider en examinant moi-même le manuscrit de l'Escurial.
Mais le prêt à l'étranger, d'après ce qui m'a été répondu, est absolument
interdit aux bibliothèques espagnoles. Heureusement j'ai pu y suppléer et
résoudre complètement la question, grâce à l'obligeance de notre ambas-
sadeur, de M. de Laboulaye, et de l'un des secrétaires de l'ambassade, M. de
Loynes. Je lui ai adressé les titres exacts, en grec et en latin, des 18 premiers
articles de la vieille liste de Saint-Marc. avec prière de vérifier s'ils existaient
dans le manuscrit de l'Escurial ; et, dans ce cas, de relever la première et la
dernière ligne de chacun d'eux : enfin de rechercher dans la 9e leçon un
passage caractéristique, celui où la leçon de Stéphanus est interrompue
brusquement dans le manuscrit de Saint-Marc. sans aucun indice apparent
de solution de continuité : le manuscrit donnant à la suite la fin du dialogue

des philosophes et de Cléopâtre. Cette lacune et cette juxtaposition font suite, comme je l'ai dit plus haut (p. 182) aux mots : καὶ ἕκαστον αὐτῶν ἐν τῇ γῇ κέκρυπται ἐν τῇ ἰδίᾳ δόξῃ, et la suite débute aussitôt par : καὶ ὑμεῖς, ὦ φίλοι, ὅταν τὴν τέχνην ταύτην τὴν περικαλλῆ βούλεσθε...

M. de Loynes a eu l'obligeance de passer deux jours à l'Escurial pour faire cette vérification et cette recherche.

Il a transcrit exactement les 17 premiers articles du catalogue grec placé en tête du manuscrit Ψ-I-13, catalogue qui se trouve exactement conforme à la vieille liste de Saint-Marc, tel que je l'ai reproduit ci-dessus (p. 174) : la traduction donnée par Miller est donc incorrecte. Puis il a relevé les neuf leçons et la lettre de Stéphanus, en en transcrivant le titre, la première ligne, la dernière ligne et en indiquant le nombre des folios de chacune d'elles : le tout concorde très exactement avec le texte du manuscrit de Saint-Marc, sauf quelques variantes d'orthographe sans importance. Les 10 premiers numéros étant ainsi reconnus identiques, M. de Loynes a vérifié que les huit numéros suivants de la vieille liste (n⁰ˢ 12 à 18 de la p. 174) manquent absolument dans le manuscrit de l'Escurial. La dernière ligne de la dernière leçon de Stéphanus s'y trouve suivie immédiatement par le poème d'Héliodore, lequel forme notre numéro 19 : le titre, le premier et le dernier vers ont été relevés.

Les traités disparus dans le manuscrit de Saint-Marc n'existent donc pas davantage dans le manuscrit de l'Escurial.

Ce n'est pas tout : la lacune et la juxtaposition finales de la 9ᵉ leçon de Stéphanus se retrouvent exactement, avec les mêmes mots, dans le manuscrit de l'Escurial : ce dernier poursuit de même, sur une étendue comparable, et la 9ᵉ leçon se termine, par les mêmes mots : ἐνταῦθα γὰρ τῆς φιλοσοφίας ἡ τέχνη πεπλήρωται (1).

Il y a plus : en marge, après les mots ἰδίᾳ δόξῃ du manuscrit de l'Escurial, il existe un renvoi d'une autre écriture, postérieure au manuscrit, lequel contient les mots suivants, que M. de Loynes a eu l'obligeance de décalquer sur un papier transparent : ἐντεῦθεν ἄρχεται τὰ κομαρίου τοῦ φιλοσόφου καὶ ἀρχιερέως διδάσκοντος κλεοπάτρας : c'est-à-dire « ici commence l'écrit de Comarius, philo-

____

(1) Voir page 182.

sophe et grand prêtre, maître de Cléopâtre ». Quelqu'un des lecteurs du manuscrit s'était donc aperçu de la lacune et de la juxtaposition : probablement d'après l'autre manuscrit, copié, ainsi que je l'ai dit, d'après le 2327, où cette lacune n'existe pas.

La question de savoir si les manuscrits de l'Escurial ont une valeur originale et renferment quelque traité perdu, qui n'aurait pas subsisté ailleurs, est donc ainsi vidée. En fait, l'un de ces manuscrits est une copie du 2327 et l'autre, une copie du manuscrit de Saint-Marc.

V. — *Manuscrits alchimiques grecs du Vatican et des Bibliothèques de Rome.*

Ces manuscrits ont été en 1885 l'objet d'un examen détaillé par mon fils André Berthelot, membre de l'École française de Rome, examen consigné dans un rapport publié cette année dans les Archives des Missions scientifiques (3ᵉ série, t. XIII. p. 819 à 854 . J'en extrais les indications suivantes. Le principal manuscrit est à la bibliothèque du Vatican. Il porte le numéro 1174. Il est écrit sur papier et paraît être du xvᵉ siècle. Il comprend 155 folios, de 21 à 22 lignes à la page. 100 folios seulement appartiennent au texte original ; 18 ont été recopiés à une époque tout a fait récente. Il a beaucoup souffert et renferme de graves lacunes, dont certaines ont été comblées par Angelo Maï, au xixᵉ siècle. Plusieurs folios ont été ajoutés.

Ce manuscrit a été connu par Leo Allatius, dans son état originel et il formait probablement l'une des bases du projet non exécuté) que ce savant avait formé, relativement à la publication des manuscrits alchimiques grecs. Les traités qu'il renferme sont les mêmes que ceux des autres manuscrits, mais avec des différences très notables dans l'ordre relatif. En outre. il a été mutilé. Il y manque une partie de Zosime. de Stéphanus, des poètes, ainsi que les traités de Comarius, Pélage, Sophé, Ostanès, etc.

Il comprend :

I et III. — Les *Physica et mystica* de Démocrite, en deux fragments distincts; la teinture en pourpre (fol. 33 à 35 étant séparée du reste fol. 1 à 10 .

II et X. — Deux fragments d'Olympiodore fol. 11 à 33 et fol. 71 à 73 . Le second fragment forme le début du traité, tel qu'il existe dans le manuscrit

de Saint-Marc. Entre deux, il manque trois paragraphes (χρυσόκολλα, τίνος πρῶτος, τίνος δεύτερος).

IV. — Un traité de l'Anonyme dédié à l'empereur Théodose, sur l'œuf
(fol. 35 à 42). Le nom de de Théodose ne figure pas dans le manuscrit de
Saint-Marc.

V. — Un traité de Zosime sur les fourneaux (fol. 42 et suiv.). La fin a disparu. Il est interrompu après ces mots : « Marie a décrit beaucoup d'appareils, non destinés à la distillation des eaux; mais elle a donné beaucoup de
figures de kérotakis et d'appareils de fourneaux (1). »

VI. — Un fragment intercalaire fol. 45 à 49, transcrit plus récemment.

VII et IX. — La neuvième leçon de Stephanus fol. 54 à 68, avec la même
lacune que dans le manuscrit de Saint-Marc. Le texte est à peu près conforme à celui d'Ideler, avec addition finale des mots ἐνταῦθα γὰρ τῆς φιλοσοφίας
ἡ τέχνη πεπλήρωται. La finale et la lacune (7°, p. 182) sont caractéristiques.
La fin de la lettre de Stéphanus à Théodose fol. 70, complétée de la main
d'Angelo Maï, forme le IX.

VIII. — Le poème d'Héliodore: 49 vers seulement (fol. 69).

XI. — Le traité de l'Anonyme : sur l'eau du blanchiment (fol 73 à 75).

XII. — Autre traité de l'Anonyme (fol. 75 et suiv.), incomplet.

XIII. — Synésius (fol. 79 à 91.)

XIV. — Le lexique (fol. 91 à 93), jusqu'à la lettre K.

— Puis vient une lacune (fol. 94 à 101.

XV. — Petits traités techniques fol. 102 à 112).

— Les folios 120 à 126 sont en blanc. — Le texte reprend aux folios 127
jusqu'à 130. — Aux folios 131 à 132, lacune. — Puis le texte recommence
(fol. 133-134).

Ces petits traités techniques existent dans les autres manuscrits connus.
J'en reproduis ici la liste, à cause de la dédicace de certains de ces traités
à Théodose, dédicace qui manque dans le manuscrit de Saint-Marc : ce qui
indique que le manuscrit 1174 du Vatican dérive directement, ou indirectement, d'une source un peu différente :

Économie du corps de la magnésie — Calcination des corps — L'ochre

---

(1) Manuscrit de Saint-Marc, folio 186, avant-dernière ligne.

— Eau de soufre — Sur les mesures, adressé au grand Empereur Théodose — Sur le soufre, adressé au même empereur — Ce qui est substance et non substance — L'art parle d'une seule teinture, adressé à Théodose — Les quatre éléments nourrissent les teintures (les sept dernières lignes de ce traité manquent) — Ensuite il existe une lacune — Puis vient la fin d'un fragment : Diversité du cuivre brûlé — Eau divine tirée de tous les liquides (avec figures, connues d'ailleurs) — Recettes diverses.

XVI. — Traité de Cléopâtre sur les poids et mesures ; incomplet (fol. 134 à 136. — Lacune (fol. 137 à 144).

XVII. — Liste des signes (fol. 145 à 146).

XVIII. — Fin du Lexique (fol. 145 à 147).

XIX. — Chapitres de Zosime à Théodore (fol. 147).

XX. — Traités techniques (fol. 148 à 150). — Chrysopée de Cléopâtre et serpent Ouroboros, muni de pattes — Lacune (fol. 151 à 152).

— Fragments (fol. 153-155).

Ces textes sont en général conformes au manuscrit de Saint-Marc, à la famille duquel ils se rattachent, quoique avec de notables différences, lesquelles indiquent une dérivation non identique, quoique parallèle. On trouvera à cet égard des détails circonstanciés dans la publication de M. André Berthelot, à laquelle je me borne à renvoyer.

VI. — *Manuscrits de Gotha ou d'Altenbourg et de Munich.*

Le manuscrit de Gotha se trouvait à l'origine à Altenbourg : de là deux noms distincts d'origine pour un même manuscrit, lesquels ont amené quelques erreurs. La liste des opuscules qu'il renferme a été publiée dans les *Beiträge zur altern Litteratur*.... (Bibliothèque de Gotha, *von Fr. Jacobs und F. A. Ukert*, Leipzig, 1835, p. 216. J'ai collationné cette liste avec soin. Le manuscrit lui-même a été examiné par mon fils André Berthelot, ainsi que celui de Munich. Il résulte de cet examen que le manuscrit de Gotha est copié purement et simplement sur celui de Munich, ainsi que les manuscrits de Weimar et de Leipzig, examinés pareillement. Celui de Munich lui-même a été copié en majeure partie sur le manuscrit de Saint-Marc.

Les deux copies de Gotha et de Munich répondent aux folios 8-195 du manuscrit de Saint-Marc. Mais le copiste a ajouté à la suite et comme compléments (fol. 204 à 215 du manuscrit de Gotha) sept morceaux qui manquent dans le manuscrit de Saint-Marc, notamment la lettre de Psellus, une partie des signes, une 2ᵉ copie d'Ostanès, la lettre de Démocrite à Leucippe le discours d'Isis à son fils, suivi par le mélange du remède blanc, et les noms des faiseurs d'or. Les morceaux nouveaux existent d'ailleurs dans le manuscrit 2327 et ils ont dû être empruntés soit à ce manuscrit, soit à un manuscrit pareil.

Grüner, vers la fin du xvıııᵉ siècle et au commencement du xıxᵉ siècle, a tiré de ce manuscrit quelques petits articles : sur la bière et l'huile aromatique (attribués à tort à Zosime); la première leçon de Stéphanus ; les serments hermétiques; sur la trempe du bronze; sur la trempe du fer; ces derniers ont été reproduits dans les *Eclogæ physicæ* de Schneider, p. 95, 96); sur la cadmie (Καθμίας πλύσις); sur la fabrication du verre. Enfin l'éditeur a copié à la suite un morceau tout différent, ayant pour titre : ὁ οἶκος ὁ περὶ συνάζων πάντα (v. manuscrit 2327, fol. 90 verso). Ces petits articles, publiés dans des dissertations inaugurales et dans des programmes universitaires, sont très difficiles à trouver. Plusieurs renferment, comme il vient d'être dit, des confusions singulières.

Les manuscrits de Vienne et de Breslau, exécutés par Cornélius de Nauplie, à la fin du xvıᵉ siècle, appartiennent à la famille du manuscrit de Venise, avec quelques différences dans l'ordre relatif des traités. Le manuscrit de la Laurentienne (Florence) est au contraire fort analogue au 2327.

VII. — *Comparaison du contenu du manuscrit de Saint-Marc, avec ceux du nᵒ 2325 et du nᵒ 2327 de la Bibliothèque nationale de Paris.*

Attachons-nous à comparer les trois manuscrits fondamentaux que nous avons surtout employés dans notre publication, savoir celui de Saint-Marc (xıᵉ siècle), le numéro 2325 (xıııᵉ siècle) et le numéro 2327 (xvᵉ siècle), de Paris. J'ai déjà donné une analyse développée du premier et du dernier de ces manuscrits, dans mes *Origines de l'Alchimie*; mais je me propose de serrer de plus près les comparaisons.

Il est facile de voir que ces manuscrits appartiennent à deux types très différents. Voici quelques-uns de leurs caractères différentiels :

1° Le manuscrit de Saint-Marc contient des traités qui manquent dans les deux autres, tels que le traité d'Ostanès (fol. 66), et les chapitres de Zosime à Théodore (fol. 179 et suiv.).

2° La liste des signes y est plus ancienne et moins étendue ; question sur laquelle je renverrai à la discussion qui a été développée dans ce volume, p. 96 et suivantes.

3° Les figures des alambics ont une forme plus ancienne, ainsi que les figures des digesteurs avec kérotakis ; ce dernier instrument ayant disparu dans les figures du manuscrit 2327 (voir la discussion que j'en ai faite p. 150 et 160).

4° La liste des opérateurs manque dans le manuscrit 2325. Dans le manuscrit de Saint-Marc, elle offre des différences très sensibles par rapport au manuscrit 2327 : parmi ces différences, je rappellerai le nom de Juliana. Il s'agit probablement de cette Juliana Anicia, pour laquelle fut faite à la fin du v⸱ siècle de notre ère une copie de Dioscoride, copie célèbre et magnifique, conservée autrefois à Constantinople avec un soin religieux et qui existe aujourd'hui à Vienne. Il semble donc que les premiers auteurs de la liste des opérateurs, inscrite dans le manuscrit de Saint-Marc, aient eu connaissance du manuscrit de Dioscoride.

5° Les articles relatifs à la trempe des métaux (fol. 104 et 118) sont plus développés dans le manuscrit de Saint-Marc que dans les manuscrits 2325 et 2327. Mais ils ne contiennent pas la mention caractéristique du bronze des portes de Sainte-Sophie (1), laquelle existe dans ces deux manuscrits.

6° Le passage d'Agatharchide sur les mines d'or existe (sauf la fin) dans le manuscrit de Saint-Marc, et il est conforme au fragment plus considérable du même auteur, conservé par Photius. Il a probablement été transcrit sur le texte même de Photius, car il n'offre que des variantes insignifiantes.

Dans le manuscrit 2325, ce passage manque.

Dans le manuscrit 2327, il a été remplacé par un résumé, qui en modifie profondément la signification.

---

(1) *Origines de l'Alchimie*, page 103.

7° La Chrysopée de Cléopâtre, avec ses figures multiples, forme une page entière du manuscrit de Saint-Marc, page que nous avons reproduite (p. 132 du présent volume). Dans les manuscrits 2325 et 2327, ce titre a disparu. Mais la figure principale, formée de trois cercles concentriques, avec ses axiomes mystiques, est à la même place ; c'est-à-dire en tête du mémoire de Zosime sur les instruments et fourneaux, avec lequel elle s'est confondue. C'est là l'indice d'une rédaction plus moderne, pour cette partie du moins, dans les 2325 et 2327. Toute cette comparaison a été développée, p. 134 à 137.

8° Au contraire, le labyrinthe de Salomon, figure cabalistique, offre une physionomie très postérieure. Il a été transcrit vers le xiv° siècle et après coup dans le manuscrit de Saint-Marc (v. p. 157). Mais il manque dans les manuscrits 2325 et 2327. L'existence simultanée dans un même manuscrit de la Chrysopée de Cléopâtre et du labyrinthe de Salomon peut être regardée comme une preuve sans réplique, propre à établir que ce manuscrit a été copié (par voie directe ou indirecte) sur celui de Saint-Marc.

9° Dans la Chrysopée de Cléopâtre, on aperçoit le serpent Ouroboros, figuré simplement, avec l'axiome central ἓν τὸ πᾶν. au-dessous des cercles concentriques. Mais ce serpent n'accompagne pas les trois cercles concentriques dans les manuscrits 2325 et 2327. En outre, dans Saint-Marc, il n'a pas de pattes. Dans le manuscrit 1174 du Vatican, on trouve aussi une figure simple du serpent, mais avec quatre pattes. Dans le manuscrit 2327, il y a deux grandes figures du serpent, avec quatre pattes, l'une avec deux anneaux, l'autre avec trois anneaux coloriés (figure 34, p. 157), sans légende intérieure, mais avec une page entière de commentaires (*Texte grec*, I, v, et I, vi), tirés en partie de Zosime et d'Olympiodore.

10° Plusieurs traités de l'Anonyme, sans dédicace dans le manuscrit de Saint-Marc, sont adressés à l'empereur Théodose dans d'autres manuscrits, tel que celui du Vatican (v. p. 192). Il y a là l'indice d'une filiation spéciale.

Le nom de Sergius, auquel sont adressés quelques traités du Philosophe Chrétien, donne lieu à des remarques analogues; car il n'existe pas dans tous les manuscrits.

11º Le manuscrit 2325 ne renferme pas les poètes ; ceux-ci devaient donc former à l'origine une collection à part.

12º Le manuscrit 2325 ne renferme aucun traité de vieil auteur important, qui ne soit dans le manuscrit de Saint-Marc.

Il contient en moins le traité d'Ostanès, les chapitres de Zosime à Théodore, le serment de Pappus, le traité de Cléopâtre (poids et mesures) et quelques autres articles ; articles qui manquent également dans le manuscrit 2327.

La liste des signes offre certaines confusions et diversités (v. pages 97 et 98 du présent volume).

Le manuscrit 2325 ne contient aucune trace des traités de Comarius.

Il contient en plus, par rapport à Saint-Marc, certains traités techniques, tel que celui de l'arabe Salmanas sur les perles, et la fabrication des émeraudes et autres pierres colorées, d'après le livre du Sanctuaire. La Chrysopée de Cosmas est ajoutée à la suite, d'une écriture plus moderne et presque effacée.

Dans le manuscrit 2325, l'ordre relatif est absolument, et du commencement à la fin, le même que celui du manuscrit 2327. Ce dernier dérive évidemment d'un type commun, mais complété par des intercalations et additions considérables.

Au contraire, l'ordre relatif est très différent entre ces deux manuscrits et le manuscrit de Saint-Marc : on y reviendra.

13º Examinons les traités qui manquent dans le manuscrit de Saint-Marc et qui existent dans le manuscrit 2327. Parlons d'abord de ceux qui portent des noms d'auteurs.

Le manuscrit 2327 débute par la lettre de Psellus adressée à Xiphilin. Dans certains manuscrits, cette lettre est adressée à Michel Cérularius ; l'identité complète des deux lettres aurait besoin d'être vérifiée.

Le traité de Comarius se trouve dans le manuscrit 2327, sous sa forme la plus complète.

Je signalerai encore :

Le traité de Jean l'archiprêtre, qui manque dans le 2325 ;

Le traité de Salmanas et celui des émeraudes, qui s'y trouvent au contraire, ainsi que la Chrysopée de Cosmas, transcrite à la suite et à une époque postérieure dans le 2325 ;

Les livres de Sophé (Chéops);

La lettre d'Isis à Horus ;

Le livre de Démocrite à Leucippe ;

Le traité d'Agathodémon sur l'oracle d'Orphée ;

La coction excellente de l'or, avec les procédés de Jamblique ;

La chimie domestique de Moïse ;

14° Enfin, parmi les articles anonymes manquant dans le manuscrit de Saint-Marc, et existant dans le manuscrit 2327, on peut citer :

La liste des faiseurs d'or (manquant dans le 2325).

Ainsi que tous les articles et traités consécutifs, tels que :

Le serpent figuré, avec commentaires ;

Le travail des quatre éléments ;

L'assemblée des philosophes ;

L'énigme alchimique, dont les vers existent cependant à l'état séparé dans une addition postérieure du manuscrit 2325 ;

La liste planétaire des métaux ;

La liste des mois ;

Le traité de la fusion de l'or.

Et diverses additions finales (voir *Origines de l'Alchimie*, p. 346).

15° La lettre d'Isis à Horus mérite d'être signalée, comme élément de classification des manuscrits, autres que celui de Saint-Marc. En effet, elle existe sous deux rédactions très différentes dans le manuscrit 2327 et dans le manuscrit 2250 (Texte grec, I, xiii et I, xiii *bis*). Il y a aussi de grandes différences entre les divers textes d'Olympiodore.

16° Au point de vue de l'ordre relatif, les parties communes de la plupart des manuscrits offrent souvent de très grandes différences. Le manuscrit 2327, en particulier, présente un essai de coordination systématique, qui fait défaut dans les parties semblables de celui de Saint-Marc. En effet, on y voit, à la suite de la lettre de Psellus, sorte de préface, des indications générales, telles que : le traité de Cléopâtre sur les poids et mesures, lequel figure au contraire au milieu du manuscrit de Saint-Marc, et qui était même placé vers la fin dans l'ancienne liste de ce dernier.

Puis viennent dans le manuscrit 2327 : les signes, lesquels sont au début du manuscrit de Saint-Marc ;

Et le lexique, qui ne se trouve que vers les deux tiers de ce dernier manuscrit (presqu'à la fin dans l'ancienne liste).

Dans le manuscrit 2327, on lit ensuite les traités de Démocrite, de Synésius et de Stéphanus, le premier étant le plus ancien, et les autres représentant des commentaires successifs de ce traité.

Tandis que dans le manuscrit de Saint-Marc, on débute par Stéphanus ; les poètes ; Pélage, qui est rejeté vers la fin du manuscrit 2327 ; Ostanès, qui y manque ; puis viennent Démocrite et Synésius : c'est-à-dire qu'il n'existe aucun ordre systématique dans ce manuscrit.

17° Les poètes, qui suivent Stéphanus dans le manuscrit de Saint-Marc, sont placés beaucoup plus loin, et avant la liste des faiseurs d'or, dans le manuscrit 2327. Leur texte offre des différences considérables, suivant les manuscrits.

18° Le serpent et Olympiodore manquent dans le manuscrit 2325.

Le dernier texte est à part dans les manuscrits qui le contiennent et il offre des variantes très notables.

19° Les traités de Zosime sur les fourneaux et appareils viennent pareillement après. Seulement, dans le manuscrit 2327, c'est une répétition de traités déjà transcrits une première fois à la suite de Stéphanus : ce qui indique que le copiste puisait à deux sources différentes (v. p. 169 sur le manuscrit Ru. 6 de Leide). Le texte de ces traités offre de grandes variantes, qui vont parfois jusqu'à des rédactions distinctes, quoique parallèles.

20° Les additions initiales et finales, faites sur les pages de garde, marges et parties blanches des manuscrits, sont très importantes pour en marquer la filiation. Je citerai : dans le manuscrit de Saint-Marc l'addition de la première feuille sur la scorie, avec paroles et signes magiques (v. p. 151), et le traité sur les songes de Nicéphore ;

Dans le manuscrit 2327, la lettre de Psellus au début, les fragments sur la colle, sur l'asbestos (1), etc., et vers la fin, le dire de Rinaldi Telanobebila (Arnaud de Villeneuve , etc... (voir *Origines de l'Alchimie*, p. 336 et 346.

Il y a encore bien d'autres différences de détail dans la distribution des

---

(1) C'est l'article : Zosime dit sur la Chaux, ajouté sur des pages blanches, entre la préface de Psellus et le traité de Cléopâtre.

traités du Chrétien et de l'Anonyme, mais moins importantes. Les remarques précédentes sont d'ailleurs assez nombreuses et minutieuses pour permettre de caractériser les filiations des manuscrits.

VIII. — *Hypothèses générales sur l'origine et la filiation des manuscrits alchimiques grecs.*

D'après l'ensemble des observations que j'ai recueillies, l'origine des manuscrits alchimiques grecs pourrait être établie avec quelque probabilité de la manière suivante :

1° Il existait en Egypte, avant l'ère chrétienne, des groupes de recettes techniques, relatives à l'orfèvrerie, à la fabrication des alliages et des métaux pour les armes et les outils, à la fabrication du verre et des émaux, à la teinture des étoffes, à la matière médicale.

L'emploi de ces recettes était accompagné par certaines formules magiques.

Le tout était transmis traditionnellement, comme secret de métier, depuis une époque fort reculée, avec le concours de signes hiéroglyphiques, destinés à servir de mementos, plutôt qu'à exposer le détail des opérations (1).

Ces signes étaient inscrits sur des stèles ; ils étaient anonymes, comme toute la science égyptienne d'alors. Il semble qu'il y avait aussi des textes écrits en démotique sur papyrus ; tels étaient le Livre du Sanctuaire, cité à plusieurs reprises, et le texte transcrit dans le papyrus V de Leide (p. 8 du présent ouvrage).

2° Vers l'ère chrétienne, on commença à écrire en grec (sur papyrus), les recettes et les formules magiques, d'une façon précise et détaillée. Une partie de ces recettes nous ont été transmises dans les écrits de Dioscoride, de Pline et de Vitruve.

Les papyrus de Leide, écrits au III° siècle, mais dont le texte est plus ancien, fournissent le détail précis et authentique de quelques-unes d'entre elles (ce volume, article I). La plupart de ces recettes sont claires, positives ; elles con-

---

(1) Voir ce que j'ai dit sur la Chrysopée de Cléopâtre et sur la formule de l'Ecrevisse, pages 137 et 153 à 155.

cernent l'imitation, parfois frauduleuse, de l'or et de l'argent, ainsi que la
fabrication de l'asèm, alliage doué de propriétés intermédiaires. Dioscoride
et le papyrus V ont conservé le nom de certains des auteurs d'alors, tels que
Phiménas (Pammenès) et Pétésis. Il existait un grand nombre de papyrus
analogues ; mais la plupart ont été détruits systématiquement par les
Romains, vers le temps de Dioclétien. Cependant il est incontestable qu'un
certain nombre de recettes relatives à l'asèm et à d'autres sujets, conservées
dans nos manuscrits actuels, offrent un caractère semblable à celui du papyrus et remontent probablement à la même époque. Le traité des émeraudes et
pierres vitrifiées, « d'après le Livre du Sanctuaire », a été reproduit sans
doute de vieux textes analogues, et il en est probablement de même du traité
des perles, qui nous est venu sous le nom de l'arabe Salmanas : c'est vraisemblablement l'auteur des derniers remaniements de ce traité technique.

3° A la même époque, c'est-à-dire vers la fin du règne des Ptolémées, il existait des écoles gréco-égyptiennes, participant dans une certaine mesure de la
science hellénique : j'ai signalé spécialement une école démocritaine, à laquelle
appartenait Bolus de Mendès : cette école mit ses écrits sous le patronage
du nom vénéré de Démocrite (*Origines de l'Alchimie*, p. 156 et suiv.). Il nous
en est parvenu un traité *Physica et mystica*, formé de trois fragments, l'un
magique, l'autre relatif à la teinture en pourpre, le dernier à la fabrication,
ou plutôt à l'imitation de l'or et de l'argent. Les recettes du dernier fragment
sont analogues à celles du papyrus de Leide ; quelques-unes même identiques. Mais, dans les écrits de cette école, les recettes positives sont associées
à des interprétations mystiques, association que l'on ne trouve pas dans les
papyrus de Leide ; quoique la magie abonde dans ces derniers.

4° L'École Démocritaine d'Égypte a créé une tradition scientifique, spécialement en alchimie ; tradition qui s'est prolongée jusqu'au vii° siècle de
notre ère, par toute une suite d'écrits originaux et de commentaires, lesquels
forment la partie principale de nos collections actuelles.

Les auteurs qui l'ont continuée au début étaient des gnostiques, des païens
et des juifs, qui ont développé de plus en plus le symbolisme mystique.

Le principal auteur venu jusqu'à nous, Zosime, semble avoir constitué
vers la fin du iii° siècle, une sorte d'encyclopédie chimique, reproduisant
spécialement les traités de Cléopâtre, sur la distillation, ceux de Marie la Juive,

26°

sur les appareils à digestion, ceux de Pamménès et de Pétésis, sur les alliages
métalliques, etc. Nous possédons près de 150 pages tirées des ouvrages de
Zosime, sous la forme d'extraits faits plus tard par des Byzantins, non sans
quelques additions ou interpolations, dues aux commentateurs.

Les écrits d'Africanus, auteur aujourd'hui perdu, seraient du même temps
que Zosime. Nous en avons quelques fragments dans nos textes alchimiques.

5° Vers la même époque que Zosime et Africanus remontent les écrits
pseudonymes attribués à Sophé (Chéops), qui rappellent un texte d'Africanus, compilé par Eusèbe (1).

Avant Zosime également, ou vers le même temps, ont été écrits les fragments attribués à Hermès, à Agathodémon, les écrits du Pseudo-Moïse, les
recettes de Jamblique, ainsi que la lettre d'Isis à Horus.

6° Entre le faux Démocrite et Zosime, semblent aussi se placer les écrits
d'Ostanès, de Pélage, de Comarius, de Jean l'Archiprêtre. Mais, sous la
forme où nous les possédons, ces écrits manquent d'authenticité. Il est difficile d'y distinguer la trame originale des interpolations successives faites
par les moines chrétiens d'Alexandrie et de Byzance.

7° C'est au même temps que remonterait la première rédaction des textes
actuels des traités techniques sur le verre, les perles artificielles, la trempe
des métaux, etc.; textes qui se rattachent à une tradition beaucoup plus
ancienne, mais qui ont été remaniés à diverses reprises, pendant le cours
des siècles.

8° Vers le temps des deux empereurs Théodose, on trouve le commentaire
de Synésius sur Démocrite, qui est l'ouvrage le plus philosophique de toute
la série, et le groupe des poètes, complété plus tard.

9° Olympiodore, auteur un peu postérieur, se rattache aussi aux commentateurs Démocritains.

10° La tradition se continue par le Philosophe Chrétien, par l'Anonyme,
et par Stéphanus, jusqu'au viie siècle de notre ère. Les traités pseudonymes
d'Héraclius et de Justinien, aujourd'hui perdus, seraient aussi de cette dernière
époque; car ils ont précédé les Arabes, qui citent fréquemment Héraclius.

---

(1) *Origines de l'Alchimie*, p. 58. Les
traités astrologiques et autres de Zoroastre, Manéthon, Pythagore, seraient
aussi du même temps.

11° Vers le vii° ou le viii° siècle de notre ère s'est constituée une première collection, qui semble avoir été formée autour du commentaire de Stéphanus, avec adjonction des auteurs de l'École Démocritaine et des premiers commentateurs. Cette collection, grossie par celle des poètes et par plusieurs autres dont j'ai donné la liste (p. 178), et reprise parmi les 53 séries de Constantin Porphyrogénète, au x° siècle, aurait servi à constituer le prototype, duquel dérivent la vieille liste de Saint-Marc et le manuscrit de Saint-Marc.

Cependant un certain nombre de mémoires d'auteurs renommés, de recettes partielles et plusieurs traités techniques n'étaient pas compris dans cette collection. Ils sont entrés plus tard dans d'autres collections, fondues avec la principale dans le manuscrit 2325, et depuis, avec des additions plus étendues, dans le manuscrit 2327.

Les traités de Cosmas et de Blemmydès sont postérieurs.

12° Je pourrais essayer d'expliquer maintenant plus en détail, comment la collection primitive, modifiée par des additions successives, a constitué plusieurs prototypes, dont le principal O) répondait au manuscrit qui a précédé la liste initiale du manuscrit de Saint-Marc.

De ce prototype a dérivé un manuscrit P, répondant à cette liste.

Mais il a perdu plus tard les cahiers qui renfermaient les traités attribués à Héraclius et à Justinien et il a formé alors un autre type Q.

C'est à cet autre type que se rattache le manuscrit 2327, quoique non directement. En effet, il a été grossi par l'adjonction de traités tirés d'un autre prototype, contenant par exemple Jean l'Archiprêtre, la lettre d'Isis, etc.;

A un certain moment, le type Q, a éprouvé une mutilation, vers la fin des leçons de Stéphanus, et il a perdu plusieurs feuillets, comprenant cette fin et le commencement du traité de Comarius. Cette mutilation n'a pas coïncidé avec la première, attendu que le manuscrit 2327 contient la fin de Stéphanus et le traité de Comarius; tandis que les traités d'Héraclius et de Justinien y manquent.

C'est plus tard qu'un copiste ignorant, ayant transcrit à la suite le manuscrit mutilé, sans s'apercevoir de la lacune, a constitué le type R, qui est celui du manuscrit actuel de Saint-Marc; une lacune analogue y a mutilé le traité du jaunissement, etc.;

Le manuscrit de Saint-Marc a perdu dans le cours des siècles un ou plusieurs folios, à la fin des fragments d'Agatharchide;

Il a eu plusieurs cahiers transposés par le relieur, cahiers qu'il a conservés d'ailleurs;

Enfin il a éprouvé diverses additions, telles que le Labyrinthe de Salomon et quelques autres, aux xv⁶ et xvi⁶ siècles. C'est ainsi qu'il nous est parvenu.

La filiation des manuscrits 2325 et 2327 est plus complexe. Rappelons d'abord que le contenu et l'ordre relatif du manuscrit 2325, le plus ancien des deux xiii⁶ siècle , se retrouve exactement dans le manuscrit 2327 xv⁶ siècle). Mais ce dernier est plus étendu et renferme un grand nombre de traités techniques ou mystiques, qui manquent dans le manuscrit de Saint-Marc et qui ont été tirés de prototypes tout différents. Aussi, quoiqu'il représente sur certains points une rédaction plus moderne que celui de Saint-Marc, il en est d'autres où il répond à des souches antérieures. Le manuscrit 2275 parait la copie directe du 2325; le manuscrit 2329, le second manuscrit de l'Escurial, le manuscrit de la Laurentienne et celui de Turin, dérivent du manuscrit 2327, ou d'une souche commune.

Les manuscrits 2250, 2251, 2252, qui appartiennent à une même copie faite au xvii⁶ siècle (1), accusent une souche distincte à certains égards des précédentes : par exemple, pour la rédaction de la lettre d'Isis à Horus. Le manuscrit du Vatican et celui de Leide, Voss. n° 47, offrent aussi d'assez grandes diversités, quoique dérivés en somme de la même souche que le manuscrit de Saint-Marc.

Sur le manuscrit de Saint-Marc, ont été copiés directement ou indirectement (2) presque tous ceux qui existent en Allemagne, d'après ce que j'ai pu savoir : tels celui de Munich, qui a servi à la publication d'Ideler, celui de Gotha, probablement ceux de Vienne et de Breslau; de même le numéro 2249 de la Bibliothèque de Paris, celui sur lequel Pizimenti a fait sa traduction latine. l'un de ceux de l'Ambroisienne, l'un de ceux de l'Escurial, etc.

---

(1) Mise au net du 2329 corrigé, pour la majeure partie.

(2) Avec certaines additions finales, ti-

rées des autres souches, telles que la lettre de Psellus, le traité de Démocrite à Leucippe, la lettre d'Isis à Horus, etc.

Pour pousser plus loin la discussion détaillée de toute cette filiation.
il serait nécessaire de faire une comparaison minutieuse de tous les manuscrits, comparaison dont je ne possède pas encore les éléments complets ;
je ne crois donc pas utile d'en dire davantage.

IX. — *Sur le manuscrit grec 2419 de la Bibliothèque nationale de Paris.*

Ce manuscrit in-folio. transcrit vers 1460 par Georges Midiates fol. 288 ,
est des plus précieux pour l'histoire de l'Astronomie, de l'Astrologie, de
l'Alchimie et de la Magie au moyen âge ; c'est une réunion indigeste de documents de dates diverses et parfois fort anciens. depuis l'Almageste de Ptolémée et les auteurs arabes jusqu'aux écrivains de la fin du moyen âge. L'écriture en est souvent difficile à déchiffrer. La table des matières de ce manuscrit a été imprimée dans le Catalogue de ceux de la Bibliothèque nationale
de Paris. Aussi je me bornerai à relever les morceaux et traités qui offrent
quelque intérêt pour les études auxquelles le présent volume est consacré.

Au folio 1 se trouve une grande figure astrologique du corps humain, dessinée avec soin. placée au milieu de deux cercles concentriques, avec indication de la relation entre ses parties et les signes du Zodiaque. Cette figure
répondant à des textes d'Olympiodore [1] et de Stéphanus, je crois utile
d'en donner la description.

En haut : le Bélier. Puis se trouvent deux séries parallèles, l'une à droite.
l'autre à gauche.

A droite :	A gauche :
Le Taureau commande le cou.	Les Gémeaux commandent les épaules.
L'Ecrevisse.......... la poitrine.	Le Lion............... le cœur.
La Vierge.......... l'estomac et	La Balance............ les deux fes-
le ventre.	ses.
Le Scorpion......... les parties	Le Sagittaire.......... les deux cuis
génitales.	ses.
Le Capricorne....... les genoux.	Le Verseau........... les jambes.

Au bas, les Poissons commandent les pieds.

---

[1] *Texte grec.* p. 101 et 106.

On peut voir un texte analogue dans la *Bibl. Chem.* de Manget, I, 917.

Au folio 32, on rencontre le cercle de Pétosiris, pour prévoir l'issue des maladies; cercle dont j'ai donné (p. 88) la photogravure et la description.

Au folio 33, on lit deux tableaux horizontaux analogues, que j'ai également décrits, à cause de leur similitude avec le tableau d'Hermès du manuscrit 2327 (p. 87) et avec la sphère de Démocrite du papyrus de Leide (p. 86).

Ils accompagnent des traités de l'astrologue Pythagoras et divers calculs pour connaître le vainqueur d'un combat singulier.

Au folio 46 verso, on rencontre la liste des relations entre les planètes et les métaux et autres corps subordonnés à ces astres. Cette liste est la même qui figure dans plusieurs manuscrits alchimiques ; les noms en sont également grecs ; quelques-uns sont transcrits en caractères hébraïques. La liste fait partie d'un traité d'Albumazar, astronome arabe du ixᵉ siècle (800 à 885) de notre ère (v. p. 79 du présent volume et *Texte grec*, p. 24, notes). J'y relève deux indications caractéristiques.

Le signe de la planète Hermès comprend parmi les corps dérivés, vers la fin de son paragraphe, le nom du mercure, ὑδράργυρος, et à la suite les mots : οἱ δὲ πέρσαι κασσίτερον : « les Persans rangent sous ce signe l'étain ».

Le signe de Jupiter comprend l'étain et à la suite les mots : οἱ δὲ πέρσαι οὐχ οὕτως, ἀλλὰ διάργυρος. «Les Persans ne l'entendent pas ainsi, mais rangent sous ce signe le métal argentin» c'est-à-dire l'asèm ou électrum. Ceci est conforme à ce qui a été dit ailleurs sur les changements successifs des notations métalliques et planétaires (pages 81 à 85).

A la suite vient une liste des animaux répondant à chaque planète.

Au folio 86 verso : sur les sorts royaux, traité attribué à Nécepso.

Au folio 99-100 : figures de comètes.

Au folio 119 : traité divinatoire de Zoroastre.

Au folio 153 : tableau des mesures antiques.

Au folio 154 : tableau des signes et abréviations. Ils sont semblables en général à ceux de la fin de la liste du manuscrit 2327, sauf un petit nombre de différences : par exemple, pour les mots ange et démon (voir p. 100); mais l'ordre n'est pas le même.

Puis vient un ouvrage de Bothrus, qui s'intitule roi de Perse; c'est un astrologue, inconnu d'ailleurs.

Au folio 156 : autre cercle médical de Pétosiris, dont j'ai donné la photogravure et la description (p. 90).

Au folio 265 verso : liste des plantes qui répondent aux 12 signes du Zodiaque, d'après Hermès Trismégiste.

Au folio 271 verso et au folio 272 : préparations chimiques.

Au folio 273 : mots magiques, analogues à ceux qui figurent dans Jamblique. dans les papyrus de Leide, au-dessus de la formule de l'Ecrevisse dans le manuscrit de Saint-Marc (p. 153), etc.; sans qu'aucun m'ait paru identique, à première vue du moins.

Au folio 274 : une page renfermant un grand nombre d'alphabets magiques. lesquels ne sont autres que des alphabets grecs altérés (v. p. 156, analogues à ceux du manuscrit de Saint-Marc. Dix-sept de ces alphabets figurent au recto, cinq au verso. La traduction existe à l'encre rouge, presque effacée, dans les intervalles des lignes.

Au folio 274 verso : liste des signes, en 4 lignes, sans traduction, sauf pour quelques mots tels que ceux-ci : cœur et foie. Cette liste se retrouve exactement transcrite, vers la fin de celles du manuscrit 2327, Pl. VI, l. 20 à 25. jusqu'à ἀλέη (v. p. 100).

Au folio 279 commence un ouvrage considérable intitulé : « la voie droite vers l'art de l'Alchimie, par le grand maître Pierre Théoctonicos.

Cet ouvrage se poursuit jusqu'au folio 287 verso, où la fin est indiquée à l'encre rouge. « Voici la fin de la route pure du frère Ampertos Théoctonicos, le grand philosophe de l'Alchimie, transcrite par Georges Midiates. »

Ce traité va être décrit tout à l'heure plus en détail.

Au folio 288 : suite de préparations chimiques. Figure d'un entonnoir à filtration et d'une fiole à fond rond.

Aux folios 319 à 341 : lexique étendu, donnant l'interprétation des noms des opérations, substances, plantes, maladies. Ce lexique renferme un certain nombre de mots arabes. Il y a beaucoup de noms chimiques.

Revenons maintenant à l'ouvrage manuscrit de Théoctonicos, personnage qui a donné lieu à diverses discussions de la part d'Hœfer, lequel lui attribue le prénom de Jacob, et de la part de H. Kopp. L'examen direct de son traité m'a paru utile pour éclaircir la question. Elle n'est pas sans intérêt; car c'est un des rares auteurs de quelque importance, cités dans les histoires de la chimie et sur lesquels nous ne possédions pas encore de lumière suffisante.

Le titre exact de l'ouvrage est le suivant :

Ἀρχὴ τῆς εὐθείας ὁδοῦ τοῦ μεγάλου διδασκάλου Πέτρου τοῦ Θεοκτονίκου πρὸς τὴν τέχνην τῆς ἀρχημίας, titre déjà traduit plus haut; et au bas de la page : ἐγὼ ὁ Πέτρος Θεοκτόνικος τῶν φιλοσόφων ὁ ἐλάχιστος. ; c'est-à-dire :

« Moi Pierre Théoctonicos, le moindre des philosophes. »

A la fin du traité, il est désigné sous le nom de τοῦ ἀδελφοῦ Ἀμπέρτου τοῦ Θεοκτονίκου.

La dernière forme rappelle le latin *Albertus Teutonicus*, personnage identifié en général par les vieux auteurs avec Albert le Grand et sous le nom duquel il existe un ouvrage latin d'Alchimie, désigné parfois par les mots : *Semita recta.*

Cet ouvrage latin se trouve au tome XXI des œuvres d'Albert le Grand, qui est regardé ici comme un pseudonyme, et il est imprimé dans le tome II du *Theatrum Chemicum.* Les deux textes latins concordent très exactement, comme je l'ai vérifié. L'ouvrage est écrit avec assez de sincérité ; il date du xiiie ou xive siècle. Les articles techniques qui le terminent sont complétés par des additions faites par quelques copistes plus modernes, d'après Geber, Razès, Roger Bacon, maître Joi (*sic,* pour Jean ?) de Meun, expressément nommés. Il semble même en certains endroits qu'il y ait deux étages d'additions.

Or le traité de Théoctonicos est une traduction grecque du traité attribué à Albert le Grand, traduction antérieure aux textes latins imprimés que je viens de citer, et qui renferme certaines indications spéciales et différentes ; mais qui, par contre, ne contient pas les additions. C'est ce qui résulte de l'examen détaillé auquel je me suis livré.

En effet, j'ai d'abord constaté la conformité générale du texte latin et du texte grec, en les comparant ligne par ligne jusqu'à la fin.

Je me bornerai à la citation suivante, qui est caractéristique. Dans le grec :

Εὗρον πάλιν ὑπερέχοντας μονάχους καὶ πρεσβυτέρους καὶ κανονικοὺς, κληρικοὺς, φιλοσόφους καὶ γραμματεῖς. Dans le latin :

Inveni autem prœdivites litteratos, abbates, prœpositos, canonicos, physicos et illiteratos, etc.

C'est-à-dire (d'après le grec):

« J'ai trouvé des moines éminents, des prêtres, des chanoines, des clercs, des philosophes et des grammairiens. »

Le texte grec est plus ferme que le texte latin ; cependant il est difficile de refuser d'admettre que la phrase précédente ait été traduite du latin.

A la page suivante, folio 279 verso, on retrouve pareillement dans les deux langues la phraséologie ordinaire des alchimistes :

« Voulant écrire pour mes amis, de façon que ceux qui voient ne voient pas, et que ceux qui entendent ne comprennent pas, je vous conjure, au nom de Dieu, de tenir ce livre caché aux ignorants. »

Le texte grec est plus développé que le latin dans le passage suivant (même page) :

« J'ai écrit moi-même ce livre, tiré des livres de tous les philosophes de la science présente, tels que Hermès, Avicenne, Rhazès, Platon et les autres philosophes, Dorothée, Origène, Geber (?), beaucoup d'autres, et chacun a montré sa science ; ainsi que Aristote, Hermès (1) et Avicenne. » Cette suite de noms propres et d'autorités manquent dans le latin.

Le traité poursuit pareillement, en expliquant dans les deux langues qu'il faut réduire les métaux à leur matière première.

Puis commence un autre chapitre, qui débute par ces mots singuliers (fol. 280), en grec : Ἀρχημία ἔστιν πρᾶγμα παρὰ τῶν ἀρχαίων εὑρισκομένην, χημία δὲ λέγεται ῥωμαϊστή, φραγγικὰ δὲ μᾶζα (sic).

« L'Alchimie est une chose découverte par les anciens : on l'appelle Chimie en romaïque, Maza en langue franque. »

Dans le texte latin on lit, dans les deux publications citées : « *Alchimia est ars ab Alchimo inventa et dicitur ab archymo græcè, quod est massa latinè.* »

« L'Alchimie est un art découvert par Alchimus ; c'est d'après le mot grec *archymus* qu'elle a été nommée, mot qui signifie *massa* en latin. »

Cette phrase étrange se trouve aussi dans le *Liber trium verborum Kalid* (*Bibliotheca Chemica* de Manget, t. II, p. 189) : « *Alchimia ab Alchimo inventa. Chimia autem græcè, massa dicitur latinè.* »

Pic de la Mirandole, au XVIᵉ siècle, cite aussi cet Alchimus, en répudiant

---

(1) Figuré par le symbole de la planète Mercure.

l'étymologie précédente. Il y a là sans doute quelque réminiscence de l'ancien Chymès(1). Quant au mot μᾶζα ou *massa*, il existe comme synonyme de la Chimie dans le *Lexicón Alchemiæ Rulandi* (au mot *Kymus*).

Le latin explique ensuite que les métaux diffèrent seulement par une forme accidentelle et non essentielle, dont on peut les dépouiller :

Formá accidentali tantum, nec essentiali : ergo possibilis est spoliatio accidentum in metallis. Mais le grec est ici plus vague.

Au contraire, le grec développe davantage la génération des métaux et parle de la terre vierge (2), comme l'ancien Hermès : διὰ γῆς παρθένου καὶ σποδῆς ; ce que le latin traduit simplement par *terra munda*, la terre pure.

Les deux textes se suivent ainsi parallèlement, avec des variantes considérables et des développements inégaux. Puis viennent la description des fourneaux (fol. 282), celle des quatre esprits volatils : le mercure (signe de la planète Hermès), le soufre, l'arsenic (même signe que celui de la Pl. VI. l. 26), le sel ammoniac. Le nom ancien de l'orpiment, ἀρσένικον, est changé ici en ἀρσιπήγματον : ce qui est une transcription littérale du latin *auri pigmentum*, transcription montrant par une nouvelle preuve que le texte original a été écrit en latin. Divers sels, le tartre, le vert-de-gris, le cinabre, la céruse, le minium figurent ici.

Puis viennent les opérations, dont la description fournit des équivalences intéressantes entre les mots grecs du xive siècle et les mots latins ; équivalences dont plusieurs sont distinctes des anciennes expressions contenues dans les premiers alchimistes.

Par exemple (fol. 285).

ῥίνισμα, qui voulait dire à l'origine limaille, est traduit par *sublimatio*. — Il y a ici l'idée de l'atténuation extrême de la matière, exprimée plus tard par le mot alcoolisation, qui voulait dire réduction à l'état de poudre impalpable.

Ἀσβέστωμα. — *Calcinatio*. — Ce mot nouveau a remplacé l'ancien ἕωσις ; et le mot ἄσβεστος, ou *calx* (chaux métallique), s'est substitué à ἰός.

Πῆγμα. — *Coagulatio*. — Solidification d'un corps liquide.

Πῆξις. — *Fixio*. — Fixation d'un corps volatil.

Ἀνάλυμα. — *Solutio*. — Dissolution.

---

(1) *Origines de l'Alchimie*, p. 167. | (2) *Origines de l'Alchimie*, p. 63.

Στάλαγμα. — *Sublimatio.* — C'est la distillation, opérée par vaporisation,
ou par filtration.

Κήρωμα. — *Ceratio.* — Ramollissement.

Ἕψησις. — *Decoctio.* — Cuisson, emploi de fondants.

Les deux textes se suivent jusqu'au bout.

Ainsi le traité de Théoctonicos n'est autre chose que la traduction grecque
de l'ouvrage latin d'Alchimie attribué à Albert le Grand. Ce fait de la traduction en grec d'un ouvrage latin, au moyen âge, est exceptionnel.
Peut-être s'explique-t-il par l'époque même où il s'est produit, qui est celle
du contact forcé établi entre les Grecs et les Latins, par suite des croisades
et de l'occupation de Constantinople.

On trouve d'ailleurs des textes grecs de la même époque, inspirés également des Arabes, parmi les manuscrits du Vatican, tels que le n° 914 (Recettes
pour écrire en lettres d'or, etc.); le n° 1134, daté de 1378, sur le τίτανος. l'ἔλε-
ξιρ, l'arsenic, le sel ammoniac, les aluns, la cadmie, etc. (1).

Je rappellerai encore la page d'Arnaud de Villeneuve, traduite en grec,
qui se trouve ajoutée à la fin du manuscrit 2327 de Paris (fol. 291).

X. — *Manuscrits alchimiques de Leide.*

Il existe à Leide des manuscrits alchimiques grecs, signalés par divers
auteurs et dont il m'a paru utile de prendre une connaissance plus approfondie. Mon fils, André Berthelot, déjà préparé par l'examen des manuscrits du Vatican, et des bibliothèques allemandes (p. 191 et 193), s'est chargé
de ce travail. Je vais en donner le résumé.

Il y a deux manuscrits alchimiques grecs de quelque importance à Leide,
l'un intitulé : *Codex Vossianus Græcus,* n° 47, in-4°, 72 folios, très mal écrit,
daté de 1440 ; l'autre provenant des livres de Ruhnkenius, savant helléniste
du dernier siècle, inscrit sous la rubrique XXIII, Ru. 6, in-4°, 30 folios ; sur
papier, écrit au xvii° siècle. J'appellerai pour abréger le premier : Voss. et le
second : Ru.

---

(1) Rapport sur les manuscrits alchimiques de Rome, par A. Berthelot,
dans les Archives des missions scientifiques, 3e s., t. XIII, p. 835 et suiv.

Ces manuscrits sont tous deux intéressants : le premier, Voss., parce qu'il renferme quelques fragments qui n'existent pas ailleurs ; le second, Ru., en raison de certaines de ses figures, qui établissent complètement le passage entre les appareils des vieux manuscrits et l'aludel des Arabes. Je les ai données plus haut, avec commentaires (p. 167 à 173).

Codex Ru. 6. Quant au texte même, le Ru. paraît, d'après une collation rapide mais précise, ne rien renfermer qui ne soit déjà contenu dans le manuscrit 2327 et plus spécialement dans celui de la Laurentienne. Il représente d'ailleurs, non les textes mêmes, mais surtout une table des matières, suivie de quelques extraits. Il paraît donc inutile d'entrer ici dans plus de détails.

Disons seulement que dans ce manuscrit le texte alchimique proprement dit comprend 20 folios, dont les quatre derniers consacrés au traité de Psellus. Puis vient un traité mutilé sur la musique (fol. 23-24) et un traité sur les oiseaux (fol. 25-29), déjà édité dans *Rei Accipitrariæ Scriptores*, pages 243 à 255 (sauf que l'ordre des chapitres diffère). — Les signes du manuscrit 2327, c'est-à-dire nos planches IV, V, VI, VII et VIII (v. page 168) figurent textuellement dans Ru. ; ce qui établit la filiation.

Codex Vossianus. Ce manuscrit mérite une attention spéciale ; car il se distingue à certains égards de tous les autres manuscrits alchimiques connus. Les textes chimiques commencent (fol. 4-11) par un abrégé des leçons de Stéphanus, se terminant par les mots : μετὰ τὸ ἐκ κάτω καὶ γέλεσαν ; mots qui répondent à la fin des mêmes leçons dans le manuscrit 2325 (sauf γενήσεται au lieu de γέλεσαν). Cette circonstance joue un rôle essentiel dans la classification des manuscrits (v. p. 179 à 181). Puis vient une feuille blanche, suivie des mots : ἐκ τοῦ διαλόγου Κλεοπάτρας οὗ ἡ ἀρχὴ λείπει. La phrase du début : Ἡ πλάνη ἐσπάρη ἐν τῷ κόσμῳ διὰ τὸ πλῆθος τῶν ἐπωνύμων, se trouve dans la 9ᵉ leçon de Stéphanus, imprimée par Ideler (t. II, p. 247, l. 25). Cette phrase y est séparée du mot γέλεσαν par deux lignes de texte, supprimées dans Voss.

Rappelons que j'ai établi plus haut (p. 192), comment la fin de la 9ᵉ leçon de Stéphanus et le milieu du Dialogue de Cléopâtre ont été confondus et mis bout à bout dans le manuscrit de Saint-Marc, ainsi que dans le texte d'Ideler, par suite d'une erreur fort ancienne des copistes. La même confusion a lieu dans le Voss. ; à cela près qu'il y manque les dix lignes (14 à 24) de la page

248 d'Ideler, depuis le mot προσεγγίσαι qui y marque le début du fragment du Dialogue, jusqu'aux mots θανατώσηται. βλέπετε τὸ θεῖον ὕδωρ τὸ ποτίζον αὐτὰ καὶ τὴν νεφέλην, lesquels font en effet partie du Dialogue de Cléopâtre, dans le manuscrit 2327. — Dans Ideler, on les retrouve à la ligne 23 de la page 248.

Tout ceci indique une confusion analogue, mais qui n'est pas identique dans les diverses copies. La dernière ligne du Dialogue dans le Voss. est la même que celle d'Ideler.

Au folio 24 sont les extraits des poètes ; puis ceux de Pélage (fol. 14-17), d'Ostanès (fol. 17), de Synésius : ce dernier déjà reproduit par Reuvens (lettre à M. Letronne). La plupart de ces extraits ont un caractère technique très manifeste. L'auteur abrège ou supprime la phraséologie mystique, conservant au contraire *in extenso* les recettes proprement dites.

Puis vient Démocrite (*Physica et Mystica*), l'Anonyme, Zosime, sur la vertu (extrait, fol. 31 verso), et une série de petits écrits sur l'ἄσβεστος et autres, qui se trouvent au long dans le manuscrit de Venise. Le tout se poursuit dans le Voss. sans rien de spécial, jusqu'au folio 49, περὶ ὀργάνων, de Zosime. — On rencontre alors la Chrysopée de Cléopâtre et des figures pareilles à celles du manuscrit de Venise.

La similitude des figures est si grande que l'on ne saurait douter d'une origine commune ; le Voss. reproduit en effet (fol. 49 verso) la Chrysopée (notre fig. 11), avec ces mots en face : ὅτι ἀπὸ ἀσπιλάττου χαλκοῦ ἰός.

Et plus bas : Ἔχει δὲ οὗτος βῆλος, ὕελος, σωλήν :

Puis (fol. 50 verso) les deux figures de dibicos (nos fig. 14 et 14 *bis*) ; au folio 51 recto, les mots ἑξῆς τὸ τρίβηκον ὑπόγραφε, et au bas de la page : οἱ δὲ τύποι οὕτως ; puis les mots ἔστιν ἀρχή, et la figure en cœur (notre fig. 31) ;

Au folio 51 verso, la figure du tribicos (notre fig. 15) et celle de l'appareil distillatoire (notre fig. 16).

Au folio 52 recto, en face : ἕτερον ποίησις καὶ ἕτερον ἄρσις.

Au folio 52 verso : les kérotakis (nos fig. 22 et 24).

Au folio 53 recto : la palette (notre fig. 24 *bis*).

Au folio 53 verso : les deux appareils à digestion (nos fig. 20 et 21).

Au folio 55 verso : les trois autres figures de kérotakis, ajoutées sur les marges du manuscrit de Saint-Marc (nos fig. 25, 26 et 27), avec les mots : ἐπὰν ἔχει τὸ ὀστράκινον ἄγγος καλύπτον τὴν φιάλην τὴν ἐπὶ τὴν κηροτακίδα ἵνα περιβλέπῃ

Puis viennent les figures et les mots :

ἐκ οἱ ἔστι τὸ πλον (*sic ;* mots abrégés).

ἐκ τῶν ἰουδαικῶν γράφων.

Au folio 58 recto, la figure de la chaudière et du πόντος (notre fig. 18), qui n'existe dans aucun autre que celui de Saint-Marc.

Aux folios 54 et 55, on lit quelques petits morceaux, d'un caractère spécial, qui débutent ainsi :

τὰ τὴν ἀπὸ τοῦ χρυσορρόου ποταμοῦ σύμφυραν ἀφαιρέματι...

πρὸς μίξεις οὗ ποίησει φύραμα εἰς λεκάνην ὀστρακίνην...

ὡς φύραμα ἀργύρου...

Les articles qui suivent : sur les feux, le cuivre brûlé, la trempe du fer persan, et celle du fer indien, les poids et mesures (fol. 56 à 64), ne diffèrent pas du manuscrit de Venise.

La liste des signes (fol. 70 à 72) reproduisant nos figures 3, 4, 5, Pl. I, II, III, est très significative ; car c'est celle des signes du manuscrit de Saint-Marc, modifiée par des interversions, dues évidemment au copiste qui a embrouillé l'ordre des colonnes. La liste finale des noms des philosophes est exactement la même.

A la fin on lit (fol. 70) la formule de l'Ecrevisse (notre fig. 28), avec son explication et le texte qui l'accompagne, dans l'addition faite au début du manuscrit de Saint-Marc (v. p. 152 à 155). Ce dernier texte est terminé de même par les mots : « Ainsi a été accomplie, avec l'aide de Dieu, la pratique de Justinien. »

Formule et texte sont précédés par un autre morceau sur l'œuf, attribué à Justinien et que je vais reproduire, comme formant avec la phrase précédente les seuls débris qui nous restent de ces traités alchimiques de Justinien, indiqués dans la vieille liste du manuscrit de Saint-Marc (p. 176). Il semble que c'était l'œuvre pseudonyme d'un commentateur, analogue à l'Anonyme et à Stéphanus. En tout cas, l'existence de ce morceau prouve que le Voss. a dû puiser dans des sources perdues aujourd'hui. Cependant, sauf quelques petits fragments, on vient de voir que son contenu n'apporte rien d'essentiellement nouveau. Peut-être vaudra-t-il plus tard la peine d'être collationné avec le texte grec de la publication présente.

Codex Vossianus (Leide), n° 47, in-4° — fol. 69 verso :

Ὁ Ἰουστινιανὸς οὕτως κέκληται τὰ πρὸς τὸ ᾠὸν ἕκαστα.

Τὸν κρόκον ὤχραν ἀττικήν, σινωπίδην πόντιον, νίτρον ῥούσιον, χαλκίτην ὀπτήν, κυανὸν ἀρμένιον, κρόκον κιλίκιον, ἐλλέβριον.

Τὸ δὲ ὄστρακον, χαλκὸν, σίδηρον, κασσίτηρον, μόλιβδον (1), σῶμα στερεόν.

Τὴν δὲ ἄσβεστον, γῆν χίαν, ἀστερίτην, ἀφροσέληνον, κόμην ἀκάνθης, ὀπὸν συκῆς, ὀπὸν τιθυμάλου, μαγνησίαν λευκήν, ψιμμύθιον.

Τὸ δὲ ξανθὸν ὕδωρ κυανόχρωον, ὕδωρ θείου ἀπύρου, ὕδωρ ἀρσενίκου, ὕδωρ κίτριον, κογχύλην, ἀριστολοχίαν, ὕδωρ χρυσοπυρίτου, ὕδωρ φέκλης, καὶ ἄλλα ἕτερα.

Τὸ δὲ λευκὸν ὕδωρ ἐκάλεσε θεῖον ὕδωρ, ἀποκεκομμένον ὄξος, ὕδωρ στυπτηρίας, ὕδωρ ἀσβέστου, ὕδωρ σποδοῦ κράμβης, οὖρον, γάλα καινὸν θηλούζουσα, γάλα αἰγός, γάλα σποδοῦ λευκῶν ξύλων, γάλα φοινίκης, ἀργυροζώμιον, ὕδωρ νίτρου λευκόν, καὶ ἕτερα.

« Justinien met ainsi en lumière chacune des parties relatives à l'œuf (philosophique ; v. *Texte grec*, I, iii et I, iv) :

Le jaune, c'est l'ocre attique ; le vermillon du Pont ; le nitre roux ; la chalcite grillée ; le bleu d'Arménie, le safran de Cilicie, la chélidoine.

La coquille, c'est le cuivre, le fer, l'étain, le plomb, le corps solide.

La chaux, c'est la terre de Chio, la pierre scintillante, la sélénite ; la gomme d'acanthe ; le suc du figuier ; le suc du tithymale ; la magnésie blanche ; la céruse.

L'eau jaune qui teint en bleu, c'est l'eau du soufre apyre, l'eau d'arsenic, l'eau citrine, le coquillage, l'aristoloche, l'eau de la pyrite dorée, l'eau de lie, et les autres choses.

Il a appelé l'eau blanche : eau divine obtenue par écoulement, vinaigre, eau d'alun, eau de chaux, eau de cendres de choux, urine, lait nouveau produit par une femelle (?), lait de chèvre, lait de la cendre des bois blancs, lait de palmier, liqueur argentine, eau de nitre blanc, et le reste. »

XI. — *Manuscrits divers.*

Je relaterai, pour ne rien omettre, dans le manuscrit 113 de la Biblio-

---

(1) Le nom de chaque métal est suivi de son signe dans le manuscrit.

thèque du Métoque du Saint-Sépulcre, à Constantinople, un petit traité
περὶ χημικῶν, ainsi que la lettre de Psellus au patriarche Michel sur l'art
chimique : ces indications m'ont été fournies par M. J. Psichari, qui a
visité cette Bibliothèque l'an dernier.

Enfin M. Ludwig Stern a publié dans la *Zeitschrift für ægypt. Sprache*,
pages 102-119, 3ᵉ livraison, 1885, des fragments d'un Traité copte, écrit à la
fin du moyen âge et composé surtout d'une série de courts articles, qui
semblent avoir un caractère purement technique.

XII. — *Manuscrit arabe d'Ostanès.*

Il existe à la Bibliothèque Nationale de Paris un manuscrit alchimique
arabe, renfermant un Traité attribué à Ostanès (n° 972 de l'ancien fonds). Ce
manuscrit est d'une très belle écriture ; il a été transcrit au xivᵉ ou au xvᵉ siècle.
Un savant très compétent a bien voulu en traduire verbalement pour moi
quelques pages, que j'ai prises sous sa dictée, et que je vais reproduire, à titre
de renseignement :

« *Livre des Douze Chapitres d'Ostanès le Sage sur la Science de la Pierre
illustre. Introduction.* — Au nom de Dieu, etc., le sage Ostanès dit : ceci est
l'interprétation du livre du Contenant, dans lequel on trouve la science de
l'œuvre, sa composition et sa dissolution, sa synthèse et son analyse, sa distillation et sa sublimation, sa combustion et sa cuisson, sa pulvérisation et
son extraction, son grillage, son blanchiment et son noircissement, l'opération qui la rend rouge, sa fabrication avec des éléments provenant des règnes
minéral, végétal, animal, et la constitution de l'or philosophique, lequel est
le prix du monde : ainsi que l'acide et la composition du sel et le dégage-
ment de l'esprit ; la synthèse des mercures et l'analyse des soufres, et tout ce
qui se rapporte à la méthode de l'œuvre. »

Avant l'introduction, il est dit que l'ouvrage a été traduit du pehlvi, du grec,
etc, etc., et le traducteur prétendu ajoute :

« La première partie renferme : un chapitre sur la description de la pierre
philosophique et un chapitre sur la description de l'eau ; — sur les préparations ; — sur les animaux.

« La seconde partie renferme un chapitre sur les plantes ; — sur les tempéraments ; — sur les esprits ; — sur les sels ; — un chapitre sur les pierres ; — sur les poids ; — sur les préparations ; — sur les signes secrets.

« J'ai donné, ces choses, dit-il, d'après les paroles d'Ostanès le Sage et j'ai ajouté à la fin deux chapitres, d'après les paroles d'Hercule (Héraclius) le Romain, les paroles d'Abu-Alid l'Indien, les paroles d'Aristote l'Égyptien, les paroles d'Hermès, les paroles d'Hippocrate, et les paroles de Géber, et les paroles de l'auteur d'Émèse. »

Ailleurs, il cite Aristote comme son contemporain : « j'ai entendu Aristote dire... » Il cite aussi Platon (fol. 34), Galien (fol. 19 verso), Romanus (fol. 17 verso et 23 verso), les livres des anciens en langue grecque (fol. 14 verso), Abubekr (1), alchimiste arabe du IVe siècle de l'Hégire (fol. 23 verso), Djamhour, autre alchimiste arabe (fol. 3).

La personne qui me traduisait ces pages n'a pas retrouvé dans le manuscrit les chapitres techniques annoncés plus haut et qui auraient offert beaucoup d'intérêt. Voici seulement quelques extraits, qu'elle a eu l'obligeance de me dicter :

« 1er Chapitre : Sur la description de la pierre, tirée du livre du Contenant (2); le sage dit :

« La première chose qu'il faut chercher, c'est la connaissance de la pierre qui fut recherchée par les anciens, et dont ils acquirent le secret avec le tranchant du sabre. Et il leur fut interdit de la nommer, ou s'ils la mentionnaient nominativement, c'est par un nom vulgaire. Et ils conservaient le secret jusqu'à ce qu'ils pussent le révéler aux âmes pures. »

Et plus loin :

« La pierre, on l'a décrite en disant qu'elle est l'eau courante, l'eau éternelle ; — qu'elle est le feu ardent, le feu glacé, la terre morte, la pierre dure, la pierre douce ; — c'est l'esclave fugitif; le stable et le rapide; la chose qui fait, celle qui est faite; celle qui lutte contre le feu, celle qui tue par le feu ; celui qui a été tué injustement, qui a été pris de force ; l'objet précieux, l'objet sans valeur ; la plus haute magnificence, la plus basse abjection; il exalte celui qui le connaît ; il illustre celui qui s'y applique ; il dédaigne

---

(1) C'est Rhazès. — Voir *Rufus d'É-phèse*, édition de 1879, préface, p. XLVIII.

(2) Ce titre est le même que celui de l'ouvrage médical de Rhazès.

celui qui l'ignore ; il abaisse celui qui ne le connaît pas ; il est proclamé
chaque jour partoute la terre. O vous, cherchez-moi, prenez-moi — et faites-
moi mourir, puis après m'avoir tué, brûlez-moi : après tout cela, je ressus-
cite et j'enrichis celui qui m'a tué et qui m'a brûlé. S'il m'approche vivant
du feu, je le rends glacé. Si l'on me sublime entièrement et qu'on me lie
fortement, je retiens alors la vie dans mes convulsions extrêmes et par Dieu
je ne m'arrête que lorsque je suis saturé du poison qui doit me tuer. »

« Je t'ai montré ces sources (de la connaissance) en principe et non pas
en fait... Et je n'ai rien caché, Dieu m'en est témoin... Je l'ai posée d'une façon
exacte dans le but. — Il ne faut pas que tu le dépasses..... »

Ce langage mystique et déclamatoire rappelle à la fois Zosime et les vieux
alchimistes arabes du moyen âge, cités dans Vincent de Beauvais.

Au folio 62 on lit un second ouvrage, attribué aussi à Ostanès. En voici
un extrait : « Le sage Ostanès dit en réfléchissant et en regardant cette œuvre :
L'amour de cette œuvre est entré dans mon cœur et en même temps le souci
a pénétré en moi, de sorte que le sommeil a fui mes yeux et j'ai perdu le
boire et le manger : par là mon corps s'est affaibli et j'ai changé de couleur.
Lorsque je vis cela, je m'adonnai à la prière et au jeûne. »

« Il a prié Dieu, et il a vu, étant couché, une apparition qui lui dit : Lève-
toi et elle le conduisit à un lieu où il vit sept portes. Mon guide me dit :
ce sont les trésors de ce monde que tu recherches. Je lui dis : Donne moi la
faculté d'y pénétrer — Il répondit : il faut l'aile de l'aigle et la queue du serpent ».

« Il vit plusieurs tablettes : sur l'une était écrit ce qui suit. C'était un
livre persan, plein de science, où il était dit : l'Égypte est une contrée tout à
fait privilégiée. Dieu lui a donné la sagesse et la science en toute chose.
Quant à la Perse, les habitants de l'Égypte et des autres contrées lui sont
redevables : rien ne réussit sans son concours. Tous les philosophes ont été
en Perse, etc. »

Il est difficile de distinguer dans ces citations ce qui appartient en propre
à l'auteur arabe et ce qui pourrait provenir d'une source grecque, plus ou
moins éloignée. Mais le dernier morceau a une physionomie singulière ;
on y voit alors une apparition, conformément aux vieilles traditions magiques du persan Ostanès ; l'éloge de la Perse semble pareillement l'indice

d'une antique tradition. On peut aussi rapprocher les paroles relatives à
l'Egypte, de celles qui concernent la terre de l'Ethiopie dans le dialogue
grec de Comarius (Ideler, T. II, p. 253, lig. 11), dialogue où Ostanès est
également cité (même ouvrage, II, p. 248, lig. 27).

VII. — SUR QUELQUES MÉTAUX ET MINÉRAUX
PROVENANT DE L'ANTIQUE CHALDÉE

En poursuivant mes études sur les origines de l'Alchimie et sur les métaux
antiques, j'ai eu occasion d'examiner diverses matières, provenant, les unes
du palais de Sargon, à Khorsabad, les autres des fouilles de Tello par
M. de Sarzec. C'est grâce à l'extrême obligeance de notre confrère, M. Heuzey,
conservateur au musée du Louvre, que j'ai pu étudier ces échantillons, tirés
des précieuses collections de notre grand Musée national. Je vais présenter
les résultats de mes analyses, et j'exposerai ensuite divers documents nouveaux
ou peu connus, relatifs à l'origine de l'étain employé par les anciens dans
la fabrication du bronze.

Commençons par les objets provenant de Khorsabad.

Dans le cours de ses fouilles, en 1854, M. Place découvrit, sous l'une
des pierres angulaires du palais de Sargon, un coffre de pierre contenant
des tablettes votives, couvertes d'inscriptions cunéiformes très nettes, destinées à rappeler la fondation de l'édifice (706 av. J.-C.). D'après M. Place,
ces tablettes auraient été au nombre de cinq ; mais les inscriptions indiquent
formellement qu'il y en avait sept, désignées nominativement. Quatre
seulement de ces tablettes se trouvent aujourd'hui au musée du Louvre.
Les trois autres sont perdues. Les quatre tablettes qui restent portent des
inscriptions longues et détaillées. M. Oppert a publié la traduction de trois
d'entre elles, dans l'ouvrage intitulé : *Ninive et l'Assyrie, par V. Place*
(t. II. p. 303 ; 1870). Le sens en est à peu près le même pour les trois et il se
rapporte à la construction du palais. D'après cette traduction, les tablettes
étaient en or, argent, cuivre, en deux autres corps dont les noms ont été
identifiés avec le plomb et l'étain, ce dernier plus douteux, d'après M. Oppert:

enfin en deux derniers corps portant le déterminatif des pierres employées comme matériaux de construction, et qui sont regardés comme du marbre et de l'albâtre. Malheureusement, chaque tablette ne contient pas à part le nom de la matière dont elle est faite.

J'ai examiné les quatre tablettes actuellement existantes au Louvre. Elles sont rectangulaires et épaisses de plusieurs millimètres. La lame d'or est la plus petite ; elle se reconnaît aisément, quoiqu'elle ait perdu son éclat. Elle pèse environ 167 gr. Elle a été façonnée au marteau. Le métal n'est pas allié avec un autre en proportion notable.

La lame d'argent est également pure, ou à peu près. Elle est légèrement noircie à la surface, en raison de la formation d'un sulfure, comme il arrive à l'argent exposé pendant longtemps aux agents atmosphériques. Elle pèse environ 435^{gr}. Je donne ces poids à titre de renseignements, sans préjuger la question de savoir s'ils répondaient aux valeurs relatives des métaux à l'époque de la fondation du palais. On sait que le rapport de valeur de l'or à l'argent a varié beaucoup suivant les temps et les lieux.

La lame réputée de cuivre est profondément altérée et en partie exfoliée par l'oxydation. Elle pèse, dans son état présent, environ 952^{gr}. Ceci joint à la densité du métal, moindre que celle de l'or et de l'argent, suffit pour montrer que les dimensions en sont beaucoup plus considérables que celles des deux autres. La couleur en est rouge foncé, déterminée surtout par la présence du protoxyde de cuivre. Cependant ce n'est pas du cuivre pur, mais du bronze. En effet, un échantillon prélevé à la lime sur les bords renfermait, d'après l'analyse :

$$
\begin{array}{lr}
\text{Étain} & 10,04\,; \\
\text{Cuivre} & 85,25\,; \\
\text{Oxygène, etc} & \underline{4,71\,;} \\
& 100,00
\end{array}
$$

Il n'y a ni plomb, ni zinc ou autre métal en quantité notable. La proportion de l'étain répond à celle d'un bronze jaune d'or ; mais la présence du protoxyde de cuivre a altéré la couleur. Cette composition se retrouve d'ailleurs dans un grand nombre de bronzes antiques. Je citerai seulement un miroir égyptien, datant du xviie ou du xviiie siècle avant notre ère, et que

j'ai analysé autrefois pour M. Mariette. Il renfermait 9 parties d'étain et
91 de cuivre.

La quatrième tablette est la plus intéressante de toutes, à cause de sa
composition. Elle pèse environ 185^{gr}. Elle est constituée par une matière
d'un blanc éclatant, opaque, compacte, dure, taillée et polie avec soin. Elle
a été réputée jusqu'ici formée par un oxyde métallique et désignée même à
l'origine sous le nom de *tablette d'antimoine*, d'autres disent *d'étain*; d'après
l'opinion qu'elle aurait été fabriquée autrefois avec un métal que le temps
aurait peu à peu oxydé. Cependant, ni l'antimoine ni l'étain ne possèdent
la propriété de s'altérer de cette façon, surtout lorsqu'ils sont contenus
dans un coffre de pierre. Tout au plus le plomb ou le zinc sont-ils susceptibles de se changer en oxyde, ou en carbonate, dans un milieu humide ;
mais alors ils se désagrègent et tombent en poussière, tandis que la tablette
est parfaitement compacte et couverte d'une inscription très fine et d'une
extrême netteté. Sa nature réelle constituait donc une véritable énigme.

Pour l'examiner de plus près, nous avons d'abord pratiqué avec précaution
un sondage, et constaté qu'il n'existait pas de feuille de métal centrale dans
l'épaisseur de la tablette. L'analyse chimique a indiqué ensuite que la matière de la tablette est du carbonate de magnésie pur et cristallisé, substance
bien plus résistante aux acides étendus et aux agents atmosphériques que
le carbonate de chaux. Le poli de cette tablette paraît avoir été complété à
l'aide d'une trace presque insensible de matière grasse, laquelle se manifeste
par calcination.

Observons ici que notre magnésie et ses sels étaient inconnus dans l'antiquité et au moyen âge, le nom de magnésie ayant eu autrefois des sens très
différents, multiples d'ailleurs (1).

Dans Pline, ce mot désigne divers minéraux noirs, blancs, ou roux,
provenant des villes et provinces du même nom : en particulier la pierre
d'aimant ou pierre magnétique (qui en a conservé la dénomination) ; un
minéral qui paraît être notre oxyde de manganèse (autre transformation
du même nom) ; enfin les pyrites de fer, de cuivre, peut-être d'étain
et de plomb. Par extension, le nom de magnésie fut ensuite appliqué aux

____

(1) Voir ce volume, p. 28, 66, 153 et plus loin.

produits successifs : oxydes et même alliages, provenant du grillage et du traitement de ces diverses pyrites.

Le sens du mot a changé encore chez les Alchimistes, qui l'ont étendu à certains alliages et amalgames, parfois argentifères. C'est seulement vers le xviiiᵉ siècle qu'il a été donné aux mélanges de sulfate et de carbonate de chaux, renfermant souvent des sels de magnésie ; et finalement au carbonate précipité du sel d'Epsom : dernière attribution qui a conduit le mot magnésie à sa signification actuelle.

Quoi qu'il en soit, le carbonate de magnésie pur et cristallisé est un minéral fort rare, que Haüy ne connaissait pas encore au commencement de ce siècle. Son association intime avec le carbonate de chaux engendre la *dolomie*, roche au contraire fort répandue. On rencontre surtout le carbonate de magnésie proprement dit, en veines intercalées dans les schistes talqueux, serpentines et autres silicates magnésiens ; il résulte de la décomposition lente de ces schistes par les agents naturels. La matière de la tablette du palais de Sargon renferme en effet quelques traces de silice, qui trahissent la même origine.

Le choix d'un minéral aussi exceptionnel, pour fabriquer une tablette sacrée, n'a pas dû être fait au hasard : il répondait sans doute à quelque idée religieuse particulière. En tous cas, il prouve que les Assyriens connaissaient le carbonate de magnésie comme une substance propre. A quel mot répondait réellement cette tablette dans l'inscription, où elle parait figurer sous l'un des noms réputés jusqu'ici métalliques ? Malgré l'absence d'une dénomination spéciale sur cette tablette, M. Oppert a bien voulu me dire qu'elle était désignée par le mot *a-bar*, pris auparavant pour celui de l'étain.

Il m'a semblé utile, pour tâcher d'obtenir quelque lumière nouvelle à cet égard, d'analyser la matière même avec laquelle sont construits les grands taureaux du musée du Louvre et de rechercher surtout si elle contiendrait de la dolomie. Mais j'ai vérifié que c'est du carbonate de chaux cristallisé, présentant la constitution physique soit du marbre, soit plutôt de cette variété de calcaire, confondue autrefois sous le nom d'albâtre avec le sulfate de chaux anhydre. Il ne m'appartient pas de discuter davantage la question philologique de la vraie dénomination de ces matières (v. ce volume, p. 80).

Pendant que j'étudiais les tablettes de Khorsabad, M. Heuzey appela mon attention sur certains objets métalliques, provenant des fouilles faites à Tello par M. de Sarzec : c'étaient un fragment d'un vase et une figurine votive.

Le fragment représente une portion d'un cordon circulaire cylindrique, de 7ᵐᵐ à 8ᵐᵐ de diamètre, qui formait l'orifice d'un vase moulé, préparé par fusion et coulage. On voit encore une partie de la gorge qui séparait ce cordon du corps du vase proprement dit. La forme en est très simple et sans aucuns linéaments délicats, ni inscription. La surface est couverte d'une très légère patine, d'un noir jaunâtre. La masse est formée par un métal brillant, noir, dont la cassure présente des cristaux volumineux et miroitants. La matière même est très dure, mais fragile. D'après l'analyse, elle est constituée par de l'antimoine métallique, sensiblement pur et ne renfermant à dose notable ni cuivre, ni plomb, ni bismuth, ni zinc, mais seulement quelques traces de fer. La patine paraît être un oxysulfure, formé par l'action des traces d'hydrogène sulfuré qui existent dans l'atmosphère.

L'existence d'un fragment brisé de vase moulé en antimoine pur a quelque chose de singulier ; car l'industrie actuelle n'emploie pas ce métal pur à un semblable usage, quoiqu'elle se serve fréquemment de ses alliages, et je n'ai vu aucun autre exemple analogue dans les ustensiles, soit du temps présent, soit des temps passés.

Cependant on m'avait affirmé que les Japonais l'emploient dans leurs fabrications et l'on m'a même remis un petit dauphin ailé, réputé constitué par de l'antimoine. Mais l'analyse exacte de ce dauphin a montré qu'il contenait du zinc et divers métaux associés (étain, bismuth, fer), mais qu'il était loin d'être formé par l'antimoine pur. Si l'antimoine pur a été réellement employé par les Japonais, ce dont je doute, il y aurait là un rapprochement singulier avec les antiques industries chaldéennes.

C'est d'ailleurs une circonstance extrêmement curieuse que la trouvaille authentique d'un tel fragment travaillé d'antimoine, faite à Tello, lieu demeuré inhabité depuis le temps des Parthes, et qui renferme les débris de la plus vieille civilisation chaldéenne. L'antimoine, en effet, est réputé ne pas avoir été connu des anciens et avoir été découvert seulement vers le XVᵉ siècle. Cependant on doit observer que les anciens connaissaient parfaitement notre sulfure d'antimoine, minéral naturel auquel ils donnaient le nom de *stibium* ou *stimmi* et qu'ils employaient à de nombreux usages, particulièrement en Médecine. Il existe même dans Dioscoride un passage reproduit par Pline et dont je crois pouvoir conclure que l'antimoine métallique avait déjà été obtenu à cette époque. On lit en effet dans Dioscoride (*Matière médicale*, liv. V, ch. xcix) : « On brûle ce minéral en le » posant sur des charbons et en soufflant jusqu'à incandescence; si l'on pro-» longe le grillage, il se change en plomb (μολυβδοῦται) ». Pline dit de même (*Histoire naturelle*, liv. XXXIII, chap. xxxiv) : « Il faut surtout le griller avec « précaution, pour ne pas le changer en plomb (*ne plumbum fiat*) ». Ces observations répondent à des phénomènes bien connus des chimistes. En effet, le grillage ménagé du sulfure d'antimoine, surtout en présence du charbon, peut aisément le ramener à l'état d'antimoine fusible et métallique, substance que Pline et ses contemporains confondaient, au même titre que tous les métaux noirs et facilement fusibles, avec le plomb. L'existence du vase de Tello prouve que l'on avait également en Mésopotamie, et dès une époque probablement beaucoup plus ancienne, essayé de préparer des vases moulés avec cette prétendue variété de plomb, moins altérable que le plomb ordinaire.

Depuis la première publication de ces analyses, j'ai reçu une lettre de M. R. Virchow, qui m'annonce avoir imprimé, dans le *Bulletin de la Société anthropologique de Berlin* (1), une Note sur de petits ornements en antimoine, trouvés dans une ancienne nécropole transcaucasienne (Redkin-Lager), datant probablement du temps de la première introduction du fer. C'est là un autre exemple de l'antique connaissance de l'antimoine.

La figurine métallique votive de Tello donne lieu à des observations non moins intéressantes. Elle représente un personnage divin, agenouillé, tenant une sorte de pointe ou cône métallique. Elle porte le nom gravé de Goudéah, c'est-à-dire qu'elle répond à l'époque la plus ancienne à laquelle appartiennent les objets trouvés jusqu'ici en Mésopotamie. M. Oppert lui attribuerait une antiquité de quatre mille ans avant notre ère. Nous nous trouvons ainsi reportés aux temps les plus reculés de la métallurgie histo-

---

(1) *Verhandlungen der Berliner An-thropologischen Gesellschaft*, Sitzung | vom 19 Januar 1884. Les dessins sont aux pages 129 et 130.

rique (1). Cette figurine est recouverte d'une épaisse patine verte. Au-dessous
de la patine se trouve une couche rouge, constituée par le métal, profondément altéré et oxydé dans la majeure partie de son épaisseur. Puis vient un
noyau métallique rouge, qui offre l'apparence et la ténacité du cuivre proprement dit : c'est le dernier reste du métal primitif, progressivement
détruit par les actions naturelles.

J'ai analysé ces différentes parties.

La patine verte superficielle est un mélange de carbonate de cuivre et
d'oxychlorure de cuivre hydraté. Ce dernier composé est bien connu des
minéralogistes sous le nom d'*atakamite*. Il résulte de l'altération du métal
par les eaux saumâtres, avec lesquelles la figurine s'est trouvée en contact
pendant la suite des temps.

La couche moyenne est du protoxyde de cuivre à peu près pur, ne renfermant ni étain, ni antimoine, ni plomb ou métal analogue, ni zinc, à dose
notable ; elle résulte d'une altération lente du cuivre métallique.

Enfin le noyau est constitué par du cuivre métallique, très sensiblement
pur.

L'absence de tout métal autre que le cuivre dans cette figurine mérite
d'être notée ; car les objets de ce genre sont d'ordinaire fabriqués avec
du bronze, alliage d'étain et de cuivre, plus dur et plus facile à travailler
que ses composants. L'absence même de l'étain dans le cuivre de Tello
pourrait offrir une signification historique toute particulière. En effet,
l'étain est bien moins répandu que le cuivre à la surface de la terre et son
transport a toujours été, dans l'antiquité comme de nos jours, l'objet d'un
commerce spécial. En Asie notamment, on n'avait, jusqu'à ces derniers
temps, signalé d'autres gîtes d'étain un peu abondants que ceux des îles de
la Sonde et des provinces méridionales de la Chine. Le transport de cet
étain vers l'Asie occidentale se faisait autrefois par mer, jusqu'au golfe
Persique et à la mer Rouge, au moyen d'une navigation longue et pénible ;
et il était transmis de là sur les côtes de la Méditerranée, où il venait faire
concurrence à l'étain des îles anglaises (îles Cassitérides), transporté soit

---

(1) La figurine est dessinée dans
l'ouvrage intitulé : *Découvertes en* | *Chaldée*, par E. de Sarzec (Pl. 28,
figures 3 et 4).

à travers la Gaule, soit par le détroit de Gadès; ainsi qu'à celui des gîtes moins abondants de la Gaule centrale (1), où l'étamage du cuivre fut d'abord pratiqué (2) ; enfin à l'étain des gîtes de la Thrace, peut-être aussi à celui de la Saxe et de la Bohême, et autres provenances locales, répondant à des gîtes peu abondants (3), mais dont la connaissance par les anciens est incertaine. L'importance de ces gîtes locaux a été spécialement discutée dans l'ouvrage de M. A. B. Meyer sur des fouilles en Carinthie, intitulé : *Gurina in Obergail-thales (Kärnthen)* 1885 (p. 65 et suivantes); ouvrage que l'auteur a bien voulu m'adresser. Elle mérite d'autant plus notre attention que des voyages aussi longs et aussi pénibles, des navigations si difficiles n'ont dû s'établir qu'après bien des siècles de civilisation. Les Phéniciens, venus autrefois des bords du golfe de Persique à ceux de la Méditerranée, paraissent avoir été les premiers promoteurs de cette navigation, du moins en Occident (Strabon, liv. III, chap. V, 11).

En fait, j'ai eu connaissance récemment de deux documents, qui sont de nature à fixer une origine moins lointaine à l'étain des bronzes de l'Assyrie et de l'Égypte (3). En effet, d'après une Note publiée par M. G. Bapst, dans les Comptes rendus de l'Académie des inscriptions (1886), un voyageur russe, M. Ogorodnikoff, aurait appris des habitants de Meched qu'il existait, à 120 kilomètres de cette ville et dans divers points du Khorassan (4), des mines d'étain, actuellement en exploitation. Ces renseignements sont regardés par l'auteur comme sujets à caution, en raison de l'incertitude de témoignages de cet ordre, purement oraux et fournis par des Tatars.

Cependant, circonstance remarquable, ils se trouvent en certain accord avec un passage de Strabon, que m'a indiqué M. P. Tannery. Strabon signale en effet (liv. XV, chap. II, 10) des mines d'étain dans la Drangiane, région qui répond au sud du Khorassan, au-dessous d'Hérat, vers

---

(1) Strabon le signale aussi en Lusitanie (Liv. III, ch. II, 8).

(2) Pline, *H. N.*, l. XXXIV, 48.

(3) Quelques auteurs ont supposé qu'il avait dû exister autrefois des minerais d'étain dans l'Ibérie du Caucase. Mais les géologues n'en ont jamais trouvé jusqu'ici dans cette région. Voir sur cette question : *Recherches anthropologiques dans le Caucase*, par E. Chantre, t. I, p. 81 (1885), et *Age du bronze*, t. II, p. 305.

(4) L'existence de mines d'étain au Khorassan a été signalée par Von Baer, *Archiv für Anthropologie*, t. IX, 1876.

les limites occidentales de notre Afghanistan. Mais le transport de l'étain
de ce point jusqu'à la Chaldée aurait encore exigé un voyage par terre, de
longue durée, à travers des régions où les modernes eux-mêmes ne par-
viennent que bien difficilement. A la vérité, les métaux usuels et leurs
alliages semblent avoir été transportés autrefois à travers le monde par des
fondeurs nomades, analogues aux Tziganes et qui passaient partout.

La principale difficulté que l'on puisse objecter à ces petits gîtes et à ces
transports individuels d'étain, c'est l'abondance et la diffusion universelle
des armes de bronze, pendant de longs siècles. Les hypothèses précédentes ne
semblent pas répondre aux besoin d'une fabrication aussi prolongée, aussi
générale et aussi considérable. Pour y satisfaire, il a dû exister des
transports réguliers de masses d'étain, venant de mines abondantes et
inépuisables.

Si l'étain est rare dans le monde, il n'en est pas de même du cuivre. Les
minerais de cuivre se trouvent sur un grand nombre de points. Les mines
du Sinaï, pour ne pas en citer de plus lointaines, sont célèbres dans la
vieille Égypte. L'extraction du cuivre métallique à l'aide de ses minerais
est d'ailleurs facile.

En raison de ces circonstances, plusieurs archéologues ont supposé qu'un
âge du cuivre pur, c'est-à-dire un âge ou l'on fabriquait avec ce métal les
armes et les ustensiles, avait dû précéder l'âge du bronze. Le bronze, plus
dur et plus résistant, aurait ensuite remplacé le cuivre, dès qu'il fut découvert. Pour juger de cette hypothèse et pour établir la date à laquelle ont
commencé ces transports lointains et cette vieille navigation, il serait nécessaire de posséder l'analyse des objets les plus anciens qui aient une date certaine, parmi les débris de l'antiquité venus jusqu'à nous. Or le bronze à
base d'étain existait déjà en Égypte, près de deux mille ans avant notre ère,
d'après les analyses de ce genre (v. p. 220).

L'analyse de la figurine de Tello semble indiquer, au contraire, que l'é-
tain n'était pas encore connu, à l'époque reculée de la fabrication de cet
objet, l'étain n'arrivant pas alors jusqu'au golfe Persique.

Ce n'est là d'ailleurs qu'une induction, quelque circonstance religieuse
ou autre ayant pu déterminer l'emploi exclusif du cuivre dans cette figurine : il faudrait examiner des objets plus nombreux et plus variés pour ar-

river à cet égard à une certitude. Mais il m'a paru intéressant de signaler les problèmes d'ordre général soulevés par l'analyse des métaux de Tello.

VIII. — NOTICES DE MINÉRALOGIE, DE MÉTALLURGIE

ET DIVERSES

Durant le cours de mes recherches sur les Alchimistes, j'ai recueilli dans les auteurs anciens et dans ceux du moyen âge, un grand nombre de renseignements intéressants sur la minéralogie et sur la métallurgie des anciens; renseignements qui n'ont pu trouver une place suffisante dans les articles de l'Introduction, ou dans les notes de la Traduction. C'est pourquoi il m'a semblé utile de les reproduire ici dans un article spécial, lequel ne sera pas, je l'espère, sans quelque fruit pour les personnes qui étudieront le présent ouvrage. J'en donne d'abord, pour plus de clarté, la liste alphabétique ; puis viendront les notices elles-mêmes.

LISTE ALPHABÉTIQUE DES NOTICES

Æs, Airain, Bronze, cuivre, χαλκός et dérivés. — Ærugo, viride æris, æruca — rubigo — Ἰὸς χαλκοῦ. Ἰὸν ξυστόν — scolex — Flos, ἄνθος χαλκοῦ — æs ustum, χαλκὸς κεκαυμένος — scoria, lepis — squama — stomoma — smegma, — diphryges — fæx æris — craie verte, théodotion.

Aétite, pierre d'aigle.

Alchimistes grecs (tradition au moyen âge.)

Alphabets et écritures hermétiques.

Alun, στυπτηρία.

Ammoniac (sel).

Antimoine (sulfuré), στίμμι, larbason, alabastrum — soufre noir — antimoine brûlé, — métallique, — blanc, — rouge.

Arsenic (sulfuré) — jaune, orpiment — rouge, sandaraque, réalgar ; Kermès minéral — métallique — second mercure — l'hermaphrodite.

Cadmie — naturelle (minerais de cuivre et de laiton) — artificielle, ou des fourneaux — ses espèces : capnitis, pompholyx ; botruitis, placitis, ʒonitis, onychitis, ostracitis — cathmia — nihil album — spodos, lauriotis — antispode — tutie — magnésie.

Chalcanthon — couperose — vitriol — sens multiples — Misy, sory — colcothar — melanteria.

Chalcitis.

Chaux, ἄσβεστος — titanos — gypse.

Chrysocolle — ærugo — santerna — soudure des orfèvres — sens mul-

Æs. *Airain, Bronze, Cuivre.* χαλκός.

Ce mot était employé pour représenter à la fois le cuivre pur et les alliages très divers qu'il forme par son association avec l'étain, le zinc, le plomb, le nickel, l'arsenic et divers autres métaux; c'est-à-dire les bronzes et les laitons des modernes. Le mot cuivre, même de nos jours, est parfois usité dans un sens aussi compréhensif : cuivre rouge, cuivre jaune, cuivre blanc, etc.; tandis que le mot airain, dans la langue de nos orfèvres, a fini par désigner un alliage particulier, formé de 9 parties de cuivre et 3 de zinc. Mais le sens ancien du mot airain était synonyme de celui du cuivre.

Le nom même du cuivre vient d'une épithète appliquée à l'airain de Chypre (Κύπριος); notre cuivre pur n'était pas désigné par un mot unique chez les anciens peuples, pas plus chez les Orientaux, que chez les Grecs, ou chez les Romains; du moins jusqu'au iii° siècle de notre ère, époque où apparait le mot *cuprum*.

Insistons sur ce point que ni les Grecs, ni les anciens Romains n'ont employé deux mots distincts et spécifiques pour le cuivre et le bronze, et que l'on ne doit pas chercher deux noms de ce genre chez les vieux Orientaux. Le mot *æs*, airain, s'appliquait indifféremment au cuivre et à ses alliages avec l'étain, le plomb, le zinc. Pour bien comprendre les textes anciens, il convient d'écarter de notre esprit les définitions précises, acquises par la chimie de notre temps; car les corps simples n'ont, à première vue, aucun caractère spécifique qui les distingue de leurs composés. Personne dans l'antiquité n'a regardé le cuivre rouge comme un élément qu'il fallût isoler, avant de l'associer aux autres. Les anciens, je le répète, n'ont pas conçu ces alliages comme nous, en les ramenant à l'association de deux ou trois métaux élémentaires, tels que notre cuivre, notre étain, notre plomb, métaux élémentaires que nous fondons ensemble pour obtenir les bronzes et les laitons. Mais ils opéraient surtout sur les minerais de ces métaux, plus ou moins purs, minerais appelés *cadmies*, ou *chalcites;* ils les mélangeaient, avant d'opérer la fabrication et la fonte du métal proprement dit; parfois, quoique plus rarement, ils unissaient entre eux les alliages et métaux obtenus du premier jet.

Tout métal et alliage rouge ou jaune, altérable au feu, s'appelait χαλκός ou *æs;* tout métal et alliage blanc, fusible et altérable au feu, s'appelait à l'origine *plomb*. Plus tard on distingua deux variétés : le plomb noir, qui comprenait notre plomb et, plus rarement, notre antimoine, etc.; et le plomb blanc, qui comprenait notre étain et certains alliages de plomb et d'argent.

Quant au χαλκός ou *æs*, on en distinguait les variétés d'après le lieu de provenance [1] : cuivre de Délos, d'Égine, de Chypre, de Syracuse, de Cordoue; ou d'après le nom du propriétaire de la mine : cuivre Sallustien, Marien, Livien [2] : sans que l'on attachât à l'une de ces variétés, le caractère d'un métal plus simple, plus élémentaire que les autres. Les seules distinctions précises que nous lisions dans les auteurs anciens sont celles de l'orichalque, et de l'airain de Corinthe. L'orichalque, mot dont l'étymologie est inconnue, est regardée par Hésiode et par Platon comme un métal précieux [3]. D'après Pline, sa découverte fit tomber le cuivre de Chypre en discrédit; mais le minerai qui le fournissait s'épuisa. Le cuivre Marien en approchait, et était employé de préférence pour les monnaies les plus chères, telles que les sesterces et les doubles as; le cuivre de Chypre étant réservé pour les monnaies plus viles, telles que les as. On sait ailleurs que la valeur de l'orichalque a été double à une certaine époque de celle du cuivre ordinaire : c'était sans doute quelque bronze plus beau et plus résistant.

Quant à l'airain de Corinthe, c'était un alliage du χαλκός avec l'argent et l'or. On distinguait trois variétés : la blanche, où l'argent dominait; la jaune, où l'or dominait; et une troisième, formée à parties égales avec les trois métaux; il y avait encore une variété de couleur hépatique.

L'airain avait des dérivés assez nombreux, que nous allons énumérer et définir d'après les textes. Ajoutons que la distinction absolue de ces dérivés entre eux ne parait pas possible en toute rigueur, parce que leur identification avec les composés définis de la chimie actuelle ne peut être qu'imparfaite, nos composés n'ayant été ni isolés, ni spécifiés par les anciens.

Ærugo; parfois *rubigo, viride æris. Æruca.* Ἰὸς χαλκοῦ. Ἰὸν ξυστόν. — vert de gris — raclure de cuivre [4].

---

(1) Pline, *H. N.*, l. XXXIV.
(2) Le Claudianos était probablement un metal analogue (v. ce mot).
(3) *Origines de l'Alchimie*, p. 226.
(4) Diosc., *Mat. méd.*, l. V, 91. —

Pline, *H. N.*, l. XXXIV, 26; l. XXXIII, 29. — Vitruve, l. VII, chap. 7. — Vincent de Beauvais (*Spec. majus*), VIII, 30. — *Lexicon Alch. Rulandi*, page 14 et suivantes.

Le mot *ærugo* désignait :

1º Des produits naturels formés dans les mines de cuivre, les uns par efflorescence; les autres par déliquescence, ou imbibition. Les produits étaient lavés, séchés, grillés dans un plat neuf. *Ærugo fossilis* était une matière congénère de la *chalcitis* (pyrite cuivreuse), du vitriol bleu et de la *chrysocolle* (malachite et autres sels basiques de cuivre, de couleur verte). Pour la soudure de l'or, les orfèvres opéraient avec de l'urine d'enfant impubère, broyée dans un mortier de cuivre (v. ce volume, p. 46); opération qui produisait un sel de cuivre basique, aux dépens du mortier.

2º Des produits factices et spécialement le *verdet* (acétate de cuivre basique), substance dont Dioscoride et Pline décrivent la préparation au moyen des lames de cuivre et de la vapeur du vinaigre, ou bien du marc de raisin.

Scolex : Ἰοῦ σκώληξ, rouille vermiculaire (1). — Matière native et factice, congénère de la précédente. On la préparait avec du cuivre, ou l'un de ses minerais, associé avec du vinaigre, de l'alun, du sel, ou du natron; le mélange était exposé au soleil. Ces préparations pouvaient fournir, suivant la nature et la proportion des ingrédients, des acétates, sulfates, oxychlorures, carbonates basiques de cuivre.

Æris flos (2), ἄνθος χαλκοῦ. Fleur de cuivre (3). — Matière rejetée par le cuivre fondu, sous la forme d'écailles légères projetées par le vent du soufflet pendant la coulée. On l'obtenait aussi sous l'influence de l'eau, projetée à sa surface.

On la définit encore : Paillette des vieux clous de cuivre; elle devient rouge sous le pilon. Ceci parait être du protoxyde de cuivre, souillé sans doute par des oxydes de métaux étrangers.

Le nom de *flos æris* a été appliqué plus tard au vert de gris. Ce corps, pas plus que les précédents, ne doit pas être identifié avec le χάλκανθον, couperose ou vitriol, qui est notre sulfate de cuivre. Mais les deux produits sont congénères et les deux noms ont été souvent confondus dans les manuscrits, confusion rendue plus facile par les abréviations des copistes.

(1) Diosc., *Mat. méd.*, l. V, 92. — Pline, *H. N.* l. XXXIV, 28.
(2) Diosc. *Mat. méd.*, V, 88. — Pline, *H. N.*, l. XXXIV, 24. —

Lexicon Alchem Rulandi, page 12.
(3) Le mot *flos* dans Pline signifie couleur — *floridus*, d'une couleur vive.

Æs ustum (1), κεκαυμένος χαλκός. — Cuivre brûlé. Pour le préparer, on chauffait du vieux cuivre avec du soufre et du sel, placés au-dessous et au-dessus, dans un vase de terre crue, à couvercle luté; ou bien, avec de l'alun, du soufre et du vinaigre. On l'obtenait encore en chauffant le cuivre seul, pendant longtemps; ou bien parfois, en l'aspergeant de vinaigre de temps en temps. On lavait à l'eau de pluie, avec broyage et décantation, jusqu'à ce que le produit eût pris l'aspect du minium. On le fabriquait à Memphis et à Chypre.

Ceci paraît répondre à notre protoxyde de cuivre. On sait aujourd'hui que ce corps peut être obtenu en chauffant, dans un vase fermé, 24 parties de sulfate de cuivre sec et 29 parties de fil de cuivre.

L'action de la chaleur sur l'*ærugo* fournissait le même produit.

Scoria. —Obtenue par l'action de l'air sur le cuivre chauffé; corps congénère du précédent.

Lepis, λεπίς. — *Squama* (2). Matière détachée par le marteau des clous forgés avec les pains de cuivre de Chypre; congénère de la fleur, qui se détachait d'elle-même, et du *stomoma*, duvet plus fin que la *lepis*.

Le *stomoma* s'obtenait aussi par la macération du cuivre dans l'urine d'enfant. Le vinaigre changeait la *lepis* en vert-de-gris.

Ce sont encore là des sous-oxydes de cuivre, ou des sels basiques, tels que acétates, phosphates, sous-chlorures, etc.

Smegma (3). — Matière projetée par le vent du soufflet sur le cuivre fondu, entouré de charbons.

Diphryges — fæx æris (4). — « Le cuivre coule; la scorie sort du fourneau; la fleur surnage; le diphryge reste. » C'est donc le résidu, qui n'a pas fondu pendant le traitement. Ce nom est aussi attribué à la pyrite grillée, jusqu'à transformation en matière rouge (peroxyde de fer ou sulfate basique); ainsi qu'au limon d'une caverne de Chypre, séché et calciné (c'était probablement un oxyde, ou un sel basique de fer hydraté).

---

(1) Diosc., *Mat. méd.*, 1, V, 87. — Pline, *H. N.*, l. XXXIV, 23, 24.

(2) Diosc., *Mat. méd.*, l. V, 89. Pline, *H. N.* l. XXXIV, 24, 25, Vincent de Beauvais, *Sp. m.* VIII, 29.

— *Lexicon Alch. Rulandi*, p. 12, 18.

(3) Pline, *H. N.*, l. XXXIV, 36.

(4) Diosc., *Matière médicale*, l. V, 119. — Pline, *H. N.*, l. XXXIV, 37.

La *craie verte* paraît être soit un hydrocarbonate de cuivre, soit de la cendre verte. La meilleure variété, nommée θεοδότιον, venait de Smyrne (Vitruve, l. VIII, chap. 7.)

Aétite ou *pierre d'aigle* (1).

Variété géodique de fer hydroxydé, ou d'argile ferrugineuse, jaune ou rougeâtre, contenant un noyau mobile, qui résonne quand on agite la pierre. Cette pierre, grosse en apparence d'une pierre plus petite, était réputée par analogie avoir une influence sur les grossesses des femmes ; préjugé qui s'est perpétué jusqu'à notre époque chez les gens ignorants. On pensait qu'elle était employée par les aigles dans la construction de leurs aires ; de là le nom de pierre d'aigle. Le nom d'aétite semble avoir été employé pour toute géode renfermant un noyau mobile. Pline en distingue quatre espèces. On a même étendu le sens de ce mot aux pierres renfermant un liquide.

D'après Solin (ch. XXXVII), le son produit par cette pierre était attribué à un esprit ou âme intérieure et Zoroastre regardait l'aétite comme ayant une grande puissance magique. On trouve un passage analogue dans les Alchimistes. Un aigle tenant une pierre exprimait la sécurité chez les Égyptiens, suivant Horapollon.

Alchimistes Grecs (tradition au moyen âge).

Les noms et la tradition directe des Alchimistes grecs ne se retrouvent que peu ou point chez les Alchimistes latins, lesquels se rattachent eux-mêmes directement aux Arabes. Les noms de ces Grecs ne reparaissent pas d'une manière explicite et détaillée avant le XV° siècle, époque où les manuscrits grecs se répandirent en Occident. Il n'en est que plus intéressant de signaler les quelques réminiscences qui s'y rapportent chez les latins du moyen âge. Quant aux Arabes, j'en ai signalé ailleurs la filiation immédiate avec les Grecs d'après le Kitab-al-Fihrist (2) ; et je donnerai plus loin certains autres souvenirs analogues, en parlant des alphabets hermétiques.

Dans la *Bibliotheca Chemica* de Manget, t. II, il existe des planches indiquant la figure des divers philosophes alchimiques, d'après la tradition du moyen âge : chaque figure est accompagnée par une sentence, à peu près

---

(1) Pline, *H. N.*, l. X, 4; l. XXXI, 39. — Diosc., *Mat. méd.*, l. V, 160. — *Lexicon Alchemiæ Rulandi*, p. 21

(1612). — *Salmasii Plinianæ exercitationes*, p. 177, 501, 502 (1689).

(2) *Origines de l'Alchimie*, p. 130.

comme dans la *Turba philosophorum*. J'y relève les noms suivants : Hermès, Cléopâtre, reine d'Égypte, Anaxagore, Zamolxis, Michel Psellus, Marie l'Hébreuse, Démocrite le Grec, Pythagore, Platon, Hercule (c'est-à-dire Héraclius), roi sage et philosophe, Stephanus le philosophe chimique, Albert le Grand, une multitude d'Arabes, etc.

La *Turba philosophorum* relate de même la plupart de ces noms, mais à ce qu'il semble, à travers une transmission arabe. Je n'insisterai pas sur Hermès, dont le nom est toujours resté étroitement lié aux spéculations de l'Alchimie et de l'astrologie. Mais les autres auteurs étaient moins connus.

Dans le Traité *De Mineralibus*, attribué à Albert le Grand (l. III, traité I, ch. 4), on rencontre une mention de Démocrite l'alchimiste, d'après lequel la chaux et la lessive (*lixivium* ou *aqua acuta*) seraient la matière des métaux. Dans un autre passage, on lui attribue cette opinion que les pierres ont une âme, un principe intérieur de vie. Callisthène y est cité comme alchimiste. Rappelons aussi quelques indications tirées du traité de Théoctonicos, traduction grecque de l'ouvrage d'Alchimie attribué à Albert le Grand (ce volume, p. 209 et suiv.).

Les Traités alchimiques du Pseudo-Aristote arabe, tels qu'on les connaît par des traductions latines, me paraissent toucher de très près, sur certains points du moins, à la tradition des alchimistes grecs. — Donnons encore cette citation, tirée de la *Bibl. chem.* de Manget, t. I, 917 : « Le secret est dans le plomb, d'après Pythagore et Hermès, etc ».

ALPHABETS ET ÉCRITURES HERMÉTIQUES.

Dans Zosime et dans Olympiodore, les inscriptions hiéroglyphiques sont regardées comme ayant un sens alchimique. Ces inscriptions étaient aussi réputées des talismans, destinés à protéger les trésors contenus dans les chambres des pyramides. Il semble même que la description de certaines opérations chimiques ait été réellement consignée sur des stèles (1) : mais c'était là une circonstance rare, car aucune de ces stèles n'a été retrouvée jusqu'à présent. Cette circonstance, généralisée par suite d'une hypothèse fort répandue, aurait donné lieu au préjugé précédent. Il a duré jusqu'à notre temps ; en effet, d'après Sylvestre de Sacy, « les Orientaux regardent les

______

(1) *Origines de l'Alchimie*, p. 23, 29, etc. —Voir *Texte grec* : Jean l'Archiprêtre.

monuments Egyptiens comme destinés à des opérations alchimiques, magiques, etc.; ils appellent écritures hermétiques les hiéroglyphes, convaincus
qu'ils renferment la révélation du secret de ces opérations. » (Sylvestre de
Sacy, *Magasin encyclopédique*, p. 145 ; novembre 1819.)

De là l'imagination des alphabets hermétiques, destinés à l'interprétation
des écritures secrètes. On peut voir divers exemples de ces alphabets mystérieux dans un ouvrage intitulé : *Anciens alphabets et caractères hiéroglyphiques*, expliqués en arabe par Ahmed ben Abubekr ben Wahschijich, et en
anglais, par J. Hammer, Londres, 1806.

Ce livre, soi-disant trouvé au Caire, renferme 80 alphabets imaginaires,
mais dont les noms mêmes indiquent la préoccupation de l'auteur et des lecteurs. Tels sont les alphabets des philosophes: Hermès, Platon, Pythagore,
Asclépius, Socrate, Aristote, etc. ; — de Ptolémée le grec; — de Hermès,
père de Tat (Toth), qui a écrit sur le grand œuvre; — de Dioscoride, qui a
écrit sur les herbes, les plantes, leurs vertus, etc.; — du sage Démocrite,
lequel l'a reçu, dans un souterrain, du génie qui préside à la planète
Mercure; — du sage Zosime l'Hébreu, écriture mystique pour les traités
sur le grand œuvre — Le nom de Théosébie, congénère de Zosime, se
trouve un peu plus loin. — On y rencontre encore les alphabets des
anciens rois, parmi lesquels Kimas l'hermétique (le Chymès des textes
Grecs); — les alphabets des sept planètes, des douze constellations —
une interprétation des hiéroglyphes, etc.

Tous les signes de cet ouvrage ne représentent guère que des jeux
d'esprit individuels; mais les noms propres auxquels ils sont attribués
témoignent que le souvenir même des vieux alchimistes avait été conservé
en Égypte par une certaine tradition.

Nous avons signalé précédemment (p. 207) les alphabets magiques du manuscrit de Saint-Marc (p. 156) et ceux du manuscrit 2419 : ils ne portent
aucun nom propre. La formule de l'Écrevisse dans Zosime (p. 152) se
rattache de plus près à la tradition des symboles alchimiques.

Alun, στυπτηρία. *Alumen* (1).

---

(1) Diosc., *Mat. méd.*, l. V, 122. —
Pline, *H. N.*, l. XXXIII, 25; l. XXXV,
52; l. XXXVI, 37. — *Lexicon Alch.
Rulandi*, p. 32 et suiv.

L'alun était employé comme fondant et purificateur des métaux. On distinguait, d'une part : l'alun blanc et l'alun noir, corps en réalité de teinte voisine du blanc, mais probablement ainsi nommé parce qu'il noircissait au contact de certains sucs végétaux, en raison de la présence de fer dans l'alun, et du tannin dans les sucs. Ces corps étaient employés pour purifier l'or.

D'autre part, les auteurs indiquent : l'alun lamelleux (schiste), blanchâtre ; — l'alun rond; — l'alun capillaire, appelé aussi schisteux, lequel peut être rapproché de notre alun de plume, efflorescence mêlée de sels de fer et d'alumine.

L'alun liquide, solution de sulfate d'alumine plus ou moins pur, et l'alun calciné étaient aussi employés.

Les alchimistes désignaient encore sous le nom d'alun, l'acide arsénieux, comme on peut le voir dans Olympiodore (ce volume, p. 67 et 68).

Ammoniac (sel).

Dans la Cyrénaïque, ce sel se trouve sous le sable, en longues aiguilles sans transparence, d'après Pline (*H. N.*, l. XXXI, 39). Cette indication rappelle un carbonate de soude fossile, et non notre chlorhydrate d'ammoniaque. Dioscoride (l. V, 125) nomme le sel ammoniac, en disant qu'il se distingue par un clivage facile et suivant des directions droites : ce qui semble aussi le caractère d'un sel cubique, c'est-à-dire du sel gemme.

Dans le Pseudo-Aristote (Manget, *Bibliotheca Chemica*, t I, p. 648) il est dit que le sel ammoniac, chauffé sur une lame de métal, doit fondre sans répandre de fumée ; ce qui répond au carbonate ou au chlorure de sodium, mais non au chlorhydrate d'ammoniaque. Cependant ailleurs le même auteur en indique la sublimation (Manget, I, 645) : ce qui répond bien à notre chlorhydrate. Le mot de sel ammoniac a donc désigné deux substances très différentes. Le sens actuel du sel ammoniac sublimable est indiqué expressément dans ce passage d'Avicenne (xie siècle), cité par Vincent de Beauvais (*Speculum majus*, VIII, 60) : « Il y a quatre esprits (c'est-à-dire quatre corps sublimables), le soufre, l'arsenic, le sel ammoniac et le mercure. » On trouve déjà une indication analogue dans Geber (*Summa perfectionis*, l. I, ch. x, etc. *Bibl. chemica* de Manget, t. I, p. 525, 1re colonne). La préparation même en est décrite dans l'ouvrage intitulé : *Libri investigationis* (p. 559 du t. I. de la

Bibliotheca de Manget), ouvrage attribué au même auteur. Le sel ammoniac véritable aurait donc été connu au ixᵉ siècle. (Voir aussi le présent volume, p. 45, Note.)

ANTIMOINE. στίμμι. stibi, larbason, chalcédoine; élément féminin (par opposition avec l'arsenic, élément masculin?).

C'est notre sulfure d'antimoine, le soufre noir des alchimistes. D'après Dioscoride (1), c'est un corps brillant, rayonné, fragile et exempt de parties terreuses. On le brûle en le recouvrant de farine; ou bien, en l'exposant sur des charbons allumés, jusqu'à ce qu'il rougisse (oxysulfure ?). Si on prolonge, ajoute l'auteur, il prend les caractères du plomb (c'est-à-dire que l'antimoine métallique ou régule se produit). D'après Pline (*H. N.*, l. XXXIII, 33), on l'appelle stibi, alabastrum, larbason mâle et femelle; il est blanc et brillant. S'il devenait ainsi blanc, c'est sans doute après un grillage qui l'avait changé en oxyde d'antimoine, corps confondu souvent chez les anciens chimistes avec notre minium blanchi par certains traitements.

L'antimoine oxydé se trouve d'ailleurs dans la nature, ainsi que l'oxysulfure rouge (Kermès minéral). Ce dernier a du être pareillement confondu avec la sandaraque, le minium, la sanguine et le cinabre, substances que l'on trouve souvent prises les unes pour les autres.

ARSENIC.

D'après Dioscoride (2), ce corps est terreux et doré: c'est donc un sulfure d'arsenic (voir ce volume, p. 43 ; une autre variété est rougeâtre, d'après Pline (*H. N.*, l. XXXIV, 56). C'est l'orpiment (voir aussi Vincent de Beauvais, VIII, 69, 70). Le nom même de l'orpiment figure textuellement dans le texte grec de Théoctonicos, auteur du xiiiᵉ ou xivᵉ siècle (ce volume, p. 210).

Sandaraque. — D'après Dioscoride (*Mat. Méd.*, V, 121), c'est une matière rouge, brillante, couleur de cinabre (voir aussi Pline, *H. N.*, l. XXXIV, 55; l. XXXV, 22). C'est le réalgar; peut-être, aussi dans certains cas, le Kermès minéral ou oxysulfure d'antimoine.

Rappelons que le nom de sandaraque est appliqué aujourd'hui a une résine d'une composition toute différente, dérivée de la colophane, et que les anciens ne connaissaient pas sous ce nom.

---

(1) *Mat. méd.*, l. V, 99. | (2) *Mat. méd.*, l. V, 120.

Il a été employé aussi par les anciens pour le cinabre et pour le minium. Vitruve, notamment, indique la préparation de la sandaraque par la cuisson de la céruse au four.

Notre arsenic métallique a été entrevu par les alchimistes, qui l'ont regardé comme un second mercure (1), de nature analogue au vif argent, sublimable comme lui et communiquant pareillement sa volatilité à ses dérivés, spécialement aux sulfures. La sandaraque (réalgar) a été ainsi assimilée au cinabre. Le rapprochement entre le mercure et l'arsenic se complète à ce point de vue, si l'on remarque que l'arsenic blanchit le cuivre par sublimation, comme le fait le mercure, et qu'il attaque de même à chaud la plupart des métaux.

L'arsenic est parfois appelé l'hermaphrodite, en tant que réputé intermédiaire entre l'or et l'argent et composé, comme eux, de soufre et de mercure (2). Mais ce sens ne lui est pas propre.

CADMIE (3).

Chez les anciens ce mot avait deux sens ; il désignait :

1º Un produit naturel, tel que la pierre dont on tire le cuivre, ou plutôt le laiton : par exemple notre aurichalcite, carbonate de zinc et de cuivre ; notre hydrosilicate de zinc, notre carbonate de zinc ou calamine, etc.

2º Un produit artificiel, sorte de fumée des métaux, soulevée dans les fourneaux de cuivre par l'action de la flamme et du soufflet. Ce produit adhérait aux parois, au sommet, et à l'orifice du fourneau.

Le grillage de la pyrite des monts de Soli (Chypre) en fournissait aussi. Les fourneaux d'argent en développaient un autre plus blanc, moins pesant.

On distinguait la *capnitis*, c'est-à-dire la cadmie plus ténue, recueillie à la bouche de sortie des gaz, laquelle doit être rapprochée du *pompholyx* ;

La *botruitis*, suspendue en forme de grappes, cendrées ou rouges ;

La *placitis* ou *placodes*, agglomérée en croûtes, le long des parois ; parfois elle était entourée de zônes, et dite alors *zonitis* ;

---

(1) Voir notamment notre Pl. VI, l. 4, et ce volume, p. 99.
(2) MANGET. *Bibl. Chem.*, t. I, p. 920.
(3) Diosc., *Mat. méd.*, l. V, 84. — PLINE, *H. N.*, l. XXXIV, 2, 22. —

VINCENT DE BEAUVAIS, VIII, 28. — *Lexicon Alchemiæ Rulandi*, p. 110 et suiv. — *Dict. de Chimie* de Macquer, 1778.

L'*onychitis*, bleuâtre à la surface, avec des veines intérieures plus blanches, rappelant l'onyx ; elle se trouvait aussi dans les vieilles mines ;

L'*ostracitis*, mince, noirâtre, d'apparence testacée.

Macquer (*Dict. de Chimie*, 1778) distingue de même la *cadmie naturelle*, ou fossile, qui est la calamine employée à la fabrication du laiton; et la *cadmie des fourneaux*, sublimé produit dans la fusion des minerais de zinc, laquelle éprouve une demi-fusion et forme incrustation aux parois des fourneaux. Il ajoute que quelques-uns appellent aussi cadmie fossile un minerai de cobalt (répondant à notre arséniosulfure actuel).

En réalité, ce nom était donné à toute suie et sublimé métallique, s'élevant dans la fonte en grand du cuivre et des autres métaux. Au point de vue de la Chimie moderne, la cadmie des fourneaux serait de l'oxyde de zinc, mêlé d'oxyde de cuivre, de plomb, parfois d'oxyde d'antimoine et d'acide arsénieux; ces oxydes étant en outre unis quelquefois au soufre, sous forme d'oxysulfures ou de sulfates basiques.

Dans les livres du moyen âge, on trouve encore ce mot *Cathmia* ou *Cathimia* appliqué à certaines veines des mines d'or ou d'argent; aux sublimés des fourneaux d'or ou d'argent; à l'écume échappée de l'argent, de l'or, du cuivre, etc.

Les modernes, suivant un usage courant en chimie et en minéralogie, mais très fâcheux pour l'histoire de la science, ont détourné le mot cadmie de son sens primitif et l'ont appliqué à un métal nouveau, le *cadmium*, inconnu des anciens.

Il convient de rapprocher de la cadmie certaines substances congénères, telles que le *pompholyx* (1), devenu depuis le *nihil album* des auteurs du moyen âge, et confondu avec la *spodos* blanche, laquelle s'envole au loin et va s'attacher aux toits. D'après un texte de Pline, le pompholyx se produit pendant la purification de l'airain ; ou bien encore, en projetant le jet des soufflets sur la cadmie.

La *spodos* ou *spodion* (cendre) est au contraire, d'après Dioscoride, la partie plus lourde et plus noire, qui tombe sur la sole des fourneaux de

---

(1) Diosc., *Mat. méd.*, l. V, 85. — Pline, *H. N.*, l. xxxiv, 34. — *Lexicon Alch. Rulandi*, p. 442.

cuivre, où on la balaie ensuite. Elle est mêlée de paille, de poils et de terre, dont on la débarrasse par des lavages. La spode des fourneaux d'argent s'appelle *lauriotis* (nom qui vient des mines du Laurium). L'or, le plomb en produisent aussi. Elle peut être de couleur cendrée, jaune, verte, rouge, noire.

Le *Lexicon Alchemiæ* assimile la spode au vert de gris (*ærugo æris, ios æris*).

L'*antispode* (1), est un produit que l'on substituait au spode pour les usages médicaux. C'était la cendre de divers végétaux, incinérés dans une marmite de terre crue, à couvercle percé de trous, puis lavés.

Le nom de la cadmie a été remplacé pendant le cours du moyen âge par celui de *tutie*, donné de même à toute fumée métallique. Nous appliquons aujourd'hui ce nom de tutie à l'oxyde de zinc ; mais il avait autrefois un sens plus compréhensif.

La magnésie de Démocrite, de Geber et de certains alchimistes est, dans certains cas, équivalente à la cadmie ou tutie, mais réputée plus volatile qu'elle ; sa réduction fournissait le molybdochalque, alliage renfermant du plomb et du cuivre et analogue à certains bronzes.

CHALCANTHON, χάλκανθον, couperose, vitriol, noir de cordonnier (2).

Cette matière se préparait avec une liqueur résultant de la macération spontanée ou provoquée des minerais dans l'eau, à l'intérieur des mines de cuivre.

Le premier produit obtenu par évaporation spontanée était du sulfate de cuivre, bleu, demi-transparent, lancéolé. On l'obtenait aussi en concentrant la liqueur au feu, et l'abandonnant à la cristallisation dans des bacs de bois, sur des cordes ou des barres suspendues. Après le sel pur, venaient des sulfates plus ou moins basiques et ferrugineux. Le nom de vitriol apparaît au xiiie siècle, dans Albert le Grand.

Observons les sens divers de ce mot couperose, ou de son équivalent vitriol, tels que :

Vitriol bleu : sulfate de cuivre.

---

(1) Diosc., *Mat. méd.*, l. V, 86. — Pline, *H. N.*, l. XXXIV, 35.
(2) Diosc., *Mat. méd.*, l. V, 113.

— Pline, *H. N.*, l. XXXII, 32. — Vincent de Beauvais, *Spec. Majus*, VIII, 32.

Vitriol vert : sulfate de fer, et sulfate de cuivre basique.

— jaune et rouge : sulfates de fer basiques.

— blanc : sulfate de zinc ; sulfate d'alumine, voire même alun.

La décomposition spontanée des pyrites peut fournir tous ces composés, suivant leur degré d'impureté.

Le cuivre contenu dans les eaux mères résultant de cette décomposition en est précipité aujourd'hui sous forme métallique, au moyen des débris de fer de toute origine, lesquels fournissent des dépôts de cuivre, reproduisant souvent la forme et l'apparence des morceaux de fer. De là cette opinion, très répandue parmi les alchimistes, que le vitriol peut transmuter le fer en cuivre. Elle reposait sur un phénomène réel, mais mal compris.

Misy (1).

D'après les anciens, le misy de Chypre est doré, dur, et scintille quand on l'écrase.

C'était de même une concrétion naturelle ou minerai, à cassure dorée, qui a été décrite sous le nom de misy dans les mines de Gozlar au xvii° siècle. Le vitriol, ajoutait-on, se change aisément en misy.

A la fin du xviii° siècle, on appelle misy une matière vitriolique jaune, luisante, en pierre, ou en poudre non cristallisée (2) et assimilée à la couperose jaune.

En somme, c'est toujours là un sulfate de fer basique, renfermant du sulfate de cuivre et parfois du sulfate d'alumine, résultant de la décomposition spontanée des pyrites.

Sory (3). — On appelait de ce nom une matière congénère du misy, plus grasse, à odeur vireuse, de couleur rouge, tournant au noir.

Les Arabes désignaient sous ce même nom de sory le vitriol rouge (voisin du colcothar).

Enfin les Grecs modernes ont assimilé parfois le sory à la céruse brûlée (minium).

---

(1) Diosc., *Mat. méd.*, l. V, 116. — Pline, *H. N.*, l. XXXIV, 31. — *Lexicon Alch. Rulandi*, p. 336.

(2) Macquer, *Dict. de Chimie*, t. IV, p. 85 ; 1778.

(3) Diosc., *Mat. méd.*, l. V, 118. — Pline, *H. N.*, l. XXXIV, 30. — *Lexicon Alch. Rulandi*, p. 142. — *Salmasii Plin. Exerc.*, p. 814, 6 E.

Melanteria (1). — On appelait ainsi une sorte d'efflorescence saline, développée dans l'orifice des mines de cuivre ; une autre partie apparaissait à leur face supérieure. Elle se trouvait sous terre en Cilicie. Elle présentait, ajoute-t-on, une couleur de soufre légère et noircissait aussitôt au contact de l'eau (présence du manganèse ?).

D'après Rulandus, c'est une sorte de vitriol, dont la couleur dépend des terres qui l'ont produite et varie du jaune au bleu.

Chalcitis (2) : minerai de cuivre, pyrite cuivreuse spécialement.

On en tirait le cuivre métallique, le misy, le sory, etc.

En fait, la pyrite de fer, sous l'influence de l'air et de l'eau, se délite et s'oxyde, en formant des sulfates de cuivre, de fer, d'alumine et de l'alun. Le sel de fer ainsi produit devient bientôt basique, en se suroxydant.

Chaux vive : ἄσβεστος — *titanos* : chaux, ou plutôt pierre calcaire.

Gypse, γύψος, plâtre.

Chrysocolle — *œrugo* — *santerna* — soudure des orfèvres (3).

Ce mot a plusieurs sens, il désigne :

1° L'opération même de la soudure de l'or.

2° Les matières employées pour cette opération, telles que certains alliages d'or, encore usités chez les orfèvres. Dans le Lexique alchimique, on interprète molybdochalque (alliage de cuivre et de plomb) par chrysocolle.

3° Un sous-sel de cuivre mêlé de fer, provenant de la décomposition d'une veine métallique par l'eau ; décomposition spontanée, ou provoquée en introduisant l'eau dans la mine en hiver jusqu'au mois de juin ; on laissait sécher en juin et juillet. Le produit natif était jaune.

4° La Malachite proprement dite, sous-carbonate de cuivre vert :

L'azurite, carbonate de cuivre bleu congénère, était désigné sous le nom *d'arménium ;* probablement parce qu'on la tirait d'Arménie (4). Peut-être aussi le bleu de Chypre (κυανός) a-t-il été parfois exprimé par le même nom.

---

(1) Diosc., *Mat. méd.*, l. V, 117. — *Lexicon Alch. Rulandi.* p. 329.

(2) Diosc., *Mat. méd.*, l. V, 115 v. — Pline, *H. N.*, l. XXXIV, 29. — Vincent de Beauvais, VIII. — *Lexicon Alch. Rulandi*, p. 141.

(3) Pline, *H. N.*, l. XXXIII, 26, 27, 28, 29. — Diosc., *Mat. méd.*, l. V, 104. — Voir le présent volume, p. 57.

(4) Diosc., *Mat. méd.*, l. V, 105, 106. — Pline, *H. N.*, l. XXXV, 28.

5° Le produit obtenu en faisant agir sur le vert de gris l'urine d'un garçon impubère et le natron. L'urine apportait ici des phosphates, des chlorures et des sels ammoniacaux.

Ajoutons que nos traités de minéralogie moderne ont détourné le mot chrysocolle pour l'appliquer arbitrairement à un hydrosilicate de cuivre.

CHRYSOLITHE.

La chrysolithe moderne est le péridot : mais ce corps n'a rien de commun avec le sens ancien du mot.

La chrysolithe ancienne désignait la topaze et divers autres minéraux jaunes et brillants, qu'il est d'ailleurs difficile de préciser complètement.

CINABRE. — Ce mot s'applique aujourd'hui à une variété de sulfure de mercure, appelée aussi *anthrax* autrefois ; mais chez les Grecs et chez les Alchimistes, il a eu des sens plus complexes. Il a exprimé également :

Notre oxyde de mercure ;

Notre minium, mot employé par les anciens dans des sens multiples (voir les articles plomb et rubrique) ;

Notre réalgar (sulfure d'arsenic) ;

Tous les sulfures, oxydes, oxysulfures métalliques rouges ;

Enfin le sang dragon, matière végétale qui est le suc du *dracæna draco*.

Le signe (Pl. II, l. 13) du cinabre est un cercle avec un point central. Mais le même signe a été plus tard et à la fin du moyen âge employé pour l'œuf philosophique, pour le soleil, ainsi que pour l'or : de là diverses confusions, contre lesquelles on doit se tenir en garde (v. ce volume, p. 122).

CLAUDIANOS ou *claudianon*.

C'était un alliage de cuivre et de plomb, renfermant probablement du zinc. Il n'en est question que chez les alchimistes. Ce nom semble dériver du mot latin *Claudius*. S'agissait-il d'un corps fabriqué au temps de cet empereur et analogue aux cuivres Marien, Livien, etc. ? Pline n'en parle pas.

CLEFS (les).

Le mot *clefs* est employé comme titre d'ouvrages, dès l'époque alexandrine (après l'ère chrétienne, dans Hermès (1), Zosime, etc.). Les Arabes s'en servent fréquemment et il a été fort usité au moyen âge.

---

(1) Cité par Lactance et par Stobée (v. ce volume, p. 16, note).

Dans le sens alchimique, voici quelles sont les clefs de l'art, d'après Roger Bacon (1) : *sunt igitur claves artis : congelatio, resolutio, inceratio, proportio ; sed alio modo, purificatio, distillatio, separatio, calcinatio et fixio.*

C'est-à-dire : « les clefs de l'art sont la solidification, la résolution (à l'état liquide ou dissous), le ramollissement, l'emploi des proportions convenables (dans les matières, ou dans les agents, tels que le feu) ; ou d'une autre façon, la purification, la distillation (par évaporation ou filtration, d'après l'ancien sens de ce mot : couler goutte à goutte), la séparation, la calcination et la fixation (des métaux fusibles ou volatils, ramenés à l'état solide et résistant au feu) ».

De même dans Vincent de Beauvais (*Speculum majus*, VIII, 88) : « les clefs ou les pratiques de cet art sont la mortification (amortissement des métaux), la sublimation, la distillation, la solution, la congélation, la fixation, la calcination ». Basile Valentin parle aussi des douze clefs de l'art.

Cobalt — *cobathia* — *kobold*. — Le cobalt est réputé avoir été découvert en 1742 par Brandes, qui l'isola sous forme métallique. Son nom même est tiré de celui de certains de ses minerais, appelés *kobalt* ou *kobold*, et constitués par des arséniosulfures complexes. Ce nom de kobold a été expliqué jusqu'ici par celui de certains démons trompeurs, habitant les mines : c'est, dit-on, une allusion à la difficulté de traiter ces minerais et aux tentatives infructueuses que l'on avait faites pour en extraire du cuivre, métal indiqué par la production des verres bleus, qui dérivent de ce minerai.

En fait, le bleu de cobalt était connu des anciens. H. Davy a trouvé ce métal dans certains verres bleus, d'origine grecque et romaine, et M. Clemmer dans des perles égyptiennes. Le bleu mâle de Théophraste, opposé au bleu femelle, ne serait autre que du bleu de cobalt, opposé aux dérivés bleus du cuivre. L'étymologie même du mot cobalt semble remonter au grec. En effet, dans le *Lexicon Alchemiæ Rulandi*, p. 158, on lit : *Cobatiorum fumus est kobolt*; c'est-à-dire « la fumée des *cobatia*, c'est le kobolt ». Cette expression « fumée des cobathia » figure dans un passage d'Hermès cité par Olympiodore (*texte grec*, p. 85). Elle est traduite dans le Lexique alchi-

____

(1) *Bibl. chem.* de Manget, t. I, p. 623.

mique (*texte grec*, p. 9, note) par « les vapeurs de l'arsenic (sulfuré) » : il s'agit donc bien d'un composé arsenical. Il y aurait eu dès lors pour l'étymologie du cobalt une confusion entre un mot grec ancien et un mot allemand, analogue à celle qui s'est produite entre l'égyptien et le grec, pour les mots chimie, sel ammoniac, etc. : ces mots n'auraient pas d'ailleurs eu le sens précis de notre cobalt au début, mais ils l'auraient acquis par une extension postérieure.

Quant au cobalt métallique, sa connaissance remonte au-delà du XVIIIe siècle. En effet, on lit dans le *Lexicon Alchemiæ Rulandi*, ouvrage publié à Francfort, en 1612, p. 271, un texte latin, suivi d'un texte allemand équivalent, dont voici la traduction : « Kobolt ; kobalt ou collet : c'est une matière métallique, plus noire que le plomb et le fer, grisâtre, ne possédant pas l'éclat métallique ; elle peut être fondue et laminée (au marteau) ». Puis viennent des indications relatives au minerai, exprimé par le même nom. « C'est un soufre donnant des fumées, et sa fumée entraîne le bon métal. — C'est aussi une cadmie fossile d'où l'on tire un airain utile en médecine, etc.» La première phrase désigne évidemment le cobalt impur, l'un de ces demi-métaux dont Brandes reprit plus tard l'étude. Observons que les alchimistes du moyen âge traitaient les minerais métalliques par les mêmes procédés de grillage, réduction et fonte que les modernes, et dès lors ils ont dû obtenir les mêmes métaux ; mais ils n'avaient pas nos règles scientifiques pour les purifier, les définir et les distinguer avec exactitude. J'ai déjà mis en évidence la connaissance du régule d'antimoine dès l'antiquité, mais il était confondu avec le plomb. Le cobalt et le nickel ont dû être confondus aussi, soit avec le fer, soit avec le cuivre et ses alliages (v. *Pseudargyre*).

COUPHOLITHE. — Ce mot semble avoir été appliqué au talc et à des silicates tendres, analogues. Le nom de coupholithe est resté parmi les noms des pierres usitées par les orfèvres (1). Il est aussi appliqué en Minéralogie à une variété de prehnite (silicate d'alumine et de chaux ferrugineux et hydraté) qui se présente tantôt en lames minces blanches, analogues au sulfate de chaux; tantôt en masses fibreuses un peu verdâtres.

Il semble d'ailleurs que ce soit là un vieux nom, conservé à l'une des

---

(1) *Manuel Roret* du Bijoutier, t. I, p. 130, 1832.

substances auxquelles il s'appliquait autrefois; et non une dénomination
ancienne transportée à une substance moderne, comme il est arrivé trop souvent, en Minéralogie. Autrement on ne comprendrait ni la persistance de ce
nom chez les orfèvres, ni sa spécialisation à une simple variété.

Éléments actifs.

D'après Aristote (*Météorol.* l. IV), il y a deux éléments actifs, le chaud et
le froid; deux passifs, le sec et l'humide.

Ailleurs il s'agit de simples qualités, mises en relation avec les quatre éléments ordinaires (*de Generatione*, L. II, ch. 3 et 4). Le feu est chaud et sec;
l'air chaud et humide ; l'eau froide et humide ; la terre froide et sèche; etc.,
etc. Ces éléments se transforment les uns dans les autres. Stephanus expose à
peu près la même théorie. Ces idées ont joué un grand rôle en médecine.
Aristote dit encore (*Météorol.* l. III, ch. 7) : « il y a deux exhalaisons (ἀνα-
θυμιάσεις), l'une vaporeuse (ἀτμιδώδης), l'autre enfumée (καπνώδης).

« L'exhalaison sèche et brûlante produit les matières fossiles (ὀρυκτά),
telles que les pierres infusibles, la sandaraque, l'ocre, la rubrique, le
soufre, etc. L'exhalaison humide produit les minéraux (μεταλλευτά), c'est-à-
dire les métaux fusibles et ductiles, comme le fer, le cuivre, l'or, etc. En
général, ils sont détruits par le feu (πυροῦνται) et contiennent de la terre,
car ils renferment une exhalaison sèche. L'or seul n'est pas détruit par le
feu... » — On voit ici l'origine de certaines idées alchimiques. C'est ainsi
que Stéphanus (6ᵉ leçon dans Ideler, t. II, p. 224, l. 7), dit, presque dans les
mêmes termes qu'Aristote :

« Il y a deux choses qui sont les matières et les causes de tout, la
vapeur qui s'élève et l'exhalaison fuligineuse des corps, en laquelle est la
cause des modifications en question. La vapeur est la matière de l'air; la
fumée, la matière du feu, etc. ».

Esprits (πνεύματα).

Les mots *esprits, corps, âmes*, sont fréquemment employés par les alchimistes dans un sens spécial, qu'il importe de connaître pour l'intelligence
de leurs écrits. Les passages suivants, quoique d'une époque plus moderne,
jettent beaucoup de lumière sur ce point.

On lit dans le traité *de Mineralibus*, prétendu d'Albert le Grand (l. I, tr. 1,
ch. 1ᵉʳ) : « ce qui s'évapore au feu est esprit, âme, accident; ce qui ne s'éva-

pore pas, corps et substance ». Cet auteur attribue encore à Démocrite l'opinion qu'il y a dans les pierres une âme élémentaire, laquelle est la cause de leur génération (l. I, tr. i, ch. 4).

Le Pseudo-Aristote (1) définit de même les corps et les esprits, et il ajoute : « les corps volatils sont des accidents, parce qu'ils ne manifestent leurs qualités et vertus que s'ils sont associés aux substances ou corps fixes : pour opérer cette association, il faut purifier les uns et les autres. » Il y a là un mélange de pratiques matérielles et d'idées mystiques.

Vincent de Beauvais, *Speculum majus* (VIII, 60), donne sous le nom d'Avicenne l'exposé suivant.

« Il y a quatre esprits minéraux : le soufre, l'arsenic, le sel ammoniac, le mercure, distincts par leur aptitude à être sublimés ; et six corps métalliques : l'or, l'argent, le cuivre, l'étain, le fer, le plomb. Les premiers sont des esprits, parce que leur pénétration dans le corps (métallique) est nécessaire, pour accomplir sa réunion avec l'âme » — « *Spiritus, inquam, sunt quia per eos imprimitur corpus ut possit cum animâ conjungi.* » Et plus loin (VIII, 62) : « Nulle chose ne peut être sublimée sans le concours d'un esprit. La pierre ne s'élève pas d'elle-même par l'action du feu ; tandis que les esprits s'élèvent d'eux-mêmes, c'est-à-dire se subliment, se dissolvent et déterminent la dissolution des autres substances ; ils brûlent, refroidissent, dessèchent et humectent les quatre éléments. » Cette dernière phrase attribue aux esprits le rôle des qualités aristotéliques citées plus haut.

« Ce qui ne fuit pas le feu », dit encore Avicenne, « est dit fixe : tels sont les corps des pierres et des métaux. »

Dans la langue même de notre temps, le nom d'esprits volatils est encore appliqué à certaines substances, tels que l'ammoniaque, l'alcool, les essences, etc.

D'après Geber (2) il y a sept esprits, dont voici les noms, rangés dans l'ordre de leur volatilité : le mercure, le sel ammoniac, le soufre, l'arsenic,

---

(1) *De perfecto magisterio*, *Bibl. chem.* de Manget, t. I, p. 638.

(2) Voir aussi *Lexicon Alchemiæ Rulandi,* p. 442.

(c'est-à-dire son sulfure, placé auprès du soufre par l'auteur), la marcassite, la magnésie et la tutie.

Geber dit encore :

« Les esprits (corps volatils) seuls et les matières qui les contiennent en puissance, sont capables de s'unir aux corps (métalliques) ; mais ils ont besoin d'être purifiés pour produire une teinture parfaite, et ne pas gâter, brûler, noircir les produits. Il y a des esprits corrosifs et brûlants, tels que le soufre, l'arsenic (sulfuré), la pyrite ; d'autres sont plus doux, tels que les diverses espèces de tutie (oxydes métalliques volatils). C'est par la sublimation qu'on les purifie. » — Cette sublimation se compliquait de l'action oxydante de l'air, spécialement dans le cas de la pyrite et du sulfure d'arsenic.

L'Aludel, appareil destiné à ces sublimations, devait être construit en verre, ou en une substance analogue, non poreuse, et capable de retenir les esprits (matières volatiles) et de les empêcher de s'échapper, d'être éliminés par le feu. Les métaux ne conviennent pas, parce que les esprits s'y unissent, les pénètrent, et même les traversent. Tout ceci est très clair pour nous.

Le Pseudo-Aristote donne la même liste (1) des esprits que Geber, en assimilant ces êtres aux planètes.

Dans Rulandus, qui développe la même énumération, la magnésie est remplacée par le *wismath*, lequel semble être un sulfure métallique, se rattachant aux minerais d'étain et de plomb. Ce nom a été détourné de son vieux sens, pour être appliqué par les modernes à un métal nouveau, inconnu des anciens, le bismuth ; de même que le nom de cadmie a été détourné de son sens pour être appliqué au cadmium. Mais ce n'était pas là la signification ancienne du mot.

Revenons aux esprits de Geber et d'Avicenne, afin de tâcher de comprendre les idées d'autrefois et les faits qui leur correspondaient. Les uns de ces esprits, tels que le mercure, le sel ammoniac, le soufre, le sulfure d'arsenic, sont en effet des substances susceptibles de sublimation pure et simple. Les autres sont réputés secondaires : la sublimation n'ayant lieu

---

(1) *De Perfecto Magisterio, Bibl. chem.* de Manget, t. I, p.638.

que par l'effet d'une opération complexe, et mal comprise, mais dont la complexité avait été entrevue par les alchimistes. En effet la marcassite, ou pyrite, chauffée dans un appareil distillatoire en terre, donne d'abord du soufre, en laissant un résidu ; ce résidu s'oxyde peu à peu sous l'influence de l'air, qui pénètre dans l'appareil, et une partie du produit se sublime à son tour peu à peu, à une température plus haute, en fournissant des oxydes métalliques, blancs ou colorés. Geber distingue nettement ces deux phases du phénomène (*Bibl. Chemica* de Manget, t. I, p. 534).

La tutie était réputée le moins volatil des esprits ; la magnésie était intermédiaire entre la tutie et la marcassite : enfin la sublimation de la tutie et celle de la magnésie étaient assimilées à la seconde phase de celle de la marcassite, phase dans laquelle l'action de l'air développait les oxydes métalliques.

On voit par là que la magnésie de Geber, comme celle du Pseudo-Démocrite, et, plus tard, la tutie, désignaient à la fois certains minerais sulfurés de zinc, de plomb, d'étain, de cuivre, etc., ainsi que le mélange des oxydes formés par sublimation lente aux dépens de ces minerais de zinc, de plomb, de cuivre, etc.; c'est-à-dire que cette magnésie se rattache à la famille des cadmies, dans laquelle on rencontre également le double sens de minerai naturel et de ses dérivés obtenus par grillage. Les sens du mot magnésie sont d'ailleurs plus compréhensifs encore, comme il sera dit plus loin.

Étain — κασσίτερος — *Stannum* — plomb blanc (1).

Dans Homère, le mot κασσίτερος désigne un alliage d'argent et de plomb (ou d'étain ?). Le sens actuel du métal étain n'a peut-être été acquis à ce mot d'une manière précise et exclusive que vers le temps d'Alexandre et des Ptolémées, bien que le métal même ait été employé comme composant du bronze depuis les époques préhistoriques. De même le mot *stannum* est donné par Pline au plomb argentifère (H. N., l. XXXIV, 47), aussi bien qu'au plomb blanc, qui était l'étain véritable. Dans la lecture des anciens auteurs, il faut se méfier continuellement de ces sens multiples et variables avec les temps des dénominations métalliques qu'ils emploient. Pour pouvoir tirer d'un mot des conséquences certaines, au point de vue des

______

(1) Pline, *H. N.*, l. XXXIV, 47.

connaissances chimiques d'une certaine époque, il est nécessaire, en général, de posséder des objets, armes, statues, ou instruments, répondant exactement à cette époque et à ce mot. En dehors de cette règle, on est exposé aux erreurs et aux confusions les plus étranges.

Pline ajoute qu'on contrefait l'étain avec un mélange renfermant 1/3 de cuivre blanc et 2/3 de plomb blanc; ou bien avec poids égaux de plomb blanc et de plomb noir : c'est ce qu'on appelait alors plomb argentaire. Ces fraudes sont encore usitées aujourd'hui, les fabricants d'objets d'étain mêlant le plus de plomb qu'ils peuvent à l'étain pur, à cause du bas prix du plomb.

Étymologies chimiques doubles. — C'est une circonstance digne d'intérêt qu'un certain nombre de mots chimiques ont deux étymologies : l'une égyptienne, qui paraît la véritable; l'autre grecque, qui semble fabriquée après coup et pour rendre compte de la transcription hellénique du mot ancien.

Je citerai, par exemple, les mots *asèm*, *chimie*, *sel ammoniac*.

Le mot *asèm* désignait un alliage métallique particulier imitant l'or et l'argent et spécialement ce dernier métal (p. 62 et suiv.). Il a été traduit en grec par les mots : ἄσημος, ἄσημον, ἀσήμη, lesquels signifiaient d'abord l'argent sans titre, et ont pris, en grec moderne, le sens complet de l'argent. La confusion entre ces mots est l'une des origines des idées de transmutation.

Le mot *chimie* paraît dérivé du mot égyptien *chemi*, qui est le nom de l'Egypte elle-même. Mais les Grecs l'ont rattaché soit à χυμός (suc), soit à χέω (fondre), parce que c'était l'art du fondeur en métaux.

Le nom du *sel ammoniac* (carbonate de soude d'abord, plus tard chlorhydrate d'ammoniaque (p. 45), est dérivé de celui du dieu égyptien Ammon. Mais il a été rattaché aussi par les Grecs au mot ἄμμον, sable, etc.

Ces fausses étymologies rappellent le système de Platon pour les cas analogues.

Fer.

Le basalte était désigné par le nom du fer chez les Egyptiens.

On distinguait parmi les dérivés du fer, les corps suivants :

Rubigo ou *ferrugo*, ἰός, la rouille, c'est-à-dire l'oxyde de fer hydraté et les sels basiques de même teinte (1). A l'état anhydre ce corps est devenu le colcotar du moyen âge, qui est à proprement parler le résidu de la calcination des sulfates de fer.

Squama. — C'est l'écaille tirée des armes pendant leur fabrication, *ex acie aut mucronibus* (2). Il semble que ce corps répondait à notre oxyde des batitures.

Scoria (3), autre résidu ferrugineux. — Elle est appelée aussi *sideritis*.

Au fer se rattachent l'*aimant* ou pierre magnétique, l'*hématite*, la *pierre schisteuse*, les *ocres*, les *pyrites*, ainsi que la *rubrique*.

Donnons quelques détails sur ces différentes matières.

Aimant ou *magnes*, dénommé parfois également *sideritis* (4).

L'aimant était appelé *ferrum vivum* et assimilé à un être vivant, à cause de son action attractive sur le fer. On distinguait le mâle et le femelle. On en reconnaissait plusieurs espèces : les uns roux, les autres bleuâtres, qui étaient les meilleurs ; d'autres noirs, sans force ; d'autres blancs et n'attirant pas le fer. L'aimant tirait son nom de *magnes*, de celui de Magnésie, qui appartenait à une province de Thessalie et à deux villes d'Asie (v. *Magnésie*).

Hématite (5). — Le sens moderne de ce mot est resté à peu près le même que le sens antique : fer oligiste et fer oxydé hydraté. La *pierre schiste* est congénère (6) : c'est l'hématite fibreuse.

Ocres (7). — L'ocre, brûlée dans des pots neufs, donnait la rubrique (sanguine). Les mots *sil, usta* (8) ont un sens analogue. On les obtenait aussi en brûlant l'hématite (9).

Pyrites (10). — Ce mot désignait les sulfures de fer et de cuivre et les corps congénères : sens qu'il a conservés. La pyrite blanche et la pyrite dorée

---

(1) PLINE, *H. N.*, l. XXXIV, 45. — DIOSC. *Mat. méd.*, l. V, 93.

(2) PLINE, *H. N.*, l. XXXIV, 46.

(3) DIOSC., *Mat. méd.*, l. V, 94.

(4) DIOSC., *Mat. méd.*, l. V, 147. — PLINE, *H. N.*, l. XXXIV, 42, et l. XXXVI, 25. — *Lexicon Alch. Rulandi*, p. 275, 314.

(5) DIOSC., *Mat. méd.*, l. V, 143. — PLINE. *H. N.*, l. XXXVI, 25.

(6) PLINE, *H. N.*, l. XXXIV, 37.

(7) DIOSC., *Mat. méd.*, l. V, 108. — PLINE. *H. N.*, l. XXXV, 16, 20, 22.

(8) PLINE, *H. N.*, l. XXXV, 32 ; l. XXXIII, 56, 57.

(9) VITRUVE, l. VII, ch. VII. — PLINE, *H. N.*, l. XXXVI, 37.

(10) DIOSC., *Mat. méd.*, l. V, 142. — PLINE, *H. N.*, l. XXXVI, 30.

notamment sont distinguées par Pline. La chalcite. ou minerai de cuivre répondait surtout à la pyrite cuivreuse.

D'après Pline. le même nom était donné à la meulière et à la pierre à briquet. que l'on supposait contenir le feu produit par leur intermédiaire.

Le mot *Chalcopyrite*. qui désignait sans doute à l'origine la pyrite cuivreuse. a changé de sens plus tard : il aurait signifié le plomb ou plutôt l'un de ses minerais, chez les alchimistes. d'après le *Lexicon Alch. Rulandi.*

Le mot *marcassite* a remplacé celui de pyrite au moyen âge. avec un sens encore plus étendu. Voir ce mot.

Rubrique. — Ce mot désignait la sanguine: mais on l'appliquait aussi au minium. au vermillon et même parfois au cinabre.

Feu les vertus du .

D'après Pline : *Ignis accipit arenas. ex quibus alibi vitrum. alibi argentum. alibi minium. alibi plumbi genera. alibi medicamenta fundit. Igne lapides in æs solvuntur, igne ferrum gignitur ac domatur. igne aurum perficitur. etc.* [1].

Ce passage aurait pu être écrit par un alchimiste. On lit déjà dans un hymne chaldéen au feu. traduit par M. Oppert : O toi qui mêles ensemble le cuivre et le plomb [2] : ô toi qui donne la forme propice à l'or et à l'argent. etc. .

FIGURES GÉOMÉTRIQUES DES SAVEURS ET DES ODEURS.

Démocrite leur a attribué des figures. On lit aussi dans Théophraste. *de Causis Plantarum,* l. VI. ch. :

La saveur douce résulte de matières rondes et grosses:

    —   acerbe et aigre, de matières polyédriques. âpres :
    —   aiguë — de certains corps pointus, petits, courbes;
    —   âcre — de corps ronds, petits. courbes :
    —   salée — de corps anguleux. grands. tordus. etc.:
    —   amère — de corps ronds, légers. tordus. petits:
    —   grasse — de corps ténus, ronds. petits:

---

[1] Pline. *H. N.,* l. XXXVI. 65.

[2] Ou l'étain, suivant d'autres interprètes.

Fixation des métaux.

Ce terme est employé comme synonyme de transmutation ; il signifie, à proprement parler :

1° L'acte qui consiste à ôter au mercure sa mobilité, soit en l'associant à d'autres métaux ou bien au soufre, soit en l'éteignant à l'aide de divers mélanges.

2° L'opération par laquelle on ôte au mercure et plus généralement aux métaux très fusibles, tels que le plomb et l'étain, leur fusibilité, de façon à les rapprocher de l'état de l'argent.

3° L'opération par laquelle on ôte au mercure sa volatilité.

Les métaux étant ainsi fixés et purifiés de leur élément liquide,

4° On leur communiquait une teinture solide, fixe, qui les amenait à l'état d'argent ou d'or. Arrivés au dernier état, ils étaient définitivement fixés, c'est-à-dire rendus incapables d'une altération ultérieure.

Gagates (pierre), notre jais ? (1) Pierre de Memphis (2), sorte d'asphalte.

Ios — ἰός — *virus*.

Ces mots ont des sens très divers chez les anciens.

Virus s'applique dans Pline à certaines propriétés ou vertus spécifiques des corps, telles que : l'odeur (3) du cuivre, du sory, de la sandaraque (4) ; — leur action vénéneuse.

L'action médicale des cendres d'or (5) ;

La vertu magnétique communiquée au fer par l'aimant (6).

Ἰός signifie plus particulièrement la rouille ou oxyde des métaux, ainsi que le venin du serpent, parfois assimilé à la rouille dans le langage symbolique des alchimistes. La pointe de la flèche, symbole de la quintessence, l'extrait doué de propriétés spécifiques, la propriété spécifique elle-même ; enfin le principe des colorations métalliques, de la coloration jaune en particulier.

---

(1) Pline, l. XXXVI. 34. — Diosc., *Mat. Méd.*, l. V, 145.

(2) Diosc., *Mat. méd.*, l. V, 157.

(3) Quelque chose de ce sens s'est conservé dans les mots « odeur vireuse », usités en botanique et en chimie.

(4) *H. N.*, l. XXXIV, 30, 48, 55.

(5) Pline, *H. N.*, l. XXXIII, 25.

(6) Id., l. XXXIV, 42.

Iosis, — ἴωσις, — signifie :

1° L'opération par laquelle on oxyde (ou l'on sulfure, etc.) les métaux;

2° La purification ou affinage des métaux, tels que l'or : c'est une conséquence des actions oxydantes exercées sur l'or impur, avec élimination des métaux étrangers sous forme d'oxydes;

3° La virulence ou possession d'une propriété active spécifique, communiquée par exemple à l'aide de l'oxydation;

. 4° Enfin la coloration en jaune, ou en violet, des composés métalliques, coloration produite souvent par certaines oxydations.

Nous conserverons quelquefois ce mot sans le traduire, afin de lui laisser sa signification complexe.

Magnésie. — C'est l'un des mots dont la signification a le plus varié dans le cours des temps (v. p. 221). Jusqu'au xviiie siècle, il n'a rien eu de commun avec la magnésie des chimistes d'aujourd'hui.

A l'époque de Pline et de Dioscoride, la pierre de Magnésie désigna d'abord la pierre d'aimant, l'hématite (voir le mot fer) et divers minéraux appelés aussi *magnes*, de couleur rouge, bleuâtre, noire ou blanche, originaires de la province ou des villes portant le nom de Magnésie; ils comprenaient certaines pyrites métalliques. Le *magnes* était l'espèce mâle et la *magnesia* l'espèce femelle.

Les alchimistes grecs ont appelé de ce dernier nom les mêmes corps et spécialement les minerais, parfois sulfurés, tels que les pyrites, employés dans la fabrication du molybdochalque (voir p. 153), alliage de cuivre et de plomb (Zosime). Ils l'appliquent même au sulfure d'antimoine (voir le Lexique alchimique). Puis, par extension, ce nom a été donné aux cadmies ou oxydes métalliques, au plomb blanc et même aux alliages, provenant du grillage et des traitements des pyrites.

En raison de son rôle dans la transmutation, le molybdochalque, substance appelée aussi *métal de la magnésie* (τὸ σῶμα τῆς μαγνησίας), est appelée τὸ πᾶν (le tout), en certains endroits de Zosime.

Plus tard, chez les Arabes, le mot magnésie s'applique à des minerais de plomb et d'étain, sulfurés aussi; ainsi qu'aux marcassites ou pyrites, susceptibles de fournir des sublimés analogues à la cadmie et à la tutie (Geber et le Pseudo-Aristote, *Bibl. chem.* de Manget, t. I, p. 645, 649, etc.).

Les alchimistes latins (1) ont désigné sous le nom de magnésie non seulement les pyrites (dont certaines appelées *wismath*), mais aussi l'étain allié au mercure par fusion, et un amalgame d'argent très fusible, de consistance cireuse, appelé la magnésie des philosophes, parce qu'il servait à fabriquer la pierre philosophale. C'était « l'eau mystérieuse congelée à l'air et que le feu liquéfie. »

D'après un texte du *Lexicon Alch.* de Rulandus (p. 322), la magnésie représentait un certain état intermédiaire de la masse métallique, pendant les opérations de transmutation.

Il est difficile de ramener de semblables notions à la précision de nos définitions modernes.

Dans le Pseudo-Aristote arabe (2), on lit pareillement : *Dicitur argentum vivum, quod in corpore magnesiæ est occultatum et in eo gelandum.* Il entendait par là un synonyme du mercure des philosophes, que l'on supposait contenu dans le métal de la magnésie.

La *magnésie noire* désignait chez les anciens, tantôt un oxyde de fer, tantôt le bioxyde de manganèse (3). Elle est déjà mentionnée comme servant à purifier le verre dans le livre *De Mineralibus* (L. II, tr. II, ch. 11), attribué à Albert le Grand.

Macquer (*Dictionnaire de Chimie*, 1778), à la fin du xviii° siècle, distingue :

1° La *magnésie calcaire*, précipité formé par la potasse (carbonatée) dans les eaux-mères du nitre ou du sel commun : c'était du carbonate de chaux impur, parfois mêlé avec le carbonate de magnésie actuel ;

2° Une autre magnésie calcaire, formée en précipitant les mêmes eaux-mères par l'acide sulfurique ou par les sulfates : c'était du sulfate de chaux ;

3° La *magnésie du sel d'Epsom* ou *de Sedlitz*, précipité obtenu au moyen du carbonate de potasse : c'était notre carbonate de magnésie, dont l'oxyde a seul retenu définitivement le nom de magnésie, dans la chimie scientifique actuelle. Le carbonate en porte aussi le nom en pharmacie.

---

(1) *Lexicon Alch. Rulandi*, p. 316.
(2) *Tractatulus ; Bibl. chem.* de Manget, t I, 661.

(3) Le nom même de notre manganèse est une autre transformation moderne du mot *magnes.*

Marcassite.

Ce mot, regardé parfois comme synonyme de pyrite, est employé par les alchimistes du moyen âge pour désigner les sulfures, arséniosulfures et minerais analogues, de tous les métaux proprement dits: fer, cuivre, plomb et antimoine, étain, argent, or. La marcassite blanche ou pyrite argentine était appelée spécialement *Wismath* ou magnésie. La marcassite plombée est le sulfure d'antimoine.

Massa, μᾶζα.

Ce mot est donné comme synonyme d'Alchimie dans le traité attribué à Albert le Grand et dans sa traduction grecque (Théoctonicos; v. p. 209). On trouve également dans le *Lexicon Alch. Rulandi* : *Kymus, id est massa. Kuria vel kymia, id est massa, alchimia.*

Mercure (1).

Pline distingue l'*argentum vivum*, métal natif, et l'*hydrargyrum* ou argent liquide, métal artificiel.

Il prépare celui-ci sans distillation, en broyant le cinabre et le vinaigre dans un mortier de cuivre avec un pilon de cuivre.

On obtenait aussi le mercure en plaçant le cinabre dans une capsule de fer, au milieu d'une marmite de terre, surmontée d'un chapiteau (*ambix*), dans lequel se condensait la vapeur sublimée : (αἰθάλη). On lit dans Dioscoride : ʹΗ γὰρ προσίζουσα τῷ ἀμβικι αἰθάλη ἀποξυσθεῖσα καὶ ἀποψυχθεῖσα ὑδράργυρος γίνεται. « La vapeur sublimée adhérente à l'alambix, raclée et refroidie devient mercure. » — C'est l'origine de l'alambic.

Dans Aristote se trouve le curieux passage que voici :

« Quelques-uns disent que l'âme communique au corps son propre mouvement : ainsi fait Démocrite, lequel parle à la façon de Philippe, auteur comique. Ce dernier dit que Dédale communique le mouvement à une Vénus de bois, en y plaçant de l'argent liquide ». (*De Animâ*, l. I, ch. 3.)

C'est déjà le principe de l'expérience du culbuteur chinois, que l'on fait aujourd'hui dans les Cours de Physique. Mais on peut aussi voir là l'origine de quelques-unes des idées mystiques des Alchimistes, qui ont pris au sérieux les apparences tournées en plaisanterie par les anciens Grecs.

---

(1) Dioscoride, *Mat. méd.*, l. V, 110. — Pline, *H. N.*, l. XXXIII, 32-42.

Le mercure des philosophes, ou matière première des métaux (1), représentait pour les Alchimistes une sorte de quintessence du mercure ordinaire ; ces deux corps étant tantôt confondus, tantôt distingués. C'est dans ce sens qu'il convient d'entendre ce qui suit.

D'après les Alchimistes du moyen âge, le mercure est l'or vivant ; la mère des métaux. Il les engendre par son union avec son mâle, le soufre ; il tue et fait vivre ; il rend humide et sec ; il chauffe et refroidit, etc... L'Eau c'est Adam, la Terre est Eve (RULANDUS, *Lexicon Alchemiæ*, p. 47), etc.

Tout ceci atteste la persistance des vieilles formules, à travers le moyen âge ; car la dernière assimilation remonte à Zosime et aux gnostiques.

Citons encore quelques-uns des synonymes alchimiques du mercure :

Aquam autem simplicem, aliàs vocant venenum, argentum vivum, cambar, aquam permanentem, gumma, acetum, urinam, aquam maris, Draconem, serpentem (2).

On lit les noms suivants du mercure dans Vincent de Beauvais, *Speculum majus,* VIII, 62 :

Acetum attrahens, et aqua aggrediens et oleum mollificans... servus quoque fugitivus (3).

Puis vient un dialogue entre l'or et le mercure. L'or dit au mercure : « Pourquoi te préfères-tu à moi ? je suis le maître des pierres qui ne souffrent pas le feu. » Et il lui répond : « Je t'ai engendré et tu ne sais pas que tu es né de moi. Une seule partie tirée de moi vivifie un grand nombre des tiennes ; tandis que dans ton avarice tu ne donnes rien de toi dans les traitements. »

Le mercure est présenté comme l'élément de tous les corps métalliques liquéfiables par le feu ; après leur liquéfaction, ils prennent l'apparence rouge.

D'après Avicenne (*Bibl. chem.* de Manget, t. I, p. 627), « le mercure est le serpent qui se féconde lui-même, engendrant en un jour ; il tue tout par son venin ; il s'échappe du feu. Les sages le font résister au feu : alors il accomplit les œuvres et mutations... Il se trouve dans tous les minéraux et il possède avec tous un principe commun ; c'est la mère des minéraux.

---

(1) *Origines de l'Alchimie*, p. 279.
(2) Voir *Turba philosophorum* (Biblioth. *Chem.* de Manget, t. I, p. 500).
(3) Voir Ostanès, ce v. p. 217.

« Un seul métal tombe au fond, c'est l'or et par là tu connais le plus grand secret, parce que le mercure reçoit dans son sein ce qui est de la même nature que lui. Il repousse les autres, parce que sa nature se réjouit plus avec une nature pareille qu'avec une nature étrangère (1). Il est le seul qui triomphe du feu et n'est pas vaincu par lui; mais il s'y repose amicalement... Il contient son propre soufre excellent, par lequel on fixe l'or et l'argent, suivant le mode de digestion. »

Métaux. — *Génération des métaux.*

Aux opinions des anciens, relatives à cette question et rapportées dans mes *Origines de l'alchimie*, il paraît intéressant d'ajouter quelques textes.

Les métaux sont formés d'eau et de terre, d'après Aristote (*Météor.*, l. IV, chap. 8) : ce qui exprime leur fusibilité et leur fixité, aussi bien que leur aptitude à être changés en oxydes.

Aristote (*De Generatione*, l. I, chap. 10) distingue encore les corps en réceptifs ou passifs, et actifs ou donnant la forme : ὡς θάτερον μὲν δεκτικόν, θάτερον δ'εἶδος. C'est ainsi que l'étain disparaît, en subissant l'influence de la matière du cuivre qui le colore : πάθος τι ὂν ἄνευ ὕλης τοῦ χαλκοῦ σχεδὸν ἀφανίζεται, καὶ μιχθεὶς ἅπασι χρωματίσας μόνον...Nous touchons ici aux notions alchimiques.

J'ai cité plus haut (article *éléments actifs*, p. 246) le passage d'Aristote sur l'exhalaison sèche et sur l'exhalaison humide, laquelle produit les métaux. Une partie de ceci rappelle, sous une forme plus vague, les théories actuelles sur les minéraux de filons, produits par les vapeurs souterraines.

Et ailleurs (*Météor.*, l. IV, ch. 2) : « L'or, l'argent, le cuivre, l'étain, le plomb, le verre et bien des pierres sans nom, participent de l'eau : car tous ces corps fondent par la chaleur. Divers vins, l'urine, le vinaigre, la lessive, le petit-lait, la lymphe participent aussi de l'eau, car tous ces corps sont solidifiés par le froid. Le fer, la corne, les ongles, les os, les tendons, le bois, les cheveux, les feuilles, l'écorce, participent plutôt de la terre : ainsi que l'ambre, la myrrhe, l'encens, etc. »

---

(1) Ceci montre quel intérêt on attachait à des propriétés qui nous paraissent aujourd'hui peu importantes.

On remarquera aussi l'axiome du Pseudo-Démocrite sur les natures, reproduit par Avicenne.

J'ai cité des passages analogues tirés du *Timée* de Platon (1).

Tous ces énoncés témoignent de l'effort fait par la science antique pour pénétrer la constitution des corps et manifestent les analogies vagues qui guidaient ses conceptions.

La Théorie des exhalaisons est le point de départ des idées ultérieures sur la génération des métaux dans la terre, que nous lisons dans Proclus (voir *Origines de l'Alchimie*, p. 48), et qui ont régné pendant le moyen âge (voir le présent volume, p. 78). On lit encore, dans Vincent de Beauvais (VIII, 6) : « D'après Rhazès, les minéraux sont des vapeurs épaissies et coagulées au bout d'un temps considérable. Le vif argent et le soufre se condensent d'abord. Les corps transformés graduellement pendant des milliers d'années dans les mines arrivent à l'état d'or et d'argent ; mais l'art peut produire ces effets en un seul jour. »

Dès les temps les plus anciens, ces idées se sont mêlées avec des imaginations astrologiques, relatives aux influences sidérales (ce volume, p. 73 et suiv.). C'est ainsi qu'on lit dans la *Bibl. Chem.* de Manget, t. I, p. 913 : « Les métaux et les pierres n'éprouvent pas les influences célestes, sous leur forme même de métaux ou de pierres, mais lorsqu'ils sont sous la forme de vapeurs et tandis qu'ils durcissent. » On voit par là le sens mystique de ces mots attribués à Hermès par Albert le Grand : « la terre est la mère des métaux ; le ciel en est le père. » De même cet autre axiome hermétique : « En haut les choses terrestres ; en bas les choses célestes » (2), lequel s'appliquait à la fois à la transformation des vapeurs dans la nature et à la métamorphose analogue que l'on effectuait par l'art dans les alambics.

Avicenne, après avoir décrit le détail supposé de cette création des métaux, ajoute : « Cependant il est douteux que la transmutation effective soit possible. Si l'on a donné au plomb purifié les qualités de l'argent (chaleur, saveur, densité), de façon que les hommes s'y trompent, la différence spécifique ne peut être enlevée parce que l'art est plus faible que la nature (VINCENT DE BEAUVAIS, VIII, 84). »

Albert le Grand (*De Mineralibus*, l. III, tr. 1, ch. 9) dit de même : « Ceux qui blanchissent par des teintures blanches et jaunissent par des teintures

---

(1) *Origines de l'Alchimie*, p. 269 à 271. | (2) Ce volume, p. 161 et 163, fig. 37.

jaunes, sans que l'espèce matérielle du métal soit changée, sont des trompeurs, et ne font ni vrai or, ni vrai argent… J'ai fait essayer l'or et l'argent alchimiques en les soumettant à six ou sept feux consécutifs ; le métal se consume et se perd, en ne laissant qu'un résidu sans valeur. »

Dans le traité d'alchimie pseudonyme, attribué au même auteur, il est dit que le fer alchimique n'attire pas l'aimant et que l'or alchimique ne réjouit pas le cœur de l'homme et produit des blessures qui s'enveniment ; ce que ne fait pas l'or véritable.

Odeur des Métaux : D'après Aristote (*De sensu et sensilibus*, ch. 5) : « L'or est inodore ; le cuivre, le fer sont odorants ; l'argent et l'étain moins que les autres.

Il y avait un cuivre indien de même couleur que l'or parmi les vases du trésor de Darius ; les coupes de ce métal ne se distinguaient que par l'odeur (*De mirabilibus*, ch. 49).

Minium, Rubrique ou matière rouge. — μίλτος —

Sous ce nom on trouve confondues un grand nombre de substances rouges d'origine minérale, telles que, d'une part :

Les oxydes de fer (sanguine, ocre brûlée ou *usta*, hématite).

Les oxydes de plomb (minium et congénères) et peut-être l'oxyde de mercure (confondu avec le cinabre), ainsi que le protoxyde de cuivre ;

D'autre part, le sulfure de mercure (vermillon, cinabre), le sulfure d'arsenic (réalgar, appelé aussi sandaraque), le sulfure d'antimoine (sulfure artificiel précipité et kermès minéral), son oxysulfure, et divers composés métalliques analogues, que les anciens ne savaient pas bien distinguer les uns des autres (voir plus haut l'article *cinabre*, et plus loin l'article *plomb*).

Ainsi les mots rubrique, *rubrica* (μίλτος), minium, cinabre, vermillon, sont-ils souvent synonymes dans les anciens auteurs.

La *sinopis*, ou rubrique de Sinope (1), était à proprement parler un oxyde de fer naturel et artificiel (*usta*) ; mais ce nom a été aussi donné à notre minium (oxyde de plomb) et à notre sulfure de mercure.

La terre de Lemnos (2) était aussi une rubrique (probablement un peroxyde de fer hydraté) ; on la vendait sous cachet.

---

(1) Diosc., *Mat. méd.*, V, 111. — Pline, *H. N.*, l. XXXV, 16 ; XXXVI, 27.

(2) Pline, *H. N.*, l. XXXV, 14.

La sinopis, broyée avec du *sil* brillant (ocre jaune) et du *melinum* (argile blanche), donnait le *leucophoron*, matière employée pour fixer l'or sur le bois (1).

Le *minium* ou *ammion* (petit sable) désigne :

Tantôt un oxyde de plomb, dans le sens d'aujourd'hui, oxyde obtenu par la calcination ménagée de la céruse et nommé aussi *usta*, comme l'ocre (2), ou bien encore *fausse sandaraque* (3) ;

Tantôt le vermillon et le cinabre ou sulfure de mercure (4).

Le minium, chauffé à parties égales avec la rubrique, fournissait le *sandyx* (5), nom qui a été appliqué aussi au minium seul (6). Cette confusion se retrouve dans certaines dénominations modernes : c'est ainsi que le minium de fer, employé aujourd'hui pour peindre ce métal, est formé de 60 pour cent de minium et de 40 pour cent d'oxyde magnétique.

Un premier germe des idées alchimiques sur la fabrication de l'or se trouve dans ce fait, rapporté par Théophraste (7), que l'Athénien Callias, au ᵛᵉ siècle avant notre ère, vers les commencements de la guerre du Péloponèse, découvrit le minium dans les mines d'argent et qu'il espérait obtenir de l'or par l'action du feu sur ce sable rouge.

Le *sandyx* mêlé de *sinopis* constituait le syricum ou *sericum* (8).

Ajoutons, pour compléter ce qui est relatif aux couleurs dérivées des métaux dans l'antiquité.

L'armenium, matière bleue qui paraît être la cendre bleue, ou l'azurite ;

Et le *ceruleum* ou azur (9), mot qui désigne à la fois une laque bleue, dérivée du pastel, et un *émail bleu*, fritte ou vitrification, obtenu avec du natron, de la limaille de cuivre et du sable fondu ensemble (Vitruve).

Parmi les couleurs vertes, on cite *l'ærugo*, le verdet, la chrysocolle (malachite ; cendres vertes et sous-carbonates de cuivre).

Les *couleurs jaunes* étaient : l'ocre ou *sil*, parfois mêlé de matières végé-

---

(1) Pline, *H. N.*, l. XXXV, 17.
(2) Pline, *H. N.*, l. XXXV, 20.
(3) Le même, 22.
(4) Vitruve — Dioscoride, *Mat. méd.*, l. V, 109. — Pline, *H. N.*, l. XXXIII, 37 à 41.

(5) Pline, *H. N.*, l. XXXV, 23.
(6) Diosc., *Mat. méd.*, l. V, 103.
(7) *De Lapidibus*, 58, 59.
(8) Pline, *H. N.*, l. XXXV, 24.
(9) Pline, *H. N.*, l. XXXIII, 57.

tales; l'arsenic ou orpiment; les sous-sulfates de fer (misy et congénères);
parfois la litharge, le soufre, l'or en poudre: enfin diverses matières végétales.

Nitrum — νίτρον — natron, — à proprement parler notre carbonate de
soude.

C'est par erreur que la plupart des éditeurs des auteurs grecs ou latins
traduisent ces mots par nitre ou salpêtre, substance presque inconnue dans
l'antiquité, et qui apparaît seulement à partir du vi⁰ siècle à Constantinople,
avec le feu grégeois dont elle était la base (1).

Les anciens parlent aussi du nitrum factice, préparé avec les cendres de
chêne, c'est-à-dire du carbonate de potasse.

Spuma nitri, ἀφρὸς νίτρου ou ἀφρόνιτρον. — Se trouve dans des cavernes.
Ce devait être dans certains cas du nitre vrai.

Opérations Alchimiques. — Voici le nom de quelques-unes des opérations
signalées dans les écrits des Alchimistes Grecs; j'ai cru utile de les réunir
ici pour la commodité du lecteur (2).

ἀναζωπύρωσις........	Régénération par le feu; coupellation.
ἀνάλυσις	Dissolution, désagrégation.
ἀποσείρωσις........	Décantation.
ἀχλύωσις	Obscurcissement de la surface brillante d'un métal, par oxydation, sulfuration etc.
ἐκστροφή, ἔκστρεψις.	Extraction, transformation.
ἐλαίωσις	Graissage; Transformation en huile.
ἐξίωσις.	Réduction, affinage.
ἐξυδάτωσις.........	Dessiccation; opération par laquelle on dépouille un corps de sa liquidité.
ἐπιβολαί..........	Projections.
ἕψησις...........	Décoction.
ἴωσις............	Oxydation; affinage; coloration en violet (v. p. 255).
καῦσις...........	Grillage; calcination.
λείωσις	Pulvérisation; délaiement.
λεύκωσις	Blanchiment.

---

(1) Voir mon ouvrage: *Sur la force des matières explosives,* 3⁰ éd., t. I, p. 352.

(2) Voir aussi ce volume, p. 210.

μελάνωσις . . . .   Teinture en noir.

ὄπτησις . . . .   Torréfaction.

ξάνθωσις . . . .   Teinture en jaune.

πλύσις. . . . .   Lavage.

σῆψις. . . . .   Putréfaction, décomposition.

ὕλη. . . . .   Matière.

φύσις . . . .   Nature, qualité intérieure.

Or.

Rappelons sa coupellation par le sulfure d'antimoine, qui en sépare
même l'argent. On fond ensemble ; la fonte se sépare en deux couches ; la
couche supérieure renferme les métaux étrangers, sous forme de sulfures
unis à l'antimoine; la couche inférieure contient l'or et le régule d'antimoine. On répète la fonte deux ou trois fois; puis on soumet l'or à un
grillage modéré, qui brûle l'antimoine; en évitant de chauffer trop fort
pour ne pas volatiliser l'or.

En raison de ces propriétés l'antimoine était dit au moyen âge le loup
dévorant des métaux; ou bien encore le bain du roi ou du soleil. Mais elles
ne sont exposées très explicitement que vers la fin du moyen âge.

Paros et Porus (1).

La pierre appelée *porus*, était blanche et dure comme le marbre de Paros;
mais moins pesante. Ces deux mots sont parfois confondus dans les Papyrus de Leide.

Plomb : On distinguait 2 espèces, le noir et le blanc, ce dernier assimilable
à notre étain (2).

Du plomb noir on extrayait aussi l'argent. — Il était soudé par l'intermède
de l'étain. Le métal de première coulée, obtenu avec le plomb argentifère,
s'appelait *stannum;* le second, *argent;* ce qui restait dans le fourneau,
galène. La galène refondue produisait du plomb noir.

On voit que le mot *stannum* signifie ici un alliage d'argent et de plomb.
Quant au mot *galène*, il n'avait pas le même sens qu'aujourd'hui, où il veut
dire sulfure de plomb.

------

(1) Pline, *H. N.*, l. XXXVI, 28. | (2) Pline, *H. N.*, l. XXXIV, 47.

Chez les anciens, le plomb était souvent confondu avec ses alliages d'étain, aussi bien qu'avec l'antimoine (v. p. 224) et le bismuth, métal plus rare et dont la découverte est moderne.

Plomb lavé. — πεπλυμένος μόλυβδος (1).

Voici la préparation de cette substance.

On broie de l'eau dans un mortier de plomb avec un pilon de plomb, jusqu'à ce que l'eau noircisse et s'épaississe : ce que nous expliquons aujourd'hui par la formation d'un hydrocarbonate de plomb, résultant de l'action de l'air et de l'eau sur le métal. — On lave par décantation. — On peut aussi broyer de la limaille de plomb dans un mortier de pierre.

Vincent de Beauvais (*Speculum majus*, VIII, 17) décrit la soudure autogène, plomb sur plomb, qui a été regardée comme une invention moderne.

Plomb brûlé, — κεκαυμένος μόλυβδος (2). — Voici la préparation de ce corps :

«On stratifie dans un plat des lames de plomb et de soufre. On chauffe, on remue avec du fer, jusqu'à disparition du plomb, et transformation en une sorte de cendre. D'autres remplacent le soufre par de la céruse, ou par de l'orge. Si l'on chauffe le plomb seul, le produit prend la couleur de la litharge ». — Le produit obtenu par ces procédés est un sous-oxyde de plomb, mêlé, suivant les cas, de sulfure et de sulfate.

Scorie [de plomb] (3). — Corps jaune, vitreux, analogue à la céruse, ou plutôt à notre litharge impure.

Spode [de plomb] (4). — V. l'article *Æs*, sur le sens du mot *spode*.

Pierre plombeuse (5). — C'est notre galène (sulfure de plomb)?

Galena. — Minerai de plomb (6), employé dans la fusion de l'argent. On appelait aussi de ce nom le résidu des fontes du plomb argentifère (v. plus haut).

Molybdène — μολύβδαινα (7). « Ce corps est produit dans les fourneaux d'or et d'argent. Il est jaune, et devient rouge par le broiement; il est semblable à la litharge». — Ce nom a été aussi étendu à la plombagine (notre graphite)

---

(1) Diosc., *Mat. méd.*, l. V, 95.

(2) Diosc., *Mat. méd.*, l. V, 96. — Pline, *H. N.*, l. XXXIV, 50.

(3) Diosc., *Mat. méd.*, l. V, 97. — Pline, *H. N.*, l. XXXIV, 49, 51.

(4) Pline, *H. N.*, l. XXXIV, 12.

(5) Diosc., *Mat. méd.*, l. V, 98.

(6) Pline, l. XXIII, 31.

(7) Diosc., *Mat. méd.*, l. V, 100. — Pline, *H. N.*, l. XXXIV, 53.

et à notre galène (sulfure de plomb natif). — On en a rapproché encore (1) la *scorie d'argent,* appelée aussi *helcysma* ou *encauma.*

Le mot molybdène a été suivant l'usage fâcheux des modernes, détourné de son sens historique par les chimistes de notre temps, pour être appliqué à un métal inconnu de l'antiquité.

Litharge (2). — Elle se préparait avec un sable (minerai) plombeux, ou bien elle était obtenue dans la fabrication de l'argent, ou dans celle du plomb. — La litharge jaune s'appelait *chrysitis;* celle de Sicile, *argyritis;* celle de la fabrication de l'argent, *lauriotis* (mot qui rappelle les mines du Laurium) : « ce sont à proprement parler les écumes d'argent, produites à la surface du métal; la *scorie* est le résidu qui reste au fond » (PLINE).

Céruse — ψιμύθιον (3). — Les anciens ont indiqué le procédé de préparation de la céruse par le plomb et le vinaigre. — Dioscoride décrit aussi sa torréfaction (ὀπτητέον), sa cuisson (καῦσαι θέλων), laquelle lui donne une couleur rouge et la change en sandyx (minium).

Minium (v. p. 251, 260; Rubrique). — Rappelons que ce mot a désigné non seulement le sur-oxyde de plomb, appelé aujourd'hui de ce nom, mais aussi le vermillon, le cinabre, le réalgar et certains oxydes de fer.

PSEUDARGYRE.

On lit dans Strabon (4) : « Près d'Andira on trouve une pierre qui se change en fer par l'action du feu. Ce fer, traité par une certaine pierre, devient du *pseudargyre,* lequel, mêlé avec du cuivre, produit ce que l'on appelle orichalque.

Le pseudargyre se trouve aussi près du Tmolus. »

Était-ce du zinc, ou du nickel, ou un alliage ?

SAMOS (pierre de). — C'est le tripoli.

SEL (5). — Sel fossile naturel, notre sel gemme, ou chlorure de sodium — sel de Cappadoce, sel factice obtenu par l'évaporation des salines.

Lanugo salis. — Ἄχνη ἁλός. — Paillette écumeuse, produite par l'eau de mer déposée sur les rochers.

---

(1) DIOSC., l. V, 101.
(2) DIOSC., *Mat. méd.,* V, 102.
(3) DIOSC., l. V, 103. — PLINE, l. XXXIII, 54. — VITRUVE, l. VII, ch. 7.
(4) Liv. XIII, 56.
(5) DIOSC., *Mat. méd.,* l. V, 125, 130. — PLINE, *H. N.,* l. XXXI, 39-45.

Saumure — muria. — Ἄλμη.

Flos salis, — ἁλὸς ἄνθος. — Efflorescences salines et odorantes, couleur de safran — elles surnageaient dans certains étangs, ainsi que dans l'eau du Nil.

Favilla salis. — Efflorescence blanche et légère.

SÉLÉNITE (1) ou *aphroselinon,* pierre de lune, pierre spéculaire, glace de Marie ; blanche, légère, translucide.

Ce mot désigne notre sulfate de chaux et notre mica, ainsi que divers silicates, lamelleux et brillants.

SOUFRE (2). — Soufre vif, ou apyre.

Pline ajoute : *Ignium vim magnam ei inesse ;* il renferme beaucoup de feu — sans doute parce qu'il s'allume aisément.

TERRES (3).

On désignait sous ce nom divers calcaires et surtout des argiles blanches, ou grisâtres, employées :

Soit comme fondants en métallurgie ;

Soit comme base de poteries en céramique ;

Soit comme ciments dans les constructions ;

Soit comme supports de couleurs en peinture ;

Soit comme collyres, et pour divers autres usages, en matière médicale.

Ces terres étaient lavées à grande eau, mises en trochisques, cuites dans des plats de terre, etc.

On distinguait : la terre de Chio, la terre de Samos et la pierre de Samos, la terre cimolienne, la terre d'Erétrie, la terre de Mélos (assimilée au tripoli, la terre de Sélinonte, la terre de Lemnos (v. Rubrique p. 251, 260), le *Parætonium,* la *pignitis,* l'*ampelitis* ou *schiste* bitumineux, etc. La terre de Lemnos était une sanguine, ou oxyde de fer hydraté.

TREMPE — TEINTURE — Βαφή.

La *trempe du fer* était connue de toute antiquité. Homère en fait mention dans l'Odyssée (1, IX, 393). Les alchimistes grecs y ont consacré plusieurs articles que nous reproduirons. La trempe du bronze est aussi décrite par eux.

---

(1) Diosc., l. V, 158. — *Lexicon Alch. Rulandi,* p. 289 et 427.

(2) Diosc., l. V, 123. — PLINE, *H. N.,* l. XXXV, 50.

(3) Diosc., *Mat. med.,* l. V, 170 à 180. — PLINE, *H. N.,* l. XXXV, 31, 32, 53 à 55 ; XXXVI, 40, etc. — *Lexicon Alch. Rulandi,* p. 463.

Il est digne d'intérêt que le même mot βαφή signifie :

1º La trempe des métaux;

2º La teinture des étoffes, du verre et des métaux;

3º Par extension la matière colorante elle-même,

4º Et aussi le bain dans lequel on la fixait.

Tutie. — Le nom de tutie, qui semble ancien (3), n'apparaît avec certitude qu'au temps des Arabes. Il a désigné surtout le pompholyx, oxyde de zinc impur. Mais il a été appliqué aussi à toute cadmie, toute fumée des métaux, et il en a souvent remplacé le nom chez les alchimistes du moyen âge. On en a parfois rapproché la magnésie (v. ce mot).

(1) On trouve la mention de la *Tutia Alexandrina* (manuscrit 7161 du fonds latin de la Bibliothèque nationale de Paris, f. 13).

ADDITIONS ET CORRECTIONS

P. 13. — Sur le parfum appelé *Kyphi*, voir l'article de M. Loret. *Journal Asiatique*, viiie s., t. X (Juillet et Août 1887). — Il existe plusieurs textes hiéroglyphiques, relatifs à ce corps, deux sculptés dans les chambres du temple d'Edfou, et un à Philœ (voir le présent volume, p. 200; *Traduction*, p. 253; — *Orig. de l'Alch.*, p. 38).

P. 85. — Planète Hermès assignée à l'Emeraude. — Rulandus (*Lexicon Alchemiæ*, p. 436) rapporte aussi cette affectation, que nous avons donnée dans la liste planétaire des métaux (*Traduction*, p. 25, n° 6). Cette assimilation de l'émeraude aux métaux est conforme aux idées des Égyptiens, qui rangeaient le mafek (émeraude) et le chesbet (saphir) dans la liste des métaux (*Orig. de l'Alch.*, p. 217 à 224). Notons qu'il a existé en Égypte, dans le Haut-Empire, des monnaies de verre (Lenormant, *La Monnaie dans l'Antiquité*, t. I, p. 214), et l'usage s'en est perpétué aux époques byzantine et arabe; ce qui est conforme aux mêmes analogies.

P. 108, l. 7, et p. 112, l. 21. — Le signe de l'alun (cercle partagé par plusieurs rayons) se rencontre aussi dans le Papyrus magique 574 du Supplément grec de la Bibliothèque nationale de Paris, et un signe analogue existe dans le Papyrus de Londres, publié récemment à Vienne par M. Wessely. Mais le sens de ce signe n'est pas le même dans ces papyrus que dans les écrits alchimiques. Il pourrait plutôt être rapproché des étoiles à 8 rayons de la Chrysopée de Cléopâtre (p. 132), lesquelles semblent dériver d'un symbole assyrien du soleil (*Orig. de l'Alch.*, p. 63).

P. 115, l. 20, et p. 119, l. 20, effacez le mot « soie ? ».

P. 120, l. 24. — Le signe de la myrrhe (Z coupé par un petit ⌐, ou ?) existe aussi dans les Papyrus magiques publiés par M. Wessely (voir encore le présent volume, p. 116, l. 23, où ce signe redoublé a un autre sens.)

P. 174, l. 14. — « Stephanus d'Alexandrie, philosophe œcuménique et maître ». — M. Usener a publié récemment un mémoire sur cet auteur, accompagnant un petit traité astrologique qui lui est attribué (*De Stephano Alexandrino Commentatio*, Bonn, 1880). D'après ce mémoire, le titre de maître œcuménique était celui d'un professeur enseignant dans le Palais impérial de Constantinople, avec douze savants auxiliaires. Il donnait ses leçons dans une bibliothèque fondée par Julien et qui aurait été brûlée, avec les savants qui l'occupaient, par Léon l'Isaurien, en 725. — Stephanus y expliquait Platon, Aristote, la Géométrie, l'Arithmétique, la Musique, la Chimie, l'Astronomie et l'Astrologie. Les neuf leçons de cet auteur, qui existent dans les manuscrits et qu'Ideler a publiées, répondent bien à cette énumération. Outre ces leçons, le traité astronomique et astrologique précité et les ouvrages médicaux cités dans Fabricius, il existe un commentaire de Stephanus sur Aristote, publié par M. Hayduck en 1884, à Berlin, dans la Collection des Commentaires grecs d'Aristote, t. XVIII, 3ᵉ partie, d'après le Ms. 2064 de Paris.

P. 176. — Sur les Traités de Justinien. — On a vu dans ce volume (p. 176) qu'il avait existé autrefois dans la Collection alchimique divers Traités attribués à l'Empereur Justinien (Justinien II?) et dont les titres sont conservés dans la vieille liste du manuscrit de Saint-Marc (p. 174, 178, 183, 187, 190). L'ensemble de ces Traités est aujourd'hui perdu. Cependant j'ai reproduit (p. 214), d'après le *Codex Vossianus* de Leide, un fragment sur l'œuf philosophique, qui en est extrait. En imprimant notre Collection, nous avons retrouvé un chapitre entier, tiré de ces mêmes Traités, et qu'il paraît utile de signaler ici (*Texte grec*, p. 384-387; *Traduction*, p. 368-371). Ce qui en augmente l'intérêt, c'est que la fin de ce chapitre, relative à la scorie, fin déjà donnée à la suite d'Olympiodore (*Traduction*, p. 113-114), figure dans le ms. de Venise avec des paroles magiques, comme le commentaire de la mystérieuse formule de l'Écrevisse, laquelle était réputée contenir le secret de la transmutation (ce volume, p. 152).

P. 177, l. 10. — Remplacez les mots « huile aromatique », par le mot « lessive ».

P. 181, l. 15. — Le passage de Stephanus relatif aux relations entre les métaux et les planètes a été donné *in extenso*, à la p. 84.

P. 209, 210, 257. — Le mot *massa* ou *maza*, donné par les alchimistes grecs comme synonyme d'un ferment métallique (ce volume, p. 29, 57 et 209; et *Traduction*, p. 73, 147, 209, 238), et aussi comme titre de la Chimie de Moïse (*Traduction*, p. 180), s'est perpétué pendant le moyen âge, où il a désigné l'Alchimie en général, ainsi que je l'ai rappelé (p. 209 et 257). Je citerai encore un Traité alchimique, intitulé : *Consilium conjugii seu de Massá Solis et Lunæ* (*Bibliotheca Chemica* de Manget, t. II, p. 235), traité d'origine arabe, ou plutot juive, postérieur à la *Turba philosophorum*, mais appartenant à la même tradition.

INDEX ALPHABÉTIQUE

DE L'INTRODUCTION

A

A-bar, 81, 222.

Abraham, 10, 17.

Abraxa, 9.

Abu Alid, 217.

Abubekr ou Rhazès, 217.

Accident opposé à substance, 247, 248.

Actifs (corps), 259.

Adam est l'Eau, 258.

Adonaï, 9.

Aétite, 234.

Æruca, 231.

Ærugo, 231 et suiv., 241, 262.

Æs, 84 (230).

Affinage de l'or, 13.

Afghanistan, 227.

Africanus, 68, 110, 111, 175, 176, 178 188, 202.

Agatharchide, 177, 179, 184, 185, 195, 204.

Agathoclès, 9.

Agathodémon, 10, 16, 18, 110, 111, 176, 178, 188, 198, 202.

Aglaophamus, 79.

Ahmed, 236.

Aigle (pierre d'), 234.

Aimant, 252.

— mâle et femelle, 252.

— roux, bleu, noir, blanc, 225.

— pierre, 255.

Airain, 55, 79, 230.

— confondu avec le fer, 83, 84.

— de Corinthe, 55, 231.

— et Jupiter, 79.

— moderne, 230.

Alabastron, 238.

— (eau), 12.

Alambics, 137 à 166, 186, 257, 260.

Albâtre, 81, 222.

Albert le Grand, 16, 45, 208, 211, 235, 241, 256, 260.

— De Mineralibus, 235, 247, 260.

Albert Teutonicus, 208 (v. Théoctonicos).

Albumazar, 79, 85, 95, 206.

Alchimus, 209 (v. Chymès).

Alexandre, 230.

Aigle (pierre d'), 234.

Alexandrie, 7, 77, 78, 174, 187, 202, 268.

Alliage indien, 66.

— monétaire, 55, 79, 83.

Alitement, 91.

Allatius (Leo), 191.

Almageste de Ptolémée, 205.

Aloës, 60.

Altenbourg, 192.

Aludel, 130, (172), 212, (249).

Alun, 58, 211, (236), 242, passim.

— blanc et noir, 237.

— lamelleux, 14, 25 et passim.

— rond, capillaire, 237.

— liquide, 237.

— est aussi l'acide arsénieux, 67.

— (signe), 108, 112, 269.

Amalgame d'argent, 256.

— d'étain, 23, 29.

— d'or, 52, 53.

Ambix, 27.

Ambre, 259.

Ambrosienne (bibliothèque), 204.

COLLECTION

DES ANCIENS

ALCHIMISTES GRECS

PUBLIÉE

SOUS LES AUSPICES DU MINISTÈRE DE L'INSTRUCTION PUBLIQUE

Par M. BERTHELOT

Sénateur, Membre de l'Institut, Professeur au Collège de France

Avec la collaboration de Ch.-Ém. RUELLE

Conservateur adjoint a la Bibliothèque Sainte-Geneviève

TEXTE GREC

AVEC VARIANTES, NOTES ET INDEX

PARIS

GEORGES STEINHEIL, ÉDITEUR

2, RUE CASIMIR-DELAVIGNE, 2

1888

TABLE DES MATIÈRES

TEXTE GREC

Deuxième partie. — Traités Démocritains.

Troisième partie. — Les Œuvres de Zosime.

QUATRIÈME PARTIE. — LES VIEUX AUTEURS.

CINQUIÈME PARTIE. — TRAITÉS TECHNIQUES.

SIXIÈME PARTIE. — COMMENTATEURS.

COLLECTION

DES

ALCHIMISTES GRECS

TEXTE GREC

Les variantes et autres remarques paléographiques sont indiquées par les abréviations usuelles des mots latins *addit* (add.), *omittit* (om.), *correxit* (corr.), *fortasse legendum* (f. l.), *fortasse melius* (f. mel.), *fortasse delendum* (f. del.). — Corr. conj. désigne une correction conjecturale.

Folio est abrégé f. ; *recto*, r. ; *verso*, v. ; *page*, p.

Le ms. 299 de St-Marc, à Venise (xie s.), a pour sigle M ; — les mss. de Paris 2327 (de l'an 1478), A ; — 2325 (xiiie s.), B ; — 2275 (de l'an 1465), C ; — 2326 (xvie s.), D ; — 2329 (xvi-xviie s.), E ; — 2249 (xvie s.), K ; — 2250, 2251, 2252 (xviie s.), L ou La, Lb, Lc ; — 2419 (de l'an 1460), R ; — 1022 du supplément grec (xviie s.), S ; — le ms. de la Laurentienne, à Florence, LXXXVI, 16 (de l'an 1492), Laur.

Conformément à l'usage adopté généralement aujourd'hui, les mots placés entre crochets droits [ ] sont ceux dont on propose la suppression ; les mots placés entre crochets obliques < >, ceux que l'on propose de suppléer.

La sigle d'un ms. est suivie de l'abréviation mg. (par ex. : M mg.) lorsque les mots qui suivent sont placés en marge de ce ms.

On a négligé le plus souvent les variantes qui portent : 1° sur le ν final éphelkystique suivi d'une consonne (par ex. : ἔστιν τὸ φάρμακον), d'un usage presque constant dans M ; 2° sur la confusion de voyelles causée par l'iotacisme (ὄηκος pour οἶκος) ; 3° sur la ponctuation. On n'a reproduit, d'ailleurs, dans les notes, que les variantes qui paraissaient contribuer à l'amélioration du texte. Les autres variantes, qui ont été recueillies, pourront figurer dans une publication à part.

Le texte imprimé est toujours, sauf indication spéciale, conforme à celui du manuscrit sur lequel la transcription a été faite.

Lorsque le texte grec n'a pas de titre, on y supplée par la suscription d'un titre en français.

Les renvois d'un morceau à un autre sont effectués au moyen de divisions conventionnelles en Parties, Sections ou Morceaux et Paragraphes.(Ex. : Cp. I, 111, 5 : Comparez Ire partie, iiie morceau, § 5).

Les notes philologiques suivies des initiales *M. B.* sont de M. Marcelin Berthelot. Les initiales *C. E. R.* signifient Ch.-Émile Ruelle.

PREMIÈRE PARTIE

INDICATIONS GÉNÉRALES

I. I. — DÉDICACE

Publié par Bernard, dans son édition de Palladius. DE FEBRIBUS :
et par Emm. Miller : CATALOGUE DES MSS. GRECS DE L'ESCURIAL, *p.* 41⁵. —
Transcrit sur M. f. 5 v.

Τὴν βίβλον ὄλβον ὥσπερ ἐγκεκρυμμένον
ἔχουσαν ἄθρει τήνδε, πᾶς Μουσῶν φίλος.
Ἀλλ' εἰ θελήσαις τὰς πολυχρύσους φλέβας
ταύτης ἐρευνᾶν τὰς σοφῶς κεκρυμμένας,
5   νοὸς τὸ φαιδρὸν ὄμμα πρὸς θείας φύσεις,
ὕψει διάρας παντόροις εὐοπτίαις,
οὕτω γραφὴν δίελθε τὴν σοφωτάτην,
καὶ πλοῦτον εὕροις γνώσεως ὑπερτέρας,
ζητῶν, ἐρευνῶν τὴν τρισολβίαν φύσιν,
10   μόνην φύσεις νικῶσαν ἐνθέῳ τρόπῳ,
καὶ χρυσὸν αἰγλήεντα τίκτουσαν μόνην,
τὴν παντοποιόν, ἣν φρεσὶν μουσοστόλοις,
θείας ἐρασταὶ γνώσεως εὗρον μόνοι.
Ταύτην ἐφευρών, μὴ γὰρ ὅστις ἢ φράσω,
15   θαύμαζε νοῦν, φρόνησιν ἀνδρῶν ἐνθέων,
ὡς δημιουργῶν σωμάτων καὶ πνευμάτων,
πῶς ἔσχον οὕτως γνώσεως ὕψος μέγα,
ψυγοῦν, ἀποκτένειν τε καὶ ζωοῦν πάλιν,

ὥστε ξένως πλάττειν τε καὶ μορφοῦν ξένως .
Ὦ θαῦμα, τὴν ἄνασσαν ὕλην ὀλβίαν !
ᾗσπερ διαγνοὺς καὶ μαθὼν τὰς ἐκβάσεις
αἰνιγματώδως ἔνδον ἐγκεκρυμμένας,

5   ὁ νοῦς ὁ παγγέραστος, αἱ κλειναὶ φρένες
Θεοδώρου πλουτοῦντος ἐνθέοις τρόποις,
πιστοῦ τελοῦντος δεσποτῶν παραστάτου
συνῆψεν, ἐντέθεικε συλλογὴν ξένην
ἐν τῇδε βίβλῳ παντόρων νοημάτων,

10   ὅνπερ σκέπων, φύλαττε, Χριστὲ παντάναξ.

I. II. — LEXIQUE

Transcrit sur M, f. 131 r. — *Collationné sur* B, f. 2 v. ; — *sur* A, f. 19 r.; — *sur* E (copie de M. f. 163 v.— *sur* L, page 249) ; — *sur l'édition de Bernard* (= Bn). — *Dans* M. *beaucoup de noms de corps sont surmontés de leurs signes. A moins d'indication contraire, les leçons de* M *et de* Bn (*transcrit sur* M) *sont identiques.*

ΛΕΞΙΚΟΝ ΚΑΤΑ ΣΤΟΙΧΕΙΟΝ ΤΗΣ ΧΡΥΣΟΠΟΙΑΣ

Α

Ἀφροδίτης σπέρμα ἐστὶν ἄνθος χαλκοῦ.
Ἀλάβαστρός ἐστιν ἄσβεστος, ἀπὸ τῶν φλοιῶν τῶν ὠῶν, καὶ ἅλας
15   ἄνθιον, καὶ ἅλας ἀμμωνιακόν, καὶ ἅλας κοινόν.

---

11. Titre dans B : Λεξ. κ. στ. τῆς ἱερᾶς τέχνης. — Titre dans AE : Λεξ. κ. στ. τῆς ἱερᾶς τέχνης, πρῶτον ἑλληνιστὶ μεταλλευτικόν, τῶν δὲ (τῶν τε E) σημείων καὶ τῶν ὀνομάτων. — Titre dans L : Λεξ. κατὰ ἀλφάβητον μεταλλευτικὸν τῶν ὀνομάτων τῆς θείας καὶ ἱερᾶς τέχνης τῆς ἐν τῇ χρυσοῦλῳ ταύτῃ βίβλῳ. — 12. Au-dessus de Ἀφροδίτης AEL donnent Ἀρχὴ τοῦ A, et ainsi de suite en tête de chaque lettre, sauf que E supprime le plus souvent les mots ἀρχὴ τοῦ. M écrit en rouge l'initiale du premier mot. — B a perdu le commencement du Lexique jusqu'à l'article ἀνδροδάμας inclus. — 14. τῶν ὠῶν gratté dans M ici et presque partout. — 15. Après ἀμμωνιακόν] ἅλας ἀρωνιακόν add. BAL, pour ἀρμωνιακόν (*M. B.*).

Ἄσβεστος Ἑρμοῦ τῶν ὠῶν ἐστιν ἡ αἰθαλουμένη δι' ὄξους καὶ
  ἡλιαζομένη · κρείττων γάρ ἐστιν χρυσοῦ.
Ἅλας ἄνθιόν ἐστι θάλασσα, καὶ ἅλμη καὶ ἁλὸς ἄχνη.
f. 131 v. Ἀφρὸς παντὸς εἴδους ἐστὶν ὑδράργυρος.
5 Ἀργύρεον νᾶμα, αἰθάλη θείου καὶ ὑδραργύρου.
Ἄσημός ἐστιν ὁ ἰὸς ὁ ἀπὸ τῆς αἰθάλης.
Ἀχίας, ἄνθος λαγάς ἐστιν.
Ἄνθος χαλκοῦ χαλάκανθος καὶ χαλκιτάριν καὶ πυρίτης καὶ θεῖον
  λευκὸν οἰκονομηθέν ἐστιν.
10 Ἅλας ἐστὶ τὸ ὄστρακον τοῦ ὠοῦ, τὸ θεῖον δὲ, τὸ λευκὸν αὐτοῦ,
  χάλκανθον δὲ, ὁ κρόκος αὐτοῦ.
Ἀνδροδάμας ἐστὶ πυρίτης καὶ ἀρσένικον.
Ἀφαίρεμά ἐστι πίτυρα σίτου.
Αἰθάλη ἐστὶν ὕδωρ θείου καὶ μολυβδοχάλκου.
15 Ἀφροσέληνόν ἐστι κώμαρις καὶ κουρόλιθος.
Ἀκρατοφόρος ἄγγος ἐστὶν ὀστράκινον.
Ἄφροσύαλον ὑδράργυρός ἐστιν ἡ ἀπὸ ἀργύρου καὶ λίθος σκυθερίτης.
Ἀποσπερματισμὸς δράκοντός ἐστιν ὑδράργυρος.
Ἄρρηκτον ἐστιν ἄρευκτον.
20 Ἀετίτης λίθος ἐστὶν χρυσόλιθος, καὶ πορφυρίτης, καὶ πορφυρόχρωμος
  μακεδωνικὸς καὶ πολύχρωμος.
Ἀκαύστωσίς ἐστι λεύκωσις.
Ἄσκιος χαλκός ἐστιν ἄνθος χαλκοῦ.
Ἀλλοίωσίς ἐστι βαφή.
25 Ἁλμυρία ἐστὶ χρυσόκολλα.
Ἀργυρόλιθός ἐστιν ἀφροσέληνον.

---

1. Rédaction de BAL : Ἀσβ. Ἑ. ἐ. ἡ αἰθάλη τῶν ὠῶν ἡ λυομένη διὰ ὄξους καὶ ἁλ. — 11. χάλκανθος BAL. — 13. Premier article dans B. — 14. Rédaction de BAL : Αἰθ. ἐ. ὕδ. κασσιτέρου καὶ μολύβδου καὶ χαλκοῦ. — 15. κόμαρις MBA; κόμαρος EL. — 16. ἐ. ἄγγ. L. — 5. Après ὑδρ.] ἡ ἀπὸ κινναβάρεως add. BAL. — 20. ὁ χρυσόλ. AL. — 21. Après πολύχρωμος] καύστωσις καὶ βαφή. Ἁλμυρία κ. τ. λ. L.

Ἅπασα ὑδράργυρος λέγεται ἡ διὰ τριῶν θείων ἀπύρων σύνθετος.

*Ἄθικτον, τὸ καθαρὸν καὶ ἀμόλυντον.

*Ἄθικτον κυρίως λέγεται τὸ ἀψηλάφητον καὶ ἀσκίαστον, καὶ χρυ-
σάνθεμον.

5   B

f. 132 r. Βατράχιόν ἐστι χρυσόκολλα, καὶ χρυσόπρασον.

Βῶλος θεῖόν ἐστιν ὠμόν.

Βοστρυχίτης, πυρίτης καὶ ἐτήσιος καὶ χρυσόλιθός ἐστιν.

Βασανιστὴς θυΐα ἐστίν.

10 Βαφὴ ἀλλοίωσίς ἐστιν.

Βοτάναι πᾶσαι ξανθαὶ χρυσόλιθοί εἰσιν.

Βύνη, βλαστάριον ζύθου.

                         Γ

Γάλα βοὸς μελαίνης ἐστὶν ὑδράργυρος ἀπὸ θείου.

15 Γῆ ἀστερίτης ἐστὶ πυρίτης, καὶ γῆ χεία, καὶ λιθάργυρος, καὶ θεῖον
λευκόν, καὶ στυπτηρία, καὶ καδμεία λευκή, καὶ μαστίχη.

Γῆ αἰγυπτία ἐστὶν ἡ κεραμική.

Γῆ σαμία ἐστὶν ἀρσένικον, καὶ θεῖον λευκόν.

Γάλα ἑκάστου ζώου ἐστὶ θεῖον.

Γύψος ἐστὶν ἡ παγεῖσα ὑδράργυρος.

20   Δ

Δρόσος ἐστὶν ἡ ἀπὸ ἀρσενίκου ὑδράργυρος.

Δίφρας ἐστὶν ὕδωρ ὑδραργύρου.

Δράκοντος χολή ἐστιν ὑδράργυρος ἀπὸ κασσιτέρου.

---

1. σ̅υ̅ν̅ M, et au-dessus : σύνθετα (main
du copiste ?) ; συνθέτου A. Leçon conj.
— 2. L'astérisque désigne ici les articles
qui ne figurent pas dans M. — Cet arti-
cle-ci et le suivant sont des additions de
AEL. — L réunit les deux articles addi-
tionnels en un seul et les rédige ainsi :
Ἄθ. ἐστι τ. καθ. κ. ἀμ., κυρίως δὲ λέγ. κ. τ.
λ. — 7. βῶλος M. — 12. βύνη ἐστι θλ. καὶ
ζ. L. — 22. δίφας M (qui écrit souvent φ
pour φρ) ; δίφρος L. — 24. Après κασσ.]
ἤγουν ἀπὸ κινναβάρεως add. BAL.

E

Ἕλκυσμά ἐστιν ὁ ἀνακαυθεὶς μόλυβδος.

Ἐγκέφαλός ἐστιν ἄσβεστος τῶν ᾠῶν τῶν φλοιῶν.

Ἕψησίς ἐστι σκόπησις καὶ λείωσις καὶ ὄπτησις.

5 Ἐπίβλησίς ἐστι συλλείωσις κατασπωμένη.

Ἔλαιον τὰ ἄνθη τῶν βαφῶν εἰσιν.

Ἐκλείωσίς ἐστι λεύκωσις, καὶ ἐπιστροφὴ καὶ ὑδραργύρωσις.

*Ἐξίωσίς ἐστιν ἔκστρεψις μετὰ ζωμοῦ, τουτέστι μεταβολή.

*Ἐτήσιος, ὁ χρυσόλιθος.

Z

10 Ζυμάριόν ἐστι θεῖον.

f. 132 v. Ζωμὸς βαφικός ἐστι χαλακάνθη οἰκονομηθεῖσα.

Η

Ἡμισώματά εἰσιν αἱ αἰθάλαι.

15 Ἡγουμένιόν ἐστι κνήκου ἄνθος.

Ἤλεκτρόν ἐστι τὸ τέλειον ξηρίον.

Ἡλίου χαῖται εἰσὶν θεῖον ἀπὸ ἡλίου.

Ἡλίου δίσκος ἐστὶν ὑδράργυρος ἀπὸ χρυσοῦ.

Θ

20 Θεῖον λευκόν ἐστιν αἰθάλη ὑδραργύρου παγεῖσα μετὰ τοῦ λευκοῦ συνθέματος.

---

2. ἀνακαυφθείς BA ; ἀνακαμφθείς L. — 3. τῶν φ. τ. ὠῶν AL., f. mel. Cp. ci-dessus l'art. Ἀλάβαστρος. — 4. σκόπησις BAL, f. mel. — 6. εἰσι] ἐστιν (placé après ἔλ.) AL. — 7. Après ὕδρ.] τῶν εἰδῶν add. BAL. — 8. Art. ajouté dans AL. — 9. Art. ajouté dans BAL. — Après ἐτ.] λίθος add. A *supra lineam*; λίθος ἐστίν add. L.—11. Après cet article, on lit dans L : Ζύμη ἐστὶ σύνθημα σωμάτων σὺν αἰθάλῃ ἡγουμενίου καὶ κνήκου ἄνθει. —

12. χαλακάνθη ἤγουν χάλκανθος A. Réd. de L : Ζωμὸς β. ἐ. χάλκανθος οἰκονομηθείς. Après οἰκονομ.] κατὰ τὴν τέχνην add. AL. — 15. κνίκου mss. partout.—17. ἀπὸ ἡλίου] ἀπὸ suivi dans M du signe du soleil ou de l'or, avec esprit rude. F. l. χρυσοῦ. — 18. χρυσοῦ] signe sans esprit dans M.— 20. 2ᵉ art. de L dans la lettre Θ. — 21. συνθήματος BAEL, ici et presque dans tout le contenu de cette famille de manuscrits.

*Θεῖον λευκόν ἐστιν ὁ χρυσετήσιος λίθος, ὁ αἱματίτης.

Θεῖον ὑγρόν ἐστι τὰ δύο στίμμι καὶ λιθάργυρος.

Θεῖον ἄκαυστόν ἐστιν αἰθάλη καὶ ὑδράργυρος.

Θεῖον ὕδωρ ἐστὶ τὰ ἀσπρὰ τῶν ὠῶν, καὶ μάρμαρον τὸ διοργανι-
5   ζόμενον.

Θαλλοὶ φοινίκων εἰσὶ θεῖον λευκόν.

Θεῖον ἄκαυστον, τὸ ἀπὸ ἀρσενίκου καὶ σανδαράχης ὕδωρ μιγὲν
    καὶ λευκανθέν.

Θεῖον ἄθικτόν ἐστιν ἐν τοῖς ζωμοῖς ὁ κρόκος, καὶ θεῖον ὕδωρ ἐστὶ
10   τὸ ἀπολελυμένον τὸ δι᾿ ἀσβέστου καὶ ἀλαβάστρου.

Θεῖον κρεμαστόν ἐστιν ὕδωρ.

Θειώδη εἰσὶ τὰ μεταλλικά.

Θεῖον ὕδωρ ἐστὶ τὸ ἐκ μολύβδου ἐψούμενον.

Θεῖον ὕδωρ εἰς τὴν ξάνθωσιν ὅτι οἶνος ἀμηναῖος μετὰ ἐλυδρίου.
15 Θεῖον σχιστόν ἐστιν ἀρσένικον.

Θεῖα δύο λέγονται, καὶ οὐκ εἰσὶ δὲ συνθέματα, ὅτι θεῖον ἔργον
    ἀποτελοῦσι.

Θηβαϊκὸν μάρμαρόν ἐστιν ἄσβεστος τῶν ὠῶν καὶ τί- (f. 133 r.)
    τανος, καὶ σχιστὴ στυπτηρία, καὶ ἡ ἀπὸ Μήλου ὅ ἐστι θεῖον
20   ἄπυρον.

Θεῖόν ἐστι τὸ ἡμέτερον ὄξος.

Θεῖον λευκόν ἐστι μόλυβδος οἰκονομηθείς.

Θεῖον χαλκός ἐστιν οἰκονομηθείς.

---

1. 3ᵉ art. de L, ajouté dans AL. —
2. 4ᵉ art. de L.— ὁ λιθ. L.— 3. 1ᵉʳ art.
de L. — 4. 5ᵉ art. de L. — ἀσπρὰ] λευκὰ
BAL. — 6. θαλλοὶ] θάλη A. — Après
λευκόν] ὃ καὶ puis l'art. suivant BAL. —
7. Après θ. ἄκ.] ἤγουν add. BA. — 9.
6ᵉ art. de L, qui continue comme MBA
jusqu'à l'article θεῖον ὕδωρ ἐστὶ inclus. —
ὁ ἐν τ. ζ. κρ. L. — 10. καὶ om. BAL;
f. del. — 11. θεῖον ἑ. κρ. ὕ. L. — 14.
après ξανθ.] ὁ τῆς ἀρσενίκου add. BA. — ἀμηνέος; BA. Dans un fragment épigraphique
de l'édit de Dioclétien *de pretiis rerum*
récemment découvert par M. Paul
Monceaux (Alger 1886), fragment dont
le texte est généralement correct, on lit
οἶνος ἀμιννιος et ο. ἀμιννιος. On rencontre
dans nos mss. alchimiques : ἀμηναῖος,
ἀμηνέος, ἀμινέος, ἀμυναῖος, ἀμοίνεος ; f. l.
ἀμίννιος. — 16. ὅτι] ἀλλ᾿ ὅτι BA. — 18.
12ᵉ art. de L. — τῶν ὠῶν gratté M. —
21. 11ᵉ art. de L.

I

Ἰὸς ξυστός ἐστιν αἰθάλη, καὶ χρυσόκολλα.

Ἰός ἐστι ξάνθωσις, καὶ ὕδωρ θεῖον ἄθικτον, καὶ κώμαρις σκυθική,
    καὶ ἰσᾶτις ἰνδική, καὶ βατράχιον, καὶ χρυσόπρασον, καὶ χρυσό-
5   κολλα.

Ἱερὸς λίθος ἐστὶ χρυσόλιθος.

*Ἱερὸς λίθος ἐστὶ τὸ ἀπόκρυφον μυστήριον.

K

Καυστὴ κοπτικὴ ἐστι φέκλη καὶ ἀφρὸς ἀργύρου.

10 Κόπρος χρυσοῦ ἄμμος ἐστὶ χρυσόλιθος

Κασσίτερός ἐστι κιννάβαρις.

Καλάινόν ἐστιν ὕδωρ ἀσβέστου.

Κιννάβαρίς ἐστιν ἡ ἐν λέβησιν ἑψουμένη αἰθάλη.

Κνούριόν ἐστιν ἄμπυξ.

15 Καπνὸς κωβαθίων ἐστὶν αἰθάλη.

Κέλλα ἀττικὴ, ἀμυγδάλης δάκρυον.

Κόμμι ἐστὶ λέκιθος.

Κλαυδιανός ἐστιν ἄσβεστος τῶν ᾠῶν, καὶ αἴγειρος καὶ κασσία.

Κώμαρις σκυθική ἐστι θεῖον, καὶ ἀρσένικον μετὰ πάντων αὐτῆς
20   τῶν ὀνομάτων.

Καδμεία ἐστὶ μαγνησία.

---

2. après ἰός] χρυσοῦ add. L. — ἡ αἰθ. καὶ ἡ χρυσόκ. L. — 3. après ξάνθωσις] καὶ χρυσόκολλα add. AL. — κόμαρις M : κωμ. σκ. souligné dans L (p. 263) et en mg., note d'une main du XVIIᵉ siècle : infra 265, 267 ; Cp. ci-dessous p. 10, l. 6, note. — 7. Article ajouté dans AE. — 9. ἀφρο, puis le signe de la lune MB ; ἀφροσέληνον A. — 10. Κόπρος, le signe de l'or, puis αμμος sans esprit ni accent = χρύσαμμος) ἐστιν χρυσόλιθος (en signe) M ; — Κόπρος ἐστὶ χρυσός (signe de l'or) ; καὶ ἄμ. ἐ. χρυσόλ. BA ; Κόπρος ἐ. χρυσός (en toutes lettres), καὶ ἄμ. καὶ χρυσόλ. L. — 11. κασσίτηρος M presque partout. — 14. κνουριν (sans accent) M. — ἄμπυξ f. l. ἄμβιξ. — 15. Après αἰθάλη] ἀρσενικοῦ add. BAL. — 16. Après ἀττ.] ἐστὶν add. L. — 17. λέκηθος M ; λέκινθος A ; λέκυνθος B et du Cange. — 18. τῶν ᾠῶν gratté M. — κασσία MBA. — 19. αὐτῆς] αὐτοῦ L, f. mel.

Κίκινον ἔλαιόν ἐστι τὸ ἀπὸ τῶν ἀγρίων σύκων · πολλοὶ γὰρ
     τοιοῦτον σκευάζουσι.

Κηρίον τὸ στερεόν εἰσι τὰ στερεὰ σώματα.

Καῦσόν ἐστι λεύκανον.

5 Κάλαμός ἐστι τὸ θεῖον.

(f. 133 v.) Κώμαρίς ἐστιν ἀρσένικον.

Κνίπειον αἶμά ἐστιν ὕδωρ ἀλαβάστρου οἰκονομηθέν.

Λ

Λαπάθου χαλκός ἐστιν ὄξος.

10 Λίθος Διονυσίου ἐστὶν ἄσβεστος.

Λευκόλιθός ἐστι πυρίτης.

Λίθον τὸν οὐ λίθον ἄσβεστον εἶναι λέγουσιν, καὶ αἰθάλην λειουμέ-
     νην δι' ὄξους.

Λιθορρύγιόν ἐστι στυπτηρία.

15 Λέπυρα τῶν κωβαθίων εἰσὶ τὰ θειώδη, πλέον δὲ τὸ ἀρσένικον.

*Λαγᾶς γιᾶς ἐστιν ἄνθος.

Λιθάργυρος λευκή ἐστι ψιμμύθιον.

Λευκοχάλκιόν ἐστιν ὕδωρ θείου ἀπύρου.

Λοκόπινός ἐστιν ὁ βάπτων εἰς βάθος καὶ μὴ ἀποπτύων.

20 Λίθος φρύγιός ἐστι στυπτηρία, ἤγουν θεῖον.

Λευκόφανόν ἐστι τὸ δῦνον εἰς βάθος.

M

Μόλυβδός ἐστιν παρεμφερὲς ψιμμύθιον.

---

1. Après ἐλ.] ἐστι add. L. — 2. τοῦτο L, f. mel. — 3. Réd. de L : Κηρίον
ἢ χυρίον ἐστι τὸ στερεόν ἢ τὰ στ. σώματα ;
χυρίον Λ ; στερεῖον Bn. — 6. L mg. (p.
267) : Supra 265, 263. — 9. ὁ ὄξος Bn. —
12. Réd. de L : Λίθος ὁ οὐ λίθος ἐστὶν
ἄσβεστος, καὶ αἰθάλη λειουμένη μετ' ὄξους.
— 14. Λιθορρύγιος L. — 15. ληπυρατῶν M.
— 16. Art. ajouté dans AL. — λαγᾶς γιᾶς
A. — 17. ψιμύθιον M partout ; ψιμμίθιον
AB partout ; ψιμμύθιον L partout. —
18. Après ὕδωρ, le signe de θεῖον ἄπυρον
dans M. — 19. Λευκόπινος BAL, f. mel.
— 20. L place cet article avant le précédent. —21. δῦνον] δυσμένον L. —23. παρεμφ.]
ὅμοιος L. — ψιμμύθίῳ L ; ψιμμίθ B.

Μαγνησία ἐστὶ μόλυβδος λευκὸς καὶ πυρίτης.

Μαγνησία ἐστὶν ἀπαλάκιστον ὄξος, καὶ ἡ ἀνάσπασις.

Μαγνησία ἐστὶ στίμμι θηλυκὸν τὸ χαλκηδόνιον.

Μαλάγματά εἰσι πάντα τὰ ξανθὰ καὶ τελειούμενα.

5 Μία φύσις ἐστὶ θεῖον καὶ ὑδράργυρος διαφόρως οἰκονομηθέντα.

Μέλαν ἰνδικὸν ἀπὸ ἰσάτιος γίνεται καὶ χρυσολίθου.

Μίλτος ὀρεινή ἐστι μίσυ ξανθὸν μετὰ αὐτορρύτου.

Μέλι ἀττικόν, καὶ μόλυβδος ὕδωρ θεῖόν ἐστιν.

f.134 v.) Μόλυβδος ἡμῶν ἐστιν ἡ ἀπὸ δυοῖν στιμμάτων καὶ λιθαργύρου.

10 Μολυβδόχαλκός ἐστιν χρυσόκολλα.

Μυστήριον παντὸς μεταλλικοῦ λίθου ἐστὶ πυρίτης.

Μεγάλη βοτάνη ἐστὶ κριθή.

*Μέλαινα νεφέλη ἐστὶν αἰθάλη καὶ χρυσόλιθος.

N

15 Νεφέλη ἐστὶν αἰθάλη θείου.

Ναξίας ῥίνισμά ἐστι κουρέων ἀκόνημα.

Νίτρον ἐστὶ θεῖον λευκὸν ποιοῦν χαλκὸν ἀσκίαστον· τὸ αὐτὸ ἀφρόνιτρον, καὶ ῥυτίνη γῆ.

*Νέφος ἐστὶ σκότος ὑδάτων, καὶ αἰθάλη, ἡ αἰθαλουμένη ὑγρότης,

20 καὶ συμπλεκομένη θολή.

Ξ

Ξανθὴ κιννάβαρις αἰθάλη ἐστὶ θείων καὶ ὕδωρ ἀργύρου.

Ξανθὸν φάρμακόν ἐστι σιδηρίτης δι' οὔρους θείου οἰκονομηθείς.

---

3. χαλκηδ.] μακεδονικόν BAL. — 4. Réd.
de L : μάλαγμά ἐστι πᾶν σύνθημα τέλειον.—
6. ἰσάτιδος BA. — χρυσολ.⁰ M : χρυσόλιθος
Bn. — 7. αὐτορίτου M : αὐτορρύτου BA. — 9.
μολύβδογ. ἐστι λιθάργυρος καὶ χρυσόκολλα A
— 13. Art. ajouté dans BAL. — 16.
ναξίας M ; ναξίας πέτρας L. — ἐστι καὶ κουρ.
BA. — 18. ῥυτίνη M ; ῥυτίνη BAL. « On
suppose ; ἐκτίνη; υ pour η ; ὕπαρ pour
ἧπαρ se lit dans la liste des signes de A..»
(M. B). — 19. Art. ajouté dans AL. —
20. Après συμπλεκομένη.| θολή add. L.
« pour θολάη » (M. B). — 22. κινναβάρεως
L. ; signe de κιννάβαρις dans M. — 23. Lire
comme Bn qui propose δι' οὔρου καὶ θείου.
— Après οἰκονομ.| καὶ ἡ κάδμεια add. BAL.

Ο

Ὄστρεον καὶ σηπίας ὄστρακόν ἐστιν ἄσβεστος ᾠῶν.
Ὀπὸς καλπάσου χυλός ἐστι καλπάσου.
Ὀξύγγιον χοίρειόν ἐστι θεῖον ἄκαυστον.
5 Ὄξος κοινόν ἐστι τὸ διὰ λιθαργύρου καὶ φέκλης.
Ὀπὸς πάντων δένδρων καὶ βοτανῶν ἐστιν ὕδωρ θεῖον καὶ ὑδράργυρος.
Ὁ οἰδάς ἐστι στυπτηρία.
Ὄπτησίς ἐστιν ἕψησις καὶ ξάνθωσις.
Ὄσιρίς ἐστι μόλυβδος καὶ θεῖον.
10 Ὄλμος ἐστὶν ἰγδίον.

Π

Πομφόλυξ ἐστὶ καπνὸς ἀσήμου.
*Πῆξον ἀντὶ τοῦ δυνάμωσον.
f. 134 v. Πυρίφευκτόν ἐστιν αἰθάλη θείου.
15 Πυρίτης ἐστὶ σῶρι καὶ μαγνησία.
Πάμμελί ἐστιν ὕδωρ θείου.
Πίνος ἐστὶν ὁ ἔξωθεν βάπτων.
Πυξίδες, αἱ οἰκονομίαι αἱ χρήσιμοι.
Πολύχρωμος, πορφυρόχρωμος.
20 Πορφυρίτης ἐστὶ λίθος ἐτήσιος, καὶ ἀνδροδάμας.
Παντόρρευστός ἐστιν αἰθάλη ἡ ἀπὸ πάντων ῥέουσα, τουτέστιν τὸ
  ὕδωρ τὸ ἄθικτον.
Πέταλα τῶν στεφανοπλόκων εἰσὶ πυρίτης καὶ μαγνησία.
Προοξύνας ἐστὶν ἐν ὄξει βρέξας.

---

2. 6ᵉ art. de L dans la lettre O. — ὄστρ.] ὄστρουον M; ὄφιον BAL. — 3. ἐ. χ. L.— après ἐστι καλπάσου] βοτάνης add. AL. — 4. ὀξύγγιν M. — 5. νεφέλης A; νεφέλη L. — 11. ἰγδη L. — Après ἰγδίον] θυία add. L (lire θυεία). — 13. Après cet article, on lit dans A : πίδας (E : ὁ οἰδας) ἐστιν στυπτηρία. Πτῆσις (pour ὄπτησις) ἐστιν ἕψησις καὶ ξάνθωσις ξηρίς (E : ὄσιρις) καὶ θεῖον· πῆξον κ. τ. λ. — 14. Art. ajouté dans A. — 16. Après μαγν.] ὁ λευκόλιθος add. A. — 19. πηξίδες AL, f. mel. — Après οἰκ.] εἰσὶν add. L. — 20. Réd. de L : πολύχρ. καὶ πορφυρ. καὶ πορφυρίτης κ. τ. λ. — 24. προοξ.] προξίσας mss. Corr. conj.

Παροξύνας ἐστὶ πυρώσας.
Πεφρυγμένης ἐν ἡλίῳ ἐστὶν ἐν ἓξ ἡμέραις.
Πηλὸς Ἡφαίστου ἐστὶν κριθή.

Ρ

5 Ῥίπεώς ἐστι νίτρον πυρρὸν ἀφρόνιτρον.
Ῥεφέκλα ἐστὶ κυκλάμινος.
Ῥίνημα χρυσοῦ ἐστι κέλλα χρυσοῦ.

Σ

Σίδια ξηρά ἐστι τὰ ἐντὸς τῶν αἰγυπτίων ῥοῶν.
10 Σρέκλη ἐστὶν ἀφροσέληνον καὶ σχιστὴ στυπτηρία.
Σάνδυξ ἐστὶ χρυσός.
Στυπτηρία ἐστὶ θεῖον λευκόν, καὶ ἄσκιος χαλκός.
Σανδαράχη ἐστὶν ὑδράργυρος ἡ ἀπὸ κινναβάρεως.
Σώματά εἰσιν χαλκός, μόλυβδος, κασσίτερος, σίδηρος · ἐξ αὐτῶν
15   στίμμι κόχλος.
Σώματά ἐστιν ἐν συνθέσει · καλοῦνται χαμαιλέων ἤγουν τὰ τέσσαρα
   ἀτελῆ μέταλλα.
*Στίμμι ἐστὶ κόχλος, ἢ κογχύλιον.
Στροφὴ καὶ ἐκστροφή ἐστι καῦσις καὶ λεύκωσις.
20 (f. 135 r.) Σπόγγος θαλάσσιός ἐστι καδμεία καὶ χρυσόλιθος
   καὶ ἱερὸς λίθος, τὸ ἀπόκρυφον μυστήριον τὸ αὐτὸ καὶ σποδὸς
   ἀργύρου καὶ σμάραγδος καὶ σμιρίτης.
*Σίδηρός ἐστιν ὁ κέλυφος τοῦ ὠοῦ.

---

2. Au-dessus de ἡμέραις : δηλονότι (sic) A (de la main du copiste). — 3. ἡ κριθή L. — 5. ῥύπεως ἢ ῥίπνος A ; ῥίπνος B — πυρρὸν καὶ BAL. — 7. ῥίνισμα BAL. — 9. σίδων M : σίδια AB : ῥοδία E. — 10. ἀφροσέληνον] ἀργύρου Bn. — 15. κόχλος] A mg. ἢ κοχλίη (pour κογχύλη) de la main du copiste. — 16. Réd. de L : σώμ. ἐ. ἡ σύνθεσις, ἃ καλ. — ἤγουν τ. τ. ἀ. μ. om A. — 18. Art. ajouté dans L. (Débris de l'avant-dernier article). — 20. Réd. de BAL : Σπ. θαλ. ἐστι καδμεία καὶ χρυσόλ. καὶ χ. κ. om. L.) ἱερὸς λίθος καὶ σπ. ἀργύρου, καὶ σμαρ. καὶ πυρ. τὸ ἀποκρ. μυστ. — 23. Art. ajouté dans BAL.

Τ

Τίτανός ἐστιν ἄσβεστος ὠοῦ.

Τὸ κύριον ὄνομα τοῦ ὑγροῦ συνθέματός ἐστι τὸ θεῖον ὕδωρ
τὸ δι᾽ ἄλμης, καὶ ὄξους, καὶ λοιπῶν.

5 Τὸ κύριον ὄνομα τοῦ στερεοῦ συνθέματός ἐστι τὰ τέσσαρα
σώματα, κλαυδιανός, μόλυβδος, πυρίτης καὶ ὑδράργυρος.

Υ

Ὑδράργυρος μετὰ αἰθαλῶν πηχθεῖσα λευκαίνει χαλκὸν καὶ ποιεῖ
χρυσόν.

10 Ὕδωρ σκυθικόν ἐστιν ὑδράργυρος.

Ὕδωρ θεῖον ἄθικτόν ἐστιν ὑδράργυρος πεπηγμένη μετὰ ἁλῶν.

Ὕδωρ κνήκου, τὸ ὕδωρ τοῦ θείου τὸ ἄθικτον.

Ὕδωρ μήνης, καὶ ὕδωρ χαλκοῦ, καὶ ὕδωρ πύρινον, καὶ ὕδωρ ὑέλου,
καὶ ὕδωρ ἀργύρου, καὶ ὕδωρ σανδαράχης, καὶ ὕδωρ ἀρσενίκου.

15 Ὕδωρ ποτάμιον ὕδωρ μολύβδου ἐστὶ θεῖον καὶ ὑδράργυρος.

Ὕσσωπόν ἐστιν ἀπόβρεγμα τῶν ῥυπαρῶν ἐρίων.

Ὕδωρ ὑδραργύρου βαφική ἐστιν ἡ ἀπὸ κινναβάρεως γινομένη.

Ὕδωρ Ἀφροδίτης, καὶ σελήνης, καὶ ἀργύρου · καὶ ὕδωρ ποτάμιόν
ἐστι θεῖον ὕδωρ καὶ ὑδράργυρος.

20 Ὕδωρ θεῖον ἄθικτόν ἐστι τὸ λευκὸν σύνθεμα ἀπερχόμενον.

Ὕδωρ ἁπλοῦν, τὸ ἀπὸ τριῶν θείων συνθέτων δι᾽ ἀσβέστου.

---

2. ὠοῦ gratté M. — 3. A place cet article après l'art. ὑδράργυρος μετὰ αἰθαλῶν κ. τ. λ. — 5. A place cet article avant le précédent. — 10. ὑδρ.] signe de la sandaraque BA (signe lu ἀρσένικον par du Cange); σανδαράχη en toutes lettres L. — 11. ἡ ὑδρ. L. — 12. Réd. de L : ὕδωρ κυ. ἐστὶν ὑδ. θεῖον ἄθικτον. F. l. τοῦ θείου τοῦ ἀθίκτου. — 13. Réd. de L : ὕδωρ μήνης κ. ἀργύρου καὶ χ. καὶ ἁλὸς καὶ σανδ. κ. ἀρσ. κ. ὕδωρ πύρ. κ. ὑδ. ποτ. ἡ νεφέλη, ἐστί. — 14. Après ὑδ. ἀρσ.| καὶ ὕδωρ ποτάμιον ἡ νεφέλη, ἐστίν. Ὕδωρ μολ. ἐστὶ θ. κ. ὑδρ. Ὕσσωπον κ. τ. λ. BA. — 16. ἐρέων M. — 17. Réd. de L : ὑδ. ὑδρ. λευκῆς βαφικῆς ἐ. ἡ ὑδράργυρος ἡ ἀπὸ κ. γ. — Après γιν.] νεφέλη add. BA. — 18. σελήνης] signe de la lune et de l'argent surmonté d'un σ M. — 19. ὑδ. θεῖον BA. — ὑδρ.] ἀργύρου ὕδωρ BA. — 21. Réd. de L : ὑδ. ἁπλ. ἐστι τὸ δι᾽ ἀσβ. F. l. τὸ... σύνθετον.

Ὕδωρ τὸ ἀπὸ ἀσήμου λέγεται ἀφρὸς καὶ ὀρὸς καὶ ἀφροσέληνον ὑγρόν.

Ὕδωρ θεῖον τὸ ἀπὸ ὑδραργύρου λέγεται ⟨κατὰ⟩ Πετάσιον, καὶ δράκοντος (f. 135 v. χολή.

5 Ὕδωρ θεῖον πεπηγμένον μεταβόλων *sic* ὑδράργυρός ἐστιν ἀπὸ κινναβάρεως, τουτέστιν ἡ τετρασωμία.

Φ

Φέκλη, τρυγία οἴνου ἡ εἰς τὰς πορφύρας προχωροῦσα ἄσβεστος.

Φῦκός ἐστι βάμμα ἔξωθεν φαεινόν.

10 Φάρμακόν ἐστιν αἰθάλη συντεθεῖσα διὰ τῆς οἰκονομίας.

Φρύξον ἐστὶν ἢ ὄπτησον ἢ ξάνθωσον.

*Φευκτήν, ἀληθινήν ⟨βαφήν?⟩

*Φακοῦ σκωρία ἐστὶ τὸ χρυσάνθιον.

X

15 Χαλκοῦ σκωρία ἐστὶ χρυσάνθιον.

Χρυσός ἐστι πυρίτης, καδμεία, θεῖον.

Χαλκύδριόν ἐστιν ὁ γινόμενος χρυσός, καὶ ἰωθεὶς ταῖς χειροπηγαῖς ταῖς ἀπὸ θείου.

Χρυσίτης ἐστὶ τὸ σύνθεμα τῶν αἰθαλῶν.

20 Χαλκὸς ἰατρικός ἐστιν ὁ λευκανθεὶς τὸ αὐτὸ καὶ θεῖον καὶ ψιμύθιον.

Χαλκοῦ ἱδρῶτες, ὁ ζωμὸς τοῦ χαμαιμήλου.

---

1. Réd. de L : ὕδωρ ἀργύρου ἐστιν, ἀφρὸς καὶ ὀρὸς κ. ἀφ. 5. La confusion de ἀργυρος avec ἄσημος ou ἄσημον est assez fréquente dans les mss. — 3. λέγεται δὲ μετάρσιον καὶ ὀρ. χ. ἡ νεφέλη B ; λέγ. δὲ μεταρσιος (sic) κ. ὀρ. χ. ἡ νεφέλη A. — 5. Réd. de L : ὕδωρ θεῖον πεπ. ἐστὶν, ἡ τετρασωμία. — 8. φέκλη ἐστὶν ἡ τρ. τοῦ οἴνου L. — 10. συντεθεῖσα] σωθεῖσα (sic) M

(avec un point sur l'ω, du temps de la copie, indiquant une corr. à faire. — 12. Débris de phrase conservé dans AE seulement. — 13. Art. ajouté dans AL. — 16. 10° art. de L. dans la lettre X. — καὶ καδμ. καὶ θ. L. — 17. 2° art. de L. χειροπηγαῖς M. — 19. 11° art. de L. — 20. 3° art. de L. — τὸ αὐτὸ] ὁ αὐτός L. — 22. 8° art. de L.—Après ἱδρ.] ἐστιν add. L.

Χρυσόκολλα καὶ χαλκεῖον ὕδωρ, ὁ μολυβδόχαλκος.

Χρυσοζύμιον καὶ ἐλύδριον, καὶ χρυσοκογγύλιον καὶ ἰὸς ἀσκίαστος θεῖον λευκόν ἐστιν.

*Χάλκανθός ἐστιν ὁ κρόκος τοῦ ὠοῦ.

5 Χρυσετήσιος λίθος, αἱματίτης.

Χαλκοπυρίτης βροντήσινος θεῖόν ἐστιν ὕδωρ.

Χρυσός, ὅλαι αἱ ψωμαὶ καὶ τὰ μέταλλά εἰσι τὰ ξανθωθέντα καὶ τελειωθέντα.

Χρυσοῦ ῥίνημα, χρυσόκολλα, καὶ χρυσοῦ ἄνθος, καὶ χρυσοζύμιον,
10 καὶ χρυσίτης, καὶ χρυσοκογγύλιον, ἰός ἐστι καὶ θεῖον, καὶ ὑδράργυρος.

f. 136 r. Χαλκός ἐστι τὸ ὄστρακον τῶν ὠῶν.

Χρύσοπτά εἰσιν αἱ αἰθάλαι αἱ ξανθαί.

Χαλκύδριον καὶ χυτάργυρος καὶ χολὴ παντὸς ζώου ἰὸς ὁ τέ-
15 λειός ἐστιν· καὶ θεῖον, καὶ χαλκὸς, καὶ ἄργυρος καὶ ἤλεκτρον, πλεονασάντων τῶν φώτων καὶ ἐπὶ τὸ ξανθὸν ἐρχομένων, καὶ παγέντων, ἐστὶν ὑδράργυρος ἡ ἀπὸ κινναβάρεως.

Χελιδονία ἐστὶ τὸ ἐλύδριον.

Χρυσός λέγεται τὸ λευκὸν, τὸ ξηρὸν, καὶ τὸ ξανθὸν, καὶ χρυσιατὰ
20 ποιοῦντα ἀρεύκτους τὰς βαφάς.

Χρυσόκολλά ἐστιν ὁ μολυβδόχαλκος, τουτέστιν ὅλον τὸ σύνθεμα.

— 1. Réd. de L (12ᵉ art.) : χρυσοκόραλλον κα' χρυσοχάλκειον ὅ. ἐστιν ὁ μόλυβδος καὶ ὁ χαλκός. — χαλκεῖον] χρυσοχάλκειον ὅ. ὁ μόλυβδος καὶ ὁ χαλκός. B. — χρυσοχάλκειον ὅ. ἐστιν (la suite comme B) A. — 2. 13ᵉ art. de L. — χρυσοζύμιον BAL, f. mel. — Réd. de AL : ... καὶ ἰὸς ἀσκ. τὸ θεῖόν ἐστι τὸ λευκὸν ἤγουν (ἤ)ος L] ἡ ὑδράργυρος παγεῖσα μετὰ λευκοῦ συνθήματος. — 4. Art. ajouté dans AL ; 4ᵉ art. de L. — 5. 14ᵉ art. de L. — ὁ αἱμ. BAL. — 6. 5ᵉ art. de L. — ὕδωρ] ὑδραργύρου BA. — βροντήσιός ἐστι θεῖον ἀρ. ὑδρ. L. — 7. 15ᵉ art. de L. — χρ. ἐστιν L. — μέταλλα] πέταλα BAL. — Après ξανθ.] καὶ λειωθέντα add. AL. — 9. 16ᵉ art. de L. — ξίνισμα BAL qui ajoutent καί. — χρυσοζύμιον BAL, f. mel. — 10. ἐστιν ὁ ἰὸς L. — 12. 6ᵉ art. de L. — τῶν ὠῶν non gratté dans M. — 13. 17ᵉ art. de L. — 14. 7ᵉ art. de L. — χυτάργ. BAL. — 17. ἔστι δὲ ἡ ὑδρ. L. — 19. 18ᵉ art. de L. — χρυσιατα sans accent M ; f. l. χρυσεια τα vel χρυσία τα. — χρυσόν (en signe) τὰ π. B ; χρυσόν (en signe) τα (sans accent) A ; χρυσωτα τα π. L. — 21. 19ᵉ art. de L. — Après χρυσόν | ἐστιν add. L.

Χρυσοῦ σφαῖρα, κρόκος κιλίκιος.

Χρυσοφοίτης, αἰθάλη μετὰ χαλκοῦ οἰκονομηθεῖσα, καὶ λειωθεῖσα καὶ ἰωθεῖσα.

Χαλκὸς κύπριος, ὁ κεκαυμένος καὶ πεπλυμένος.

Ψ

Ψωμοί εἰσι τὰ μεταλλάσσοντα τῷ εἴδει.

Ψωμίον ἐστὶ τέφρα ὕδατι φυραθεῖσα, ᾗ τις ὑποστρώννυται τῇ καμίνῳ δακτύλου πάχος ἑνός.

Ψάμμος ἐστὶ χρυσόκολλα.

Ψιμμύθιον, τὸ ἀπὸ μολύβδου γινόμενον.

Ω

Ὤχρα δι' οἰνελαίου λέγονται βάσκανοι.

Ὠμὴ ὑδράργυρος, ἡ ἀπὸ μολύβδου γινομένη.

Ὠΐτης λίθος λεγόμενος καὶ τερενοῦθιν καὶ χρυσόκολλα.

Ὤχρα ἀττικὴ ἐστιν ὁ κρόκος τοῦ ὠοῦ.

Ὤχρα ἀττικὴ ἐστιν ἀρσένικον.

Ὠρείχαλκός ἐστιν ὁ νικαηνός, ὁ διὰ καδμείας γινόμενος.

ΤΕΛΟΣ.

---

1. 20ᵉ art. de L. — BAL ajoutent : ἤγουν ἀρσένικον, καὶ σανδαράχη. — Après σφ.] ἐστι add. L. — 2. 21ᵉ art. de L. χρυσοφίτης B, f. mel.: χρυσοφύτης AL. — ἡ μετὰ χ. L. — 3. Après ἰωθ.] ἐστιν add. BAL. — 4. 9ᵉ art. de L. — Après le dernier article du X, on lit dans MBA : Τέλος τῆς λευκώσεως καὶ ἀρχὴ τῆς ξανθώσεως. 6. Réd. de L : Ψωμός ἐστιν ὁ μεταλλασσόμενος ἐν τ. ε. — 8. Après καμ.] ἔχουσα add. L. — 10. ψιμμ. ἐστιν τό L. — μολ.] signe du plomb dans B, surmonté des lettres μ λ. De là vient peut-être que du Cange, deux articles plus loin, a lu le

même mot : μαγνησίας, confondant les deux articles. — 12. ὤχρα δισνο (sans accent) λέγ. M. — οἱ βασκ. L. — 13. ὕδρ. ἐστιν ἡ L. — μολίβδου M ; μαγνησίας du Cange ; μολυβδοχάλκου L. — 14. λίθος ὁ ὁ λεγ. L. — τερενοῦθιν BA ; τερενοῦθις L. — 15. ὁ χρ. τ. ὠ. gratté M. — Après ὠοῦ] λέγεται καὶ (λεγ. δὲ καὶ L) τὸ ἀρσένικον BAL. — 16. Art. remplacé dans BAL par l'addition : λέγεται κ. τ. λ. — ὠρόχαλκος M. — 18. Τέλος τοῦ λεξικοῦ B ; τέλος τοῦ μεταλλευτικοῦ λεξικοῦ AL. — Ce lexique existe aussi dans C, qui derive directement de P.

I. ɪɪɪ. — ΠΕΡΙ ΤΟΥ ΩΟΥ ΟΙ ΠΑΛΑΙΟΙ ΦΑΣΙΝ ΟΥΤΩΣ.

Transcrit sur M, f. 106 v. — Collationné sur A, f. 24 r.; — sur E (copie de A), f. 179 r.; — sur Lc (copie de E), p. 193. — Dans M il y a un certain nombre de mots grattés. On ne mentionne les leçons de E que lorsqu'elles diffèrent de A.

1] Οἱ μὲν λίθον χάλκιον, οἱ δὲ λίθον ἐγκέφαλον, οἱ δὲ λίθον ἐτήσιον · ἕτεροι λίθον τὸν οὐ λίθον · ἄλλοι λίθον αἰγύπτιον · ἕτεροι τὸ τοῦ κόσμου μίμημα.

2] Τὸ δὲ ὄστρακον τούτου τὸ ὠμὸν λέγουσιν, χαλκὸν καὶ σιδηρόχαλκον, καὶ μολυβδόχαλκον, καὶ σώματα στερεά.

3] Τὸ δὲ κεκαυμένον ὄστρακον εἶπον ἄσβεστον, ἀρρενικὸν, σανδαράχην, γῆν χείαν, ἀστερίτην, ἀφροσέληνον, ἀργυρὸν ὀπτὸν, στίμμην κοπτικήν, γῆν σαμίαν, καιρικήν, κιμωλίαν, στιλβάδα, κυανὸν καὶ στυπτηρίαν.

4] Τὰ δὲ ὑγρὰ αὐτοῦ τὰ ἀναπεμπόμενά φησιν · ἰὸν καὶ ἰὸν χαλκοῦ καὶ ὕδωρ χάλκεον χλωρὸν, ὕδωρ θείου ἄθικτον, καὶ χάλκεον ὑδατῶδες, καὶ χάλκεον μελιτῶ- (f. 107 r.) δες φάρμακον, καὶ αἰθάλην, καὶ σώματα πνεύματα, καὶ πανσπέρμιον, καὶ πολλοῖς ἄλλοις ὀνόμασι κέκληνται.

5] Τὸ δὲ λευκὸν αὐτοῦ φησι κόμι, καὶ ὀπὸν συκῆς, καὶ ὀπὸν συκαμίνου, καὶ ὀπὸν τιθυμάλου.

6] Τὸ δὲ κροκὸν λέγουσι μίσυ, χαλκὸν, καλακάνθην χαλκοῦ,

---

1. τοῦ ὠοῦ gratté M. — Titre dans Lc : Ὠὸν τῶν φιλοσόφων, puis : Οἱ παλαιοί φασι π. τ. ὡ. Οἱ μὲν λίθον χάλκεον (la suite comme A). — 2. Rédaction de A : Οἱ μὲν λ. χ., οἱ δὲ λίθον ἀρμένιον, ἄλλοι λιθ. ἐγκ., λίθ. αἰτήσιον, λίθ. αἰγ., λίθ. τὸν οὐ λίθ. · ἕτεροι δὲ τὸ τοῦ κ. μίμημα. — M mg. sur une ligne verticale en petites majuscules onciales : ταῦτα μυστικά, οὐ φυσικά. — 5. τούτου] αὐτοῦ ALc. — λέγουσιν] ἐκάλεσαν ALc. — 7. εἶπον] εἰρήκασιν ALc. — ἀρσένικον A. — 8. Après ἀφροσέληνον] ἄργυρον τὸν ἡμῶν ALc. —

9. στιλβάδα ALc. — Après κυανόν] σινώπη κοπτική, γῆ ποντική A; les mêmes mots dans Lc, mais à l'accusatif. — 11. φασι A, f. mel.; καλοῦσιν Lc. — ἰὸν καὶ om. Lc, f. mel. — ἰὸς χαλκοῦ M. — 12. ὕδωρ χάλκιον ALc. — Réd. de ALc : ὕδωρ θεῖον ἄθικτον, le signe du cuivre, puis μελιτ. φαρμ. αἰθάλη (αἰθάλην Lc), σῶμα τὸ πνευματικόν. (manque la suite du § 4.) — 16. λευκόν gratté M. — φασιν A, f. mel. — 18. τὸ δὲ κρόκον αὐτοῦ ALc. — λέγουσι om. A; καλοῦσι Lc. — καλακανθηχαλκόν M; καλακάνθιον χαλκοῦ Lc.

χάλκανθον ὀπτήν, ὤχραν ἀττικήν, σινώπην ποντικήν, κυανόν, λίθον ἀρμένιον, κρόκον κιλίκιον, καὶ ἐλλέβριον.

7] Τὸ δὲ μίγμα τὸ ἀπὸ τῶν ὀστράκων τῶν ὠῶν καὶ τοῦ ὕδατος τοῦ διὰ τῆς ἀσβέστου ἔφησαν εἶναι μαγνησίαν, καὶ μαγνησίας σώματα, καὶ μολυβδόχαλκον, καὶ ἄργυρον τὸν ἡμῶν, ἄργυρον κοινόν, ψιμμύθιον.

8] Τὸ δὲ λευκόν, ὕδωρ θαλάττιον διὰ τὸ εἶναι τὸ ὠὸν στρογγύλον ὥσπερ Ὠκεανός · ὕδωρ στυπτηρίας, ὕδωρ ἀσβέστου, ὕδωρ σποδοκράμβης, τὸ τῶν ἀρχαίων ὕδωρ αἰγός · ὕδωρ νέα ἀντὶ γάλακτος.

9] Τὸ δὲ ξανθὸν ὕδωρ λέγουσιν, θεῖον ἄμικτον, ὑδράργυρος ἡ ἀπὸ κινναβάρεως λεγομένη, ὕδωρ νίτρου πυρροῦ, ὕδωρ νίτρου ξανθοῦ, οἶνον ἀμηναῖον.

10] Τὸ δὲ ξανθὸν σύνθεμά, φησιν, χρυσὸν καὶ τὸν διασαπέντα χρυσήλεκτρον ?, χρυσοζώμιον, καὶ ἀργυροζώμιον τὸ τῶν κιτρίων ἐστίν, τὸ ἀπὸ τοῦ ἀρσενίκου, καὶ τοῦ ὕδατος τοῦ θείου ἀπύρου. Ὥσπερ τὸ κίτρον ἔξωθεν ἔχει τὸ ξανθόν, καὶ ἔσωθεν ἔχει τὸ ὀξῶδες, οὕτως καὶ τὸ ἀπὸ τοῦ ἀρσενίκου. Θείου ἀπύρου ὕδωρ ἐστὶ τὸ ὄξος τῶν ἀρχαίων.

11] Τὸ δὲ λευκὸν τοῦ αὐτοῦ ὠοῦ καλοῦσιν ὑδράργυρον, ὕδωρ ἀργυρικόν, λευκόχαλκον, λευκὴν αἰθάλην, πυρίφευκτον, θεῖον ἀγαθόν,

---

3. ὀστράκων et ὠῶν grattés M. — 4. δι' ἀσβέστου Lc. — ἔφησαν] φασιν A; καλοῦσι Lc. — σῶμα Lc. f. mel. — 7. Après τὸ δὲ λευκόν] φασιν add. A; καλοῦσιν add. Lc. — τὸ δὲ λ. ὕδωρ φασὶν E. — διὰ τῶν ὠῶν στρογγύλων ὥσπερ ὠκεανός A ὠκεανός El; διὰ τῶν ὠῶν, καὶ στρογγύλον, ὥσπερ ὠκεανός Lc. — 10. ἡ ἀπὸ κινν. λεγ.] τὴν ἀπὸ κινν. λεγομένην ALc, f. mel. — 12. ἀμηναῖον AE; ἀμυναῖον Lc. (Voir ci-dessus, p. 8, l. 14 et la note). — 13. φασιν A; om. E; καλοῦσι Lc. — καὶ] ἢ A; om. Lc. — Après διασαπέντα] signe dans M dont le sens est inconnu et qui n'existe pas dans AELc. Ce signe semble une ébauche de celui du chryselectrum (M. B.). — 14. χρυσοζώμιον MA. — ἀργυροζώμιον M. — Réd. de A : ... χρυσοζώμιον, τὸ ὠὸν κύπριον, τὸ ξανθόν, ἔσωθεν δὲ τὸ ξῶδες · οὕτω καὶ τὸ ἀπὸ ἀρσενικοῦ · θείου ἀπύρου (en signe) ὕδωρ κ. τ. λ. — Réd. de L : τὸ ὠὸν τὸ κύπριον, τὸ ξανθὸν ὠόν, τὸ ἔσωθεν ἐξῶδες, τὸ ἀπὸ ἀρσ. θείον, τὸ θεῖον ὕδωρ. ὅ ἐστι τὸ ὄξ. τ. ἀρχαίων. (D'après la réd. de E, copie corrigée de A). — 18. Le texte des §§ 11, 12 et 13 n'existe pas dans M. — Transcrit ici sur Lc. p. 199. — καλοῦσιν] φασιν A, ms. qui répète avec de légères variantes les §§ 5 et 6, puis commence un nouvel article avec Ὑδράργυρον κ. τ. λ. Le ms. E supprime la répétition de A, après avoir écrit, puis biffé τὸ δὲ λευκὸν τοῦ αὐτοῦ.

ὕδωρ θείου ἀθίκτου, ἀφρὸν θαλάσσης, ὕδωρ ποτάμιον, δρόσον, μέλι
ἀττικὸν, γάλα παρθενικὸν, γάλα αὐτόρρευστον, ὕδωρ μολύβδου, ἰσο-
χάλκιον, τὸ ἀφόρητον ζυμάριον, νεφέλην, διψάκιον, κρεμαστὸν ἀστρὸν
αἰθάλης.

12] Σὺ δὲ ἐν τούτοις ἔχε τὸν νοῦν · ἡ γὰρ φύσις τὴν φύσιν τέρπει,
καὶ ἡ φύσις τὴν φύσιν κρατεῖ, καὶ ἡ φύσις τὴν φύσιν νικᾷ, ἥ τις
καταμιγεῖσα ἀποτελεῖ τὸ ἐξ ἑνὸς ζητούμενον μυστήριον, ὅ ἐστι, τὰ
θειώδη ὑπὸ τῶν θειωδῶν κρατοῦνται, καὶ τὰ ὑγρὰ ὑπὸ τῶν καταλ-
λήλων ὑγρῶν. Καὶ ἐὰν μὴ τὰ σώματα ἀσωματωθῶσι καὶ τὰ σώματα
σωματωθῶσιν, οὐδὲν ἔσται τὸ προσδοκώμενον.

13] Δύο δέ εἰσι συνθέματα διὰ σωμάτων μεταλλικῶν, καὶ διὰ
τῶν θείων ὑδάτων, καὶ βοτανῶν, ἅ μεταλλοιοῦσι τὴν ὕλην, ἣν
εὕροις ἂν κατὰ τὸ ζητούμενον. Ἐὰν δὲ μὴ γένωνται τὰ δύο ἕν,
καὶ τὰ τρία ἕν, καὶ ὅλον τὸ σύνθεμα ἕν, οὐδὲν ἔσται τὸ προσδοκώμενον. — Τέλος τοῦ ὠοῦ.

I. IV. — ΟΝΟΜΑΤΟΠΟΙΙΑ ΤΟΥ ΩΟΥ · ΑΥΤΟ ΓΑΡ ΕΣΤΙΝ ΤΟ ΜΥΣΤΗΡΙΟΝ ΤΗΣ ΤΕΧΝΗΣ.

Transcrit sur A, f. 229 r.

1] Τὸ ὠὸν ἐκάλεσαν τετράστοιχον διὰ τὸ εἶναι αὐτὸ κόσμου
μίμησιν, περιέχον τὰ τέσσαρα στοιχεῖα ἐν ἑαυτῷ · ὃν καὶ λίθον

---

1. ὕδωρ θεῖον ἄθικτον A, qui met tous
ces mots au nominatif. — 2. ἰσοχάλ-
κιον] F. l. ἰοχάλκιον. — 4. αἰθάλης] καὶ
ταῖς αἰθάλαις A; ἐν ταῖς αἰθάλαις E. — 6.
νικᾷ] πρός ἡ κόντο A; ἔρχεται / προσηκονται E, et mg. :
forte προσέρχεται, vel corr. νικᾷ. — 7.
ἐξ ἑνός] F. l. ἐξ αἰῶνος. Cp. III. xli :
ἀπ᾽ αἰῶνος. — A partir de ἀποτελεῖ, ligne
verticale en marge de Lc, jusqu'à la
fin du morceau, ce qui dans ce ms.
indique toujours une citation. — 11.
§ 13] Les mss. AE donnent, pour ce §,
la rédaction qui suit, où l'on corrige les
plus grosses fautes : Ταῦτά ἐστι τὰ θεῖα
ὕδατα, ὥσπερ τῶν μαλακῶν ἡ διὰ φημὶ (?) ὁ
λόγος, οὕτω καὶ ἐπὶ τῶν μετάλλων. Ἐὰν ᾖς
νοήμων, δύο εἰσὶ συνθήματα — καὶ βοτανῶν,
τὰ πρός παντὶ μετὰ τῶν βοτανῶν, μεταλλοιοῦσι,
κ. τ. λ. — 14. ἔσται] ἐστι A.

ἐκάλεσαν, ὃν κυλίει ἡ σελήνη, καὶ λίθον τὸν οὐ λίθον, καὶ λίθον
ἀετίτην, καὶ ἀλαβάστρινον ἐγκέφαλον.

2] Καὶ τὸ μὲν ὄστρακον αὐτοῦ ὅπέρ ἐστι στοιχεῖον ὅμοιον τῆς
γῆς, ψυχρὸν καὶ ξηρόν, ἐκάλεσαν χαλκόν, σίδηρον καὶ f. 230 r.
κασσίτερον καὶ μόλυβδον· τὸ δὲ λευκὸν ὕδωρ θεῖον· τὸν δὲ κρόκον
χάλκανθον· τὸ δὲ ἔλαιον αὐτοῦ πῦρ.

3] Τὸ ᾠὸν ἐκάλεσαν σπόρον· καὶ τὸ μὲν ὄστρακον αὐτοῦ ἐκάλεσαν δοράν· σάρκα δὲ τὸ λευκὸν καὶ ξανθόν· ψυχὴν τὸ ἔλαιον· πνοὴν
ἤγουν ἀέρα τὸ ὕδωρ.

4] Τὸ ὄστρακον τοῦ ᾠοῦ ἐστιν ὅτι ἀναφέρει ταῦτα ἐκ τῆς κό-
πρου κατὰ ἡμέρας ι'· καὶ λειοῖ σὺν Θεῷ μετὰ ὄξους, ὅσον πλέον
τρίβῃς πλέον ὠφελεῖς· ὅταν δὲ κόψῃς τὸ σύνθεμα ἡμέρας η' καὶ
ἀναστήψεις, καὶ ξηρίον ποιήσεις· ὅταν δὲ τελειώσῃς, ἐπίβαλλε τῆς
ὑδραργύρου καὶ ἂν εἰς πρῶτον οὐ βάψῃς, ποίησον δεύτερον καί
τρίτον.

5] Ὅτι πρῶτον ἐκάλεσαν τὸν κρόκον τοῦ ᾠοῦ, ὤχραν ἀττικήν,
σινώπην ποντικήν, νίτρον αἰγύπτιον, κυανὸν ἀρμενιακόν, κρόκον κιλίκιον, ἐλύδριον· τὸ δὲ λευκόν, τοῦ θείου ὕδατος ἀπολελυμένον, ὄξος,
ὕδωρ στυπτηρίας, ὕδωρ ἀσβέστου, ὕδωρ σποδοκράμβης, καὶ τὰ ἑξῆς.

I. v. — LE SERPENT OUROBOROS.

Transcrit sur A, f. 196 r. — Texte sans titre.

1] Τοῦτο γάρ ἐστιν τὸ μυστήριον ὁ οὐροβόρος δράκων, τουτέστι
συμφαγώνεται καὶ συγχωνεύεται, λειώνεται καὶ μεταλλάττεται τὸ
σύνθεμα ἐν τῇ σήψει· καὶ γίνεται μελάγχλωρον, καὶ ἐξ αὐτοῦ γίγνεται χρυσάνθιον· καὶ ἐξ αὐτοῦ γίνεται ἐρυθρὸν κινναβαρίζον, ὡς
φησιν, καὶ αὕτη ἐστὶν ἡ κιννάβαρις τῶν φιλοσόφων.

---

1. ὃν κυλίει A. Corr. conj. F. l. κυκλοῖ. — 11. λειοῖ A. Corr. conj. F. l. λείου.

2] Ἡ δὲ κοιλία καὶ ὁ νῶτος αὐτοῦ κροκοειδής · καὶ ἡ κεφαλὴ μελάγχλωρος · οἱ τέσσαρες αὐτοῦ πόδες ἐστὶν ἡ τετρασωμία · τὰ δὲ τρία ὦτα αὐτοῦ εἰσιν αἱ τρεῖς αἰθάλαι.

3] Καὶ ἓν τὸ ἄλλο αἱματεύει · καὶ ἓν τὸ ἄλλο γεννᾷ · καὶ ἡ φύσις 5 τὴν φύσιν χαίρει, καὶ ἡ φύσις τὴν φύσιν τέρπει, καὶ ἡ φύσις τὴν φύσιν νικᾷ, καὶ ἡ φύσις τὴν φύσιν κρατεῖ · καὶ οὐχ ἑτέρᾳ καὶ ἑτέρᾳ, ἀλλ' αὐτῇ μιᾷ ἐξ αὐτῆς δι' οἰκονομίας, μετὰ πόνου καὶ μόχθου πολλοῦ.

4] Σὺ δὲ ἐν τούτοις ἔχε τὸν νοῦν, ὦ φίλτατε, καὶ οὐχ ἁμαρ-10 τήσεις · ἀλλὰ σπουδαίως ⟨οὐκ⟩ ἐν ἀμελείᾳ ἀγωνιζόμενος, ἕως τὸ πέρας ἴδῃς.

5] (f. 196 v.) Δράκων τις παράκειται φυλάττων τὸν ναὸν τοῦτον ⟨καὶ⟩ τὸν χειρωσάμενον. Πρῶτον θῦσον καὶ ἀποδερμάτωσον, καὶ λαβὼν τοὺς σάρκας αὐτοῦ ἕως τῶν ὀστέων, πρὸς τὸ στόμιον τοῦ 15 ναοῦ ποίησον αὐτῷ βάσεις, καὶ ἀνάβηθι, καὶ εὑρήσεις ἐκεῖ τὸ ζη-τούμενον χρῆμα · τὸν γὰρ ἱερέα τὸν χαλκάνθρωπον μετετέθη τοῦ χρώματος τῆς φύσεως, καὶ γέγονεν ἀργυράνθρωπος · ὃν μετ' ὀλίγας οὖν ἡμέρας, ἐὰν θελήσεις, εὑρήσεις αὐτὸν καὶ χρυσάνθρωπον.

I. vi. — LE SERPENT

(2me ARTICLE)

Transcrit sur A, f. 279 r. — Texte sans titre.

20 1] Τοῦτό ἐστιν τὸ μυστήριον ὁ οὐροβόρος δράκων, τουτέστιν ἡ λείωσις τῶν σωμάτων ⟨ἐκ⟩ τῆς ἐργασίας αὐτοῦ.

2] Τὰ δὲ φῶτα τῶν μυστηρίων τῆς τέχνης αὐτοῦ ἡ ξάνθωσις.

---

4. εὐατεύει A. F. l. εὖ μαιεύει, *fait naître dans de bonnes conditions.* (C. E. R.) « Avec αἱματεύει le sens serait meilleur » (M. B.). — 13. Πρῶτον θῦσον jusqu'à la fin du §] même texte avec presque toutes les mêmes incorrections, I. vi, 5. — 16. F. l. ὁ γὰρ ἱερεὺς ὁ χαλκάνθρωπος κ. τ. λ.

3] Τὸ δὲ πράσινον αὐτοῦ ἐστιν ἴωσις, τουτέστιν ἡ σῆψις αὐτοῦ·
οἱ δὲ πόδες αὐτοῦ οἱ τέσσαρές εἰσιν ἡ τετρασωμία τῆς τέχνης
τοῦ συνθέματος· τὰ δὲ τρία ὠτία αὐτοῦ εἰσιν αἱ τρεῖς αἰθάλαι
καὶ τὰ ιϛ' συνθέματα· καὶ ὁ ἰὸς αὐτοῦ, τουτέστιν τὸ ὄξος.

4] Σὺ δὲ ἐν τούτοις τὸν νοῦν ἔχων, ὦ φίλτατε...

5] Δράκων τις παράκειται φυλάττων τὸν ναὸν τοῦτον ⟨καὶ⟩ τὸν
χειρωσάμενον . κ. τ. λ. (La suite comme dans I, v, 5.)

I. VII. — ΕΡΜΟΥ ΤΡΙΣΜΕΓΙΣΤΟΥ ΟΡΓΑΝΟΝ.

Transcrit sur A, f. 293 r.

1] Φιλοκαλίας χάριν ἐκκείσθω ἡ ὑφ' Ἑρμοῦ ὑποδειχθεῖσα
⟨μέθοδος⟩. Ἑρμῆς συμβουλεύει ἀριθμεῖν ἀπὸ τῆς τοῦ κυνὸς
ἐπιτολῆς, τουτέστιν ἀπὸ ἐπιφὶ τῇ ἰουλίου κε' ἕως τῆς ἡμέρας τῆς
κατακλίσεως, καὶ τὸν ἐπισυναχθέντα ἀριθμὸν ἐπιμερίζειν παρὰ τῶν λϛ',
τὰς δὲ περιλειφθείσας ὅρα ἐν τῷ ὀργάνῳ.

2] Δηλοῖ τὸ μὲν Ζ ζωήν, τὸ δὲ Θ θάνατον, τὸ ⟨δὲ⟩ Κ κίνδυνον.

α.	ϛ.	Ζ.	ι.	ιγ.	ιδ.	ιη.	κ.	κϛ.	κδ.	κε.	κη.	λ.	λδ.
β.	δ.	Θ.	ιβ.	ιϛ.	ιζ.	κα.	κγ.	κϛ.	κζ.	λγ.	λϛ.		
γ.	ε.	η.	ιε.	ιθ.	Κ.	κθ.	λα.	λδ.					

5. § 4] Phrase écrite le long de la marge extérieure. (Cp. p. 22, l. 9.) — ἔχων] ἔχον A. Corr. conj. F. l. ἔχε. — 9. A mg., le signe d'Hermès, à l'encre rouge. — 15. Ζ.] On a remplacé ici les lettres à l'encre rouge du ms. par des majuscules. — 16. λϛ'] κϛ' A. Corr. conj.

I. VIII. — LISTE PLANÉTAIRE DES MÉTAUX.

Transcrit sur A, f. 280 r. — *Collationné sur* E, f. 213 v.; — *sur* L (copie de E),
f. 241 r.; — *sur* R, fol. 46 v.

ΕΚ ΤΩΝ ΜΕΤΑΛΛΙΚΩΝ

1. Signe de Saturne. Μόλυβδος · λιθάργυρος · λίθοι μηλίται,
γαγάται · κλαυδιανός, καὶ τὰ τοιαῦτα.

2. Signe de Jupiter. Κασσίτερος · κοράλλιον · καὶ πᾶς λίθος
5 λευκός · σανδαράχη · θεῖον, καὶ τὰ τοιαῦτα.

3. Signe de Mars. Σίδηρος, μαγνίτης · ψηφίς · καὶ λίθακες
πυρροί, καὶ τὰ τοιαῦτα.

4. Signe du Soleil. Χρυσός · ἄνθραξ · ὑάκινθος · ἀδάμας · σάμφυρος, καὶ τὰ τοιαῦτα.

10 5. Signe de Vénus. Χαλκός · μαργαρίτης · ὀνυχίτης · ἀμέθυστος ·
νάφθα · πίσσα · σάκχαρ · ἄσφαλτον · μέλι · καὶ ἀμμωνιακόν · θυμίαμα.

---

1. Titre dans EL. : Ἐκ τῶν μετ. ἅπερ
ἀνατίθενται τοῖς ἑπτὰ πλανήταις. — Dans R,
il y a trois articles sur les plantes, les
minéraux, les animaux : Ποῖα τῶν εἰδῶν
ἀνήκει ἑκάστῳ ἀστέρι · — ἐκ τῶν μ. ταῦτα ·—
καὶ ἐκ τῶν ζῴων ταῦτα. (*M. B.*). — Les
mots λιθάργυρος, γαγάτης, καὶ κλαυδιανός
sont transcrits, dans R, en lettres hébraïques, avec ordre inverse, comme il
convient (*M. B.*). — μηλίται, γαγάται
EL, f. mel. — 2. Réd. du § 1 dans
EL : Καὶ τῷ μὲν Κρόνῳ ἀνατίθενται ταῦτα ·
μόλ. κ. τ. λ. — 4. Réd. du § 2 dans
EL. : Τῷ δὲ Διί. ταῦτα · κασσ. κ. τ. λ. — R,
après le mot κασσίτερος · οἱ δὲ Πέρσαι οὐχ
οὕτως, ἀλλὰ · διάργυρος (en lettres hébraïques) μήλιλος · καὶ πᾶς, etc. ; θεῖον est en
lettres hébraïques (*M. B.*). — R, après
le mot σίδηρος · λίθος μαγνίτης (ce dernier
mot en lettres hébraïques), ψηφηδὶς καὶ
ὅσα λίθοι πυροί, καὶ τὰ τοιαῦτα. (*M. B.*). —

Réd. du § 3 dans EL. : Τῷ δὲ ᾿Άρει,
ταῦτα · σίδηρος κ. τ. λ. — μαγνίτης EL.
F. l. μαγνήτης. — 8. §§ 4-5]. Dans R, la
ligne du Soleil et celle de Vénus sont
interverties. Le signe est celui de l'or
ou du soleil. — σάμφυρος en caractères
hébraïques avec μ. Le signe de Vénus
est suivi du signe du cuivre, avec une
variante, puis μαργαρίτης en lettres hébraïques. σαρδόνυξ en caractères hébraïques ; ἀμέθυστος, νάφθα, πίσσα, ἄσφα-
τον, ὑγράσφαλτος, μέλι, σάχαρ θυμίαμεις,
ἀμμονίακον. (*M. B.*).—Même ligne. Signe
du Soleil] signe de la chrysocolle A ; τῷ
δὲ ἡλίῳ EL. — σάπφειρος ; EL, f. mel. Σάμφυρος est une forme inconnue et dou-
teuse ; toutefois on trouve σαμφυρόχρους
(pour σαπφειρόχρους?) dans Léon Magis-
ter. Cp. *Thesaurus* d'Estienne, éd.
Didot, *sub voce*. — 10. Τῇ δὲ ᾿Αφροδίτῃ,
ταῦτα · χαλκός, κ. τ. λ. — 11. σάχαρ A.

6) Signe d'Hermès (Mercure). Σμάραγδος · ἴασπις · χρυσόλιθος ·
ἄργυρος · ὑδράργυρος · ἤλεκτρος · λίβανος καὶ μαστίχη.

7) Signe de la Lune. Ἄργυρος · ὕελος · στίμμι · ζμύγμα · χάνδρα · τῇ λευκῇ, καὶ τὰ ὅμοια.

I. ix. — NOMS DES FAISEURS D'OR.

*Transcrit sur A, f. 195 v. (= A¹). — Collationné sur A. f. 204 r. (= A²). —
sur E, f. 213 v.; — sur L, f. 245 r. — Rapprocher de ce morceau la liste insérée
dans M, f. 7 v. et traduite dans les « Origines de l'Alchimie », p. 128, texte dont
nous donnons les variantes.*

1) Γίνωσκε, ὦ φίλε, καὶ τὰ ὀνόματα τῶν ποιητῶν. [Ἀρχή.] Πλάτων, Ἀριστοτέλης, Ἑρμῆς, Ἰωάννης ἱερεὺς τῆς ἐν Εὐασίᾳ τῇ
θείᾳ, Δημόκριτος, Ζώσιμος, ὁ μέγας Ὀλυμπιόδωρος, Στέφανος ὁ
φιλόσοφος, Σοφὰρ ὁ ἐν Περσίδι, Συνέσιος, Διόσκορος ὁ ἱερεὺς τοῦ
10 μεγάλου Σαράπιδος τοῦ ἐν Ἀλεξανδρείᾳ, ὁ Ὀστάνης ἀπ' Αἰγύπτου, καὶ ὁ Κομάριος ἀπ' Αἰγύπτου, ἡ Μαρία, καὶ ἡ Κλεοπάτρα
ἡ γυνὴ Πτολεμαίου τοῦ βασιλέως, Πορφύριος, καὶ Ἐπίδημος,
Πελάγιος, Ἀγαθοδαίμων, Ἡράκλειος ὁ βασιλεύς, Θεόφραστος, Ἀρ-

---

1. — Réd. de EL. : Τῇ δὲ Ἑρμῇ ταῦτα · σμάραγδος, κ. τ. λ. — R : σμάραγδον ·
ἴασπις, en caractères hébraïques, χρυσόλιθος, en caractères hébraïques, ἤλεκτρον,
λίβανον, καὶ μαστίχη, ces deux mots très
abrégés, le second se réduisant à un
μ, un στ et un χ superposés. (*M. B.*)
— 2. R : καὶ ὑδράργυρος · οἱ δὲ Πέρσαι
κασσίτερον. On remarquera que l'amorce
est masculin dans certains mss. et neutre
dans d'autres. (*M. B.*) ἤλεκτρον L. —
Après μαστύχη (sic) : καὶ τὰ τοιαῦτα add.
E. — 3. Dans R. le signe de la Lune
manque, ainsi que ses dérivés (*M. B.*)
Réd. de EL : τῇ δὲ σελήνη ταῦτα · ἄργυρος κ. τ. λ. — στίμη A. Corrigé d'après
EL. — ζμύγμα EL. — 5. Titre ajouté
dans L. : Περὶ τῶν ποιητῶν ταύτης τῆς
τέχνης — 6. γίνωσκαι] μάθε A². — Après
τῶν ποιητῶν] τῆς τέχνης add. E. — 7.
Après Ἑρμῆς] ὁ τρισμέγιστος add. E.
ἀρχιερεὺς τῆς ἐν Εὐασίᾳ τ. θ. EL. f. mel. :
τῆς ἐνουσία τ. θ. A¹; τῆς ἐνεασίᾳ τ. θ. A².—
8. Ζώσιμος ὁ μέγας ὁ μ. souligné, ὁ μέγας
Ὀλ. E. — 10. Ἀλεξανδρείᾳ A¹. L'iota
adscrit semble indiquer que le ms. original de A¹ était un « codex vetustissimus ».
— ὁ Ὀστάνης] Ὀστάνης ὁ EL. — Αἰγύπτου
A². — 11. Κομάριος EL. — 12. Πορφύριος
M; ἐπίδημος pour Ἐπίδημος A².

4

γέλαος, Πετάσιος, Κλαυδιανός, ἀνεπίγραφος ὁ φιλόσοφος, Μένος ὁ
φιλόσοφος, Πάνσηρις, Σέργιος.

2] Οὗτοί εἰσιν οἱ πανεύφημοι καὶ οἰκουμενικοὶ διδάσκαλοι καὶ
νέοι ἐξηγηταὶ τοῦ Πλάτωνος καὶ Ἀριστοτέλους.

5 3] Αἱ δὲ χῶραι ἐν αἷς τελεῖται τὸ θεῖον ἔργον τοῦτο · Αἴγυπτος,
Θράκη, Ἀλεξανδρεία, Κύπρος, καὶ εἰς τὸ ἱερὸν τῆς Μέμφεως.

———————

I. x. — ΠΕΡΙ ΤΟΥ ΜΕΤΑΛΛΙΚΟΥ ΛΙΘΟΥ ΕΝ ΟΙΣ ΤΟΙΣ ΤΟΠΟΙΣ ΕΚΕΙΝΟΙΣ ΚΑΤΑΣΚΕΥΑΖΕΤΑΙ.

Transcrit sur A, f. 249 r.

1] Χρὴ γὰρ γινώσκειν ὅτι ἐν τῇ Θηβαΐδι γῇ ἐν ᾧ τόπῳ εἰσί,
10 ἐν ᾧ τὸ ψῆγμα σκευάζεται · Κλειόπολις, Ἀλυκόπριος Ἀφροδίτη,
Ἀπόλενος καὶ Ἐλεφάντινα.

2] Ἔστι δὲ ὁ μεταλλικὸς λίθος μαρμαροειδής, σκληρὸς, καὶ
οἱ ἄνθρωποι ἐκεῖσε μεγάλῳ μόχθῳ ὀρύσσαντες σκευάζουσιν ἔνδον ἐσ-
μιχθοὺς λύχνους κατέχοντες, τὴν φλέβα κατέχουσιν εὑρισκόμενοι .
15 αἱ δὲ γυναῖκες αὐτῶν τρίβουσιν, καὶ ἀλήθουσι.

3] Ὅταν δὲ σποδὸν ποιήσαντες τὸ ὕδωρ χυμαῖον ἐμβάλλουσιν
ὑποκάτω σανίδας, καὶ κοίλας ἀντιστασίμους ἔχοντες · καὶ τὸ μὲν
ἀχυρῶδες καὶ κοῦφον καὶ ἄχρηστον περὶ τοῦ ὕδατος ἔψεται · τὸ
δὲ χρήσιμον εἰς τόπους τῶν σανίδων διὰ τὸ βάρος ὑπολέληπται.
20 Καὶ τότε τῇ ἑψήσει περιδῶσι τὸ συναχθὲν εἰς ἄγγος κεράμου

<hr>

1. Aprés Πετάσιος] βασιλεὺς Ἀρμενίας
E. — Réd. de EL : Κλαυδιανός, Πάνσ.,
Σέργ., Μέμνων ὁ φιλόσοφος, καὶ ἄλλοι πολλοὶ ἀνεπίγραφοι (E add. : καὶ ἄπυστοι). —
2. Πάνσηρις M. — 5. Aprés τοῦτο] εἰσὶν
αὗται add. E. — 6. Θράκης A². — Aprés
Μέμφεως.] Τέλος add. E. — 7. F. l. ἐν
οἷς τισι τόποις. — 8. F. l. ἐκείνος. — 9.
Θηβαΐδι] Θήβα ἴδα A. Corr. conj. — ἐν

ᾧ] ἐν ᾗ A. Corr. conj. — 10. ἐν ᾧ τὸ ψ.]
ἐν ᾗ τὸ ψ. A. Corr. conj. — Κλειόπολις]
F. l. Ἡρακλεώπολις. — 12. § 2] Cp. le
fragment d'Agatharchide (Photius, *Bibliothèque*, cod. 250), reproduit dans
les *Geographi minores* de Didot, t. I,
p. 126. — 13. ἐσμιχθοὺς] F. l. ἀμυδροὺς
(lanternes sourdes?). — 15. οἱ δὲ γυναῖκες
A. — ἀλήθοντες A. Corr. conj.

ἐμβαλόντες καὶ μίξαντες τὸ κατὰ λόγον, τότε περιχρίουσιν τὸ
ἄγγος, ἐάσουσιν ἐν καμίνῳ ἡμερόνυκτα πέντε, ἔχον τὸ ἄγγος πόρον
διὰ τὴν ἔξοδον.

I. XI. — ΟΡΚΟΣ.

Transcrit sur M, f. 128 v. — Collationné sur A, f. 109 v. (= A⁹); — sur A, f. 298 r. (= A²); — sur E. f. 56 v.; — sur Lb, p. 127. — Chap. 27 dans E, suite du chap. 28 dans Lb, de la compilation du « Philosophe Chrétien ».

5 1 Ὄμνυμί σοι, καλὲ παῖ, τὴν μακαρίαν καὶ σεβασμίαν Τριάδα ὡς οὐδὲν ἀπέκρυψα τῶν ἐμοὶ παρ' αὐτῆς δεδομένων ἐν ταμείοις ψυχῆς μυστηρίων τῆς ἐπιστήμης· ἀλλὰ πάντα τὰ γνωσθέντα μοι Θεόθεν περὶ τῆς τέχνης ἀφθόνως ἐνέθηκα ταῖς ἡμετέραις γραφαῖς, ἀναπτύξας καὶ τῶν ἀρχαίων τὸν νοῦν, ὡς λογίζομαι.

10 2 Σὺ οὖν εὐσεβῶς αὐταῖς ἐντυγχάνων ἁπάσαις καὶ νουνεχῶς, εἴ τι μὴ καλῶς ἡμῖν εἴρηται ἀγνοήσασιν οὐ πανουργευσαμένοις, διόρθου τὰ ἡμέτερα πταίσματα, σεαυτὸν ὠφελῶν, καὶ τοὺς ἐντυγχάνοντας πιστοὺς ὄντας Θεῷ καὶ ἀκακοήθεις καὶ ἀγαθούς, ὅπερ ἐστὶ χαλεπὸν εὑρίσκειν ὡς ἀληθῶς. Ἔρρωσο ὁ ἐν ἁγίᾳ καὶ ὁμοουσίῳ
15 Τριάδι, πατρί, φημί, καὶ υἱῷ καὶ ἁγίῳ πνεύματι. Τριάς... ἡ μονὰς ὁ υἱὸς ἀτρέπτως ἐνανθρωπήσας καυχήσει τῆς δυάδος οἰκειωθὲν ὀνόματι τὴν ἄμωμον ἔπλασεν ἀνθρώπου φύσιν ὀλισθήεσσαν ἰδὼν διωρθώσατο.

I. XII. — ΠΑΠΠΟΥ ΦΙΛΟΣΟΦΟΥ ⟨ΟΡΚΟΣ⟩

Transcrit sur M, f. 184 v.

1 Ὄρκῳ οὖν ὄμνυμί σοι τὸν μέγαν ὅρκον, ὅστις ἂν σὺ ᾖ,
20 Θεόν φημι τὸν ἕνα, τὸν εἴδει καὶ οὐ τῷ ἀριθμῷ, τὸν ποιήσαντα

4. Titre dans A² : ὅρκος τοῦ φιλοσόφου. — 5. μὰ τὴν μακ. καὶ ἁγίαν καὶ σεβ. τρ. A², f. mel. — 6. ἐν ἐμοὶ A². — ἐν τοῖς ταμ. τῆς ψ. E. — 7. μυστ. τῆς ἐπιστ. placé avant ἐν ταμ. Lb. — 11. καὶ εἴ τι μὴ Lb. — εἴρ. ἡμῖν Lb. — οὐ πανουργ. διόρθου] καὶ οὐ πάντα ἐργασαμένοις σύγγνωθι καὶ διόρθου ELb. — 13. τῷ θεῷ A² ELb. — ἀκακ.] καλοὺς τε ELb. — ἐστί] ἐν σοὶ A² . — 14. Ἔρρωσο — jusqu'à la fin] om. A² ELb. — 15. Τριάς jusqu'à la fin] om. A¹. — 16. οἰκειωθὲν] F. l. οἴκοθεν. — 17. ὀλισθήεσσαν M.

τὸν οὐρανὸν καὶ τὴν γῆν, τῶν τε στοιχείων τὴν τετρακτὺν καὶ τὰ
ἐξ αὐτῶν, ἔτι δὲ καὶ τὰς ἡμετέρας ψυχὰς λογικάς τε καὶ νοεράς,
ἁρμόσαντα σώματι, τὸν ἐπὶ ἁρμάτων χερουβικῶν ἐποχούμενον, καὶ
ὑπὸ ταγμάτων ἀγγελικῶν ἀνυμνούμενον.

2' Ὅτι ταὐτὰ λεκίθιον συνελείωσαν τοῖς ὁμογενέσιν ὑγροῖς τῇ γ°
τοῦ σώματος κοτύλην ὕδατος βάλλοντες (f. 185 v.) καὶ περισφίγ-
ξαντες ἔδωκαν ταῖς πυρίαις, καὶ τελειώσαντες ἀνεῖλαν τὸν ἰόν· καὶ
ἐξαιθριάσαντες προσέπλεξαν τῷ κηρίῳ ⟨καὶ⟩ θείῳ· καὶ οὕτως ἐκπυ-
ρώσαντες τελειότητι καὶ συμμέτροις πυρίαις, τουτέστιν λειώσεσιν ἢ
ἐπιχύσεσιν ἀναλόμενοι· τὸ ξηρίον ἀπέθεντο ἐν ἀγγείοις ὑελίνοις, κρε-
μάσαντες ἐν οἴκῳ θερμῷ, καὶ μᾶλλον ἀνατολικὰ ἔχοντι φῶτα ἤπερ
δυτικά, καὶ νότια μᾶλλον ἢ βόρρεια, ὡς ἐντέταλκα κατὰ πλάτος
Στέφανον τὸν θεοφιλέστατον, ἐξεθέμεθα καὶ τῇ κατ' ἐπιτομὴν
ἡμῶν πραγματείᾳ πρὸς Μουσέα τὸν τρισεύμοιρον.

3' Ἐπείπερ γοῦν γραφὴν εὖ ἐκτίσαμεν· ἐὰν γὰρ τὸν βορρᾶν
ἴδῃς ὑγρὸν ὑπερβλέπειν, ὥς φησιν ἐν τῷ περὶ θείου ἀθίκτου ὕδατι
λόγῳ, τῷ ἁλμώδει, καὶ νιτρώδει καὶ στιμμώδει καὶ χαλκανθώδει
τῆς ἰώσεως τάγιον ἀναλύοντα· ἐνταῦθα τὴν νέκρωσιν ἠνίξατο,
καὶ πλήρωσιν τοῦ παντὸς λόγου.

I. XIII. — ΙΣΙΣ ΠΡΟΦΗΤΙΣ ΤΩ ΥΙΩ ΑΥΤΗΣ.

Transcrit sur A, f. 256 r. — Collationné sur L, f. 217 r.

⟨1⟩ Ἶσις προφῆτις τῷ υἱῷ Ὥρῳ. Ἀπιέναι σου μέλλοντος, ὦ τέκνον, ἐπὶ ἀπίστου Τύφωνος μάγης καταγωνίσασθαι περὶ τοῦ πατρός

---

3. ταὐτὰ] ταῦτα M. Corr. conj. — 6. βάλλον-
τες] F. l. ἐμβάλλοντες. - 7. ἀνεῖλαν, du verbe
ἀναιρέω? Lire ἀνεῖλον, aoriste 2 d'ἀναιρέω?
— 13. F. l. ⟨καὶ⟩ ἐξεθέμεθα. — 16. F. l. ἐν
τῷ περὶ θ. ἀθ. λόγῳ, ὕδατι τῷ ἁλμ. — A la
place des mots ἁλμώδει, νιτρώδει, στιμμώδει,
χαλκανθώδει, qui sont des leçons conj..

il y a dans le ms. des signes difficiles
à comprendre. (M. B.) — 18. ἀναλύων τὰ
M. Corr. conj. — « Je propose ἀναλύοντα,
de ἀναλύω ». (M. B.) — 20. A, en marge
du titre : Ὅρος. — Le titre, dans A, est
suivi du signe lunaire. Voir la note de la
traduction (M. B.). — 21. Ὥρῳ] αὐτῆς L.

σου βασιλείας, γενομένης μου ⟨εἰς⟩ Ὁρμανουθί, ἱερᾶς τέχνης Αἰγύπτου, καὶ ἐνταῦθα ἱκανὸν χρόνον διέτριβον. Κατὰ δὲ τὴν τῶν
καιρῶν παραχώρησιν, καὶ τὴν τῆς φαυρικῆς κινήσεως ἀναγκαίαν φορὰν
συνέβη τινὰ τῶν ἐν τῷ πρώτῳ στερεώματι διατρίβοντα τὸν ἕνα τῶν
5 ἀγγέλων, ἄνωθεν ἐπιθεωρήσαντά με βουληθῆναι τῆς πρὸς ἐμὲ μίξεως
κοινωνίαν ποιῆσαι. Φθάσαντος δὲ αὐτοῦ καὶ εἰς τοῦτο γίγνεσθαι
μέλλοντος, οὐκ ἐπέτρεπον ἐγώ, πυνθάνεσθαι βουλομένη τὴν τοῦ
χρυσοῦ καὶ ἀργύρου κατασκευήν. Ἐμοῦ δὲ τοῦτο αὐτῷ ἐρωτησάσης,
⟨οὐκ⟩ ἔφη ὁ αὐτὸς ἐρέσθαι περὶ τοῦτο ἐξειπεῖν, διὰ τὴν τῶν μυστη-
10 ρίων ὑπερβολήν, τῇ δὲ ἑξῆς ἡμέρᾳ πα- f. 256 v. ραγίγνεσθαι τὸν
τούτου μείζονα ἄγγελον Ἀμναήλ· κἀκεῖνον ἱκανὸν εἶναι περὶ τῆς
τούτων ζητήσεως ἐπίλυσιν ποιήσασθαι.

2] Ἔλεγεν δὲ [περὶ] σημεῖον αὐτοῦ ἐλεῖν αὐτὸν ἐπὶ τῆς κεφαλῆς,
καὶ ἐπιδείκνυσθαι κεράμιον ἀπίσσωτον ὕδατος διαυγοῦς πλῆρες. Ἐβού-
15 λετο τὸ ἀληθὲς λέγειν.

3] Τῇ δὲ ἑξῆς ἡμέρᾳ ἐπεμφανήσας καὶ τοῦ ἡλίου μέσον δρόμον
ποιοῦντος, κατῆλθεν ὁ τούτου μείζων Ἀμναήλ τῷ αὐτῷ περὶ ἐμὲ
ληφθεὶς πόθῳ οὐκ ἀνέμενεν· ἀλλ᾽ ἔσπευδεν ἐφ᾽ οὗ καὶ παρῆν,
ἐγὼ δὲ οὐχ ἧττον ἐφρόντιζον περὶ τούτων ἐρευνᾶν.

20 4] Ἐγχρονίζοντος δὲ αὐτοῦ, οὐκ ἀπεδίδουν ἑαυτήν, ἀλλ᾽ ἐπεκράτουν
τῆς τούτου ἐπιθυμίας ἄχρις ἂν τὸ σημεῖον τὸ ἐπὶ τῆς κεφαλῆς
ἐπιδείκνυται καὶ τὴν τῶν ζητουμένων μυστηρίων παράδοσιν ἀφθόνως
καὶ ἀληθῶς ποιήσηται.

5] Λοιπὸν οὖν καὶ τὸ σημεῖον ἐπεδείκνυτο καὶ τῶν μυστηρίων
25 ἤρχετο καὶ ἐπὶ παραγγελίας καὶ ὅρκους ἐκχωρίσας ἔλεγεν·

---

1. Deux points rouges, dans A, au-
dessus de Ὁρμανουθί et en mg. : μυστικῆς
λέγα (1re main). — 3. φαυρικῆς] F. l. ψαυ-
ρικῆς vel ψαυρῆς. — 4. πρωτοστερέωντι A.
Corr. d'après L. (Voir ci-après la 2e réd.
dont les variantes sont désignées ici par
un astérisque). — 6. ποιήσας suivi du signe
du cuivre A. Corr. conj. — 7. βουλομένου
A. Corr. conj. — 9. ᾔτει· A. Corr. conj.
· 11. Un trait rouge, dans A, au-dessus
de Ἀμναήλ et. en mg., un trait semblable suivi de : ἐπιστήμων Θεοῦ λέγα· f. l.
ἐπιστήμονα (?.) — 18. ἀνέμενον A. — 22.
ἐπιδείκνυται] F. l. ἐπιδείξηται.

Ὁρκίζω σε εἰς οὐρανόν, γῆν, φῶς καὶ σκότος. Ὁρκίζω σε εἰς πῦρ καὶ ὕδωρ καὶ ἀέρα καὶ γῆν. Ὁρκίζω σε εἰς ὕψος οὐρανοῦ καὶ γῆς καὶ Ταρτάρου βάθος. Ὁρκίζω σε εἰς Ἑρμῆν, καὶ Ἀνουβιν, ὕλαγμα τὸν Κερκόρου, δράκοντα τὸν φύλακα. Ὁρκίζω σε
5 εἰς τὸ πορθμεῖον ἐκεῖνο, καὶ ⟨δι'⟩ Ἀχέροντα ναυτίλον. Ὁρκίζω σε εἰς τὰς τρεῖς ἀνάγκας καὶ μάστιγας καὶ ξίφος.

6] Τούτοις με ἐφορκίσας παρήγγειλεν μηδενὶ μεταδιδόναι εἰ μὴ μόνον τέκνῳ καὶ φίλῳ γνησίῳ, ἵνα ᾖ αὐτός συ, καὶ συ ᾖ αὐτός. [. 257 r.] Παρελθὼν οὖν σκόπησον καὶ ἐρώτησον Ἀχά-
10 ραντον γεωργόν, καὶ μάθε ⟨ἀπ'⟩ αὐτοῦ τί μέν ἐστιν τὸ σπειρόμενον, τί δὲ καὶ τὸ θεριζόμενον, καὶ μάθῃς ὅτι σπεῖρον τὸν σῖτον καὶ θερίσει · καὶ ὁ σπείρων τὴν κριθὴν ὁμοίως καὶ κριθὴν θερίσει.

7] Ταῦτα, τέκνον, διὰ προοίμιον ἀκηκοώς, ἐννόησον τὴν τού-
15 των ὅλην δημιουργίαν τε καὶ γέννησιν · καὶ γνῶθι ὅτι ἄνθρωπος ἄνθρωπον οἶδεν σπείρειν, καὶ ὁ λέων λέοντα, καὶ ὁ κύων κύνα. Εἰ δέ τι τῶν παρὰ φύσιν συμβαίνει γενέσθαι ὥσπερ τέρας γεννᾶται καὶ οὐχ ἕξει σύστασιν · ἡ γὰρ φύσις τὴν φύσιν τέρπεται, καὶ ἡ φύσις τὴν φύσιν νικᾷ.

20 8] Αὐτῇ οὖν δυνάμεως θείας μετεσχηκότες καὶ παρουσίας εὐτυχήσαντες, κἀκείνοις προσλαμπομένοις αὐτοῖς ἐξ αἰτήσεως, ἐξ ἄμμων, καὶ οὐκ ἐξ ἄλλων οὐσιῶν κατασκευάσαντες, ἐπέτυχον διὰ τὸ τῆς οὔσης φύσεως ὑπάρχειν τὴν προσβαλλομένην ὕλην τοῦ κατασκευαζομένου, Ὡς γὰρ προεῖπον ὅτι ὁ σῖτος σῖτον γεννᾷ, καὶ
25 ἄνθρωπος ἄνθρωπον σπείρει, οὕτως καὶ ὁ χρυσὸς χρυσὸν θερίζει, τὸ ὅμοιον τὸ ὅμοιον. Ἐφανερώθη νῦν δὲ τὸ μυστήριον.

9] Καὶ λαβὼν ὑδράργυρον, πῆξον αὐτὴν ἢ διὰ βωλίου, ἢ διὰ σώματος μαγνησίας, ἢ διὰ θείου, καὶ ἔχε, τοῦτό ἐστιν τὸ χλιαροπαγές. Μῖξις εἰδῶν · τοῦ μολύβδου τοῦ χλιαροπαγοῦς μέρος α', καὶ λευκολίθου μέρη δύο, καὶ ὁμολίθου μέρος α', καὶ ξανθῆς σανδαράχης μέρος α', καὶ βατραχίου μέρος α'. Ταῦτα συμμίξας τῷ μολύβδῳ μὴ σκορπισθέντι ἀναχώνευσον τρίς.

10] f. 257 v.] ΜΙΞΙΣ ΛΕΥΚΟΥ ΦΑΡΜΑΚΟΥ ΟΠΕΡ ΕΣΤΙ ΛΕΥΚΩΣΙΣ ΠΑΝΤΩΝ ΤΩΝ ΣΩΜΑΤΩΝ. — Λαβὼν ὑδράργυρον τὴν διὰ χαλκοῦ γενομένην λευκήν, καὶ λαβὼν ἐξ αὐτῆς μέρος α', καὶ τῆς μαγνησίας τῆς ἐκζευγθείσης μετὰ τῶν ὑδάτων μέρος α', καὶ τῆς ῥάχλης τῆς θεραπευθείσης μετὰ τοῦ χυμοῦ τοῦ κίτρου μέρος α', καὶ τοῦ ἀρσενίκου τοῦ λειωθέντος μετὰ τοῦ οὔρου τοῦ ἀφθόρου ⟨παιδὸς⟩ μέρος α', καὶ τῆς καδμείας μέρος α', καὶ τοῦ πυρίτου μετὰ τῆς λιθαργύρου μέρος α', καὶ ψιμυθίου τοῦ ὀπτηθέντος μετὰ τοῦ θείου μέρος α', καὶ λιθαργύρου τῆς μετὰ ἀσβέστου μέρη δύο, καὶ σποδιᾶς καββαθίων μέρος α'. Ταῦτα πάντα λείου σὺν ὄξει δριμυτάτῳ λευκῷ καὶ ξηράνας ἔχεις τὸ φάρμακον λευκόν.

11] Ἔπειτα λαβὼν χαλκὸν καὶ σίδηρον, χώνευσον, εἶτα ἐπίβαλε κατ' ὀλίγον λειούμενα ταῦτα· θείου μέρος ἕν, μαγνησίας μέρη ι' ἕως ἂν γένηται εὔθρυπτος ὁ σίδηρος, καὶ τρίψας ἔχεις. Καὶ λαβὼν χαλκοῦ κέρας θερμήλατον, χώνευσον ἐξ αὐτοῦ μέρη δ', καὶ ἐπίβαλλε αὐτῷ τοῦ τριφθέντος σιδήρου μέρος α', κατ' ὀλίγον ἐπιβάλλων καὶ κινῶν, ἕως οὗ συνενωθῇ καὶ ὁ σίδηρος καὶ ὁ χαλκός.

12] Εἶτα λαβὼν ἐκ τούτου λίτραν α', χώνευσον, ἐπιβαλὼν

---

1. βωλίου A. — 4. κ'] Les mss, donnent ici les nombres tantôt en toutes lettres, tantôt en chiffres (α', β', γ', etc.). Nous suivons ces variations d'après notre original. — EL* écrivent tous les nombres en toutes lettres. — καὶ ὁμ. μ. κ. om. L. — 6 τρίς] τρίτον A. Corrigé d'après L. — 7. μίξας A. — Titre dans L : Μῖξις λ. φ. ὃ λευκαίνεται πάντα τὰ σώματα. — λευκός A. Corr.

conj. — 8. καὶ λαβὼν ἐξ αὐτῆς] Addition de L. — 11. ἀρσενικοῦ M. et EL*. — 12. ⟨παιδὸς⟩ (M. B.). — 14. λιθάργυρος est au masculin dans E*. — 16. σποδοῦ L., EL*. — ταῦτα π. λ. om. A. — ὄξος δριμύτατον λ. ἔχρ. A — 18. εἶτα ἐπίβαλε] ἐπίβαλον (sic) A. — 20. εὔθρυπτος, F. L. εὔθριπτος. — 21. θερμήλατον L. — ἐξ αὐτοῦ om. A. — 24. ἐπιβάλλων EL*.

αὐτῷ τοῦ λευκοῦ φαρμάκου γ° γ΄ κατὰ μικρόν, ἕως ἂν γένηται
ὑπόλευκον τριπτόν. Καὶ λαβὼν ἀπὸ τῆς χώνης, μίξον αὐτῷ ὑδραργύρου μέρος α΄, καὶ αὐτοῦ μέρη δύο · καὶ ποίησον αὐτὸ ὀνύχου
πάχος. Εἰ δὲ μὴ πάνυ ἐλαύνεται, χώνευσον αὖθις, καὶ γίνεται ὡς
5 κηρός.

13] Εἶτα κατασκευάσας τὸν ζωμὸν τοῦ ἡλιοκοσμίου καὶ ἡλιοκογ-
γυλίου χωρὶς χαλκάνθου, καὶ χώνης τρύγου καὶ βαλὼν ἐν ὑελίνῳ
τὰ πέταλα, ἀπόθου ἡμέρας λε΄, ἕως ἂν συσσαπῇ. Εἶτα καὶ ἀνελόμενος
ἔχε.

10 14] Εἶτα λαβὼν τὸ λευκὸν φάρμακον τὸ διὰ ὑδραργύρου, καὶ
μαγνησίας, καὶ φέκλης, καὶ ἀρσενίκου, καὶ καδμείας, f. 258 r.) καὶ
πυρίτου, καὶ ψιμυθίου, καὶ λαβὼν ὑδράργυρον, μίξον αὐτῇ τὸν ζωμὸν
τοῦ σιδηρογάλκου καὶ τὰ εἴδη. Ἔστω δὴ ὁ ζωμὸς ἐπιπολάζων τοῦ
φαρμάκου δακτύλους δύο, καὶ ἔασον ἡμέρας ιε΄ ἐν σκιᾷ σαπῆναι,
15 καὶ ἔχε ἀποκείμενον.

15] Ὅτε δὲ μέλλεις λευκαίνειν τι τῶν σωμάτων, οὕτως ποίει.
Λαβὼν ὑδράργυρον καὶ στάκτην ἀσβέστου καὶ οὖρον, καὶ γάλα
αἴγειον, καὶ νίτρον, καὶ ἅλας, λείου καὶ λεύκαινε.

16] Ἐξ ἴσου δὲ ἔγνωσται ὅτι καὶ τὰ μέλλοντα σοι ῥηθήσεσθαι,
20 ⟨αἱ⟩ διπλώσεις τε καὶ καταβαραὶ καὶ οἰκονομίαι πᾶσαι, καὶ πᾶν
ὅ τι οὖν εἰς ἕνα νοῦν, καὶ ⟨εἰς⟩ ἓν ἔργον συντείνουσιν. Νόησον οὖν
τὸ μυστήριον, τέκνον, τοῦ φαρμάκου τῆς γήρας.

17] Ἡ δὲ αἴθαλη οὕτως αἴρεται. Λαβὼν ἀρσένικον, ἕψει ἐν
ὕδατι, καὶ βαλὼν ἐν τῷ ἰγδίῳ, λείου μετὰ στάγεως σὺν ἐλαίῳ

---

1. γ° γ΄] οὐγγίας τρεῖς EL.* — 3.
ποίησον αὐτό] λαβών A. — 4. χωνευό-
μενον A. — 6. ἡλιοκοσμίου καὶ om. A.
F. l. χρυσοκοσμίου καὶ χρυσοκογγυλίου. –
8. σεσαπῇ A. — 11. ἀρσενικοῦ Al., EL.*.
— 12. ὑδράργυρον] signe de l'argent
dans A. — 13. A mg. : ὅσα ξάντωσις
(1ʳᵉ main). — τῷ φαρμάκῳ L, EL*. —
Après φαρμάκῳ, E* place un signe final

(:~),à la dernière ligne du fol. 215
v., puis commence le fol. 216 avec
δακτύλους sans indiquer un commence
ment d'article. — 18. καὶ λεύκαινε om.
A. — 19. Réd. de L. EL.*: Ἐξ ἴσου δὲ
ἔγνωσταί σοι πάντα καὶ πᾶσαι αἱ διπλ. καὶ αἱ
καταβ κ. οἰκ., καὶ πάντα (καὶ πάντα τις E) εἰς
ἕνα νοῦν καὶ εἰς ἓν ἔργον συντείνουσι. —
21. F. l. συντείναι. — 23. ἐν om. A.

ὀλίγῳ, καὶ βαλὼν ἐν λωπάδι καὶ φιάλῃ, ἐπάνω πύλης ἐπιτίθου
ἐπ᾽ ἀνθράκων, ἕως οὗ ἔλθῃ ἡ αἰθάλη. Ὁμοίως καὶ τὴν σανδαράχην ποίει.

I. XIII bis.

DEUXIÈME RÉDACTION

Transcrit sur L (copie de E), f. 217 r. — *Collationné sur* E, f. 215 r.

ΙΣΙΔΟΣ, ΒΑΣΙΛΙΣΣΗΣ ΑΙΓΥΠΤΟΥ ΚΑΙ ΓΥΝΑΙΚΟΣ
5 ΟΣΙΡΙΔΟΣ, ΠΕΡΙ ΤΗΣ ΙΕΡΑΣ ΤΕΧΝΗΣ ΠΡΟΣ ΤΟΝ ΥΙΟΝ
ΑΥΤΗΣ ΤΟΝ ΩΡΟΝ.

ΙΣΙΣ ΠΡΟΦΗΤΙΣ, ΤΩ ΥΙΩ ΑΥΤΗΣ ΩΡΩ

1. Σὺ μὲν ἐβουλήθης, ὦ τέκνον, ἀπιέναι ἐπὶ τῆς τοῦ Τύφωνος
μάχης, ὥστε καταγωνίσασθαι περὶ τῆς τοῦ πατρός σου βασι-
10 λείας. Ἐγὼ δὲ μετὰ τὴν σὴν ἀποδημίαν, παρεγενόμην εἰς Ὁρμα-
νουθὶ, ὅπου ἡ ἱερὰ τέχνη τῆς Αἰγύπτου μυστικῶς κατασκευάζεται.
Ἐνταῦθα δὲ, [f. 219 r.] ἱκανὸν χρόνον διατρίψασα, ἐβουλόμην
παραχωρῆσαι. Ἐν δὲ τῷ ἀναχωρεῖν με ἐπιτεθεώρηκέ μέ τις τῶν
προφητῶν ἢ τῶν ἀγγέλων ὃς διέτριβεν ἐν τῷ πρώτῳ στερεώματι,
15 ὃς προσελθών ἐμοὶ, ἐβούλετο μίξεως κοινωνίαν πρὸς ἐμὲ ποιῆσαι.
Ἐγὼ δὲ οὐκ ἐπέτρεπον αὐτῷ εἰς τοῦτο γίνεσθαι μέλλοντι, ἀλλ᾽
ἀπῄτουν ἀπ᾽ αὐτοῦ τὴν τοῦ χρυσοῦ καὶ ἀργύρου κατασκευήν. Αὐτὸς
δὲ μοι ἀπεκρίνατο οὐκ ἐξεῖναι αὐτῷ περὶ τούτου ἐξειπεῖν διὰ τὴν
τοῦ μυστηρίου ὑπερβολήν.
20 2] Τῇ δὲ ἑξῆς ἡμέρᾳ, ἦλθε πρός μὲ ὁ πρῶτος ἄγγελος καὶ προ-
φήτης αὐτῶν καλούμενος Ἀμναήλ. [f. 221 r.] Ἐγὼ δὲ πάλιν αὐτὸν
περὶ τῆς τοῦ χρυσοῦ καὶ ἀργύρου κατασκευῆς ἐπηρώτων. Ἐκεῖνος

---

1. ἐπιτίθητι L, EL*. — 3. Après ποίει] Τέλος τῆς Ἴσιδος add. EL*.

δέ μοι ἐπεδείκνυέ τι σημεῖον ὅπερ εἶχεν ἐπὶ τῆς κεφαλῆς αὐτοῦ καὶ κεράμιόν τι ἀπίσσωτον πλῆρες ὕδατος διαυγοῦς, ὅπερ εἶχεν ἐν ταῖς χερσὶ, καὶ οὐκ ἐβούλετο τὸ ἀληθὲς εἰπεῖν.

3. Τῇ δὲ ἑξῆς ἡμέρᾳ, πάλιν ἐλθὼν πρὸς ἐμὲ κατελήφθη τοῦ ἔρωτος πρὸς ἐμὲ, καὶ ἔσπευδεν ἐφ᾽ ᾧ παρῆν. Ἐγὼ δὲ οὐκ ἐφρόντιζον αὐτοῦ · ἐκεῖνος δὲ ἀεί με ἐπείρα, καὶ παρεκάλει.

4. Ἐγὼ δὲ οὐκ ἐπεδίδουν ἐμαυτὴν, ἀλλ᾽ ἐπεκράτουν αὐτὸν τῆς τούτου ἐπιθυμίας ἄχρις ἂν τὸ σημεῖον τὸ ἐπὶ τῆς κεφαλῆς αὐτοῦ ἐπιδείξηται, καὶ τὴν τῶν ζητουμένων (f. 223 r.) μυστηρίων παράδοσιν ἀφθόνως καὶ ἀληθῶς ποιήσηται.

5. Λοιπὸν οὖν καὶ τὸ σημεῖον ἐπεδείκνυτο καὶ τῶν μυστηρίων ἡ παράδοσις ἐποιεῖτο, ἀρξαμένου αὐτοῦ πρότερον λέγειν παραγγελίας καὶ ὅρκους πρὸς ἐμὲ οὕτως. Ὁρκίζω σε κ.τ.λ. La suite comme dans A (voir ci-dessus la première rédaction, § 5), puis : Ὁρκίζω σε εἰς Ἑρμῆν καὶ Ἄνουβιν καὶ εἰς ὕλαγμα τοῦ κερκουροβόρου δράκοντος καὶ κυνὸς τρικεφάλου τοῦ Κερβέρου τοῦ φύλακος τοῦ Ἅδου. Ὁρκίζω σε εἰς τὸν πορθμέα ἐκεῖνον, καὶ ⟨δι᾽⟩ Ἀχέροντα ναυτίλον. Ὁρκίζω σε κ.τ.λ. (La suite comme dans A, 1re réd.)

6. Τούτοις πᾶσί με ἐφορκίσας παραγγέλλειν ἐπεχείρησε μηδενὶ μεταδιδόναι εἰ μὴ μόνον τέκνῳ καὶ φίλῳ γνησίῳ. Σὺ δὲ αὐτός, ὦ τέκνον, ἄπελθε πρός τινα γεωργὸν, καὶ ἐρώτησον αὐτὸν τί μέν ἐστι τὸ σπειρόμενον, τί δέ ἐστι τὸ θεριζόμενον, καὶ μαθήσῃ ἀπ᾽ αὐτοῦ ὅτι ὁ σπείρων σῖτον σῖτον καὶ θερίζει, καὶ ὁ σπείρων κριθὴν κριθὴν καὶ θερίζει.

7. Καὶ ταῦτα, ὦ τέκνον, διὰ προοιμίου ἀκηκοώς κ.τ.λ. (comme dans A, 1re réd., § 7, jusqu'à κύνα) · ἡ γὰρ φύσις τὴν φύσιν τέρπει, καὶ ἡ φύσις τὴν φύσιν νικᾷ.

8. Δεῖ οὖν ἐξ ἄμμων καὶ οὐκ ἐξ ἄλλων οὐσιῶν κατασκευάζειν τὴν ὕλην. Ὡς γὰρ προεῖπον ὅτι ὁ σῖτος τὸν σῖτον γεννᾷ καὶ ὁ

---

1. f. 1. αὐτοῦ *hic et infra.* — 2. ἐν ταῖς χερσὶν αὐτοῦ E. — 5. τοῦ ἔρ. πρ. ἐμὲ] τοῦ ἔρ- μου E. — 8. μέχρις ἂν E. — 15. Ἄνουβιν L. — 17. F. 1. καὶ ἀχερόντιον ναυτίλον.

ἄνθρωπος τὸν ἄνθρωπον, οὕτω καὶ ὁ χρυσὸς τὸν χρυσόν. Καὶ ἰδού
σοι πᾶν τὸ μυστήριον.

9] Λαβὼν οὖν ὑδράργυρον, πῆξον αὐτὴν ἢ διὰ βωλίου, ἢ διὰ
σώματος μαγνησίας, ἢ διὰ θείου, καὶ ἔχε · τοῦτό ἐστι τὸ χλιαρο-
5 παγὲς κατὰ τὰς μίξεις τῶν εἰδῶν · τοῦ μολύβδου χλιαροπαγοῦς
μέρος ἕν, κ.τ.λ. [La suite comme dans A, 1re réd., § 9 - fin, sauf
les variantes indiquées.]

I. xiv. — ΠΟΙΟΝ ΕΙΝΑΙ ΧΡΗ ΤΟΙΣ ΗΘΕΣΙ ΤΟΝ ΜΕΤΙΟΝΤΑ ΤΗΝ ΕΠΙΣΤΗΜΗΝ.

Transcrit sur M, f. 128 r. — Collationné sur A, f. 109 v. : — sur E, f. 36 v. : — sur Lb (copie de E), page 127. — (Chap. 26 dans E, 28 dans Lb, de la compilation du Philosophe chrétien.)

10 Χρεὼν εἶναι τὸν μετιόντα τὴν ἐπιστήμην πρῶτον μὲν φιλόθεον
καὶ φιλάνθρωπον, σώφρονα, ἀφιλάργυρον, ψεῦδος ἀποστρεφόμενον,
καὶ πάντα δόλον, καὶ κακουργίαν, καὶ φθόνον, εἶναι δὲ ἀλη- [f. 128 v.]
θῆ καὶ πιστὸν παῖδα τῆς ἁγίας καὶ ὁμοουσίου καὶ συναϊδίου Τριά-
δος. Ὁ μὴ τοιαῦτα κάλλιστα καὶ θεάρεστα ἤθη κτησάμενος ἢ
15 κτήσασθαι σπουδάσας, ἑαυτὸν ἀπατήσει, τοῖς ἀνεφίκτοις ἐπιπηδῶν,
καὶ βλαβήσεται μᾶλλον.

I. xv. — ΠΕΡΙ ΣΥΝΑΞΕΩΣ ΤΩΝ ΦΙΛΟΣΟΦΩΝ.

Transcrit sur A, f. 233 r. — Toutes les variantes indiquées dans les notes sont remplacées dans le texte par des corrections conjecturales.

1] Πρὸς ἀλλήλους οἱ φιλόσοφοι ἀπέστειλαν ἢ ⟨νίκα⟩ τοῦ γενέσθαι μίαν συναγωγήν, ἐπειδὴ στάσις καὶ ταραχὴ πολλὴ περιέπεσεν

---

3. L mg. : Democritus. pag. 1 (1re main). — 4. χλιαροπαγὲς L. — 5. κατὰ et τὰς ajoutés en surcharge par le copiste de L. — 12. Après φθόνον] ἔπειτα δὲ καὶ πιστὸν Lb. — 14. ὁ δὲ μὴ E Lb. — κτησάμενος et κτήσασθαι M. — 15. σπουδάσοιεν M. — ἀπατή-σοι M. — ἐπιπηδῶν] ἐπιχειρῶν AE Lb. — 18. ἢ ⟨νίκα⟩] ἢ A. — 19. στάσις] ἔστησις A.

αὐτούς, περὶ τῆς πλάνης τῆς πεσούσης εἰς τὸν κόσμον, περὶ φύσεων καὶ σωμάτων, καὶ πνευμάτων, ὥς τι ἄρα ἐκ πολλῶν εἰδῶν, ἢ ἐξ ἑνὸς εἴδους τελειοῦται τὸ μυστήριον.

2. Ὁ δὲ φιλόσοφος γνωστὰ τὰ αὐτοῖς ὄντα, τρανῶς ἀποκρινό-
5 μενος πρὸς αὐτοὺς λέγει · ἐὰν μὴ ἔστω (?) ἐκ τοῦ γένους ἡμῶν τοῦ ἐξ ἑνὸς εἴδους μέμφεσθαι τῶν βιβλίων ἡμῶν καὶ κατηράσασθαι ἡμᾶς · περὶ τοῦ ζητουμένου χρυσοῦ τῆς καταβαφῆς, καθώς μοι ἐδηλώθη ὑπὸ τῶν τεχνιτευόντων. Εἴ τις πίπτει εἰς ταῦτα τὰ μαθή-ματα, τῶν ἐκ πολλῶν εἰδῶν, εἰς ταῦτα πλανᾶται · ἄλλος γάρ ἐστιν
10 ὁ ζητούμενος σκοπός · μία κάμινός ἐστιν, καὶ μία ὁδὸς, καὶ ἓν ἔργον.

3. Καὶ οὐδὲν ἐξάξει εἰς ἔξοδον εἰς ν´ δηνάρια. Ὁ κύριος ὁ Θεὸς τὸ ἔδωκεν διὰ τοὺς πτωχοὺς καὶ τοὺς ἀπελπισμένους.

4. Καὶ λέγει ὁ φιλόσοφος οὕτως. Λαβὼν ἐκ τῶν σαρκῶν τὸν κρόκον (κρείττων γάρ ἐστιν τῶν ταριχευτικῶν), καὶ λαβὼν τὸν λίθον, καὶ θὲς εἰς
15 πῦρ · εὐθέως θὲς εἰς τὸ ὕδωρ, καὶ πάλιν βάλλε τὸν αὐτὸν λίθον, καὶ τῶν σαρκῶν τῶν ταριχευτικῶν καὶ θὲς εἰς κάμινον ὑελουργικὴν ἰσχυράν · καὶ λάμβανε τὸ ἔ- (f. 233 v.) λαιον τὸ ἐπάνω τοῦ λίθου, καὶ ὁ λίθος μένει κρύσταλλος · καὶ λαβὼν τὸ αὐτὸ ὄξος, αὐτό ἐστιν τὸ ὄξος τῶν φιλοσόφων.

I. XVI. — ΠΕΡΙ ΠΟΙΗΣΕΟΣ ΑΣΗΜΟΥ.

Transcrit sur M, f. 106 r. — *Collationné sur* B, f. 159 v.; — *sur* A, f. 146 r.; — *sur* K, f. 32 v. — *La rédaction de* M, *lorsqu'elle diffère de celle de* BAK, *a été consignée en marge de* K, *d'une écriture élégante, contemporaine de celle du texte, ici et dans plusieurs autres morceaux.*

20   1. Περὶ ποιήσεως ἀσήμου. — Δεῖ λαβεῖν μόλυβδον χυτὸν ἐκ

---

1. αὐτούς] ἑαυτούς A. — 2. ἄρα A. — 4. ἑαυτοῖς A. — τρανὸς A. — ἀποκρινο-μένων A. — 5. λέγων A. — 10. ἔργος A. — 11. ἐξάζει A. — 12. τὸ] F. l. τοῦτο. — 13. Le ms. ponctue : Καὶ λ. ὁ φιλόσοφος, οὕτως λαβών... — τῶν κρόκων A. — 14. καὶ θὲς] F. l. κάταθες. — 16. F. l. τὸ ταρι-χευτικόν. — 20. Cp. ci-après Démocrite, *Physica et mystica* (II. 1, 20). — ἀσή-μου] Le signe, ici et dans tout le morceau, est celui de l'argent. D'après le titre, où ἀσήμου est en toutes lettres, il signifie ἄσημον (ou ἄσημος). — Voir *Notations alchimiques*, pl. VII, l. 10. (*M. B.*).

τῶν ἀμμοπλύτων (ἔστιν γὰρ ὁ χυτὸς μόλυβδος πυκνότατος), καὶ
χώνευσαι αὐτὸν πολλάκις, ἕως ἂν γένηται ἄσημος. Μετὰ δὲ τὸ
ἐκβαλεῖν αὐτὸν τὸν ἄσημον, ἐὰν βούλῃ καθαρίσαι αὐτὸν, πρόσβαλε
εἰς τὴν χώνην ὕελον κλεοπατρινόν, καὶ ἕξεις ἄσημον καθαρόν. Ὁ
5 γὰρ χυτὸς μόλυβδος πολὺν ἄσημον ἐκβάλλει. Ἡ δὲ χώνη αὐτοῦ
μέσοις φωσὶ πυρούτω, καὶ μὴ σφοδροῖς.

2] Περὶ ποιήσεως ἀσήμου. — Λαβὼν κασσίτερον, χώνευσον καὶ
μετὰ πέντε χωνείας ἐπίβαλλε εἰς τὸ πρόσωπον αὐτοῦ εἰς τὴν χώνην
ἄσπαλτον · καὶ ὁσάκις ἀπογύσεις αὐτὸ, εἰς ἅλας αὐτὸ κένωσον κοινόν,
10 ἕως ἂν γένηται ἄσημος τέλειος καὶ πολύς. Εἰ δὲ βούλει εἰς ἔργον
ἐκκλησίας ποιῆσαι ἐξ αὐτοῦ ἀφ᾽ οὖ χωνεύσεις, καὶ γένηται σκλη-
ρὸν, ποίησον.

3] Περὶ ποιήσεως ἀσήμου. — Ἀπὸ κοινοῦ μολύβδου καθαροῦ εἰς
τὴν ἀνωτέραν στήλην γέγραπται. Δεῖ γινώσκειν ὅτι ἐκβάλλει ὁ
15 κοινὸς μόλυβδος εἰς τὰς ἑκατὸν λίτρας τοῦ μολύβδου, ἀσήμου
λίτρας δέκα.

I. xvii. FABRICATION DU CINABRE.

Transcrit sur M, f. 106 r. — *Collationné sur* B, f. 160 r. — *sur* A, f. 146 v.
(= A¹)— *sur* A, f. 251 r. (= A²).

1] Περὶ ποιήσεως κινναβάρεως. — Δεῖ ἐμβαλεῖν εἰς θυείαν θείου
ἀπύρου λίτραν α΄, καὶ ὑδραργύρου λίτρας β΄ · καὶ τρίψας ἀμφότερα
20 εἰς τὴν θυείαν ἡμέραν μίαν · καὶ ἔμβαλε αὐτὰ εἰς βίκον ὑέλινον ·

1. χυτός et, l. précéd., χυτόν] « Le
signe, ici et dans tout le morceau,
est celui de l'eau. — ὕδωρ μολύβδου figure
dans les signes (*Not. alch.*, pl. V, l.
15) à côté de κρόκος αὐτόρρυτος. » (*M. B.*)
Cp. Μόλυβδος θαλάσσης (en toutes lettres)
σκληρός ἐστι ῥυπαρός. (ms. B, f. 177 r.,
ligne 7.) (*C. E. R.*). — 3. τὸν ἄσημον]
τόν, signe de l'argent, puis ξηρίον BAK.
— 4. ὕελον BAK, ici et presque dans
tout le contenu de ces mss. — 5.
αὐτοῦ] F. l. αὐτῇ. — 6. πυροῦται BAK.
— 11. καὶ F. l. ὡς, pour ἕως. (Sigles
presque semblables pour καὶ et pour
ὡς dans les mss. du XIIᵉ siècle). — 13.
Ἀπὸ κοινοῦ μολ. — γέγραπται] Réd. de
BAK : λαβὼν κοινὸν μόλυβδον καθαρὸν αὐτὸν
ὡς ἐν τῇ ἀνωτέρω στήλῃ γέγραπται. — 18.
θυίαν mss. partout. — 20. ἡμέραν] ἐπὶ
ἡμέραν BAK, f. mel.

καὶ φιμώσας τὸ στόμα αὐτοῦ μετὰ πυριμάχου πηλοκαρβώνου ἔχον
τὸ (f. 106 v.) πάχος δακτύλους γ΄, ἔμβαλε αὐτὰ εἰς αὐτόματον πῦρ
ἐπὶ ὥρας ϛ΄ ἢ θ΄. Καὶ εἶθ᾽ οὕτως ἐκβαλὼν, εὑρήσεις αὐτὰ ἐωλο-
ποιηθέντα σιδηροειδῆ. Τοῦτο λείωσον εἰς χρυσὸν μετὰ ὕδατος πολ-
5 λάκις · ὅσον γὰρ λειώσεις αὐτὰ, τοσοῦτον ξανθὰ γίνονται. Τὸ γὰρ
θεῖον ἄπυρον τὰ φευκτὰ ἄφευκτα ποιεῖ.

    2] Περὶ κινναβάρεως. — Δεῖ γινώσκειν ὅτι ἡ ἀνάκαμψις τῆς
κινναβάρεως διὰ νιτρελαίου γίνεται, καὶ οὕτως χωνεύεται μετὰ πυρᾶς
λεπτῆς, ὡς ἐπινοεῖς.

10   3] Ἄλλως περὶ κινναβάρεως. — Δεῖ γινώσκειν ὅτι ἡ μαγνησία
ἡ ὑελουργικὴ ταύτη ἐστὶν ἡ τῆς Ἀσίας, δι᾽ ἧς ὁ ὕελος τὰς βαφὰς
δέχεται, καὶ ὁ ἰνδικὸς σίδηρος γίνεται, καὶ τὰ θαυμάσια ξίφη.

Après ξίφη. B *continue avec un morceau intitulé* κατάβαψὴ λίθου *f.* 160 v.; A¹ *et* K,
comme M, *avec le morceau qui suit :* A², *avec le livre de Sophé. —* III. xli).

I. xviii. — ΜΩΣΕΩΣ ΔΙΠΛΩΣΙΣ.

Transcrit sur M. f. 185 r.*— Collationné sur* K, f. 93 v. (K *dérive ici, directement de* M.)

    Χαλκοῦ καλαΐνου γ° α΄, ἀρσενίκου, θείου ἀπύρου γ° α΄, καὶ
15 θείου ἀθίκτου γ΄ α΄, σανδαράχης γ° α΄. Λείωσον ῥαφανίνῳ ἐλαίῳ,

---

1. φιμώσας] ᾧ ἢ μοσαι BA; φιμῶσαι K.
— ἔχον τὸ π.] ἔχοντος πάχος BA. — 2. ὡσεὶ
δακτύλους BAK, f. mel. — αὐτοματάριν M.
— Réd. de BAK : καὶ ἐμβαλεῖν αὐτὸν εἰς αὐτόματον πῦρ ἐπὶ ὥ. — Réd. de M en mg. de
K. — 3. καὶ om. BAK. — εὑρηθήσεται γὰρ
αὐτὰ BAK. — 4. Τοῦτο λείωσον] τοῦτο, signe
de λείωσον ou τρίψον M; τοῦτο δεῖ τρίψαι
BAK. — 5. ὅσον γὰρ τρίβεις BAK. —
7. ἡ κοινὴ κάμψις A². — 10. μαγνησία
ὑελ. A², — 11. ταύτη ἐστὶν ἡ τῆς Ἀσίας]
τοιαύτη ἐ. οἷα ἡ τ. Ἀσ. BAK. f. mel.;
αὕτη ἐ. ἡ τ. Ἀσ. A¹. — 12. ἰνδικός]
ἰνδανικός M; ἰνδανός BAK; ἰνδανικός A².

Corr. conj. — A² mg. : λέγ. τὸ ἀτζάλη
(écriture du temps). — 14. καλαΐνου
sans accent M. — 15. Après γ° α΄, les
mss. donnent un cercle coupé par deux
lignes parallèles ascendantes, signe qui
ne figure pas dans les tableaux de sé-
méiographie chimique. C'est probablement un signe fautif. (*C. E. R.*). A
moins qu'on ne traduise ce signe par
σηπτῆς « décomposée ». La sandaraque
décomposée figure dans plusieurs recettes, et le signe de σῆψον est presque le
même. (*M. B.*).

μολύβδῳ ἡμέρας γ΄ · ἔμβαλλε εἰς ἀκμάδιον, καὶ θὲς ἐπὶ καρβό-
νων ἕως ἐκθειωθῇ, καὶ κατάσπα, καὶ εὑρήσεις · χαλκὸν τοῦτο
μέρος ἕν, χρυσοῦ μέρη γ΄ · χώνευσον ὀξύνων τὴν χώνην, καὶ
εὑρήσεις τὸ πᾶν χρυσὸν σὺν Θεῷ.

I. XIX. — ΕΥΓΕΝΙΟΥ ⟨ΔΗΛΩΣΙΣ⟩.

Placé à la suite du morceau précédent, dans M et dans K.

Χαλκοῦ κεκαυμένου μέρη τρία · χρυσοῦ μέρος α΄. Χώνευσον
καὶ ἐπίβαλε ἀρσένικον · καῦσον, καὶ εὑρήσεις θρυπτόν. Εἶτα
λείωσον ὄξει ἡμέρας ζ΄ ἐν ἡλίῳ · εἶτα ξηράνας, χώνευσον ἄργυρον · καὶ γελάσαν τι ? ἔκβαλε ἐκ τούτου τοῦ συνθέματος, καὶ
εὑρήσεις τὸν ἄργυρον ὡς ἤλεκτρον. Τοῦτο ἴσῳ σύμμιξον χρυσόν,
καὶ ἕξεις ὄβρυζον καλόν.

I. XX. — ΛΑΒΥΡΙΝΘΟΣ ΗΝΠΕΡ ΣΟΛΟΜΩΝ ΕΤΕΚΤΗΝΑΤΟ.

Transcrit sur M, f. 102 v. (main du XIVe ou XVe siècle).

Εἴ τινα λαβύρινθον ἀκούεις, ξένε,
ἥνπερ Σολομὼν ἐκ νοὸς ἐκτυπώσας,
λίθοις ετεκτόνησε τορνοσυνθέτοις,
τούτου θέσιν σχῆμά τε καὶ ποικιλίαν
γραμμαῖς ἀμυδραῖς εἰκονίζων πρὸς λόγον,
ὁρῶν τὸ λοιπὸν τὰς ἑλίξεις μυρίας
ἔσωθεν ἔξω, σφαιρικοὺς ἀναδρόμους,
ἐκεῖθεν ἔνθεν κυκλικῶς ἐστραμμένους,

1. ἀκμάδιον] ἄκμα MK. Corr. conj. (C.
E. R.). ᾿Ακμάδιον. vase conique pour le
grillage, décrit ensuite. (M. B.). — 8.
ἐν τῷ ἡλίῳ K. — 9. γελάσαν τι] F. l. γελάσαν τι (une partie écumeuse). On connaît ἀπογράφω, écumer, qui suppose
γράφω. — 11. ὄβρυζον mss. Corr. conj.

τὸν τοῦ βίου μάνθανε κυκλικὸν δρόμον,
ἔλισθον ἐμφαίνοντα τῶν συντριμμάτων,
ἐκ τῶν κυκλικῶν σφαιρικῶν κυλισμάτων
ἐλίσσεται κατ᾿ ἴχνος συνθέτοις στρόφοις,
5   ὥσπερ πονηρὸς ταῖς ἑλίξεσι δράκων
ἕρπων παρέρπων ἐμφανῶν κεκρυμμένως ·
ἔχων δὲ λοξὴν καὶ δυσέκβατον θύραν,
ὅσον τρέχεις ἔξωθεν καὶ δραμεῖν θέλων,
τοσοῦτον αὐτὸς ταῖς ἀγχιστρόφοις πλάναις,
10   ἔνδον συνάγει πρὸς βάθος τῆς ἐξόδου,
ταῖς ἐκδρομαῖς θέλγων σε ταῖς καθ᾿ ἡμέραν,
παίζων γελῶν σε ταῖς στροφαῖς τῆς ἐλπίδος,
δίκην ὀνείρου ταῖς κεναῖς θεωρίαις,
ἕως χρόνος ῥευσείη ὁ σκηνεργάτης,
15   καὶ θάνατος δέξαιτο φεῦ σκοτεργάτης,
μηδὲν διδοὺς πράσσειν σε τῶν τῆς ἐξόδου.

DEUXIÈME PARTIE

TRAITÉS DÉMOCRITAINS

II. 1. — ΔΗΜΟΚΡΙΤΟΥ ΦΥΣΙΚΑ ΚΑΙ ΜΥΣΤΙΚΑ

Transcrit sur M, f. 66 v. — *Collationné sur* B, f. 8 v. ; — *sur* C *(copie de* B*),* f. 7 v. ; — *sur* A *(copie de* C ?)*,* f. 24 v. ; — *sur* D *(copie de* C ?*),* f. 1 ; — *sur* S *(copie de* A ?*),* f. 1. — Cp. Berthelot, origines de l'Alchimie, *p.* 359, *où les* §§ 1 *et* 2 *ont été publiés avec traduction française et annotation critique.* — *Les variantes de* C A D S *ne sont pas indiquées lorsqu'elles sont identiques avec celles de* B.

1] Βαλὼν εἰς λίτραν μίαν πορφύρας διοβόλου λίτραν σκωρίας σιδήρου εἰς οὔρου δραγμὰς ζ΄, ἐπίθες ἐπὶ πυρὰς ὥστε λαβεῖν θράσματα
(f. 67 r.). Εἶτα λαβὼν ἀπὸ τοῦ πυρὸς τὸ ζέμα, βάλε εἰς λεκάνην,
5 προβαλὼν τὴν πορφύραν, καὶ ἐπιχέας τὸ ζέμα τῇ πορφύρᾳ, ἔα βρέχεσθαι νυχθήμερον ἕν. Εἶτα λαβὼν βρύων θαλασσίων λίτρας δ΄, βάλε
ὕδωρ ὡς εἶναι ἐπάνω τῶν βρύων τετραδάκτυλον · καὶ ἕψε ἕως ἂν
παχυνθῇ, καὶ διυλίσας, τὸ διύλισμα θέρμανον, καὶ συνθεὶς τὴν ἐρέαν,
κατάγεε. Χαυνότερα δὲ συντεθήτω ὥστε φθάσαι τὸν ζωμὸν ἕως τοῦ
10 πυθμένος, καὶ ἔασον νυχθήμερα δύο. Εἶτα λαβὼν μετὰ ταῦτα, ξήρανον
ἐν σκιᾷ · τὸν δὲ ζωμὸν ἐγχέῃς. Εἶτα βαλὼν εἰς τὸν αὐτὸν ζωμὸν βρύων
λίτρας δύο, βάλε ἐν τῷ ζωμῷ ὕδωρ ὡς γενέσθαι τὴν ἀναλογίαν τὴν

---

2. βαλὼν] ἐλὼν D. — διοβόλου M. —
3. δραγμὰς ζ΄] signe de δραγμάς et ζ΄ M;
signe de δρ. et δ΄ A (probablement le
signe de ζ΄ de M ou d'un autre ms. du
X-XI͏ᵉ siècle, écrit 3 et lu ß par le copiste de A ou de son original. — ὡς
ὥστε A, f. mel. — 9. χαυνοτέρα mss. Corr.

con). — 11. ζωμὸν μὴ ἐγχέαις M ; ζωμὸν
ἐγχέον B. F. l. ζωμὸν μοι ἐγχέης. — βαλὼν
εἰς τὸν αὐτὸν ζωμὸν] λαβὼν τὸν αὐτὸν ζωμὸν
A, f. mel. — βρύων] καὶ βαλὼν B. —
12. βάλε] καὶ βάλε A. — ὡς] ὥστε B, f.
mel. — τὴν πρώτην ἀναλογίαν B, f. mel.

πρώτην · καὶ ἔχε ὡσαύτως ἕως ἂν παχυνθῇ. Εἶτα ὑλίσας βάλε τὴν ἐρέαν
ὡς τὸ πρῶτον, καὶ ποιήσῃ νυχθήμερον ἕν. Εἶτα λαβών, ἀπόπλυνον εἰς
οὖρον καὶ ξήρανον ἐν σκιᾷ. Εἶτα λαβὼν λαχγάν, τρίβε, καὶ λαβὼν λαπάθου
λίτρας τέσσαρας, ἕκζεσον μετὰ οὔρου, ὡς λυθῆναι τὸ λάπαθον · καὶ ὑλίσας
5 τὸ ὕδωρ, βάλε τὸν λαχγάν · καὶ ἕψε ἕως παχυνθῇ · καὶ διυλίσας
πάλιν τὸν λαχγάν βάλε τὴν ἐρέαν. Εἶτα μετὰ ταῦτα πλῦνον οὔρῳ,
εἶτα πάλιν ὕδατι · καὶ μετὰ ταῦτα ξηράνας ὁμοίως ἐν σκιᾷ, θυμία
ὄνυξι θαλασσίοις ἐναποβεβρεγμένην ἐν οὔρῳ ἡμέρας δύο.

2] Εἰς δὲ τὴν κατασκευὴν τῆς πορφύρας τὰ εἰσερχόμενά εἰσιν τάδε.
10 Φῦκος ὃ καλοῦσι ψευδοκογγύλιον, καὶ κόκκον καὶ ἄνθος θαλάσσιον,
ἄγγουσαν λαδικίνην ἢ κρημνός, ἐρυθρόδανον τὸ ἰταλικόν, φυλλάνθιον τὸ
δυτικόν, σκώληξ ὁ πορφύριος ἐκ τοῦ ἐρώου γενόμενος, ῥόδιον τὸ ἰταλικόν.
Ταῦτα τὰ ἄνθη προτετίμηται παρὰ τῶν προγενεστέρων, καὶ εἰσι φευκτὰ οὐ
τίμια. Ἔστι δὲ ὁ τῆς Γαλατίας σκώ-(f. 67 v.) ληξ, καὶ τι τῆς Ἀχαΐας
15 ἄνθος ὃ καλοῦσιν λαχγάν, καὶ τὸ τῆς Συρίας ὃ καλοῦσιν ῥίζιον ·
καὶ τὸ κογγύλιον καὶ τὸ κοχλιοκογγύλιον τὸ λιβυκόν · καὶ ὁ
αἰγύπτιος κόγχος ὁ τῆς παραλίου, ὃς καλεῖται πίννα · καὶ ἡ ἰσα-
τις βοτάνη · καὶ τὸ τῆς ἀνωτέρας, καὶ τὸ τῆς Συρίας ὃ καλοῦσιν
κόγχον · ταῦτά ἐστιν ⟨οὔτε⟩ ἀκίνητα, οὔτε τιμητὰ παρ᾽ ἡμῖν,
20 πλὴν τῆς ἰσάτεως.

3] Ταῦτα οὖν παρὰ τοῦ προειρημένου διδασκάλου μεμαθηκώς, καὶ
τῆς ὕλης τὴν διαφορὰν ἐγνωκώς, ἠσκούμην ὅπως ἁρμόσω τὰς
φύσεις · εἰ γὰρ καὶ τέθνηκεν ἡμῶν ὁ διδάσκαλος, μηδέπω ἡμῶν
τελειωθέντων, ἀλλ᾽ἔτι περὶ τὴν ἐπίγνωσιν τῆς ὕλης ἀπασχολουμένων,
25 ἐξ Ἅδου φησὶν τοῦτον φέρειν ἐπειρώμην · ὡς δὲ εἰς τοῦτο ὥρμησα,
εὐθὺς παρεκάλεσα λέγων · « παρέχεις δωρέας ἐμοὶ, ἀνθ᾽ὧν ἀπείργασ-
μαι εἰς σέ »; Καὶ τοῦτο εἰπών, ἐσιώπα · ὡς δὲ πολλὰ παρεκάλουν,

---

2. ποιήσῃ] ποιησάτω B. — 3. εἶτα] ἔπειτα
B. — 6. εἶτα πάλιν] μετὰ ταῦτα B. — 7. καὶ
μετὰ ταῦτα] ἔπειτα B. — 8. ἐναποβεβρεγμένοις
B. — 9. τὰ ἀπεργόμενα M. — τάδε] ταῦτα
B. — 11. λαδικὴν M. — 12. ἐρώου est probablement pour ζώου (M. B.) — 13.
προτετίμηνται B. — 20. ἰσάτιδος B. — 25.
ὡς δὲ] καὶ ὡς B. — τοῦτο] F. 1. τοῦτον. —
26. παρεκάλεσε B.

ἠρώτων ὅπως ἁρμόσω τὰς φύσεις, ἔφησέ μοι δύσκολον λέγειν, οὐκ
ἐπιτρέποντος αὐτῷ τοῦ δαίμονος· μόνον δὲ εἶπεν· « αἱ βίβλοι ἐν
τῷ ἱερῷ εἰσιν. » Ἀναστρέψας εἰς τὸ ἱερὸν ἐγενόμην ἐρευνήσων εἴπερ
δυνηθείην εὐπορῆσαι τῶν βιβλίων· οὔτε γὰρ περιὼν τῷ βιβλίῳ
5 τοῦτο εἰρήκει· ἀδιάθετος γὰρ ὢν ἐτελεύτα, ὡς μέν τινές φασιν,
δηλητηρίῳ χρησάμενος δι'ἀπαλλαγὴν ψυχῆς ἐκ τοῦ σώματος· ὡς δὲ
ὁ υἱός φησιν ἀπροσδοκήτως ἐστιώμενος· Ἦν δὲ πρὸ τῆς τελεύτης
ἀσφαλισάμενος μόνον τῷ υἱῷ φανήσεσθαι τὰς βίβλους, εἰ τὴν πρώτην ὑπερβῇ ἡλικίαν· τούτων δὲ οὐδεὶς οὐδὲν ἡμῶν ἠπίστατο. Ὡς
10 οὖν ἐρευνήσαντες εὕρομεν οὐδὲν, δεινὸν ὑπέστημεν κάματον ἔστ' ἂν
συνουσιωθῶσι καὶ συνεισκριθῶσιν αἱ οὐσίαι καὶ αἱ φύσεις. Ὡς δὲ
ἐτελειώσαμεν τὰς συνθέσεις τῆς ὕλης, χρόνου τινὸς ἐνστάντος καὶ
πανηγύρεως οὔ-[f. 68 r.] σης ἐν τῷ ἱερῷ, πάντες ἡμεῖς εἰσθιώμεθα·
ὡς οὖν ἦμεν ἐν τῷ ναῷ ἐξ αὐτομάτου στηλή τις ⟨ἢ⟩ κίων ἦν, ἡ
15 διαρρήγνυται, ἣν ἡμεῖς ἑωρῶμεν ἔνδον οὐδὲν ἔχουσαν. Ὁ δὲ οὔτ' ἂν
τις ἔφασκεν, ἐν αὐτῇ τὰς πατρώας τεθησαυρίσθαι βίβλους, καὶ
προκομίσας εἰς μέσον ἤγαγεν. Ἐγκύψαντες δὲ ἐθαυμάζομεν ὅτι
μηθὲν, ἦμεν παραλείψαντες, πλὴν τοῦτον τὸν λόγον εὕρομεν ἐκεῖ
πάνυ χρήσιμον.

20 Ἡ φύσις τῇ φύσει τέρπεται, καὶ ἡ φύσις τὴν φύσιν νικᾷ, καὶ
ἡ φύσις τὴν φύσιν κρατεῖ. Ἐθαυμάσαμεν πάνυ ὅτι ἐν ὀλίγῳ λόγῳ
πᾶσαν συνήγαγε τὴν γραφήν. « Ἥκω δὲ κἀγὼ ἐν Αἰγύπτῳ φέρων τὰ
φυσικά, ὅπως τῆς πολλῆς περιεργείας καὶ [οὐ] συγκεχυμένης ὕλης
καταφρονήσητε ».

25 4. Λαβὼν ὑδράργυρον, πῆξον τῷ τῆς μαγνησίας σώματι ἢ τῷ
τοῦ ἰταλικοῦ στίμεως σώματι, ἢ θείῳ ἀπύρῳ, ἢ ἀφροσελήνῳ, ἢ

---

1. τὸ πῶς M. — δύσκολον ἔχω λέγειν B. — 4. τῷ βιβλίῳ add. A; τῷ βίῳ B. — 5. τοῦτο] ταῦτα B. — 8. μόνον] μόνῳ B. — φωνήσασθαι C A, lecture fautive de B, où le second α ressemble en effet à un ω. — 9. οὐδεὶς οὐδόλως ἐξ ἡμῶν ἠπ. B. — 14. στήλη τις ἦν κίων B. F. 1... κιόνιον. —

15. Après διαρρήγνυται] Rédaction de B : καὶ ἐγκύψ. ἔνδον, ὁρῶμεν ἐν αὐτῇ τὰς πατρ. βίβλ., καὶ προκομίσαντες εἰς μ. ἐθαυμάζ. ὅτ. μηθὲν παραλείψαντες κ. τ. λ. — 20. φύσις] φῦσις M, ici et presque partout. — 23. περιεργασίας A. — οὐ om. B. — 25. En marge des mss., le signe de χρυσοποιία.

τιτάνῳ ὀπτῷ ἢ στυπτηρίᾳ τῇ ἀπὸ Μήλου, ἢ ἀρσενίκῳ, ἢ ὡς
ἐπινοεῖς. Καὶ ἐπίβαλλε λευκὴν γαῖαν χαλκῷ, καὶ ἕξεις χαλκὸν ἀσκίαστον. Ξανθὴν δὲ ἐπίβαλλε σελήνην, καὶ ἕξεις χρυσὸν χρυσῷ, καὶ
ἔσται χρυσοκόραλλος σωματωθεῖσα. Τὸ δ'αὐτὸ ποιεῖ καὶ ἀρσένικον
5 ξανθὸν καὶ σανδαράχη οἰκονομηθεῖσα, καὶ κιννάβαρις πάνυ ἡ ἐκστρα-
φεῖσα. Τὸν δὲ χαλκὸν ἀσκίαστον μόνη ἡ ὑδράργυρος ποιεῖ. Ἡ ⟨γὰρ⟩
φύσις τὴν φύσιν νικᾷ.

5] Πυρίτην ἀργυρίτην ὃν καὶ σιδηρίτην καλοῦσιν, οἰκονόμει ὡς
ἔθος, ἵνα ῥεῦσαι δυνηθῇ · ῥεύσει δὲ διὰ νόθου ἢ λευκῆς λιθαργύρου
10 ἢ τῷ ἰταλικῷ στίμει · καὶ σκόρπιστον μολύβδῳ (οὐχ ἁπλῶς λέγω,
ἵνα μὴ πλανηθῇς, ἀλλὰ τῷ ἀπὸ κοπτικοῦ), καὶ λιθαργύρου μέλανι τῷ
ἡμῶν, ἢ ὡς ἐπινοεῖς · καὶ ὄπτησον, καὶ ἐπίβαλλε ὕλῃ ξανθὸν γενόμενον, καὶ βάψῃ · ἡ γὰρ φύσις τῇ φύσει τέρπεται.

6] Πυρίτην οἰκονόμει ἕως οὗ γένηται ἄκαυστος ἀποβαλὼν τὴν
15 (f. 68 v.) μελανίαν · οἰκονόμει δὲ ὀξάλμῃ, ἢ οὔρῳ ἀφθόρῳ, ἢ
θαλάσσῃ, ἢ ὀξυμέλιτι, ἢ ὡς ἐπινοεῖς, ἕως οὗ γένηται ὡς ψῆγμα χρυσοῦ ἄκαυστον. Καὶ ἐὰν γένηται, πρόσμιξον αὐτῷ θεῖον ἄπυρον ἢ
στυπτηρίαν ξανθήν, ἢ ὤχραν ἀττικήν, ἢ ὡς ἐπινοεῖς. Καὶ ἐπίβαλλε
ἀργύρῳ διὰ τὸν χρυσόν, καὶ χρυσῷ διὰ τὸν χρυσοκογγύλιον · ἡ
20 γὰρ φύσις τὴν φύσιν κρατεῖ.

7] Τὸ κλαυδιανὸν λαβών, ποίει μάρμαρον καὶ οἰκονόμει ὡς
ἔθος, ἕως ξανθὸν γένηται. Ξάνθωσον οὖν · οὐ τὸν λίθον λέγω,
ἀλλὰ τὸ τοῦ λίθου χρήσιμον · ξανθώσεις δὲ μετὰ στυπτηρίας
ἐκσηπτωθείσης θείῳ, ἢ ἀρσενίκῳ, ἢ σανδαράχῃ, ἢ τιτάνῳ, ἢ ὡς
25 ἐπινοεῖς. Καὶ ἐὰν ἐπιβάλλῃς ἀργύρῳ, ποιεῖς χρυσόν · ἐὰν δὲ χρυσῷ,
ποιεῖς χρυσοκογγύλιον · ἡ γὰρ φύσις τὴν φύσιν νικῶσα κρατεῖ.

---

2. ἐπίβαλε B partout. — 3. Λ : signe
de la lune pour l'argent ; B : signe de
la lune avec une adjonction qui semble
indiquer l'électrum (chrysélectrum).(M.
B.). — 9. διανιθεως (sic) M ; διὰ νο⁰ B.
« νόθου, grise ; épithète de la litharge »
(M. B.). — 10. Après ἢ] ἐν add. B. —
11. λιθαργύρω M. — 13. βάψει mss. Corr.
conj. — 14. Avant πυρίτην] ἐνταῦθα νόει
add. B (note marginale insérée dans le
texte). — M mg. ω^δ νο (ὧδε νόει). — 16.
Après ἐπινοεῖς] καὶ ὄπτησον add. B. — 21.
MBA mg. : περὶ ξανθῆς χρυσοποιίας (1ʳᵉ
main). — 24. ἐξιπωθείσης M. — τετάνω M.

8] Τὴν κιννάβαριν λευκὴν ποίει δι ' ἐλαίου, ἢ ὄξους, ἢ μέλιτος, ἢ ἄλμης, ἢ στυπτηρίας, εἶτα ξανθὴν διὰ μίσυος, ἢ σώρεως, ἢ χαλκάνθου, ἢ θείῳ ἀπύρῳ, ἢ ὡς ἐπινοεῖς . Καὶ ἐπίβαλλε ἀργύρῳ, καὶ χρυσὸς ἔσται, ἐὰν χρυσὸν καταβάπτῃ · ἐὰν χαλκὸν, ἤλεκτρον ·
5 ἡ ⟨γὰρ⟩ φύσις τῇ φύσει τέρπεται.

9] Τὴν δὲ κυπρίαν καδμίαν, τὴν ἐξωσμένην λέγω, λεύκαινε ὡς ἔθος. Εἶτα ποίει ξανθήν · ξανθώσεις δὲ χολῇ μοσχείᾳ, ἢ τερεβιν-θίνῃ, ἢ κικίνῳ, ἢ ῥαφανίνῳ ἢ ὠῶν λεκίθοις ξανθῶσαι αὐτὴν δυνα-μένοις · καὶ ἐπίβαλλε χρυσῷ · χρυσὸς γὰρ ἔσται διὰ τὸν χρυσὸν καὶ
10 διὰ τὸν χρυσοζώμιον · ἡ γὰρ φύσις τὴν φύσιν νικᾷ.

10] Τὸν ἀνδροδάμαντα οἰκονόμει οἴνῳ αὐστηρῷ, ἢ θαλάσσῃ, ἢ οὔρῳ, ἢ ἐξάλμῃ τοῖς δυναμένοις σβέσαι αὐτοῦ τὴν φύσιν. Λείου μετὰ στίμεως χαλκηδονίου. Οἰκονόμει δὲ πάλιν θαλασσίῳ ὕδατι, ἢ ἄλμῃ, ἢ ἐξάλμῃ · ἀπόπλυνον, ἕως ἂν φυγῇ τοῦ στίμεως ἡ μελα-
15 νία. Φρύξον f. 69 r.] ἢ ὄπτησον, ἕως ξανθίσῃ · καὶ ἕψει ὕδατι θείῳ ἀθίκτῳ. Ἐπίβαλλε δὲ ἀργύρῳ καὶ ὅταν θεῖον ἄπυρον προσβάλῃς, ποίει χρυσοζώμιον · ἡ γὰρ φύσις τὴν φύσιν κρατεῖ. Οὗτός ἐστιν ὁ λίθος ὁ λεγόμενος χρυσίτης.

11] Λαβὼν γῆν λευκὴν, λέγω τὴν ἀπὸ ψιμυθίου καὶ ἐλκύσματος
20 ἢ στίμεως ἰταλικοῦ, καὶ μαγνησίας, ἢ καὶ λευκῆς λιθαργύρου, λευ-κάνης · Λευκανεῖς δὲ αὐτὴν θαλάσσῃ ἢ ἄλμῃ τεθρεωμένη ?, ἢ ὕδατι ἀερίῳ, ἐν δρόσῳ λέγω καὶ ἡλίῳ, ὥστε αὐτὴν λειουμένην γενέσθαι λευκὴν ὡς ψιμύθιον. Χώνευσον οὖν τοῦτον καὶ ἐπίβαλλε αὐτῷ χαλκοῦ ἄνθος ἢ ἰὸν ξυστὸν, οἰκονομηθέντα λέγω, ἢ χαλκὸν κεκαυμένον
25 λίαν φλαρέντα, ἢ χαλκίτην · καὶ κυανὸν ἐπίβαλλε, ἕως γένηται ἄρρευστος καὶ ἄτρητος · εὐχερῶς δὲ γενήσεται. Τοῦτό ἐστιν τὸ μολυβ-

---

3. χαλκάνθης B. — M mg. (main du XV-XVIᵉ siècle) : στυπτηρία ἐστὶν αἰθὴρ καὶ ὑδράργυρος καὶ χαλκὸς ἀσπίαστος. — Θείου ἀπύ-ρου B, f. mel. — 6. BC au-dessus de καδ-μίαν : τουτίαν. — ἐξωσμένην] F. l. ἐξυσμένην, affinée ? (M. B.). — 8. ὠῶν λεκίθοις gratté M., ὠῶν λεκύνθοις B. — 15. ξανθωθῇ B. —

ὕδατι om. B. — 19. λευκόν...τὸν M. — Au-dessus de λευκόν, le signe de l'or M. — 20. λευκάνης om. B. — 21. On propose τεθρωμμένῃ (M. B.). — 26. Au-dessus de μολυβδόχαλκον, les signes du soufre et du mercure M. — A mg. : une main, d'une écriture postérieure.

δόχαλκον. Δοκίμαζε οὖν εἰ γέγονεν ἀσκίαστον, καὶ ἐὰν μὴ γέγονε,
τὸν χαλκὸν μὴ μέμψῃ, μᾶλλον δὲ σαυτόν, ἐπεὶ μὴ καλῶς ᾠκο-
νόμησας. Ποίει οὖν ἀσκίαστον καὶ λείου, καὶ βάλε τὰ ξανθῶσαι
δυνάμενα, καὶ ὄπτα, ἕως ξανθὸν γένηται · καὶ ἐπίβαλλε πᾶσι τοῖς
5 σώμασιν · ὁ γὰρ χαλκὸς ἀσκίαστος ξανθὸς [ὢν] γενόμενος πᾶν σῶμα
βάπτει · ἡ γὰρ φύσις τὴν φύσιν νικᾷ.

12| Τῷ θείῳ τῷ ἀπύρῳ συλλείου σῶρι καὶ χάλκανθον · τὸ δὲ
σῶρί ἐστιν ὡς κυανὸς ψωρώδης, εὑρισκόμενος ἀεὶ ἐν τῷ μίσυι ·
τοῦτο καὶ χλωρὸν χάλκανθον καλοῦσιν. Ὄπτησον οὖν αὐτὸ μέσοις
10 φωσὶν ἡμέρας γ΄, ἕως γένηται ξανθὸν φάρμακον · ἐπίβαλλε χαλκῷ
ἢ ἀργύρῳ τῷ ἐξ ἡμῶν γενομένῳ · καὶ ἔσται χρυσός. Τοῦτο κατάθες
γενόμενον πέταλον εἰς ὄξος καὶ χάλκανθον καὶ μίσυ καὶ στυπτηρίαν
καὶ ἄλας καππαδοκικόν, καὶ νίτρον πυρρόν, ἢ καὶ ὡς ἐπινοεῖς ἐπὶ
ἡμέρας γ΄ ἢ ε΄ ἢ Ϛ΄, ἕως γένηται ἰός, καὶ κα- (f. 69 v.) ταβάψῃς · τὸν
15 γὰρ χρυσὸν ποιεῖ ἡ χάλκανθος ἰόν · ἡ ⟨γὰρ⟩ φύσις τῇ φύσει τέρπεται.

13| Χρυσόκολλαν τὴν τῶν Μακεδόνων τὴν ἰῷ χαλκοῦ παρεμφέ-
ρουσαν οἰκονόμει λειῶν οὔρῳ δαμάλεως ἕως ἐκστραφῇ · ἡ γὰρ φύσις
ἔσω κρύπτεται. Ἐὰν οὖν ἐκστραφῇ, κατάβαψον αὐτὴν εἰς ἔλαιον
κίκινον πολλάκις πυρῶν καὶ βάπτων · εἶτα δὸς ὀπτᾶσθαι σὺν στυπ-
20 τηρίᾳ προλειώσας μίσυι, ἢ θείῳ ἀπύρῳ ποίει ξανθὸν καὶ ἐπίβαπτε
πᾶν σῶμα χρυσοῦ.

14| Ὦ φύσεις φύσεων δημιουργοί, ὦ φύσεις παμμεγέθεις ταῖς
μεταβολαῖς νικῶσαι τὰς φύσεις, ὦ φύσεις ὑπὲρ φύσιν τέρπουσαι τὰς
φύσεις. Ταῦτα δὴ οὖν εἰσι τὰ μεγάλην ἔχοντα τὴν φύσιν · τούτων

---

1. M mg.: Le signe du cuivre, à
l'encre rouge. — γοῦν B. — 2. C Λ
mg.: Les signes du soufre et du mercure, suivis d'un χ coupé par un ρ
(scil. χρήσιμον ?). — 5. χαλκός] signes du
cuivre et de l'or B. — Points rouges
dans M au-dessous de ἀσκίαστος, au-dessus de ξαντός ὢν et au-dessous de γενόμενος. 8. M mg. : Le signe du cuivre,
puis sur une ligne verticale, en lettres
retournées : καλόν. ἐν — τῶ μίσυ mss.
— 11. M mg. : περὶ τῆς καταμ᾿ (καταμιγῆς).
— 13. ἢ ὡς ἐπινοεῖς B. — 15. M mg. : ἰός,
puis le signe de l'or. (Écriture du XVᵉ
siècle). De même dans B mg., et dans
le texte (1ʳᵉ main). — 16. BC A mg. περὶ
τῆς καταμιγῆς. — 18. κεκρύπται B. — αὐτὴν]
αὐτόν M. — 20. ποιεῖ] πύει B C A.

τῶν φύσεων οὐκ εἰσὶν ἄλλαι μείζους ἐν βαραῖς, οὐκ ἴσαι, οὐχ ὑπο-
δεδήκυιαι · ταῦτα ἀναλυόμενα πάντα ἐργάζεται. Ὑμᾶς μὲν οὖν, ὦ
συμπροφῆται, οἶδ᾽ οὐκ ἀπιστήσοντας, ἀλλὰ γὰρ καὶ θαυμάσαντας.
Ἴστε γὰρ τῆς ὕλης τὴν δύναμιν · τοὺς δὲ νέους πάνυ βλαβησομέ-
5 νους καὶ ἀπιστήσαντας τῇ γραφῇ διὰ τὸ ἐν ἀγνοίᾳ τῆς ὕλης ὑπάρχειν αὐτούς, οὐκ εἰδότες ὅτι ἰατρῶν μὲν παῖδες ὁπηνίκα, ὑγιεινὸν
φάρμακον βούλοιντο κατασκευάσαι, οὐκ ἀκρίτῳ ὁρμῇ τοῦτο πράττειν
ἐπιχειροῦσιν · ἀλλὰ γὰρ πρῶτον δοκιμάσαντες ποῖόν ἐστιν θερμόν,
ποῖον δὲ τούτῳ συνερχόμενον μέσην ἀποτελεῖ κρᾶσιν, ψυχρὸν ἢ
10 ὑγρὸν ἢ ὁποῖον τὸ πάθος, εἰ κατάλληλον τῇ μέσῃ κράσει · καὶ
οὕτως προσφέρουσιν τὸ πρὸς ὑγίειαν κριθὲν αὐτοῖς φάρμακον.

15 Οὗτοι δὲ ἀκρίτῳ καὶ ἀλόγῳ ὁρμῇ τὸ τῆς ψυχῆς ἴαμα καὶ
παντὸς μόχθου λύτρον κατασκευάσαι βουλόμενοι οὐκ αἰσθήσονται
βλαβησόμενοι. Δοκοῦντες γὰρ ἡμᾶς μυθικόν, ἀλλ᾽ οὐ μυστικὸν
15 ἀπαγγέλλειν λόγον, οὐδεμίαν ἐξέτασιν ποιοῦνται τῶν εἰδῶν · οἷον εἰ
τόδε μὲν ἐστι σμη- f. 70 r. κτικόν, τόδε ἐπιβλητέον, καὶ εἰ τόδε
μὲν ἐστιν βαπτικόν, τόδε ἁρμοστέον, καὶ τόδε εἰ τὴν ἐπιφάνειαν
ποιεῖ, καὶ εἰ κατὰ τὴν ἐπιφάνειαν ἔσται φευκτόν, καὶ ἐκ τοῦ βάθους
φεύξεται, καὶ εἰ τόδε μέν ἐστι πυρίμαχον, τόδε προσπλακὲν πυρί-
20 μαχον ποιεῖ, οἷον εἰ τὸ ἅλας σμήγει τὸ ἐπάνω τοῦ χαλκοῦ καὶ τὰ
ἐντὸς ἐξ ἅπαντος σμήγει, καὶ εἰ ἰοῖ τὰ ἔξω μετὰ τὴν σμῆξιν, καὶ
τὰ ἐντὸς ἰοῖ · καὶ εἰ τὰ ἔξω τοῦ χρυσοχάλκου λευκαίνει καὶ σμήγει ἡ ὑδράργυρος, καὶ τὰ ἐντὸς λευκαίνει · καὶ εἰ φεύγει ἔξωθεν,
καὶ ἐκ τῶν ἐντὸς φεύξεται. Εἰ ἐν τούτοις ὑπῆρχον ἀσκούμενοι οἱ
25 νέοι, οὐκ ἂν ἐδυστύχουν, κρίσει ἐπὶ τὰς πράξεις ὁρμῶντες · οὐ γὰρ
ἐπίστανται τὰ τῶν φύσεων ἀντιπαθῆ, ὡς ἓν εἶδος δέκα ἀνατρέπει.

---

1. ὑποδεδήκυιαι] ὑπερδεδηκυῖαι B. — 2.
ἐργάζονται B. — 3. ἀπιστήσαντας B.—5. M
mg. : Une main. (Même écriture que la
main tracée ci-dessus, p. 45, l. 26.). —
11. αὐτοῖς] αὐτὴν M. — 13. λύτρον] λυτήριον
B : λυτήριον A. — 16. ἐπικλητέον M. (Confusion du τ avec le κ, fréquente aux
Xᵉ et XIᵉ siècles. — 19. τόδε μᾶλλον προσπλακὲν B. — 22. εἰ τὰ …] εἰ τὰ M. — καὶ εἰ
om. B. — 23. M [B ? partie effacée] C
A mg. : ὁρᾷον — 24. διδασκούμενοι A.
(Les 3 premières lettres sont grattées).
— 25. κρίσει] ἀκρίτως B. — Les deux sens
peuvent se soutenir.

Ῥανὶς γὰρ ἐλαίου οἶδε πολλὴν ἀφανίσαι πορφύραν, καὶ ὀλίγον θεῖον
εἴδη κατακαῦσαι πολλά . Ταῦτα μὲν οὖν περὶ τῶν ξηρίων, καὶ ὅπως
δεῖ προσέχειν τῇ γραφῇ εἰρήσθω.

16] Φέρε δὴ καὶ τοὺς ζωμοὺς καθεξῆς εἴπωμεν. Λαβὼν τὸ πόν-
5 τιον ῥά, λείου ἐν οἴνῳ ἀμηναίῳ αὐστηρῷ · καὶ ποίει πάχος κηρωτῆς,
δέξαι πέταλον τὸ μήνης, ἵνα ποιήσῃς τὸν χρυσόν · κατεργάζου ὀνυ-
χόπαχον · καὶ τούτου πάλιν ἰσχνότερον χρήσῃ τοῦ φαρμάκου · καὶ θὲς
εἰς καινὸν ἀγγεῖον περίφιμον πάντοθεν, ὑπόκαιε ἠρέμα ἕως μεσασθῇ.
Εἶτα θὲς τὸ πέταλον εἰς τὸ τοῦ φαρμάκου λείψανον · καὶ ἄνες
10 οἴνῳ τῷ τεταγμένῳ ἕως χυλώδης ζωμός σοι φάνῃ · εἰς τοῦτον
κατάθες εὐθὺς τὸ πέταλον, μήπω ψυγὲν ἔα συμπιεῖν. Εἶτα λαβών,
χώνευσον, καὶ εὑρήσεις χρυσόν. Ἐὰν δὲ τὸ ῥὰ ᾖ παλαιὸν τῷ χρόνῳ,
πρόσμιξον αὐτῷ ἐλυδρίου τὸ ἴσον προταριχεύσας ὡς ἔθος . Τὸ γὰρ
ἐλύδριον ἔχει συγγένειαν πρὸς τὸ ῥά. Ἡ ⟨γὰρ⟩ φύσις τῇ φύσει
15 τέρπεται.

17] Δέξαι κρόκον κιλίκιον · ἄνες ἅμα ἄνθη τοῦ κρόκου τῷ προ-
ταγέντι χυλῷ τῆς ἀμπέλου, ποίει ζωμὸν ὡς ἔθος · βάπτε (f. 70 v.)
ἄργυρον ἐκ πετάλων ἕως ἀρέσῃ τὸ χρῶμα · ἐὰν δὲ χάλκεον τὸ
πέταλον ἔσται, βέλτιον. Προκάθαιρε δὲ τὸν χαλκὸν ὡς ἔθος . Εἶτα
20 βαλὼν ἀριστολοχίας βοτάνης μέρη β΄, καὶ κρόκου καὶ ἐλυδρίου τὸ
διπλοῦν, ποίει πάχος κηρωτῆς, καὶ χρίσας τὸ πέταλον, ἀπεργάζου τῇ
πρώτῃ ἀγωγῇ, καὶ θαυμάσεις. Ὁ γὰρ κιλίκιος κρόκος τὴν αὐτὴν τῇ
ὑδραργύρῳ ἔχει ἐνέργειαν, ὡς ἡ κασία τῷ κινναμώμῳ. Ἡ ⟨γὰρ⟩
φύσις τὴν φύσιν νικᾷ.

---

1. M mg. : Renvoi à ῥανὶς, avec signe
correctif. — 2. ξηρίων] ξηρῶν B. — 3.
εἰρήσθω] εἴρηται B. — 4. M mg. : ·/. τὸ
ῥά.* (à l'encre rouge). — signe du cuivre, dans B, au-dessus de πόντιον. (F. l.
ποντικόν). — 5. M mg. en lettres micros-
copiques : νόει ὡς οἶμαι τὸ ῥὰ ποντικὸν κα-
ρύου χυτοῦ (?). — ἀμοινέω BCA (Cp. ci-
dessus, p. 8, l. 14 et la note). — 6. μήνης BC; μόνης A. puis le signe du mercure. — 7. χρήσου M. — τῶ φαρμακῶ B.
F. l. χρίσῃ τῷ φαρμάκῳ. — 8. περιφι-
μῶν BC; περιφ'ἡμῶν A. — ἕως οὗ B, f.
mel. — 16. κιλίκιον, puis le signe de l'arsenic B. — 17. A la marge supérieure
du fol. 70 v., dans M : ἐλύδριον χελιδονε[ια]
(1re main). — 18. πετάλου B. — ἕως ἀρέσῃ]
ἕως ἄριστόν σοι φανῇ BA (φάνει A).

18] Λαβὼν μόλυβδον τὸν ἡμῶν τὸν γενόμενον ἄρρευστον διὰ γῆς
χίας καὶ Πάρου καὶ στυπτηρίας, χώνευτον ἀχύροις καὶ κατέρα
εἰς πυρίτην καὶ κρόκον καὶ κνήκου καὶ οἰγομενίου ἄνθος, καὶ ἐλύδριον
καὶ κροκόμαγμα, καὶ ἀριστολογίαν · λείου ὄξει δριμυτάτῳ, καὶ ποίει
5 ζωμὸν ὡς ἔθος · καὶ τῇ ῥᾷ τὸν μόλυβδον ἔα συμπιεῖν, καὶ εὑρήσεις χρυσόν. Ἐχέτω δὲ τὸ σύνθεμα, καὶ θεῖον ἄπυρον ὀλίγον. Ἡ
⟨γὰρ⟩ φύσις τὴν φύσιν κρατεῖ.

19] Αὕτη ἡ Παμμένους ἐστὶν, ἣν ἐπεδείξατο τοῖς ἐν Αἰγύπτῳ
ἱερεῦσιν, ἕως τῶν φυσικῶν τούτων ἐστὶν ἡ τῆς χρυσοποιίας ὕλη.
10 Μὴ θαυμάσητε δὲ εἰ ἓν εἶδος τὸ τοιοῦτον ἀπεργάζεται μυστήριον.
Οὐκ ὁρᾶτε ὡς πολλὰ φάρμακα καὶ μόλις χρόνῳ τὴν ἐκ σιδήρου
κολλήσει τομήν ; κόπρος δὲ ἀνθρωπεία οὐ χρόνῳ τοῦτο ποιεῖ ;
καὶ καυστῆρσι μὲν πολλὰ προσφερόμενα φάρμακα οὐδὲν ἀνύσει πολλάκις. Μόνη δὲ ἄσβεστος οἰκονομηθεῖσα ἰᾶται τὸ πάθος · καὶ ὀφθαλμία
15 μὲν πολλάκις ποικίλη προσφερομένη πραγματεία οἶδε καὶ βλάψαι.
Ῥάμνος δὲ τὸ φυτὸν πρὸς πᾶν τὸ τοιοῦτον ποιοῦσα πάθος οὐκ ἀπο-
τυγγάνει. Δεῖ οὖν καταφρονεῖν τῆς ματαίας καὶ ἀκαίρου ὕλης ἐκείνης,
χρᾶσθαι δὲ μόνοις τοῖς φυσικοῖς. f. 71 r. Νῦν δὲ καὶ ἐκ τούτου
κρίνατε ὅτι ἄνευ τῶν προειρημένων φύσεων, τις ἀπέργασταί ποτε. Εἰ δὲ
20 ἄνευ τούτων οὐδέν ἐστιν ποιῆσαι, τί ἀγαπῶμεν τὴν πολύυλον φαντασίαν ;
τί ἡμῖν καὶ πολλῶν εἰδῶν ἐπὶ τὸ αὐτὸ συνδρομή, μιᾶς φύσεως νικώσης
τὸ πᾶν ; Ἴδωμεν δηλαδὴ καὶ τῶν εἰς ἀργυροποιίαν εἰδῶν τὴν σύνθεσιν.

20] ΠΕΡΙ ΑΣΗΜΟΥ ΠΟΙΗΣΕΩΣ.   Ὑδράργυρον τὴν ἀπὸ τοῦ ἀρσε-

---

1. M mg. : signe de θρεῖον, puis le
signe du mercure. — Au-dessus de
μόλυβδον, le s. du mercure dans BCA. —
Les mots γῆς, πάρου, στυπτ. surmontés
dans BCA du s. du soufre. — 2. χίας
mss. κατερχ, M. — 3. κνήκου mss. partout. — 4. λείοι M. — 8. χρᾶσθαι] χρῆ-
σθαι B. — τοῖς] ταῖς M. — 12. F. l. ⟨οὐ⟩
κολλήσει. — ἀνθρώπου B. — 19. M mg.
au bas du fol. 70 v. (main du XVe
siècle) : ἡ τρυγία καυθῆσα (lire καυθεῖσα)

μετὰ ἅλατος τὴν αὐτὴν τῷ βοραχίῳ ἔχει ἐνέργειαν εἰς τὴν κόλλησιν : — + εἰς τὸν χρασ-
μόν (f. l. βρασμόν. M. B.] θεῖον καὶ ὄξος καὶ
σκόροδον τὸ ὀλίγον ἅλας καὶ ὀλίγον ὕδωρ : —
+ ἄλλο τζάλημα · κόκκινον, μέρη δ' καὶ
νισατέριν α', καὶ ῥασούγτην χρω ἢ ζη, τὸν
χρυσόν. (Lire χρόιζα τὸν χρ.?). — τις οὐδεὶς
B. — ποτέ] ποτὲ τι B. — 21. ἡμῖν] ὑμῖν B.
— συνδρομή] F. l. συνδρομεῖ.   23. περὶ
ποιήσεως ἀσήμου B. Cp. ci-dessus I. xvi.
— ὑδράργυρος ἡ M. — ἀρσενικοῦ M.

7

νίκου, ἢ σανδαράχης, ἢ ὡς ἐπινοεῖς, πῆξον ὡς ἔθος, καὶ ἐπίβαλλε
χαλκῷ σιδήρῳ θειωθέντι, καὶ λευκανθήσεται · τὸ δ᾿ αὐτὸ ποιεῖ καὶ
μαγνησία λευκανθεῖσα, καὶ ἀρσένικον ἐκστραφὲν, καὶ καδμία ὀπτὴ,
καὶ σανδαράχη ἄπυρος, καὶ πυρίτης λευκανθεὶς, καὶ ψιμύθιον ἅμα
5 θείῳ ὀπτηθέν. Τὸν δὲ σίδηρον λύσεις, μαγνησίαν ἐπιβάλλων, ἢ θείου
τὸ ἥμισυ ἢ μάγνητος βραχύ. Ὁ γὰρ μάγνης ἔχει συγγένειαν πρὸς τὸν
σίδηρον. Ἡ ⟨γὰρ⟩ φύσις τῇ φύσει τέρπεται.

21 Λαβὼν τὴν προγεγραμμένην νεφέλην, ἕψει ἐλαίῳ κικίνῳ ἢ
ῥαφανίνῳ, προσμίξας βραχὺ στυπτηρίας. Εἶτα λαβὼν κασσίτερον,
10 κάθαιρε τῷ θείῳ ὡς ἔθος, ἢ τῷ πυρίτῃ, ἢ ὡς ἐπινοεῖς. Καὶ κατέρα
μετὰ τῆς νεφέλης, καὶ ποίει μίγμα. Δὸς ὀπτᾶσθαι φωτὶν εἱλικτοῖς,
καὶ εὑρήσεις ⟨τι⟩ ψιμυθίῳ παρεμφερές · τὸ φάρμακον τοῦτο λευκαίνει πᾶν σῶμα. Πρόσμισγε δὲ αὐτῷ ἐν ταῖς ἐπιβολαῖς γῆν χίαν,
ἢ ἀστερίτην, ἢ ἀφροσέληνον, ἢ ὡς ἐπινοεῖς · τὸ γὰρ ἀφροσέληνον
15 τῇ ὑδραργύρῳ μιγὲν πᾶν σῶμα λευκαίνει. Ἡ ⟨γὰρ⟩ φύσις τὴν φύσιν
νικᾷ.

22 Μαγνησίαν λευκήν · λευκάνῃς δὲ αὐτὴν, ἅλμῃ καὶ στυπτηρίᾳ
σχιστῇ ἐν ὕδατι θαλασσίῳ, ἢ χυλῷ, κίτρῳ λέγω, ἢ θείου αἰθάλῃ.

---

3. M mg. : ὧδε, à l'encre rose ; main
du XVᵉ siècle. — Au-dessus de μαγνησία,
le signe du cinabre M. Les signes
superposés dans ce passage (M seul)
sont tous tracés à l'encre rose. — Au-
dessus de ἀρσένικον, signe de l'or. — Au-
dessus de ἐκστραφὲν, signe de l'argent.
— 3-4. Au-dessus de καδμία et de σανδαράχη, signe du sel ammoniac (?). —
Au-dessus de ἄπυρος : αληθ (commencement du mot ἀληθές, exact. — De même,
ligne 5, au-dessus de θείου. — 5. M
mg., sur une ligne verticale σκευασία
ἀργύρου κατὰ ἀλήθειαν (main du XVᵉ s.).
— Au-dessus de λευκανθείς, signe du
cinabre. — Au-dessus de ψιμύθιον (ψιμμύθιον BA presque partout), signe du
mercure. — 7. σίδηρον] signe de la pl. I,
lig. 2 (Berthelot, *Notations alchimiques*), dans M ; signe de la pl. V, l. 1,
dans BCA. — Même observation aux
§§ 23, 25, etc. — 8. Au-dessus de νεφέλην,
signe du mercure. — νεφέλην] signe du
mercure B. — Au-dessus de κικίνῳ,
signe du soufre natif. MB. — 10. Au-dessus de πυρίτῃ, signe de l'or. — 11. μετὰ]
κατὰ mss. Corr. conj. — εἱλικτοῖς] F. l. μετ-
λικτοῖς ? ἀλήκτοις ? — 12. Au-dessus de
ψιμυθίῳ, dans M : Mᵃ. F. l. μίγμα ψιμ.
παρεμφ. — 13. ἐν] ἐπὶ BA. — Au-dessus
de γῆν, signe du cinabre MA. — 17.
Au-dessus de μαγνησίαν, signe du cinabre M. — λευκαίνεις B. — 18. Au-
dessus de ὕδατι, signe du mercure —
Au-dessus de αἰθάλη, signe du sel ammoniac.

Ὁ γὰρ καπνὸς τοῦ θείου λευκὸς ὢν, πάντα λευκαίνει. Ἔνιοι δέ φασι καὶ τὸν καπνὸν τῶν κοβαθίων f. 71 v. λευκαίνειν αὐτήν. Πρόσμι-ξον αὐτῷ μετὰ τὴν λεύκωσιν, καὶ σφάλης τὸ ἴσον, ἵνα λίαν γένηται λευκή· καὶ δεξάμενος χαλκοῦ ὑπολεύκου, ὀρειχάλκου λέγω,
5 ἢ δ', χώνευε, ἐπιβάλλων κάτω ὀλίγου κασσιτέρου προκαθαρισθέντος ἢ α', καθότι χεῖρα κινῶν ἕως συγγαμβρήσωσιν αἱ οὐσίαι, ἔσται ῥηγνύ-μενον. Ἐπίβαλλε οὖν τοῦ λευκοῦ φαρμάκου τὸ ἥμισυ καὶ ἔσται πρῶτον· ἡ γὰρ μαγνησία λευκανθεῖσα οὐκ ἐᾷ ῥήγνυσθαι τὰ σώματα, οὐδὲ τὴν σκίαν τοῦ χαλκοῦ ἐπιφέρεσθαι. Ἡ ⟨γὰρ⟩ φύσις τὴν φύσιν
10 κρατεῖ.

23 Λαβὼν θεῖον τὸ λευκόν, λευκάνῃς δὲ οὔρῳ λειῶν ἐν ἡλίῳ ἢ στυπτηρίᾳ καὶ ἄλμῃ, τῇ τοῦ ἁλός· ἄθικτον θεῖον, πάνυ λευκότα-τον. Λείου αὐτὸ σὺν σανδαράχῃ, ἢ οὔρῳ δαψιλῶς ἡμέρας ἕξ, ἕως γένηται τὸ φάρμακον μαρμάρῳ παρεμφερές· καὶ ἐὰν γένηται, μέγα
15 ἐστὶ μυστήριον· τὸν γὰρ χαλκὸν λευκαίνει, μαλάσσει τὸν σίδηρον, ἄτρηστον ποιεῖ τὸν κασσίτερον, τὸν μόλυβδον ἄρρευστον, ἀρρήκτους ποιεῖ τὰς οὐσίας, ἀρεύκτους τὰς βαρᾶς· τὸ γὰρ θεῖον θείῳ μιγὲν θείας ποιεῖ τὰς οὐσίας, πολλὴν ἔχοντα τὴν πρὸς ἄλληλα συγγένειαν. Τέρπονται γὰρ αἱ φύσεις ταῖς φύσεσιν.

20 24 Τὴν δὲ λευκανθεῖσαν λιθάργυρον λείου σὺν θείῳ, ἢ καδμίᾳ, ἢ ἀρσενίκῳ, ἢ πυρίτῃ, ἢ ὀξυμέλιτι, ἵνα μηκέτι ῥεύσῃ. Ὄπτησον οὖν αὐτὸ λαμπροτέροις ῥωσίν, ἀσφαλισάμενος τὸ σκεῦος. Ἐχέτω δὲ τὸ σύνθεμα καὶ τιτάνου ὀπτοῦ ὀργηθέντος ἕξει ἡμέρας γ', ἵνα γένηται σμηκτικώτε-

---

1. ὁ γὰρ, ὁ surmonté d'un θ dans M. — 3. σφάλης B. — 5. κάτω ὀλίγου F. l. κατ' ὀλίγον. — 6. M mg., sur le mot συγγαμβρήσωσιν : τοῦ γοήτρος (?). — 7. Au-dessus de φαρμάκου, signe du plomb M. — Dans B : initiale de μόλυβδον surmonté du signe du plomb. — 11. λευκόν] λευκανθὲν B. — Après δὲ] αὐτὸ add. B. — 12. ἄθικτον θεῖον] κύθιμη (sic) M : ἄθικτον suivi du signe du soufre B. — 13. αὐτό] αὐτῶ M.

— 16. ἄτρηστον M ; ἄρευτον BC : ἄτρητον A. — 17. M mg. Grand astérisque suivi de ὧδε, à l'encre rose. — 18. ἔχοντα lu ἐχούσας. — 20. M mg. : λ' : CA mg · λιθάργυρον ⟨τις⟩ Au-dessus de λιθάργυρον, l'abréviation Mλ dans MBC; Mλλ dans A. — λείου] signe de λεῖος et de τρὲ M ; même signe, surmonté de λεῖος BC. — 22. F. l. λαμπρο-τέρας. — 23. τιτάνος M.

ρον. Ἐπίβαλλε οὖν αὐτῷ λευκὸν γενόμενον μᾶλλον ἢ τὴν ψιμύθιον.
Γίνεται δὲ πολλάκις καὶ ξανθή, ἐὰν πλεονάσῃ τὰ ῥῶτα · ἀλλ᾽ ἐὰν
γένηται ξανθὸν, οὐ χρησιμεύσει σοι νῦν · λευκάναι γὰρ βούλει τὰ σώματα. Καῦσον οὖν αὐτὸ τῇ συμμετρίᾳ, καὶ ἐπίβαλλε παντὶ σώματι
5 χρείαν ἔχοντι λευκώσε- [f. 72 r.) ὡς · ἡ γὰρ λιθάργυρος, ἐὰν γένηται
ἄρρευστος, οὐκέτι ἔσται μόλυβδος · γίνεται δὲ εὐκόπως · ταχὺ γὰρ εἰς
πολλὰ μετατρέπεται ἡ τοῦ μολύβδου φύσις. Αἱ γὰρ φύσεις νικῶσι τὰς
φύσεις.

25 Λαβὼν κρόκον κιλίκιον, τρίψον θαλάσσῃ ἢ ἅλμῃ, καὶ ποίησον ζω-
10 μόν · εἰς ὃν πυρῶν κατάβαπτε πέταλα χαλκοῦ, μολύβδου, σιδήρου, ἕως
σοι ἀρέσῃ · γίνονται δὲ λευκά. Εἶτα λάβε τοῦ φαρμάκου τὸ ἥμισυ, καὶ
συλλείου σανδαράχῃ, ἢ ἀρσενίκῳ λευκῷ, ἢ θείῳ ἀπύρῳ, ἢ ὡς ἐπινοεῖς ·
καὶ ποίησον κηρωτῆς πάχος. Χρῖσον τὸ πέταλον, καὶ θὲς εἰς καινὸν
ἀγγεῖον περίφιμον ὡς ἔθος. Θεὶς εἰς πρισματοκαύστην ἡμέραν ὅλην · εἶτα
15 ἐξενέγκας κάτθες εἰς καθαρὸν ζωμόν, καὶ ἔσται λευκὸς, λευκότατος ὁ
χαλκός. Κατεργάζου λοιπὸν ὡς τεχνίτης · ὁ γὰρ κιλίκιος, λευκότατος
ὁ χαλκὸς. Κατεργάζου λοιπὸν ὡς τεχνίτης · ὁ γὰρ κιλίκιος κρόκος
θαλάσσῃ μὲν λευκαίνει, οἴνῳ δὲ ξανθοῖ. Ἡ ⟨γὰρ⟩ φύσις τῇ φύσει
τέρπεται.

20 26 Δέξαι λευκὴν τὴν λιθάργυρον, καὶ λείου αὐτὴν μετὰ φύλλων
δάφνης, καὶ κιμωλίας, καὶ μέλιτος, καὶ σανδαράχης λευκῆς, καὶ ποίησον
γλοιῶδες. Χρῖσον τοῦ φαρμάκου τὸ ἥμισυ, καὶ ὑπόκαιε ὡς ἔθος. Κατάβαπτε εἰς τὸ τοῦ φαρμάκου λείψανον, ἀναλύσας ὕδατος σποδοῦ λευκί-
νων ξύλων · τὰ γὰρ ἀνούσια μίγματα καλῶς ἐνεργοῦσιν χωρὶς πυρός.
25 Ποίει αὐτὰ τοῖς ζωμοῖς πυρίμαχα. Ἡ γὰρ φύσις τὴν φύσιν νικᾷ.

---

1. τὸ ψιμμίθιον B. — 3. ξανθόν] ξανθὴ B, f. mel. — 5. χρείαν BC, f. mel.; χρήαν A. — 6. εὐκόπως] εὐκόλως B. Les deux leçons peuvent se soutenir. Dans la petite capitale onciale, le π et le λ sont souvent de forme presque identique. — 9. τρίψον] signe de λείου et de τρίψον M ; τρίψον en toutes lettres B. — 10. εἰσόν πυρός M. — ἕως ἂν B, mel. — 13. καὶ χρῖσον B. — 14. περιφίμωτον B. F. l. περιφίμωτον. — θεὶς] F. l. θὲς. — 15. κάτθες] κάθες mss. Corr. conj. — 21. καὶ ποίησον καὶ om. M. — 22. χρῖσον] χρησον (sic) M. — 23. F. l. ὕδατι ⟨καὶ⟩ σποδῷ. — λευκίνων] λευκαίνων M. F. l. πευκίνων. (Cp. ci-dessus la note sur la ligne 6.)

27] Λαβὼν τὴν προγεγραμμένην νεφέλην, σύλλειου αὐτῇ στυπτηρίαν καὶ μίσυ · ὄξει τε περιπλύνας, βάλε αὐτῇ καὶ ὀλίγην λευκὴν καδμίαν, ἢ μαγνησίαν, ἢ ἄσβεστον, ἵνα γένηται σῶμα ἀπὸ σώματος. Τρίψον σὺν μέλιτι λευκοτάτῳ · ποίει ζωμόν, εἰς ὃν πύρου καταβάπτων ὃ βούλει · 5 ἕατον κάτω, καὶ γενήσεται. Ἐχέτω δὲ τὸ σύνθεμα, καὶ ὀλίγον ἄπυρον θεῖον, ἵνα διαδύνῃ τὸ φάρμακον ἐντός. Ἡ ⟨γὰρ⟩ φύσις τὴν φύσιν κρατεῖ.

28] Δέξαι ἀρσενίκου γ° α΄, καὶ νίτρου γ° τὸ ἥμισυ, καὶ φλοιοῦ φύλλων περσεῶν ἀπαλῶν γ° ϛ΄, καὶ ἄλατος ἥμισυ καὶ συκαμίνου χυλὸν γ° α΄, σχιστῆς f. 72 v.] τὸ ἴσον. Λεῖου ὁμοῦ ἐν ὄξει, ἢ οὔρῳ, ἢ ἀσβέστῳ 10 στακτῇ, ἕως γένηται ζωμός · εἰς τοῦτον τὰ ἔνσκια πυρὶ καταβάπτε πέταλα, καὶ ἀποσκιώσεις. Ἡ ⟨γὰρ⟩ φύσις τὴν φύσιν κρατεῖ.

29] Ἀπέχετε πάντα τὰ χρυσῷ καὶ ἀργύρῳ χρήσιμα. Οὐδὲν ὑπολείπεται, οὐδὲν ὑστερεῖ, πλὴν τῆς νεφέλης καὶ τοῦ ὕδατος ἡ ἄρσις, ἀλλὰ ταῦτα ἑκὼν παρεσιώπησα διὰ τὸ ἀφθόνως αὐτὰ ἐγκεῖσθαι καὶ ἐν ταῖς 15 ἄλλαις μου γραφαῖς. Ἔρρωσθε ἐν ταύτῃ τῇ γραφῇ.

II. .II. — ΔΗΜΟΚΡΙΤΟΥ ΒΙΒΛΟΣ Ε ΠΡΟΣΦΩΝΗΘΕΙΣΑ ΛΕΥΚΙΠΠΩ

Transcrit sur A, f. 258 r. — (Contenu aussi dans le Laur., xxxv° article.) — N. B. Les leçons introduites dans le texte de ce morceau, fort maltraité par les copistes, à la place de celles du ms. A qu'on a jugées inadmissibles et rejetées dans les notes, sont toutes, sauf indication spéciale, du fait de l'éditeur.

1] Ἰδοὺ μὲν ὃ ἦν, ὦ Λεύκιππε, περὶ τούτων τῶν τεχνῶν τῶν Αἰγυπτίων ⟨ἐν ταῖς τῶν⟩ προφητῶν περσικῶν βίβλοις, ἔγραψα τῇ

---

1. Réd. de B : σύλλειου αὐτὴν στυπτηρία καὶ μίσυ. — 7. φλοιοῦ] φλούς MBC; φλοιῶν A. Corr. conj. — 8. περσαίου M (B : effacé) C; περσαίων A. 12. ἀπέχεται A. — 14. παρεσιώπησα M. — 15. Les mots ἐν ταύτῃ τῇ γραφῇ semblent être le début d'un commentaire sur l'ouvrage précédent. Dans cette hypothèse, il faudrait lire Ἔρρωσθε. Puis : Ἐν ταύτῃ τῇ γραφῇ... — 18. Ἰδοὺ μὲν ὁ ἦν ὦ λευκηπου περὶ τουτέοντῶν A. — 19. προφήταις περσικοῖς A.

κοινῇ διαλέκτῳ, πρὸς ἣν δὴ μάλιστα ἁρμόζονται · ἡ δὲ βίβλος οὐκ ἔστι
κοινή · αἰνίγματα γὰρ ἔχει μυστικὰ παλαιά τε καὶ ὅσα ὑγιᾶ,
ἅπερ οἱ πρόγονοι καὶ θείας Αἰγύπτου βασιλεῖς τοῖς Φοίνιξι ἀνέ-
θεντο. Ἐγὼ δὲ ὁ φίλος σου ὡς ὑγιεῖσιν αἰνίγμασιν χρήσομαι ⟨οἷα⟩
οὐδεὶς γεγράφατέ μοι ⟨ἐν⟩ τοῖς Αἰγυπτίων παισίν. Ἀλλά (f. 258 v.)
σοι, ἰατρέ, καὶ διηγερμένος πάντα οὐ παύσομαι ἀναφανδὸν ἐνεξη-
γούμενος. Περιέχει δὲ ἡ συγγραφὴ λεύκωσίν τε καὶ ξάνθωσιν, ἡ
χαλκολίθου τε μαλαξίας καὶ ἑψήσιας, καὶ ἐῶ βαφικήν· ὕστερον δὲ
ὅσα πάλιν παράδοξα γίγνεται ἐξ αὐτοῦ τοῦ χαλκοῦ καὶ κινναβάρεως ·
ἔχεις ποιῆσαι χρυσὸν ⟨ἐκ τῆς⟩ καδμίας τε καὶ ἄλλων εἰδῶν, καὶ
καύσεων πάλιν ⟨καὶ⟩ ἐπιπλοκῶν, ἕως παράδοξα γίγνηται.

2] Ἄρχεται δὲ ἡ βίβλος ὧδε · Λαβὼν ἀρσένικον σχιστόν, ποίησον
πέταλα · βάλλε εἰς τεῦχος· στρογγύλον καὶ καῦσον · ὁπηνίκα δὲ δια-
χαλάσῃ, ἐπιβαλὼν γάλα ⟨πάλαι⟩ ἐξουρικὸς τὸ μηκέτι ῥέψαντι ·
ὁπηνίκα δὲ παγῇ, ἄρον καὶ λείωσον μετὰ στυπτηρίας ἐξηποριθείσης
οὔρῳ δαμάλεως ἡμέρας ζ΄ · καὶ ἀναξηράνας εἰς ἥλιον, λείου πάλιν
ἄλμην, τοῦ αὐτοῦ ἁλὸς ἄνθος ἐπίβαλλε, ⟨ἔχε⟩ ἡμέρας ζ΄, καὶ γίνεται, καὶ λαβὼν ἀναξήραινε πάλιν εἰς ἥλιον, τοῦτο βάλλε εἰς τεῦχος,
ἕψει ἐλαίῳ κικίνῳ ἢ ῥαφανίνῳ ἕως ξανθὸν ⟨γίγνηται⟩, τούτῳ ἐπίβαλλε
χαλκόν, καὶ λευκανθήσεται. Τοῦτο δὲ αὐτὸ ποιεῖ καὶ ἡ σανδαράχη,
καὶ ὁμοῦ ἀπὸ χλωρῆς οἰκονομηθεῖσα οὕτως τοῦτον τὸν χαλκὸν διχάσας
τηρεῖν τὸ μὲν ἥμισυ εἰς ξάνθωσιν · τὸν δὲ ἄλλον εἰς τινα ταξείδια.

3] Γίνεται δὲ οὕτως ἡ τῶν θειωδῶν οἰκονομία, εἴς τε χαλκοῦ
λεύκωσιν · λαβόμενος τὸ ἀρσένικον, ταρίχευσον ἐν ἅλατι θ΄ ἡμέρας,

---

1. πρὸς ἣν δὲ A. — οὐκ ἔστι] οὐκέτι A.
— 3. ἢ προγόνων A. — θείαι A. — βασιλεῖς
τῆς πηλῆς οἱ αὐταιθήντο A. — 4. ὑγιής A.
— 5. παισίν] πάστην. — F. l. οὐδ’ εἰσγεγρά-
φατέ με τοῖς Αἰγ. παισίν. — 6. σοι] σὺ A. —
7. ἡ] ἡ A. — 8. F. l. μαλάξεως et ἑψήσεως.
— βαφικῆς A. — 9. A mg. : γίνονται ὅλα
τὰ εἴδη. — ὅσα πάλιν] ὡς ἀπαλὴν A. — 10.
ἔχε A. — χρυσοῦ A. — καδμίας A. —

11. ἐπίπλοκον ὡς A. — 12. ἄρσενα A. —
14. ἐξούρικος A. — ῥέψαντι] F. l. ῥεῦσάν τι.
Cp. ci-dessous, ligne 24. — 15. ἐξηπορι-
θήσεις A. F. l. ἐκστηπτωθείσης. — 16. λείου]
λύου A. — 17. ἄνθος] ἄνθος A. — 18.
ἀναξηρέναι A. — 19. ἔψαι A. — ῥαφανίνω
A. — ὡς A. — τοῦτο A. — 22. τὸ δὲ ἄλλον
A. — 24. ταρίχεψον A. — ἐν ἅλατι] ἄλλας
A. Corr. conj. (M. B.).

ἢ οὔρῳ ἀφθόρῳ, ἢ κάλλιον γάρ, ἡμέρας κα΄ · εἶτα λείωσον ὄξει
κιτρίνῳ ἡμέρας ζ΄, μεταξὺ λευκοῦ τῶν κιτρίων, εἶτα ἀναξηράνας
ἔχε · εἶτα λαβόμενος τὴν σανδαράχην τὴν σιδηρίζουσαν κόψον καὶ
ταρίχευσον ἅλ- f. 259 r. μῃ ἡμέρας κα΄ · εἶτα λαβόμενος ὕδατα καὶ
5 τίτανον, ποίησον χυλὸν ἀποσειρώσας ἔχε. Ἔπειτα λαβόμενος τὴν σανδαράχην, ζέσον ἔλαιον ἡμέραν μίαν · εἰς πρίσματα ζέσον ὁμοίως τῇ
ἀσβέστῳ, καὶ τὸ ὕδωρ νυχθήμερον ἐν ἔχε · εἶτα λαβόμενος τῶν δύο
ἐξ ἴσου βάλλε εἰς ῥογήν · ἔψει ἐλαίῳ κικίνῳ, ἢ ῥαφανίνῳ ἕως ἂν
ξηρανθῇ, καὶ ἔχε. Ἔπειτα ⟨λαβόμενος⟩ χαλκὸν τῆς ἴσου ὡς ὅτι
10 μάλιστα κοράλλιον ἄθικτον · οὐκ ἐχώνων, ἐπίμιξον ἐκ τῶν τεχνιτῶν
βαλλόντων, πρῶτον κάθαιρε ὕελον · εἶτα ἐξίου ὡς ὕστερον ὑποθήσομαι ·
εἶτα ἐπίβαλλε, καὶ ἔσται λευκός · διυγάσας ἔχε, ὡς εἶπόν σοι χρείαν.

4] Λαβὼν μόνον οὖν τοῦ οἰκονομηθέντος χαλκοῦ μέρη δύο, καὶ
τοῦ ἀρσενίκου ⟨καὶ⟩ σανδαράχης ἀνὰ μέρος α΄, τῆς στυπτηρίας μέρος
15 ἥμισυ, καὶ τοῦ κρόκου μαλάγματος μέρη δύο · λείου ἐπὶ ἡμέρας
κα΄, ἢ ιδ΄ ἢ ζ΄ · πρὸς τὴν λείωσιν ἐπίβαλλε τὸ ὑγρὸν ⟨καὶ τοῦ-⟩
το ἀποσειρώσας, καὶ ὁρᾷς ἐν τῇ λειώσει διαφορὰν χρωμάτων ὡς τοῦ
χα ⟨μαι⟩ λέοντος · ὁπηνίκα δὲ μηκέτι μεταβάλλει εἰς ἰδέας πολλάς,
τότε νόει σε καλῶς ἔχειν τὴν λείωσιν [τοῦτο] ἀναλαμβανομένην ⟨ἐν⟩
20 Αἰγυπτίων προφήταις εἰς τεῦχος ὑελίνῳ, καὶ ὀπτῶσιν ὀλίγον καὶ
ἐπιβαλοῦσιν.

5] Ἡμεῖς δὲ οὐχ οὕτως [γάρ] · ὑφεστῶτες γὰρ ἐπιστεύθησαν
ἄνθρωποι, κοινῇ τὴν μετὰ ταῦτα τέχνην. Λαβόμενος χαλκόν τε εἰς τὴν
ἰχθὺν ἐλαιῶδες φάρμακον, κατάθου εἰς πυξίδα καὶ σῆψον ἡμέρας μα΄,
25 ἢ κα΄, ἢ ιε΄, μάλιστα μὲν οὖν ἐν ἱππείᾳ κόπρῳ, εἶτα ἀνε- f. 259 v.
λόμενος ἔχε · λείωσον ἰατρικῶς, προσβάλλων ⟨εἰς⟩ τὸ σύνθεμα

---

1. ἀφθόρου A. F. 1. ἀφθόρου ⟨παιούς⟩. —
ὄξεις κιτρίοις A. — 2. κιτρίον] κιτρίων A. —
3. τὸ σανδαράχην A. — 4. ἅλμην A. — 9.
χαλκ τῆς ἴσου A. F. 1. χαλκίτην (C. E. R.)
« Vaut mieux ». (M. B.) — 10. κόραλλος
A. — Réd. proposée : οὐκ ἐκ χωνῶν τῶν τεχν.
βαλλ. ἐπίμ. (M B.) — ἐξίοι A. — 12. ὡς] εἰς
A. — 13. μόνος A. — 14. ἀρσενικοῦ A. ici et
presque dans tout ce morceau. — σανδα-
ράγη A. — 17. ἀποσειρώσας A. — ὡς] ἕως A.
— 20. προφήται A. — ὕελον A. — 23. κοινὸς
A. — 24. πυξίδαν A. forme médiévale
assez fréquente dans ce ms. — 25. A
mg : σῃ ⟨μείωσαι⟩. — 26. προσβάλλων A.

τοῦτο μίσεως ὁμοῦ, χαλκάνθου ἱκανοῦ, κρόκου, ἐλυδρίου τούτων
ὑφ᾽ ἐν ἐξίσου, γινόμενον μέρος ἐν πρὸς μέρη δ᾽ τοῦ σαπέντος ἰοῦ.
Ἔπειτα χώνευσον μοσχίᾳ ὅλῃ κόμμι ξανθοῦ μικρὸν, λείου ἀπὸ τῆς
σήψεως τῆς τηρησάσης τὸ πρᾶγμα ἀμετάβολον. Ὁπηνίκα δὲ λειώ-
5 σεις ἰατρικῶς, ἐπίβαλλε ἐκ τοῦ ὑγροῦ τῶν βοτανῶν μετὰ ἁλὸς
ἀνθείου, καὶ πράσου χυλόν. Εἶτα ἀνελόμενος εἰς τρούλλιον ἕψει
ἰατρικῶς σπαθίζων, τρίβων δὲ ἕψει ἐπὶ ἡμέρας γ᾽, ἐκ τριῶν ἑψήσεων, διίες τὰς ἡμέρας ὡρῶν δ᾽ · ὁπηνίκα δὲ ἐκτελέσεις τὴν ἕψη-
σιν, τηρῶν τὸ σύνθεμα μὴ ξηρανθῇ, ἀλλὰ ἐλαίου πάχος ἔχῃ, βάλλε
10 εἰς τεῦχος ὑέλινον, ἕψει ὀλίγον βολβίτοις ἕως παγῇ · ἄρον καὶ λείωσον καὶ ἔχε · καὶ λαβὼν γῆς ἀργύρου οὐσίας τῆς ἀπαλωτάτης ἥν
τινες γῆν χίαν ⟨ἢ⟩ ὤχραν καλοῦσιν, ταύτης μέρη δύο, σινοπίδος
ποντικῆς μέρος ἐν, καὶ τοῦ... ἐν τῷ ληκυθίῳ μέρη δύο, λείου ὁμοῦ
τὸ ὑγρὸν τοῦ θείου καὶ ὄπτα ἐπιστάσιμον, καὶ εὑρήσεις σῶμα ῥωσ-
15 τικὸν, ἢ κινναβαρίζον, ἢ κοραλλικὸν, ἢ σινωπιτικόν. Ἀδιήγητον,
μέγιστον θαῦμα τοῦτο καλοῦσιν χρυσοκόραλλον, καὶ τὰ ἄλλα ὀνόματα ἅπερ ὀνομάζονται, οὐκ ἴσασιν. Τοῦτο ἐπίβαλλε καὶ καῖε ἄργυρον, καὶ τὸ ἀφ᾽ ἡμῶν λευκανθὲν κρύβε, ὦ Λεύκιππε, τὸ πᾶν · ἐφθό-
νησαν. Ἔρρωσο.

━━━━━

20 II. III. — ΣΥΝΕΣΙΟΥ ΦΙΛΟΣΟΦΟΥ ΠΡΟΣ ΔΙΟΣΚΟΡΟΝ ΕΙΣ
ΤΗΝ ΒΙΒΛΟΝ ΔΗΜΟΚΡΙΤΟΥ, ΩΣ ΕΝ ΣΧΟΛΙΟΙΣ

Transcrit sur M, f. 72 v. — *Collationné sur* B, f. 20 r. ; — *sur* C, f. 14 *(jusqu'à la
fin du* § 5) ; — *sur* A, f. 31 r. ; — *sur* S, congénère de B *(passim)*; — *sur l'édition de
Fabricius (Bibl. gr.* VIII, p. 233 = *Fabr.)* — *(Contenu aussi dans Laur.* Vᵉ *article ;* — *le ms. de Vienne ;* — *le cod. Ambrosianus de Milan.)* — *L'éd. de*

1. — ὁμοῦ] F. l. ὁμοῦ. — 3. ὁλικομιξάνθου
A. — 4. τῆρεισάσεις A. — πράγμαν A. —
6. ἐστροῦλον A. (Corrigé par *M. B.*). —
7. τρίβον B. — 8. διεὶς A. — 9. ἔχειν A. —
13. καὶ τοῦ...] Lacune non indiquée

dans le ms. — ληκυνθίῳ A. — 15. Ἀδιήγητον κ. τ. λ.] Cp. Berthelot, Orig. de
l'alchimie, p. 162. — 17. οὐσίασιν A. —
χαίε] κῃεῖ A. — 18. λευκανθέντι A. — ὦ
Λεύκιππε] ὦ λευκὴ παῖ A. — 19. ἔρρωσοι A.

Fabricius a été faite d'après la copie d'un ms. de Paris, probablement A. La traduction latine qui l'accompagne est celle de Pizzimenti (= Pizz.) ; elle dérive de M. —Lorsque les variantes de BCA Fabr. sont identiques, on n'a indiqué que B. — On a maintenu la division en §§ de Fabricius en dédoublant quelques paragraphes au moyen d'un bis.

Διοσκόρῳ ἱερεῖ τοῦ μεγάλου Σαράπιδος ἐν Ἀλεξανδρείᾳ θεοῦ τε συνευδοκοῦντος Συνέσιος φιλόσοφος, χαίρειν.

1] Τῆς πεμφθείσης μοι ἐπιστολῆς παρὰ σοῦ περὶ τῆς τοῦ θείου Δημοκρίτου βίβλου, οὐκ ἀμελέστερον ἔσχον · ἀλλὰ σπουδῇ πολλῇ

5 καὶ πόνῳ ἐμαυτὸν βασανίσας, ἔδραμον πρός σέ. Ἐν ᾧ οὖν πρόκειται ἡμῖν εἰπεῖν τίς ἂν εἴη ὁ ἀνὴρ ἐκεῖνος ὁ φιλόσοφος. Δημόκριτος ἐλθὼν ἀπὸ Ἀβδήρων φυσικὸς ὢν, καὶ πάντα τὰ φυσικὰ ἐρευνήσας καὶ συγγραψάμενος τὰ ὄντα κατὰ φύσιν. Ἄβδηρα δέ ἐστι πόλις Θράκης · ἐγένετο δὲ ὁ ἀνὴρ λογιώτατος, ὃς ἐλθὼν ἐν Αἰγύπτῳ ἐμυσταγωγήθη παρὰ τοῦ μεγά-

10 λου Ὀστάνου ἐν τῷ ἱερῷ τῆς Μέμφεως, σὺν καὶ πᾶσι τοῖς ἱερεῦσιν Αἰγύπτου. Ἐκ τούτου λαβὼν ἀφορμὰς, συνεγράψατο βίβλους τέσσαρας βαφικὰς, περὶ χρυσοῦ καὶ ἀργύρου, καὶ λίθων, καὶ πορφύρας · λέγω δὴ τὰς ἀφορμὰς λαβὼν, συνεγράψατο παρὰ τοῦ μεγάλου Ὀστάνου. Ἐκεῖνος γὰρ ἦν πρῶτος ὁ γράψας ὅτι ἡ φύσις τῇ φύσει τέρπεται, καὶ ἡ

15 φύσις τὴν φύσιν κρατεῖ, καὶ ἡ φύσις τὴν φύσιν νικᾷ, καὶ τὰ ἑξῆς.

2] Ἀλλ᾽ ἡμῖν ἀναγκαῖόν ἐστι τὰ τοῦ φιλοσόφου ἀνιχνεῦσαι f. 73 r. καὶ μαθεῖν τίς ἡ γνώμη καὶ ποία ἡ τάξις τῆς ἐν αὐτῷ ἀκολουθίας. Ὅτι μὲν οὖν δύο καταλόγους ἐποιήσατο, δῆλον ἡμῖν γέγονεν, λευκοῦ καὶ ξανθοῦ · καὶ πρῶτον μὲν τὰ στερεὰ κατέλεξεν, ἔπειτα δὲ τοὺς

20 ζωμοὺς, τουτέστιν τὰ ὑγρά · καίτοι μηδενὸς τούτων προσλαμβανομένου ἐπὶ τῆς τέχνης. Αὐτὸς γὰρ μαρτυρεῖ λέγων περὶ τοῦ μεγάλου Ὀστάνου ὅτι οὗτος ὁ ἀνὴρ οὐκ ἐκέχρητο ταῖς τῶν Αἰγυπτίων

---

10. πᾶσι] πᾶσι B : πᾶσι MS. — C. ponctue : σὺν καὶ πᾶσι. τοῖς ἱερ. Αἰγ. — 12. χρυσοῦ] signe du cinabre Fabr., ici et partout. — 13. συνεγράψατο γὰρ Fab. — Ὀστάνους M. — παρὰ] περὶ M. — 14. ὁ om. M. — καὶ ἡ] ἡ om. Fabr. — 16. Avant Ἀλλ᾽ · ἡμῖν] Ἀρχή · MBCA. — 19. λευκοῦ γὰρ κ. ξ. BCAS Fabr. — Après ξανθοῦ] καταλόγους (κατάλογον Fabr.) add. B. — τοὺς ζωμοὺς] τὸν ζωμὸν Fabr.

ἐπιβολαῖς, οὐδὲ ὀπτήσεσιν · ἀλλ ' ἔξωθεν διέγριε τὰς οὐσίας, καὶ
πυρῶν, εἰσέκρινε τὸ φάρμακον. Εἶπε δὲ ὅτι ἔθος ἐστὶν Πέρσαις τοῦτο
ποιεῖν. Ὁ δὲ λέγει, τοῦτό ἐστιν, ὅτι εἰ μὴ ἐκλεπτύνῃς τὰς οὐσίας,
καὶ ἀναλύσῃς, καὶ ἐξυδατώσῃς, οὐδὲν ποιήσεις.

5 3] Ἔλθωμεν οὖν ἐπὶ τὴν τοῦ ἀνδρὸς ῥῆσιν, καὶ ἀκούσωμεν αὐτοῦ λέγοντος. Λέγεται δὲ καὶ τὸ πόντιον ῥά. Βλέπε τοσαύτην παρα-
τήρησιν τοῦ ἀνδρός · ἀπὸ βοτανῶν ἠνίξατο, ἵνα μηνύσῃ τὸ ἄνθος.
Αἱ γὰρ βοτάναι ἀνθοφόροι εἰσίν. Εἶπε δὲ καὶ τὸ πόντιον ῥά, ὡς
ὅτι ὁ Πόντος καταρρέοιτο ὑπὸ τῶν ποταμῶν καὶ πάντες οἱ ποταμοὶ
10 εἰς αὐτὸν καταρρέουσι. Κατάδηλον οὖν ἡμῖν ποιούμενος, σημαίνει τὴν
ἐξυδάτωσιν καὶ ἄγλυσιν καὶ λεπτυσμὸν τῶν σωμάτων, ἤτοι οὐσιῶν.

3 bis] Διόσκορος λέγει · Καὶ πῶς εἶπεν ὅτι ὁρκία ἡμῖν ἔθετο
μηδενὶ σαφῶς ἐκδοῦναι ;

— Καλῶς εἶπε « μηδενί », τουτέστι μηδενὶ τῶν ἀμυήτων · τὸ
15 γὰρ «μηδενὶ» οὐ κατὰ παντὸς κατηγορεῖται · αὐτὸς γὰρ περὶ τῶν
μεμυημένων καὶ γεγυμνασμένων τὸν νοῦν ἐχόντων εἶπε.

4] Βλέπε γὰρ ἐν τῇ εἰσβολῇ τῆς χρυσοποιίας, τί εἶπεν ·
ὑδράργυρος ἡ ἀπὸ κινναβάρεως, χρυσόκολλα.

Διόσκορος. Καὶ τοιούτων χρεία ἐστί ;
20 Συνέσιος. Οὐχί, Διόσκορε.

Διόσκορος. Ἀλλὰ τίνος ἐστὶ χρεία ;

— Ἤκουσας, καὶ πάλιν ἄκου-[f. 73 r.] σον. Ἡ ἀνάλυσίς ἐστι τῶν
σωμάτων, ἵνα ἀναλύσῃς αὐτὰ καὶ ὕδατα αὐτὰ ποιήσῃς, καὶ ῥεύ-
σωσι καὶ ἀγλυωθῶσι καὶ λεπτυνθῶσι. Τοῦτο δὲ καλεῖται ὕδωρ

---

2. Après ἐστὶν] οὕτω add. BCA Fabr.—
3. F. l. ἐκλεπτύνεις, ἀναλύσεις… ἐξυδατώσεις.
— 6. πόντιον] F. l. ποντικόν ici et plus
loin.—7. ἠνίξατο] ἤρξατο Fabr.; exorsus
est (trad. lat.), f. mel. — 8. ὡς om. S.
— 9. ὁ Πόντος ὑπό τ. ποτ. καταρρέεται
BC ; ὁ Πόντος ἀπὸ τοῦ καταρρεῖν (κατορρέων
A) τὸ ὑπό τ. ποτ. A Fabr.; ὁ Πόντος λέγεται ἀπὸ τοῦ κάτω τῶν ποτ. ῥεῖν S. — 10. κα-
τάδηλον] κατάλληλον AS Fabr. — ποιούμε-
νος] ποιησάμενος B. — σημαίνει δὲ A. Fabr.
— 11. ἄγλυσιν] ἀγλύωσιν BCS; ἀγλόωσιν
A Fabr. qui ajoutent καὶ κατάλυσιν. —
καὶ λεπτυσμόν] καὶ λελεπτυσμένον A; καὶ λελεπ-
τυσμένων Fabr. — 12. BA mg. : Dialo-
gus. — λέγει] φησι BCAS Fabr. — 14.
τουτέστι — μηδενὶ om. Fabr. — 17. βλέ-
πεις Fabr. — 18. ὑδράργυρος ἡ ἀπὸ κινν.]
σελήνη ἀπὸ κινν. Fabr. — 20. Συνέσιος.]
σύνες; Fabr. — 23. αὐτὰ om. B.

Θεῖον, καὶ ὑδράργυρος, καὶ χρυσόκολλα, καὶ θεῖον ἄπυρον. Καὶ
ὅσα ἄλλα ὀνόματά εἰσιν· ἡ γὰρ λεύκωσις καῦσίς ἐστι, καὶ
ἡ ξάνθωσις, ἀναζωπύρησις· αὐτὰ γὰρ ἑαυτὰ καίουσι, καὶ αὐτὰ
ἑαυτὰ ἀναζωπυροῦσιν· Ὁ δὲ φιλόσοφος πολλοῖς ὀνόμασιν ἐκάλεσεν
5 αὐτά, ποτὲ μὲν ἑνικῶς, ποτὲ δὲ πληθυντικῶς, ἵνα γυμνάσῃ ἡμᾶς,
καὶ ἴδῃ εἰ ἐσμεν νοήμονες. Εἴρηκε γὰρ ὑποκατιὼν οὕτως· «Ἐὰν
ᾖς νοήμων καὶ ποιήσῃς ὡς γέγραπται, ἔσῃ μακάριος· νικήσεις γὰρ
μεθόδῳ πενίαν, τὴν ἀνίατον νόσον.» Ἀποδιαπεμπόμενος οὖν καὶ
ἀποπερισπῶν ἡμᾶς τῆς ματαίας πλάνης, ὥστε ἀπαλλαγῆναι ἡμᾶς
10 τῆς πολυύλου φαντασίας. Πρόσεχε δὲ ἐν τῇ εἰσβολῇ τῆς βίβλου
τί εἶπεν· «Ἥκω δὴ κἀγὼ ἐν Αἰγύπτῳ φέρων τὰ φυσικά, ὅπως
τῆς πολλῆς ὕλης καταφρονήσητε.» Φυσικὰ δὲ εἴρηκε τὰ στερεὰ
σώματα. Εἰ μὴ γὰρ αὐτὰ ἀναλυθῶσι, καὶ πάλιν παγῶσιν, οὐδὲν
εἰς πέρας προσέλθοι τοῦ πράγματος.

15 5] Καὶ ἵνα νοήσωμεν ὅτι ἐκ τῶν στερεῶν λαμβάνεται τὰ ὕδατα,
τουτέστι τὸ ἄνθος, ὅρα πῶς εἶπε· «Τὰ δὲ ἐν ζωμοῖς, κρόκον
κιλίκιον, καὶ ἀριστολοχίαν,» καὶ τὰ ἑξῆς. Τὰ ἄνθη εἰπών, ἐδήλωσεν
ἡμῖν ὅτι ἐκ τῶν στερεῶν τὰ ὕδατα λαμβάνεται. Καὶ ἵνα ἡμᾶς
πείσῃ ὅτι ταῦτα οὕτως ἔχει, μετὰ τὸ εἰπεῖν, οὖρον ἄφθορον, εἶπεν·
20 καὶ ὕδωρ ἀσβέστου, καὶ ὕδωρ σποδοκράμβης, καὶ ὕδωρ φέκλης,
καὶ ὕδωρ στυπτηρίας, καὶ ἐπὶ τέλει εἶπε κυνὸς γάλα. Καὶ δῆλον
ἡμῖν ἐστιν ὅτι τὸ ἐκ τοῦ κοινοῦ ἀναφερόμενον· τὰ γὰρ λοιπὰ
τῶν σωμάτων προσήνεγκεν, ὕδωρ νίτρου, καὶ ὕδωρ φέκλης.
Καὶ ὅρα πῶς εἶπεν· Αὕτη ἡ ὕλη τῆς χρυσοποιίας, f. 74 r.
25 ταῦτά εἰσι τὰ μεταλλοιοῦντα τὴν ὕλην καὶ μεταλλεύοντα καὶ πυρί-

---

1. ὑδράργυρος] τελχίν, Fabr. — Dans C,
au-dessus de ὑδράργ. et du signe de θεῖον.
une main du temps a écrit ὕδωρ θεῖον. —
3. Après θεῖον ἄπυρον] Réd. de B. et de
ses dérivés: ἀλλὰ δὴ καὶ ὅσα λοιπά ὄν. εἰσιν.
— F. 1. ἀναζωοπύρωσις. — 4. ἀναζωπυροῦ-
σιν C. — 5. BCA mg. : ὅρα πονηρίαν
φιλοσόφων. Voyez la malice des philosophes! — 7. ποιήσῃ Fabr. — 8. οὖν ἤ
B. — 9. ἀπηλλάχται Fabr. — 11. M
mg.. à l'encre rose : ἀπ' ὧδε, avec renvoi
à φυσικά (main du XVe siècle). — 14.
προσέλθῃ B. — 15. Au-dessus de κρόκον
et de ἀριστολογίαν, signe du mercure M
(encre rose) BCA. — 23. προσεπέμψεψαν
B; προσεπήνεγκεν CA Fabr.

μάχα ποιοῦντα · ἐκτὸς γὰρ τούτων οὐδέν ἐστιν ἀσφαλές. Ἐὰν οὖν
ᾖς νοήμων καὶ ποιήσῃς ὡς γέγραπται, ἔσῃ μακάριος.

6] Διόσκορος. Καὶ πῶς ἔχω νοῆσαι, φιλόσοφε, τὴν μέθοδον
παρὰ σοῦ βούλομαι μαθεῖν. Ἐὰν γὰρ ἀκολουθήσω τοῖς εἰρημένοις,
5 οὐδὲν ὀνήσομαί τί παρ᾽ αὐτῶν.

— Ἄκουσον, Διόσκορε, αὐτοῦ λέγοντος, καὶ ὄξυνόν σου τὸν
νοῦν, Διόσκορε, καὶ βλέπε πῶς λέγει · «Ἔκστρεψον αὐτῶν τὴν φύσιν,
ἡ γὰρ φύσις ἔνδον κέκρυπται.»

— Ὦ Συνέσιε, τίνα ἐκστροφὴν λέγει ;

10 — Τὴν τῶν σωμάτων λέγει.

— Καὶ πῶς αὐτὴν ἐκστρέψω ; ἢ πῶς φέρω τὴν φύσιν ἔξω ;

— Ὄξυνόν σου τὸν νοῦν, Διόσκορε, καὶ πρόσεχε πῶς λέγει. Ἐὰν
οὖν οἰκονομήσῃς ὡς δεῖ, φέρεις τὴν φύσιν ἔξω. Γῆ γία καὶ ἀστερίτης, καδμία λευκή, καὶ τὰ ἑξῆς. Βλέπε πόσῃ παρατήρησις τοῦ
15 ἀνδρός, πῶς πάντα λευκὰ ᾐνίξατο, ἵνα δείξῃ τὴν λεύκωσιν. Ὃ λέγει
οὖν, Διόσκορε, τοιοῦτόν ἐστι · Βάλε τὰ σώματα μετὰ τῆς ὑδραργύρου, καὶ ῥίνησον εἰς λεπτόν · καὶ ἀναλάμβανε ὑδράργυρον ἑτέραν ·
πάντα γὰρ ἡ ὑδράργυρος εἰς ἑαυτὴν ἕλκει · καὶ ἔασον πεφθῆναι
ἡμέρας τρεῖς ἢ τέσσαρας · καὶ βάλε αὐτὴν εἰς βωτάριον ἐπὶ θερμοσ-
20 ποδιᾶς μὴ ἐχούσης τὸ πῦρ διάπυρον, ἀλλὰ ἐπὶ θερμοσποδιὰν πραεῖαν ·
ὅ ἐστι κηροτακίς. Ταύτῃ οὖν τῇ ἀναδόσει τοῦ πυρός, συναρμόζεται
τῷ βωταρίῳ ὑέλινον ὄργανον ἔχον μαστάριον, ἐπὶ τὰ ἄνω προσέχον,
καὶ ἐπικέφαλα κείσθω. Καὶ τὸ ἀνερχόμενον ὕδωρ διὰ τοῦ μαζοῦ

---

2. μακάριος] Interrompu ici la collation de C; noté seulement quelques
variantes dans la suite. — 7. Après
νοῦν] Διόσκορε om. et τοῖς ἐγκειμένοις add.
B. — βλέπε] πρόσχες B. — 9. Avant ὦ
Συνέσιε] Δ. Fabr. (abréviation de Διόσκορος). — 10. BCA mettent cette réponse
en marge. — 12. πῶς λέγει] τοῖς εἰρημένοις
B. — 14. τοῦ om. M. — 16. M mg. sur
une ligne verticale et en lettres retournées : φανερόν. BCA ont reproduit ces
caractères sans les comprendre. — A
mg. ση. — Figure d'appareil dans BCA.
— 20. Après θερμοσποδιᾶς] πραείας · ὃ δὴ
βωτάριόν ἐστι κηροτακίς BCA Fabr. Le
ms. A restitue en mg. (écriture du
temps), entre θερμοσποδιᾶς et πραείας : μὴ
ἐχούσης (sic) τὸ πῦρ διάπυρον · ἀλλ᾽ ἐπὶ θερμοσποδιᾶς. — 22. ὑάλινον B. — 23. ἐπικέ-
φαλα] κατὰ κάρα κείμενον B. — A mg :
ἤγουν ἐπικέφαλα κείσθω (f. l. κείσθω).— Dans
Fabr. : καὶ κάτω κάρα · κείμενον ἤ, et en
note : · in ora codicis adscriptum : ἐπικε-
φαλαιούσθω. (Note de A mal déchiffrée.)

δέχου καὶ ἔχε καὶ σῆψον. Τοῦτο λέγεται ὕδωρ θεῖον. Αὕτη ἐστὶν
ἐκστροφή · ταύτῃ τῇ ἀγωγῇ φέρεις ἔξω τὴν ἔνδον κεκρυμμένην · αὕτη
καλεῖται λύσις σωμάτων. Τοῦτο ὅταν σαπῇ, καλεῖται ὄξος, καὶ οἶνος
ἀμηναῖος, καὶ τὰ ὅμοια.

5   7] Καὶ ἵνα θαυμάσῃς f. 74 v. τὴν τοῦ ἀνδρὸς σοφίαν, βλέπε πῶς
δύο καταλόγους ἐποιήσατο, χρυσοποιίας καὶ ἀργυροποιίας, καὶ πάλιν
δύο ζωμοὺς, τὸν μὲν ἕνα ἐν τῷ ξανθῷ, καὶ τὸν ἕνα ἐν τῷ λευκῷ,
τουτέστι χρυσὸν καὶ ἄργυρον, καὶ ἐκάλεσε τὸν τοῦ χρυσοῦ κατάλογον
χρυσοποιίαν, τὸν δὲ τοῦ ἀργύρου, ἀργυροποιίαν.

10   ⟨Διόσκορος.⟩ Πάνυ καλῶς ἔφης, ὦ φιλόσοφε Συνέσιε · καὶ ποῖον
πρῶτόν ἐστι τῆς τέχνης, τὸ λευκᾶναι ἢ τὸ ξανθῶσαι ;

Συνέσιος. Μᾶλλον τὸ λευκᾶναι.

Διόσκορος. Καὶ διὰ τί τὴν ξάνθωσιν εἶπε πρῶτον ;

— Ἐπειδὴ προτετίμηται ὁ χρυσὸς τοῦ ἀργύρου.

15   — Καὶ οὕτως ὀφείλομεν ποιῆσαι, Συνέσιε ;

— Οὔ, Διόσκορε, ἀλλὰ γυμνάσαι ἡμῶν τὸν νοῦν καὶ τὰς φρένας ·
οὕτω συνετάγησαν · ἄκουσον αὐτοῦ λέγοντος · «Ὡς νοήμασιν ὑμῖν
ὁμιλῶ, γυμνάζων ὑμῶν τὸν νοῦν». Ἐὰν δὲ βούλῃ τὸ ἀκριβὲς γνῶναι,
πρόσεχε εἰς τοὺς δύο καταλόγους, ὅτι πρὸ πάντων ἡ ὑδράργυρος
20 ἐτάγη, καὶ ἐν τῷ ξανθῷ, τουτέστιν χρυσῷ, καὶ ἐν τῷ λευκῷ,
τουτέστιν ἀργύρῳ. Καὶ ἐν μὲν τῷ χρυσῷ εἶπεν · ὑδράργυρος ἡ ἀπὸ
κινναβάρεως, ἐν δὲ τῷ λευκῷ εἶπεν · ὑδράργυρος ἡ ἀπὸ ἀρσενίκου, ἢ
σανδαράχης, καὶ τὰ ἑξῆς.

8] Διόσκορος εἶπε · Διάφορος οὖν ἐστιν ἡ ὑδράργυρος ;

---

1. καὶ σῆψον] εἰς σῆψιν B. — 2. ταύτῃ
— κεκρυμμένην om. B. — 4. ἀμηναῖος B.
— 7 καὶ τὸν ἕνα] τὸν δὲ ἕτερον B.
10. ⟨Διόσκορος;⟩] Δ. Fabr. — 16. τὸ γυμνάσαι BC. — ὑμῶν BC. — 17. συνητάγή-
τησαν Fabr. — ὡς νοήμασιν ἡμῶν ὁμιλεῖ
Fabr. — 18. ἡμῶν Fabr. — Ἐὰν δὲ βούλῃ...
Le morceau commençant par ces mots
et finissant avec le § 9 est cité textuellement par Olympiodore (II, iv, 36).
Nous rapportons les principales variantes de cette citation, qui sera supprimée dans le texte d'Olympiodore
et nous les désignons ici par un astérisque. — 19. χρυσῷ... ἀργύρῳ] signes
de l'or et de l'argent dans les mss. —
21. καὶ om. Fabr. — 24 διάφορος οὖν] κα
διάφορος B.

Συνέσιος. Ναί, διάφορός ἐστι, μία οὖσα.

Διόσκορος. Καὶ, εἰ μία ἐστὶ, πῶς ἐστι διάφορος ;

Συνέσιος. Ναὶ, διάφορος γίνεται καὶ μεγίστην δύναμιν ἔχει. Οὐκ ἤκουσας τοῦ Ἑρμοῦ λέγοντος · «Τὸ κηρίον τὸ λευκόν, καὶ τὸ 5 κηρίον τὸ ξανθόν » ;

Διόσκορος. Ναὶ, ἤκουσα · ὅπερ δὲ βούλομαι μαθεῖν, Συνέσιε, τοῦτό με δίδαξον τὸ ποίημα. Πάντως αὕτη τὰ εἴδη πάντων δέχεται ;

Συνέσιος. Ἐνόησας, Διόσκορε · ὥσπερ γὰρ ὁ κηρός, οἷον δ' ἂν 10 προσλαμβάνῃ χρῶμα δέχεται, οὕτω καὶ ἡ ὑδράργυρος, φιλόσοφε, αὕτη λευκαίνει πάντα, καὶ πάντων τὰς ψυχὰς ἕλκει, καὶ ἐψεῖ αὐτὰ καὶ ἐπισπᾶται. Διοργανιζομένη οὖν καὶ ἔχουσα ἐν (f. 75 r.) ἑαυτῇ τὰς ὑγρότητας πάντως, καὶ σῆψιν ὑρισταμένη ἀμείβει πάντως τὰ χρώματα, καὶ ὑποστατικὴ γίνεται, ἀνυποστάτων αὐτῶν ὑπαρχόντων. 15 μᾶλλον δὲ, ἀνυποστάτου αὐτῆς ὑπαρχούσης τότε καὶ κατόχιμος γίνεται ταῖς οἰκονομίαις ταῖς διὰ τῶν σωμάτων καὶ τῶν ὑλῶν αὐτῶν.

9] Διόσκορος. Καὶ ποῖά εἰσι ταῦτα τὰ σώματα καὶ αἱ ὗλαι αὐτῶν ;

Συνέσιος. Ἡ τετρασωμία, καὶ τούτων τὰ συγγενῆ.

20 Διόσκορος. Καὶ ποῖά εἰσι τὰ τούτων συγγενῆ ;

Συνέσιος. Ἤκουσας ὅτι αἱ ὗλαι αὐτῶν ψυχαὶ αὐτῶν εἰσι ;

Διόσκορος. Καὶ αἱ ὗλαι οὖν ψυχαὶ αὐτῶν εἰσι ;

Συνέσιος. Ναὶ · ὥσπερ γὰρ ὁ τέκτων, ἐὰν λάβῃ ξύλον ⟨καὶ ποιῇ θρόνον⟩ ἢ δίφρον, ἢ ἄλλο τι, μόνον τὴν ὕλην ἐργάζε- 25 ται, οὕτω καὶ ἡ τέχνη αὕτη, ὦ φιλόσοφε, ἐπειδὴ ἔτεμεν αὐτά. Ἄκουσον, ὦ Διόσκορε. Ὁ λιθοξόος ξέει τὸν λίθον, ἢ πρίζει, ἵνα ἐπιτήδειος γένηται εἰς τὴν χρείαν αὐτοῦ · ὁμοίως καὶ ὁ τέκτων

---

15. Après ὑπαρχούσης] ἐν οἷς add. M*, f. mel. — 21. ὗλαι οὖν A. — 23. γὰρ om. Fabr. — 24. καὶ ποιῇ θρόνον suppléé par Fabr. et Pizz. Rapprocher la rédaction de M* : ὥσπερ γὰρ ὁ τ. ἐ. λ. ξ. ποιῇ (ποιεῖ M) καθέδραν ἢ δίφρον, καὶ μόνον τ. ὗ. ἐργ. καὶ οὐδὲν ἄλλο αὐτῷ χαρίζεται ὁ τεχνίτης, εἰ μὴ μόνον τὸ εἶδος, οὕτω καὶ ἡ τέχνη αὕτη. Ἄκουσον κ. τ. λ. (F. mel.). — 25. καὶ om. Fabr.

τὸ ξύλον πρίζει καὶ ξέει, ὥστε γενέσθαι θρόνον ἢ δίφρον, καὶ οὐδὲν
⟨ἄλλο⟩ χαρίζεται ὁ τεχνίτης εἰ μὴ μόνον τὸ εἶδος · οὐδὲν γὰρ ⟨ἄλλο⟩
ἐστὶν εἰ μὴ ξύλον · ὁμοίως καὶ ⟨ὁ⟩ χαλκὸς γίνεται ἀνδριὰς ⟨ἢ κύκλος⟩
ἢ ἄλλο ⟨τι⟩ σκεῦος, τοῦ τεχνίτου αὐτὸ μόνον τὸ εἶδος χαριζομένου ·
οὕτως οὖν καὶ ἡ ὑδράργυρος φιλοτεχνουμένη ὑφ' ἡμῶν πᾶν εἶδος αὐτὴ
ἀναδέχεται καὶ παδηθεῖσα, ὡς εἴρηται, ἐν τετραστοίχῳ σώματι ἰσχυρὰ
καὶ ἀδίωκτος μένει, κρατοῦσα καὶ κρατουμένη. Διὰ τοῦτο καὶ Πιβήχιος
πολλὴν συγγένειαν ἔχειν ἔλεγεν.

10 Διόσκορος. Καλῶς ἐπέλυσας, φιλόσοφε · ἐδίδαξάς με, φιλόσοφε.
Βούλομαι οὖν ἐπὶ τὴν τοῦ ἀνδρὸς ἀναδραμεῖν ῥῆσιν, καὶ ἐξ ἀπαρχῆς εἰδέναι τὰ ὑπ' αὐτοῦ λελοξευμένα ὡς εἰρημένα · Ὑδράργυρος ἡ
ἀπὸ κινναβάρεως · πᾶσα f. 75 r. οὖν ὑδράργυρος ἀπὸ σωμάτων γίνεται. Οὗτος δὲ κιννάβαρις εἶπεν, ὡς δῆλον αὐτὴν ἀπὸ κινναβάρεως οὖσαν;
Καίτοι γε ἡ κιννάβαρις ὑδράργυρος ξανθή ἐστιν, αὕτη δὲ λευκή, ἡ
ὑδράργυρος.

Συνέσιος. Ἐνεργείᾳ μὲν λευκὴ ὑπάρχει ἡ ὑδράργυρος, δυνάμει δὲ
ξανθὴ γίνεται.

Διόσκορος. Μὴ ἄρα τοῦτο ἔλεγεν ὁ φιλόσοφος · ὦ φύσεις οὐράνιοι,
φύσεων δημιουργοὶ ταῖς μεταβολαῖς νικῶσαι τὰς φύσεις;

— Ναί, διὰ τοῦτο εἴρηκεν · εἰ μὴ γὰρ ἐκστραφῇ, ἀδύνατον γενέσθαι
τὸ προσδοκώμενον καὶ μάτην κάμνουσιν οἱ τὰς ὕλας ἐξερευνῶντες,
καὶ μὴ ῥύσεις σωμάτων μαγνησίας ζητοῦντες. Ἔξεστι γὰρ τοῖς ποιη-
ταῖς καὶ συγγραφεῦσι τὰς αὐτὰς λέξεις, ἄλλως τε καὶ ἄλλως σχηματί-

---

1. γενέσθαι Fabr. — καὶ οὐδὲν — τὸ εἶδος
om. A Fabr. — 2. οὐδὲν] οὐδὲ mss. Corrigé d'après M*. — ἄλλο suppléé d'après
M*, ainsi que les autres mots placés
ici entre crochets obliques. — 3. Pizz.
traduit. après χαλκὸς : *vel circulus vel
quoddam aliud vas...* (d'après M*).
— 5. ὑδράργυρος σελήνη Fabr., ici et
plus loin. — 6. ἐν τῷ τετραστοίχῳ B. —
7. μένει γίνεται M*. — κρ. κ. κρατ. om.
B. — Πιβήχιος BC : Ἐπόδημος A Fabr.

— 8. συγγένειαν ἀγχίλων mss. Corrigé
d'après M*. — Pizz. a traduit *affinita-
tem.* — Note de Fabr. : *Locus ut vide-
tor corruptus.* — 10. ἀναδραμεῖν Fabr.
— ἐξ ἀπαρχῆς M. — ἢ ὑπαρχῆς B. — 11.
εἰδέναι] ἀναλαβεῖν B. — λελοξευμένος Fabr.
ms. A mal lu). — 13. κιννάβαρις ἐκ κινναβάρεως Fabr qui omet εἶπεν — ὑδράργυρος. F. l. κιννάβαριν. — 18. οὐράνιαι B. Les
deux formes s'emploient. — 22. F. l.
καὶ μὴ φύσιν σώματος μαγν.

ζειν. Σῶμα οὖν μαγνησίας εἴρηκε τουτέστιν τὴν μίξιν τῶν οὐσιῶν · καὶ
διὰ τοῦτο ὑποκατιὼν ἔφη ἐν τῇ εἰσβολῇ τῆς ποιήσεως τοῦ χρυσοῦ ·
Λαβὼν ὑδράργυρον, πῆξον τῷ τῆς μαγνησίας σώματι.

11] Διόσκορος. Ἰδοὺ οὖν προτετίμηται ἡ ὑδράργυρος ;

5 Συνέσιος. Ναὶ, διὰ ταύτης γὰρ τὸ πᾶν ἀνασπᾶται, καὶ πάλιν
προστίθεται, καὶ κατὰ βαθμὸν ἑκάστης οἰκονομίας τετύγηκεν χρυσόκολλα ἤτοι βατράγιον, ἐν δὲ τοῖς χλωροῖς λίθοις εὑρίσκεται.

— Καὶ τίς ἂν εἴη χρυσόκολλα ἤτοι βατράγιον · τίς ἡ σημασία
ὅτι καὶ ἐν τοῖς χλωροῖς λίθοις εὑρίσκεται ;

10 — Ἀναγκαῖον οὖν ἡμῖν ἐστι ζητῆσαι. Ὀφέλομεν οὖν εἰδέναι πρῶτον ὅσα ἀπὸ χρωμάτων εἰσὶ χλωρῶν. Φέρε δὴ ὡς ἀπὸ ἀνθρώπου
εἴπωμεν. Προτετίμηται γὰρ ὁ ἄνθρωπος πάντων τῶν ζώων τῶν ἐπὶ
τῆς γῆς. Λέγομεν οὖν [ὅτι] ὠχριάσαντα τοῦτον χλωρὸν γεγονέναι,
καὶ δῆλον ὅτι ὡς ὤχρα τὸ εἶδος μεταβάλλεται, ὅ ἐστιν ἐπὶ τὸ χρυ-
15 σίζον · μᾶλλον δὲ καὶ αὐτὸ, τουτέστι τὸ λέπος τοῦ κιτρίου τὸ τῆς
ὠχρότητος εἶδος. Τοῦτο δὲ καὶ ὑποκατιὼν εἶπεν « ἀρσένικον ξανθὸν »,
ἵνα δείξῃ τὸ τῆς ὠχρότητος εἶδος.

12] Ἵνα δὲ ἴδῃς πῶς μετὰ παρατηρήσεως πολλῆς μερικῶς εἴρηκε
τοῦτο, πρόσεχε τὸν νοῦν (f. 76 r.) πῶς λέγει · Ὑδράργυρος ἡ ἀπὸ
20 κινναβάρεως σῶμα μαγνησίας · εἶτα ἐπιφέρει τὴν χρυσόκολλαν,
κλαυδιανὸν, ἀρσένικον, ὄνομα πάλιν ἐπήγαγεν ἀρσενικὸν, ἵνα διέλῃ
αὐτὸ ἀπὸ τῶν θηλυκῶν, καὶ μετὰ τὸν κλαυδιανὸν, ἀρσένικον τὸ
ξανθὸν, τὰ ξανθὰ δύο προσθεὶς ὀνόματα δύο θηλυκὰ, ἔπειτα δύο
ἀρσενικά. Δεῖ οὖν ἡμᾶς ἐξιχνεῦσαι καὶ ἰδεῖν τί ἂν εἴη τοῦτο. Ὡς
25 ἐγὼ κεκίνημαι, Διόσκορε · ἐνταῦθα σήπει τὸν χρυσὸν, εἶτα ἐπαναλαμ-
βάνει καδμείαν, εἶτα ἀνδροδάμαντα · καὶ ὁ ἀνδροδάμας καὶ ἡ καδμεία
ξηρά εἰσι. Καὶ δείκνυσι τὴν ξηρότητα τῶν σωμάτων · καὶ ἵνα εὔδηλον

---

1. τουτέστιν om. B. — 5. Ναὶ] Καὶ B.
— 6. καταβαθμὸν MB. Corrigé dans A
Fabr. — 7. ἤτοι] ὅ ἐστι B. — 10. ἐστιν ἡμῖν
Fabr. — 11. F. l. χρώματος… χλωροῦ. —
φέρε οὖν B. — 13. ὠχριώσαντα A Fabr. —

14. ὠχρὰ mss. — 15. καὶ αὐτὸ δὲ μᾶλλον B.
— 21. κλαυδιανὸν, ἀρσένικον] κλ. ἀρσενικον
sans accent M. F. l.. ἀρσενικόν. — 23. δύο
θηλυκὰ] δύο om. Fabr. — 24. ἐπιχνεῦσαι
Fabr. — 25. σήπτει B.

αὐτὸ ποιήσῃ, ἐπήνεγκε στυπτηρίαν ἐκσηπτωθεῖσαν. Βλέπε πόση σοφία
τοῦ ἀνδρός · ἵνα καὶ οἱ ἐγέρρονες νοήσωσι πῶς αὐτοὺς ἐδίδαξεν εἰπὼν
στυπτηρίαν ἐκσηπτωθεῖσαν · τάχα δὲ τοῦτο καὶ τοὺς ἀμυήτους ὤφειλε
πείθειν. Ἵνα δὲ καὶ βεβαιότερά σοι γένηται, εὐθέως ἐπήγαγε θεῖον
5 ἄπυρον, ὅ ἐστι θεῖον ἄκαυστον, τὸ πᾶν, τουτέστι τὰ ξηρανθέντα
εἴδη, κάτω, ὅ ἐστι τὰ σώματα ἐν γεγονότα, θεῖον ἄκαυστον κέκλη-
κεν. Καὶ μετέπειτα ἐπιφέρεται πυρίτης ἀπολελυμένος, μηδένα τῶν
ἄλλων ἀπροσδιορίστως ἐπιβεβαιῶν. Τοῦτο ἀληθὲς ὑπάρχει ὅτι τὰ
ἀπομείναντα ξηρά · καὶ ταῦτα ἀποδιαιρῶν ἐπιφέρει σίνωπιν ποντι-
10 κὴν, μεταβὰς ἀπὸ τῶν ξηρῶν ἐπὶ τὰ ὑγρά, σίνωπιν εἴρηκεν, ἀλλὰ
[διὰ] τὴν ποντικήν. Εἰ γὰρ μὴ ἦν προσθεὶς τὸ ποντικήν, οὐκ ἂν ἐν
ἐπιγνώσει ἐγένετο. Ἐπιβεβαιούμενος δὲ, ἐπήνεγκεν ὕδωρ θείου ἄθικτον τὸ ἀπὸ μόνου θείου, θεῖον.

13 Διόσκορος. Καλῶς ἐπέλυσας, φιλόσοφε, ἀλλὰ πρόσεχε πῶς
15 εἶπεν, ἐὰν ἀπολελυμένως τὸ δι᾽ ἀσβέστου.

Συνέσιος. Ὦ Διόσκορε, οὐ προσέχεις τὸν νοῦν. Ἡ ἄσβεστος
λευκή ἐστι, καὶ τὸ ἐκ ταύτης ὕδωρ τὸ ἀπ᾽ αὐτῆς λευκόν ἐστι, καὶ
στύφον · καὶ τὸ θεῖον, θυμιώ-[f. 76 v.] μενον, λευκαίνει. Σαφηνείας
οὖν χάριν εὐθέως ἐπήγαγε θείου αἰθάλην. Οὐχὶ δῆλα ἡμῖν ταῦτα
20 ποιῶν ;

Διόσκορος. Ναὶ · καλῶς εἴρηκας · καὶ μετὰ τοῦτο σῶρι ξανθόν,
καὶ χάλκανθον ξανθόν, καὶ κιννάβαριν.

Συνέσιος. Τὸ σῶρι καὶ ἡ χάλκανθος, ξανθά ; πῶς ; οὐκ ἀγνοεῖς ὡς

---

1. στυπτηρίαν. ici et plus loin] le signe
de l'alun remplacé dans Fabr. par ἅλας
ἀμωνιακόν. — ἐκσηπτωθεῖσαν B, ici et plus
loin ; ἐξηπωθεῖσαν M. — Pizz. : *alumen
combustum* et plus loin, *al. ustum* (Pizz.
a peut-être lu ἐξοπτηθεῖσαν, grillé.) Cp.
ci-dessus II, 1, 7. — σοφία παρατήρησις B.
2. καὶ om. B. — 3. τάχα δὲ τοῦτο] τοῦτο
γὰρ B. — 4. γένηται] γένοιτο B. — 6. ἐν om.
B. — 7. πυρ. ἀπολ.] *Pyrites dissolutus*
Pizz. — 9. ὑποδιαιρῶν B, f. mel. — 10.
ἀλλὰ δὴ — 11. εἰ μὴ γὰρ B. — εἰ γὰρ
μὴ ἦν πρ. τὸ ποντικὴν om. Fabr. — ἂν] ὧν
Fabr. — 12. F. l. ὕδωρ θείου ἄθικτου. —
15. ἀπολελυμένος A ; - μένον Fabr. — 17.
ἐκ] ἀπὸ B. — τὸ ἀπὸ ταύτης om. B. — 20.
F. l. ποιεῖ. — 22. κιννάβαριν] le signe du
cinabre remplacé par ἀμωνιακὸν ἅλα
Fabr. — 23. Peut-être faut-il disposer
ainsi le dialogue : *Syn.* Τὸ σῶρι κ. τ. λ.
— *Diosc.* Πῶς ; — *Syn.* Οὐκ ἀγνοεῖς ὡς
χλωρὰ εἴη.

9

χλωρὰ εἴη. Αἰνιττόμενος οὖν τὴν τοῦ χαλκοῦ ἐξίωσιν ἤτοι ἐξίχνευσιν,
μᾶλλον δὲ τὴν τοῦ παντὸς ἀπὸ χρωμάτων τοῦτο εἴρηκεν · καὶ πάλιν
ἐπιβεβαιούμενος, ἐπὶ τοῦ τέλους ἐπήγαγε · « Μετὰ γὰρ τὴν ἀφαίρεσιν
τοῦ ἰοῦ, ἥ τις καλεῖται ἐξίωσις, τότε ἐπιβολῆς τῶν ὑγρῶν γενομένης,
5 γίνεται βεβαία ξάνθωσις. » Καὶ ὄντως ἡ ἀφθονία τοῦ ἀνδρὸς ἐνταῦθα
ἀπεδείχθη.

14] Ὅρα γὰρ πῶς εὐθέως συνῆψε τὸν διορισμὸν χρησάμενος, καὶ
εἰπών · « Τὰ δὲ ἐν ζωμοῖς εἰσι ταῦτα · κρόκος κιλίκιος, ἀριστολογία,
κνήκου ἄνθος, ἀναγαλλίδος ἄνθος τῆς τὸ κυάνεον ἄνθος ἐχούσης. » Τούτου
10 πλέον τί εἶχεν εἰπεῖν, ἢ καταλέξαι, ἵνα πείσῃ ἡμῶν τὰς καρδίας, εἰ μὴ
διὰ τὸ εἰπεῖν ἄνθος ἀναγαλλίδος · θαύμασαι γάρ μοι οὐ μόνον ἀναγαλλίδος, ἀλλὰ καὶ ἄνθος εἶπε · τὸ γὰρ ἀναγαλλίδος ἐμήνυσεν ἡμῖν τὸ
ἀναγαγεῖν τὸ ὕδωρ · διὰ γὰρ τοῦ ἄνθους τὰς τούτων ψυχὰς ἀναγαγεῖν,
τουτέστι τὰ πνεύματα. Εἰ μὴ γὰρ ταῦτα οὕτως ἔχοι, οὐδέν ἐστι βέβαιον .
15 καὶ μάτην δυστυχήσαντες οἱ τάλανες εἰς τὸ πέλαγος τοῦτο ὑπορριπιζό-
μενοι πολλοῖς κόποις καὶ μογεροῖς ἐμπεσόντες, ἀνόνητοι καθεστῶτες
ἔσονται.

15] — Καὶ τί πάλιν ὁ ἄφθονος φιλόσοφος καὶ καλὸς διδάσκαλος ἐπήγαγε ῥὰ ποντικόν;

20 — Βλέπε ἀφθονίαν ἀνδρός. Ῥὰ εἶπεν αὐτό, καὶ ἵνα ἡμᾶς πείσῃ,
πήγαγε τὸ ποντικόν. Τίς γὰρ ἀνδρῶν φιλοσόφων οὐκ οἶδεν ὅτι ὁ Πόντος
κατάρρους ἐστὶν ἐκ τῶν ποταμῶν πάντοθεν περικλυζό-[f. 77 r.] μενος ;

— Ἀληθῶς, Συνέσιε, ἔφρασας, καὶ ηὔφρανάς μου τὴν ψυχὴν σήμε-
ρον. Οὐκ ἔστι γὰρ μέτρια ταῦτα · τοῦτο δέ σε παρακαλῶ ἵνα ἐπιπλεῖόν
25 με διδάξῃς. Διὰ τί ἄνω εἶπε χάλκανθον ξανθήν, ὧδε ἀπροσδιορίστως,
μετὰ τῆς κυανοῦ χαλκάνθου, ἐπήγαγεν ;

---

2. ὡς ἀπο χρωμάτων M. — 7. ὅρα γαρ] ὅρα
περ Fabr. (A mal lu).— Τῷ διορισμῷ B.—
8. M mg. : ση <μείωται>. — Au-dessus
de κρόκος, signe du mercure BCA. —
9. κνίκου mss. partout. — 10. κατὰ λέξιν B.
— 11. F. l. θαύμασαι γάρ μοι · οὐ μόνον...
— 12. ἀλλὰ καὶ — ἀναγαλλίδος om. Fabr.

— 13. γαρ] F. l. δὲ. — 14. ἔχει B. — 18.
— Καὶ τί πάλιν] Pas de changement d'interlocuteur dans M. F. l. διὰ τί. — 21.
ἐπήγαγε] εὐθέως ἐπήγαγε B. — τὸ ῥὰ πόντιον
A. — ποντικόν] πόντιον mss. Corr. Fabr.
— 25. ἄνωθεν B. — ξάνθον A Fabr. — ὧδε]
ἐνταῦθα δὲ B. — 26. κυανοῦ] F. l. κυανέας.

— Ἀλλὰ ταῦτα, ὦ Διόσκορε, τὰ ἄνθη μηνύουσι, χλωρὰ γὰρ ὑπάρχουσιν. Ἐπειδὴ οὖν τὸ ἀνεργόμενον ὕδωρ δεῖται πήξεως, εὐθέως ἐπήγαγεν · κόμι ἀκάνθης. Εἶτα ἐπάγει · οὖρον ἄφθορον, καὶ ὕδωρ ἀσβέστου, καὶ ὕδωρ σποδοκράμβης, καὶ ὕδωρ στυπτηρίας, καὶ ὕδωρ νίτρου, καὶ
5 ὕδωρ ἀρσενίκου καὶ θείου. Βλέπε πῶς πάντα τὰ λυτικὰ καὶ διαφορεῖν δυνάμενα προήνεγκεν, τοῦτο δηλονότι διδάσκων ἡμᾶς τὴν ἀνάλυσιν τῶν σωμάτων.

16 — Ναί, καλῶς εἴρηκας. Καὶ πῶς ἐπὶ τέλει εἴρηκε · Κυνὸς γάλα ; Ἵνα σοι δείξῃ ὅτι ἀπὸ τοῦ κοινοῦ τὸ πᾶν λαμβάνεται ;

10 — Οὕτως ἐνόησας, Διόσκορε. Πρόσεχε δὲ πῶς λέγει · Αὕτη ἡ ὕλη τῆς χρυσοποιίας ἐστί.

— Ποία ὕλη ;

— Τίς οὐκ οἶδεν ὅτι πάντα φευκτά ἐστιν ; Οὔτε γὰρ ὄνειον γάλα, οὔτε κυνὸς γάλα πυριμαχῆσαι δύναται. Τὸ γὰρ ὄνειον γάλα, ἐὰν ἀποθήσῃς
15 ἐν τόπῳ ἱκανὰς ἡμέρας, ἀφαντοῦται.

— Τί δὲ καὶ τὸ εἰπεῖν · Ταῦτά εἰσι τὰ μεταλλοιοῦντα τὴν ὕλην, ταῦτα καὶ πυρίμαχα ποιεῖ, φευκτῶν αὐτῶν ὄντων · καὶ τὸ · Ἐκτὸς τούτων οὐδέν ἐστιν ἀσφαλές ;

— Ἵνα νομίσωσιν οἱ τάλανες ὅτι ἀληθῆ εἰσι ταῦτα. Ἀλλὰ πάλιν
20 ἄκουσον αὐτοῦ τί εἶπεν καὶ ἐπιφέρει. Ἐὰν ᾖς νοήμων, καὶ ποιήσῃς ὡς γέγραπται ἀντὶ τοῦ · Ἐὰν ᾖς σοφός, καὶ διακρίνῃς τὸν λογισμὸν ὡς δεῖ κεχρῆσθαι, ἔσῃ μακάριος.

— Καὶ εἰ ἀλλαχοῦ εἶπε ; Τοῖς ἐγέρσσιν ὑμῖν λέγω. Δεῖ οὖν ὑμᾶς γυμνάζειν τὰς φρένας ὑμῶν, καὶ μὴ ἀπατᾶσθαι, ἵνα καὶ τὴν ἀνίατον

---

2. δεῖται πήξεως] δεῖ τῆς π. Fabr. — 3. ἐπήγαγεν] ἐπήγαγεν B. — κόμι M. — 4. M mg. στ. ‹μεῖσται›. — ὕδωρ στυπ.] ἀλὸς ἀμμωνιακοῦ Fabr. — ...φου] φολόθου/ἄλλου Fabr. — 5. ταῦτα πάντα A. — θείου] γάλακτωθου Fabr. — τὰ om. B. — 8. Ναὶ] καὶ A (intercalé par le copiste) Fabr. — 9. Dans Fabr. la phrase να σοι κ. τ. λ. est attribuée à Synésius. Les mss. dans tout ce passage n'indiquent pas les changements d'interlocuteur. F. l. ‹Η›. δα... — 10. ἐνόησας] ἐνόησας BCA : ἐννοεῖς Fabr. — 14. πυριμαχῇ A; πυριμαχεῖν Fabr. — 15. ἐν τόπῳ] F. l. ἐν τῷ πυρί. — ἀφανοῦται Fabr. — 20. Un point après αὐτοῦ dans M. On pourrait lire : Dioscore. τί εἶπεν ; — Synésius. Καὶ ἐπιφέρει... — 23. ὑμᾶς] ἡμᾶς B et Pizz. seulement : ἡμᾶς puis ὑμῶν conviendraient mieux. — 24. τὴν ἀνίατον μανίαν τῆς νόσου ἐκφύγωμεν M.

νόσον τῆς πενίας ἐκφύγοι- f. 77 v.) μεν, καὶ μὴ νικηθῶμεν ὑπ' αὐτῆς,
καὶ εἰς ματαίαν πενίαν ἐμπεσόντες δυστυχήσωμεν, ἀνόνητοι καθεστῶτες·
τοῦ γυμνάζεσθαι τὰς φρένας ὀφείλομεν, καὶ ὀξὺν ἔχειν τὸν νοῦν.

17] — Διὰ τί οὖν ἐπιφέρει τὸ ἐπιβάλλειν;

5   — Οὐ διαλέγει τὰ προλεγόμενα, ἀλλὰ τὰ ἀπὸ τοῦ νοός. Ἀλλὰ πάλιν
λέγει ποτὲ μὲν χρυσὸν διὰ τὸν χρυσοκόραλλον, ποτὲ δὲ ἄργυρον
διὰ τὸν χρυσόν, ποτὲ δὲ χαλκὸν διὰ τὸν χρυσόν, ποτὲ δὲ μόλυβδον
ἢ κασσίτερον διὰ τὸν μολυβδόχαλκον. Ἰδοὺ αὐτός [ἐστιν] ὑπὸ τοὺς
βαθμοὺς τῆς τέχνης ἀνήγαγεν ἡμᾶς· καὶ μὴ κενεμβατοῦντες εἰς
10 βόθρον ἐμπέσωμεν τῆς αὐτῆς ἀγνοίας τῶν σημαινομένων παρ' αὐτῶν.
Πολλὴ γὰρ ὑπάρχει τῷ ἀνδρὶ ἡ σοφία. Μετὰ γὰρ τὸ εἰπεῖν αὐτόν·
Αὕτη ἡ ὕλη τῆς χρυσοποιίας εἰρήσθω, ἐπιφέρει λέγων· Φέρε δὴ καθεξῆς
καὶ τὸν τῆς ἀργυροποιίας λόγον ἀφθόνως ἐξείπωμεν, ἵνα δείξῃ ἡμῖν ὅτι
δύο ἐργασίαι· ὅτι καὶ ἡ ἀργυροποιία πρὸ πάντων προτετίμηται καὶ
15 προτερεύει, καὶ χωρὶς αὐτῆς οὐδὲν γενήσεται.

18 Ἄκουσον αὐτοῦ πάλιν ἐνταῦθα λέγοντος· Ἡ ὑδράργυρος ἡ
ἀπὸ ἀρσενίκου ἢ θείου, ἢ ψιμμυθίου, ἢ μαγνησίας, ἢ στίμμεως ἰταλικοῦ. Καὶ ἄνω μὲν οὖν ἐν τῇ χρυσοποιίᾳ· Ὑδράργυρος ἡ ἀπὸ
κινναβάρεως· ἐνταῦθα δέ· Ὑδράργυρος ἡ ἀπὸ ἀρσενίκου ἢ ψιμμυθίου
20 καὶ τὰ ἑξῆς.

— Καὶ πῶς ἐνδέχεται ὑδράργυρον ψιμμύθιον γενέσθαι;

— Ἀλλ' οὐκ ἀπὸ ψιμμυθίου ὑδράργυρον εἶπεν ἵνα λάβωμεν, ἀλλὰ τὴν

---

1. ἐκφύγομεν A ; ἐκφύγωμεν Fabr. — 3. τοῦ] τὸ B. f. mel. — 4. ἐπιβάλλειν] ἐπιβαλεῖν A ; ἐπιβολὴν Pizz. — 5. M mg.: καὶ <ό> ν en lettres retournées. — οὐ διαλέγει] sic A Fabr. ; οὐ διὰ (διὰ M), puis la place de 8 à 10 lettres, puis λέγει M BC. Pizz. semble avoir lu οὐ διὰ τοῦτο λέγει « non ob id dicit..... sed animi sensus explicat ». F.1. οὐ διά <φορὰ> λέγει <παρὰ> τὰ προλεγόμενα. « Il ne se contredit pas. » Cp. « Les textes grecs publiés par Ch. Graux ; édition pos-thume » (Vieweg, 1886) p. 134. (Citation de Plutarque : Αἱ μάστιγες αἱ κερκουραῖαι λέγονται διάφοροι εἶναι παρὰ τὰς ἄλλας.) — τοῦ om. B. — 6. χρυσόν] Le signe du cinabre Fabr. 3 fois. — 7. ποτὲ δὲ μολ.] δὲ om. M. — 8. ὑπό] ἐπί B. — 9. τῆς τέχνης — εἰς βόθρον] μὴ οὖν εἰς βάραθρον A Fabr. — 16. λέγοντος om. BC; A add. supra versum. — 17. θείου] χαλκάνθου Fabr. — 19. κινναβάρεως] ἁλὸς ἀμμωνιακοῦ Fabr. — δὲ] λέγει A Fabr. F. 1. ἐνταῦθα δὲ λέγει· ὑδ.

λεύκωσιν τῶν σωμάτων, εἴτουν ἀνάκαμψιν αἰνιττόμενος εἴρηκεν · ὧδε
γὰρ τὰ λευκὰ πάντα εἶπεν · ἐκεῖ δὲ τὰ ξανθά, ἵνα νοήσωμεν. Ὅρα
πῶς εἶπεν · Σῶμα μαγνησίας χρυσοκόραλλον · ἐνταῦθα δὲ σῶμα
μαγνησίας, μαγνησίας μόνον ἢ στίμμεως ἰταλικοῦ. Καὶ ταῦτα μὲν
5 πρὸς βραχύ τι αὔταρκες ὑμῖν εἰρήσθω. Προγυμνάζεσθαι δὲ τὸν
νοῦν χρή, ἵνα διαγιγνώσκωμεν τὰς τῆς φύσεως ἐνεργείας περὶ τῶν
σπουδαζομένων τῇ τοῦ Θεοῦ συνεργείᾳ. Δεῖ οὖν ὑμᾶς γινώσκειν, ⟨ὅτι⟩
ταριχεύεσθαι (f. 78 r. δεῖ τὰ εἴδη πρῶτον καὶ ταῖς χω ⟨νεύ⟩ σεσιν
ὁμόχροα ἀποτελεῖσθαι εἰς ἓν χρῶμα · καὶ τὰ μὲν δύο ὑδράργυρα ὑδαρ-
10 γυρίζονται καὶ εἰς στήμιν ἀποχωρίζονται. Θεοῦ δὲ βοηθοῦντος ἄρξομαι
ὑπομνηματίζειν.

II. ɪᴠ. — OLYMPIODORE.

Transcrit sur M, f. 163 r. — *Collationné sur* A, f. 197 r.; — *sur* K (*copie probablement directe de* M.), f. 76 r., *seulement les premiers feuillets, plus quelques son-
dages ;* — *sur* L *ou* La, f. 1 r.

ΟΛΥΜΠΙΟΔΩΡΟΥ ΦΙΛΟΣΟΦΟΥ ΑΛΕΞΑΝΔΡΕΩΣ ΕΙΣ
ΤΟ ΚΑΤ' ΕΝΕΡΓΕΙΑΝ ΖΩΣΙΜΟΥ ΟΣΑ ΑΠΟ ΕΡΜΟΥ ΚΑΙ ΤΩΝ ΦΙΛΟΣΟΦΩΝ
ΗΣΑΝ ΕΙΡΗΜΕΝΑ.

1] Γίνεται δὲ ἡ ταριχεία ἀπὸ μηνὸς μεχὶρ κε´ [καὶ] ἕως μεσωρὶ

---

1. εἶτ' οὖν M ; ἢ Fabr. — ὧδε] ἐνταῦθα
B. — 2. τὰ om. A Fabr. — 3. Aprés
μαγνησίας] μόνον add. A mg. sup. Fabr.—
χρυσοκόρ.— σῶμα μαγν. om. B ; A l'ajoute
de 1ʳᵉ main à la mg. sup. — 8. δεῖ] χρή
A Fabr. — ἐν ταῖς χ. A ; καὶ ἐν τ. χ. Fabr.
— ὁμόχροος M. — 9. ὑδραργυρίζοντα Fabr.
F.l. ἀργυρίζονται — Pizz. traduit ταριχ. par
liquefacere et χω ⟨νεύ⟩ σεσι par *conflatio-
nibus* (coulées). — 10. ἀποχωρίζοντα Fabr.
— δὲ om. Fabr. — ἄρξομαι ὑπομνηματίζειν]
τὸ πᾶν (καὶ τὸ πᾶν A) τοῦ λόγου τετέλεσται BC
A Fabr. — A mg. ἀρξ. ὑπομνημ., avec
renvoi à βοηθοῦντος. — 12. Titre dans
AL : Ὀλ. φιλ. πρὸς Πετάσιον τὸν βασιλέα

[βασιλέαν A] Ἀρμενίας περὶ τῆς θείας καὶ
ἱερᾶς τέχνης τοῦ λίθου τῶν φιλοσόφων, puis
dans L : καὶ εἰς τὸ κ. ἐ. Ζ. καὶ εἰς ὅσα ἀπὸ
Ἑρμοῦ κ. τ. λ. (comme dans MK). —
13. ἀπό] F. l. ὑπό. — 14. Γίνεται — ἀποκείμενα. Texte reproduit dans III, xxɪx,
9, avec quelques variantes que l'on a
indiquées au passage cité. Cp. les textes
analogues contenus dans les mss. La,
p. 175 et Lc, p. 341. — δὲ om. A. —
καὶ est probablement une répétition
altérée de κε´. — μεσωρὶ] μετοπωρινῆς A.
— Réd. de L :... μεχὶρ, ἤγουν τοῦ φεβρουα-
ρίου εἰκοστῆς πέμπτης, ἕως μεσωρὶ ἤγουν τοῦ
αὐγούστου.

κε΄ · ὅσα ἂν δύνῃ ταριχεῦσαι καὶ πλῦναι ἕως ἀφῆς τὰ αὐτὰ ἐν ἀγγείοις ἀποκείμενα. Καὶ ἐὰν δύνῃ ποιῆσαι, ποίησον τῆς ταριχείας τὴν ἐνέργειαν, κάλλιστε τῶν σοφῶν.

Ἔθος γὰρ τοῖς ἀρχαίοις συγκαλύπτειν τὴν ἀλήθειαν καὶ τὰ πάντῃ
5 τοῖς ἀνθρώποις εὔδηλα, δι᾽ ἀλληγοριῶν τινων καὶ τέχνης ἐμφιλοσόφου ἀποκρύπτειν, οὐ μόνον δὲ ὅτι τὰς τιμίας ταύτας τέχνας τῇ ἀφεγγεῖ αὐτῶν καὶ σκοτεινοτάτῃ ἐκδόσει συνεσκίασαν, ἀλλὰ καὶ αὐτὰ τὰ κοινὰ ῥήματα δι᾽ ἄλλων τινῶν ῥημάτων μετέφρασαν · ὡς ἔχει ἐπὶ τοῦ ἐν ὑποκειμένῳ καὶ οὐκ ἐν ὑποκειμένῳ · ὡς καὶ αὐτὸς γινώσ-
10 κεις, φιλόσοφε δέσποτα, εἰς τοῦτο αὐτὸ Πλάτωνα καὶ Ἀριστο-τέλην ἀλληγορήσαντας, καὶ πρὸς τὰ ῥήματα ταῦτα διαφερομένους. Ἀριστοτέλης γὰρ τὴν οὐσίαν φησὶν οὐκ ἐν ὑποκειμένῳ εἶπε, τὸ δὲ συμβεβηκὸς ἐν ὑποκειμένῳ. Πλάτων δὲ πάλιν τοὐναντίον ποιεῖ καὶ τὸ οὐκ ἐν ὑποκειμένῳ τὴν οὐσίαν καὶ τὸ ἐν ὑποκειμένῳ τοῦ
15 συμβεβηκότος, καὶ ἁπλῶς ὥσπερ ὅσα τοιαῦτα καὶ τοσαῦτα κατὰ τὸν δοκήσαντα αὐτοῖς τρόπον ἐξέθεντο. Οὕτω καὶ ἐπὶ τῆς τιμίας ταύ-της τέχνης πᾶσα σπουδὴ γέγονεν τοῖς ἀρχαίοις, ἑνὸς ὄντος τοῦ πράγ-ματος καὶ μιᾶς τέχνης διά τινων θεωριῶν καὶ αἰνιγμάτων ἐκθέσθαι · ἵνα ἐκ τῶν φυσικῶν πραγμάτων ἀκοντίσαντες τοὺς ζητητὰς, εἰς
20 f. 163 v. τὰ οὐ φυσικὰ πράγματα μεθοδεύσωσιν, ὃ δὴ καὶ γέγονεν. Ἐκ τῶν ἑξῆς γὰρ ὁ παρὼν δηλώσει τρόπος.

<hr>

1. ταρίχευε καὶ πλῦνε ταῦτα πρότερον καὶ ἄρας αὐτὰ L. — ἕως] ὡς M. — τὰ αὐτὰ] αὐτὰ A, f. mel. — 2. ἀγγείοις] ἄγγεσιν A. — δύνῃ] δυνείσαι (pour δυνήσῃ ?) A. — 3. κάλλιστα καὶ σοφώτατα L. — 5. M mg.: φάρμουθι, ἀπριλλ (Main du XVᵉ siècle). — 6. Après ἀπο-κρύπτειν] ὡς ἔοικεν add. L. — δὲ ὅτι] γὰρ L. — Après ταύτας] καὶ φιλοσοφικὰς add. L. — 9. ἐπὶ τοῦ ἐναποκειμένου A. — ἐπὶ τοῦ ἐναποκειμένῳ L 2 fois. — καὶ οὐκ ἐν ὑποκ. A. — 10. ὦ φιλόσοφε δέσποτα L. — εἰς τοῦτο γὰρ αὐτὸ Πλάτων καὶ Ἀριστοτέλης ἀλληγοροῦσι L. — ἀλληγοροῦνται A. — 11. διαφέρονται πρὸς ἀλλήλους L. — 12. Ἀριστ. μὲν γὰρ L. — φησὶν τὴν οὐσίαν L. —

ἐναποκειμένῳ M ici et presque partout. — ἐν ὑποκ. εἶναι. τὸ δὲ συμβ. L. — Ἀριστοτέ-λης γὰρ] Cp. Aristote, *Catégories* 5, p. 2 a 11. — 13. Πλάτων δὲ] Cp. Alcinoüs, *sur les dialogues de Platon* (dans le Platon de la collection Didot, t. III, p. 232). — Après ποιεῖ] Réd. de L : κατὰ μὲν γὰρ τό ἐν ὑποκ. τ. ο. ποιεῖ, κατὰ δὲ τό οὐκ ἐν ὑποκ. τὸ συμβεβηκὸς εἶναι. — 17. πράγματος] συγ κράματος (pour συγγράμματος ?) A. — 18. θεωριῶν ταύτην ἐκθέσθαι L. — 19. τῶν μὴ φυσικῶν L. — ἀκοντίσαντες] ἑλκύσαντες L. — 20. γέγονεν — παρὼν] Réd. de L : γέγονεν αὐτοῖς · τὰ δὲ πάντα ἐκ τῶν ἑξῆς ὁ παρών.....

2. Γίνεται δὲ ἡ ταριχεία περὶ τῆς πηλώδους γῆς. — Ἐνταῦθα διαλέγεται ὁ φιλόσοφος τῆς ὀφειλούσης πλύνεσθαι· πλῦναι γὰρ χρὴ καὶ πλῦναι μέχρις ἂν τὸ πηλῶδες ἐξέλθῃ, κατὰ τὴν θείαν Μαρίαν. Πᾶσα γὰρ γῆ τοιαύτη σωματοφόρος, πλυνομένη, εἰς ψάμμον καταλήγει. Μετὰ οὖν τὴν βεβαίαν καὶ καθαρὰν πλύσιν εὑρήσεις τὰ σώματα εἰς τὴν ψάμμον, τουτέστιν τὰ πέταλα τοῦ χρυσοῦ, ἀργυρί-ζοντα ἢ μολυβδίζοντα, ὅ ἐστιν ἀργύρου ἢ μολύβδου τὴν χρόαν ἔχοντα, ὡς καὶ τοὺς λίθους, αὐτὴν δηλαδὴ τὴν ψάμμον ἄνωθεν οὐσιοῦσαν· ἥν τινα οἱ ἀρχαῖοι διὰ τὸ κύριον ὄνομα ἐπέθηκαν λιθάρ-
10 γυρον, καὶ εἰς αὐτήν ἐστιν εὑρεῖν καὶ τὸ τετρασύλλαβον καὶ τὸ ἐννεάγραμμον.

3. Τὸ γὰρ « ἀπὸ μηνὸς μεχρὶ » οὐδέν ἐστιν· τοῦτο γὰρ ἐτέθη ἵνα ὁ ἐντυγχάνων δόξῃ ἀπὸ τοῦ χρονικοῦ διαστήματος ξηρίον εἶναι καὶ σκευήν, καὶ ἐάσας τὴν εὐθεῖαν ὁδὸν, πρὸς τὴν ἀκανθώδη ἀναδράμῃ
15 πλάνην.

4. Τὸ δὲ « ἐν ἀγγείοις ἀποκείμενα » τὰ ὀστράκινα βωτάριά εἰσι ὧν τινων Ζώσιμος μόνος μέμνηται.

5. Τῷ δὲ « ποιῆσαι τῆς ταριχείας ἐνέργειαν » πρὸς τὴν ἔμπρακ-τον ἐργασίαν προτρέπεται. Καὶ ἡ ἐνέργεια γὰρ ἐνταῦθα εἰς τὴν
20 πρᾶξιν ἐκλαμβάνεται. Ἔστω σοι γνωστὸν, ὡς καὶ ὅτι τις ταριχεύων τι τῶν ὄψων καὶ χρόνου τινὸς δεῖται, καὶ ἡ ὥρα χρόνος ἐστίν· αὐτῇ γοῦν τῇ ὥρᾳ πλυθεὶς ὁ πηλὸς εἰς τὴν ψάμμον καταλήξας ψύγεται.

---

1. M mg. sigle de ὡραῖον. — Γίνεται δὲ...] Réd. de L : Ἅπασα ἡ ἐργασία τῆς ταριχείας γίνεται. — La phrase Γίνεται — γῆς est citée dans le morceau III, xxix, 2, et complétée ainsi : μέχρις ἂν τὸ πηλῶ-δες ἐξέλθῃ καὶ εἰς ψάμμον καταλήξῃ. — 2. Après ὁ φιλόσοφος] περὶ τῆς γῆς add. L. — 5. πλῦσαι] πλῦσιν M partout; πλύνσιν AL partout. — 6. Après εἰς τ. ψ.] μεταβεβλη-μένα add. L. — ἀργυρίζοντα] ἢ χρυσίζοντα L. — 7. ὅ ἐστιν — λιθάργυρον] Réd. de L : τουτέστιν ἀργ. ἢ χρυσοῦ, ἢ μολ. χρόαν ἔχοντα· ὅθεν αὐτῆς ἐπέθ. λιθάργ. — 10. εἰς αὐτήν] ἐν αὐτῇ L. — 12. Τὸ γὰρ] F. l. τὸ δὲ. — 13. διαστήματος τοῦ ξηρίου ποιεῖν τὴν σκευήν, καὶ μὴ ἐάσας... L. — 16. ἀποκείμενον MK. — εἰσι] σημαίνει L. — 17. ὧν τινων] ὧν L. — 18. Τῷ δὲ] Τὸ δὲ AL, f. mel. — 20. Après ἔστω σοι] τοίνυν add. L. — ὡς καὶ A; om. L. — ὅτι — δεῖται] Réd. de L : ὅτι ἡ ταρίχευσις τῶν ὄψ. χρ. τ. δεῖται. — M mg. : sigle de ὡραῖον et de χρησ-τόν, puis : ἀληθ (ἀληθεία). — 22. Après ὁ πηλός] καὶ add. L. — ψύγεται — μεχρὶ] Réd. de A : χαίρεται ἐξ ἀπὸ μηνός. μεχρὶ.

6] Τῷ δὲ « ἀπὸ μηνὸς μεχὶρ κε´ ἕως μεσωρὶ κε´ » ἐσήμανεν ὅτι ἀπὸ τῆς ταριχείας εἰς τὸ πῦρ βάλλεται. Οὐκ εἶπε δὲ ὅτι μετὰ τὸ τέλος τοῦ μεσωρὶ εἰς τὸ πῦρ βάλλεται, ἀλλ᾽ ἀπὸ f. 164 r. τῆς ταριχείας ἤτοι πλύσεως, μᾶλλον δὲ ξηράνσεως.

5 7] Τῷ δὲ « ὅσα ἂν δύνῃ ταριχεῦσαι καὶ πλῦναι », ἐσήμανε τὸ τῆς οὐσίας εἶδος καὶ τὸ τῆς ξηράνσεως, τῷ μὲν « ὅσα ἂν δύνῃ » τὸ τῆς οὐσίας εἶδος, τῷ δὲ « ταριχεῦσαι καὶ πλῦναι » τὸ τῆς ξηράνσεως · δεῖται γὰρ ταύτης πάντοτε · καὶ οὕτως πλύνεται, καὶ τὸ τῆς οὐσίας εἶδος ἐδηλώθη τῷ δεσπότῃ μου, τίς ἡ ταριχεία, καὶ τις ἡ πλύσις, καὶ τίς ἡ 10 ξήρανσις, ἤτοι ψύξις · ὡς καί που Δημόκριτός φησι στυπτηρίαν ἐξυποθεῖσαν, ⟨οὐκ⟩ ἠθέλησεν ὁ φιλόσοφος φαντάσαι τοὺς ἐντυγχάνοντας εἴς τε στυπτηρίας τινὰς ἀποβλέποντας, καὶ πρὸς στυπτικὸν ἤδη πλαζομένους ἀκήρατον χρόνον ἐκδαπανῆσαι. Τὸ δὲ τῆς πλύσεως διττόν, τὸ μὲν μυστικόν, τὸ δὲ ἀπολελυμένον. Πλύσιν οὖν εἰρήκασιν μυστικὴν καὶ πλύ- 15 σιν ἀπολελυμένην. Καὶ πλύσις μυστικὴ ταὐτόν ἐστι, καὶ ἀδιαφορεῖ ἥ τις γίνεται διὰ τοῦ θείου ὕδατος. Ἡ γὰρ πλύσις πλύσις ἐστὶν ἡ δι᾽ εὐφημίας καὶ μόνης πειθήνιον τῶν ὁμορρευστησάντων φευκτῶν, ἤγουν τὴν τῶν ἀσωματωθέντων σωμάτωσιν καὶ τῶν πνευμάτων, τουτέστιν τῶν ψυχῶν αὐτῶν διὰ μόνης τῆς φύσεως τελούμενα καὶ οὐ διὰ χει- 20 ρῶν ὥς τινες νομίζουσιν. Ὁ γὰρ Ἑρμῆς φησιν · « Ὅταν λάβῃ μετὰ τὴν μεγάλην θεραπείαν, τουτέστιν τὴν πλύσιν τῆς ψάμμου », ἰδοὺ

---

1. ἐσήμανεν] σημαίνει AL, ici et plus loin. — 2. οὐκ εἶπε] οὐ λέγω L. — μετὰ τὸ τέλος...] Réd. de L : μετὰ τὸ μεσωρὶ ἤγουν τοῦ αὐγούστου μηνὸς καὶ πλύνσεως ἢ μᾶλλον ξηρ. εἰς τὸ πῦρ βάλλεται, ἀλλ᾽ ἀπὸ τῆς ταρ. ὡς εἴρηται. — 5. τῷ δὲ] τὸ δὲ L. — 8. καὶ τὸ τῆς οὐσίας εἶδος. Ἐδηλώθη δὲ AL. — 9. τίς ἐστιν ἡ ταρ. AL. — 10. ὡς καί που Δημ.] φησὶ δὲ που ὁ Δημ A ; φησὶ δὲ καὶ ὁ Δημ. L. — 11. ἐξυπορίθεὶς A : ἐξυπωθεῖσαν K ; ἐξτηπῖωθεῖσαν (sic) L ; « F. l. ἐκστηπ-τωθεῖσαν. »(M. B.). Cp. p. 44, l. 24. — Les mots ἐθέλησεν — ἐκδαπανῆσαι sont omis ici dans L qui les place (avec variantes) après ἀπολελυμένην (ligne 15). — 14. οὖν] γὰρ L. — εἰρήκασιν] εἴρηκαν M. — 15. Après ἀπολελυμένην] Réd. de L : πλύνσιν οὖν ἠθέλησεν ὁ φιλόσοφος φ. ὥστε μὴ στυπτηρίας τινὰς ἀποβλέπειν καὶ πρὸς τὸ στ. ἤδη πλανᾶσθαι καὶ ἀκήρατον χρόνον ἐκδαπανᾶν. — ἀδιάφορος L. — 16. Réd. de L : ἡ γὰρ πλύνσις ἐστι κυρία. — 17. Réd. de L : καὶ μόνης καλλίστης ἐργασίας πειθήνια ἡ τῶν ὁμ. φ. — ἤ τ ' οὖν M. — 18. Réd. de L : ..... σωμάτωσις, ἤτοι τῶν ψυχῶν αὐτῶν καὶ τῶν πν. τ. δ. μ. τ. φύσεως τελουμένων. — 20. νομίζουσιν restitué par L. — λάβῃς L. — 21. ἰδού] οἱ δὲ A ; ἰδοὺ τοίνυν L.

τὴν οὐσίαν ψάμμον ἐκάλεσεν, τὴν δὲ πλύσιν, τουτέστιν τὴν μεγάλην
θεραπείαν. Καὶ Ἀγαθοδαίμων εἰς τοῦτο συνηγορεῖ. Βαβαὶ τῆς τοῦ
φιλοσόφου ἀφθονίας! οὐδεὶς τῶν ἀρχαίων οὕτως τὸ πρᾶγμα ἐφώ-
τισεν, καὶ ὀνομαστὶ τὸ εἶδος ἐξεῖπεν, εἰ μὴ οὗτος ὁ ἄριστος καὶ
5 πάνσοφος ἀνήρ · ἡ γὰρ καθαρὰ πλύσις δῆλον ὅτι μεγάλη θεραπεία
ἐστίν. Ὑποθήσομαι δέ σοι καὶ τὴν τῆς χρυσοκόλλης οἰκονομίαν.

8] ΠΕΡΙ ΧΡΥΣΟΚΟΛΛΗΣ. — (f. 164 v. Χρυσόκολλά ἐστιν, τουτέστιν τὸν χρυσὸν πρὸς τὸν χρυσὸν κολλῆσαι, ἅ τινά ἐστι τὰ πέταλα
τοῦ χρυσοῦ τὰ χωρισθέντα ἀπὸ τῶν ψάμμων. Πῶς χρὴ αὐτὰ
10 ἑνῶσαι, ἤτοι κολλῆσαι, καὶ πρὸς ἑαυτὰ συνελθεῖν, ἵνα τὸ πνεῦμα
αὐτῆς τὸ βαπτικὸν συντηρηθῇ; Τὸ πνεῦμα λέγει τοῦ πυρὸς τὴν
χθαμαλωτέραν καῦσιν, ἵνα μὴ τῇ πολλῇ ἐκπυρώσει τὰ μὴ καθήκοντα γενῶνται. Ἀλλὰ κυρίως κολακείᾳ τινὶ καὶ ἐπιεικείᾳ τὸ πῦρ
καίηται · ἵνα μὴ ἐκκαπνισθεῖσα ἡ νεφέλη ἐξαναλωθῇ, ἡ νεφέλη
15 ἐστὶν ἡ τρέχουσα · ἡ δὲ τρέχουσά ἐστιν ἡ ὑδράργυρος, ἥτις ἐστὶ
νεφέλη. Αὕτη οὖν ἡ νεφέλη ἤτοι ὑδράργυρος τῷ πυρὶ προσομιλοῦσα
ἐκκαπνίζεται, ⟨καὶ⟩ ὡς καπνὸς μόνος διὰ τῆς χώνης ἐξέρχεται, οὕτω
καὶ τὰ πέταλα τοῦ χρυσοῦ, ἅ τινα ὁ Ζώσιμος κλαυδιανὰ
πέταλα καλεῖ, τῇ βίᾳ τοῦ πυρὸς ἀφυῶς καιόμενα ἐκκαπνίζονται.
20 9] Μάθοις ἄν, ὦ φίλε τῶν Μουσῶν, ὅτι τὸ τῆς οἰκονομίας
ὄνομα, τί ποτέ ἐστιν. Καὶ μὴ ὑπολάβῃς ὡς τινες τὴν διὰ χειρῶν

---

2. ὁ Ἀγαθοδαίμων L. — 4. Les mots
καὶ ὀνομαστὶ τὸ εἶδος ἐξεῖπεν placés plus
loin dans L. (avec variantes) — 5. Aprés
ἀνήρ] Réd. de L : ὀνομαστὶ γὰρ καὶ ἰδίως
τοῦτο τὸ εἶδος ἐξεῖπεν · δῆλοι γὰρ ὅτι ἡ καθαρὰ
πλύσις μεγ. θεραπεία ἐστίν. — καθαρὰ] καθα-
ρείᾳ M. F. l. καθαρῶς (καθαρεία serait un so-
lécisme) — 6 ὑπὶ τὸ τῆς χρυσοκ. ἄνθωσις
μία A. — οἰκονομίαν] ἔκθεσιν L. — 7. A mg.,
à l'encre rouge : περὶ χρυσοκόλλεος, et
une main. — Pas de titre dans L. —
Réd. de AL : χρυσόκολλά ἐστιν ἡ χρυσοῦ
πρὸς τὴν χρυσὸν κόλλησιν (χρυσοκόλλησιν A).
— ἅ τινά ἐστι] εἰσὶ δὲ τὰ πέτ. L. — 9.

Πῶς χρὴ] χρὴ οὖν L. — 10. ἑαυτὰ] F. l.
αὐτά. — συνελθεῖν] συζευγνῦναι L. — αὐτῆς]
αὐτοῦ A ; αὐτῶν L. f. mel. — 11. λέγει
AL. — τὴν χθαμαλωτέραν ἔχλωσιν (pour
ἔκλωσιν) A. — Réd. de L : ...τοῦ πυρὸς,
ἤγουν ἡ χθαμαλωτέρα καῦσις, καὶ ἔκλωσις.
ἵνα.] — 12. τὰ μὴ καθήκοντα, μὴ τὰ κ.
L. — 14. καίηται] καίεσθαι δεῖ L. — ἐξαναλωθῇ restitué par L. — ἡ γὰρ νεφ. L. —
16. ἤτοι ὑδράργυρος τῷ πυρὶ] Réd. de L :
ἤτοι τὸ ὕδωρ τοῦ ἀργύρου ἤγουν τὸ λεπτὸν
τὸν ἄργυρον, πυρὶ... — 17. οὕτω δὲ καὶ L.
— 18. ἅ τινα] ἅπερ L. — 20. μάθε τοίνυν L.
— ὅτι om. L, f. mel.

10

ἐνέργειαν μόνον ἀρκοῦσαν εἶναι, ἀλλὰ καὶ τὴν διὰ τῆς φύσεως
γινομένην, ὑπὲρ ἄνθρωπον οὖσαν. Ὅτε χρυσὸν ἔλαβες, ὀφείλεις
οἰκονομῆσαι, καὶ εἰ προσεχῶς οἰκονομήσεις, τὸν χρυσὸν ἕξεις.
Καὶ μὴ ὑπολάβῃς, φησὶν, ἀπὸ ἄλλων τινῶν ἐννοιῶν καὶ βοτανῶν
5 βαφὴν εἶναι, ἀλλὰ αὐτῇ τῇ φυσικῇ χρήσει σχόλασον, καὶ ἕξεις τὸ
ζητούμενον. Καὶ τὸ τῆς οἰκονομίας ὄνομα ἐν μυρίοις τόποις λέλεκ-
ται δι᾽ ὅλων τῶν ἀρχαίων · κάτοχον γὰρ τρόπον τινὰ βούλονται
εἶναι. Τί δὲ κάτοχον τίνος, εἰ μὴ ἄρα φεύγοντός τινος ἡ κάτοχος
ὑδράργυρος ; καὶ αὕτη φεύγει τὸ πῦρ. Λέγει γὰρ Ζ ώ σ ι μ ο ς ·
10 « Πῆξον τὴν ὑδράργυρον τῷ τῆς μαγνησίας σώματι ».

10] Χρυσόκολλαν δὲ εἰρήκασι τὴν μίξιν ἀμφοτέρων · τὸ δὲ ἐκ
τούτων ἐξιὸν ἐγκάτοχον τῷ μισγομένῳ οἶδα συντηρεῖν · τὴν μὲν γὰρ
νεφέλην οἴδαμεν φευκτήν · καὶ τοῦτο ἐν μυρίοις τόποις κατηγορεῖται οὐ μόνον τὴν [f. 165 r.] νεφέλην οὖσαν φευκτήν, ἀλλὰ καὶ
15 ὅλα τὰ τοῦ καταλόγου · ἄνω καὶ κάτω, ὁ φιλόσοφος πρὸς τὴν
ὑδράργυρον ἀποτείνεται, τὰ δὲ οἷον καὶ ὅλα τοῦ καταλόγου φευκτά,
οἷωνπερ δὴ οἱ ἀρχαῖοι ἐμνημόνευσαν χρωτῶν καὶ βοτανῶν καὶ
ἑτέρων τινῶν, ὅτι πάντα προσομιλοῦντα τῷ πυρὶ φευκτά εἰσιν.

11] Ἵνα οὖν τὰς τάξεις μὴ προφέρω διὰ τὸ πλῆθος καὶ τὰς
20 μαρτυρίας τῶν ἀρχαίων εἰς τοῦτο συνηγορούντων καὶ χρόνον ἄκαιρον
δαπανήσωσιν, ὀλίγα παραθήσομαι ὡς τὰ κάλλιστα καὶ εὐσύνοπτα
καὶ πολλῆς φλυαρίας ἐκτὸς ὄντα. Ἐνταῦθα τοὺς ἀρχαίους αἰνίττεται
ὡς τινας αὐτῶν φλυαρήσαντας καὶ εἰς ἄπειρον χρόνον τοὺς ζητοῦν-

---

1. μόνον ἀρκοῦσαν εἶναι restitué par L.
— καὶ restitué par L. — 2. ὅτε] ὅτι mss.
Corr. conj. — 3. προσόχως M. — τὸν
χρυσὸν ἕξεις — καὶ ἕξεις τὸ ζητούμενον] Réd.
de L : ἕξεις χρυσόν · σχόλαζε δὲ καὶ αὐτῇ τῇ
χρυσικῇ χρήσει καὶ ἕξεις τὸ ζητούμενον. — 6.
καὶ τὸ τῆς οἰκ.] τὸ δὲ τῆς οἰκ. L. — 7. δι᾽ ὅλων
τῶν ἀρχαίων] ὑπὸ πάντων τ. ἀ. L. — κάτοχον
γὰρ jusqu'à τὰ τοῦ καταλόγου] Réd. de L :
κάτοχον γὰρ τι βούλ. εἶναι ἐν τῇ τέχνῃ, ὅπερ
τὰ φεύγοντα κατέχει · τοῦτο δὲ ἐστι τὸ πῦρ,
τὸ κατέχον τὴν ὑδράργυρον ἥτις ἐστὶν ἡ νεφέλη·

οὐ μόνον δὲ αὐτὴ πυρίφευκτός ἐστιν, ἀλλὰ
καὶ πάντα τὰ τοῦ καταλόγου. Ἐγὼ δὲ κ. τ.
λ. (voir l. 19). — 8. τίνος] τίνι M ; τινα A.
Corr. conj. — 12. ἐκ τούτων οὐσιῶν ἐξιὸν
A. — 17. χρωτῶν] F. l. χρωμάτων (M. B.).
— 19. Ἵνα οὖν — κάλλιστα] Réd. de L :
Ἐγὼ δὲ διὰ τὸ πλῆθος οὐ προφέρω σοι τὰς
μαρτ. τῶν ἀρχ.. ὀλίγα δὲ σοι παραθήσομαι.
κάλλιστα. — 22. ὄντα restitué par L, qui
omet la suite jusqu'à ἀκοντίσαντας inclus.
— 23. καὶ — ἀκοντίσαντας om. A. — εἰς
ἐπ᾽ ἄπειρον M.

τας ἀκοντίσαντας. Γνώτω τοίνυν ἡ σὴ πάνσοφος χρηστότης ὅτι
τρεῖς φύγους ποιοῦσιν οἱ ἀρχαῖοι, ἕνα τὸν ταχέως φεύγοντα, ὡς τὰ
θεῖα, ἕνα βραδέως, ὡς τὰ θειώδη, ἕνα μηδὲ ὅλως, ὡς τὰ σώματα
τὰ χυτὰ καὶ τοὺς λίθους.

5 12. ΠΙΝΟΣ ΠΡΩΤΟΣ Ο ΔΙΑ ΤΟΥ ΑΡΣΕΝΙΚΟΥ Ο ΒΑΠΤΩΝ ΤΟΝ ΧΑΛΚΟΝ,
ΩΣ ΕΝ ΤΟΥΤΟΙΣ. — Ἀρσένικον ὅ ἐστι θεῖον καὶ ταχέως φεῦγον· φεύγει
δὲ δηλονότι πρὸς τὸ πῦρ· καὶ ὅσα ὅμοιά εἰσιν τῷ ἀρσενίκῳ καὶ θεῖα
λέγονται καὶ φευκτά. Ἡ δὲ σκευὴ οὕτως ἔχει· λαβὼν ἀρσενίκου
σχιστοῦ τοῦ χρυσίζοντος γ' ιδ', κόψας, σείσας, χνοώδη ποιήσας,

10 ἔμβρεξον ἐν ὄξει νυχθήμερα δύο ἢ γ' εἰς ὑελοῦν ἀγγεῖον στενόσ-
τομον ἄνωθεν κατησφαλισμένος, ἵνα μὴ διαπνεύσῃ. Κινῶν αὐτὸ
ἅπαξ τῆς ἡμέρας ἢ δὶς, τοῦτο ποιῶν ἐπὶ ἡμέρας πολλάς· καὶ μετὰ
τοῦτο κενώσας, πλῦνον καθαρῷ ὕδατι μέχρις οὗ ἡ ὀσφρησις
μόνον τοῦ ὄξους φύγῃ, φύλαττε δὲ δηλαδὴ τὸ λεπτότατον τῆς οὐσίας·

15 καὶ μὴ συναπάγει αὐτὸ τῷ ὕδατι. Εἶτα μετὰ τοῦτο ξηράνας
ἤτοι στύψας ἐν ἀέρι, μίγνυε καὶ συλλείου αὐτῷ ἅλατος f. 165 v.
καππαδοκικοῦ γ' α'. Τὸ δὲ ἅλας ἐπενοήθη ἐκ τῶν ἀρχαίων, ἵνα μὴ
κολληθῇ ὁ ἀρσένικος εἰς τὸ ὑελοῦν κυθρίδιον, ὅπερ ὑελοῦν κυθρίδιον ἀσύμπτον Ἀφρικανὸς ἐκάλεσεν. Πηλοῦται τοίνυν ἡ κύθρα

20 αὕτη πηλῷ, ἤτοι φιάλῃ ἢ φανὸς ὑελοῦς αὐτῷ ἐπικείμενος· καὶ
ἄνωθεν σκέπεται ἑτέρα φιάλη, καὶ κατασφαλίζεται πανταχόθεν ἵνα
μὴ καιόμενον τὸ ἀρσένικον διαπνεύσῃ. Καίεται οὖν πολλάκις καὶ

---

1. M mg. ση ⟨μείωσα⟩. — γνώτω M : γνώτο A. — 2. Après ἀρχαῖοι Réd. de L : καὶ ὁ μὲν πρῶτός ἐστιν ὁ ταχέως φεύγων, ὡς τὰ θεῖα· ὁ δὲ δεύτερός ἐστιν ὁ βραδέως φεύγων, ὡς τὰ θειώδη· ὁ δὲ τρίτος ἐστὶν ὁ μηδὲ ὅλως φεύγων, ὡς τὰ μέταλλα καὶ οἱ λίθοι καὶ ἡ γῆ. — 3. ἕνα δὲ A. — 5. τὸν χαλκὸν λευκόν L. — 6. ὡς ἐν τούτοις om. L. — ὅ om. AL, f. mel. — Réd. de L : φεύγει δὲ ἀπὸ τοῦ πυρός, καὶ ὅσα δὲ ὅμ. εἰσιν τῷ ἀρσενίκῳ] L. — 7. τοῦ ἀρσενίκου M. — 8. ἔχει· λαβὼν om. MA. — 9. ιδ'] δ' AL; ιδ' MK. — καὶ κόψας, καὶ σείσας καὶ χνοώδη, ποιήσας. AL, f. mel. — 10. ὑελοῦν A : ὑάλινον L. — στενοστόμιον M. — 12. τοῦτο ποιῶν] καὶ τοῦτο ποίει L. — 13. Après κενώσας] αὐτὸ add. AL. — μέχρις ἂν ἡ ὀσμὴ τοῦ ὄξους φύγῃ L. — 15. συναπάγει L, f. mel. μετὰ τοῦτο om. AL, f. mel. — 16. ἤτοι στύψας om. L. — μίγνυε καὶ συλλείου αὐτὸ M. — 17. τὸ δὲ ἅλας — ἐκάλεσεν om. L (3 lignes). — 19. πηλοῦται — κατασφαλίζεται] Réd. de L : εἶτα πηλώσον τὴν φιάλην καὶ κατασφάλιζε. — 20. ὑελος mss. — ἑαυτῷ mss. Corr. conj. — 21. σκέπεται] F. l. σκήπτεται.

λειοῦται μέχρις οὗ λευκανθῇ, καὶ γίνεται στυπτηρία λευκὴ καὶ στερέμ-
νιος. Εἶτα χωνεύεται χαλκὸς ⟨μετὰ⟩ χαλκοῦ νικαηνοῦ ἄσπρου · καὶ
λαμβάνεις ἀφρόνιτρα κάτω εἰς τὴν χώνην δύο ἢ τρία διὰ τὴν μάλαξιν.
Εἶτα ἐπιβάλλεις τὸ ξηρίον μετὰ κερκίδος σιδηρᾶς τῇ γ´ τοῦ χαλκοῦ
5 λίτρας δύο. Καὶ μετὰ τοῦτο ἐπιρρίπτεις εἰς τὴν χώνην τῇ γ´ τοῦ ἀργυ-
ρίου μιλιαρίσιον ἓν διὰ τὸ συγκραθῆναι τὴν βαφήν. Μετὰ τοῦτο πάλιν
ἐπιρρίπτεις ἐν τῇ χώνῃ ἅλατος βραχύ τι · καὶ ἕξεις ἄσημον κάλλιστον.

13 ΠΙΝΟΣ ΔΕΥΤΕΡΟΣ Ο ΒΡΑΔΕΩΣ ΦΕΥΓΩΝ. — Ὁ τῶν μαργάρων
χαλκὸς κεκαυμένος καὶ τὸ σήρικον καὶ τὰ τοιαῦτα φεύγουσι μὲν, οὐ ταχέως
10 δὲ, ἀλλὰ βραδέως · καὶ χρὴ εἰδέναι ἐκ τῆς ποιήσεως τοῦ σμαράγδου ἥ-
τις ἔχει οὕτως · κρυστάλλου καλοῦ γ´ δύο, χαλκοῦ κεκαυμένου S γ´.
Πρότερον ποίει τὸν κρύσταλλον ἀκρόπυρον, καὶ βάλλε αὐτὸν εἰς ὕδωρ
καθαρὸν, καὶ σμῆχε, ἵνα μὴ ἔχῃ ῥύπον. Εἶθ᾽ οὕτως λειοῖς αὐτὸν εἰς
θυείαν ἤτοι ἰγδίον καθαρὸν, μὴ ἀπολλύων, καὶ συλλειοῖς αὐτῷ καὶ τὸ
15 σήρικον καὶ τὸν χαλκὸν τὸν κεκαυμένον · καὶ χωνεύεις αὐτὰ εἰς κάρβωνα
λιτρῶν δ´. Περιπηλώσας πρῶτον καὶ πωμάσας ἄνωθεν τὴν χώνην, καὶ
ἐάσας καὶε - f. 166 r. σθαι ἐν ἴσῳ πυρὶ, μὴ εἰς τὸ ἓν μέρος ὀφείλοντα
ἅπτειν, εἰς δὲ τὸ ἕτερον μὴ ἅπτειν, ἀλλ᾽ ἴσως, καὶ ἕξεις τὸ ζητούμενον. Κρεῖττον δέ ἐστιν χωνεῦσαι εἰς χώνην πηλοῦ ὠμοῦ, μὴ ὀπτη-
20 θέντος · ἐπεὶ εἰς τὰ χρυσοχοϊκὰ χωνεῖα συλλιπαίνεται ὁ σμάραγδος καὶ
ἔρχεται εἰς τὸ χωρῆσαι αὐτὸν ἐκεῖθεν, καὶ κλᾷ αὐτόν. Θέλει δὲ συμψυγῆναι εἰς τὸ καμίνιον, καὶ οὕτως ἐπαρθῆναι, ἐπεὶ ζέοντος αὐτοῦ ἐὰν
ἐπάρῃς, εὐθέως κλᾶται.

---

1. λειοῦ L. — γένηται L., f. mel. — 2. L.
om. les mots εἶτα — κάλλιστον (6 lignes). —
3. λαμβάνει M. — 6. τῇ βαφῇ A. — 7. ἄσημον καλλ.] ἄσημον καλλ. M ; κάλλιστον ἄργυρον (en signe) A. — 8. M. mg. : Sigle
de ὁράϊον (beau passage). — 9. μὲν] ἡμᾶς
A. — 10. ἐκ] F. l. ἐπί. — τῶν σμαράγδων
L. — 11. avant κρυστάλλου (κρουστάλλου
M)] λάβε add. L. — καὶ πρότερον L. —
12. κρούσταλλον M. — βάλε L. — 13. εἶθ᾽
οὕτως λειοῖς...] Réd. de L : εἶτα λειοῦ αὐτὸν

καὶ τὸν χαλκὸν τὸν κεκαυμένον κ. τὸ σήρικον
εἰς θυείαν καὶ χώνευε αὐτὰ εἰς τὸ πῦρ · καὶ
περιπηλώσας καὶ πωμάσας... καὶ ἔα κ. τ. λ.
— θυίαν M partout. — 14. καθάριον M. —
αὐτὸν M. — 15. χώνευε AL. — 17. ὀφείλοντα
MA. — 19. κρεῖττον δὲ — εὐθέως κλᾶται om.
L. — 21. ἐκεῖθεν] εἰς θυίαν A. — 22. M mg.:
ψυχρανθῆναι (main du XIIe-XIIIe siècle),
avec renvoi au mot συμψυγῆναι. — ζέοντα
αὐτὸν M. — 23. κλᾶται] κλάτε A, qui aj.
εἰς πολλὰ διὰ τοῦτο ἔα ψυχρανθῆναι.

14] ΠΗΝΟΣ ΤΡΙΤΟΣ Ο ΜΗΔΕ ΟΛΩΣ ΦΕΥΓΩΝ. — Φεύγειν δὲ εἰρήκασι
δηλονότι πρὸς τὸ πῦρ · καὶ ἐκτίθενται δύο μυστήρια, ἓν τὸ φεῦγον καὶ ἓν
τὸ διῶκον · ὡς καί που Δημόκριτος τοὺς ἀρχαίους τρεῖς ἐποίησεν · ἕνα
μὲν ταχέως φεύγοντα, τουτέστιν ἐν τῇ ἀναγωγῇ τῶν ὑγρῶν, ἤγουν ἐν τῇ
5 ἄρσει τῆς νεφέλης. Καὶ διὰ τοῦτό φησιν · « Τὰ φεύγοντα ὡς τὰ θεῖα ·
ὀξύτατα γὰρ τῷ καπνῷ τὰ θεῖα · ἐὰν δὲ βραδέως, ὡς τὰ θειώδη.
Λέγει δὲ τὴν καταρχὴν τῆς πήξεως τῶν αὐτῶν φευκτῶν ὑγρῶν
ὅτε καὶ βραδύτερα γίνονται πρὸς τὴν φυγὴν ὄντα, φευκτῶν καὶ
ἀφεύκτων, καὶ σωμάτων. Εἶτα τρίτον λέγει · « Φεύγοντα ὡς τὰ
10 σώματα τὰ χυτά · ὅστις καὶ κυρίως λέγεται πῖνος. Μετὰ γὰρ
τὸ ᾠκονομηκέναι καὶ τιθέναι ἡμᾶς μερικῶς ἄφευκτα τὰ φευκτά. »
Τοῦτο γὰρ εἰς ἅπαξ δρᾶσαι ἀδύνατον, ἀλλὰ κατὰ πρόβασιν ἀνα-
ξηραίνοντες ἕως τέλους ἀφευκτότατα, Θεοῦ συνεργίᾳ, ποιοῦμεν, ὡς
τὰ σώματα τὰ χυτά.
15 15. Δῆλον δὲ ὅτι διὰ τοῦ πυρὸς τοῦ καὶ διώκοντος αὐτὰ τὸ πρὶν
ἡνίκα ἦν φευκτά, οὗτινος τυχόντα, διὰ τῆς παντελοῦς ἀφευκτότητος
ἀνεξάλειπτον ἕξει τὴν φύσιν τῆς βαρῆς ἐν τοῖς σώμασιν · οἷς καὶ
ὅμοια κατὰ τὸ f. 166 v. πυρίμαχον καὶ τὴν ἀφευξίαν, ἐχρημάτι-
σεν. Ἐὰν τὸ φεῦγον τοῦ διώκοντος τύχοι, ἀνεξάλειπτον ἕξει τὴν
20 φύσιν · φύσιν δὲ ἐὰν ἀκούσῃς τὴν διὰ παντὸς οὖσαν, καὶ ἕως τέλους
νόει συνοῦσαν ἀδιάσπαστον καὶ μένουσαν ἀεί · τοῦτο δὲ ἐστιν τὸ

---

2. πρὸς τὸ πῦρ] ἐκ τοῦ πυρός ἄλλως πρὸς τὸ
πῦρ L. (c'est-à-dire, variante : πρὸς τὸ πῦρ.
Glose insérée dans le texte. — καὶ ἐκτίθενται δ. μ.] διὸ καὶ δ. μ. ἐκτίθ. L. — 3.
ἐν τὸ διῶκον] ἄλλο τὸ διῶκον L. — ἐποίησεν om. M. — Réd. de L. : Ὁ Δημόκριτος δὲ φησι περὶ τοῦ ταχέως φεύγοντος ὅτι ἐν
τῇ ἀναγωγῇ τῶν ὑγρῶν φεύγει. ἤγουν κ. τ. λ.
— 4. ἤγουν MA. — 6. ἐὰν δὲ βραδέως...]
Réd. de L. : περὶ δὲ τοῦ βραδέως φεύγοντος.
λέγει τὴν κατ' ἀρχὴν πῆξιν τῶν αὐτῶν φευκτῶν καὶ ὑγρῶν. — ὡς om. A. f. mel. — 8.
Après γίνονται] τὰ θειώδη add. L. — φευκτῶν — τὰ φευκτά] Réd. de L. : περὶ δὲ τοῦ

μηδὲ ὅλως φεύγοντος. λέγει ὅτι οὗτός ἐστιν
ἀληθῶς καὶ κυρίως πῖνος ὁ τρίτος. ὡς τὰ σώματα
τὰ χυτὰ καὶ μεταλλικά · μετὰ γὰρ τὸ οἰκονομῆσαι κ. τλ. ἡμᾶς, ταῦτα μερ. γίνονται
(γίνοντα L. : corr. conj.) ἀφ. τὰ φ.. καὶ
σώματα τὰ ἀσώματα. — 11. οἰκονομηκέναι
mss. — 12. Καὶ τοῦτο γὰρ L., — ἀλλὰ
τότε δὴ κατὰ πρόβασιν MA. — 15. καὶ om.
AL.; f. l. καταδιώκοντος. — τὸ πρὶν —
φευκτά] πρότερον (ὅτε ἦσαν φευκτά) L. — 17.
ἕξει] ἔχουσι L. — 18. ἐχρημάτισαν] ἐχαρίσατο
ἔχρημ. A : ἐχαρίσαντο L. — 19. ἐὰν] καὶ
L. — τύχοι om. L. — 21. νόει συνοῦσαν]
νόησον τὴν οὖσαν L.

ἀνεξάλειπτον καὶ ἀεὶ ὂν ἀναλλοίωτον. Οἴδασι δὲ πάντα ἀνυπόστατα
τὰ τοῦ καταλόγου · καὶ οὗτος ὁ σκοπὸς αὐτοῖς, ἵνα οἱ ἐχέφρονες
νοήσωσι ποῖά εἰσιν ὑποστατικὰ καὶ ποῖα ἀνυπόστατα. Καὶ διὰ τοῦτο
πᾶσαν ὕλην ἐξέθεντο στερεῶν καὶ ὑγρῶν. Ἴστε γὰρ ὅτι ἡ τέχνη
5 αὕτη διὰ πυρὸς οὐ γίνεται. Ὡς οὖν νοήμασι προσομιλοῦντες γεγραφήκασι, καὶ οὗτος ὁ σκοπὸς αὐτοῖς. Ἀμέλει καὶ ὁ Ζώσιμος ἴδιον
λόγον περὶ πυρὸς ποιεῖται. Οὐ μὴν ἀλλὰ καὶ ἐν ἑκάστῳ γνησίῳ
αὐτοῦ λόγῳ, τοῦ πυρὸς φροντίζει, ὡς καὶ πάντες οἱ ἀρχαῖοι. Καὶ
γὰρ πρῶτον αἴτιον καὶ μάλιστα τῆς ὅλης τέχνης τὸ πῦρ ἐστιν, ὡς
10 καὶ τῶν δʹ στοιχείων πρῶτον τυγχάνον · οὕτω γὰρ βούλονται οἱ ἀρχαῖοι διὰ τῶν δʹ στοιχείων τὴν τέχνην αἰνίττεσθαι. Καὶ ἀκριβούσθω
ἡ σὴ ἀρετή, ἐν ταῖς τέσσαρσι βίβλοις ἐστὶ Δημοκρίτου ὅτε κατὰ
τὰ τέσσαρα στοιχεῖα λελάληκεν, ὡς φυσικὸς ὑπάρχων. Ἐξέθετο γὰρ
πῇ μὲν πραέῳ πυρί, πῇ δὲ λάβρῳ, καὶ ἄνθραξι, καὶ ὅσα τοῦ πυρὸς
15 δεῖται, πάλιν τὸν ἀέρα, ὅσα τοῦ ἀέρος, οἷον ἀεροπόρα ζῷα · ὡσαύτως
καὶ τὰ τούτων ὑδάτων, καὶ χολὰς πάλιν ἰχθύων, καὶ ὅσα δι᾽ ἰχθύων
σκευάζεται, καὶ δι᾽ ὑδάτων · πάλιν τὰ τῆς γῆς, ὡς ἅλας καὶ μέταλλα
⟨καὶ⟩ βοτάναι. Καὶ τούτων πάντων ἕκαστον πρὸς ἕκαστον διακέκριται
χροιαῖς καὶ φύσεσιν ἀλλεπαλλήλοις, ἰδικαῖς καὶ γενικαῖς ἀρρενοθήλη
20 ὄντα.

17 Καὶ ταῦτα εἰδότες πάντες οἱ ἀρχαῖοι διὰ τούτων τὴν τέχνην

---

1. Après πάντα (f. l. πάντες) | οἱ ἀρχαῖοι
add. L. — δʹ γὰρ L., mel. — 2. τὰ τοῦ καταλόγου ὄντα L. — 3. ὑποστατικὰ] ὑπόστατα L.
— 5. διὰ πολλοῦ πυρὸς L. — νοήμασι] νοήμασι MA. — Après προσομιλ.] οὕτω γεγρ.
L. — 6. αὐτοῖς] αὐτῶν ἐστιν L. — ὁ Ζώσ.]
ὁ add. L. — 7. περὶ add. L. — γνησίῳ om.
L; πλησίῳ A. — 8. περὶ τοῦ πυρὸς φροντίζει L. En bonne grécité, περὶ est inutile. — καὶ γὰρ καὶ πρῶτον L. — Réd. de
A : καὶ πρῶτον αὐτοῖς μʹ ἡμέρας (en signe)
καὶ μάλιστα. — 10. τυγχάνον] τυγχάνει τὸ
πῦρ AL. — 11. ἀκριβούσθαι AL, puis addition de L : Διὸ καὶ ὁ Δημόκριτος ἐξέθετο πῇ
μὲν πραέῳ πυρί. — 12. ὅτε] ὅτι mss. Corr.
conj. — 13. φυσικὸς M. sur grattage de
φυσικός. — 14. Au lieu de ἄνθραξι — ἀρρενοθήλη ὄντα. (l. 20), réd. de L : φύσει γὰρ
τὰ ἐμπνευματούμενα πάντα. ἄλλα μὲν δεῖται τοῦ
πυρός, ὡς τὰ μεταλλικὰ. καὶ τὰ τῆς μαγειρικῆς
τέχνης, καὶ τὰ ἑξῆς. ἄλλα δὲ δεῖται τοῦ ἀέρος,
ὡς τὰ ἀεροπόρα ζῷα · ἄλλα δὲ δεῖται τοῦ ὕδατος
ὡς οἱ ἰχθύες. ἄλλα δὲ δεῖται τῆς γῆς, ὡς τὰ φυ-
τά. Τὰ δὲ εἴδη, τὰ ὄντα ἐν τούτοις τοῖς τέσσαρσι
στοιχείοις, ἀρρενοθήλεα ὄντα, πολλαῖς χροιαῖς
καὶ φύσεσιν ἀλλεπαλλήλαις, μερικαῖς καὶ γενικαῖς διακέκρινται πρὸς ἄλληλα. Καὶ ταῦτα
εἰδότες κ. τ. λ. — 21. διὰ τοῦτο AL, f. mel.

ἐκάλυψαν τῇ πολυπληθείᾳ τῶν λόγων. Πάντως γὰρ δεῖται ἡ τέχνη
τινὸς τούτων · ἐκτὸς f. 167 r. γὰρ τούτων οὐδέν ἐστιν ἀσφαλές. Φησὶ
γὰρ ὁ Δημόκριτος · « Οὔτε γὰρ συσταίη ποτέ τι χωρὶς τούτων. »
Ἴσθι δὲ, ἴσθι ὅτι κατὰ δύναμιν γεγράφηκα, ἀσθενὴς ὑπάρχων οὐ
5 μόνον τῷ λόγῳ, ἀλλὰ καὶ τῷ νῷ. Καὶ μή μοι μηνιέτω παρακαλῶ
εὐχαῖς ὑμῶν ἡ θεία δίκη, ὅτι ἐτόλμησα σύγγραμμα ποιῆσαι · ἵλεών
μοι γένοιτο κατὰ πάντα τρόπον · αὗται αἱ Αἰγυπτίων γραφαί, καὶ
ποιήσεις, καὶ δόξαι, χρησμοί τε δαιμόνων καὶ ἐκθέσεις προφητῶν ·
νοῦς τε ἀπέραντος ἐπὶ τὸ προκείμενον προσπελάζει · καὶ εἰς ἓν πέρας
10 λήγει τὸ προκείμενον.

18. Τοίνυν γνώτω ἡ ὑμετέρα ἀγχίνοια ὅτι ὀνόματι πολλοῖς ἐγρά-
ψαντο κατὰ τοῦ θείου ὕδατος · τοῦτο γὰρ τὸ θεῖον ὕδωρ ἐστὶ τὸ
ζητούμενον · καὶ διὰ τοῦ ὀνόματος τοῦ θείου ὕδατος ἐκάλυψαν τὸ
ζητούμενον. Ἵνα δέ σοι μικρὸν λογύδριον παρενδείξω, ἄκουε τὸ ὁ
15 πάσης ἀρετῆς ἐντὸς γενόμενος. Οἶδα γὰρ τὸν πυρσὸν τῶν φρενῶν σου
καὶ τὸ ἀγαθὸν καὶ τὸ ἀνεξίκακον. Θέλω γάρ σοι παραστῆσαι τὸν
νοῦν τῶν ἀρχαίων, ὅτι κυρίως φιλόσοφοι ὄντες ἐν φιλοσόφοις λελα-
λήκασι καὶ παρεισήνεγκαν τῇ τέχνῃ διὰ τῆς σοφίας τὴν φιλοσοφίαν,
μηδὲν ἀποκρύψαντες, ἀλλὰ πάντα φανερῶς γράψαντες · καὶ ἐν τού-
20 τοις εὐορκοῦσιν. Δόξαι γάρ εἰσιν αἱ γραφαὶ αὐτῶν, καὶ οὐκ ἔργα ·
τινὲς γὰρ τῶν φυσικῶν φιλοσόφων τὸν ⟨περὶ⟩ τῶν στοιχείων λόγον
ἐπὶ τὰς ἀρχὰς ἀναφέρουσιν, ὡς καθολικωτέρας οὔσας τῶν στοιχείων.
Εἴπομεν τοίνυν πῶς ἡ ἀρχὴ καθολικωτέρα ἐστὶ τῶν στοιχείων ·
αὕτη γὰρ τὸ πᾶν τῆς τέχνης ἀναφέρεται · ὡς καὶ Ἀγαθοδαίμων

---

2. Les mots φησὶ γὰρ ὁ Δημ. placés dans
L. après χωρὶς τούτων. — 4. γέγραφα L. —
5. οὐ μόνον] οὐ μόνῳ L. Corr. conj.; om.
M.L. — Καὶ μή με μηνιέτω καὶ ὁ L. · · ·
6. εὐχαῖς ὑμῶν om. L. — ἵλεών] ἀλλ'
ἵλεος L. — τοῦτο τὸ σύγγ. συγγράψαι L.
— 7. Après γένοιτο τόθ... ον add. A. — αὗται
γοῦν εἰσιν αἱ Αἰγ. γρ. L. — 9. om. add. L.
— ἓν πέρας τὸ προκ. καταλήγει L. — 11. ὀνόματι πολλοῖς M. — Réd. de L : γνώτω
τοίνυν ἡ ὑμετέρα ἀγχ. ὅτι π. ὀν. οἱ ἀρχαῖοι ἔγρ.
— 14. παρενδείξω M. - - τὸ om. M.   15.
Réd. de Al. : οὐδὰ γάρ σου τὸ ἔμπειρον τῶν
φρ. — 16. Après ἀγ. καὶ τὸ om. M : τὸ om.
A. — 19. ἀποκρ. τοῖς νοήμασι L. — 20. M mg.
Renvoi à εὐορκοῦσιν, puis : φυσικοὶ ἐξ φυσι-
τέρων ξένον). main du XIIIᵉ-XIVᵉ siècle.
— Après ἔργα] Laj. : καὶ ἐν τούτοις ἐρρωτ...ι
τὸ μυστήριον. — 24. αὕτη γὰρ] εἰς αὐτὴν γὰρ L.,
f. mel. — ὡς καὶ Ἀγ.] καὶ γὰρ καὶ ὁ Ἀγ. L.

τὴν ἀρχὴν ἐν τῷ τέλει θεὶς, καὶ τὸ τέλος ἐν τῇ ἀρχῇ. Δράκων γὰρ
οὐροβόρος βούλεται εἶναι, οὐ φθονῶν ὡς δοκοῦσί τινες ἀμύητοι · ἀλλὰ
φανερὸν τοῦτό ἐστιν, ὦ μύστα, πληθυντικῇ τῇ φωνῇ, ὠά. Καὶ ὅρα,
πανίστορ, καὶ νόει ὅτι ὁ Ἀγαθοδαίμων ἄρα τίς ἐστιν · ὡς μέν τινες
5 μυθεύουσιν ὅτι τις ἀρχαῖός ἐστι τῶν πάνυ παλαιῶν (f. 167 v.) ἐν
Αἰγύπτῳ φιλοσοφήσας · ἄλλοι δέ φασιν εἶναι αὐτὸν μυστικώτερον
ἄγγελόν τινα, ἢ Ἀγαθοδαίμονα ἀγαθὸν ⟨δαίμονα⟩ τῆς Αἰγύπτου ·
πάλιν τινὲς Οὐρανὸν αὐτὸν ἐκάλεσαν · καὶ τάχα ὧδε ἔχει λόγον διὰ τὸ
κοσμικὸν μίμημα. Ἱερογραμματεῖς γάρ τινες τῶν Αἰγυπτίων βουλό-
10 μενοι κόσμον ἐγχαράξαι ἐν τοῖς ὀβελίσκοις ἢ ἐν τοῖς ἱερατικοῖς γράμ-
μασιν, δράκοντα ἐγκολάπτουσιν οὐροβόρον · τὸ δὲ σῶμα αὐτοῦ κατάσ-
τικτον ὑπάρχει πρὸς τὴν διάθεσιν τῶν ἀστέρων. Ταῦτα δέ μοι εἴρηται ὡς
διὰ τὴν ἀρχήν · ὃς καὶ βίβλον ἐκτίθησιν χημευτικήν, καὶ τοῦτον προ-
σωποποιησάμενοι, ἐρευνῶμεν τοίνυν πῶς ἡ ἀρχὴ καθολικωτέρα ἐστὶ
15 τῶν στοιχείων, καὶ λέγομεν ὅτι εἴ τι ἡμῖν στοιχεῖον, τοῦτο καὶ ἀρχή ·
τὰ γὰρ τέσσαρα στοιχεῖα ἀρχὴ τῶν σωμάτων εἰσίν · οὐκ εἴ τι δὲ ἀρχή,
τοῦτο καὶ στοιχεῖον. Ἰδοὺ γὰρ τὸ θεῖον καὶ τὸ ὠόν, καὶ τὸ μεταξὺ
καὶ τὰ ἄτομα ἀρχαὶ μέν εἰσι κατά τινας, στοιχεῖα δὲ οὐκ εἰσίν.

19] Φέρε δὴ εἴπωμέν πως ἥ τε ἐστίν · ἡ ἀρχὴ τοίνυν παντὸς
20 πράγματος κατά τινας ἢ μία ἐστὶν, ἢ πολλαί, καὶ εἰ μέν ἐστι μία,

---

1. δράκοντα γὰρ οὐροβόρον L. — 2. οὐ
φθονῶν — ἀμύητοι] Réd. de L : οὐ φθ. τοῦτο
λέγει, ὡς νομίζουσί τινες ἀμ. — 3. μύστα ὅτι
πλ. L. — M mg. : Renvoi à ὠά puis :
περὶ χαλκοῦ (en signe). — ὠά] ὁ νοῦς A; ὁ
νοῦς ἀκούεται L. — 4. ὅτι add. L. — ἄρα
τις] τῆς ἀρετῆς AL. — Réd. de A : ὅς
(lire ὡς) καὶ τινὲς μυθ. ὅτι ἀρχ. ἐ. καὶ πάντων
π. παλ. — Réd. de L : ὂν κ. τ. μυθ.
ἀρχαῖον εἶναι τ. π. παλ. τῶν ἐν Αἰγύπτῳ φιλοσοφησάντων. — 7. Ἀγαθοδαίμονα...] ἀγαθὸν
δαίμονα. Λέγω δὲ ἀγαθὸν τῆς Αἰγύπτου L. —
8. Réd. de L : πάλιν δέ τινες αὐτὸν οὐρανόν
L. — ὧδε] τόδε L. — 11. τὸ (pour τῷ) σώματι αὐτοῦ L. — αὐτῆς?? M. — κατάστ. ποι-
οῦσι πρός τ. δ. L. — ὑπάρχον M; ὑπερέχον
A. — 12. Réd. de L : Καὶ ταῦτα δέ μοι
εἴρ., φησὶν ὁ Ἀγαθοδαίμων περὶ τῆς ἀρχῆς.
— ὃς καὶ] ὥστε A. — ἐντίθησιν A. — 13.
καὶ] ἡμεῖς δὲ L. — 15. λέγομεν AL. —
τοῦτον καὶ ἡ ἀρχὴ A. — 16. οὐκέτι δὲ ἀρχή.
A. — μεταξύ] ἅμα A; μετ. καὶ τὸ ἅμα
L. — 19. Réd. de A : εἴπωμεν πότερον
ἐστὶν ἀρχή τοίνυν κατά τοιvας (lire τινας)
παντός πράγματος ἡ μία ἐστὶν ἡ πολλαί.
— 20. κατά τινα σημεῖα MKL — Après
σημεῖα] ἤ, οὔ, καὶ εἰ μία ἐστὶν ἢ πολλαί L. —
Réd. et ponctuation proposées : Φέρε
δὴ, εἴπωμέν πως ἥτε ἐστιν ἡ ἀρχή · τοίνυν παντός πράγματος κατά τινας, ἢ μία ἐστὶν, ἢ
πολλαί, καὶ, εἰ μέν ἐστι μία, ἢ ἀκίν., ἢ ἄπ.,
ἢ πεπ. Cp. Aristot. Phys. I, 2, p. 184 b.

ἢ ἀκίνητός ἐστιν, ἢ ἄπειρος, ἢ πεπερασμένη · ὡσαύτως καὶ εἰ μὲν
πολλαὶ ἀρχαί εἰσιν, πάλιν αὗται ἢ ἀκίνητοί εἰσιν, ἢ πεπερασμέναι,
ἢ ἄπειροι. Μίαν τοίνυν ἀκίνητον ⟨καὶ⟩ ἄπειρον ἀρχὴν πάντων τῶν
ὄντων ἐδόξαζεν ⟨ὁ⟩ Μιλήσιος τὸ ὢόν, λέγων ὅτι τὸ ὢόν τὸ
5 ὕδωρ θείου ἀπύρου · τοῦτο γὰρ καὶ ἕν ἐστι καὶ ἀκίνητον · πάσης
γὰρ σημαινομένης κινήσεως ἀπήλλακται. Ἀλλὰ μὴν πρὸς τούτοις
καὶ ἄπειρόν ἐστιν · ἀπειροδύναμον γὰρ τὸ θεῖον, καὶ οὐδεὶς ἐξαριθμή-
σασθαι δύναται τὰς τούτου δυνάμεις.

20] Μίαν δὲ ἀκίνητον πεπερασμένην δύναμιν ἔλεγεν ὁ Παρμενίδης
10 τὸ θεῖον, καὶ αὐτὸς λέγων ἀρχήν · τοῦτο γὰρ ὡς εἴρηται καὶ ἕν
ἐστιν, καὶ ἀκίνητον, καὶ πεπερασμένη ἡ ἀπ' [f. 168 r.], αὐτοῦ ἐνέργεια.
Καὶ σκόπει ὅτι ὁ Μιλήσιος Θαλῆς πρὸς τὴν οὐσίαν τοῦ Θεοῦ ἀποβλέπων
ἔλεγεν αὐτὸν ἄπειρον · ἀπειροδύναμος γὰρ ὁ Θεός. Ὁ δὲ Παρμενίδης
πρὸς τὰ ἐξ αὐτοῦ προαγόμενα ἔλεγεν αὐτὸν πεπερασμένον · πάντη
15 γάρ που δῆλον ὡς πεπερασμένης ἐστὶ δυνάμεως τὰ ὑπὸ Θεοῦ προαγόμενα · πεπερασμένης δὲ δυνάμεως, ἄκουε τὰ φθειρόμενα, πλὴν τῶν
νοερῶν πραγμάτων. Ἀλλὰ τούτους τοὺς δύο, τὸν Μιλήσιόν φημι

---

1. ἢ (3 fois)] ἢ M. — Avant ὡσαύτως]
καὶ gratté M. — 3. Réd. de A : Μίαν
τοίνυν ἀρχὴν ἀκίν. ἄπ. πάντων. Réd. de L :
Μίαν τοίνυν ἀκίν. ἀρχ. καὶ ἄπ. π. τ. ὅ. ἐδόξαζον οἱ ἀρχαῖοι. — 4. Réd. de A : Ὁ
μιλήσει σοι τὸ ὢόν λέγει ὅτι τὸ ὢόν ὕδωρ τὸ
(puis les signes du θεῖον ἄπυρον et de
l'or) ἐστιν. Réd. de L : Διὸ καὶ ὁ (Θαλῆς
ὁ Μιλήσιος ἓν εἶναι τὸ ὂν ἔλεγεν. Ἄρα καὶ
τὸ ὂν ἡμέτερον, ὕδωρ θεῖον ἐστι καὶ χρυσός,
καὶ ἓν ἐστιν ὂν καλὸν καὶ ἀκίνητον. — τὸ ὢόν]
τὸ ὂν 2 fois M. Corr. d'après A (*M. B.*).
— 5. ὕδωρ θείου ἀπύρου] signe du θεῖον
ἄπυρον puis θ avec boucle à la partie
inférieure (signe de l'or, altéré?) M. —
Réd. de A : Τοῦτο γὰρ καὶ ἓν ἐστιν ὢόν
καλὸν καὶ ἀκίνητον. — 6. M mg. : ὧδε (*sic*)
ζήτημα μέγα (en abrégé, à l'encre rose :
main du XV⁰-XVI⁰ siècle. — Réd. de
AL : Ἀλλὰ μὴν πρὸς τούτῳ καὶ ἄπ. ἐστιν

καὶ ἀπειροδ. Καὶ γὰρ τὸ θ. οὐδείς. — 7. τὸ
θεῖον om. L. — 9. Réd. de L : Μίαν δὲ
καὶ ἀκίν. καὶ ἄπειρον δύν. ἔλ. ὁ Παρμ. καὶ
ἄλλην πεπερασμένην τὸ θεῖον. — 10. ἀρχήν]
ἄπειρον L. — Réd. de A : ἀρχὴ, τοσοῦτον
γὰρ ἅ τι ἔζην καὶ ἐν γῇ καὶ ἀκίνητον, . —
11. πεπερασμένη, δέ ἐστιν ἡ ἀπ' αὐτοῦ ἐνέργεια
L. — 12. ὁ (Θαλῆς L. — 13. ἄπειρον καὶ
ἀπειροδύναμον · ἀπειροδύναμος γὰρ L. —
14. Après πεπερασμένον] κατὰ τὴν δύναμιν
add. L. — πάντη M partout. — 15. ὡς]
ὅτι L. — 17. τὸν Μιλήσιον]. Il faut lire
τὸν Μέλισσον. Aristote, *De Caelo*. III, 1.
p. 298 b 17 : Οἱ περὶ Μέλισσόν τε καὶ
Παρμενίδην. οὕς, εἰ καὶ τἄλλα λέγουσι καλῶς,
ἀλλ' οὐ φυσικῶς γε δεῖ νομίσαι λέγειν. Sextus
Empiricus rappelle (*Adv. Dogm.*, IV,
46) qu'Aristote donne à Mélissus et
à Parménide l'épithète de ἄφυσικοι
(*Fragm. Aristot.* éd. Didot. n° 33).

καὶ Παρμενίδην ἐκ τοῦ χοροῦ τῶν φυσικῶν ὁ Ἀριστοτέλης
δοκεῖ ἐκβάλλειν. Θεολόγοι γὰρ οὗτοι τῶν φυσικῶν ἠλλοτριοῦντο
δογμάτων, παρὰ τὰ μὴ κινούμενα σχολάζοντες · τὰ γὰρ φυσικὰ
κινοῦνται · φύσις γάρ ἐστιν ἀρχὴ κινήσεως καὶ ἠρεμίας.

5 21] Μίαν δὲ πεπερασμένην ἀρχὴν τῶν ὄντων ἐδόξαζεν Θαλῆς τὸ
ὕδωρ, ἐπειδὴ γόνιμόν ἐστιν καὶ εὐδιάπλαστον · γόνιμον γὰρ οὕτω,
ἐπειδὴ γεννᾷ ἰχθύας · εὐδιάπλαστον δὲ, τὸ δυνάμενον διαπλᾶσθαι ὡσὰν
βούλῃς νῦν · καὶ τὸ ὕδωρ ὡσὰν θέλῃς διαπλάττεις · ἐν ᾧ γὰρ ἀγγείῳ
βάλῃς τοῦτο, πρὸς αὐτὸ διαπλάττεις τὸ ὕδωρ, καὶ πρὸς ξέστην, καὶ
10 πρὸς κεράμιον, καὶ πρὸς τρίγωνον, καὶ πρὸς τετράγωνον ἄγγος, καὶ
ὡς ἐθέλεις. Καὶ μία ἐστὶν αὐτοῦ ἡ ἀρχὴ κινουμένη · κινεῖται γὰρ τὸ
ὕδωρ. Πεπερασμένη δὲ · οὔτε γὰρ ἀΐδιόν ἐστιν τοῦτο.

22] Ὁ δὲ Διογένης τὸν ἀέρα, ἐπειδὴ οὗτος πλούσιός ἐστιν καὶ
γόνιμος · τίκτει γὰρ ὄρνεα · καὶ εὐδιάπλαστος καὶ αὐτός · ὡς γὰρ
15 θέλεις διαπλάττεις καὶ τοῦτον · ἀλλὰ καὶ εἷς ἐστιν οὗτος καὶ κινού-
μενος, καὶ οὐκ ἀΐδιος.

23] Ἡράκλειτος δὲ καὶ Ἵππασος τὸ πῦρ ἐδόξασαν εἶναι ἀρχὴν
πάντων τῶν ὄντων, ἐπειδὴ δραστικόν ἐστιν τοῦτο · δραστικὴ δὲ βούλεται εἶναι ἡ ἀρχὴ τῶν γινομένων ὑπ' αὐτὴν πλέον, ὡς δέ τινες (f. 168
20 v.) λέγουσι, καὶ γόνιμόν ἐστιν τὸ πῦρ · γίνεται γὰρ ἐν τῷ ὑπεκκαύματι.

24] Τὴν γὰρ γῆν οὐδεὶς ἐδόξασεν εἶναι ἀρχήν, εἰ μὴ Ξενοφάνης

---

1. χοροῦ M. — ὁ om. M. — 2. ἐκβάλλειν om. MΛ. — ἠλλοτρίωντα M ; ἀλλο-
τριοῦται A ; ἀλλοτριοῦντα L. Corr. conj.
3. Après δογμάτων] εἶναι add. L. — παρὰ]
F. l. περί. Confusion fréquente dans
les mss. — 4. Après κινοῦνται] πάντα
add. L. — φύσις γάρ...] Cp. Aristot.
De Caelo, III, 2, p. 3o1 b 17. — 5.
δὲ] γὰρ A. — ἀρχ. πεπ. AL. — ὁ Θαλῆς
AL. Cp. Aristote, *Métaphys.*, I, 3,
p. 983 b. 20. — 6. οὕτω] ἐστιν L.
— 7. δὲ] τε A. — Réd. de L : εὐδιάπλαστον δὲ ὅτι δύναται διαπλασθῆναι ὥσπερ
ἂν βούλῃ · καὶ γὰρ τὸ ὕδωρ... — 9. βάλῃς

τοῦτο...] βάλλοις ἂν αὐτό, τοῦτο πρὸς αὐτὸ
διαπλ. L, qui om. τὸ ὕδωρ. — πρὸς ξέστην φημὶ L. — 11. ἕως θέλεις M ; οἷον ἐθέ-
λῃς Λ. — ἡ ἀρχὴ αὐτοῦ L. — 12. καὶ πεπερασμένον ὑπάρχει καὶ οὐκ ἀΐδιον L. — 13.
Ὁ δὲ Διογένης...] Aristote, *Métaphys.*,
p. 984 a 5. — Τὸν ἀέρα ἐδόξαζεν ἀρχήν L.
— 14. εὐδιάπλ. εὑρίσκεται L. — 15. ἐστιν
καὶ αὐτὸς κ. κιν. L. — 17. ἐδόξαζον L. Aristote, *ibid.* — 18. Après δραστικόν] πάντων add. L. — δὲ] γὰρ L. — 19. ὑπ'
αὐτὴν] ἐπ' αὐτῶν A ; ὑφ' ἑαυτὴν L. — 20.
γίνεται γάρ...] γίνονται γὰρ καὶ ζῶντα ζῷα L.
— 21. γὰρ] δὲ L, f. mel. — ὁ Ξενοφ. l.

ὁ Κολοφώνιος · διὰ δὲ τὸ μὴ εἶναι αὐτὴν γόνιμον, οὐδεὶς αὐτὴν
στοιχεῖον ἐδόξασεν. Καὶ ἀκριβούτω ὁ πάσης ἀρετῆς ἐντὸς γενόμενος
τὸ τὴν γῆν μὴ δοξάζεσθαι ὑπὸ τῶν φιλοσόφων στοιχεῖον εἶναι, ὡς
μὴ οὖσαν γόνιμον, καὶ ὧδε ἔχει λόγον εἰς τὸ ζητούμενον. Καὶ γὰρ
5 Ἑρμῆς πού φησιν · « Παρθένος ἡ γῆ εὑρίσκεται ἐν τῇ οὐρᾷ τῆς
παρθένου. »

25] Μίαν δὲ κινουμένων ἄπειρον ἀρχὴν πάντων τῶν ὄντων
δοξάζει Ἀναξιμένης τὸν ἀέρα. Λέγει γὰρ οὕτως · « Ἐγγύς ἐστιν ὁ
ἀὴρ τοῦ ἀσωμάτου · καὶ ὅτι κατ' ἔκροιαν τούτου γινόμεθα, ἀνάγκη
10 αὐτὸν καὶ ἄπειρον εἶναι καὶ πλούσιον διὰ τὸ μηδέποτε ἐκλείπειν.
Ἀναξίμανδρος δὲ τὸ μεταξὺ ἔλεγεν ἀρχὴν εἶναι · μεταξὺ δὲ λέγω
τὸν ἀτμὸν ἢ τὸν καπνόν · ὁ μὲν γὰρ ἀτμὸς μεταξύ ἐστιν πυρὸς
καὶ γῆς, καὶ καθόλου δὲ εἰπεῖν, πᾶν τὸ μεταξὺ θερμῶν καὶ ὑγρῶν
ἀτμός ἐστι · τὰ δὲ μεταξὺ θερμῶν καὶ ξηρῶν, καπνός.

15 26] Ἔλθωμεν δὲ ἐπὶ τὴν ἑκάστου τῶν ἀρχαίων οἰκείαν δόξαν,
καὶ ἴδωμεν πῶς ἕκαστος βούλεται δοξάζειν, καὶ πρὸς τὸν ἴδιον σκο-
πὸν αἱρετιαρχεῖν. Ἔνθεν γὰρ ἔνθεν ἔλλειψις γέγονεν ⟨ἐκ⟩ τῆς
πολυπλόκου πλάνης. Ἀνακεφαλαιωσώμεθα τοίνυν μερικῶς καὶ δείξομεν πῶς ἐκ τῶν φιλοσόφων οἱ ἡμέτεροι φιλόσοφοι τὰς ἀφορμὰς
20 λαβόντες συνέταξαν. Ζώσιμος τοίνυν, τὸ στέφος τῶν φιλοσόφων, ἡ
ὠκεανόβρυτος γλῶσσα, ὁ νέος θεηγόρος, Μελίσσῳ τὸ πλεῖστον ἀκολουθήσας κατὰ τὴν τέχνην ὡς καὶ θεὸς εἷς, μίαν τὴν τέχνην ἔλεγεν

---

1. δὲ] γὰρ L., f. mel. — 2. ἀκρι-
βούτω] ἀκρίβουλος A, avec un trait horizontal au-dessus du mot, comme si
c'était un nom propre. — 4. εἰς] πρός
L. — 5. ὁ Ἑρμῆς AL. — φησίν που L.
—7. κινουμένην AL, f. mel. — 8. ἐδόξαζεν
AL. Cp. Aristote, *ibid.*, p. 984 a. — 9.
καὶ ὅτι...] καὶ ἐπειδὴ κατ' ἔκροιαν L. —
κατέκρυαν MK ; κατέκριναν A. — 11. Ἀναξίμανδρος..] Cp. Aristot. *Phys.*, I, 4, p.
187 a ; *Métaphys.* XI, 1, p. 1060 b.
— λέγω] λέγει AL. — 12. ἢ] καὶ L, f. mel.

— τῶν ἀτμῶν... τῶν καπνῶν mss. Corr.
conj. — 13. δὲ om. MA. — 14. τὸ δὲ AL.,
f. mel. — καπνός ἐστιν A. — 18. δείξομεν
L, f. mel. — 19. Après φιλόσοφον] μερικῶς A. — οἱ ἡμέτ. οἴκοθεν φιλόσοφοι L. —
20. Après συνέταξαν] grand astérisque
dans M, et à sa marge, semblant indiquer une lacune, qui est peut-être
comblée par l'addition de L : τὴν φυσικὴν
ἡμῶν τέχνην. — τὸ στέφος] καὶ στέφανος A.
— 21. τὰ πλεῖστα κατακολουθήσας L. — 22.
ὁ Θεὸς εἷς ἐστι L. f. mel.

εἶναι · καὶ ταῦτα ἐν μυρίοις τόποις πρὸς τὴν Θεοσέβειαν θεηγορεῖ,
καὶ ἀληθὴς ὁ λόγος . Θέλων γὰρ αὐτὴν ἐλευθερῶσαι τῆς πολυ-
(f. 169 r.) πληθείας τῶν λόγων καὶ τῆς ὕλης ἁπάσης, ἐπὶ τὸν ἕνα θεὸν
καταφεύγειν παραινεῖ, καί φησιν · « Οἴκαδε καθέζου ἐπιγνοῦσα ἕνα θεὸν
5 καὶ μίαν τέχνην, καὶ μὴ ῥέμβου ζητοῦσα θεὸν ἕτερον · Θεὸς γὰρ
ἥξει πρὸς σὲ, ὁ πανταχοῦ ὢν, καὶ οὐκ ἐν τόπῳ ἐλαχίστῳ, ὡς τὸ
δαιμόνιον. Καθεζομένη δὲ τῷ σώματι, καθέζου καὶ τοῖς πάθεσιν, καὶ
οὕτως σαυτὴν διευθύνασα, προσκαλέσῃ πρὸς ἑαυτὴν τὸ θεῖον, καὶ
ὄντως ἥξει πρὸς σὲ τὸ θεῖον τὸ πανταχοῦ ὄν. Ὅταν δὲ ἐπιγνῷς σαυ-
10 τὴν, τότε ἐπιγνώσῃ καὶ τὸν μόνον ὄντως θεόν · καὶ οὕτως ἐνερ-
γοῦσα ἐπιτεύξῃ τῶν γνησίων καὶ φυσικῶν, καταπτύουσα τῆς ὕλης. »

27] Ὁμοίως καὶ ὁ Χήμης τῷ Παρμενίδῃ ἀκολουθήσας
φησίν · « Ἓν τὸ πᾶν, δι᾽ οὗ τὸ πᾶν · τοῦτο γὰρ εἰ μὴ ἔχοι τὸ πᾶν,
οὐδὲν τὸ πᾶν. » Καὶ οἱ μὲν θεολόγοι ὡς πρὸς τὰ θεῖα, οἱ δὲ φυσι-
15 κοί, ὡς πρὸς τὴν ὕλην, καὶ ὁ μὲν Ἀγαθοδαίμων ὡς πρὸς [τὸν
Ἀναξιμένην] τὸν ἀέρα ἔλεγεν. Καὶ Ἀναξίμανδρος ἔλεγε τὰ
μεταξύ, τουτέστιν τὸν καπνὸν ἢ τὸν ἀτμόν. Ἀγαθοδαίμων γάρ ·
« Ὅλως αἰθάλη ἐστὶν, » ὥς φησιν ὁ Ζώσιμος. Καὶ τούτοις μᾶλλον
ἠκολούθησαν οἱ πλεῖστοι τῶν ταύτην τὴν τέχνην φιλοσοφησάντων.
20 Καὶ γὰρ Ἑρμῆς περὶ τοῦ καπνοῦ φησιν, ὡς δῆθεν περὶ τῆς μαγνησίας λέγων · « Ἄρες αὐτὴν, φησὶν, ἀπέναντι τῆς καμίνου καίεσθαι

---

1. καὶ διὰ ταῦτα L. — θεηγορεῖ] δημι-
γορεῖ A ; συνηγορεῖ L. — 2. καὶ ἀληθής
ἐστιν ὁ λόγος αὐτοῦ L. — αὐτήν] αὐτόν MA ;
ἡμᾶς L. Corr. conj. — ἀπὸ τῆς πολυπλ. L.
— 4. Après παραινεῖ] Réd. de L : διὸ καὶ
φησιν πρός τινα γυναῖκα φιλόσοφον οὕτως.
— 6. ὡς καὶ τι δαιμόνιον A ; ὡς καὶ τὸ δαιμ.
L ; ὡς τό corrigé en ὡς τι M (main du
copiste ?). — 7. καθεζομένη — 9. ὄντως]
οὕτως A. — τὸ πανταχοῦ om. L. —
ὄν] ὤν MKΛ. Corr. conj. — 10. τότε
καὶ ἐπιγν. L. — μόνον ὄντως ὄντα L. —
11. καὶ τῶν φυσικῶν D. — 12. Χήμης]
Χύμης M ; ὁ Χήμης L. — ἐξακολουθήσας L.

—13. τοῦτο γὰρ — οὐδὲν τὸ πᾶν.] Réd. de L :
καὶ εἰ μὴ τὸ πᾶν ἔχῃ τὸ πᾶν, οὐδέν ἐστι τὸ
πᾶν. — 15. Après ὕλην] λαλοῦσι add. L.
— Réd. de L : Ἀναξιμένην ἀποβλέπων,
πέρας ποιεῖ τὸν ἀέρα. Ὁ δὲ Ἀναξίμανδρος
ἔλεγε τὸ μεταξὺ τῶν ἀτμῶν καὶ τῶν καπνῶν
εἶναι πέρας. — 17. Ὁ Ἀγαθοδαίμων δὲ
ὅλως... L, f. mel. — 18. Après Ζώσιμος]
καὶ ἄλλοι add. L, f. mel. — 19. φιλοσοφη-
σάντων] ἐμφιλοσόφως παραδόντων L. — 20.
ὁ Ἑρμῆς L. — 21. αὐτήν] αὐτούς M. —
Après καίεσθαι] λευκῷ πυρὶ add. A ; λευκῷ
πυρὶ ἐν add. L, f. mel.

λεπύροις φοινίκων κωβαθίων · ὁ γὰρ καπνὸς τῶν κωβαθίων, λευκὸς
ὢν, λευκαίνει τὰ σώματα · ὁ γὰρ καπνὸς μεταξύ ἐστιν θερμοῦ καὶ
ξηροῦ · κἀκεῖ μὲν ἡ αἰθάλη, καὶ τὰ δι' αἰθάλης πάντα · ὁ δὲ ἀτμὸς
μεταξύ ἐστιν θερμῶν καὶ ὑγρῶν. Καὶ σημαίνει αἰθάλας ὑγρὰς, οἷον
5 τὰ δι' ἀμβίκων καὶ τὰ τούτοις ὅμοια.

28] Καὶ ἵνα τὸ μῆκος τῆς φράσεως παραιτησάμενος, σύντομόν
σοι παράδοσιν ποιήσωμαι, πάντα f. 169 v.) τὰ διὰ τῶν ἀρχαίων
ἀναφανδὸν εἰρημένα διαγορεύσω, ὦ γέννημα κλυτῶν Πιερίδων,
ἐννέα λέγω Μουσῶν, κεφαλὴ τῶν ῥητόρων · Θεὸς γάρ σε προῆκεν ἐν
10 τούτοις, μάθοις δι' εὐτελοῦς γραφῆς μέγιστα πράττειν. Ἐπαμφοτε-
ρίζειν γάρ σε πειρᾶται καὶ πρὸς μὲν θεοσέβειαν τοῖς ἄνω γνώριμον,
πρὸς δὲ καλλιεργίαν τοῖς κάτω φιλάνθρωπον. Ἴσθι τοίνυν, ἴσθι ὡς
πρὸς τὰ κελευσθέντα ὑπὸ τοῦ συντομίας χάριν, ὡς πρὸς τὰ ἐξ ἀρχῆς
εἰρημένα συνάψω τὸν λόγον. Εἴρηται δὲ ὑμῖν, ὦ μέγιστοι, ὅτι διὰ
15 τῶν τεσσάρων στοιχείων λελαλήκασιν οἱ ἀρχαῖοι. Ἴστε γὰρ ὅτι διὰ
τῶν τεσσάρων στοιχείων τὰ τῇδε συνίστανται ξηρὰ καὶ ὑγρὰ, θερμὰ
καὶ ψυχρὰ, ἄρρεν καὶ θῆλυ. Δύο ἀνωφερῆ, καὶ δύο κατωφερῆ · καὶ
τὰ μὲν ἀνωφερῆ δύο, πῦρ καὶ ἀὴρ, τὰ δὲ κατωφερῆ δύο, γῆ καὶ
ὕδωρ. Διὰ γοῦν τῶν τεσσάρων τούτων πᾶσαν συνιστήσαντο τὴν
20 γραφὴν τῆς τέχνης, καὶ συνέκλεισαν μετὰ εὐόρκων θεσμοφοριῶν.
Ἴστε γὰρ αὐτοὶ πάντα τὰ τοῦ καταλόγου ὅσα ἀπὸ τοῦ πυρός, καὶ
ἀέρος, καὶ ὕδατος, καὶ γῆς συνέστηκεν. Ὅπως δὲ ἡ ἀκρίβεια τοῦ
παντὸς σκευάζηται, εὔξασθε παρὰ Θεοῦ μαθεῖν, φησὶν ὁ Ζώσιμος ·

---

1. φ. τῶν κωβαθίων L. — 2. θερμῶν καὶ ξηρῶν
L. — 3. κἀκεῖ μὲν καὶ εἰ μὲν A. — πάντα ὁμοίως
AL. — ἀτμός] καπνός A. — 4. θερμοῦ καὶ
ὑγροῦ A. — καὶ σημαίνει δὲ L. — οἷον] ὡς
L. — 6. καὶ ἵνα δὲ L. — 9. ἐννέα] ἐννέα M :
ἐννέα A; ἐνιαία L. Corr. conj. — κεφαλὴ
καὶ ῥητόρων L. — ἐν τούτοις] ἐπὶ τούτοις L.
— 10. μαθήσῃ δὲ δι' εὐτ. γρ. L. — 11.
Après πειρᾶται] ὁ Θεός add. L. — τὴν θεοσέβειαν A. — Après γνώριμον] βούλεταί σε
ποιεῖν add. L. — 12. ὡς] καὶ A. — 13.
συντομίας] συντόμου M. — 14. Après μέγισ-
τοι] πολυπράγμονες add. L., f. mel. Réd.
de A : Εἴρηκεν γὰρ ἡμῖν ὁ μέγιστος. — διὰ]
F. l. περὶ (διὰ amené sans doute par le
voisinage de ἴστε γὰρ ὅτι διὰ...). — 15.
Après ἀρχαῖοι] τὴν τέχνην γίνεσθαι add. L.,
M mg. groupe de points avec renvoi
à ἀρχαῖοι (indice de lacune?). ἴσται γὰρ
(pour ἴστε) ὅτι... A. 16. — τῇδε]
τοιάδε A. — 20. Après συνέκλεισαν] μετὰ
ἐν κόσμῳ add. A. — ἐν κόσμῳ add. L. —
κοσμοφοριῶν A. — 23. τοῦ παντὸς συνθήματος L. — A mg. : ὅτι ⟨μείωσαι⟩ .

οἱ ἄνθρωποι γὰρ οὐ παραδιδόασι, καὶ . . . . . . φθονοῦσι · καὶ
ἡ ὁδὸς οὐχ εὑρίσκεται · σοφοὶ ζητοῦνται, καὶ αἱ γραφαὶ ἀδιάγνωστοι·
καὶ πολλὴ ὕλη, καὶ πολλὴ ἀμηχανία γίνεται · καὶ εἰ μὴ πολλῷ
μόχθῳ τὸ τοιοῦτον οὐκ ἐξανύεται, μάχη, καὶ βία, καὶ πόλεμος ἔσται.
5 Καὶ ἐν τούτοις ὀλιγωρίαν ἐμβάλλει ὁ ὁρισῦγος ὁ δαίμων, κωλύων ἡμᾶς
τοῦ ζητουμένου, πανταχόθεν ἕρπων, ἔνδοθεν καὶ ἔξωθεν, ποτὲ ὀλιγωρίας
προσάγων, ποτὲ φόβον, ποτὲ ἀπροσδοκίαν, ἄλλοτε καὶ λύπαις πραγμάτων
ποτὲ καὶ ζημίαις, ὡς καὶ ἀπαλλάττεσθαι (f. 170 r.) ἡμᾶς. Ἀλλ' ἐγὼ
πρὸς αὐτὸν, ὡς δὲ ἂν καὶ ὑπάρχει ὁ δαίμων, οὐκ ἄν σοι παραχωρήσω .
10 ἀλλ' ἐμμενῶ ἕως ἂν τελεσιουργήσας, γνῶ τὸ ἀποτέλεσμα · οὐκ ἀποκάμνω
ἔχων τὴν καρτερίαν ἀντιστρατευομένην σὺν βίῳ ἀγαθῷ καὶ ἁγνείαις ἐν-
φιλοσόφοις. Τοίνυν τῶν σοφῶν ἀναλεξάμενος τὰ χρήσιμα, ὡς ἐξ
ὑπαρχῆς ἐκ τῶν ἀρχαίων σοι παραστήσω · οὐ γὰρ ξενοφωνεῖται ἡ
ὑμετέρα ἀγχίνοια παρὰ τῶν μυρίων εἰδῶν ὧν καταλέγουσιν οἱ ἀρχαῖοι,
15 ὑγρῶν τε καὶ στερεῶν. Ἐν τούτοις χρωμάτων διαφόρων ὠμῶν ἔτι
αὐτῶν ὄντων, καὶ ὀπτῶν, καὶ ἐν τῷ ὀπτᾶσθαι, χρώματα ἀναδεικ-
νυόντων καὶ τηρουμένων ἐν ταῖς ὀπτήσεσι πρὸς τὸ μὴ ἐναλλάσσειν
τὰ χρώματα, ποῦ μὲν λαύρῳ πυρὶ, ποῦ δὲ πραέῳ, καὶ πολλὴν παρα-
τήρησιν εἰσιόντων τῇ τέχνῃ.
20 29] Ταῦτα δέ μοι εἴρηται διὰ τὸ γιγνώσκειν ὑμᾶς ἔτι αἱ μυρίαι

---

1. Entre καὶ et φθονοῦσι. M et K ont
un signe, doublé, ressemblant au signe
du vinaigre (ὄξος). MK mg. : renvoi à ce
signe. A cette place. A donne le signe
de δαίμων, doublé (à lire δαίμονες ?). Réd.
de l. : παραδιδ. · ἀλλήλοις γὰρ φθονοῦσι.
— 3. γίνεται add. l. — 4. μόχθῳ καὶ
πολέμῳ A. — M mg. : dessin d'une fiole
avec renvoi à μάχη. Réd. de M : μάχη
καὶ βία καὶ πολέμῳ. — ἔσται om. MA. —
6. ποτὲ μὲν.. ποτὲ δὲ l. — 7. ἀπροσδοκησίαν
AL. — ἄλλοτε δὲ καὶ l. — λύπας l. —
8. ποτὲ δὲ καὶ ζημίας ὥστε καὶ l. —
Après ἡμᾶς] τῆς ἐγχειρήσεως add. L. —
Réd. de L : 'Αλλ' ἐγὼ πρὸς αὐτὸν ἐρῶ ·
ὅς τις ἂν ὑπάρχοις, ὦ δαίμων (sic). — 9. καὶ

ὑπάρχει ὁ. sur grattage, à l'encre rose
M. (main du XIIIe siècle ?) — 10. ἐμ-
μένω M. — καὶ οὐκ ἀποκ. AL. — 11.
συρβίῳ MA. — ἀγαθῷ add. l.— ἐνφιλο-
σόφοις] φιλοσοφικαῖς L. F. l. ἐμφιλοσόφοις.
— 12. Τῶν σοφῶν τοίνυν l. — 14. ἡμετέρα A. — 15. καὶ ἐν τούτοις AL. —
χρωμάτων] γραμμάτων A; σωμάτων l. f.
mel. — καὶ ὠμῶν L. — 16. Réd. de
L : καὶ ἐν τῷ ὀπτᾶσθαι ταῦτα ἀναδεικνύουσι
τὰ χρώματα, τὴν ποιότητα · ἐναλλάσσον-
ται γὰρ τὰ χρώματα διὰ τῆς ποιότητος,
τὸ μὲν λαύρῳ πυρί, τῷ δὲ πραέῳ, πολλῆς
παρατηρήσεως οὔσης ἐν τῇ τέχνῃ. — 17.
πρός om. A. — 18. λαύρῳ] Il faut lire
λάβρῳ.

τάξεις, ἃς ἐκτίθενται οἱ ἀρχαῖοι διὰ τούτων καὶ ἄλλων μυρίων παρέρχονται λειώσεων ἢ ἑψήσεων ἢ σήψεων διαφόρων, θερμῶν καὶ ψυχρῶν, δροσισμῶν, αἰθριάσεων, καὶ ἄλλων μυρίων. Καὶ τῇ πολυπληθείᾳ τῶν λόγων καὶ ταῖς ἀράτοις οἰκονομίαις συγχεῖται ὁ νοῦς
5 τῶν προσπελαζόντων τῇ τέχνῃ ταύτῃ. Καὶ τούτων ἁπάντων ἐλευθέρους ὑμᾶς κατέστησεν ὁ Θεὸς ὁ πάντων τῶν ἀγαθῶν δοτήρ.

30] Ἄκουε τοίνυν, ὁ ἔνθεος νοῦς, ὅτι ὡς πρὸς Αἰγυπτίους γεγραφήκασι, καὶ οὐκ ἐξέρχονται τοῦ ζητουμένου. Καὶ μυρία χρυσωργεῖα γεγραφήκασι, ἀλλὰ καὶ ἱεράτευσαν αὐτά, καὶ μέτρα δεδώκασι τῶν
10 ὀρυγμάτων καὶ τῶν διαστημάτων, ἀλλὰ καὶ θέσεις τῶν ἱερῶν τῆς εἰσβάσεως αὐτῶν πρὸς τὰ τέσσαρα κλίματα ἀφορῶντες, ποῦ μὲν τὴν ἀνατολὴν διαδόντες τῇ λευκῇ οὐσίᾳ, τὴν δὲ δύσιν τῇ ξανθῇ καὶ τὰ χρυσωργεῖα τοῦ ἀρσενοήτου ἐν τῇ ἀνατολικῇ θύρᾳ f. 170 v., τουτέστιν ἐν τῇ εἰσβολῇ τοῦ ἱεροῦ εὑρίσκεις λέγοντα
15 τὴν λευκὴν οὐσίαν· ἐν δὲ σκίθῃ καὶ ἐν Τερενούθι, ἐν τῷ ἱερῷ τῆς Ἴσιδος, ἐν τῇ δυτικῇ εἰσβολῇ τοῦ ἱεροῦ, εὑρήσεις ξανθὴν ψάμμον

---

2. σήψεων om. A. — θερμῶν τε καὶ δροσισμῶν αἰθρ. L. — 3. Καὶ] διὸ καὶ L. — 4. Réd. de MA : καὶ τῶν ἀράτων οἰκονομιῶν συγχεῖται. — 5. Καὶ] ἀλλὰ L., f. mel. — 6. ὑμᾶς] ἡμᾶς AL. — ἀποκατέστησαν AL, f. mel. — 8. καὶ οὐκ ἐξέρχ...] διὸ καὶ οὐ διεξέρχ. τὸν ζητούμενον φανερῶς L. — τὸ ζητούμενον A. — καὶ οὐ μόνον μυρία L., f. mel. — 9. ἀλλὰ γὰρ ἱεράτ. MA. — 10. ἀλλὰ om. L. f. mel. — τῶν εἰσβάσεων αὐτῶν A. — Réd. de L : τῶν εἰσβ. καὶ ἐκβάσεων αὐτῶν ἐποιήσαντο. — 11. ἀφορῶντες] ἀφορῶντας M ; ἀφορῶντος A. — M mg. : Dessin d'un cône incliné à droite, reproduit sur le mot ἀφορῶντας. (Indication probable d'une autre rédaction.) — ποῦ μὲν — οὐσίᾳ] Réd. de A : ποῦ μὲν τῇ ἀνατολῇ διδόντος τὴν λευκὴν οὐσίαν, τῇ δὲ δύσει ξανθῇ καὶ τὰ χ. (La suite comme dans M, sauf les variantes indiquées. Réd. de L. jusqu'à la fin du paragraphe : Τῇ μὲν γὰρ ἀρχῇ ἀπένειμαν τὴν μέλαιναν, τῇ δὲ ἀνατολῇ τὴν λεύκανσιν, τῇ δὲ μεσημβρίᾳ τὴν ἴωσιν, τῇ δὲ δύσει τὴν ξάνθωσιν. Πάλιν δὲ τῇ μὲν ἀνατολῇ ἀπένειμαν τὴν λευκὴν οὐσίαν, ἤγουν τὸν ἄργυρον, τῇ δὲ δύσει τὴν ξανθήν, ἤγουν τὸν χρυσόν. Φησὶ γὰρ ὁ Ἑρμῆς οὕτως· « Τὰ χρυσωργεῖα τοῦ ἀρσενοήτου ἐν τῇ ἀνατολικῇ θύρᾳ εἰσι, τουτέστιν ἐν τῇ εἰσβολῇ τοῦ ἱεροῦ τῆς Ἴσιδος εὑρήσεις γράμματα λέγοντα τὴν λευκὴν οὐσίαν· ἐν δὲ δυτικῇ εἰσβολῇ τοῦ ἱεροῦ εὑρήσεις τὴν ξανθὴν ψάμμον κατ' ὄρυγμα πηχῶν τριῶν. τοῦ δὲ πήχεος εἰς τὸ ἥμισυ εὑρήσεις ζώνην μέλαιναν, ἢ χλωράν· καὶ ἄρον τό, καὶ οἰκονόμει. Ἄκουε δὲ καὶ τοῦ Ἀπόλλωνος λέγοντος ὅτι ἡ ψάμμος οἰκονομείσθω, ἔσωθεν λαμβανομένη. » Τὸ δὲ « ἔσωθεν » δηλοῖ ὅτι πρὸ τῆς ἀνατολῆς ἐστιν ὁ πρὸ τῆς λευκώσεως καιρὸς τοῦ παντὸς ἔργου καὶ ἡ καταρχή. — 14. εὑρίσκει A. — 15. ἐν δὲ σκ. καὶ ἐν Τερ.] ἀπόσευθεναι ἑτέραν νοήθην A. — 16. M mg. ὧδε (en lettres retournées).

μετὰ ὀρύγματος πηχῶν τριῶν, ποῦ δὲ πήχεως ἥμισυ. Εἰς τὸ ἥμισυ
τῶν τριῶν πηχῶν εὑρήσεις ζώνην μέλαιναν · ἄρας οἰκονόμει καὶ
ἀλλαχοῦ χλωράν · καὶ ἐν τῷ ἀπηλιώτῃ καὶ τῷ λιβυκῷ ὄρει γεγραμ-
μένα χρυσωρυχεῖα, πάντα ἐν μυστηρίῳ εἰρημένα. Καὶ μὴ παραδράμῃς·
5 μεγάλα μυστήριά εἰσι. Παρατήρει ὅτι ἀληθῆ πεφανέρωται πάντα.

31] Ἐντεῦθεν τὴν ἀρχὴν τῆς ἐργασίας ποιεῖται · διὸ καὶ εἶπεν
ὅτι τῇ ἀνατολῇ διδόντες τὴν λευκὴν οὐσίαν, τουτέστιν τὴν ἀρχὴν
τῆς ἐργασίας ἀπονέμοντες τῇ ἀρχῇ τῆς ἡμέρας ἥτις ἐστὶν τοῦ
ἡλίου ὑπὲρ γῆν ἀνατολή. Δῆλον γὰρ ὅτι ἡ λεύκωσις, ὡς πρὸς τὴν
10 ξάνθωσιν, ἀρχὴ τῆς ὅλης ἐργασίας ἐστίν · εἰ καὶ οὐκ εὐθὺς παρ᾿
αὐτὰ ἀρχομένη ἡμῖν αὐτὴ γίνεται ἕως ἂν ἡ χωρὶς πυρὸς σῆψις
γένηται.

Ἀλλ᾿ ἱερεῖ πῶς ἔχομεν νοεῖν λέγεσθαι παρὰ τὴν ἀρχὴν τὸν πρὸ τῆς
λευκώσεως καιρὸν, ἄκουε τοίνυν τοῦ Ἀπόλλωνος λέγοντος · « Οἰκονο-
15 μηθεῖσα, ἕωθεν λαμβανομένη. » Τὸ δὲ « ἕωθεν » δηλονότι πρὸ τῆς
ἀνατολῆς ἐστιν ἢ πρὸ τῆς λευκώσεως τοῦ ἔργου παντὸς καταρχή.

Εἶτα τὴν τοῦ παντὸς ἔργου τελείωσιν (λέγω δὲ τὴν ξάνθωσιν) τῇ
δύσει ἀπένειμεν, ἥτις ἐστὶ πλήρωμα τῆς ὅλης ἡμέρας · Τὸ δὲ
« εἰς τὸ ἥμισυ τῶν τριῶν πηχῶν, εὑρήσεις ζώνην μέλαιναν » εἴρη-
20 ται περὶ τῶν θειωδῶν, τουτέστιν τοῦ μολύβδου ἡμῶν, τοῦ μετὰ τὴν
λεύκωσιν εὐθέως διὰ τῆς θερμῆς σήψεως καὶ πήξεως κατασπωμένου
σκωριδίου, εὐτελοῦς τῷ εἴδει · ὃν, φησίν, ἐπεθύμησαν ἰδεῖν οἱ Αἰγυπτίων προφῆται.

32] Καὶ ὅρα ὅτι ὁ σκοπὸς οὗτος ὁ τῶν ψάμμων ἀλληγορία

ἐστὶν, οὐχὶ τὴν (f. 171 r.) ψάμμον αἰνίττονται, ἀλλὰ τὰς οὐσίας.
Πόθεν δὲ στηριζόμεθα ὅτι ἡ ἀνατολὴ τῷ ἄρρενι ἀπενεμήθη, ἡ δὲ
δύσις τῇ θηλείᾳ; καὶ ἐκ τοῦ Ἀδάμ · οὗτος γὰρ πάντων ἀνθρώπων
πρῶτος ἐγένετο ἐκ τῶν τεσσάρων στοιχείων. Καλεῖται δὲ καὶ παρ-
5 θένος γῆ, καὶ πυρὰ γῆ, καὶ σαρκίνη γῆ, καὶ γῆ αἱματώδης. Ταῦτα
δὲ εὑρήσεις ἐν ταῖς Πτολεμαίου βιβλιοθήκαις. Ταῦτα δέ μοι ἐρρέθη ·
ὡς διὰ τὸ παραστῆσαι περὶ τῶν ἱερῶν, ὅτι οὐκ ἀλόγως ἐρρέθη τοῖς
ἀρχαίοις τι τῶν ὄντων. Τῇ δὲ θηλείᾳ ἡ δύσις · Καὶ Ζώσιμος ἐν τῇ
κατ᾽ ἐνέργειαν βίβλῳ τοῦ λόγου · ὅτι ἀληθῆ σοι προσρωνῶ μάρτυρα
10 καλῶ Ἑρμῆν λέγοντα · « Ἄπελθε πρὸς Ἀγαὰθ τὸν γεωργὸν, καὶ
μαθήσῃ ὡς ὁ σπείρων σῖτον σῖτον γεννᾷ. Οὕτω γάρ σοι κἀγὼ ἔλεγον
τὰς οὐσίας ἀπὸ τῶν οὐσιῶν βάπτεσθαί φησιν ἡ γραφή · τὸ δὲ βάπ-
τεσθαι εἰς οὐδὲν ἄλλο διαιρεῖται, εἰ μὴ εἰς σῶμα καὶ ἀσώματον. Ἡ
δὲ τέχνη αὕτη ἀμφότερα δέχεται. » Τὰ μὲν σώματα λέγει εἶναι τὰ
15 χυτά, τὰ δὲ ἀσώματα, λίθους · οἷον ἀνούσια λέγει τὰς ψάμμους · τὰ
δὲ χωρὶς πυρός, διὰ τὴν πρώτην ἐργασίαν. Πελάγιός φησιν πρὸς τὸν
Παύστηριν · « Θέλεις ἵνα βάλωμεν αὐτὸν εἰς τὴν θάλασσαν πρὶν ἢ συλ-
λάβῃ τὰ μίγματα; » Καὶ φησὶν ὁ Ἑρμῆς · « Καλῶς ἔφης καὶ ἀκρι-
βέστατα » · Ἡ δὲ θάλασσά ἐστιν, ὡς φησιν ὁ Ζώσιμος, ἀρρενόθηλυς.

---

1. οὐχὶ γὰρ τὴν ψ. L. — αἰνίττεται L.
— 2. πόθεν] ὅθεν A ; ἔτι δὲ L. — 3. καὶ ἐκ
τοῦ Ἀδάμ — ἐγένετο] Réd. de L : Καὶ γὰρ ὁ
Ἀδὰμ πάντων τῶν ἀνθρ. πρ. ἐγ. — 4. Après
στοιχείων] addition de L : καὶ δέδωκεν αὐτῷ
ὁ Θεὸς τὴν ἀνατολὴν, καλεῖται κ. τ. λ. —
M mg. : groupe de 5 points, en rose,
répété sur καλεῖται. — 5. καὶ πυρὰ γῆ om.
AL. F. l. πυρρὰ γῆ. — αἱματώδης γῆ L qui
ajoute : τῇ δὲ Ἕῳ ἐδόθη ἡ δύσις. Cp. Zosime, Instruments et fourneaux, ci-après
III, xlix, 5. — 6. ἐν ταῖς τοῦ Πτολ. AL. —
καὶ ταῦτα δέ μοι L. — 7. ὡς διὰ τὸ μὴ παρ.
A ; ὥστε παρ. ὑμῖν L. — 8. ἥ τι τῶν ὄντων A.
— τῇ δὲ θ. ἡ δύσις om. L. — Καὶ Ζώσιμος
— λέγοντα] Réd. de L : Καὶ ὁ Ζ. ἐν τῇ κατ᾽
ἐν. αὐτοῦ βίβλῳ τοῦ καταλόγου φησίν · Οὕτως

ἐγώ σοι προσρ. καὶ καλῶ τὸν Ἑ. ἀληθῆ μάρτυρα λέγοντα. — 11. M mg. : περὶ σίτου.
— ἔλεγον] λέγω AL. — 12. ὅτι τὰς οὐσίας L.
— 13. M mg. : σώματα, en lettres retournées, sur une ligne verticale descendant jusqu'au bas de la page du ms. —
14. ἀμφότερον A. — διαλέγεται AL. — τὰ
μὲν γὰρ σώμ. L. — 15. τὰ δὲ ἀσώματα —
ψάμμους] Réd. de L : τὰ δὲ ἀσώμ. τὰς ψάμμους · ἀνούσια γὰρ σώματα καλοῦμεν τὰς ψ.
— M. mg. en rose : περὶ λίθ — 16. τὰ
δὲ] τὸ δὲ L. — A mg. : σῇ. — Ὁ Πελ.
δέ φ. L. — 17. M mg. : ⁖, signe répété
sur θέλεις. — Παύστηριν AL. — βάλλωμεν
AL. — 18. Καὶ φ. ὁ Ἑρμῆς] καὶ οὗτος ἀπεκρίνατο L. — 19. δὲ] F. l. γάρ. — ἀρρενο-
θήλεια L, f. mel.

33] Ὅτι οἰκονομηθεῖσά ἐστιν ἕωθεν λαμβανομένη, ἔχουσα ἔτι τὴν
δρόσον ἐν ἑαυτῇ · ἀνατείλας γὰρ ὁ ἥλιος ἀρύεται διὰ τῶν ἀκτίνων
αὐτοῦ τὴν ἐπικειμένην αὐτῇ πρὸς τροφὴν δρόσον. Καὶ εὑρίσκεται,
ὥσπερ χῆρα καὶ ἄνανδρος, ὥς φησιν καὶ Ἀπόλλων · τὸ θεῖον ὕδωρ,
5 τὴν ἐμὴν δρόσον λέγω, τὸ ἀέριον ὕδωρ. Καὶ ἰδοὺ πόσαι μαρτυρίαι
ὅτι πρῶτον ὑγροῦ τινος δεῖται τὸ αὐτὸ σύνθεμα · ἵνα, φησὶν,
(f. 171 v.) ἡ ὕλη φθαρεῖσα ἀμετάτρεπτον τὸ εἶδος φυλάξῃ. Καὶ
ἐκ τοῦ « φθαρεῖσα » ἐσήμανεν ὅτι χρόνου τινὸς δεῖται εἰς τὸ σήπεσ-
θαι · σῆψις γὰρ οὐ γίνεταί ποτε εἰ μὴ δι᾿ ὑγροῦ τινος. Ὁ γὰρ
10 κατάλογος τῶν ὑγρῶν, φησὶν, ἐπιστεύθη τὸ μυστήριον.

34] Περὶ δὲ τῶν ψάμμων, ὅτι περὶ αὐτῶν πάντες οἱ ἀρχαῖοι
φροντίζουσι · καὶ ὅτι πρὸς Αἴγυπτον ποιοῦνται τὸν λόγον, παραθήσω
πάλιν ἐξ αὐτῶν μαρτυρίας χάριν τῆς σῆς δυσπιστίας.

35] Ζώσιμος τοίνυν ἐν τῇ τελευταίᾳ ἀποχῇ, πρὸς Θεοσέβειαν
15 ποιούμενος τὸν λόγον, φησίν · « Ὅλον τὸ τῆς Αἰγύπτου βασίλειον, ὦ
γύναι, ἀπὸ τῶν τριῶν κ. τ. λ. (f. 172 v.) Μόνοις δὲ Ἰουδαίοις ἐξὸν ἦν
λάθρα ταῦτα ποιεῖν καὶ γράφειν, καὶ ἐκδιδόναι. Διὸ καὶ εὑρίσκομεν
Θεόφιλον τὸν Θεογένους γράψαντα ὅλα τὰ τῆς χωρογραφίας χρυσωρυχεῖα, καὶ Μαρίας τὴν καμινογραφίαν, καὶ ἄλλους Ἰουδαίους.

20 36] Καὶ Συνέσιος πρὸς Διόσκορον γράφων φησὶ περὶ τῆς ὑδραργύρου τῆς ἐτησίας τῆς νεφέλης, ἐπειδὴ οἴδασιν αὐτὴν πάντες οἱ
ἀρχαῖοι λευκὴν καὶ φευκτὴν καὶ ἀνυπόστατον, δεχομένην δὲ πᾶν

---

1. Ὅτι οἰκον. — τὴν δρόσον] Réd. de
L. : Τὸ δὲ οἰκονομεῖσθω σημαίνει τὸ ἕωθεν
λαμβανέσθω καὶ ἐχέτω ἔτι τὴν δρόσον. — 4.
ὁ Ἀπόλλων L. — 5. λέγω] λέγω δὲ L.
F. l. λέγω δή. — ἀέριον] ἔριον M ; ἐναέριον
AL. Corr. conj. — καὶ ἰδοὺ] ἰδοὺ τοίνυν
L. — μαρτυρίαι εἰσὶν L. — 6. δεῖται τὸ
τοιοῦτον σύνθημα AL. — ἵνα, ὡς φησὶν AL.
— 10. M mg. : κατάλογος (?) en abrégé ;
main du XVᵉ siècle. — 12. πρὸς τοὺς
Αἰγυπτίους ποιοῦνται τοὺς λόγους L. — παρα-
θήσω] παραδίδωσιν A ; παραθήσομαί σοι L.

13. μαρτυρίας τινὰς L. — 14. ὁ Ζώσιμος L.
— ἀποχῇ] πηγῇ A. — 15. Ὅλον τὸ τῆς Αἰγύπτου...] Citation du traité de Zosime publié ci-après (III, LII, 1-3). Voir, au début de ce même traité, la note relative
aux variantes fournies par le texte
d'Olympiodore. — 16. τριῶν] δύο. MA.
— 20. Réd. de L : ὁ Συνέσιος πρὸς τὸν
Διόσκ. γράφει περὶ τῆς τῆς ὑδρ. καὶ νεφ. αἰτίας.
— 21. τῆς ἐτησίας] αἰτίας A. — 22. φευκτὴν
— σῶμα] Réd. de L : φευκτὴν καὶ ἀνυπ.
καὶ λευκὴν καὶ δεχ. πᾶν σῶμα.

σῶμα χυτὸν καὶ εἰς ἑαυτὴν ἕλκουσαν, ὡς καὶ ἡ πεῖρα ἐδίδαξεν, καὶ
φησὶν οὕτως · « Ἐὰν βούλῃ τὸ ἀκριβὲς γνῶναι κ. τ. λ......

« Καὶ διὰ τοῦτο Πηβίχιος πολλὴν συγγένειαν ἔχειν ἔλεγεν. —
Καλῶς ἐδίδαξας, φιλόσοφε. »

37] Τούτων πλέον τί ἔχομεν ἀκοῦσαι; Ὡς ἔτι ἡ ὑδράργυρος
φιλοτεχνουμένη ὑποστατικὴ γίνεται, ἀνυποστάτου αὐτῆς οὔσης συμ-
μεταβαλλομένη παντὶ σώματι χυτῷ; ἀπὸ ἀραίας δὲ γινομένη φευκτὴ
γίνεται. Οὕτως καὶ ἡ ἡμῶν μαγνησία, ἢ τὸ f. 173 r. στίμμι, ἢ οἱ
πυρίται, ἢ ψάμμοι, ἢ ὅσα φημίζουσιν ἡμῖν σώματα κατασπώμενα
νιτρελαίῳ ἢ αὐτοματαραίῳ ἢ ρυτηρίῳ ἢ ὅπως ἂν ὀνομάζειν ἐθέ-
λοιεν, κατασπώμενα ὑπὸ εὐρυίας ἐκτεφροῦνται. Καὶ γὰρ σῶμα ὑποστατικόν, ὁ φημιζόμενος παρ' αὐτοῖς μόλυβδος μέλας, ὃν ἐπεθύμησαν
εἰδέναι οἱ Αἰγυπτίων προφῆται, καὶ οἱ τῶν δαιμόνων χρησμοὶ ἐξέ-
δωκαν, σκωρίδια καὶ τέφραι Μαρίας. Ἐξ ἀρχῆς γὰρ αὐτὰ ἴσασιν
εἶναι. Διὰ τοῦτο μέλανσις · καὶ ἐν τῇ ἐργασίᾳ, ἀπομέλανσις, ἤτοι
λεύκωσις · οὐδὲν γὰρ ἄλλο σημαίνει ἡ λεύκωσις, εἰ μὴ τὸ ἐκμελα-
νίσαι κατὰ στέρησιν τοῦ μέλανος. Καὶ ὅρα ἀκρίβειαν, ὦ σοφέ. Ὧδε
γὰρ ἔχεις πάντα τὸν μόχθον αἰχμαλώτου · ὧδε ἔχεις τὸ ἀπ' αἰῶνος
ζητούμενον · οἶδα σοῦ τὸ ἀνεξίκακον τῆς σοφίας.

38] Τοσαύτη κλεῖς λόγου τῆς ἐγκυκλίου τέχνης ἡ σύνοψις. Μὴ
παραδράμῃς τι τῶν ἐνθάδε · ἀνοίξει γάρ σοι πύλας τοῦ θεωρητικοῦ

---

1. ἕλκουσαν αὐτὴ L — ἡμᾶς ἐδίδαξεν L.
— 2. Ἐὰν βούλῃ κ. τ. λ.] Citation de
Synésius (p. 238, éd. Fabricius et ci-
dessus, II, iii, fin du § 7, §§ 8 et 9.)
Voir, sur les variantes de cette citation, page 61, notes de la ligne 18. —
5. Τούτων] τούτου A ; τούτου τούτων L. —
ὡς ὅτι] ὡς om. A ; ἢ ὅτι L. — 6. φιλοτεχνουμένη ὑπ' ἡμῶν AL. — οὔσης] ὑπαρχούσης AL. — Après συμμεταβαλλομένη]
δὲ add. L. — 7. χυτῷ — γίνεται om.
L. — 8. οὕτως — ἢ ὅσα φημίζουσιν Réd.
de L : οὕτω δὲ καὶ ἡ ἡμετέρα μαγν. καὶ τὸ
στ. καὶ ἡ ψάμμος καὶ ὁ πυρίτης καὶ ὅσα φημ.
— 10. αὐτοματαραίῳ] αὐτῷ τῷ βοταρίῳ AL,

f. mel.   βούλῃ L. — καὶ ἑλκ...... L.
— 11. τὸ σῶμα τὸ ὑποστατικόν L. — 13.
ὡς καὶ οἱ τῶν δαιμ. L. — 14. τέρρας · καὶ
ἡ Μαρία γὰρ ἐξ ἀρχῆς A. — ἐξαρχῆς M
partout. — Réd. de L : ... τέρρας · καὶ ἡ
Μαρία δὲ ἐξ ἀρχῆς αὐτὸν οἶδε τὸν μόλυβδον.
— 15. ἤτοι λεύκωσις γίνεται L. — 16. οὐδὲν
— λεύκωσις om. A ; οὐδὲν — μέλανος om.
L. — 18. αἰχμάλωτον mss. Corr. conj.
— ἀπὸ τῶν αἰώνων L. — 20. Réd. de L:
Τοσ. ἐστὶν ἡ κλεῖς τοῦ λόγου καὶ τῆς ἐγκ. τ.
— Καὶ μὴ AL. — 21. παραδράμῃς] παντάσῃς
παραθῇς ?) A. — Après πύλας] ἐντεῦθεν add.
L. — Réd. de L : τοῦ θεωρ. κ. πρακτ. αὐτῇ
ἡ τέχνη · καὶ μαθήσῃ ὅτι τὰ σκωρ.

καὶ πρακτικοῦ, γνοὺς ὅτι τὰ σκωρίδιά εἰσιν τὸ ὅλον μυστήριον · ὅλοι
γὰρ εἰς αὐτὰ κρέμανται καὶ ἀποβλέπουσι · καὶ τὰ μυρία αἰνίγματα
εἰς αὐτὰ ἀνατρέχει · καὶ αἱ βίβλοι αἱ τοσαῦται αὐτὰ αἰνίττονται ·
λεύκωσιν γὰρ καὶ ξάνθωσιν ὑποτίθενται. Δύο γὰρ εἰσιν ἄκρα χρώ-
5 ματα, λευκὸν καὶ μέλαν · καὶ τὸ μὲν λευκὸν διακριτικόν ἐστιν, τὸ
δὲ μέλαν συνεκτικόν. Καὶ τοῦτὸ Ζώσιμος αἰνιττόμενός φησιν · «Τὴν
κόρην τοῦ ὀφθαλμοῦ παραφέρει καὶ τὴν ἶριν τὴν οὐρανίαν». Καὶ οὐκ
αἰσθάνονται οἱ ἀνόητοι τί ἐστιν τὸ διακριτικὸν καὶ συνεκτικόν. Τὸ
μὲν γὰρ συνεκτικὸν καὶ συνεχόμενον εἰς αὐτὸ πυκνόν ἐστιν κατα-
10 κομιζόμενον ὑπὸ τῶν ἰδίων σωμάτων. Κατακομίζεται γὰρ ὑπὸ τῆς
ὑγρᾶς οὐσίας καθελκομένη ἡ φύσις τοῦ μολύβδου, ὥς φησιν ὁ ἔνθεος
Ζώσιμος, πάσης ἀληθείας ἐστήρι-[f. 173 v.) κται γνώσεως θεοῦ · καὶ
τὸν ἀόρατον κόσμον μηκέτι ἐν ἑαυτῇ ἐπιδεικνύουσα, τουτέστιν ἡ ψυχὴ
ἄλλως ἐν ἄλλῳ σώματι τοῦ ἀργύρου ἐπιδεικνύει, ἐν τῷ ἀργύρῳ τὸ
15 πυρροῦν αἷμα, τουτέστιν τὸν χρυσόν.

39] Ὦ ἀφθόνως ἔχων φίλε μοι, στῆσον ὡς ἐν παρατάξει τὸν σὸν
λόγον, ἀμυντηρίοις χρώμενος τῆς σῆς καλοκαγαθίας · τὸ πρᾷον καὶ
ἀνεξίκακον πρὸς τὸ ῥᾴθυμον τῆς πολυφλοίσβου σπουδῆς, οὐ τὴν σπου-
δὴν λοιδορῶν μὴ γένοιτο, ἀλλὰ τὸ ῥᾴθυμον τῆς σπουδῆς. Τοίνυν τὸ
20 διακριτικόν ἐστιν τὸ λευκόν · τὸ γὰρ λευκὸν χρῶμα οὐ λέγεται κυρίως·

---

1. γνοὺς] μάθῃς δὲ A. — ἐστι M. —
μυστήριον] Voir III, ιν *bis*, Appendice 1.
— 2. ὅλοι] πάντες L. — M mg. : σῇ.
— 3. αὐτὰ] αὐτῷ A. F. 1. αὐτό. — 4. A
mg. : une main. — 7. παραφέρει] παιρέ-
ρει L., qui ajoute ἢ μᾶλλον εἰπεῖν τὰ τρία
χρώματα τοῦ ὀφθαλμοῦ. (Glose marginale
insérée dans le texte ?) — Τὴν οὐρανίαν]
τοῦ οὐρανοῦ AL. — 8. ἀνόητοι] F. 1. ἀμύητοι, *ut infra* (p. 93 l. 3). — 9. αὐτὸ]
L. — κατακομιζόμενον et l. 10, κατακ-
ται] κατακομ. M. — Réd. de L : ἐστὶν, ὅπερ
κατακομίζεται ὑπὸ τῶν ἰδ. σωμάτων. Κατακομίζεται. γὰρ ἡ φύσις τ. μολύβδου ὁ. τ. ὁ.
οὐσίας καθώς φησιν... — 11. ὡς φησιν ὁ.

ἔνθεος Ζώσιμος en petites onciales M. —
ὥς φ. καὶ ὁ ἔ. Ζώσ. A. — 12. στηρίζω régit
d'ordinaire le datif et non le génitif;
f. 1. <ἐπὶ> πάσης ἀλ. ἐστ. κ. γν. — 13.
ὁρατὸν AL. — M mg. : σῇ, de première
main. — Réd. de A : ... κόσμον ἐν
ἑαυτῷ μηκέτι ἐπιδεικνύουσα. — Réd. de
L : κόσμον ἐν ἑ. οὐκ ἔτι ἐπιδεικνύει, τουτ. ἡ
ψυχὴ αὐτοῦ, ἀλλ' ὡς... — 14. ἐπιδείκνυσιν L.
— ἐπὶ τοῦ ἀργ. AL. — 15. πυρροῦν] πυρὸν
A; πυρρὸν L. — τουτ. τοῦ χρυσοῦ AL.
— 16. ὦ ἀφθ. — ἐστι τὸ λευκὸν om. L. —
17. Après ἀμυντηρίοις] χρώμασιν add. A.
— 20. Après κυρίως] χρῶμα add. L.

πᾶν γὰρ χρῶμα δέχεται καὶ διακρίνει · τὸ γὰρ μέλαν χρῶμά ἐστι
κυρίως, καὶ τοῦ μέλανος πολλαὶ διαφοραί. Καὶ περὶ χρωμάτων δια-
λεγόμενοι, συγχεῖται ὁ νοῦς τῶν ἀμυήτων · ἀλλ' ἡμεῖς μὴ μεταβῶμεν
τῶν λογισμῶν. Μέλανα γὰρ οἴδασιν οἱ ἀρχαῖοι τὸν μόλυβδον. Ἔστι
5 δὲ ὁ μόλυβδος ὑγρᾶς οὐσίας · καὶ βλέπε ἀκρίβειαν διὰ τὸ λέγειν
ἡμᾶς ἀνωτέρω περὶ τῆς καθελκομένης ψυχῆς ὑπὸ τῆς ὑγρᾶς οὐσίας.
Τῷ βάρει γὰρ καταδύεται καὶ ἐφέλκεται εἰς ἑαυτὴν πάντα. Καὶ
ὧδε ἔχεις πάντα τὰ φημιζόμενα μυστήρια.

40 Καὶ δέον πρῶτον παραθέσθαι μαρτυρίας ὀλίγας, καὶ πάλιν εἰς
10 τὸ ἡμέτερον ἐπανιέναι. Ἡ Μαρία τοίνυν ἐξ ἀρχῆς μέλανα μόλυβδον
ὑποτίθεται, καὶ φησιν · « Ἐὰν ὁ μόλυβδος ἡμῶν μέλας γένηται, ἰδοὺ
γεγένηται · ὁ γὰρ μόλυβδος ὁ κοινὸς ἐξ ἀρχῆς μέλας ἐστίν ». Οὐκοῦν
οὐ περὶ μολύβδου κοινοῦ λέγει, ἀλλὰ τοῦ γινομένου. Καὶ «πῶς γίνεται;
φησὶν ἡ Μαρία. Ἐὰν μὴ τὰ σώματα ἀσωματώσῃς καὶ τὰ ἀσώματα
15 σωματώσῃς, καὶ ποιήσῃς τὰ δύο ἕν, οὐδὲν τῶν προσδοκωμένων ἔσται. »
Καὶ ἀλλαχοῦ · « Ἐὰν μὴ τὰ πάντα τῷ πυρὶ ἐκλεπτυνθῇ, καὶ ἡ
αἰθάλη πνευματωθεῖσα βασταχθῇ, οὐδὲν εἰς πέρας ἀχθήσεται. » Καὶ
ἀλλαχοῦ · « Ὁ χαλκομόλυ- f. 174 r. 6δος ἐτήσιος λίθος.» Ἐξίσου τὰ
πάντα ὁμορρευστήσαντα χρύσοπτα πάντα ποιεῖ · δυνάμει τὰ ὠμὰ
20 ὀπτὰ ποιεῖ, τὰ ὀπτὰ διπλοῖ · εἰ δὲ καὶ λευκᾶναι εὕροις ἢ ξανθῶσαι.
οὐκέτι δυνάμει, ἀλλὰ καὶ ἐνεργείᾳ. « Ἐγὼ δὲ λέγω αὐτόν, φησὶν ἡ
Μαρία, χαλκὸν μόλυβδον εἶναι διὰ οἰκονομίας ὄντα. » Ἡ οὖν οἰκονομία τῶν σκωριδίων, ἡ διδαχή ἐστιν αὕτη. Ἐτήσιον ἢ λιθορρύγιον

---

1. Après διακρίνει] ἐν ἑαυτῷ add. L. —
Réd. de L : Τὸ δὲ (mel.) μέλαν χρ. μόνον ἐστὶ
κυρ. χρῶμα, καὶ πολλαί εἰσιν αἱ διαφ. τοῦ
μέλ. puis addition : πηγὴ γάρ ἐστι πάντων
τῶν ἄλλων χρωμάτων τὸ μέλαν χρῶμα · διὸ
καὶ περὶ χρ. διαλεγομένων ἡμῶν... — 4. μὴ
om. AL. — 7. εἰς ἑαυτὸν A. — 10. ἡ om.
M. — 13. μολύβδου mss. — ἀλλὰ περὶ τοῦ
γιν. AL. — 14. Au-dessus de σώματα]
πῶς M (main du XVe siècle. — Après
σώματα] πῶς δὲ γίνοιτ' ἄν; add. L. (Glose
insérée dans le texte). — καὶ τὰ ἀσώματα
σωμ. om. M A. — 15. Au-dessus de δύο]
πῶς M (XVe siècle). — 18. M mg. : ὧδε,
en lettres retournées. — λίθος ἐστίν L.
— καὶ ἐξ ἴσου L. — 19. πάντα om. L. —
20. εὕροις] βουλήσῃ L. — Après ξανθῶσαι]
εὑρήσεις add. L. — 22. τὸν μόλυβδον χαλκὸν
MKL.; signes du cuivre et du plomb
A. Corr. conj. — 23. τῶν δύο σκωρ. AL.
— καὶ ἡ δδ. L. — λιθορρύγιον · ὄξυνε δὲ καὶ
πρ. L. — ὄξει καὶ A.

ὄξυνε · προκατάβαπτε, χλιάνας, λείου καὶ ἔχε. Καὶ Δημόκριτος ·
« Ἀπὸ στίμμεως καὶ λιθαργύρου κατάσπα μόλυβδον.» Καὶ παρεγγυᾶται,
οὐχ ἁπλῶς λέγων, ἵνα μὴ πλανηθῇς, ἀλλὰ μέλανι τῷ ἡμῶν. Καὶ
Ἀγαθοδαίμων διὰ μολύβδου τοῦ ἡμῶν ποιεῖται τὰς ἰώσεις, καὶ σκευ-
5 άζει μέλανα ζωμὸν ἀπὸ μολύβδου λειῶν καὶ ἐξ ὑδάτων διὰ τὸ ψαφα-
ρωθῆναι τὸν χρυσόν.

41] Ἰδοὺ ὅλως σκευάζουσιν μέλανα μόλυβδον · ὡς γὰρ εἶπον, ὁ
κοινὸς μόλυβδος ἐξ ἀρχῆς μέλας ἐστίν · ὁ δὲ ἡμέτερος γίνεται μέλας,
μὴ ὄντος αὐτοῦ τοιούτου. Ἡ πεῖρα διδάσκαλος, πάλιν τε ἀληθεῖς
10 ἀποδείξεις καὶ πιθανὰς συνάδειν τῷ προκειμένῳ, καὶ εἰς τὸ πρότερον
ἡμέτερον ἐπανιέναι πειρῶμαί. Οὐ γάρ, ὥς φησιν, ὁ ἄσημος γίνεται
χρυσός, μὴ γένοιτο, ἀλλ' ἡ ἐργασία ἐστίν. Οὐ γὰρ ἐκφαυλίζειν
δίκαιον τοὺς ἀρχαίους · « τὸ μὲν γὰρ γράμμα ἀποκτείνει, τὸ δὲ πνεῦμα
ζωοποιεῖ. » Τοῦτο συνάδει καὶ πᾶσι τοῖς λεγομένοις ὑπὸ τῶν ἀρχαίων
15 τῶν εἰς ταῦτα ἠσχολημένων, τὸ ὑπὸ τοῦ Κυρίου εἰρημένον τοῖς
ἐρωτήσασιν αὐτὸν μὴ λογιζομένων. Εἰ καὶ τὴν κεκρυμμένην τέχνην
τῆς χυμείας ἐπίσταται, φησὶν πρὸς αὐτοὺς ὅτι « πῶς μεταβολὴν νῦν
ὁρῶ ; πῶς τὸ ὕδωρ καὶ τὸ πῦρ, ἐχθρὰ καὶ ἐναντία ἀλλήλοις καὶ
⟨πρὸς τὴν⟩ ἀντιπαράθεσιν πεφυκότα εἰς τὸ αὐτὸ συνῆλθον ὁμονοίας
20 καὶ φιλίας χάριν » καὶ τὰ (f. 174 v.) ἑξῆς. Ὦ παραδόξου κρά-
σεως ! πόθεν ἥτις ἡ τῶν ἐχθρῶν ἀπροσδόκητος φιλία ;

42] Πάλιν οἱ χρησμοὶ τοῦ Ἀπόλλωνος συνηγοροῦσι · ταφὴν
γάρ, Ὠσίρεως ὑποτίθενται. Ἡ δὲ ταφὴ τοῦ Ὠσίρεως τί ἐστιν ;

---

1. καὶ χλιάνας L. — λείοι M ; συλλείου
L. — ὁ Δημόκρ. AL. — 2. κατὰ παντός
κατασπᾶν τὸν μολ. L. — καὶ παρεγγ.] καὶ
om. AL. — 3. λέγω AL. — 4. Ἀγαθ. δὲ
L. — σκευάζεται AL. — 5. Après μολύβ-
δου] ποιῶν καὶ add. L. — ἐξυδατεῖν Α ; ἐξυ-
δατῶν L, f. mel. — 7. ἰδοὺ πάντες σκ. Α ;
ἰδοὺ δὲ ὅλως πάντες σκ. L. — 8. κοινὸς μὲν
μόλ. L. — 9. αὐτοῦ] αὐτῷ L. — Après
τοιούτου] τινὸς πρότερον add. L. — καὶ ἡ
πεῖρα διδ. Α ; ἡ π. δὲ διδ. ἔσται L. — πάλιν
δὲ καὶ L. — 11. καὶ ἡμέτερον L. — ὡς φ. ὁ
ἄργυρος ἤγουν ὁ ἄσ. L. — 12. ὁ χρυσός L.
— 13. M mg. ·/. τὸ μὲν σῶμα, avec renvoi à γράμμα. — τὸ μὲν γὰρ σῶμα, γράμμα
A. Cp. Paul, II, Corinthiens, III. 6. —
14. τοῦτο δὲ L. — 16. μὴ λογιζ.] καὶ μὴ
λογιζομένοις L. — 17. χυμείας M. F. 1.
χυμείας. — φησὶν — φιλία (ligne 21) om.
L. — 22. πάλιν] ἔτι δὲ καὶ L. — 23.
Ὀσίριδος L 2 fois. Ὄσιρις, ιδος, est la
forme usuelle. — ὑποτίθ. εἶναι L.

Νεκρός ἐστιν κηρίαις κατισχημένος, τὸ πρόσωπον μόνον γυμνὸν ἔχων.
Καί φησιν ἑρμηνεύων ὁ χρησμὸς τὸν Ὄσιριν · « Ὄσιρίς ἐστιν ἡ
ταφὴ ἐσφιγμένη, κρύπτουσα πάντα τὰ Ὀσίριδος μέλη, μόνον πρόσωπον ἐμφαίνουσα τοῖς βρότοις, τὰ δὲ σώματα κρύψασα ἐθάμβησεν
5 ἡ φύσις · αὐτὸς γὰρ ἀρχὴ ὑγρᾶς οὐσίας πάσης, κάτοχος ὑπάρχων
ταῖς τοῦ πυρός· σφαίραις. Αὐτὸς τοίνυν συνέσφιγξεν μολύβδου τὸ
πᾶν. » Καὶ τὰ ἐξῆς.

43] Καὶ ἄλλος χρησμὸς αὐτοῦ οὕτως φησίν · « Χρυσόλιθον λάβε,
ὃν καλοῦσιν ἄρρενα τὸν χρυσοκόλλης καὶ ἄνδρα συμπεφυρμένον. Στα-
10 γόσιν γὰρ αὐτοῦ τίκται τὸ χρυσίον Αἰθιοπίδος γῆς. Ἔνθα μυρμήκων
γένος χρυσόν τε ἐκφέρει, καὶ ἀνάγει, καὶ τέρπεται. Καὶ θὲς σὺν αὐτῷ
γυναῖκα ἀτμίδος ἕως ἐκστραφῇ · ὕδωρ δὲ θεῖον πικρόν · εἰ δὲ ἐστυμμένον, ἢ καὶ ἰῶνται κύπριον καὶ Αἰγυπτίας χρυσοβοστρύχου
χυλόν · χρῖε πέταλα τῆς φαεσφόρου θεᾶς καὶ κυπρίδος πυρρᾶς τε.
15 Καὶ χώνευε χρυσὸν ἀγκαλούμενος. Πάλιν Πετάσιος ὁ φιλόσοφος
περὶ τῆς καταρχῆς τοῦ ἔργου συνάδει τοῖς εἰρημένοις περὶ τοῦ μολύβδου τοῦ ἡμῶν, καὶ φησιν · « Ἡ τοῦ πυρὸς σφαῖρα κατέχεται καὶ
σφίγγεται διὰ τῆς μολύβδου. Καὶ αὐτὸς ἑαυτὸν ἑρμηνεύων φησίν ·
« Τουτέστιν ἀπὸ τοῦ ἐρχομένου ἀπὸ τοῦ ἀρρενικοῦ ὕδωρ. » Ἔστι δὲ
20 τὸ ἀρρενικὸν ὅπερ εἶπεν σφαῖραν τοῦ πυρός. Τοσαύτης δὲ δαιμονιο-
πληξίας καὶ ἀναιδείας τὸν μόλυβδον ⟨εἶναι⟩ εἶπεν ὅτι οἱ θέλοντες
μαθεῖν (f. 175 r.) μανίαν περιπίπτουσι διὰ τὴν ἄγνοιαν.

---

1. κηρ. δεδεμένος καὶ κατεσχημένος L. —
2. A mg. : une main. — 3. Réd. de
L. πάντα τὰ τοῦ Ὀσ. μ. καὶ μ. τὸ προσ.
— 4. ἐθαύμασεν AL. — 5. αὐτός] αὐτῆς
A ; αὐτὴ L. — ἐστιν ἀρχὴ πάσης ὑγ. οὐσίας
L. — ὑπάρχουσα L. — 6. αὐτός] αὐτη L.
— κάτοχος] F. l. ἐγκάτοχος. — τοῦ μολύβδου L. — 8. λάβε] λαβών MA. — A
mg. : guillemets jusqu'à χώνευε χρυσὸν
ἀγκ. (l. 15). — 10. τὸν χρυσὸν τῆς Αἰθ.
AL. — M. mg. : grosse étoile. — 11.
ἐκφέρει τε χρυσὸν L. — θὲς σὺν αὐτῷ] τίθητι
ἐν αὐτῷ L. — 12. ἕως ἂν L. — ὕδωρ δὲ

θεῖον jusqu'à ἀγκαλούμενος (l. 15)] Réd.
de L : ὕδωρ δὲ θ. τοῦτο καὶ πικρόν ἐστι,
καὶ εἶδος ἐστυμμένον. καὶ ἰῶν κύπριον καὶ
αἰγύπτιον χρυσοβόστρυχον. καὶ χυλὸν καλοῦσι · καὶ σὺν τούτῳ χρῖε τὰ πέτ. τῆς φ. θ.
τῆς κυπρ. καὶ χώνευε χρ. ἀγαλλόμενος. —
15. ἀγκαλούμενος] ἀγαλλόμενος A. — πάλιν
δὲ καὶ ὁ Πετ. L. — 16. τὰ αὐτὰ συνάδει L.
— 18. διὰ τῆς μολύβδου ἐργασίας L, f. mel.
— 19. τοῦ ἀρρενικοῦ ὕδατος L. — 21.
τοῦ μολύβδου L. — ὅτι οἱ θέλοντες — περι-
πίπτουσι] Réd. de L : ὥστε τοὺς θέλοντας μαθεῖν εἰς μανίαν περιπίπτειν.

44] Ἰδοὺ ἐξ ἀρχῆς εἰρημένον περὶ τῶν στοιχείων, καὶ ἐνταῦθα δημηγορεῖται. Τὸν γὰρ μόλυβδον εἶπον ὠὸν τὸ ἐκ τῶν τεσσάρων σωμάτων, ὥς πού φησιν ὁ Ζώσιμος. Τὸ δὲ πᾶν τῷ μολύβδῳ καταλήγει · οἷον γὰρ εἶδος καταλέγουσιν, τὸ ὅλον αἰνίττονται · τὰ δὲ τέσ-
5 σαρα ἕν, φησὶν ἡ Μαρία. Ἐὰν γὰρ ψάμμους ἀκούσῃς, τὰ εἴδη νόει · ἐὰν δὲ εἴδη ἀκούσῃς, τὰς ψάμμους νόει. Τὰ γὰρ τέσσαρα σώματα ἡ τετρασωμία ἐστίν · περὶ ἧς τετρασωμίας φησὶν ὁ Ζώσιμος · « Εἶτα οὕτως ἡ τάλαινα ἐν σώματι τετραστοίχῳ πεσοῦσα ἢ καὶ πεδηθεῖσα, εὐθέως καὶ χρώμασιν ὑποπίπτει οἷς βούλεται ὁ τῇ τέχνῃ πεδήσας
10 ἢ λευκὸν, ἢ ξανθὸν, ἢ μέλαν αὐτὴν, ἢ μέλανι ἢ λευκῷ, ἢ ξανθῷ. Εἶτα ὑποδεξαμένη τὰ χρώματα καὶ κατ᾽ ὀλίγον ἡβῶσα ἕως γήρους ἔρχεται καὶ τελευτᾷ ἐν τῷ τετραστοίχῳ σώματι, τουτέστιν χαλκῷ, σιδήρῳ, κασσιτέρῳ καὶ μολύβδῳ, καὶ συντελευτᾷ ἐν τῇ ἰώσει, τού- τοις ὡς φθειρομένη, καὶ μάλιστα τότε μὴ δυναμένη φεύγειν · ἅτε
15 δὴ συμπλακεῖσα αὐτοῖς, καὶ μὴ δυναμένη φεύγειν. Πάλιν μετ᾽ αὐτῶν ἀντεπιστρέφει, συνδεδεμένον ἔχουσα τὸν διώκοντα καὶ ἔξωθεν ὑπὸ ὀργάνου κυκλικοῦ. » Τὸ δὲ ὄργανον τὸ κυκλικὸν τί ἐστιν; ἢ τὸ πῦρ καὶ σφαιροειδοῦς τῆς φιάλης ἀνεξόδευτον ἔχει τῆς φυγῆς τὸ αἴτιον, ὥσπερ ἐν νόσῳ τοῦ προτέρου αἵματος φθαρέντος, καὶ ἐν τῇ ἀναλή-
20 ψει νέον αἷμα γεννήσασα ἐπιδεικνύει ἐν τῷ ἀργύρῳ τὸ πυρρὸν αἷμα, τουτέστιν χρυσόν.

45] Ἰδοὺ πᾶσαι μαρτυρίαι κατὰ τὸ δυνατὸν ⟨ἀντὶ⟩ τῶν πολλῶν ὁμιλιῶν ἐκκόψας ὡς διὰ τὸν χάρτην, οὐχ ὅτι σπανιοῦμεν τοῦ

---

1. Ἰδοὺ ἐξ ἀ.] τοίνυν τὸ ἐξ ἀρχῆς L. — 2. τῶν om. L. — 3. ὥσπερ φησὶν ὁ Ζώσιμος AL. — Réd. de L : τὸ δὲ πᾶν τοῦ μολύβδου χρόνῳ καταλήγει. — 5. A mg. : guillemets jusqu᾽à οἷς βούλεται (l. 9). — ψάμμον AL. — 6. τοὺς ψάμμους A. — 8. καὶ ἐπιδωθεῖσα A ; ἐπιδεθεῖσα L. — 9. ὅτι τέχνη A. — Réd. de L : πεδήσας αὐτὴν ἢ μέλανι, ἢ λευκῷ, ἢ ξανθῷ. — 12. Réd. de L : τουτέστιν τοῦ χαλκοῦ κ. τοῦ σιδήρου, καὶ τοῦ κασσιτέρου, καὶ τοῦ μολύβδου, καὶ συντελευτᾷ... — 14. ἅτε δὴ —

φεύγειν om. L. — 15. καὶ πάλιν L. — 17. Réd. de L : ἢ τὸ πῦρ; τὸ δὲ ἐν τῇ σφαιρο- ειδεῖ φιάλῃ ὃν ἀνεξόδευτον ἔχον... — 19. καὶ ἐν τῇ ἀναλήψει L. — 20. Après γεννήσασα] F. suppl. ἡ φύσις. — γεννῆσαν L. — 21. τὸν χρυσόν L. — 22. Ἰδοὺ τοίνυν L. — πᾶσαι αἱ μαρτ. AL. — 23. Réd. de L : ὁμιλιῶν σοὶ ἔστωσαν ἅλις. Κατέλιπον δὲ καὶ ἄλλα πολλὰ οὐχ ὅτι σπανιζόμεθα χάρτου · ἀλλ᾽ ἵνα μὴ σοὶ φορτικοὶ δόξωμεν · πόσος γάρ...

χάρτου : ποῖος γὰρ χάρτης δυνήσηται τὰς τηλικαύτας δυνάμεις τῶν
ἐγκωμίων τῆς τέχνης; Τοσοῦτον δέ μοι f. 175 v.] χάρτην ἑτοίμασον
ὅσος καὶ πηλίκος ἐστὶν ὁ οὐρανός, ἵνα κἄν τι μόριον δυνήσωμαι
ἐντάξαι ὅσον κατὰ τὴν ἔνσωμον ὕλην. Τοῦ γὰρ τελείου καὶ ἀρρήτου
νοῦ ὁμοίωμά ἐστιν. Διὸ γυμνάζεσθαι ὀφείλομεν, κατὰ τὸν θεῖον
Δημόκριτον· ἀρομοίωσίς ἐστιν. « Διὸ γυμνάζεσθαι ὀφείλομεν καὶ
συνετὸν καὶ ὀξὺν ἔχειν τὸν νοῦν ». Καὶ ὁ Ζώσιμός φησιν· « Εἰ μὲν
γυμναζόμενος ἐπέτυχες, ἔσχες τῶν γυμνασίων τὸν κάματον· ἡ γὰρ
τέχνη, φησίν, νοὸς χρῄζει, καὶ γίνεται.

46] Καὶ ὅρα ὅτι πάντα εὐσύνοπτά σοι καθέστηκεν, ἀναλεξάμενος
ἀπὸ τῶν ἐξ ἀρχῆς εἰρημένων, ἀναλογίαν ποιούμενος τῶν παρατεθέντων σοι πάντων. Τὸ γὰρ εἰρηκέναι αὐτοὺς περὶ ὑγρῶν οὐσιῶν καὶ
ξηρῶν πλάνην ποιεῖ τοῖς ἐντυγχάνουσιν. Τὸ γὰρ ὑγρὸν διττῶς νοεῖται·
τὸ μὲν γὰρ κυρίως ὑγρόν ἐστιν, ὡς τὸ ὕδωρ· τὸ δὲ πάλιν ὑγρὸν καλεῖται παρὰ τοῖς τεχνίταις τὸ τραυλὸν τῶν λίθων. Καὶ δύο ἐναντία κατὰ
ἑνὸς ἐκφέρεσθαι ἀμήχανον. Καὶ ὧδε ἐστὶν τὸ ἀληθὲς εἰρημένον ὑπὸ
Πετασίου τοῦ φιλοσόφου· « Τοσαύτης δαιμονοπληξίας καὶ αὐθαδείας
τὸν μόλυβδον ὄντα φησὶν ὅτι οἱ θέλοντες μαθεῖν μανίας περιπίπτουσιν,
ἀλλ᾽ οὐ νοῖ. Ἀγαθέ, μοι λάμψον τοῖς ἐσκοτισμένοις φῶς. Ὅμως
οἰχήσεται πᾶν ψεῦδος. Οἴδασι γὰρ οἱ ὄντες τῆς ἀφθονίας ἀρχηγοὶ πάντα
ἀληθῆ· ἀλλὰ συγγνώμης τύχω· δυνατὸν γὰρ τὸ ἐμὸν ἁμάρτημα δι᾽
ὑμῶν κατορθοῦσθαι, καὶ γενέσθαι πάλιν κάλυμμα οἷς οὐ θέμις.

---

1. M mg. : grosse étoile (signe de lacune?). — 2. Réd. de L : Τοσοῦτον γάρ. τῆς
τέχν. περιλαβεῖν; οὐδὲ γὰρ εἴπερ ἔχοιμι ἂν ὅσος
ἐστὶν ὁ οὐρ. ἕν τι μόριον δυναίμην ἂν τῆς θείας
ταύτης τέχνης ἐντάξαι τούτῳ ὅσον κατὰ τὴν ἔνσωμον ὕλην. Τῷ γὰρ τελείῳ καὶ ἀρρήτῳ νῷ ὁμοία
ἐστὶν αὕτη ἡ τέχνη. — 6. ἀρομ. ἐστιν] om. L
(Glose marginale insérée dans le texte
de ΜΑ?) — Διὸ γυμν. ὀφ. om. L. — 7. ὡς
καὶ ὁ Ζώσ. L., — 8. ἔσχες] ἔχεις L. — ἡ γὰρ
τέχνη] καὶ τέχνη, φησὶν A; καὶ γὰρ ἡ τέχνη,
φησὶν L. — 10. ὅτι] ὡς L; om. A. —
σοι om. L. — καθέστηκεν — πάντων l. 14?]
Réd. de L : ὅθεν κἀγὼ ἀναλεξάμενος [τὰ

ἔκλεκτα ἀπὸ τῶν ἐξ ἀρχῆς εἰρημένων, καὶ ἀναλογίαν ποιούμενος τῶν παρατεθέντων σοι πάντων,
κατὰ δύναμιν καὶ προαίρεσιν ἐξέθηκα. — 12.
περὶ] παρὰ A. — 13. ποιεῖ] ἐμποιεῖ L. — 15.
Καὶ τὰ δύο δὲ ἐναντία... L. — 16. ἐμφέρεσθαι
AL. — 17. Τοσαύτης — ἀλλ᾽ οὐ νοῖ (l. 19)]
Réd. de L : Φησὶ γὰρ τοσαύτης γέμοντα δαιμονοπληξίας καὶ ἀκαθαρσίας καὶ αὐθ. τ. μολ.,
ὥστε τοὺς θέλοντας μαθ. εἰς μανίαν περιπ., ἀλλ᾽
οὐκ εἰς νοῦν. — 19. Ἀγαθὲ — φῶς en onciales M; om. L. — 20 Οἴδασι — δυνατόν] Réd.
de L : Οἴδασι γ. οἱ φιλόσοφοι εἶναι τῆς ἀφθ.
ἀρχ. κατὰ πάντα ἀληθῆ· ἀλλὰ συγγ. ἂν τύχοιμι
πάντως ἀληθοῦς· δυν. γάρ ἐστιν κ. τ. λ.

47] Τὰ γὰρ μολύβδῳ τὰ δύο ἐναντία ἀνατίθησιν, ἐπεὶ ὑγρός ἐστιν
καὶ ξηρὸς κατὰ τὴν αἴσθησιν. Καὶ τὰ τρία ἔχει ἐν ἑαυτῷ · ἔστιν γὰρ
λευκὸς καὶ ξανθὸς καὶ μέλας (f. 176 r.) ἀλλὰ καὶ ὑγρός. Ἰδοὺ τέσσαρα γίνονται καὶ χρώματα τοῦ ξανθοῦ διάφορα. Ἔχει καὶ δύο οἰκονομίας.
5 Καὶ δικαίως ἐν αὐτῷ ἀνατίθησι τὴν τέχνην, καὶ ψεῦδος αὐτῷ προσ-
κυροῦσιν τὸ ὑποκριτικόν, τὸ φαινόμενον, ὡς ἀλήθεια, τουτέστιν τὸ αὐτὸ
ἀστέρι. Καὶ διὰ τὴν τοιαύτην αὐτοῦ φύσιν οἱ πλεῖστοι τῶν ἀρχαίων
εἰς αὐτὸν ἀνατιθέασιν τὴν τέχνην, ὥς φησιν ὁ Ζώσιμος · « Τὸ δὲ
πᾶν τῷ μολύβδῳ καταλήγει. » Καὶ ἀλλαχοῦ · « Ὁ δὲ μόλυβδός
10 ἐστιν ἡμῶν ἡ μαγνησία, ὑγροῦ αὐτοῦ ὄντος κατὰ τὴν φύσιν. »
Ἀλλὰ καὶ τὸ σκωρίδιον αὐτοῦ ἔοικεν αὐτῷ τῷ σκωριδίῳ τῷ ἐκφερομένῳ διὰ τῆς χωνείας τῆς χρυσάμμου. Διὰ τοῦτο καὶ μάλιστα
εἰς αὐτὸν ἀνατιθέασιν τὴν τέχνην.

48] Δεῖ οὖν τὸ σῶμα τοῦ σκωριδίου τὸ πᾶσι τοῖς θεωμένοις ἄποιον
15 καὶ εὐτελὲς καὶ καταφρονούμενον εἰς αὐτὸ προσκυρῶσαι τὰ εἰρημένα
ἐγκώμια καὶ σὺν πᾶσι τοῖς ἀρχαίοις δοξάσαι, καὶ αὐτῷ τὸ κλέος ἀνα-
πέμπειν, καὶ τοῦτο τεχνιτεύειν. « Καὶ ἵνα μὴ ὑπὸ τῆς ἀπειρίας δει-
λανθῇς, φησὶν ὁ Ζώσιμος, ὅτε ἴδῃς πάντα σποδὸν γενόμενα, τότε
νόει ὅτι καλῶς ἔχει,...... καὶ εὑρήσεις τὸ ζητούμε- (f. 176 v.) νον. »
20 Καὶ ἡμεῖς μὲν ἀδύνατοι ὄντες πέρας ἐπιθῆναι τῷ λόγῳ διὰ τὴν
ἄφατον εὔκλειαν τῶν ἐγκωμίων τῆς τέχνης, ὁ λόγος ἑαυτὸν σεμνύ-
νας ἑαυτῷ πέρας ἐπέθηκεν · καὶ οἶκον αἰνίττεται φιλοσόφων ψυχῶν,

---

1. γὰρ] δὲ L, f. mel. — ἀνατίθησιν ὁ
Πετάσιος; L. — 3. λευκὸς — μέλας] μέλας
καὶ λευκὸς καὶ ξανθός L. — ἀλλὰ — διάφορα
om. L. — 5. Καὶ δικαίως — τέχνην] F. l.
Καὶ δικ. αὐτῷ ἀνατιθέασιν τ. τέχνην. — ψεῦ-
δος] F. l. ψευδῶς. — αὐτῷ] αὕτη A ; αὐτῇ
L. — 6. ὡς ἀλήθεια] τῇ ἀληθείᾳ L. — τὸ
αὐτὸ ἀστέρι] τὸ ἐν τῷ ἀέρι L. — 8. εἰς αὐτὸν
τὸν μόλυβδον ἀνατιθέασι L. — Τὸ δὲ πᾶν]
Νυνὶ δὲ τὸ πᾶν L. — 11. Réd. de AL :
ἔοικεν τῇ χωνείᾳ ἐκφερομένῳ τῆς χρυσοψάμμου
(l'iota souscrit en moins dans A). — 13.
τὴν τέχνην add. L. — 14. A mg. (à l'encre
rouge) : un cercle avec une longue barre
horizontale sur le côté de gauche. —
τοῖς θεωμ.] τοῖς τοῦτο θεωμ. L. — 15. Après
καταφρονούμενον] Add. de L : εἰς αὐτὸ
ὑπάρχον ζητεῖν ἀκριβῶς καὶ. — 16. συμπᾶσι
M. — 17. τεχνητεύειν mss. (τεχνήτης est
connu). — δειλανθῇς] βλαφθῇ L. — 18.
φησὶ γὰρ ὁ Ζώσ. L. — πάντα] τὰ πάντα L.
— Ὅτε ἴδῃς f. l. ὅτι <ἐὰν> ἴδῃς. On trouvera cette citation de Zosime dans le
morceau III, xlvi, 2, depuis ἐὰν γὰρ
ἴδῃς, jusqu'à la fin du même § 2, avec
les variantes du passage supprimé ici.

καί φησιν · « Οἶκος ἦν σφαιροειδὴς ἢ ὠοειδὴς ταῖς δυσμαῖς βλέπων
εἰς ἃς εἶχεν τὴν εἴσοδον, κοχλιοειδὴς ὑπάρχων · εὑρήσεις δὲ αὐτοῦ
τὴν διαγραφὴν ἐν τῷ μνημονευθέντι σοι λόγῳ.

49] Πάλιν ἀναφέρουσι τὴν τέχνην εἰς ἥλιον καὶ σελήνην. Καὶ ὁ μὲν
5 ἥλιος τῆς ἀνατολῆς ἄρχει, ἡ δὲ σελήνη τῆς δύσεως. Καὶ πιθανὰς
ἀποδείξεις ἀναφέρουσιν περὶ τούτων, ὅτι περὶ ψάμμου τι λελαλήκασιν, τὰς οὐσίας αἰνιττόμενοι. Ταριχεύοντες δὲ τὰ θειώδη τινὲς,
τοῦ φαρμουθὶ μηνὸς ἐλθόντος, ἕκαστον τῶν εἰδῶν βάλλοντες εἰς
λινοῦν στερεὸν καὶ πυκνὸν ῥάκος, ζεννύουσι τῇ θαλάσσῃ τὰ εἴδη,
10 ἀποβάλλοντες τὸ ζέμα πεποιημένον, καὶ πάλιν ἐῶντες ἐν τῇ θαλάσσῃ
βρέχεσθαι, οὐκ ἀφ᾽ ἑαυτῶν οὐδὲ τοῦτο τεκμηράμενοι, ἀλλ᾽ ἀπ᾽
ἐκείνων ὧν φησιν Ἑρμῆς εἰς πολλοὺς τόπους, ὅτι « Ζέσον εἰς ῥάκος
λινοῦν στερεόν. » Αὐτὸς μὲν βοτάνην εἴρηκεν ζεννύσθαι, καὶ δικαίως ·
« Αὔξησιν γὰρ λαμβάνει · » ἡ γὰρ αὔξησις οὐκ ἔστιν ματαία · εἰς γὰρ
15 τροφὴν καὶ σπερμάτωσιν αὐξάνουσιν. Καὶ μέμνηνται πολλοὶ τῶν
ἀρχαίων τῶν ζέσεων · καὶ Μαρία καὶ Δημόκριτος ὅτι « Πλῦνον καὶ πλῦνον ἕως φύγῃ ἡ μελανία τοῦ στίμμεως · καὶ ταύτην τὴν
πλύσιν λεύκωσιν αἰνίττονται, ὡς καὶ ἀνωτέρω εἴρηται.

50] Πάλιν περὶ τῆς ξανθῆς οὐσίας φροντίζοντες κατάλογον
20 ξανθῶν εἰδῶν ποιοῦνται · καὶ φησιν · « Δύο εἰσὶ λευκώσεις, ὡς καὶ
δύο ξανθώσεις, καὶ δύο συνθέματα, ξηρὸν καὶ ὑγρόν, τουτέστιν ἐν τῷ
καταλόγῳ τοῦ ξαν-[f. 177 r.] θοῦ βοτάνας καὶ μέταλλα, καὶ ζωμοὺς
δύο, ἕνα ἐν τῷ ξανθῷ, καὶ ἕνα ἐν τῷ λευκῷ · καὶ ἐν μὲν τῷ ξανθῷ
ζωμῷ, τὰ διὰ τῶν ξανθῶν βοτανῶν, οἷον κρόκου καὶ ἐλυδρίου, καὶ

---

1. φασίν M. — Réd. de L : οἶκος ἦν σφ.,
βλέπων πρὸς δυσμὰς, πρὸς ἃς ἔχει τὰς εἰσό-
δους. — 4. Πάλιν δὲ ἀναφ. L. — 6. Τούτου
A. — 7. Réd. de L : ταριχ. δέ τινες τοῦ φαρμ.
μ. ἐ. ἤγουν τοῦ ἀπριλίου ἕκαστον. — 8. M
mg. : φαρμουθὶ ἀπρίλλ (main du XVᵉ siècle).
— εἰς λευκὸν καὶ λινοῦν καὶ στερεὸν L. — 12.
ὧν] ὡς AL. — ὁ Ἑρμῆς L. — ὅτι] λέγει
γὰρ αὐτός L. — 13. καὶ αὐτὸς δικαίως L. —
15. σπερμάτωσιν] σπερματιάσαι M ; σπερμα-
τιώσιν A. — αὐξάνουσιν] λαμβάνεται καὶ αὐξανομένη A ; λαμβάνεσθαι αὐξανομένη L. —
Καὶ μεμν. πολλοί] Διὸ καὶ π. μεμν. L. —
16. ἡ Μαρία καὶ ὁ Δημ. L. — ὅτι] λέγουσι
γὰρ L. — 17. ἕως ἂν AL. — στίμμεος L. —
19. Καὶ πάλιν περὶ τῆς λευκῆς καὶ ξανθῆς AL.
— 20. καὶ φησιν · δύο] Διὸ κ. φησιν · δύο
τοίνυν L. — 21. ξηρόν τε καὶ ὑγ. L. — 22.
τοῦ ξανθοῦ] τῶ ξανθόν A. F. l. τῶν ξανθῶν.
— βοτάνας] εὑρήσεις βοτ. L, f. mel.

τῶν ὁμοίων · καὶ ἐν τῷ λευκῷ πάλιν συνθέματι, καὶ ἐν μὲν τῷ ξηρῷ
πάντα τὰ λευκά, οἷον γῆ κρητική, κιμωλία, καὶ ὅσα τοιαῦτα. Καὶ
πάλιν ἐν τῷ ὑγρῷ τοῦ λευκοῦ, ὅσα λευκὰ ὕδατα, οἷον ζύθον καὶ
χυλοὺς καὶ ὀποὺς βοτανῶν · Καὶ ταῦτα πάντα περὶ χρωμάτων αἰνιτ-
5 τόμενοι, ποιοῦνται τὴν φροντίδα. Αὐτοὶ δὲ, ὡς συνετοὶ, κρίνατε, προ-
γεγυμνασμένοι ἐν τούτοις. Ἡμεῖς μὲν γὰρ πάντων τούτων καταφρο-
νήσαντες, κατὰ τὸν Δημόκριτον · « Ἴσμεν γὰρ τῆς ὕλης τὴν
διαφορὰν, καὶ ἐπὶ τὰ χρησιμώτατα χωροῦμεν. » Καὶ ὅρα πῶς ἐν τῇ
κατ᾽ ἐνέργειαν βίβλῳ, τῷ δευτέρῳ λόγῳ, τί φησιν περὶ τῆς λευκώσεως
10 τῆς λευκῆς · « Δύο εἰσὶν λευκώσεις, ὡς καὶ δύο ξανθώσεις · μία διὰ
λειώσεως, καὶ ἑτέρα διὰ ἑψήσεως. Ἡ οὖν διὰ λειώσεως γίνεται · οὐ
γὰρ ἁπλῶς συλλειοῦται, ἀλλ᾽ ἐν δώματι ἱερατικῷ · ἐκ δὲ τοῦ
δώματος ἐκείνου τοῦ ἱεροῦ οἴκου, ἐφ᾽ ἴσα τὰ μέρη, πανταχόθεν λίμναι
καὶ κῆποι παρακείσθωσαν · ἵνα μὴ ὁ ζέφυρος πνέων καὶ κόνιν ἐκ
15 τοῦ σύνεγγυς ἐπισύρηται κατὰ τῆς θυείας. » Ἰδοὺ τὸν τόπον τῆς
λειώσεως εἶπεν μυστικῶς. « Καὶ αὐτοὶ, ὡς συνετοὶ, κρίνατε τὸ μέσον
τοῦ δώματος. » Καὶ τὸ « λίμναι καὶ κῆποι, » τί ἐστιν.

31] Ἑρμῆς τοίνυν μικρὸν κόσμον ὑποτίθεται τὸν ἄνθρωπον,
λέγων ὅτι ὅσα ἔχει ὁ μέγας κόσμος, ἔχει καὶ ὁ ἄνθρωπος. Ἔχει ὁ
20 μέγας κόσμος ζῷα χερσαῖα καὶ ἔνυδρα · ἔχει καὶ ὁ ἄνθρωπος
ψύλλους καὶ φθεῖρας, καὶ [ἔνυδρα] ἕλμιγγας. Ἔχει ὁ μέγας κόσμος
ποταμοὺς, πηγὰς, θαλάσσας · ἔχει ὁ ἄνθρωπος τὰ ἔντε-(f. 177 v.)
ρα. Ἔχει ὁ μέγας κόσμος τὰ ἀέρια ζῷα · ἔχει καὶ ὁ ἄνθρωπος

---

1. καὶ ἐν τῷ] ἐν δὲ τῷ AL., f. mel. —
2. γῆν κρητικήν, κιμωλίαν L. — 5. ἐν τούτοις
(avec A) ποιοῦνται τ. φρ. L. — 6. καταφρονοῦν-
τες AL. — 9. Réd. de L : ἐν τῷ δευτ. λόγῳ τί
φ. ὁ Ζώσιμος. — 10. ἡ μία δ. λ. κ, ἡ ἑτέρα L.
11. οὖν] δὲ L. — γίνεται ἡμῖν πρώτη L. —
13. τοῦ ἱεροῦ οἴκου om. L. (Glose marginale
insérée dans le texte de M ?). — ἐφ᾽ ἴσα
τὰ μέρη] ἐκρύσα τ. μ. A ; ἐκρύσα φησὶ τὰ
μέρη L. — πανταχόθεν] καὶ παντ. εἰκότως
L. — 14. παρεστήκεισαν A ; περίκεινται L.
— καὶ κόνιν] καὶ om. L. — 15. κατὰ τ. θ.
om. L. — 17. αἱ λίμναι L. — 18. Ὁ δὲ
Ἑρμῆς L, qui om. τοίνυν. — 19. Ἔχει
ὁ μέγας κόσμος ζ. χ. καὶ ἔν.] Réd. de A :
Ἔχει ὁ κ. μεγάλα (avec A) ζ. χ. καὶ ἔν. ὁ κ.
μεγάλα (avec A) καὶ μικρὰ ζ. χ. καὶ ἔν. — Voir
la réd. suivie de L (jusqu᾽à la fin du paragraphe), un peu plus loin (Appendice II).
— 21. καὶ φθεῖρας, καὶ ἕτερα ἑλμίγκας A. — 22.
τὰ ἔντερα] τὰ om. AL. — Après ἔντερα] φλέβας
καὶ ἐξέδρας add. AL. — 23. ἀέρια] ἄγρια A.

τοὺς κώνωπας. Ἔχει ὁ μέγας κόσμος πνεύματα ἀναδιδόμενα, οἷον
ἀνέμους · ἔχει καὶ ὁ ἄνθρωπος τὰς φύσας, οἷον τῷδε. Ἔχει ὁ μέγας
κόσμος ἥλιον καὶ σελήνην · ἔχει καὶ ὁ ἄνθρωπος τοὺς δύο ὀφθαλ-
μούς, καὶ τὸν μὲν δεξιὸν ὀφθαλμὸν τῷ ἡλίῳ ἀνατιθέασι, τὸν δὲ ἀρισ-
5 τερὸν τῇ σελήνῃ. Ἔχει ὁ μέγας κόσμος ὄρη καὶ βουνούς · καί ὁ
ἄνθρωπος τὰ ὀστέα. Ἔχει ὁ μέγας κόσμος τὸν οὐρανόν · ἔχει καὶ ὁ
ἄνθρωπος τὴν κεφαλήν. Ἔχει ὁ οὐρανὸς τὰ δώδεκα ζώδια ἀπὸ κριοῦ
τὴν κεφαλὴν ἕως ἰχθύων τοὺς πόδας. Καὶ τοῦτό ἐστι τὸ φημιζό-
μενον παρ' αὐτοῖς τὸ κοσμικὸν μίμημα ὃ καὶ ἐν τῇ βίβλῳ τῆς ἀρέτης
10 μέμνηται ὁ Ζώσιμος. Τοῦτό ἐστιν καὶ ἡ γῆ τοῦ κόσμου.

52] Καὶ μὴν ἄνθρωπον ἔχομεν λειῶσαι καὶ ἐπιβαλεῖν; φησὶν ὁ φιλόσοφος πρὸς τὸν Ζώσιμον. Ὁ δέ φησιν · « Ἐτεκμηράμην ὡς ἐκ τοῦ κοσ-
μικοῦ, τοῦτο ὠὸν εἶναι. » Πάλιν ἐν τῇ πυραμίδι ὁ Ἑρμῆς τὸ ὠὸν αἰνιττόμενος, κυρίως οὐσίαν καὶ χρυσοκόλλης καὶ σελήνης ἔλεγεν τὸ ὠόν.
15 Καὶ γὰρ τὸ ὠὸν προκαλεῖται τὸν χρυσόκομον κόσμον · ἄνθρωπον γὰρ
εἶναί φησιν τὸν ἀλεκτρυόνα ὁ Ἑρμῆς καταραθέντα ὑπὸ τοῦ ἡλίου.
Ταῦτα λέγει ἐν τῇ ἀρχαϊκῇ βίβλῳ. Ἐν αὐτῷ δὲ μέμνηται καὶ περὶ τοῦ
ἀσπάλακος, ὅτι καὶ αὐτὸς ἄνθρωπος ἦν · καὶ ἐγένετο θεοκατάρατος,
ὡς ἐξειπὼν τὰ τοῦ ἡλίου μυστήρια. Καὶ ἐποίησεν αὐτὸν τυφλόν. Ἀ-
20 μέλει καὶ ἐὰν φθάσῃ θεωρηθῆναι ὑπὸ τοῦ ἡλίου, οὐ δέχεται αὐτὸν ἡ γῆ

---

1. Après κώνωπας] μυίας (μύγας A) καὶ τὰ ἑξῆς add. AL. — 2. Après ἀνέμους] βρον-τὰς καὶ ἀστραπὰς add. AL. — φύσας] φύσεις M. Corrigé d'après L. — τῷδε] ἀσθενείας καὶ κινδύνους AL. — 3. Après κόσμος] τοὺς δύο φωστῆρας add. AL. — 6. ὀστέα καὶ κρέας AL. — Après οὐρανόν] καὶ τοὺς ἀστέρας add. AL. — 7. Après κεφαλήν] καὶ τὰ ὦτα add. AL. — ἔχει καὶ οὐρανός — καὶ τοῦτο] même rédaction dans A. que dans L (voir l'Appendice ii), puis A continue ainsi : κριὸν συναρμομένα (lire συνηρμοσμένα ?) ἐπὶ (lire ἀπὸ ?) τοῦ σώματος αὐτοῦ ἕως κάτω τῶν ποδῶν τοὺς ἰχθύας. — 9. ὁ] οὖ L. mel. — 10. τοῦτο ἐστιν jus-qu'à συμφωνοῦσιν (p. suiv., l. 8) om. L.

— 11. μὴν] μὴ M, avec second accent grave à l'encre rose, sans doute pour corriger ἡ en ἢν; μὴ AK. — ἐπιβαλεῖν] ἐπι-βάλαι MK; ἐπιβάλλον φησὶν A. Corr. conj. 13. πυραμίδι] κυριανίδη A; κυριανίδι K. — τὸ ὠόν] ὠόν gratté M; espace blanc K; τόσον A. — 14. Τὸ ὠόν. Καὶ γὰρ τὸ ὠόν προκαλεῖται] τὸ (ὠόν gratté). Καὶ γ. τὸ ζωόν πρ. M; τόσον τὸ ζῶον πρὸς καλὴ (l. προσκα-λεῖ ?) A. — 15. τὸ ὠόν] τὸ ζῶον MK; τόσον A. Corr. conj. (M. B.). — χρυσόκομον κόσμον] κόσμον précédé du signe de l'or MA; χρυσόκομον L. Corr. conj. (M. B.) — 16. ἡλίου] ou χρυσοῦ. C'est le même signe (M. B.). — 17. ἐν αὐτῷ] ἐνταῦθα A.

ἕως ἑσπέρας. Λέγει ὅτι « ὡς καὶ γιγνώσκων τὴν μορφὴν τοῦ ἡλίου ὁποία
ἦν. » Καὶ ἐξώρισεν αὐτὸν ἐν τῇ μελαίνῃ γῇ, ὡς παρανομήσαντα, καὶ
ἐξειπόντα τὸ μυστήριον τοῖς ἀνθρώποις.

53] Ὁμοίως τὸ συναγόμενον ἐκ τούτων συντομίας χάριν · ἔσω γινώσ-
5 κων ὡς πρὸς τὰς γονὰς γένος ὑπάρχει καὶ τῷ εἴδει μόνον δια-(f. 178 r.)
φέρον κατὰ τῶν πτηνῶν διὰ τὸ πρόχειρον, καὶ ὑπὸ ἑαυτοῦ φρουρού-
μενόν ἐστιν, κἄν τε τῶν γαμερπῶν ζώων, κἂν τετραπόδων, κἂν διενη-
νόχασιν ἀλλήλων πρὸς εἶδος, ἀλλὰ τῇ δυνάμει συμφωνοῦσιν. Ὁ δὲ
ἄνθρωπος ὡς τιμιώτερος πάντων τῶν ἀλόγων ζώων, τοῦτο φέρουσιν ἐπὶ
10 μνήμης πάλιν, Συνεσίου πρὸς Διόσκορον γράφοντος. Φησίν · « Προτετίμηται ὁ ἄνθρωπος πάντων τῶν ζώων τῶν ἐπὶ τῆς γῆς. » Τὸ γὰρ
κυρίως τῆς ὅλης τέχνης, φησὶν Ὧρος « λαθραίως εἰληφέναι τὸ τοῦ
ἄρρενος σπέρμα, ἀλλὰ πάντα ἀρρενόθηλυ ὑπάρχειν, » ὥς πού φησιν ἡ
Μαρία · « Ζεύξατε ἄρρενα καὶ θήλειαν, καὶ εὑρήσεται τὸ ζητούμενον ·
15 χωρὶς γὰρ ταύτης τῆς οἰκονομίας τῆς συζυγίας, οὐδὲν δύναται κατορ-
θωθῆναι · ἡ γὰρ φύσις τῇ φύσει τέρπεται ». Καὶ τὰ ἑξῆς.

54] Ὁ δὲ Δημόκριτος ἐκ τούτων λαβὼν ⟨ἀφορμὰς⟩ συνεγράψατο
βιβλία τέσσαρα τῷ τῆς ἀφορμῆς ὀνόματι. Καὶ Μαρία · « Λαβὼν πέταλον τὸ μήνης... » Καὶ ἀλλαχοῦ · « Τὸ πέταλον τῆς κηροτακίδος... »
20 κηροτακίδα καλήσασα τὴν θάλψιν τὴν διὰ πετάλου. Καὶ γὰρ τὸ πέταλον ῥάκος ἐκ βοτάνης ἐστὶν εἰργασμένον... » Καὶ ἀλλαχοῦ ἡ αὐτή ·

---

1. ἡλίου ὁποία] ποιίας précédé du signe
de l'or et du soleil A. Le copiste a
voulu écrire χρυσοποιίας. — 2. μελαίνη
γῇ] μέλανι δὴ γῇ M ; μελανιδήγη A; μελα-
νίδη γῇ K. Corr. conj. — 4. ἔσω γινώσ-
κων] ἔσο γιν. M ; ἔσο ἐπὶ γινώσκον A. F. l.
ἐπιγίνωσκε. — 5. διαφέρει A, f. mel. —
ὑπ' αὐτοῦ A. — 6. κατὰ] F. l. κἄν τε. —
7. κἄν τε] καὶ A. — κἂν] καὶ A. — 8. Ὁ
δὲ ἄνθρωπος — προτετίμηται] Réd. de L. :
Διὸ καὶ ὁ Συνέσιος πρὸς Διόσκ. διαλεγόμε-
νός φησιν · Ὁ ἄνθρ. προτ. — 9. τιμιώτερον
π. τ. κτηνῶν ζ. A. — 10. μνήμη · πάλιν...
A. — Après φησίν; point rouge A. —
Cp. Synésius, ci-dessus II, iii, 11, p.

64, l. 12. — 11. Τὸ γὰρ — ἀλλὰ om.
L. — 12. Ὧρος MA. — 13. πάντα τὰ
ἀρρενόθηλυα ὑπάρχουσιν A ; παντὰ δὲ ἀρρενοθήλεα ὑπάρχουσιν L. — 14. Ζ. γ. φ.
ἄρρ. καὶ θήλεα L. — Θήλειαν] Θῆλυ A. —
εὑρήσετε L. f. mel. — M. mg. : groupe
de points. — 15. οἰκονομικῆς συζ L, f.
mel. — 16. τῇ φύσει] τὴν φύσιν AL. —
18. ἡ Μαρία AL. — τέρπει L. — 19. τὸ
μηνης (sic) M ; τὸ μύνης A ; τὸ μήνης K.
— Καὶ ἀλλαχοῦ] καὶ πάλιν ἡ αὐτή L.
20. κηρ. δὲ καλεῖ L. — πετάλων AL —. Καὶ
γὰρ τὸ πέταλον] Réd. de L : πέτ. δέ ἐστι
καὶ βοτάριον εἰργασμένον · καὶ ἀλλαχοῦ πάλιν
ἡ αὐτή · μὴ θέλε κ. τ. λ. (p. suiv., l. 5).

« τῷ αὐτῷ μωταρίῳ τῆς ξανθῆς σανδαράχη. Ἰδοὺ καὶ θηλυκὸν ὄνομα
σανδαράχη· τὰ γὰρ μωτάρια, ὡς ἴστε, ἐκ ῥάκους εἰσὶν, καὶ ἐν τῇ στήλῃ
τῆς ἀρσενοειδοῦς ὑποκάτω τοῦ ζῳδίου Μαρίας ἐστὶν τὰ ὧδε· « Σὺν καὶ
πᾶσι χρήμασι. » Καὶ ἀλλαχοῦ· « Πύρινον φάρμακον... » Καὶ ἀλλαχοῦ
5 φησὶν ἡ Μαρία· « Μὴ θέλε ψαύειν χειροῖν· οὐκ εἶ γένους Ἀβρα-
μιαίου· καὶ εἰ μὴ εἶ ἐκ τοῦ γένους ἡμῶν... » Καὶ ὅρα ὅτι εἰδική ἐστιν ἡ
τέχνη (f. 178 v.) καὶ οὐ κοινή, ὥς τινες δοκοῦσιν, καὶ πρὸς εἰδότας ἢ
λαβόντας λελαλήκασιν. Ἀλλὰ σὺ, κάλλιστε υἱὲ, τὰ δοκοῦντα χρήσιμα
ἀναλέγου, παραινούμενος παρὰ τοῦ φιλοσόφου ὡς· « Νοήμασι λέγω,
10 γυμνάζων ὑμῶν τὰς φρένας εἰς τὸ τίσι δεῖ κεχρῆσθαι ». Καὶ εἰ ἐν τούτοις ὑπῆρχον ἀσκούμενοι οἱ νέοι, οὐκ ἂν ἐδυστύχουν κρίσει ἐπὶ τὰς
πράξεις ὁρμῶντες. Καὶ· « Γίνεσθε παῖδες ἰατρῶν, ἵνα νοῆτε τὰς φύσεις,
ὁπηνίκα αὐτὸ ὑγιεινὸν φάρμακον κατασκευάσαι βουλόμενοι, τοῦτο οὐκ
ἀκρίτῳ ὁρμῇ πράττειν ἐπιχειροῦσιν ». Καὶ τὰ ἑξῆς.

15 55] Βλέπε οὖν πῶς ἐρρέθη ὅτι ἡ τέχνη εἰδική ἐστιν, καὶ οὐ κοινή.
Ἀκούετε τοίνυν, ἄφρονες, τί φησιν Ὧρος ὁ χρυσωρυχίτης πρὸς Κρο-
νάμμονα περὶ τῆς μερικῆς τέχνης τε καὶ τῶν εἰδῶν. « Μικρὸν λογύδριον παρενθήσω τῆς ἀληθίνης φύσεως τὴν ἑρμηνείαν ποιησάμενος,
τοσοῦτον παρ' ἡμῖν μνημονευθεισῶν τάξεων, καὶ μηδαμοῦ τῆς ἀλη-
20 θείας τῆς διὰ ψάμμων καὶ λίθων ἐκδοθείσης· ἀλήθειαν εἶπον τῆς διὰ
ψάμμων· τῶν γὰρ τάξεων μηδαμῶς εἰς πέρας ἀχθεισῶν. Τίς γὰρ οὐκ
οἶδεν ὅτιπερ καὶ χρυσὸς καὶ ἄργυρος καὶ χαλκὸς καὶ σίδηρος καὶ
μόλυβδος καὶ κασσίτερος καὶ γαῖ καὶ λίθοι καὶ μέταλλα ἐκ τῆς γῆς
εἰσιν καὶ χρήσιμα τυγχάνουσι; Καὶ ἐκ τούτων τὴν συγγραφὴν ἐποιή-
25 σαντο, ποιήσαντες καὶ ζωμοὺς ἐκ βοτανῶν χυλῶν καὶ ὀπῶν, δένδρων

---

1. μωταρίῳ] ὃοταρίω A, f. mel. —2. σανδαραχη; A, f. mel. — 3. ἀρσενοειδοῦς] F.l.
ἀρσενοήτου. Cp. le paragraphe 39. — 4.
πύρινον] F. l. πυρετόν (M. B.). — 5. χει-
ροῖν] M; χερσὶν AL. Corr. conj. —
Réd. de L : Οὐ γὰρ ἐκ γένους εἶ Ἀβρα-
μιαίου· καὶ γὰρ εἰ μὴ ἐκ τ. γ. ἡμῶν ἦ (lire
εἶ), οὐ δύνασαι ψαῦσαι, ὅτι μερικὴ ἐστιν

αὕτη ἡ τέχνη, καὶ οὐ κοινή. Puis omission
des mots ὥς τινες δοκοῦσιν jusqu'à καὶ τῶν
εἰδῶν (l. 17). — 11. κρίσει] ἀδιακρίτως
A. F. l. διακρίτως. — 16. ὅρος MK ; ὁ ἔρος.
Corr. conj. — 17. Avant μικρόν] Ἐγὼ δὲ
add. L. · 18. Après ποιησάμενος]. Voir
ci-après, Appendice III, la rédaction de
L jusqu'à la fin du texte d'Olympiodore.

καὶ καρπῶν καὶ ξύλων ξηρῶν καὶ ὑγρῶν · ἐκ τούτων ζωμοὺς κατασ-
τήσαντες, συνεστήσαντο τὴν τέχνην ἐκ ταύτης τῆς μιᾶς, ὡς ἐν δένδρον εἰς μυρίους κλάδους διελόντες, μυρίας τάξεις ἐποιήσαντο. Ἔχεις
οὖν ὧδε ὅλη δυνάμει τὸ ὅλον (f. 179 r.) τοῦ ἔργου · χαλκομόλυβδος,
5 ἐτήσιος λίθος ἐξίσου ὁμορρευστήσαντα χρύσοπτα πάντα ποιεῖ. Τὸ δὲ
«ὁμορρευστήσαντα» οὐδὲν ἄλλο σημαίνει, ἢ τὸ ὁμοῦ καὶ κατ' αὐτὸν ῥεύσαντα, δηλονότι διὰ τοῦ πυρός.

<hr>

II. ιv ᴮᴵˢ. — OLYMPIODORE. — APPENDICES.

APPENDICE I

10
§ 38. — (Voir p. 92.)

Nous croyons devoir donner ici une page écrite en tête du 1ᵉʳ folio du ms.
M, d'une main du XVᵉ siècle et dans un dialecte presque barbare, texte dont
nous tentons la restitution. Cette page est suivie par des termes magiques,
puis par la formule de l'Écrevisse, avec interprétation ; enfin par les mots
15 ἰστέον ὅτι τὰ λεγόμενα σκωρίδιά εἰσιν τὸ ὅλον μυστήριον. — Les variantes introduites dans ce texte sont toutes des corrections conjecturales.

Λαβὼν τὴν ἀπομένουσαν ξηρὰν καὶ μελανουμένην τρυγέαν, λεύκανον
οὕτως... Ἔστω σοί τινι προκατεσκευασμένον τὸ δι' ἀσβέστου ὕδωρ, ἤτοι
διατεταγμένον διὰ σποδοῦ ἀλαβαστρίνου ὡσεὶ σαπουναρικῇ στακτῇ.
20 Ἐπίβαλε τήν τε ἐν τούτῳ καὶ πλῦνον αὐτὰ καλῶς ἕως οὗ μελάνωσις
τῷ ὕδατι γένηται · καὶ ἤθου · κατάγγιζε τὸ ὕδωρ ἀπ' αὐτοῦ. Ἕτερον ·
ἐπίβαλον καὶ, εἰ βούλει, προκαταγώσας ἡμέρας τινὰς, ἤθου τὸ ἀγ-
γείον · πλῦνον ὁμοίως κατὰ τὴν προδηλωθεῖσαν τάξιν. Εἶτα καταγγίσας

<hr>

3. διελόντες] διήκοντας ἵλων écrit de 1ʳᵉ
main au-dessus de κων M; διήκοντας; K;
διάκεινται A. Corr. conj. Dans le passage
correspondant (Appendice ɪɪɪ), L a διῆκον.
— 4. ὁμορευστ. mss. ici et l. suiv. — M
mg. : groupe de points. — 5. χρύσοπτα

ὁμορ. om. A. — ποιεῖ] F. l. ποίει. — 6.
ἢ τὸ] ἤτοι A. F. l. ἢ τὰ. — — 18. Après
οὕτως, espace blanc dans le ms. — Ἔστω
σοι τίνι] ἐστοσιτινη ms. — 19. στάκτη ms. —
21. κατάγγυζε ms. — 22. εἰ βούλει] ἢ βουκ
ms. — 23. καταγγύσας ms.

αὖθις, τὸ μελανίζον γὰρ ὕδωρ ἐπὶ τὸ ἄλλο μέρος συνεπίβαλε. Εἶτα
γώσας τοσαύτας ἡμέρας, ἠθοῦ τος ἄνιγε ?, καὶ πλῦνον. Καὶ τοῦτο ποιῶν
ἀναλίσκεται ἡ μελάνωσις δι᾽ ἐπιφανείας, καὶ λευκόχροος γίνεται. Τὰ
δὲ προσμελανισθέντα ὕδατα ἔμβαλε ἐν σκεύει τινὶ ὑελίνῳ, καὶ περιπη-
5 λώσας, ξηράνας κατάγωσον ἡμέρας τινάς. Καὶ ὡς ἰὸν γενόμενον, ἄνιγε ?
δι᾽ ὀργάνου μασθωτοῦ · καὶ λευκὸν πάλιν γίνεται. Ταῦτα οὕτως προσ-
λευκάνας καθὰ προλέλεκται, ξήρανον καὶ βάλε ἐν ἰγδίῳ · ἐπίβαλε αὐτοῖς ἐκ τὸν προηγτημασμένον ?, λευκὸν ὕδωρ · κατ᾽ ὀλίγον [ὀλίγον] ἐπίβαλε καὶ τρίβε, ἄχρις ἂν καλῶς προπλυθῇ καὶ κτήσηται ⟨ἐν⟩ καιρῷ
10 σύστασίν τε καὶ μορφήν. Καὶ ξηράνας τοῦτο, βάλε ἐν βικίῳ ὑελίνῳ, καὶ
ἀσφαλισάμενος, κατάγωσον ἡμέρας τινάς, τουτέστι ἄχρις οὗ τέρμα διηθη-
θεῖσα ἀραιωθεῖσα καὶ πρὸς ἱκανὴν ἔλθῃ λεύκωσιν · διαλειοῖ, καὶ ἀραι-
οῦται · καὶ τεθεῖσα ἐπάνω τινὸς ὄξους, καὶ προσδεχόμενος τὰς δριμείας
αὐτοῦ ἀτμίδας, παραλειοῦται, δηλαδὴ λευκὸν γίνεται δίκην ψιμυθίου
15 τὸ ἀπὸ μολύβδου γινόμενον. Δυνατὸν γὰρ οὕτως γενέσθαι καὶ ἄσβεστος ·
τεθέντα δηλαδὴ τὸν ἡμέτερον λίθον ἐπάνω τοῦ ὄξους δριμέον ἀτμὸν,
μολύβδινον πέταλον. Εἰ δὲ ξανθὸν ταῦτα κατασκευάσαι βούλιον μέτα ?,
ἱκανῶς πλυθῆναι καὶ ξηρανθῆναι [καὶ ξηρανθῆναι] ξανθοῖς σεσημμένοις
ὕδασιν ποτισθῆναι καὶ πλυθῆναι, καὶ πλασθῆναι αὐτὰ λευκόν, καὶ μετέ-
20 πειτα ξηρανθῆναι, καὶ καλῶς θῆναι · καὶ ἐπληρώθη, σὺν Θεῷ χρίσις
Ἰουστινιανοῦ.

APPENDICE II

§ 51 (après le mot ἔνυδρα). Rédaction de L. (Voir p. 100, l. 19.)

Ἔχει καὶ ὁ ἄνθρωπος ψύλλους κ. φθ., χερσαῖα, καὶ ἕλμινθας,
25 ἔνυδρα. Ἔχει ὁ μέγας κόσμος ποτ., πηγ., θαλ. · ἔχει κ. ὁ ἄνθρ.
ἔντερα, φλέβας, ἐξέδρας. Ἔχει ὁ μ. κ. ἀέρια ζ. · ἔχει κ. ὁ ἄνθρ.

---

1. ἐπὶ τὸ ἄλλον (sic) μέρος οὖν ἐπίβαλε ms.
— 2. ἠθοῦ τος ἄνιγε] F. l. ἠθοῦ τὸ ἀγγεῖον
(ut supra). — 5. ἄνιγε] F. l. ἄναγε. — 7.
αὐτοῖς ἐκ τὸν προηγτημασμένον] F. l. αὐτῆς ἕκτον
(sc. μέρος) προκατεσκευασμένον. — 9. κτήσεται
καίρουσις τασηντα ms. — 11. ἄχρις οὗ τετκα
διάθεσα ms. — 12. ἀραιωθεῖσα] ἀραοθέσαν
ms. F. l. ἀραιωθῇ τε. — 14. παρακλειοῦται]
παρακλείτε ms. — 15. γινομένου ms. —17. εἰ
δὲ] ἡ δὲ ms. — βούλιον μέτα] F. l. βουλοί-
μεθα. — 21. Ἰουστιανοῦ ms. — 24. κ. φθ.]
Nous abrégeons la plupart des mots
existant dans le texte d'Olympiodore
publié ci-dessus.

14

κών., μυίας, καὶ τὰ ἑξῆς. Ἔχει ὁ μ. κ. πνεύματα ἀναδ., οἷον ἀν.
βροντὰς, ἀστραπάς · ἔχει κ. ὁ ἄνθρ. τὰς φύσας, καὶ τὰς πορδὰς,
καὶ τὰς ἀσθενείας, καὶ τοὺς κινδύνους, καὶ τὰ ἑξῆς. Ἔχει ὁ μ. κ.
τοὺς δύο φωστῆρας, τὸν ἥλιον κ. τ. σελ. · ἔχει καὶ ὁ ἄνθρ. τοὺς
5 δύο φωστῆρας, τοὺς ὀφθ., τὸν μὲν δεξιὸν ὀφθ., ὡς τὸν ἥλιον, τὸν
δὲ ἀρ., ὡς τὴν σελήνην. Ἔχει ὁ μ. κ. ὄρη καὶ Ϛ. · ἔχει κ. ὁ
ἄνθρ. ὀστέα καὶ κρέας. Ἔχει ὁ μ. κ. τὸν οὐρ., καὶ τοὺς ἀστέρας ·
ἔχει κ. ὁ ἄνθρ. τὴν κεφ. καὶ τὰ ὦτα. Ἔχει ὁ μ. κ. τὰ δώδεκα ζώδια
τοῦ οὐρανοῦ, ἤγουν κριὸν, ταῦρον, δίδυμον, καρκῖνον, λέοντα, παρ-
10 θένον, ζυγὸν, σκορπίον, τοξότην, αἰγόκερον, ὑδροχόον, ἰχθύας ·
ἔχει κ. ὁ ἄνθρ. αὐτὰ ἀπὸ κεφαλῆς, ἤγουν ὡς ἀπὸ τοῦ κριοῦ
μέχρι τῶν ποδῶν, οἵ τινες νομίζονται οἱ ἰχθύες, καὶ τοῦτο.........

APPENDICE III

§ 55 (*après le mot* ποιησάμενος). *Rédaction de* L. (Voir p. 103, l. 18.)

15 Ἴστε τοίνυν, ὦ φίλοι χρυσοτεχνῖται, ὅτι δεῖ καλῶς καὶ εὐτεχνεστάτως
κατασκευάζειν τὰς ψάμμους, ὧν 'f. l. ὡς' καὶ πρότερον ἑρμήνευσα ·
ἄνευ γὰρ τούτων μηδαμῶς ἡ πρᾶξις εἰς πέρας ἀχθήσεται. Καλοῦνται
δὲ ψάμμοι ἐκ τῶν ἀρχαίων πάντα τὰ ἑπτὰ μέταλλα · ἐκ τῆς
γῆς γάρ εἰσι, καὶ λιθώδη, καὶ χρήσιμα τυγχάνουσι · καὶ περὶ
20 τούτων ἅπαντες συνεγράψαντο. Ἔτι δὲ καὶ οἱ ζωμοὶ, οἱ ἐκ βοτανῶν,
καὶ χυλῶν, καὶ ὀπῶν δένδρων, καὶ καρπῶν, καὶ ξύλων ξηρῶν καὶ
ὑγρῶν · ἐκ τούτων γὰρ συνεστήσαντο τὴν τέχνην, ἣν ὡς δένδρον
ποιήσαντες, εἰς μυρίους κλάδους πανταχόσε διῆκον εἰς μυρίας τάξεις
καὶ πράξεις κατεσκευάσαντο ταύτην. Ἔχεις οὖν ὧδε, ὅλῃ δυνάμει,
25 ὅλον τὸ ἔργον τοῦ χαλκοῦ · ὅς ἐστιν ὁ αἰτήσιος λίθος · ὃν ἐξ ἴσου ὁμορ-
ρεύσαντα χρυσόπτα καὶ πάντα ποίει τὰ τῆς τέχνης. Τὸ δὲ « ὁμορ-
ρεύσαντα » οὐδὲν ἄλλο σημαίνει ἢ τὸ ὁμοῦ καὶ κατὰ ταὐτὸν ῥεύσαντα,
δηλονότι, διὰ τοῦ πυρός. Τέλος τοῦ Ὀλυμπιοδώρου.

COLLECTION

DES ANCIENS

ALCHIMISTES GRECS

IMPRIMERIE LEMALE ET Cie, HAVRE

COLLECTION

DES ANCIENS

ALCHIMISTES GRECS

PUBLIÉE

SOUS LES AUSPICES DU MINISTÈRE DE L'INSTRUCTION PUBLIQUE

PAR M. BERTHELOT

SÉNATEUR, MEMBRE DE L'INSTITUT, PROFESSEUR AU COLLÈGE DE FRANCE

AVEC LA COLLABORATION DE CH.-ÉM. RUELLE

CONSERVATEUR ADJOINT A LA BIBLIOTHÈQUE SAINTE-GENEVIÈVE

TRADUCTION

AVEC NOTES, COMMENTAIRES, TABLES ET INDEX

PARIS

GEORGES STEINHEIL, ÉDITEUR

2, RUE CASIMIR-DELAVIGNE, 2

1888

COLLECTION

DES

ALCHIMISTES GRECS

TRADUCTION

NOTE PRÉLIMINAIRE

———

Les sigles des manuscrits et les abréviations sont les mêmes que pour le texte grec. — Elles ont été indiquées à la page 2 de ce texte.

PREMIÈRE PARTIE

INDICATIONS GÉNÉRALES

I. i. — DÉDICACE

Regarde ce volume comme renfermant un bonheur secret, qui que tu sois qui es l'ami des Muses. Mais si tu veux en explorer les veines chargées d'or, qui sont habilement cachées; ouvre l'œil vif de l'esprit et élève-le vers les natures divines, avec une parfaite perspicacité; parcours ainsi ce très savant écrit, et trouves-y le trésor d'une connaissance supérieure, en cherchant et explorant la nature trois fois heureuse, la seule qui domine les natures d'une manière divine (1), la seule qui enfante l'or brillant, celle qui fait tout; celle que seuls ont découverte, par leur esprit inspiré des Muses, les amants de la gnose divine. Celui qui l'a inventée, je ne dirai pas qui il est. Admire l'intelligence, la sagesse de ces hommes divins, créateurs des corps et des esprits (2); (Admire, dis-je) comment ils ont atteint la hauteur sublime de la gnose, de façon à animer, à tuer et à vivifier, à créer des figures et des formes étranges (3).

O merveille! ô bien heureuse et souveraine matière! Celui qui la connaît à fond et qui sait les résultats cachés sous ses énigmes, celui-là, oui, c'est l'intelligence digne de tout honneur, c'est l'esprit éminent de Théodore, qui s'enrichit d'une manière divine, lui le fidèle défenseur des prin-

---

(1) C'est la formule favorite du Pseudo-Démocrite.

(2) Le mot *corps*, σώματα, s'applique dans la langue des alchimistes, aux métaux régénérés de leurs oxydes et autres minerais. — Le mot *esprit*, πνεύματα, a un sens plus vague; il signifie spécia-

lement les substances volatiles que l'on peut fixer sur les métaux, ou en séparer (v. *Introduction*, p. 247).

(3) Ces expressions mystiques signifient la production des métaux, leur disparition par oxydation, dissolution, etc., et leur régénération.

ces. Il a rassemblé, il a fait entrer une collection étrange dans ce volume de conceptions savantes.

En le protégeant, Christ, souverain maître, tiens-le en ta garde !

Sur le Théodore auquel est adressée cette Dédicace.

L'indication de ce nom, qui se rapporte à un haut fonctionnaire de l'empire byzantin, est la seule que nous possédions sur la formation de la collection alchimique. Elle concerne une époque comprise entre Héraclius et le commencement du xi⁰ siècle, date du ms. de Venise; époque qui comprend celles des compilations de Photius et de Constantin Porphyrogénète (voir *Origines de l'Alchimie*, p. 98). — Le nom de Théodore est d'ailleurs trop répandu pour qu'on puisse espérer identifier, sans autre indice, le personnage actuel avec quelque byzantin, connu autrement dans l'histoire. Dans les ouvrages de Zosime, on trouve aussi, sous le titre de « *Chapitres à Théodore* », un résumé des sommaires de divers traités (*Origines de l'Alchimie*, p. 184). Stephanus écrit pareillement à un Théodore (Ideler, t. II, p. 208), lequel pourrait être notre personnage : il serait alors contemporain d'Héraclius.

I. II. — LEXIQUE DE LA CHRYSOPÉE

PAR ORDRE ALPHABÉTIQUE (1)

A

Semence de Vénus. — C'est l'efflorescence du cuivre (2).

Albatre ou Alabastron. — C'est la chaux tirée des coquilles d'œufs, le sel des efflorescences (3), le sel ammoniac (4), le sel commun.

---

(1) D'après le manuscrit L : Lexique métallique, par ordre alphabétique, des noms de l'art divin et sacré employés dans ce volume sur la matière d'or. — D'après A E : Lexique métallique de l'art sacré, par ordre alphabétique, renfermant les signes et les noms, écrit pour la première fois en langue grecque, etc. — Ce qui semblerait indiquer qu'il aurait été traduit d'une autre langue à l'origine (?).

(2) Vert de gris et corps analogues (v. *Introd.*, p. 232).

(3) Salpêtre, ou sesquicarbonate de soude, ou sulfate de soude, ou même chlorure de sodium (v. *Nitrum : Introd.*, p. 263), suivant les terrains.

(4) Ce mot ne désignait pas à l'origine le chlorhydrate d'ammoniaque ; mais, à ce qu'il semble, une variété de natron. Plus tard il a pris son sens actuel (voir *Introd.*, p. 237).

Chaux d'Hermès. — C'est la chaux tirée des œufs (1), sublimée par le vinaigre, et exposée au soleil (?); elle est meilleure que l'or (2).

Sel efflorescent (3). — C'est la mer, la saumure, la mousse du sel.

Écume d'une espèce quelconque. — C'est le liquide mercuriel.

Liquide argentin. — C'est la vapeur sublimée du soufre et du mercure (4).

Asèm. — C'est l'*ios* provenant de la vapeur sublimée (5).

Fleur d'Achaïe. — C'est la laccha (6).

Fleur du cuivre. — C'est la couperose, la chalcite (7), la pyrite, le soufre blanc après traitement.

Sel. — C'est la coquille de l'œuf; le soufre est le blanc de l'œuf; la couperose en est le jaune (8).

Androdamas. — C'est la pyrite et l'arsenic (9).

Ce que l'on met a part. — C'est le son du blé.

Vapeur sublimée. — C'est l'eau du soufre et du molybdochalque (10).

Aphrosélinon (Écume d'argent). — C'est la comaris, la coupholithe (11).

Amphore a vin. — C'est un vase de terre cuite.

Bave. — C'est le mercure tiré de l'argent et la pierre scythérite.

Ejaculation du Serpent. — C'est le mercure (12).

Indestructible. — Ce qui ne peut être volatilisé.

---

(1) Il s'agit ici des œufs philosophiques et d'une préparation mercurielle. — D'après BAL. : « c'est la vapeur des œufs dissoute par le vinaigre, etc. »

(2) Les mots « que l'or » sont omis dans plusieurs ms. — Au lieu de : « exposée au soleil » il faut peut-être lire : « devenue couleur d'or »; le même signe représentant l'or et le soleil.

(3) Voir la note (3) de la page précédente.

(4) M donne le signe du mercure, puis vient cette phrase :

(5) Asèm, Electrum, alliage d'or et d'argent (voir *Origines de l'Alchimie,* p. 215; et *Introd.,* p. 621). Divers alliages et amalgames étaient désignés par le même nom : ce qui explique le rôle attribué ici au mercure (καθυλη)-là; que

l'on traduit d'ordinaire par rouille, signifie plutôt ici la matière que l'on prépare au moyen de la vapeur sublimée.

(6) Orcanette.

(7) Minerai de cuivre (*Introd.,* p. 243).

(8) Voir *Texte grec,* ou *Traduction,* I, iii et iv.

(9) Pyrite arsenicale et sulfures d'arsenic.

(10) BAL. « C'est l'eau de l'étain et du plomb et du cuivre »; le mercure des philosophes (*Orig. de l'Alchimie,* p. 272 et 279). Le mercure se retire aussi par sublimation de ses amalgames avec les métaux.

(11) Syn. de talc, ou de sélénite.

(12) BAL ajoutent : « Extrait du cinabre. »

PIERRE D'AIGLE. — C'est la chrysolithe, le porphyre, la pierre pourprée de
Macédoine et la pierre polychrome.

INCOMBUSTIBILITÉ. — C'est le blanchiment.

CUIVRE COUVERT D'OMBRE (ou OBSCURCI). — C'est la fleur du cuivre.

CHANGEMENT DE NATURE. — C'est la teinture (1).

SAUMURE. — C'est la chrysocolle.

ARGYROLITHE (Pierre d'argent). — C'est la sélénite.

TOUT MERCURE. — Se dit du mercure composé avec les trois soufres
apyres.

NATIF (produit). — Se dit de ce qui est pur et non souillé. C'est, à proprement parler, ce qui est intact, non obscurci et brillant comme la
fleur de l'or.

B

RENONCULE. — C'est la chrysocolle et la chrysoprase (aigue-marine).

BOL (ou masse pilulaire). — C'est le soufre cru.

BOSTRYCHITE. — C'est la pyrite, la pierre étésienne, la chrysolithe.

PIERRE DE TOUCHE. — C'est la pierre du mortier.

TEINTURE (ou trempe). — C'est le changement de nature.

TOUTES PLANTES JAUNES. — Ce sont les chrysolithes.

ORGE. — C'est le germe (2) de la bière.

Γ

LAIT DE LA VACHE NOIRE. — C'est le mercure extrait du soufre (3).

TERRE (dite) ASTÉRITE. — C'est la pyrite, la terre de Chio, la litharge, le
soufre blanc, l'alun, la cadmie blanche, le mastic (4).

TERRE D'ÉGYPTE. — C'est la terre à poterie.

TERRE DE SAMOS. — C'est l'arsenic et le soufre blanc.

LAIT DE TOUT ANIMAL. — C'est le soufre.

GYPSE. — C'est le mercure solidifié.

---

(1) Dans L, les articles précédents
sont confondus, par suite de quelque
erreur de copiste.

(2) Orge germée.

(3) C'est-à-dire du sulfure noir de
mercure.

(4) Résine naturelle.

Δ

Rosée. — C'est le mercure extrait de l'arsenic (1).

Litière. — C'est l'eau du mercure.

Bile du serpent. — C'est le mercure extrait de l'étain (ou du cinabre ; addition de BAL).

E

Helcysma. — C'est le plomb brûlé (2).

Encéphale. — C'est la chaux des coquilles des œufs.

Décoction. — C'est la dispersion, le délaiement, le grillage.

Adjonction. — C'est l'agglomération attractive.

Huile. — Répond aux fleurs (3) des teintures.

Pulvérisation complète. — C'est le blanchiment, la mutation, la réduction en mercure (des espèces BAL).

Raffinage. — C'est l'extraction au moyen des liquides, c'est-à-dire la transmutation.

Pierre étésienne. — C'est la chrysolithe.

Z

Petit levain. — C'est le soufre.

Levain. — C'est la combinaison des corps métalliques avec la vapeur sublimée de l'échoménion (4) et avec la fleur du carthame (5).

Liqueur tinctoriale. — C'est la couperose traitée suivant les règles (de l'Art., AL.)

II

Demi-corps. — Ce sont les vapeurs sublimées (6).

---

(1) C'est-à-dire l'arsenic sublimé, regardé comme un second mercure, à cause de sa volatilité et de son action sur le cuivre (*Introd.*, p. 99 et 239).

(2) Pline, *H. N.*, l. XXXIII, 35. *Scoriam in argento Græci vocant helcysma.* — Dioscoride, *Mat. méd.*, l. V, 101, dit aussi : « La scorie d'argent s'appelle helcysma ou encauma. » Ce serait donc une variété de litharge.

(3) Couleur. *flos.*

(4) Basilic ? — Voir plus loin.

(5) Cet article est tiré de L. σώματα signifie les métaux réduits de leurs minerais.

(6) Cette expression rappelle les demi-métaux des auteurs du xviiie siècle.

Échoménion (1). — C'est la fleur de carthame.

Électrum. — C'est la poudre (de projection) parfaite.

Chevelure du Soleil. — C'est le soufre extrait de l'or.

Disque solaire. — C'est le mercure extrait de l'or.

Θ

Soufre blanc. — C'est la vapeur sublimée du mercure, fixée avec la composition blanche.

Soufre blanc. — C'est la pierre chrysétésienne, l'hématite.

Soufre non brulé. — C'est la vapeur sublimée et le mercure.

Soufre liquide (ou fusible). — Ce sont les deux antimoines et la litharge.

Eau de soufre (2). — Ce sont les blancs d'œufs coagulés (?) et le marbre travaillé.

Rameaux des palmiers. — C'est le soufre blanc.

Soufre non calciné. — L'eau mêlée et blanchie, extraite de l'arsenic et de la sandaraque (3).

Soufre natif. — C'est le safran tiré des liqueurs.

Eau de soufre. — Celle qu'on tire du plomb (4).

Eau de soufre. — C'est celle que l'on extrait par dissolution de la chaux et de l'albâtre.

Soufre en suspension (5). — C'est une eau.

---

(1) Ce mot ne se trouve nulle part ailleurs que chez les alchimistes. — Serait-ce pour Ὠχυμένιον : Basilic ? Le Basilic, plante et animal, joue un grand rôle dans les sciences occultes du moyen âge. Il était assimilé au Serpent qui se mord la queue, à la Salamandre, au Phénix, etc. (*Bibl. Chem.* de Manget, t. I, p. 106 et 700).

(2) Eau de soufre ou eau divine partout : le mot grec étant le même. Les mêmes signes désignent quelquefois l'eau de plomb. — Les articles relatifs au soufre offrent de nombreuses variantes et interversions dans les manuscrits. — On voit par les textes du Lexique que le sens des mots soufre, eau de soufre, etc., était singulièrement flottant.

(3) Au-dessus du mot arsenic, on lit son signe ouvert à droite dans M ; au-dessus du mot sandaraque le signe de l'arsenic est retourné et ouvert vers la gauche (ce qui rappelle le signe du mercure opposé à celui de l'argent). Cet article est confondu dans M avec la fin de la ligne 7 (texte grec).

(4) Rappelons que le même signe exprimait le plomb et le soufre.

(5) Cela se rapporte-t-il à l'extrait de Saturne, précipité formé dans l'eau ordinaire par les sels de plomb basiques ?

Corps sulfureux. — Ce sont les minerais métalliques.

Eau de soufre. — C'est la décoction du plomb (1).

Eau de soufre (pour le jaunissement, tirée de la sandaraque) (2). — C'est le vin aminéen, extrait de la chélidoine.

Soufre lamelleux. — C'est l'arsenic (orpiment).

Deux soufres : ce ne sont pas des compositions; ils accomplissent l'œuvre divine.

Le Marbre thébaïque. — C'est la chaux des œufs: il est (appelé) aussi titanos: alun lamelleux — celui de Mélos est le soufre apyre.

L'Eau de soufre. — C'est notre vinaigre.

Soufre blanc. — C'est le plomb après traitement.

Soufre. — C'est le cuivre après traitement.

I

Ios raclé (3). — C'est la vapeur sublimée et la chrysocolle (soudure d'or).

Ios. — C'est le jaunissement; l'eau de soufre natif; le comaris de Scythie; le pastel de l'Inde; la renoncule; la chrysoprase; la chrysocolle.

Pierre sacrée. — C'est la chrysolithe.

Pierre sacrée. — C'est le mystère caché (A E).

K

(Substance brûlée de Coptos. — C'est la lie, l'écume de l'argent.

Fiente de l'or et Minerai d'or, chrysammos. — C'est la chrysolithe (pierre d'or).

Étain. — C'est le cinabre.

Eau de Calaïs (4). — C'est l'eau de chaux.

---

(1) Même sens que plus haut.

(2) D'après B A. — Il s'agit de l'acide arsénieux impur, obtenu par le grillage du réalgar.

(3) Ios a un sens complexe : c'est la rouille des métaux; c'est la pointe de la flèche; c'est le venin, c'est-à-dire le principe actif, l'extrait doué de pro-

priétés spécifiques, et, par extension, le principe de la coloration et la propriété spécifique elle-même, etc. (*Introd.*, p. 254).

(4) Ce mot se trouve appliqué au cuivre dans la *Diplosis* de Moïse : il semble que ce soit un nom de lieu.

Cinabre. — C'est la vapeur sublimée, obtenue par cuisson dans les marmites (1).

Cnouphion (2). — C'est le chapiteau (de l'alambic).

Fumée des cobathia. — Ce sont les vapeurs de l'arsenic (sulfuré) (3).

Colle attique. — C'est la larme de l'amande (4).

Gomme. — C'est le jaune (d'œuf).

Claudianos. — C'est la chaux des œufs, le peuplier noir et le cassia (5).

Comaris de Scythie. — C'est le soufre et l'arsenic, avec tous ses noms.

Cadmie. — C'est la magnésie.

Huile de ricin. — C'est celle que l'on extrait des figuiers sauvages ; car beaucoup la préparent ainsi.

Cire solide. — Signifie les corps (métalliques) solides (6).

Substance brûlée. — C'est la substance blanchie (7).

Roseau. — C'est le soufre.

Comaris. — C'est l'arsenic.

Sang de moucheron (8). — C'est l'eau d'alabastron après traitement.

Λ

Cuivre d'oseille (9). — C'est le vinaigre.

Pierre de Dionysios. — C'est la chaux.

Pierre blanche (leucolithe). — C'est la pyrite.

Pierre qui n'est pas une pierre. — C'est la chaux et la vapeur sublimée, délayée avec du vinaigre.

Pierre phrygienne (10). — C'est l'alun.

---

(1) C'est-à-dire le mercure sublimé (v. Dioscoride, l.V, 110), ou son sulfure.

(2) Tiré du nom du dieu Cnouphi (voir *Origines de l'Alchimie,* p. 31).

(3) Rulandus (*Lex. Alch.,* p. 158) traduit ce mot par *Kobolt*; c'est toujours un composé arsenical (v. *Introd.,* p. 245).

(4) Le lait fait avec la pâte d'amandes.

(5) Voir *Introd.,* p. 244.

(6) C'est-à-dire les métaux fusibles ou les amalgames, se solidifiant à la façon de la cire.

(7) Par exemple, le zinc, le plomb, l'antimoine, etc., changés en oxydes blancs par le grillage.

(8) Voir la nomenclature prophétique, dans l'*Introduction,* p. 10 à 12.

(9) C'est-à-dire le verdet, acétate de cuivre basique et analogues (v. *Introd.,* p. 232).

(10) V. Dioscoride, *Mat. méd.,* l.V, 140. — Pline, *H. N.,* l. XXXVI, 36; sorte d'alunite, employée par les teinturiers (v. *Introd.,* p. 48).

Écailles des cobathia. — Ce sont les (matières) sulfureuses, et surtout l'arsenic.

Orcanette. — C'est la fleur d'Achaïe (1).

Litharge blanche. — C'est la céruse.

Cuivre blanc. — C'est l'eau de soufre apyre.

Teinture blanche. — C'est ce qui teint profondément et qui ne suinte pas.

Pierre phrygienne. — C'est l'alun et le soufre (2).

Blanc brillant. — C'est ce qui pénètre profondément.

M

Plomb. — C'est le semblable de la céruse.

Magnésie. — C'est le plomb blanc et la pyrite (3).

Magnésie. — C'est le vinaigre non adouci, et l'extraction.

Magnésie. — C'est l'antimoine femelle (4) de Chalcédoine.

Emolliens (ou amalgames). — C'est toute matière jaune et amenée à perfection (5).

Nature une. — C'est le soufre et le mercure, après traitement différent.

Noir indien. — Est fait d'isatis et de chrysolithe.

Minium de montagne. — C'est le misy jaune, avec celui qui coule tout seul (6).

Miel attique et Plomb. — C'est l'eau divine (7).

Notre Plomb. — C'est celui qui se prépare avec les deux antimoines (8) et avec la litharge.

---

(1) Je corrige ici le texte en admettant λάχνα Ἀχαΐας. — (Orig. de l'Alchimie, p. 359, 361).

(2) Répétition de l'un des articles précédents. Ceci montre que le lexique de M résulte de la réunion de plusieurs listes plus anciennes.

(3) V. plus haut : Cadmie, au K. — On voit, que le mot magnésie a plusieurs sens. Il s'applique aussi à l'oxyde de fer magnétique, à la pyrite et au sulfure d'antimoine (v. Introd., p. 255).

(4) B A L : de Macédoine (v. Dioscoride, Mat. méd., l. V, 99.) — Pline, (H. N., XXXIII), distingue l'antimoine femelle, qui est lamelleux et brillant; c'est notre sulfure d'antimoine natif.

(5) L : «c'est tout mélange accompli.»

(6) Ici il s'agit d'un oxyde de fer analogue à la sanguine, dérivé du misy qui coule tout seul; c'est-à-dire de la pyrite en décomposition (v. Introd., p. 242).

(7) Ceci semble faire allusion à la saveur sucrée des sels de plomb.

(8) Mâle et femelle : variétés de notre sulfure. En outre, on voit que le régule d'antimoine était confondu avec le plomb (v. Introd., p. 224 et 238).

MOLYBDOCHALQUE. — C'est la soudure d'or.

MYSTÈRE DE TOUTE PIERRE MÉTALLIQUE. — C'est la pyrite.

GRANDE PLANTE. — C'est l'orge.

NUAGE NOIR. — C'est la vapeur sublimée et la pierre d'or.

N

NUAGE. — C'est la vapeur sublimée du soufre.

RACLURE DE LA PIERRE DE NAXOS. — C'est la matière à aiguiser des bar-
biers (1).

NATRON. — C'est le soufre blanc qui rend le cuivre sans ombre (2). La
(même substance) se nomme aphronitron (3) et terre résineuse (ou fluidi-
fiante).

NUÉE. — C'est l'obscurité des eaux, la vapeur sublimée, l'humidité vapo-
risée, le précipité qui reste en suspension (?).

Ξ

VAPEUR JAUNE SUBLIMÉE DU CINABRE. — C'est la vapeur sublimée des substances sulfureuses et l'argent liquide.

PRÉPARATION JAUNE. — C'est le minerai de fer, traité par l'urine (et) le
soufre [c'est aussi la cadmie, B A L].

O

COQUILLAGE ET OS DE SEICHE. — C'est la chaux des œufs.

SUC DE CALPASOS. — C'est la sève de cette plante.

AXONGE DE PORC. — C'est le soufre non brûlé.

VINAIGRE (4) COMMUN. — C'est celui qu'on obtient par la litharge et par la lie.

---

(1) DIOSCORIDE, *Mat. méd.*, l. V, 167.

(2) Parfaitement brillant. Il s'agit d'un fondant employé dans la réduction du cuivre oxydé ou sulfuré.

(3) Il semble qu'il s'agisse ici de notre salpêtre.

(4) Cette définition semble signifier l'acétate de plomb. Mais le mot vinaigre avait chez les alchimistes un sens beaucoup plus compréhensif. Il désignait tous les liquides à saveur piquante, tels que :

1° Les liquides acides, assimilés à notre vinaigre ;

2° Certaines liqueurs alcalines, à saveur piquante, comme le montre l'assimilation de ce mot avec l'urine altérée ;

3° Diverses solutions métalliques, acides ou astringentes, à base de plomb, de cuivre, de zinc, de fer, etc.

Suc de tous arbres et de toutes plantes. — C'est l'eau divine (1) et le mercure (2).

Ce que tu sais. — C'est l'alun.

Cuisson. — C'est la décoction et le jaunissement.

Osiris. — C'est le plomb et le soufre.

Vase cylindrique. — C'est le mortier L et le pilon.

II

Pompholyx (3). — C'est la fumée de l'asèm.

Fixez. — Au lieu de « renforcez » (4).

Ce qui s'évapore au feu. — C'est la vapeur sublimée du soufre.

Pyrite. — C'est le sory et la magnésie et la pierre blanche, A.

Miel complet. — C'est l'eau de soufre (5).

Teinture (Pinos). — C'est ce qui teint à l'extérieur (6).

Fixations. — Ce sont les opérations chimiques utiles.

Polychrome. — C'est la couleur de pourpre.

Porphyre. — C'est la pierre étésienne et l'androdamas.

Dissolvant universel. — C'est la vapeur sublimée qui émane de toutes choses, c'est-à-dire l'eau native.

Feuilles qui entourent la couronne. — Ce sont la pyrite et la magnésie.

« Ayant aigri préalablement ». — C'est : « ayant baigné dans le vinaigre ».

« Ayant aigri fortement ». — C'est : « ayant passé au feu ».

« Ayant été torréfiée au soleil ». — Cela se fait en 6 jours.

Limon de Vulcain. — C'est l'orge (7).

---

(1) On voit que le nom d'Eau divine désignait, non seulement les solutions de sulfures alcalins (*Introd.*, p. 69), mais aussi tout suc végétal actif.

(2) Le mot mercure désigne ici toute liqueur renfermant un principe actif essentiel.

(3) Oxyde de zinc sublimé, et mêlé d'oxydes de cuivre, de plomb, d'antimoine, d'arsenic, etc. (*Introd.*, p. 240).

(4) Fixer un métal, c'était lui ôter sa volatilité, sa fluidité, etc. (*Introd.*, p. 252).

(5) V. plus haut le miel attique. Allusion au goût sucré des sels de plomb ?

(6) Πῖνος opposé à Βαφή.

(7) Souvenir de la nomenclature prophétique (*Introd.*, p. 10).

P

Purifiant. — C'est le natron jaune (1) et l'aphronitron.

Rephecla (2). — C'est le cyclamen.

Limaille d'or. — C'est la soudure d'or.

Σ

Nénuphars desséchés. — Ce sont ceux qu'on tire des cours d'eau d'Egypte.

Lie. — C'est la sélénite et l'alun lamelleux.

Sandyx (3). — C'est l'or.

Alun. — C'est le soufre blanc et le cuivre sans ombre.

Sandaraque. — C'est le mercure extrait du cinabre.

Les (quatre) Corps métalliques. — Ce sont le cuivre, le plomb, l'étain et le fer. On en extrait le stibium en coquille.

Corps intervenant dans la combinaison. — On les appelle caméléon : ce qui signifie les quatre métaux imparfaits.

Stibium. — C'est le coquillage ou la coquille (4).

Mutation et Régénération. — C'est la calcination et le blanchiment.

Éponge marine. — C'est la cadmie, la chrysolithe, la pierre sacrée, le mystère caché, la cendre de la paille, l'émeraude, l'émeril.

Fer. — C'est le tégument de l'œuf.

T

Titanos. — C'est la chaux de l'œuf.

Nom propre de la composition liquide. — C'est l'eau divine, tirée de la saumure, du vinaigre et des autres matières.

Nom propre de la composition solide. — Ce sont les quatre corps, appelés : le claudianos, le plomb, la pyrite, le mercure.

---

(1) *Nitrum flavum* de Pline, *H. N.*, l. XXXI, 46. Il en est aussi question dans le Papyrus de Leide (*Introd.*, p. 39).

(2) Mot inconnu.

(3) Couleur rouge (v. *Introd.*, p. 260).

Pline, *H. N.*, l. XXXV, 23. — Diosc. l. 7 V, 103, vers la fin. — Minium préparé en calcinant la céruse. — Rappelons que l'écarlate figurait au moyen âge, et figure encore l'or dans le blason.

(4) Voir *Introd.*, p. 67.

Υ

Mercure, fixé au moyen des vapeurs sublimées : blanchit le cuivre et fait l'or.

Eau scythique. — C'est le mercure (1).

Eau divine native. — C'est le mercure fixé avec les sels.

Eau de Carthame. — C'est l'eau native du soufre.

Eau lunaire. — Eau de cuivre (eau de sel, L), eau ignée, eau de verre, eau d'argent, eau de sandaraque, eau d'arsenic, eau de fleuve ; c'est le nuage. A.

Eau Fluviale, Eau de Plomb. — C'est le soufre et le mercure (2).

Hyssope. — C'est le lavage des laines en suint.

Eau de mercure tinctoriale (3). — C'est le mercure extrait du cinabre.

Eau de Vénus, de Lune, d'Argent, de Mercure, et eau Fluviale. — C'est l'eau divine et le mercure (4).

Eau de soufre natif. — C'est la composition blanche qui disparaît.

Eau simple. — C'est celle que l'on fabrique avec les trois composés sulfurés, au moyen de la chaux.

Eau (extraite de l'Asèm (5). — Elle est dite écume, rosée, aphroselinon liquide.

Eau divine tirée du mercure. — Elle est appelée (6), d'après Pétasius, bile de serpent.

Eau divine fixée par les transmutations. — C'est le mercure (que l'on extrait) du cinabre, c'est-à-dire la tétrasomie (7).

---

(1) Variante : la sandaraque BAL. — Il s'agit de l'arsenic métallique sublimé, regardé comme un second mercure. *Introd.* p. 289.

(2) Il y a diverses variantes et interversions dans les articles précédents, suivant les manuscrits.

(3) De la teinture blanche, L.

(4) Répétition de l'un des articles précédents. Variantes diverses.

(5) De l'argent, L., au lieu de l'asèm : ce qui indique que le texte de L est plus moderne.

(6) Le nuage est dit : eau élevée par distillation, bile de serpent. B. Le mot bile de serpent répond à la nomenclature prophétique (*Introd.*, p. 10 à 12). Pétasius ou Petesis, seul auteur cité dans le Lexique, est un nom égyptien, cité aussi par Dioscoride ; il désigne un vieux maître alchimique (*Origines de l'Alchimie*, pages 128, 158, 168, etc. — *Introd.*, p. 11 et 68).

(7) Réunion des quatre métaux imparfaits.

Φ

Lie. — C'est le dépôt du vin, la chaux avantageuse pour les pourpres (1).

Algue (2). — C'est la teinture extérieure et brillante.

Préparation. — C'est la vapeur sublimée, composée au moyen du traitement.

« Fais griller ». — C'est-à-dire « Fais cuire ou jaunis ».

(Teinture) qui (ne) passe (pas). — C'est la véritable (?).

Scorie des lentilles. — C'est la couperose.

X

Scorie du cuivre. — C'est la couperose.

Or. — C'est la pyrite, la cadmie et le soufre (3).

Chalkydrion. — C'est l'or fabriqué et rouillé par les manipulations de fixation, faites au moyen du soufre.

Chrysitis (4). — C'est la composition tirée des vapeurs sublimées.

Cuivre médical.— C'est le métal blanchi, le soufre et la céruse.

Sueurs du cuivre. — C'est le jus de camomille.

Chrysocolle et Eau de cuivre. — C'est le molybdochalque (5).

Liqueur d'or, Chélidoine, Coquille d'or, Ios sans ombre. — C'est le soufre blanc [ou bien le mercure fixé avec la composition blanche. A L.].

Couperose. — C'est le jaune de l'œuf.

Pierre chrysétésienne. — C'est l'hématite.

Chalcopyrite fulgurante (6). — C'est l'eau de soufre (7) ; c'est le soufre tiré du mercure (L).

---

(1) Il s'agit de la crème de tartre, employée pour fixer les matières colorantes sur les étoffes.

(2) Orseille.

(3) Voir *Introd.*, p. 206, et les deux autres définitions de l'or données plus loin.

(4) Litharge couleur d'or, dans Pline et dans Dioscoride, *Mat. méd.*, l. V, 102. Peut-être s'agit-il dans le Lexique de l'oxyde de mercure.

(5) Variantes de L. « Le corail d'or et l'eau de chrysochalque, c'est le plomb et le cuivre. » Cette variante semble résulter d'une interprétation différente des mêmes signes.

(6) A cause de sa couleur : Pyrite cuivreuse.

(7) C'est le soufre, l'eau de mercure, B.A.

Or (1). — Ce sont tous les fragments et les lamelles jaunis (2) et amenés
à perfection (3).

Limaille d'or, Soudure d'or, Fleur d'or, Liqueur d'or. — C'est la chrysitis,
la coquille d'or, l'ios, le soufre et le mercure.

Cuivre. — C'est la coquille des œufs.

Or cuit. — Ce sont les vapeurs sublimées jaunes.

Chalkydrion, Argent liquide, Bile de tout animal. — C'est l'ios parfait,
le soufre, le cuivre, l'électrum, lorsque leur éclat devient accompli
et tourne au jaune et qu'ils se fixent ; c'est le mercure extrait du
cinabre.

Chélidoine. — C'est l'élydrion.

On appelle Or : Le blanc, le sec, le jaune et les (matières) dorées, à l'aide
desquelles on fabrique les teintures stables (1).

Chrysocolle. — C'est le molybdochalque (4), c'est-à-dire la composition
complète.

Sphère d'Or. — C'est le safran de Cilicie (ou bien l'arsenic et la sandaraque, B A L).

Chrysophite. — C'est la vapeur sublimée, après traitement avec le cuivre,
pulvérisation et réduction en ios.

Cuivre de Chypre. — C'est le cuivre calciné et lavé ; c'est le terme du blanchiment et le début du jaunissement.

Ψ

Morceaux. — C'est ce qui est transformé quant à l'espèce.

Petit Morceau. — Ce sont les cendres délayées dans l'eau, celles qui
tapissent le fond du fourneau, à l'épaisseur d'un doigt.

Sable (ou minerai). — C'est la chrysocolle.

Céruse. — Est produite par le plomb.

----

(1) Cette définition est caractéristique
et conforme aux procédés de teinture
en or du Papyrus de Leide. (*Introd.*,
p. 20.)

(2) D'après BAL. Dans M ce sont les
minerais, μεταλλά, au lieu des feuilles
πέταλα.

(3) Et atténués, AL.

(4) Répétition.

Ω

Ocres, obtenues par un mélange de vin et d'huile, sont dites blâmables (ou falsifiées ?

Mercure cru. — C'est le mercure produit par le plomb [par le molybdochalque, L.].

Oïtis (pierre d'œuf). — Est nommée aussi Terenouthin et Chrysocolle.

Ocre attique. — C'est le jaune de l'œuf.

Ocre attique. — C'est l'arsenic.

Orichalque de Nicée. — C'est celui qu'on obtient par la cadmie.

Le Lexique alchimique, tel que nous venons de le reproduire, est tiré du manuscrit de Saint-Marc (fin du xᵉ ou commencement du xiᵉ siècle) : il n'a guère été modifié dans les manuscrits postérieurs. Il est formé de portions diverses, ajoutées successivement, comme le prouvent par exemple les articles relatifs au soufre, à l'eau de soufre, à la magnésie, etc. Certains articles remontent jusqu'à la vieille tradition gréco-égyptienne, ainsi que le montrent les rapprochements (cités en note) avec la nomenclature prophétique de Dioscoride et du Papyrus de Leide. Les catalogues du blanc et du jaune, attribués à Démocrite (*Origines de l'Alchimie*, p. 155-156), lesquels formaient la base de la Chrysopée et de l'Argyropée, ainsi que les nomenclatures de l'œuf philosophique, paraissent représenter les premières formes de ce Lexique. Au moyen âge, il a pris une extension considérable et s'est enrichi d'une multitude de mots arabes, en même temps que les mots grecs disparaissaient en partie. On peut en voir une forme nouvelle dans le manuscrit 2419 de Paris, transcrit vers 1460 (v. *Introd.*, p. 205). Plusieurs de ces Lexiques ont été rassemblés par Johnson dans la *Bibliotheca Chemica* de Manget (Genève, 1702), t. I, p. 217 à 291. Mais l'ouvrage de ce genre le plus utile à connaître et le mieux rédigé, est le *Lexicon Alchemiæ, auctore Rulando* (Francfort, 1612). Je l'ai cité fréquemment dans mon *Introduction*.

I. III. — SUR L'ŒUF PHILOSOPHIQUE

Voici ce que les anciens disent sur l'œuf (1) :

1. Les uns (l'appellent) la pierre de cuivre, [les autres, la pierre d'Armé-

---

(1) Cp. *Origines de l'Alchimie*, p. 24.

nie. A]; d'autres, la pierre encéphale ; d'autres, la pierre étésienne ; d'autres, la pierre qui n'est pas une pierre (1) ; d'autres, la pierre égyptienne ; d'autres, l'image du monde (2).

2. La coquille de l'œuf, c'est la partie (3) crue, le cuivre, l'alliage de fer et de cuivre, l'alliage de plomb et de cuivre et (plus généralement) les corps (4) métalliques solides.

3. La coquille calcinée signifie : la chaux vive, l'arsenic, la sandaraque, la terre de Chio, la terre astérite (5), la sélénite (6), l'argent cuit, l'antimoine de Coptos, la terre de Samos, la terre convenable, la terre Cimolienne, la terre brillante, le bleu (7) et l'alun (8).

4. Les parties liquides de l'œuf sont dites : les parties séparées, *l'ios* et *l'ios* du cuivre, l'eau verte de cuivre, l'eau du soufre natif, la liqueur de cuivre, la préparation de cuivre à apparence de miel, la vapeur sublimée, les corps réduits en esprits (9), la semence universelle. (Ces parties liquides reçoivent encore beaucoup d'autres dénominations.)

5. Le blanc de l'œuf s'appelle la gomme, le suc du figuier, le suc du mûrier et celui du tithymale.

6. Le jaune de l'œuf s'appelle le misy, le cuivre, la couperose de cuivre,

---

(1) Cette expression mystique a été souvent reproduite au moyen âge. Je citerai Roger Bacon : *De Secretis operibus artis et naturæ* (*Bibl. Chem.* de Manget. t. I, p. 622). Il attribue à Aristote (*in libro Secretorum*) les paroles suivantes : « O Alexandre, je veux te raconter le plus grand des secrets... Prends cette pierre qui n'est pas une pierre, présente en tout temps, en tout lieu... On l'appelle l'œuf philosophique. » De même dans le traité qui porte le nom d'Avicenne (*Bibl. Chem.*, t. I, p. 633) : *est lapis et non lapis*. Dans la *Turba philosophorum* (même recueil, t. I, p. 449) : *Hic igitur lapis non est lapis*, etc. (v. aussi *Bibl. Chem.*, I, 935).

(2) En marge de M. « Ceci doit être entendu dans un sens mystique et non un sens physique. »

(3) Ou peut-être l'ensemble (ὅμον au lieu de ὠμόν), par opposition aux parties séparées.

(4) Métaux et alliages métalliques.

(5) Pline (*H. N.*, l. XXXVII, 47) donne ce nom à une pierre précieuse blanche, à reflet intérieur. Mais il s'agit plutôt de l'une des deux espèces de terre de Samos, désignée sous le nom d'aster, dans Dioscoride, *Mat. Méd.*, l. V, 171.

(6) C'est-à-dire notre argent, AL.

(7) Sel de cuivre.

(8) A ajoute après le bleu : le vermillon de Coptos, la terre de Pont.

(9) σῶμα exprime un métal régénéré de son oxyde ou de ses minerais ; — on pourrait aussi lire : ἀσώματα πνεύματα ; les esprits séparés des métaux.

la couperose cuite, l'ocre attique, le vermillon du Pont, le bleu, la pierre
d'Arménie, le safran de Cilicie et la chélidoine.

7. Le mélange de la coquille des œufs et de l'eau préparée avec la chaux
vive, c'est ce que l'on appelle la magnésie et les corps (métaux) de la magnésie, l'alliage de plomb et de cuivre, notre argent (1), l'argent commun, la
céruse.

8. Le blanc, on l'appelle l'eau de la mer, parce que l'œuf est rond comme
l'océan ; l'eau d'alun, l'eau de chaux, l'eau de cendre de chou, l'eau de chèvre (2) des anciens. (Prendre *l'eau* dans le sens du *lait*.)

9. La liqueur jaune, on l'appelle le soufre natif, le mercure, celui qui est
dit 'extrait' du cinabre ; l'eau du natron roux, l'eau du natron jaune, le vin
Aminien.

10. La composition jaune s'appelle l'or et l'électrum en décomposition, la teinture d'or, la teinture d'argent (3) extraite des citrons, celle qu'on
extrait de l'arsenic et de l'eau du soufre apyre. De même que le citron présente la couleur jaune à l'extérieur, et, à l'intérieur, la saveur acide ; de
même aussi, l'eau tirée de l'arsenic. L'eau du soufre apyre est le vinaigre des
anciens.

11. Le blanc de l'œuf (4) s'appelle mercure, eau d'argent, cuivre blanc,
vapeur sublimée blanche, ce qui se volatilise au feu, soufre excellent, eau de
soufre natif, écume marine, eau fluviale, rosée, miel attique, lait virginal,
lait coulant de lui-même, eau de plomb, *ios* de cuivre, ferment irrésistible,
nuage, soif ardente, astre suspendu de la vapeur sublimée.

12. Quant à toi, aie ceci dans l'esprit : la nature se réjouit de la nature ;
la nature maîtrise la nature ; la nature triomphe de la nature. C'est elle qui,
mélangée d'en haut, accomplit le mystère cherché et tiré d'un seul (corps). —
Ces phrases signifient que les sulfureux sont maîtrisés par les sulfureux, les

---

(1) L'argent des adeptes, opposé à l'argent commun.

(2) Voir la nomenclature des Prophètes ou prêtres égyptiens dans Dioscoride et dans les Papyrus de Leide
(*Introd.*, p. 11).

(3) M. donne ici un signe dont le
sens est inconnu, mais qui ressemble

au chrysélectrum, c'est-à-dire à l'électrum. Ce signe est omis dans A, comme
si le sens en eût été déjà perdu.

(4) Toute cette fin n'existe pas dans
M. Le § 11 rappelle le langage amphi-
gourique et de plus en plus vague, des
alchimistes arabes et de ceux du moyen
âge occidental.

humides par les humides correspondants. — Si les corps ne perdent pas l'état corporel et si les corps ne reprennent pas l'état corporel (1), ce qui est attendu ne se réalisera pas.

13. Il y a deux (2) compositions opérées par les corps métalliques et par les eaux divines et les plantes; elles transmutent la matière, celle que tu trouveras en poursuivant la chose cherchée. Si deux ne deviennent pas un, et trois un, et toute la composition une, le but cherché ne sera pas atteint.

FIN DE L'ŒUF

I. IV. — NOMENCLATURE DE L'OEUF [3]

Nomenclature de l'Œuf: c'est le mystère de l'art.

1. On a dit que l'œuf est composé des quatre éléments, parce qu'il est l'image du monde et qu'il renferme en lui-même les quatre éléments. On l'a nommé aussi « pierre que fait tourner la lune », pierre qui n'est pas pierre, pierre d'aigle et cerveau d'albâtre (4).

2. La coquille de l'œuf est un élément semblable à la terre, froid et sec; on l'a nommée cuivre, fer, étain, plomb (5).

Le blanc d'œuf est l'eau divine; le jaune d'œuf est la couperose; la partie huileuse est le feu.

3. On a nommé l'œuf la semence, et sa coquille, la peau; son blanc et

---

(1) C'est-à-dire : si les métaux ne disparaissent pas par oxydation ou métamorphose chimique, et s'ils ne reparaissent pas à l'état métallique. Le § 12 est formé de citations des plus vieux auteurs.

(2) Variantes de AE. « Telles sont les eaux divines, parmi lesquelles je comprends celles qui sont tirées des natures molles, aussi bien que des métaux. Si tu es intelligent, il y a deux compositions, etc. »

(3) L'article IV est une variante de III. J'ai reproduit dans l'Introduction (p. 215), un autre article analogue, attribué à Justinien et tiré du Codex Voss. de Leide. Il en existe encore un autre dans les ouvrages de l'Anonyme, qui seront donnés dans la troisième livraison.

(4) L'albâtre est la chaux tirée des coquilles d'œuf : (v. *Lexique alchimique*, p. 4). La coquille entoure l'œuf comme le crâne entoure le cerveau ; de là ce symbolisme bizarre

(5) Ce sont les quatre métaux imparfaits, qui servent à la transmutation et à la composition de l'or et de l'argent.

son jaune, la chair ; sa partie huileuse, l'âme ; sa partie aqueuse, le souffle ou l'air.

4. La coquille de l'œuf, c'est ce qui élève ces choses hors du fumier (1) pendant dix jours. Délayez-la, avec l'aide de Dieu, dans du vinaigre ; plus vous la broyez, plus vous faites œuvre utile. Lorsque vous aurez battu la composition pendant huit jours, vous ferez fermenter; et vous préparerez la poudre sèche. Lorsque vous aurez accompli ce travail, jetez-y du mercure, et si vous n'obtenez pas la teinture du premier coup, répétez une seconde et une troisième fois.

5. On a nommé d'abord le jaune de l'œuf : ocre attique, vermillon du Pont, natron d'Égypte, bleu d'Arménie (2), safran de Cilicie, chélidoine; le blanc de l'œuf délayé avec l'eau de soufre est le vinaigre, l'eau d'alun, l'eau de chaux, l'eau de cendres de chou, etc.

I. v. — LE SERPENT OUROBOROS

1. Voici le mystère : Le serpent Ouroboros (mordant sa queue), c'est la composition qui dans son ensemble est dévorée et fondue, dissoute et transformée par la fermentation (3). Elle devient d'un vert foncé, et la couleur d'or en dérive. C'est d'elle que dérive le rouge appelé couleur de cinabre : c'est le cinabre des philosophes (4).

---

(1) Dans le bain-marie, chauffé au moyen du fumier. Il y a là la description sommaire d'un procédé pratique, laquelle contraste avec le style vague des autres paragraphes. Le § 4 semble une intercalation.

(2) Dans l'article précédent, ces mots signifient deux bleus distincts, comme dans DIOSCORIDE, *Mat. méd.*, l. V, 105 et 106. — Ce sont des minerais de cuivre analogues à l'azurite (*Introd.*, p. 243).

(3) Le mot σῆψις est plus général, et signifie toute décomposition analogue à une fermentation, ou à une putréfaction.

(4) Il est difficile de savoir exactement à quels phénomènes chimiques ces formules mystiques font allusion. On pourrait y voir une allusion à la décomposition des pyrites, fournissant des sels basiques de cuivre verts, tels que la chrysocolle (*Introd.*, p. 243); puis le misy et le sory, sels basiques de fer et de cuivre, jaunes (*Introd.*, p. 242), et l'oxyde de fer rouge (*Introd.*, p. 261). Cette décomposition préoccupait beaucoup les alchimistes grecs.

2. Son ventre et son dos sont couleur de safran; sa tête est d'un vert foncé: ses quatre pieds constituent la tétrasomie (1) ; ses trois oreilles sont les trois vapeurs sublimées.

3. L'Un fournit à l'Autre son sang (2); et l'Un engendre l'Autre. La nature réjouit la nature; la nature charme la nature; la nature triomphe de la nature; et la nature maîtrise la nature (3); et cela non pas pour telle nature opposée à telle autre, mais pour une seule et même nature (4), procédant d'elle-même par le procédé (chimique), avec peine et grand effort.

4. Or toi. mon ami très cher, applique ton intelligence sur ces matières et tu ne tomberas pas dans l'erreur: mais travaille sérieusement et sans négligence, jusqu'à ce que tu aies vu le terme de ta recherche.

5. Un serpent est étendu, gardant ce temple et celui qui l'a dompté; commence par le sacrifier, puis écorche-le, et après avoir pris sa chair jusqu'aux os, fais en un marchepied à l'entrée du temple: monte dessus et tu trouveras là l'objet cherché. Car le prêtre, d'abord homme de cuivre, a changé de couleur et de nature et il est devenu un homme d'argent: peu de jours après, si tu veux, tu le trouveras changé en un homme d'or (5).

I. vi. — LE SERPENT

1. Voici le mystère : le serpent Ouroboros, c'est-à-dire la dissolution des corps effectuée par son opération.

---

(1) Les quatre métaux imparfaits : Plomb. Cuivre, Étain, Fer, exprimés en un seul mot.

(2) Ou bien selon une autre version : l'Un fait naître l'Autre.

(3) Ce sont les axiomes du Pseudo-Démocrite.

(4) S'agit-il ici de la transmutation opérée sur un métal unique; et non sur un alliage? —Voir I, xv : Assemblée des Philosophes, et la citation du traité *De Mineralibus* (d'Albert le Grand livre III, ch. 8), faite dans la *Bibl. Chem.* de Manget, t. I, p. 934.

(5) *Origines de l'Alchimie*, p. 60. Zosime a reproduit cet exposé avec plus de développement; ce qui montre que c'étaient là de vieilles formules, exprimant la transmutation des métaux. On pourrait imiter ces changements par des précipitations galvaniques successives : mais rien ne prouve l'identité des opérations anciennes avec celles là.

2. Les lumières (1) des mystères de l'art, c'est la teinture en jaune.

3. Le vert du serpent, c'est l'*iosis*, c'est-à-dire sa fermentation; ses quatre pieds, c'est la tétrasomie employée dans la formule de l'art; ses trois oreilles, ce sont les trois vapeurs et les douze formules; son *ios* (2), c'est le vinaigre.

4. Or toi, mon ami très cher, applique ton intelligence sur ces matières.

5. Un serpent est étendu, gardant le temple (et) celui qui l'a dompté. (La *suite comme au* § précédent.)

I. VII. — INSTRUMENT D'HERMÈS TRISMÉGISTE (3)

1. Pour l'amour de l'art, exposons la (méthode) indiquée par Hermès. Il conseille de compter depuis le lever du Chien (4), c'est-à-dire depuis Epiphi, 25 juillet, jusqu'au jour où le malade est alité, et de diviser le nombre ainsi obtenu par 36. Maintenant, voyez le reste dans le tableau ci-dessous.

2. La lettre Z (ζωή) désigne la vie; Θ, (θάνατος) la mort; K, (κίνδυνος) le danger (5).

1.	6.	Z.	10.	13.	14.	18.	20.	22.	24.	25.	28.	30.	32.
2.	4.	Θ.	12.	16.	17.	21.	23.	26.	27.	33.	35.		
3.	5.	8.	15.	19.	K.	29.	31.	34.				

(1) L'auteur joue sur le mot φῶτα, qui signifie aussi les feux des fourneaux sur lequel on exécute les opérations.

(2) Venin, ou rouille, ou propriété spécifique active (v. *Introd.*, p. 254).

(3) Voir *Introd.*, p. 86 : *les médecins astrologues*.

(4) Sirius.

(5) Ces lettres sont prises en même temps pour leurs valeurs numériques dans le tableau : Z signifiant 7; Θ, 9; K est pris pour 11 (au lieu de 20). Le signe du nombre 35 dans le grec est également erroné.

I. VIII. — LISTE PLANÉTAIRE DES MÉTAUX [1]

LES MINÉRAUX [2]

1º Saturne : Plomb; litharge; pierres de miel; pierres gagates (3); claudianos (4) et autres substances analogues.

2º Jupiter : Etain ; corail (5) ; toute pierre blanche ; sandaraque ; soufre et autres substances analogues.

3º Mars : Fer; pierre d'aimant; pséphis (6); pyrites rousses (7) et substances analogues.

4º Soleil : Or; escarboucle; hyacinthe; diamant (?); saphir et substances analogues.

5º Vénus : Cuivre; perle; onyx; améthyste; naphte; poix; sucre; asphalte; miel; (gomme) ammoniaque; encens.

6º Mercure : Emeraude ; jaspe ; chrysolithe; hésychios (8) ; mercure; ambre; oliban et mastic.

7º Lune : Argent; verre; antimoine; cuir; chandra (9); terre blanche et substances analogues.

La liste transcrite dans R, c'est-à-dire dans le manuscrit 2419 (traité d'Albumazar); *Introd.*, p. 79 et 206, mérite une attention particulière. Elle répond à une tradition astrologique plus complète et plus ancienne, remontant probablement aux Chaldéens; car elle est encadrée entre une liste de plantes et une liste d'animaux, également consacrées aux Planètes (10). Un certain nombre de noms de pierres précieuses (saphir, sardoine, jaspe, chrysolithe, perle), de minéraux (pierre d'aimant, litharge), d'alliages (claudianos, asèm

---

(1) Cp. *Origines de l'Alchimie*, p. 232 et suivantes. — Les signes des planètes sont en marge des manuscrits, à côté du nom du métal. — Voir *Introd.*, p. 79, 206 et les notes du *Texte grec*.

(2) Consacrés à chaque planète, R. voir la note du *Texte grec*.

(3) Pierre bitumineuse. — Dioscoride, *Mat. méd.*, l. V, 145. — *Introd.*, p. 254.

(4) Alliage métallique. — *Introd.*, p. 244.

(5) Dans R : au lieu du corail, le béryl.

(6) Mot à mot : caillou; c'est quelque minerai de fer.

(7) R : Pierre de feu.

(8) Corps inconnu : Ce mot manque dans R.

(9) Corps inconnu.

(10) *Texte grec*, p. 24, note.

ou diargyros), sont transcrits en caractères, hébraïques, comme si l'on avait voulu en interdire la connaissance aux gens non initiés : c'est l'indice d'une vieille tradition mystique.

L'ordre des corps est parfois plus naturel : le sucre, par exemple, n'étant pas interposé entre la poix et l'asphalte, comme dans les manuscrits alchimiques, mais se trouvant à côté de son congénère, le miel.

Le mercure (métal) est placé tout à la fin de la liste de la planète Hermès; ce qui accuse l'addition de ce métal à une liste plus ancienne, où l'émeraude, mise à la suite du nom de la planète, jouait le rôle d'un métal, comme le *mafek* égyptien (*Origines de l'Alchimie*, p. 220, 234). L'existence de cette liste antérieure est indiquée plus nettement encore par les mots ajoutés : « les Persans attribuent à cette planète (au lieu du mercure) l'étain. » — De même, dans la liste des matières attribuées à la planète Jupiter, après le mot Étain, on lit: « Les Persans attribuent à cette planète (au lieu de l'étain) le métal argentin » ; ce qui signifie l'asèm ou électrum. Il y a là une indication très remarquable des changements survenus dans les attributions des métaux aux planètes, après que l'asèm ou électrum eut disparu de la liste des métaux, vers le vi^e ou viie siècle de notre ère (v. *Introd.*, p. 81 à 85).

I. ix. — NOMS DES FAISEURS D'OR [1]

1. Connais, mon ami, les noms des faiseurs d'or :

Platon, Aristote, Hermès, Jean le grand prêtre dans la divine Évagie (2) ; Démocrite, Zosime, le grand Olympiodore, Stephanus le philosophe, Sophar le Persan, Synésius, Dioscorus le prêtre du grand Sérapis à Alexandrie, Ostanès l'Egyptien, Comarius l'Egyptien, Marie, Cléopâtre la femme du roi Ptolémée (3), Porphyre, Epibechius (4), Pélage, Agatho-

---

(1) Voir *Origines de l'Alchimie*, p. 128 et suivantes. Voir aussi la liste ancienne du manuscrit de Saint-Marc, donnée dans l'*Introd.*, p. 110.

(2) Cp. *Origines de l'Alchimie*, p. 118.

(3) Cléopâtre, la femme alchimiste, a été confondue plus tard avec la reine de ce nom. *Origines de l'Alchimie*, p. 173.

(4) *Alias,* Pebechius, Pebichius. C'est Horus l'Epervier : *Origines de l'Alchimie*, p. 168.

démon. Héraclius l'empereur, Théophraste, Archélaüs, Pétasius (1),
Claudien, le philosophe anonyme, le philosophe Menos (2), Pauséris,
Sergius.

2. Ce sont là les maîtres partout célèbres et œcuméniques, les nouveaux
exégètes de Platon et d'Aristote.

3. Les pays où l'on accomplit cette œuvre divine sont: l'Egypte, la
Thrace, Alexandrie, Chypre et le temple de Memphis (3).

I. x. — NOMS DES VILLES

Sur la pierre métallique ; en quels lieux elle est préparée (4).

1. Il faut connaître en quels lieux de la terre de Thébaïde se prépare la
paillette métallique : Cléopolis (Héracléopolis) ; Alycoprios (Lycopolis) ;
Aphrodite; Apolenos (Apollinopolis) ; Eléphantine.

2. La pierre métallique ressemble au marbre ; elle est dure, et les hommes
qui, dans les lieux précités en font l'extraction avec beaucoup de peine, la
préparent à l'intérieur (de la terre ; ils portent des lampes..., et lorsqu'ils
trouvent un filon, ils l'occupent. Leurs femmes broient (la pierre) et en
font mouture.

3. Lorsque, après avoir réduit le minerai en poudre, ils l'ont étalé sur
des tables garnies de rainures contrariées et disposées en pente douce, ils y
font couler de l'eau ; la partie pulvérisée, légère et inutile, est entraînée par
l'eau, tandis que la partie utile, retenue par son poids, est recueillie dans
les rainures des planchettes. Alors, pour la cuisson, ils resserrent le dépôt, le

---

(1) Ou Pétésis = Isidore en grec.
Introd., p. 11 et *Lexique alchimique*,
traduction, p. 15.

(2) E L. « Memnon le philosophe et les
autres anonymes. » Il n'est pas question
ailleurs de ce Menos. Serait-ce le vieux
roi Ménès? Il existe des écrits alchimiques sous le pseudonyme du roi
Chéops (Sophé) — *Origines de l'Alchimie,* p. 58.

(3) Le temple de Phtha.

(4) Voir *Origines de l'Alchimie*, p. 129.
C'est l'abrégé d'un morceau d'Agatharchide sur l'extraction de l'or de ses minerais; morceau qui se trouve intercalé au
milieu des recettes alchimiques dans M.

placent dans un vase de terre cuite et, faisant un mélange selon la formule (1),
ils lutent le vase, et le font chauffer sur un fourneau, pendant cinq
jours et cinq nuits ; le vase a une issue pour l'extraction (des produits).

Un *Traité des Poids et Mesures*, attribué à Cléopâtre, se trouve dans la
plupart des manuscrits alchimiques grecs. Il a été imprimé d'abord par
H. Étienne, au début de son *Thesaurus Græcæ linguæ*, puis reproduit,
discuté, commenté par les auteurs qui se sont occupés des mesures antiques,
par Hultsch en particulier : ce qui m'a paru en rendre la réimpression su-
perflue.

Je crois au contraire utile de reproduire ici la liste *des mois égyptiens*,
avec traduction latine grécisée, d'après le manuscrit A, fol. 280; en mettant
en regard les noms des mois coptes actuels, qui montrent la permanence des
vieilles traditions. (Je les ai tirés de l'*Annuaire du Bureau des Longitudes*,
pour 1886, p. 24.)

NOMS ANCIENS	NOMS LATINS GRÉCISÉS	NOMS COPTES MODERNES
Phamenoth	Martios (Mars).........	Barmhat.
Pharmouthi..........	Aprilios (Avril).......	Barmudeh.
Pachon	Maïos (Mai)..........	Bachones.
Payni...............	Junios (Juin).........	Bawne.
Epiphi..............	Julios (Juillet)........	Abib.
Mesori..............	Augustos (Août)......	Mesori.
Thoth	Septevrios (Septembre)	Tut (7e mois de l'année).
Phaophi.............	Octobrios (Octobre)...	Bobeh.
Athyr...............	Noevrios (Novembre) .	Hatur.
Chiak...............	Decevrios (Décembre).	Koyhak.
Tybi................	Januarios (Janvier)....	Tubch.
Méchir.............	Fevruarios (Février)...	Amchir.

------

(1) Cette formule est donnée par Agatharchide, p. 128 (*Geogr. græci*, Éd. Didot).

I. xi. — SERMENT

1. Je te jure (1), mon honorable initié, par la bienheureuse et vénérable Trinité, que je n'ai rien révélé des mystères de la science qui m'ont été transmis par elle, dans les retraites secrètes de mon âme : toutes les choses dont je tiens la connaissance de la Divinité, relativement à l'art, je les ai déposées sans réserves dans mes écrits, en développant la pensée des anciens d'après mes propres réflexions.

2. Toi-même, aborde tous ces écrits dans un esprit de piété et de prudence; si nous avons dit quelque chose d'erroné, par ignorance, mais sans mauvaise intention, corrige nos fautes dans ton intérêt et dans l'intérêt des lecteurs fidèles à Dieu, exempts de malice et honnêtes, qualités qui sont en vérité difficiles à rencontrer (2). Salut ! au nom de la sainte et consubstantielle Trinité; je veux dire le Père, le Fils et le Saint-Esprit (3). La Trinité (3) dans l'unité, c'est le Fils, qui s'est incarné sans péché parmi les hommes, pour la glorification de la dyade (4), à laquelle il participe lui-même; il a revêtu la nature humaine, tout en demeurant irréprochable; la voyant sujette à faillir, il l'a redressée.

I. xii. — SERMENT DU PHILOSOPHE PAPPUS (5)

1. Je te jure par le grand serment, qui que tu sois : j'entends le Dieu unique, par l'espèce et non par le nombre, celui qui a fait le ciel et la terre et le quaternaire (6) des éléments et les substances qui en dérivent: ainsi que

---

(1) Ce serment est tout imprégné des idées de la métaphysique chrétienne des Grecs byzantins, du ive au vie siècle; surtout dans les deux additions finales: car le commencement pourrait avoir été écrit par un néo-platonicien.

(2) La suite manque dans plusieurs manuscrits : c'est une addition.

(3) C'est une formule finale. La suite manque dans l'une des copies de A : elle répond sans doute à une seconde addition postérieure.

(4) Le Père et le Saint-Esprit.

(5) Appelé aussi Pappoas.

(6) La Tétractys, formule pythagoricienne.

nos âmes rationnelles et intelligentes, en les harmonisant avec le corps;
le dieu que portent les chars des chérubins, et que célèbrent les légions
des anges.

2. Quelques-uns (1) ont délayé le jaune d'œuf (2) avec les liquides du même
genre, jetant une cotyle (3) d'eau dans une once du corps (en question);
après avoir renfermé (ce mélange), ils l'ont soumis à l'action des étuves;
l'opération accomplie, ils ont enlevé l'*ios;* — après l'avoir exposé à l'air,
ils l'ont incorporé à la cire et au soufre. Ayant ainsi soumis le mélange
à l'action de la chaleur, pour parfaire l'opération dans des étuves régulières,
c'est-à-dire par des dissolutions ou des cuissons, ils ont déposé le produit
solide dans des vases de verre, suspendus dans un local chaud et recevant
de préférence la lumière du côté du levant, ou du couchant et du midi,
plutôt que du nord; ainsi que l'a prescrit en détail Stephanus, très aimé
de Dieu, et comme nous l'avons exposé en abrégé dans notre traité dédié à
Moïse, le trois fois bienheureux.

3. Ainsi nous avons bien composé notre écrit. En effet, si tu vois que le
liquide s'étend vers le nord, comme il est dit dans le discours sur l'eau de
soufre natif, alors hâte-toi de le corriger en délayant avec la saumure, le
natron, l'antimoine, la couperose destinée à l'affinage (4). — Il voulait désigner par là la mortification du produit (5) et l'accomplissement de l'œuvre
exposée dans tout son discours (6).

---

(1) Cette fin est étrangère au serment.
Peut-être est-ce une recette, dont la
révélation devait être précédée par le
serment de l'initié.

(2) Voir la nomenclature de l'œuf,
p. 19 à 22.

(3) Mesure de volume.

(4) Cette description énigmatique du
grand œuvre repose sur des allusions
vagues à diverses opérations chimiques.
Elle est d'une basse époque, postérieure
au viie siècle, à en juger d'après la citation de Stephanus.

(5) Qu'il fallait éviter, pour accomplir l'opération.

(6) La phrase finale est une glose de
commentateur, ajoutée en dernier lieu.

I. XIII. — ISIS A HORUS

(1ʳᵉ RÉDACTION)

Isis la Prophétesse (1) à son fils (2).

1. Isis, la prophétesse à son fils Horus : « Tu devais t'éloigner, mon enfant, et aller combattre contre l'infidèle Typhon, pour le trône de ton père. Moimême m'étant rendue à Hermonthis, ville (où l'on cultive) l'art sacré de l'Égypte (3), j'y ai passé un certain temps. D'après le cours des circonstances, et la révolution nécessaire du mouvement des sphères (4), il arriva que l'un des anges qui résident dans le premier firmament, m'ayant contemplée d'en haut (5), voulut s'unir à moi (6). Il s'avança, se disposant à en venir à son but : mais je ne lui cédai point, voulant apprendre de lui la prépara-

---

(1) Voir BERTHELOT, *Orig. de l'Alch.*, p. 138. Cp. HŒFER, *Hist. de la Chimie*, t. I, p. 290, 2ᵉ édition. — Titre de L : Isis, reine d'Égypte, épouse d'Osiris, sur l'art sacré, à son fils Horus ». — Les variantes notables de la seconde rédaction du texte, d'après L, sont données en notes dans la traduction présente.

(2) Le titre est suivi du signe de la lune dans le manuscrit A. Ce signe, qui est aussi celui de l'argent, indique que tout le morceau a un sens alchimique caché. - - Ici il remplace le nom du fils d'Isis, ce qui semble se rapporter à l'identification d'Horus enfant avec Harpocrate, et au rôle lunaire de l'Harpocrate thébain, désigné sous le nom de Khons (v. les mots Aah [dieu lunaire] et Khons, dans le *Dictionnaire d'Archéologie égyptienne*, par Pierret, 1875). Ceci tend à faire remonter jusqu'aux vieilles traditions égyptiennes la première rédaction de ce morceau. L'existence de deux rédactions, notablement différentes, pourrait répondre à deux interprétations distinctes d'un même texte hiéroglyphique.

(3) D'après L : « Moi-même, après ton départ, m'étant rendue à Ormanouthi (Hermonthis), où l'art sacré de l'Égypte est cultivé mystérieusement...» Ceci correspond à une note marginale de A : « elle parle dans un sens mystérieux », et nous rappelle le symbolisme alchimique de ce morceau.

(4) Cette phrase, qui répond au caractère sidéral d'Horus et d'Isis, manque dans L ; on y lit seulement : « Je voulais me retirer ; pendant que je m'éloignais, l'un des prophètes ou anges, etc. »

(5) Manque dans L. Il y a quelques variantes peu importantes dans ce qui suit.

(6) Dans A, ce mot est suivi du signe du cuivre, c'est-à-dire d'Aphrodite (Vénus), déesse assimilée à Isis-Hathor. Il semble donc qu'il s'agisse ici, dans un langage mystique, d'une combinaison chimique où le cuivre figurait comme matière de la transmutation (voir la note 2) ; combinaison assimilée, suivant un symbolisme fréquent chez les alchimistes, à l'union de la femme avec l'homme.

tion de l'or et de l'argent. Comme je l'interrogeais là-dessus, il me dit qu'il ne lui était pas permis de s'expliquer à cet égard, vu la haute importance de ces mystères, mais que le jour suivant, il viendrait un ange plus grand, l'ange Amnaël (1), et celui-là serait en état de me donner la solution de la question.

2. Et il me dit que celui-là porterait un signe sur sa tête (2) et qu'il me montrerait un petit vase non enduit de poix, rempli d'eau transparente. Il (ne) voulut (pas) révéler la vérité.

3. Le jour suivant, lorsque le soleil était au milieu de sa course, apparut l'ange Amnaël, plus grand que le premier ; pris du même désir à mon égard ; il descendit vers moi, il ne resta pas immobile, mais se rendit en hâte au lieu où je me tenais ; et moi je ne cessai pas de m'informer de la question.

4. Et comme il tardait (à me répondre), je ne me livrai point, mais je contins son désir jusqu'à ce qu'il m'eût fait voir le signe qu'il avait sur la tête et qu'il m'eût transmis sans réserve et avec sincérité les mystères que je cherchais.

5. Enfin, il me montra le signe et commença la révélation des mystères ; proférant des serments (3), il s'exprima ainsi : Je te le jure par le ciel, la terre, la lumière et les ténèbres ; je te le jure par le feu, l'eau, l'air et la terre ; je te le jure par la hauteur du ciel, par la profondeur de la terre et du Tartare ; je te le jure par Hermès, par Anubis, par les hurlements du Kerkoros (4), par le serpent qui

---

(1) En marge de A : « Elle parle d'un être versé dans la connaissance de Dieu. » Dans L, tout le passage est abrégé en ces termes :

« 1. Le jour suivant, vint à moi leur premier ange prophète appelé Amnaël.

« 2. Je l'interrogeai de nouveau sur la préparation de l'or et de l'argent. Il me montra un signe qu'il avait sur la tête, et un vase, non enduit de poix, rempli d'eau transparente, qu'il avait dans les mains, et il ne voulut pas révéler la vérité.

« 3. Le jour suivant, il revint, il renouvela sa tentative amoureuse et s'efforça d'atteindre son but. Mais je ne m'occupais pas de lui ; et il continua à me tenter et à me prier par son désir.

« 4. Mais je ne me livrai point, et je le dominai jusqu'à ce qu'il m'eût fait voir le signe, etc. »

(2) Ceci paraît une allusion au disque qui surmonte les cornes en croissant (demi-cercle), lesquelles servent de coiffure au dieu lunaire Khonsou Aah. Dans L, ce signe est décrit seulement un peu plus loin, lors de l'apparition d'Amnaël.

(3) Il semble que le serment aurait dû être prononcé par Isis. Le début rappelle le serment des *Orphica*.

(4) Her-Hor est le premier prophète d'Ammon ; c'est le nom d'un personnage historique de la XX⁰ dynastie (*Dict. d'Arch. égypt.* de Pierret). Ici il est devenu un personnage infernal.

garde le temple (1) ; je te le jure par le bac et par le nocher de l'Achéron ; je te
le jure par les trois Nécessités (Parques), par les Fouets (Furies), par l'Épée.

6. Après tous ces serments, il me demanda de ne (rien) communiquer
à qui que ce fût, excepté à mon fils chéri et légitime, afin que toi-même tu
fusses lui et que lui fût toi (2). Ainsi donc, observe en passant, interroge
l'agriculteur Acharantos (3) et apprends de lui quelle est la semence et
quelle est la moisson, et tu sauras que celui qui sème le blé récolte du blé,
que celui qui sème de l'orge récolte de l'orge.

7. Quand tu auras, mon enfant, entendu ces choses, par manière de préambule, considères-en toute la création et la génération, et sache que l'homme
sait engendrer l'homme, le lion engendre le lion, et le chien engendre le
chien. S'il arrive qu'un être soit produit contrairement à la nature, c'est un
monstre qui est engendré et il n'a pas de consistance (4). La nature charme
la nature, et la nature triomphe de la nature.

8. Les adeptes ayant participé à la puissance divine, et ayant réussi
par l'assistance divine, éclairés par l'effet de la demande (d'Isis) (5) ; ils firent
des préparations avec certains minerais métalliques, sans se servir d'autres
substances non convenables). Ils réussirent ainsi au moyen de la nature
substantielle à triompher de la matière employée dans la préparation (6).

---

(1) C'est le serpent Ouroboros. Dans L. on lit : « le hurlement de Kerkouroboros le serpent, et du chien tricéphale, Cerbère, gardien de l'Enfer ». — Kerkoros et Ouroboros sont ici confondus en un seul mot, par l'erreur du copiste. D'ailleurs le hurlement du serpent n'a pas de sens. Cerbère parait avoir été ajouté en raison de l'ancien mot, gardien (du temple) ; (voir l'article I, v, 5), qui n'était plus compris et qui a été appliqué à l'Enfer par l'un des copistes dont L. procède.

(2) Ceci semble faire allusion à l'identité du Dieu lunaire *Aah*, (symbole de l'argent) avec Khons Harpocrate, qui est encore Horus. — Cette phrase mystique, tirée du culte égyptien, a disparu dans L.

(3) Ailleurs : Achaab (*Texte grec*, p. 89, l. 10). Ces noms propres ont été remplacés par « un certain agriculteur » dans L.

(4) Cette phrase philosophique manque dans L.

(5) Le commencement de ce paragraphe jusqu'à cet endroit manque dans L, qui débute ainsi : « 8. Il faut préparer la matière avec les minerais métalliques et non avec d'autres substances. En effet. comme je l'ai dit précédemment, le blé, etc. »

(6) Ceci parait vouloir dire qu'il faut faire intervenir la nature prépondérante de l'or, jouant le rôle d'un germe ou élément générateur, pour surmonter et changer la nature de la matière des autres substances employées dans les transmutations.

En effet, de même que j'ai dit précédemment que le blé engendre le blé et que l'homme sème l'homme ; de même aussi l'or sert à la moisson de l'or, et généralement le semblable, à celle de son semblable (1). Maintenant le mystère a été révélé.

9. Prenant du mercure, fixe le (2) : soit avec la terre bolaire, ou avec le métal de la magnésie, ou avec le soufre ; et garde-le : c'est l'amalgame fusible (3).

Mélange des espèces : plomb facilement fusible (amalgame), 1 partie ; pierre blanche, 2 parties ; pierre crue (ou entière) (4), 1 partie ; sandaraque (5) jaune, 1 partie ; renoncule (6), 1 partie ; mélange tout cela avec du plomb pris en masse, et fais fondre par trois fois.

10. *Mélange de la préparation blanche*, laquelle est le blanchiment de tous les corps (métalliques) (7). Prends 1 partie de mercure blanchi avec addition de cuivre (8 : et prenez 1 partie de magnésie, désagrégée par les eaux (chimiques ; 1 partie de lie de vin, traitée par le jus de citron ; 1 partie d'arsenic (9), délayé avec l'urine d'un enfant impubère ; 1 partie de cadmie ; 1 partie de pyrite, cuite avec de la litharge ; 1 partie de céruse, cuite avec du

---

(1) Tout le paragraphe 8 semble une addition, faite après coup, au texte primitif du § 7, qu'elle répète en grande partie. C'est en quelque sorte une transition mal agencée entre ce texte et les recettes techniques des paragraphes suivants, recettes très anciennes d'ailleurs et fort voisines de celles du Papyrus de Leide.

(2) Ceci signifie : soit le mercure éteint par son mélange avec une argile, soit le mercure amalgamé avec un alliage métallique, soit le mercure sulfuré par l'action du soufre, ou des sulfures métalliques.

(3) L : « c'est l'amalgame fusible, suivant le mélange des espèces : plomb facilement fusible », etc.

(4) V. la Nomenclature de l'Œuf, p. 19.

(5) Réalgar.

(6) Ce nom symbolique exprime quelque substance minérale jaune : voir le Lexique, p. 6.

(7) Cette préparation représente un mélange de divers oxydes métalliques (cuivre, mercure, fer, arsenic, zinc, plomb, etc.), salifiés plus ou moins complétement par le bitartrate de potasse et par le *vinaigre* très fort ; c'est-à-dire par un acide, ou un alcali, ou un autre corps piquant, assimilé au vinaigre ; le tout est ajouté au mercure éteint ou amalgamé. En faisant chauffer ce mélange dans un creuset, avec addition d'un fondant, on obtiendra un alliage complexe. — Les Recettes d'asèm dans le papyrus de Leide, *Introd.*, p. 29 (recettes 5, 6), p. 30 (recette 9), p. 31 (recette 13), p. 32 (recette 18), p. 33 (recette 19), p. 35 (recette 27), p. 37 (recette 37), p. 45 (recettes 84, 85, 86), p. 47 (recette 90); sont tout à fait analogues aux descriptions contenues dans les § 10, 11 et 12.

(8) Il y a là une inversion : c'est au contraire le cuivre qui est blanchi par le mercure.

(9) Orpiment.

soufre; 2 parties de litharge, cuite avec de la chaux; 1 partie de cendres de *cobathia* (1). Délaie tout cela avec du vinaigre blanc très fort et, après avoir fait sécher, tu obtiendras la préparation blanche (2).

11. Ensuite (3), prenant du cuivre et du fer, fais-les fondre, puis jettes-y peu à peu les substances que voici, pulvérisées : soufre, 1 partie ; magnésie, 10 parties; jusqu'à ce que le fer devienne bien ductile. Après avoir broyé, mets de côté.

12. Prenant (4) un peu de cuivre rendu ductile par la chaleur, fais-en fondre 4 parties, et jettes-y 1 partie de fer broyé (5), en l'ajoutant peu à peu et l'agitant, jusqu'à ce que le fer et le cuivre fassent un alliage.

Puis, prenant de cet alliage le poids d'une livre, fais-le fondre, en y projetant 3 onces de la préparation blanche, (ajoutée) peu à peu, jusqu'à ce que la matière broyée devienne blanchâtre. Puis, en la prenant au sortir du creuset, ajoutes-y du mercure : 1 partie pour 2 parties du mélange; donne-lui l'épaisseur d'un ongle. Si le métal n'est pas tout-à-fait ductile, fais le fondre de nouveau, et il deviendra mou comme la cire (6).

13. Ensuite (3), après avoir préparé une liqueur pour la dorure (7), une liqueur de coquille d'or (8), sans couperose, ni résidu de creuset, place les lames dans un vase de verre, mets à part pendant 35 jours, jusqu'à ce que le dépôt soit rassemblé. Puis, enlève et garde le produit (9).

14. Ensuite (10), prends la préparation blanche obtenue au moyen du mercure, de la magnésie, de la lie de vin, de l'arsenic, de la cadmie, de la pyrite et de la céruse; prends aussi du mercure, mêles-y la liqueur du sidéro-

---

(1) Voir *Introd.*, p. 255.

(2) Tout ce paragraphe est une répétition plus développée de la recette contenue dans le précédent.

(3) Le mot « ensuite » signifie simplement que l'auteur passe à une préparation nouvelle ; laquelle ne fait pas nécessairement suite à la précédente. Souvent le copiste, ayant sous les yeux deux recettes semblables, en a mis bout à bout les parties parallèles.

(4) Mot à mot. un Kéras ou Kération, c'est-à-dire un Carat, tiers d'obole, poids.

(5) Limaille de fer, ou fonte broyée ?

(6) Ceci paraît encore se rapporter à la formation d'un amalgame. Le § 12 développe la recette du § 11.

(7) Il y avait probablement ici le signe de l'or, que le copiste grec a traduit par ἡλιοκόσμιον, pour χρυσοκόσμιον.

(8) Le mot d'or en coquille est encore usité chez les bijoutiers.

(9) Recette sommaire pour dorer, analogue à celles des Papyrus de Leide (voir *Introd.*, p. 70).

(10) Ce paragraphe est une variante des précédents.

chalque et les espèces susdites. Que la liqueur surnage la préparation de l'épaisseur de deux doigts; laisse macérer pendant quinze jours à l'ombre, et conserve le dépôt.

15. Lorsque tu veux blanchir quelqu'un des corps métalliques (1), procède ainsi : prenant du mercure, de la lessive de chaux, de l'urine, du lait de chèvre, du natron et du sel, délaie et blanchis.

16. On sait pareillement que les choses qu'il me reste à expliquer (2), c'est-à-dire les diplosis, les teintures et tous les traitements, tendent à un seul et même sens, à une seule et même œuvre. Comprends donc, mon enfant, le mystère de la préparation de la veuve (3).

17. Voici comment on élève la vapeur sublimée (4) : prends de l'arsenic (5), fais-le bouillir dans l'eau, et le mettant dans un mortier, pile-le avec le stachys et un peu d'huile ; mets le matras et la fiole (6) sur des charbons. Au-dessus de l'entrée (du fourneau?) dispose l'appareil, jusqu'à ce que la vapeur s'en aille. Traite la sandaraque de la même façon.

I. xiv. — LES MOEURS DU PHILOSOPHIE

Quelles doivent être les qualités morales de celui qui poursuit l'étude de la science (7).

Celui qui poursuit l'étude de la science doit premièrement aimer Dieu et les hommes, être tempérant, désintéressé, repousser le mensonge, toute fraude, toute mauvaise action, tout sentiment d'envie, être enfin un sin-

---

(1) C'est une recette pour blanchir les métaux par amalgamation, analogue à l'une des précédentes.

(2) Ceci semble indiquer l'intention de l'auteur d'exposer tout un ensemble de recettes, dont ce qui précède aurait été seulement le début.

(3) Isis, veuve d'Osiris. Ce mot marque la fin de la principale addition.

(4) Ceci est une recette, ajoutée à la suite des précédentes. C'est une sublimation, opérée dans l'alambic, au moyen des sulfures d'arsenic, mélangés de divers produits organiques.

(5) Orpiment.

(6) Voir figure 11, *Introd.*, p. 132.

(7) Voir *Origines de l'Alchimie*, pages 119, 160 et 206. Ce morceau est attribué à Démocrite par Cedrenus. Il se retrouve avec développement dans Geber et les alchimistes arabes.

cère et fidèle enfant de la sainte, consubstantielle et coéternelle Trinité (1). Celui qui ne possède pas ces belles qualités, agréables à Dieu, ou qui ne s'efforce pas de les acquérir, celui-là se trompera lui-même, en voulant atteindre les choses inaccessibles ; il ne fera que se nuire à lui-même.

I. xv. — SUR L'ASSEMBLÉE DES PHILOSOPHES

1. Les philosophes envoyèrent les uns chez les autres en vue de former une réunion, attendu qu'une querelle et un grand trouble les avait assaillis : ce trouble venait de l'erreur qui s'est abattue sur le monde en ce qui concerne les natures, les corps (2), les esprits (3), touchant la question de savoir si c'est au moyen de plusieurs espèces, ou d'une seule, que s'accomplit le mystère (4).

2. Le philosophe, répondant clairement des choses connues d'eux, s'exprime ainsi : « Il n'appartient pas à ceux de notre race (5), provenant d'une seule espèce, de nous reprocher nos livres et de nous jeter des imprécations à la tête. Relativement à la teinture de l'or que l'on veut obtenir, voici ce qui m'a été indiqué par les gens du métier : Si quelqu'un vient à exposer les enseignements relatifs à la multiplicité des espèces, il est dans l'erreur : car le but poursuivi est autre. Le fourneau est unique, unique le chemin à suivre, unique aussi l'œuvre ».

3. Rien ne conduira au but (même au prix de 50 deniers) (6). Mais le seigneur Dieu l'a livré (gratuitement), à cause des mendiants et des désespérés.

---

(1) C'est le langage des Grecs byzantins de la fin du IVe et du Ve siècle.

(2) Métaux, corps fixes.

(3) Corps volatils (v. *Introd.*, p. 247).

(4) Cela paraît signifier : La transmutation s'opère-t-elle sur un métal unique, dont on change la nature spécifique ; ou bien fabrique-t-on l'or et l'argent, en les composant à la façon des alliages, tels que le bronze et le laiton ? On pourrait encore entendre par là la pierre philosophale. En effet, on lit dans un commentaire sur la *Turba philosophorum* (*Bibl. chem.* de Manget, t. I, p. 499) : *Multis disputationibus Lapidem vel diversis, vel duabus, vel unâ tantum re constare, diversis nominibus contendunt.* — Voir plus haut la note 4 de la page 23.

(5) Il y a là, ce semble, une allusion au rôle des Juifs parmi les alchimistes ; des phrases analogues, mais plus précises, sont attribuées à Marie (*Origines de l'Alchimie*, p. 56).

(6) Ce passage est une interpolation évidente. Il semble qu'il y ait là un

4. Le philosophe parle ainsi : « Prends dans les chairs (1) la partie jaune, car c'est la meilleure parmi les produits macérés (2); et prends la pierre; mets sur le feu, et aussitôt après, dans l'eau; puis reprends cette pierre, ainsi qu'une partie des chairs macérées, et mets (le tout) dans un fourneau solide, destiné à faire le verre. Prends l'huile qui surnage la pierre (3), et (alors) la pierre demeure à l'état de verre. En prenant le même vinaigre, on possède le vinaigre des philosophes (4) ».

I. XVI. — SUR LA FABRICATION DE L'ASEM [5]

Prenez du Plomb fusible (6), tiré des minerais lavés. Le Plomb fusible est très compact. On le fond à plusieurs reprises, jusqu'à ce qu'il devienne asèm. Après avoir obtenu l'asèm, si vous voulez le purifier, projetez dans le creuset du verre de Cléopâtre et vous aurez de l'asèm pur. Car le plomb fusible fournit beaucoup d'asèm 7). Chauffez le creuset sur un feu modéré et pas très fort.

---

débris de quelqu'autre écrit, intercalé au hasard. La phrase qui le termine peut être rapprochée de certains énoncés, très fréquents chez les alchimistes arabes, d'après lesquels la pierre philosophale était formée de matières qui se trouvaient partout, à la disposition des plus pauvres : *Est vilis in plateis et in viis ejectus pedibus hominum calcatur et ab uno quoque paupere potest acquiri.* (AVICENNE, dans *Bibl. Chem.* de Manget, t. I, p. 633, — voir aussi p. 935).

(1) L'auteur se sert ici du langage symbolique des parties du serpent (v. p. 23). Le mot chair signifie quelque matière insoluble dans les liqueurs employées, matière colorée en jaune ou en rouge.

(2) Il y a dans le grec un jeu de mot symbolique, relatif à l'embaumement des corps humains.

(3) Il semble qu'il s'agisse d'un fon-dant liquéfié, qui coule à la surface du métal dans le creuset.

(4) Vinaigre des philosophes, ou eau mercurielle qui dissout les métaux. Cette dernière phrase ne semble pas faire suite à ce qui précède. — La première partie de l'article XV est relativement claire; mais la fin est trop vague pour offrir un sens précis : c'est une addition de copiste.

(5) M. fol. 106. Il y a deux titres; le signe du second est celui de l'argent.

(6) Le signe traduit ici par fusible est celui de l'eau. S'agit-il de l'amalgame de la page 34 ? Cette recette et celles qui suivent sont des recettes techniques, positives, analogues à celles du Papyrus de Leide.

(7) Entendre par asèm un alliage de plomb et d'argent (voir les recettes du Papyrus de Leide, *Introd.*, p. 65).

2. *Fabrication de l'asèm.* — Prenez de l'étain (1), fondez-le, et après cinq fusions, jetez du bitume à sa surface dans le creuset. Chaque fois que vous le refondrez, coulez-le dans du sel ordinaire, jusqu'à ce qu'il devienne un asèm parfait et abondant. Si vous voulez l'employer pour un travail d'Eglise (2), opérez entre le moment de la fusion et celui du durcissement.

3. *Fabrication de l'asèm.* — On le tire du plomb ordinaire purifié; comme il est dit sur la stèle d'en haut. Il faut savoir que cent livres de plomb ordinaire fournissent dix livres d'asèm.

I. XVII. — FABRICATION DU CINABRE

1. On met dans un mortier une livre de soufre apyre et deux livres de mercure; on les broie ensemble pendant un jour. On introduit le tout dans un alambic de verre; on en ferme l'orifice avec un lut charbonneux, capable de résister au feu, épais de trois doigts. On soumet ce vase à l'action du feu, pendant 6 à 9 heures. Après ce traitement, vous trouverez une masse agglomérée, d'apparence ferrugineuse. Broyez-la à plusieurs reprises avec de l'eau, pour obtenir une couleur dorée. Car plus vous broierez, plus elle deviendra jaune. Le soufre apyre rend fixes les matières volatiles.

2. *Sur le cinabre.* — Il faut savoir que la régénération (du mercure au moyen) du cinabre se fait au moyen de l'huile de natron (3). On fond sur un feu léger, comme vous le comprenez bien.

3. *Autre article sur le cinabre* (4). — Il faut savoir que la magnésie (5

---

(1) S'agit-il de notre étain moderne; ou bien de cet alliage de plomb et d'argent, désigné par Pline sous le nom de *Stannum?* (*Introduction,* p. 250).

(2) Addition d'un copiste praticien; à moins qu'il ne faille lire ἐκπλάσεως, (œuvre de) moulage, au lieu de ἐκκλησίας.

(3) Emploi de la soude pour réduire le sulfure de mercure.

(4) Dans ce §, cinabre signifie la sanguine, ou hématite, et non le sulfure de mercure.

(5) Le mot de magnésie désigne ici le minerai de fer magnétique, employé à la fois dans la fabrication du verre et dans celle des armes.

du verrier est de la nature de celle de l'Asie, au moyen de laquelle le verre reçoit des teintures ; c'est avec elle que se fabriquent le fer de l'Inde et les épées merveilleuses.

I. XVIII. — DIPLOSIS DE MOISE [1]

Cuivre de Calaïs (2), 1 once ; arsenic, soufre apyre, 1 once, et plomb (3) natif, 1 once ; sandaraque décomposée, 1 once. Broyez dans l'huile de raifort, avec du plomb, pendant trois jours. Mettez dans l'*acmadion* (vase de grillage) et placez sur des charbons, jusqu'à désulfuration ; puis retirez, et vous trouverez votre produit. De ce cuivre, prenez 1 partie et 3 parties d'or ; faites fondre, en poussant vivement la fusion, et vous trouverez le tout changé en or, avec l'aide de Dieu.

I. XIX. — DIPLOSIS D'EUGENIUS [4]

Cuivre brûlé, 3 parties ; or, 1 partie. Faites fondre, et ajoutez de l'arsenic. Faites brûler et vous trouverez le produit ramolli. Ensuite broyez dans du vinaigre, pendant 7 jours, au soleil. Puis, après avoir desséché, faites fondre de l'argent, et quand il est à point (5), projetez-y cette composition : vous trouverez l'argent à l'état d'électrum. Mélangez au produit de l'or, à parties égales, et vous aurez un bel or pur.

---

(1) Voir *Introd.*, p. 61. C'est un procédé pour fabriquer de l'or à bas titre ; aussi bien que le procédé suivant.

(2) Voir *Lexique Alchimique*, p. 9.

(3) Le signe du plomb est parfois le même que celui du soufre : *Introd.*, p. 102. — Voir aussi dans le *Lexique*, p. 8 et 9, deux des articles : *Eau de soufre*, p. 9, l'article *Soufre blanc ;* et p. 13, l'article *Osiris.*

(4) Ce nom ne reparaît pas ailleurs dans nos ouvrages alchimiques. — Il rappelle celui du rhéteur païen, proclamé empereur par Arbogaste et mis à mort par Théodose en 394.

(5) J'adopte γαλάξαντα.

I. xx. — LE LABYRINTHE

QUE SALOMON AVAIT FAIT CONSTRUIRE (1)

As-tu entendu parler, étranger, d'un labyrinthe dont Salomon forma le
plan dans son esprit et qu'il fit construire avec des pierres rassemblées en
rond? Ce dessin en représente la disposition, la forme et la complication,
tracées par des lignes fines, d'une façon rationnelle. En voyant ses mille cir-
cuits, de l'intérieur à l'extérieur, ses routes sphériques qui reviennent en
rond, de çà et de là, sur elles-mêmes, apprends le cours circulaire de la vie,
te manifestant ainsi les coudes glissants de ses chemins brusquement repliés.
Par ses évolutions sphériques, circulaires, il s'enroule subtilement en cor-
dons composés ; de même que le serpent pernicieux, dans ses replis, rampe
et se glisse, d'une façon tantôt manifeste, et tantôt secrète.

Il a une porte placée obliquement et d'un accès difficile. Plus tu accours
du dehors, en voulant t'élancer, plus lui-même, par ses détours subits, t'en-
gage à l'intérieur, vers la profondeur où se trouve la sortie. Il te séduit
chaque jour dans tes courses ; il se joue et se moque de toi par les retours de
l'espérance ; comme un songe qui t'abuse par des visions vaines, jusqu'à ce
que le temps qui règle la comédie se soit écoulé, et que le trépas, hélas !
réglant tout dans l'ombre, t'ait reçu, sans te permettre de réussir à atteindre
la sortie.

---

(1) Voir la figure 30, *Introd.*, p. 157.
— Ce labyrinthe est une œuvre cabalistique du moyen âge, qui n'appartient
pas à la vieille tradition des Alchimistes grecs.

DEUXIÈME PARTIE

TRAITÉS DÉMOCRITAINS

II. 1. — DÉMOCRITE

QUESTIONS NATURELLES ET MYSTÉRIEUSES

1. Mettez dans une livre de pourpre, un poids de deux oboles de scories de fer, macérées dans sept drachmes d'urine, posez sur le feu jusqu'à ébullition. Puis, enlevant du feu la décoction, mettez le tout dans un vase. Retirant d'abord la pourpre, versez la décoction sur la pourpre et laissez tremper une nuit et un jour. Puis, prenant quatre livres de lichen marin (1), versez de l'eau de façon qu'il y ait au-dessus du lichen quatre doigts d'eau, et tenez le mélange dans cet état jusqu'à ce qu'il s'épaississe ; filtrez alors, faites chauffer et versez sur la laine disposée d'avance. Foulez ce qui est trop lâche, de façon que le jus pénètre la laine à fond ; puis laissez deux nuits et deux jours. Prenez ensuite et faites sécher à l'ombre ; déversez le jus.

Puis reprenez le même jus et, dans deux livres de ce jus, mettez de l'eau, de façon à reproduire la première proportion. Tenez de même (le mélange dans cet état), jusqu'à ce qu'il s'épaississe ; puis l'ayant filtré, mettez-y de la laine, comme tout d'abord, et laissez une nuit et un jour. Prenez ensuite et rincez dans l'urine, puis séchez à l'ombre.

Prenez de l'orcanette (2), broyez ; mettez quatre livres d'oseille et faites

---

(1) Orseille.

(2) Ici commence un second procédé de teinture en pourpre, indépendant du premier. On procède cette fois au moyen de la Laccha. — Le mot *orcanette* est indiqué comme traduction commune pour les mots *laccha* et *anchusa*, par les dictionnaires (Voir aussi SAUMAISE, *Plinianæ exercitationes*).

Dans la recette 96 des Papyrus de

bouillir avec de l'urine, jusqu'à ce que l'oseille soit délayée ; ayant filtré l'eau, mettez l'orcanette, faites cuire jusqu'à épaississement et, ayant filtré à nouveau l'orcanette, mettez la laine. Ensuite lavez avec l'urine, et après cela avec de l'eau. Faites sécher de même à l'ombre. Exposez aux vapeurs des algues marines la laine trempée dans l'urine, pendant 2 jours.

2. Voici ce qui entre dans la composition de la pourpre : l'algue qu'on appelle fausse pourpre (1), le coccus (2), la couleur marine (3), l'orcanette (4) de Laodicée, le cremnos (5), la garance d'Italie, le phyllanthion d'Occident (6), le ver à pourpre (7), tiré de....., le rose d'Italie. Ces couleurs ont été estimées entre toutes par nos prédécesseurs. Celles qui ne donnent pas de teinture fixe sont de nulle valeur. Telles sont la cochenille de Galatie, la couleur d'Achaïe, qu'on appelle laccha, celle de Syrie qu'on appelle rhizion, le coquillage et le double coquillage de Libye, la coquille d'Égypte de la région maritime qu'on appelle pinna, la plante appelée isatis, et la couleur de la Syrie supérieure que l'on appelle murex. Ces couleurs ne sont pas solides, ni estimées parmi nous, excepté celle de l'isatis (8).

3. Ayant recueilli ces notions de notre maître précité, et connaissant la diversité de la matière, nous nous sommes efforcés de faire concorder les natures. Mais, notre maître étant mort avant que nous fussions initiés, et dans un temps où nous nous occupions encore de la connaissance de la matière, on nous dit qu'il fallait essayer de l'évoquer de l'Hadès. Et je m'efforçais d'atteindre ce but, en l'invoquant directement par ces mots : Par

---

Leide (*Introd.*, p. 48) ; il y a aussi deux procédés parallèles de teinture, l'un avec l'orseille, l'autre avec l'orcanette. Ces deux matières différentes formaient-elles la base des teintures doubles (étoffes δίβαφοι, dont parlent les anciens auteurs) ; ou bien celles-ci étaient-elles exécutées avec une même matière ? La description ci-dessus, reproduisant deux fois le traitement avec l'orseille, est plutôt favorable à la seconde opinion.

(1) Mot à mot : faux coquillage.

(2) Sorte de cochenille.

(3) Orseille.

(4) Anchusa.

(5) Matière inconnue :

(6) Ou des plongeurs ?

(7) Voir *Salmasii Plinianæ exercitationes*, p. 192, *b, E et F*, et pages suivantes (1689).

(8) Ce qui précède est le fragment de divers procédés de teinture en pourpre, tirés des notes de quelque teinturier et analogues aux recettes du Papyrus de Leide (*Introd.*, p. 48). Puis vient un morceau magique, suivi d'un fragment alchimique : v. *Origines de l'Alchimie*, p. 150. — La traduction actuelle du premier fragment a été soumise à une révision nouvelle.

quels dons récompenses-tu ce que j'ai fait pour toi? Après ces mots, je gardai le silence. Comme je l'invoquais à plusieurs reprises, lui demandant comment je pourrais faire concorder les natures, il me dit qu'il lui était difficile de parler sans la permission du Démon (génie). Et il prononça seulement ces mots : « Les livres sont dans le Temple. »

Retournant au Temple, je me mis à chercher si je pouvais être mis en possession des livres ; car il ne m'avait pas parlé de ces livres de son vivant, étant mort sans avoir fait de dispositions testamentaires. Il avait, à ce qu'on prétend, pris un poison pour séparer son âme de son corps ; ou bien, à ce que dit son fils, il avait avalé du poison par mégarde. Or, avant sa mort, il comptait montrer les livres à son fils seulement, quand celui-ci aurait dépassé le premier âge. Aucun de nous ne savait rien de ces livres. Comme après avoir fait des investigations nous n'avions rien trouvé, nous nous donnions un mal terrible (pour savoir) comment s'unissent et se confondent les substances et les natures. Mais lorsque nous eûmes opéré les compositions de la matière, le temps étant venu d'une cérémonie dans le Temple, nous fîmes un festin en commun. Donc, comme nous étions dans le naos, tout d'un coup, une certaine colonne s'ouvrit, mais nous n'y vimes rien à l'intérieur. Or, ni lui, ni personne ne nous avait dit que les livres de son père y eussent été déposés. S'étant avancé, il nous conduisit à la colonne ; nous étant penchés, nous vimes avec surprise que rien ne nous avait échappé, sauf cette formule précieuse que nous y trouvâmes :

« La nature jouit de la nature ; la nature triomphe de la nature ; la nature maitrise la nature. »

Nous fûmes très surpris qu'il eût rassemblé en si peu de mots tout son écrit.

« Je viens (1) moi aussi apporter en Égypte le traité sur les (questions) naturelles, afin que vous vous éleviez au-dessus de la curiosité du vulgaire (2) et de la matière confuse. »

---

(1) Ceci paraît être le vrai commencement du traité du Pseudo-Démocrite; ce qui précède représentant des lambeaux surajoutés. Le traité même est constitué par les deux livres sur le blanc et le jaune, c'est-à-dire l'Argyropée et la Chrysopée, dont parle Synésius.

(2) Cette expression semblait consacrée dans les expositions de doctrine secrète : ὃ ἐ τὴν τῶν πολλῶν περιεργίαν, dit aussi le Papyrus V de Leide, col. 12. l. 18 (*Introd.*, p. 10).

CHRYSOPÉE

4. Prenant du mercure, fixez-le avec le corps métallique (1) de la magnésie (2), ou avec le corps métallique (1) de l'antimoine d'Italie, ou avec du soufre apyre, ou avec de la sélénite, ou avec de la pierre calcaire cuite, ou avec l'alun de Milo, ou avec l'arsenic (3), ou comme vous l'entendrez. Mettez la terre blanche (ainsi préparée) sur du cuivre et vous aurez du cuivre sans ombre (4). Ajoutez de l'argent jaune (5) et vous aurez de l'or ; avec l'or (le résultat) sera du chrysocorail (6) réduit en corps (métallique).

Le même effet s'obtient avec l'arsenic jaune (7) et la sandaraque (8) traitée convenablement, ainsi qu'avec le cinabre tout à fait transformé. Le mercure seul produit le cuivre sans ombre. La nature triomphe de la nature (9).

---

(1) Métal réduit de ses minerais, ou autres composés.

(2) Ce mot signifiait à l'origine la pierre magnétique ; mais dans le *Lexique*, il est traduit par : plomb blanc, pyrite, antimoine femelle (sulfure d'antimoine en grands cristaux), cadmie (oxyde de zinc impur, mêlé de cuivre). Il désignait aussi l'étain et l'alliage du cuivre et du plomb. Les sens multiples de ce mot ont été donnés dans l'*Introduction*, p. 255. Il semble en particulier qu'il s'appliquât à tout minerai noir ou blanc, susceptible de fournir par sa réduction un métal, un alliage, ou un amalgame, blanc et fusible.

(3) Sulfure d'arsenic : soit l'orpiment.

(4) C'est-à-dire désoxydé, blanchi et amené à un éclat uniforme. D'après le *Lexique*, p. 6 : le cuivre couvert d'ombre, c'est la fleur de cuivre (protoxyde, sous-sels, vert-de-gris). (*Introd.*, p. 232.)

(5) Ou plutôt de l'Electrum, d'après le signe de B.

(6) Autrement dit coquille d'or, expression encore usitée en orfèvrerie.

(7) Orpiment.

(8) Réalgar.

(9) Voici quelle paraît être la signification générale des recettes de ce paragraphe. Faites avec le mercure un amalgame, ou éteignez le avec une substance quelconque. Puis étendez le produit (terre blanche) sur le cuivre ; celui-ci deviendra d'un éclat argentin uniforme.

Cette terre ou pâte blanche est encore désignée sous le nom d'amalgame fusible, et de préparation blanche, à la fin de la lettre d'*Isis à Horus*, p. 34.

Les composés arsénicaux peuvent aussi blanchir le cuivre par sublimation ; de même le cinabre, soit à chaud, soit en le décomposant par quelque artifice. Enfin le cuivre blanchi à la surface peut être doré ensuite par un traitement convenable, au moyen de l'électrum, ou de l'or en feuilles, ou en poudre (coquille d'or).

Il s'agirait donc en fait d'un procédé d'argenture apparente du cuivre, précédant une dorure superficielle : ce qui est conforme aux analogies tirées du Papyrus de Leide. (*Introd.*, p. 56.)

5. Traitez la pyrite d'argent, que l'on nomme aussi sidérite, suivant l'usage, de manière à la rendre fluide. Or, on la rendra fluide au moyen de la litharge grise, ou de la blanche, ou au moyen de l'antimoine d'Italie. Puis saupoudrez avec du plomb (je ne dis pas simplement avec du plomb, pour que vous ne fassiez pas d'erreur, mais avec le plomb de Coptos) et avec notre litharge noire, ou comme vous l'entendrez. Faites chauffer, puis mettez dans la matière du jaune factice et teignez (1). La nature jouit de la nature.

6. Traitez la pyrite jusqu'à ce qu'elle devienne incombustible (2), après avoir perdu sa couleur noire. Traitez-la avec la saumure, ou avec l'urine non corrompue, ou avec l'eau de mer, ou avec l'oxymel, ou comme vous l'entendrez, et faites cuire jusqu'à ce qu'elle devienne pareille aux paillettes d'or qui n'ont pas subi l'action du feu. Cela réalisé, mêlez-y du soufre apyre ou de l'alun jaune, ou de l'ocre attique, ou ce qui vous conviendra. Puis ajoutez de l'argent, pour avoir de l'or ; et de l'or, pour avoir la coquille d'or. La nature domine la nature (3).

7. *Fabrication de l'or jaune.* — Prenant du claudianos (4), rendez-le brillant et traitez-le selon l'usage, jusqu'à ce qu'il devienne jaune. Par conséquent jaunissez-le (pour jaunir je ne parle pas de la pierre, mais de la partie utile de la pierre) (5). Or vous jaunirez avec l'alun décomposé, avec le soufre, ou avec l'arsenic, ou avec la sandaraque, ou avec le calcaire, ou avec ce que vous voudrez. Et si vous ajoutez ce composé à l'argent, vous obtiendrez de l'or ; si vous l'ajoutez à l'or, vous obtiendrez de la coquille d'or (6). La nature victorieuse domine la nature.

---

(1) Cette recette paraît signifier que l'on doit traiter un minerai d'argent (argent sulfuré, couleur gris d'acier) par la litharge et le plomb (ou l'antimoine), de façon à obtenir un alliage ; puis on colore cet alliage en jaune, à l'aide d'une matière non définie ici.

(2) C'est-à-dire grillez, jusqu'à désulfuration et disparition de la couleur gris d'acier du sulfure d'argent, ou analogue.

(3) Cette recette paraît exprimer le grillage de la pyrite argentifère, suivie de traitements par des liqueurs renfermant du chlorure de sodium. Finalement, on prépare un alliage couleur d'or, et renfermant soit de l'argent, soit une certaine dose d'or, associés au cuivre et à d'autres métaux.

(4) Alliage du plomb avec le cuivre, l'étain, le zinc, etc. (*Introd.*, p. 244, et *Lexique*, p. 10).

(5) Glose d'un copiste, intercalée dans le texte.

(6) Cette recette a pour objet la fabrication d'un alliage couleur d'or, avec le concours de l'arsenic (*Introd.*, p. 67).

8. Rendez le cinabre (1) blanc au moyen de l'huile, ou du vinaigre, ou du miel, ou de la saumure, ou de l'alun (2) ; puis jaune au moyen du misy, ou du sory (3), ou de la couperose, ou du soufre apyre, ou comme vous l'entendrez. Jetez (le mélange) sur de l'argent et vous obtiendrez de l'or, si vous avez opéré la teinture en vue de l'or ; ou de l'électrum, si vous avez opéré sur du cuivre (4). La nature jouit de la nature.

9. Faites blanchir selon l'usage la cadmie de Chypre, je parle de celle qui a été affinée. Ensuite faites-la jaunir ; or vous la jaunirez avec de la bile de veau, ou de la térébenthine, ou de l'huile de ricin, ou de raifort, ou avec des jaunes d'œufs, toutes substances pouvant la jaunir ; puis jetez le mélange sur de l'or. Car l'or s'obtiendra au moyen de l'or et de la liqueur d'or. La nature triomphe de la nature (5).

10. Traitez l'androdamas (6) avec du vin âpre au goût, ou de l'eau de mer, ou de l'urine, ou de la saumure, toutes substances pouvant éteindre sa force naturelle. Délayez avec de l'antimoine de Chalcédoine, puis traitez de nouveau avec de l'eau de mer, ou de la saumure pure, ou mêlée de vinaigre. Lavez jusqu'à ce que la couleur noire de l'antimoine ait disparu (7). Faites griller ou cuire, jusqu'à ce que la matière ait jauni (8) ; puis faites bouillir dans l'eau du soufre natif (9). Jetez sur l'argent et, lorsque vous aurez mis du soufre apyre, vous obtiendrez de la liqueur d'or (10). La nature domine la nature.

---

(1) S'agit-il du sulfure de mercure, ou bien du minium ? (V. *Introd.*, p. 244).

(2) Un commentateur du xvᵉ siècle a écrit en marge une interprétation mystique. « L'alun, et l'éther, et le mercure, et le cuivre sans ombre. »

(3) Minerais de cuivre. Voir *Introd.*, p. 242.

(4) Dans cette recette, il s'agit d'un vernis couleur d'or (*Introd.*, p. 59).

(5) C'est une recette de vernis pour teindre superficiellement en or ; ou pour modifier la couleur d'un objet d'or.

(6) D'après le *Lexique*, p. 9 : Pyrite et arsenic, c'est-à-dire pyrite arsenicale. M et A mettent en marge le signe de l'or, qui se rapportait à la couleur de ces substances : du moins à l'origine de ces recettes, et tant qu'elles ont eu un caractère pratique ; car plus tard les commentateurs les ont entendues dans un sens mystique.

(7) Les sulfures métalliques sont changés par là, en vertu d'une oxydation lente, en oxysulfures, et sels basiques.

(8) Formation d'oxysulfures.

(9) Polysulfure de calcium, ou analogue, d'après le papyrus de Leide. (*Introd.*, p. 68). Mais le sens du mot est plus compréhensif d'après le *Lexique*, p. 8 et 9.

(10) C'est-à-dire teignant l'argent en or, par une sulfuration superficielle. — Une recette analogue se trouve dans le papyrus de Leide, à la suite de l'article sur l'eau de soufre (*Introd.*, p. 47).

11. Prenant de la terre blanche, j'entends celle que l'on tire de la céruse,
et des scories d'argent (1), ou de l'antimoine d'Italie : puis de la magnésie,
ou encore de la litharge blanche, faites blanchir. Or vous faites blanchir
(cette terre) avec de l'eau de mer ou de la saumure adoucie, ou de l'eau du
ciel : j'entends en l'exposant à la rosée et au soleil, de façon que (cette terre)
réduite en poudre devienne blanche comme la céruse. Faites fondre et mettez
de la fleur de cuivre (2) et de la rouille raclée (je parle de celle qui a subi le traitement : ou bien du cuivre brûlé très altéré, ou de la chalcite ; et jetez-y du
bleu (3), jusqu'à ce que la matière devienne solide et compacte, effet qui sera
facilement obtenu. Ce que l'on obtient ainsi, c'est le molybdochalque (4).
Assurez-vous si le produit est d'une teinte claire : s'il n'en est pas ainsi, ne
vous en prenez pas au cuivre, mais plutôt à vous-même, vu que vous n'aurez
pas fait une bonne opération. Préparez donc un métal de teinte claire, divi-
sez-le et ajoutez les substances capables de le jaunir ; cuisez, jusqu'à ce que
la couleur jaune soit obtenue. Ajoutez-en dans toute espèce de corps métallique, ; car le cuivre de teinte claire, en devenant jaune, teint toute espèce
de corps (5). La nature triomphe de la nature.

12. Délayez avec du soufre apyre, du sory et de la couperose. Le sory
est une matière bleuâtre, rugueuse, que l'on trouve toujours dans le misy : on
l'appelle couperose verte (6). Faites le cuire sur un feu modéré pendant
trois jours, jusqu'à ce qu'il devienne jaune (7). Jetez-le sur le cuivre, ou sur
l'argent fabriqué par nous, et vous aurez de l'or (8).

Déposez le métal réduit en feuilles dans du vinaigre, de la couperose, du
misy, de l'alun, du sel de Cappadoce, du natron roux, ou ce que vous
voudrez, pendant trois ou cinq ou six jours, jusqu'à ce qu'il se forme de la

---

(1) Après coupellation.

(2) Voir DIOSCORIDE, *Mat. méd.*, V, 88.
— Ce mot désigne un protoxyde de
cuivre impur et des sous-sels. (*Introd.*,
p. 232).

(3) Azurite, hydrocarbonate de cuivre
ou corps analogues. (*Introd.*, p. 243).

(4) Alliage de cuivre et de plomb (parfois avec antimoine, etc). — Ce qui précède en décrit la préparation avec assez
de clarté.

(5) Ceci est une recette d'alliage
jaune (bronze ou laiton), à base de
cuivre et de plomb (et d'antimoine).

(6) Sulfate de protoxyde de fer,
probablement mêlé de sulfate de cuivre.

(7) Le sulfate de fer se change ainsi
en sel basique de peroxyde.

(8) C'est-à-dire que le métal sera teint
à la surface d'une couleur dorée.

rouille, puis teignez (1). Car la couperose fait de l'or avec la rouille. La nature jouit de la nature.

13. *Mélange pour la teinture.* Traitez la chrysocolle de Macédoine (2), qui ressemble à la rouille de cuivre, en (la) délayant dans l'urine de génisse, jusqu'à ce qu'elle soit transformée. Car la nature est cachée à l'intérieur (des substances). Quand la chrysocolle sera transformée, plongez la dans l'huile de ricin, en faisant passer au feu à plusieurs reprises et en teignant. Ensuite mettez cuire avec de l'alun, après avoir préalablement délayé avec du misy, ou du soufre apyre; jaunissez et teignez tout le métal en or (3).

14. O natures productrices des natures (4), ô natures majestueuses qui triomphez des natures par les transformations, ô natures qui charmez les natures d'une façon surnaturelle! Telles sont donc les choses qui concernent la grande nature. Il n'y a pas d'autres natures supérieures à celles-ci, dans les teintures; il n'en est pas d'égales, ni d'inférieures. Toutes ces choses sont exécutées au moyen de la dissolution. O mes confrères en prophétie, je sais que vous n'avez pas été enclins à l'incrédulité, mais à l'étonnement; car vous connaissez la puissance de la matière. Tandis que les jeunes gens sont embarrassés et n'ajoutent pas foi à ce qui est écrit, parce qu'ils sont dominés par leur ignorance de la matière; ne sachant pas que les enfants des médecins, lorsqu'ils veulent préparer un médicament propre à guérir, n'entreprennent pas de le faire avec un élan inconsidéré; mais ils essaient d'abord quelle substance est chaude, quelle autre réunie à celle-ci opère un mélange moyen; quelle substance est froide ou humide, et dans quelle condition elle doit être pour favoriser un mélange moyen. Et c'est de cette façon qu'ils préparent le médicament qu'ils destinent à la guérison.

15. Mais ceux-ci, qui se proposent de préparer la cure de l'âme et la délivrance de toute peine, ne s'aperçoivent pas qu'ils seront embarrassés en procédant par un élan dénué de discernement et de raison. En effet, croyant que nous

---

(1) Cette phrase se rapporte à une autre recette, probablement celle de l'affinage de l'or par voie sèche. (V. *Introd.*, p. 14 à 16.)

(2) Chrysocolle signifie à la fois alliage d'or pour soudure, et ma-

lachite. (V. *Introduction*, page 243.)

(3) Il semble qu'il s'agisse d'un affinage superficiel, par cémentation de l'alliage d'or.

(4) Le charlatan enthousiaste reparaît ici.

tenons des discours fabuleux et non symboliques, ils ne font aucune épreuve
des espèces : de manière à voir par exemple si telle espèce est bonne pour
nettoyer, telle autre accessoire ; telle bonne pour teindre, telle pour produire
la combinaison complète ; si telle convient pour donner du brillant ; tandis
que telle autre est à éviter par rapport au brillant. Ils ne cherchent pas si telle
substance ressortira du fond (de la matière teinte) ; si telle autre résistera
au feu, et si telle autre par son adjonction rendra le corps plus résistant au
feu. Ainsi, par exemple, comment le sel nettoie la surface du cuivre et même
ses parties internes ; et comment il rouille (1) les parties externes, après le décapage, et même les parties internes. Et ensuite, comment le mercure blanchit
les parties externes du chrysochalque et les nettoie, et comment il blanchit
les parties internes ; comment il est éliminé à la surface et comment il sera
éliminé des parties internes. Si les jeunes gens étaient exercés dans ces
matières, ils n'échoueraient pas dans les préparations entreprises précipi-
tamment. Car ils ne savent pas qu'une seule espèce transforme jusqu'à
dix espèces de natures contraires. En effet une goutte d'huile suffit à faire
disparaître une grande quantité de pourpre, et un peu de soufre peut brûler
beaucoup d'espèces. Voilà ce que nous avions à dire sur les substances
sèches, et comment il faut donner son attention à ce qui est écrit.

16. Maintenant, parlons des liqueurs. Prenant de la rhubarbe pontique,
broyez-la dans du vin aminéen de saveur âpre. Amenez en consistance cireuse, étendez sur la feuille d'argent (2), afin de produire l'or (3). Donnez
l'épaisseur de l'ongle et servez-vous d'une couche encore plus mince de la
préparation, placez-la dans un vase neuf, luté de toutes parts ; faites chauffer doucement jusqu'à pénétration jusqu'au centre de la feuille. Puis mettez la feuille métallique (4) dans le reste de la préparation.

Délayez dans le vin prescrit pour cet usage, jusqu'à ce que la liqueur s'épaississe. Mettez-y aussitôt la feuille, avant qu'elle ne soit encore refroidie. Laissez

---

(1) Par une action immédiate, il dé-
cape ; tandis que par un contact et une
action prolongés, il détermine la formation d'une rouille (oxychlorure de
cuivre). Tout ceci est assez clair.

(2) Il s'agit ici de teindre en or l'argent
(μήτη), à l'aide d'une couleur appliquée
a sa surface (v. Papyrus de Leide et
Introduction, p. 6). Il en est de même
du procédé suivant.

(3) C'est-à-dire la couleur d'or superficielle, ou vernis.

(4) Que vous voulez teindre.

l'imbibition se faire. Puis prenant (la feuille), fondez et vous trouverez de l'or.

Si la rhubarbe est ancienne, mêlez-y une égale quantité de chélidoine, que vous aurez préalablement macérée selon l'usage ; en effet la chélidoine a de l'affinité pour la rhubarbe. La nature jouit de la nature.

17. Prenez du safran de Cilicie (1) ; délayez les fleurs de safran dans le jus de la vigne prescrit pour cet usage et faites une liqueur, à la manière ordinaire. Trempez-y l'argent en feuilles, jusqu'à ce que la couleur vous plaise. Et si c'est une feuille de cuivre, cela vaudra mieux : purifiez le cuivre au préalable, suivant l'usage. Puis prenant de la plante aristoloche, deux parties ; du safran et de la chélidoine, une dose double : mettez en consistance de cire et, après avoir enduit la feuille, travaillez suivant la première marche : vous serez surpris du résultat.

En effet le safran de Cilicie a la même action que le mercure ; comme le cassia a la même action que la cannelle. La nature triomphe de la nature.

18. Prenant notre plomb rendu peu fusible (2), au moyen de la terre de Chio, de la pierre de Paros et de l'alun ; faites-le fondre sur un feu de paille et projetez sur de la pyrite.

Prenez (d'autre part) le safran, le carthame, la fleur d'œchomène (3), la chélidoine, le marc de safran et l'aristoloche ; délayez-les dans du vinaigre très fort et faites une liqueur, suivant l'usage ; puis laissez le plomb s'imbiber dans de la rhubarbe, et vous trouverez de l'or (4). Que la composition contienne aussi un peu de soufre. La nature domine la nature.

19. Cette matière de la Chrysopée, accomplie par des opérations naturelles, est celle de Pamménès, qui l'enseigna aux prêtres en Egypte. Or ne vous étonnez pas si une seule espèce accomplit un tel mystère (5). Ne savez-vous pas que la multiplicité des préparations, même avec beaucoup de temps et

---

(1) Dans les ms. A et B il y a au-dessus le signe du mercure (arsenic métallique). Peut-être s'agit-il d'un composé arsenical. En effet le mot *safran* a été appliqué jusqu'à notre temps à divers composés minéraux jaunes : *safran de Mars* signifie un oxyde ou sel basique de fer ; *safran des métaux*, un oxysulfure d'antimoine. —· Misy cru signifie aussi safran, d'après la *Chimie de Moïse* (publiée plus loin).

(2) Voir *Introd.*, p. 28, 1re recette du Papyrus de Leide ; — p. 35, 24e recette ; p. 44, 84e recette.

(3) Echomène dans le Lexique. — Basilic ? — (*Lexique*, p. 8, note).

(4) C'est encore une recette pour vernir en couleur d'or la surface des métaux.

(5) Voir I, xv, p. 37.

de peine, ne ressoude pas la fracture du fer; tandis que l'excrément humain (1) y réussit aussitôt. Dans les maladies qui exigent l'emploi des caustiques, la multiplicité des remèdes ne sert à rien; tandis que la chaux vive seule, mise en œuvre convenablement, guérit la maladie. Souvent la variété des traitements dans l'ophthalmie a pour effet de faire du mal; tandis que le nerprun épineux est une plante qui réussit bien, dans toute affection de ce genre. Il faut donc dédaigner cet ensemble de matières vaines et intempestives et se servir des seules substances naturelles convenables, (2). Maintenant jugez d'après cela si quelqu'un peut accomplir l'œuvre, sans les natures exposées précédemment. Mais si l'on ne peut rien faire sans elles, pourquoi aimons-nous cette fantaisie de matières diverses ? Pourquoi, chez nous, ce concours de nombreuses espèces tendant au même résultat. étant donné qu'une seule nature triomphe du Tout ?

Voyons la composition des espèces, en vue de l'Argyropée.

FABRICATION DE L'ASÈM (3)

20. Fixez suivant l'usage le mercure (4) tiré de l'arsenic ou de la sandaraque, ou préparé comme vous l'entendrez; projetez le sur le cuivre et le fer (5) traité par le soufre, et le métal deviendra blanc (6).

Le même effet est produit par la magnésie blanchie (7), l'arsenic (8)

---

(1) Il s'agit de quelque recette pour raccommoder le fer.

(2) Note du xive siècle dans M, au bas de la page : « La lie brûlée avec le sel a la même vertu que le borax pour la soudure.

Pour braser (?) : le soufre et l'urine, et le vinaigre et l'ail, un peu de sel et un peu d'eau ».

Suit une troisième recette, avec des mots barbares.

(3) Ce titre, comparé à la phrase précédente, tend à identifier l'asèm avec l'argent; ce qui est en effet le sens moderne du mot ἄσημος. Mais à l'origine l'asèm était un alliage spécial, intermédiaire entre l'or et l'argent, et analogue à l'électrum. — (Introd., p. 62.)

(4) Le mot mercure signifie ici notre arsenic sublimé. (Introd., p. 99 et 239.)

(5) Leçon de A B : « mettez du cuivre dans du fer... ».

(6) Cette recette répond au blanchiment d'un alliage cuivreux par les composés arsenicaux. — La suivante est plus obscure; mais elle paraît avoir le même sens. — En raison de ce blanchiment, on croyait que les composés arsenicaux contenaient une espèce de mercure. (Introd., p. 99.)

(7) Signe du cinabre au-dessus, dans M. S'agit-il d'un amalgame ? (Voir Introd., p. 255.)

(8) Signe de l'or au-dessus, M. Est-ce l'arsenic couleur d'or (orpiment):

transformé (1), la cadmie calcinée, la sandaraque (2) apyre (3), la pyrite blanchie (4), et la céruse (5) cuite avec du soufre. Vous amollirez le fer en y mettant de la magnésie, ou du soufre (6), moitié moins, ou de la pierre magnétique en petite quantité; car la pierre magnétique a de l'affinité pour le fer. La nature charme la nature.

21. Prenant la vapeur (7) décrite précédemment, faites la cuire dans l'huile de ricin (8) ou de raifort, avec addition d'un peu d'alun. Puis prenant de l'étain, purifiez avec du soufre suivant l'usage, ou avec de la pyrite (9), ou comme vous l'entendrez. Incorporez avec la vapeur (mercurielle) et faites le mélange. Mettez cuire sur une flamme enveloppante, et vous trouverez un produit analogue à la céruse. Cette préparation blanchit toute sorte de corps (métalliques). Mêlez-y dans les projections la terre de Chio (10), ou l'astérite, ou la sélénite, ou ce que vous voudrez; car la sélénite mêlée au mercure blanchit toute sorte de corps. La nature triomphe de la nature (11).

22. Magnésie blanche (12) : blanchissez-la avec de la saumure et de l'alun lamelleux, dans de l'eau de mer (13); ou dans un jus naturel, je parle du jus de citron; ou bien dans la vapeur de soufre. Car la fumée du soufre étant blanche, blanchit tout. Quelques-uns disent aussi que la fumée des cobathia (14) blanchit (la magnésie ?) Mêlez-y après le blanchiment une quantité égale de lie, afin qu'elle devienne très blanche. Après avoir pris 4 onces de cuivre

---

(1) Par grillage. Signe de l'argent au-dessus, M.

(2) Les deux signes (Pl. II, l. 17; *Introd.*, p. 108) du sel ammoniac, au-dessus des mots cadmie et sandaraque. M. L.

(3) Au-dessus, le mot « exact », M. Ce qui semble indiquer que les signes précédents représentent une variante de la recette, par interprétation.

(4) Au-dessus, le signe du cinabre, M.

(5) Au-dessus, le signe du mercure, M.

(6) Au-dessus, le mot « exact » dans M.

(7) Dans A et B à la place de νεφέλην, le signe du mercure. Est-ce le mercure ? ou l'arsenic ?

(8) Au-dessus, le signe du soufre. M.

(9) Au-dessus, le signe de l'or, M. — Pyrite couleur d'or.

(10) Au-dessus, le signe du cinabre, M.

(11) Cette recette répond à la préparation d'une composition propre à blanchir les métaux par amalgamation superficielle. — Voir papyrus X de Leide, recette n° 86. (*Introd.*, p 46.)

(12) Signe du cinabre au-dessus, M.

(13) Au-dessus, le signe du mercure, M.

(14) Vapeurs des sulfures arsenicaux (grillés), d'après le *Lexique*, p. 10. (*Introd.*, p. 245.)

blanchâtre, je parle de l'orichalque, fondez-les et jetez-y peu à peu 1 once
d'étain purifié d'avance, en agitant par en bas (le creuset avec la main,
jusqu'à ce que les substances se soient mariées. Projetez ainsi la moitié de
la préparation blanche, et ce sera la première (opération : car la magnésie
blanchie ne rend pas les corps métalliques fragiles, et ne ternit pas l'éclat du
cuivre. La nature domine la nature.

23. Prenant du soufre blanc, blanchissez-le en le délayant au soleil, avec
de l'urine, ou avec de l'alun et de la saumure de sel. Le soufre natif est de
beaucoup le plus blanc. Délayez-le avec de la sandaraque, et de l'urine de
génisse, pendant 6 jours, jusqu'à ce que la préparation devienne semblable
au marbre. Quand elle le sera devenue, il y aura là un grand mystère ; car
elle blanchit le cuivre, elle amollit le fer, elle rend l'étain compacte (1), et le
plomb peu fusible; elle rend solides les substances métalliques et fixe les
teintures. Le soufre mêlé au soufre rend les substances métalliques sulfureuses, parce qu'elles ont une grande affinité pour lui. Les natures
charment les natures (2).

24. Broyez la litharge propre à blanchir avec du soufre, ou de la cadmie,
ou de l'arsenic, ou de la pyrite, ou de l'oxymel (3), afin qu'elle ne soit plus
fluide. Faites cuire sur un feu très clair, après avoir consolidé le vase.
Tenez la composition dans l'état, en y ajoutant du calcaire cuit, imbibé de
vinaigre, pendant 3 jours, afin qu'elle devienne plus propre à décaper. Projetez donc (sur le métal) la préparation devenue plus blanche que la céruse.
Elle devient souvent jaune, si le feu a été excessif; mais si elle devient
jaune, dès lors elle ne vous est plus utile; car il s'agit de blanchir les
corps métalliques. Faites-la donc cuire convenablement et jetez-la sur tout
corps métallique destiné à être blanchi. Si la litharge perd sa fluidité,
elle ne peut plus redevenir du plomb. Or cela arrive facilement, car la

---

(1) Sans cri ? — Voir les développements de Geber, *Bibl. Chem.* de Manget,
t. I, p. 525.

(2) Il s'agit ici d'un alliage blanc à
base de plomb, rendu moins fusible par
l'addition de quelque autre substance.
Toutes les préparations qui précèdent
reposent sur un blanchiment opéré
par le mercure, ou l'arsenic, ou sur la
fabrication d'alliages blancs.

Celles qui suivent (sauf peut-être le
n° 24) sont des simples vernis superfi-
ciels. Le même ordre a été suivi plus
haut, dans les recettes de dorure.

(3) Voir *Lexique*, p. 11 et 13. Il s'agit
de quelque sel de plomb.

nature du plomb se transforme aisément en beaucoup d'autres. Les natures triomphent des natures.

25. Prenant du safran de Cilicie, broyez-le dans de l'eau de mer ou de la saumure et faites une liqueur ; mettez sur le feu et teignez-y des feuilles de cuivre, de plomb, de fer, jusqu'à ce que le résultat vous plaise (1). (Ces feuilles) deviennent ainsi blanches. Puis prenez la moitié de la préparation, et délayez avec de la sandaraque, ou de l'arsenic blanc, ou du soufre apyre, ou ce que vous voudrez, et donnez (au mélange) la consistance cireuse. Enduisez la feuille et placez dans un vase neuf bien luté, selon l'usage. Placez sur un feu de sciure de bois pendant tout un jour. Ensuite, ayant enlevé (du feu), placez dans une liqueur pure, et le cuivre sera blanc, très blanc. Faites le surplus comme l'artisan : car le safran de Cilicie blanchit avec l'eau de mer et jaunit avec le vin. La nature charme la nature.

26. Prenez de la litharge blanche et broyez-la avec des feuilles de laurier, de la terre Cimolienne, du miel et de la sandaraque blanche, et faites un mélange visqueux. Enduisez le métal avec la moitié de la préparation, puis mettez au feu selon l'usage. Trempez dans le reste de la préparation, après avoir délayé avec de l'eau et de la cendre de bois de peuplier ; car les mélanges sans substance propre (2) opèrent bien sans feu. On rend ainsi les teintures (3) capables de résister à la chaleur, même aidée des liquides. La nature triomphe de la nature.

27. Prenant la vapeur sublimée décrite plus haut, broyez avec de l'alun et du misy, et après avoir imbibé avec du vinaigre, jetez-y un peu de cadmie blanche, ou de magnésie, ou de chaux vive, afin que d'un corps métallique il s'en forme un autre. Broyez avec du miel très blanc ; faites une liqueur, dans laquelle vous teindrez à chaud ce que vous voudrez ; laissez déposer et la transformation sera accomplie. Ajoutez à la composition un peu de soufre apyre, afin que la préparation pénètre à l'intérieur (4). La nature domine la nature.

---

(1) C'est un procédé pour colorer superficiellement le cuivre, le plomb, ou le fer en blanc d'argent, à l'aide d'un enduit. (Voir Papyrus de Leide. *Introd.*, p. 52.)

(2) Ceci semble s'appliquer aux vernis appliqués à la surface du métal ; par opposition au cas où le métal même est attaqué.

(3) Teinture par vernissage.

(4) Il semble qu'il s'agisse ici d'une teinture par amalgamation.

28. Prenez 1 once d'arsenic, une demi-once de natron, 2 onces de la pellicule des feuilles tendres du pêcher, une demie (once) de sel, 1 once de suc de mûrier, de l'alun schisteux une quantité égale. Délayez tout ensemble dans du vinaigre, ou de l'urine, ou de la chaux liquide (1), jusqu'à ce qu'il se forme un liquide (homogène). Teignez-y à chaud les feuilles obscurcies (oxydées) du métal et vous obtiendrez un métal sans ombre (brillant) (2). La nature domine la nature.

29. Ecartez toutes les choses utiles à l'or et à l'argent, et il ne reste rien ; il n'y a plus rien à exposer, excepté la montée (évaporation) de la vapeur sublimée et de l'eau (3) ; mais je passe à dessein ces choses sous silence, attendu qu'elles figurent largement dans mes autres écrits. Profitez du présent écrit (4).

II. ii. — DÉMOCRITE A LEUCIPPE

(Livre V de Démocrite adressé à Leucippe.)

Démocrite à Leucippe, son ami, salut (5).

1. Sache ce qu'il y avait sur ces arts des Égyptiens, ô Leucippe, dans les livres des prophètes persans (6). J'ai écrit dans le dialecte vulgaire ; parce que c'est celui qui convient le mieux au sujet ; mais le livre lui-même n'est pas vulgaire ; car il contient des énigmes mystiques, anciennes et très raisonnables ; énigmes que les ancêtres et les rois de la divine Égypte ont exposées (7).

---

(1) Eau de chaux, ou lait de chaux.

(2) Teinture par amalgamation.

(3) En d'autres termes, l'auteur s'en réfère à ses autres ouvrages sur la distillation.

(4) C'est la conclusion des deux traités relatifs à la teinture en or et en asèm, ou argent : teinture opérée tantôt à la surface, par coloration directe du métal ou vernissage ; tantôt à fond, par fabrication d'un alliage. Ces traités consistent en une série de recettes, congénères de celles du Papyrus de Leyde ; mais à la suite desquelles l'auteur a ajouté les axiomes mystiques relatifs à la nature. L'idée de la transmutation vraie n'y est pas manifeste.

(5) Cette phrase a été omise par accident, dans le texte grec imprimé.

(6) Cp. *Orig. de l'Alch.*, p. 47.

(7) Il y a là dans le grec quelques mots inintelligibles, par suite des erreurs du copiste.

Quant à moi qui suis ton ami, je me servirai d'énigmes raisonnables, telles que personne n'en a écrites pour moi parmi les initiés Egyptiens. Toi, médecin, qui as l'esprit éveillé, j'aurai soin de t'expliquer ouvertement toutes choses. L'ouvrage comprend le blanchiment et le jaunissement, ainsi que les amollissements et les cuissons du minerai de cuivre. Je laisse de côté la teinture; mais plus tard je reviendrai sur tous les produits singuliers qui se fabriquent au moyen de ce même cuivre et du cinabre. Tu peux faire de l'or avec la cadmie et les autres espèces, par calcinations et alliages, et fabriquer des produits singuliers.

2. Or, le livre commence ainsi : Prenez de l'arsenic lamelleux, et fabriquez des feuilles métalliques. Mettez dans un pot rond, et brûlez. Puis, lorsque (la préparation) est à point, jetez-y du lait ancien, en le versant sans incliner le vase. Lorsqu'il est coagulé, enlevez et délayez avec de l'alun arrosé d'urine de génisse, pendant sept jours ; puis, faites sécher au soleil ; et délayez-y de nouveau de la saumure ; jetez-y l'efflorescence saline (1) ; gardez pendant sept jours, et le produit se forme. Prenez-le ; faites sécher de nouveau au soleil ; mettez cette (préparation) dans un pot, faites-la cuire avec de l'huile de ricin ou de raifort, jusqu'à ce qu'elle devienne jaune. Projetez-y du cuivre et il blanchira. Le même effet est produit par la sandaraque. En traitant de même par la matière verte, la moitié du cuivre sera employée pour le jaunissement, et l'autre partie pour certains arrangements (2).

3. Voici comment s'opère le traitement des matières sulfureuses pour le blanchiment du cuivre. Prenant de l'arsenic, faites macérer, soit dans le sel pendant neuf jours, soit dans l'urine d'un impubère ; ou bien, car cela vaut mieux, pendant vingt et un jours. Puis délayez dans du vinaigre (3) de citron, pendant sept jours, en y mélangeant la partie blanche des citrons ; ensuite faites sécher. Puis, prenant de la sandaraque couleur de fer, mettez-la en morceaux et faites macérer dans la saumure, pendant vingt et un jours. Puis, prenant de l'eau et du calcaire, faites une liqueur, desséchez et conservez. Ensuite, prenant la sandaraque, faites la bouillir avec de l'huile pendant

---

(1) Dioscoride, *Mat. méd.*, V. 128. — *Introd.*, p. 267.

(2) Le commencement de cette re-

cette paraît être une teinture pour blanchir le cuivre au moyen de l'arsenic.

(3) C'est-à-dire dans le jus acide.

un jour ; faites bouillir pareillement sur (un feu) de sciure de bois, avec
de la chaux et maintenez l'eau en contact pendant un jour et une nuit.
Ensuite, prenant de l'une et de l'autre parties égales, jetez dans une *rogé* (1).
Faites cuire dans l'huile de ricin ou de raifort, jusqu'à ce que la matière
soit sèche, et conservez. Ensuite (prenant) du minerai de cuivre, pareil
(en couleur) au corail natif, sans opérer la fusion à la façon des artisans,
mélangez (?). D'abord nettoyez le vase de verre (destiné à contenir le
mélange ?) ; puis, affinez de la manière que j'exposerai plus tard. Ensuite,
projetez (sur le métal), et le produit sera blanchi (2). Partagez en deux pour
l'usage, ainsi que je vous l'ai dit plus haut (3).

4. Prenant seulement deux parties du cuivre traité ; de l'arsenic et
de la sandaraque, une partie de chaque ; de l'alun, une demi-partie ; et de
la pâte de safran, deux parties ; délayez, pendant vingt et un, ou quatorze,
ou sept jours. Pour délayer, jetez le liquide sur la matière, et après l'avoir
épuisée, vous verrez pendant le délayement, un changement de couleur,
pareil à ceux du caméléon. Mais lorsque la matière ne change plus et cesse
d'offrir plusieurs apparences, alors comprenez que vous obtiendrez heureusement le délayement en opérant, suivant le procédé des Prophètes
égyptiens, dans un vase de verre ; ils font cuire légèrement et ils projettent.

5. Pour notre part, ceux qui nous inspirent confiance exposent autrement,
en langage ordinaire, les opérations subséquentes. Prenant le cuivre et
plaçant dans le mortier la préparation huileuse, mettez le produit dans une
boîte et faites macérer pendant 31, ou 21, ou 15 jours, principalement dans
le crottin de cheval (4) ; enlevez ensuite et gardez. Délayez à la façon des
médecins, jetant dans la composition du misy, de la couperose, en quantité
convenable, du safran, de la chélidoine, à raison d'une partie de chaque
contre quatre parties de rouille (5) macérée. Puis faites fondre, après avoir
délayé avec un peu de jaune (bile de veau), et attendri avec de la gomme
le produit amené à un état constant par la macération consciencieusement

(1) Nom de quelque vase ou instrument, qui ne se trouve pas dans les
dictionnaires.

(2) C'est encore un procédé pour
blanchir le cuivre au moyen de l'arsenic.

(3) A la fin de la recette précédente.
(4) Afin d'entretenir une douce chaleur.

(5) De cuivre ?

pratiquée. Lorsque vous aurez délayé à la manière des médecins, ajoutez quelque peu de la partie aqueuse des plantes, avec de l'efflorescence saline et du suc de poireau (1). Ensuite reprenant le produit, faites le cuire à la manière des médecins dans une cuiller, en agitant avec une spatule. Broyez, faites cuire pendant trois jours : trois décoctions de quatre heures chaque jour. Lorsque vous aurez achevé la cuisson, en veillant à ce que la composition ne se dessèche pas, mais conserve la consistance oléagineuse ; mettez dans un vase de verre ; faites digérer peu à peu dans du fumier, jusqu'à ce que la matière se solidifie. Enlevez et délayez : gardez.

Prenant du minerai d'argent ; de la terre de la qualité la plus tendre, celle que quelques-uns nomment terre de Chio ou ochre, deux parties ; du minium du Pont, une partie, et du contenu de la fiole, deux parties ; délayez avec la partie liquide du soufre et faites cuire sur un feu régulier : vous trouverez un corps puissant, possédant la couleur du cinabre, ou du corail, ou du minium. Cette grande merveille, cette merveille inénarrable, on la nomme chrysocorail (corail d'or). Quant aux autres noms qu'elle reçoit, le vulgaire les ignore (2). Projetez cette substance et soumettez l'argent à l'action du feu. Cache ce Tout (3) que nous avons blanchi ; par crainte de l'envie, ô Leucippe. Bonne santé.

II. III. — SYNÉSIUS LE PHILOSOPHE A DIOSCORUS

SUR LE LIVRE DE DÉMOCRITE. — COMMENTAIRES

A Dioscorus, prêtre du grand Sérapis, à Alexandrie, avec l'approbation de Dieu, le philosophe Synésius, salut.

1. La lettre que tu m'as adressée sur le livre du divin Démocrite ne m'a pas laissé indifférent ; loin de là. Avec beaucoup de zèle et un grand effort, je

---

(1) Ou d'algue marine.

(2) Cette recette est celle d'une poudre de projection ; elle est trop obscure pour que le sens puisse en être précisé. Le nom même du « corail d'or » repré-

sente une préparation dont nous ne connaissons pas le sens exact.

(3) Synonyme de l'alliage de plomb et de cuivre. (*Introd.*, p. 153.)

me suis mis l'esprit à la torture et j'ai eu hâte de venir auprès de toi. Nous nous proposons de dire quel était cet homme, le philosophe Démocrite, ce naturaliste venu d'Abdère, qui a dirigé ses investigations sur toutes les choses de la nature et qui a traité des êtres naturels. Abdère est une ville de Thrace. Démocrite était un très savant homme qui, venu en Egypte, fut initié aux mystères par le grand Ostanès, dans le sanctuaire de Memphis, par lui et ses disciples, prêtres d'Egypte. Tirant de lui ses principes, il composa quatre livres de teinture, sur l'or et l'argent (1), sur les pierres et sur la pourpre. Par ces mots, « tirant ses principes », j'entends qu'il écrivit d'après le grand Ostanès. Car cet (écrivain) est le premier qui ait émis ces axiomes : « la nature est charmée par la nature » ; et « la nature domine la nature » ; et « la nature triomphe de la nature », etc.

2. Mais il est nécessaire que nous recherchions (le sens des écrits) du Philosophe (2) et que nous apprenions quelle est la pensée et quel est l'ordre de ses enseignements successifs. Qu'il ait formé deux catalogues, c'est un fait certain pour nous ; car il a fait deux catalogues, à savoir : celui du jaune et celui du blanc. D'abord il a catalogué les solides, puis les liqueurs, c'est-à-dire les matières aqueuses, bien qu'aucune de celles-ci ne soit employée dans l'Art. En effet, lui-même, en parlant du grand Ostanès, atteste que celui-ci ne s'était pas servi des projections des Egyptiens, ni de leurs procédés de cuisson ; mais qu'il opérait sur les substances avec des enduits placés au dehors, et faisant agir le feu il effectuait la préparation. Et il dit : c'est l'usage chez les Perses d'opérer ainsi (3). Or ce qu'il dit signifie que : si

------

(1) Les deux premiers de ces livres, ou leurs extraits, ne sont autres que les deux collections de recettes sur l'art de faire de l'or (ou de teindre en or) et sur la fabrication de l'asèm (ou de l'argent), qui constituent la partie essentielle du Traité intitulé : « Questions naturelles et mystérieuses ». — Le troisième est perdu : cependant l'ouvrage sur l'art de fabriquer le verre et les pierres précieuses artificielles, que nous trouvons dans les Collections alchimiques, doit en tirer sa première origine. Quant à l'ouvrage sur la pourpre, il n'en subsiste qu'un débris en tête des « Questions naturelles ». — Ces divers sujets sont demeurés la matière commune des vieux traités alchimiques, comme le prouve le titre que j'ai reproduit (*Origines de l'Alchimie*, p. 123) et le contenu du *Traité de Moïse*, donné plus loin.

(2) Le Philosophe par excellence, Démocrite.

(3) Ce passage semble établir une distinction entre les métaux colorés, après fusion au creuset, par la projection de

tu n'atténues (1) pas les substances, si tu ne les dissous pas, si tu ne les épuises pas de leur partie liquide (2), tu ne feras rien.

3. Arrivons maintenant aux discours de l'écrivain; écoutons ce qu'il dit (3). Il est d'abord question de la rhubarbe du Pont. Remarque la circonspection de notre auteur. Il a commencé par les plantes, afin d'indiquer la fleur (4); car les plantes portent des fleurs. Il a parlé de la rhubarbe du Pont, parce que le Pont-Euxin (5) est alimenté par les fleuves qui s'y écoulent. Voulant donc mettre ce point en lumière, il entend par là (6) l'épuisement de la partie liquide, l'assombrissement (7) et l'atténuation (8) des corps métalliques, ou des substances.

3 *bis*. *Dioscorus*. — Et dans quel sens dit-il : « le serment nous a été imposé de ne rien exposer clairement à personne » ?

Synésius. — Il a dit avec raison « à personne », c'est-à-dire à personne d'entre les non initiés. Le mot personne ne se rapporte pas à tout le monde absolument; car lui-même parle pour ceux qui sont initiés et qui ont l'esprit exercé.

---

certaines matières, et les métaux colorés par voie d'enduit. L'enduit pouvait d'ailleurs constituer un simple vernis superficiel ; ou bien attaquer le métal, en formant à sa surface un alliage, amalgame, sulfure, ou arséniure, dont la nuance était en outre modifiable par l'action du feu. (V. *Introd.*, p. 59 et 60.)

(1) C'est-à-dire qu'il faut réduire les corps à leur dernier degré de division; à leur quintessence, comme on a dit plus tard au moyen âge.

(2) On voit apparaître ici l'idée de fixer les corps, en leur enlevant leur liquidité, ou fusibilité ; cette qualité étant envisagée comme un élément distinct des corps. (Cp. *Origines de l'Alchimie*, p. 280 et 281.)

(3) Aux recettes obscures, mais positives du Pseudo-Démocrite, qui sont celles d'un expérimentateur, succèdent les commentaires mystiques d'un philosophe néo-platonicien.

(4) C'est-à-dire la couleur, *flos*, ἄνθος; Il y a ici un jeu de mots.

(5) Le grec dit simplement : πόντος, la mer. Il y a là un autre jeu de mots dont le sens nous échappe. A moins que l'on n'interprète cette phrase par la figure 18 de l'*Introd.*, p. 141 ; où se trouve représenté un récipient appelé πόντος, en forme de bassine, et dans lequel s'écoule le jet d'une distillation, opérée avec les produits désignés ici sous le nom mystique de fleurs.

(6) Voir la note (2) ci-dessus.

(7) Oxydation ou sulfuration superficielle qui détruit l'éclat du métal. Les métaux en effet perdent leur éclat en s'oxydant et se changeant en matières pulvérulentes, telles que le vert-de-gris, la rouille, etc.

(8) C'est-à-dire la réduction à leur dernier degré de division. Voir la note (1) ci-dessus.

4. Remarque encore ce qu'il dit dans l'Introduction de la *Chrysopée* : « le mercure, provenant du cinabre et la chrysocolle ».

D. — A-t-on besoin de ces sortes (de substances)?

S. — Non, Dioscorus.

D. — Mais desquelles a-t-on besoin ?

S. — Tu l'as entendu dire ; entends-le encore une fois. En parlant de la dissolution des corps (métalliques), on veut dire que tu les dissolves et que tu en fasses des eaux (1) ; afin qu'ils deviennent fluides et qu'ils s'assombrissent (2) et qu'ils soient atténués (3). C'est là ce que l'on appelle eau divine (4), mercure, chrysocolle, soufre apyre.

Il y a aussi d'autres dénominations. Ainsi le blanchiment est une calcination, et le jaunissement une régénération ignée ; car telles de ces (substances) se calcinent elles-mêmes, et (telles autres) se régénèrent elles-mêmes (5). Mais le Philosophe les a désignées par plusieurs noms (6) et tantôt au singulier, tantôt au pluriel, afin de nous exercer et de voir si nous sommes intelligents ; car il a dit, en poursuivant son discours : « Si tu es intelligent et que tu procèdes comme il a été écrit, tu seras bienheureux ; car tu vaincras par la méthode la pauvreté, ce mal incurable ». Il nous détourne donc et nous détache de la vaine erreur, afin de nous affranchir de cette imagination de la pluralité des matières (7).

---

(1) Des liquides.

(2) Voir la note (7) de la page précédente.

(3) Voir la note (1) de la page précédente.

(4) Ou eau de soufre. — En d'autres termes, pour obtenir ces effets, les métaux doivent être attaqués avec le concours de l'eau divine, du mercure, de la chrysocolle et du soufre. La phrase grecque est elliptique. En affirmant que l'on n'a pas besoin de ces substances, l'auteur paraît vouloir dire que ces agents n'éprouvent pas par eux-mêmes la transmutation : ils n'en sont pas la matière fondamentale, mais les intermédiaires.

(5) Faut-il entendre par là les pyrites qui, une fois échauffées, brûlent, se grillent et se changent en oxydes, sans combustible extérieur? Et les sulfures, qui peuvent régénérer leurs métaux par un grillage ménagé, comme les sulfures de plomb, d'antimoine, etc ?

(6) Sur cette multiplicité des noms mystiques, destinée à voiler la science aux non-initiés, voir la nomenclature prophétique, *Introd.*, p. 10. Ces noms d'ailleurs ne s'appliquent pas nécessairement à une même substance ; mais ils désignent parfois les substances différentes, employées dans la suite d'une même opération.

(7) Voir I, xv, p. 37 de ce volume.

Fais attention à ce qu'il dit dans l'Introduction de son livre : « Je viens moi aussi en Egypte, apportant les questions naturelles, afin que vous dédaigniez la matière multiple » (1). Or il appelle naturels : les corps (métalliques) solides. Car si ces (corps) ne sont pas dissous, puis de nouveau solidifiés, rien n'aboutira pour l'accomplissement de l'œuvre.

5. Pour que nous comprenions bien que les liquides dérivent des solides, — autrement dit la fleur (2), — vois comment il s'exprime : « Les produits contenus dans les liqueurs sont le safran de Cilicie, l'aristoloche, etc. ». En parlant ainsi des fleurs, il nous a fait voir que les eaux dérivent des solides. Et pour nous persuader qu'il en est ainsi, après avoir dit « l'urine d'un impubère », il ajoute : « l'eau de chaux, l'eau de cendre de choux, l'eau de lie, l'eau d'alun » ; et, à la fin, il parle du lait de chienne. Il est évident pour nous que cela est pris dans le sens vulgaire ; car il a introduit comme substances propres à dissoudre les corps (métalliques), l'eau de natron et l'eau de lie. Vois comment il a dit : « L'objet même de la Chrysopée, ce sont les choses qui transforment la matière et produisent les métaux (3) et les (substances) qui résistent à l'action du feu ; car en dehors de ces choses il n'y a rien de sûr. Si donc tu es intelligent et que tu procèdes comme il a été écrit, tu seras bienheureux ».

6. *D.* — Et comment dois-je comprendre ? Philosophe, je désire apprendre de toi la méthode. Car si je m'en rapporte seulement aux explications données (précédemment), je n'en tirerai aucun profit.

S. — Écoute, Dioscorus, comment il parle ; aiguise ton esprit sur le texte de son discours, et applique-toi (à saisir) dans quel sens il dit : « Transforme leur nature, car la nature a été cachée à l'intérieur » (4).

D. — O Synésius, de quelle transformation parle-t-il ?

S. — De celle des corps (métalliques.)

---

(1) Le texte grec de Démocrite donné plus haut est un peu différent (v. p. 43 du *Texte grec* et p. 44 de la *Traduction*).

(2) Le principe colorant fourni par une dissolution (v. *Flos, Floridus. — Introd.*, p. 232).

(3) L'auteur joue sur la similitude des mots μεταλλοιοῦντα et μεταλλεύοντα.

(4) S'agit-il ici de la régénération des métaux, latents dans leurs minerais ? ou de la fabrication des alliages diversement colorés et qu'il convient de teindre, non seulement à la surface, mais dans la profondeur ?

D. — Et comment l'accomplir, comment en transporter la nature au dehors ?

S. — Aiguise ton esprit, Dioscorus, et fais attention aux expressions employées.

D. — Comment s'exprime-t-il ?

S. — Si donc tu traites (la matière) comme il faut, tu transportes la nature au dehors. Il s'agit de la terre de Chio, de l'astérite, de la cadmie blanche, etc. Remarque quelle est la circonspection de l'auteur, comment il a fait allusion à toutes sortes de substances blanches, afin de faire entendre le blanchiment. Ce qu'il dit, Dioscorus, revient donc à ceci : Mets les corps (métalliques) avec le mercure et divise finement, puis reprends un autre mercure. Car le mercure attire à soi toutes choses. Laisse macérer 3 ou 4 jours ; jette le produit dans un botarion (matras ou vase de digestion), et place sur un bain de cendre qui ne soit pas chauffé par un feu ardent, mais chauffé doucement ; c'est-à-dire sur un bain à kérotakis. Pendant l'action du feu, on ajuste au botarion un instrument de verre en forme de mamelle, adapté à sa partie supérieure, avec chapiteau (1). Reçois l'eau qui s'échappe par la pointe de la gorge et garde-la pour la décomposition : c'est là ce qu'on appelle l'eau divine (ou l'eau de soufre).

Elle produit la transformation, c'est-à-dire l'opération qui amène au dehors la nature cachée : c'est ce qu'on appelle la dissolution des corps (métalliques).

Cette (préparation), lorsqu'elle a été décomposée, prend le nom de vinaigre, ou de vin aminéen, et des noms analogues.

7. Pour que tu admires l'habileté de l'auteur, vois comment il a formé deux catalogues : (l'un de la Chrysopée, l'autre) de l'Argyropée, et en outre deux liquides : l'un pour le jaune, l'autre pour le blanc, c'est-à-dire pour l'or et pour l'argent ; il a nommé le catalogue de l'or, Chrysopée, et celui de l'argent, Argyropée (2).

D. — Tu parles tout à fait bien, philosophe Synésius. Mais quel

----

(1) Cette description est celle d'un alambic, avec bain-marie et fiole de condensation (v. fig. 40, *Introd.*, p. 164).

(2) Ce sont les deux chapitres des « Questions naturelles et mystérieuses », p. 45 et p. 52.

est le premier point de l'art, est-ce le blanchiment, ou le jaunissement ?

S. — C'est plutôt le blanchiment.

D. — Et pourquoi parle-t-il d'abord du jaunissement ?

S. — Parce que l'or est préféré à l'argent.

D. — Devons-nous procéder ainsi, Synésius ?

S. — Non, Dioscorus; mais il convient d'exercer notre esprit et notre pensée. Voici comment les choses ont été arrangées. Écoute le parler : « Je m'entretiens avec vous comme étant des gens intelligents, et j'exerce votre esprit. » Maintenant si tu veux savoir exactement les choses, fais attention que dans les deux catalogues le mercure a été classé avant toutes choses, et dans le jaune : ce qui signifie l'or ; et dans le blanc : ce qui signifie l'argent. Dans (le traité de) l'or, il est dit : « Le mercure qui provient du cinabre ». Et dans le (traité du) blanc, il est dit : « le mercure qui provient de l'arsenic ou de la sandaraque (1) », etc.

8. *D.* — Le mercure est donc de différentes sortes ?

S. — Oui, il est de différentes sortes, tout en étant un.

D. — Mais, s'il est un, comment est-il de différentes sortes ?

S. — Oui, il est de différentes sortes, et il a une très grande puissance. N'as-tu pas entendu dire à Hermès : « Le rayon de miel (2) est blanc », et « le rayon de miel est jaune » ?

D. — Oui, je (le lui) ai entendu dire. Mais ce que je veux apprendre, Synésius, enseigne-le-moi : c'est l'opération que tu sais. Le mercure prend donc de toute manière les apparences de tous les corps ?

S. — Tu as compris, Dioscorus. En effet, de même que la cire affecte la couleur qu'elle a reçue ; de même aussi le mercure, ô philosophe, blanchit tous les corps et attire leurs âmes ; il les digère par la cuisson et s'en empare. Étant donc disposé convenablement, et possédant en lui-

---

(1) Ceci montre que le mot mercure signifiait à la fois notre mercure et notre arsenic (*Introd.*, p. 239 et 99). — Il s'agit ici de l'action tinctoriale que l'arsenic, aussi bien que le mercure ordinaire, peut exercer sur les métaux. De là l'idée d'une essence commune aux deux agents. Il semble que les observations relatives à ces deux corps aient été le point de départ de la notion du mercure des philosophes, ou matière première métallique, destinée à être l'intermédiaire de la transmutation.

(2) C'est-à-dire le mercure.

même le principe de toute liquidité, lorsqu'il a subi la décomposition, il opère partout le changement des couleurs. Il forme le fond (1) permanent, tandis que les couleurs n'ont pas de fondement propre. Ou plutôt le mercure, perdant son fondement propre, devient un sujet modifiable par les traitements exécutés sur les corps métalliques et sur leurs matières (2).

9. *D.* — Et quels sont ces corps et leurs matières (3)?

S. — C'est la tétrasomie (4) et ses congénères.

D. — Et quels sont ses congénères?

S. — Tu as entendu dire que leurs matières sont leurs âmes (5).

D. — Ainsi les matières (des métaux) sont leurs âmes?

S. — Oui; car de même que le menuisier, lorsqu'il prend un objet de bois et qu'il fabrique un siège, ou un char, ou quelque autre chose, ne travaille que sur la matière; de même aussi opère cet art, ô philosophe, lorsqu'il divise les corps. Ecoute, ô Dioscorus : le tailleur de pierre taille la pierre, ou bien la scie, afin de la rendre propre à son usage. Semblablement aussi le menuisier scie et taille le bois, pour en faire un siège, ou un char : l'artiste ne cherche pas par-là à modifier autre chose que la forme ; car il n'y a rien là que du bois. Semblablement aussi, l'airain façonné en statue, en anneau, ou en tout autre objet : l'artiste ne cherche à modifier que la forme (6).

De même aussi le mercure travaillé par nous reçoit toutes sortes de formes. Fixé sur un corps formé des quatre éléments, ainsi qu'il a été dit, il y demeure fermement attaché et il est impossible de l'en chasser : il est à

---

(1) La notion de la matière première apparaît ici très clairement (v. *Origines de l'Alchimie*, p. 265 et 267), et cela avec le double sens opposé, développé dans le Timée. D'une part, la matière première est le fond permanent des choses et subsiste par là; tandis que, d'autre part, elle est dépourvue d'une forme qui lui soit propre, et éprouve les modifications qui répondent aux qualités particulières des corps; à leur couleur, par exemple, dans le cas actuel.

(2) C'est-à-dire que le mercure est : d'une part, la matière première et générale, qui forme le fond de la transmutation ; et, d'autre part, qu'il perd son caractère propre et individuel, dans l'exécution de celle-ci.

(3) L'auteur distingue la matière du métal, c'est-à-dire son fond propre, de ses qualités apparentes.

(4) Mot qui désigne l'ensemble des quatre métaux imparfaits: cuivre, plomb, étain, fer.

(5) Cp. *Introd.*, p. 248.

(6) Cp. Enée de Gaza : *Origines de l'Alchimie*, p. 75.

la fois dominé et dominant. Voilà pourquoi Pébéchius disait qu'il avait une grande affinité.

10. *D.* — Tu as bien résolu (les difficultés), philosophe. Tu m'as instruit, philosophe.

S. — Je veux donc revenir en hâte à la parole de l'auteur, en reprenant dès le commencement les choses qu'il a dites en langage indirect : « le mercure (ordinaire) provient du cinabre ». Mais tout mercure est engendré par les corps (métalliques) (1).

D. — Ne parle-t-il pas ici du cinabre, afin de montrer que le mercure (ordinaire) provient du cinabre ?

S. — Le cinabre désigne la substance mercurielle jaune ; tandis que la substance mercurielle blanche est le mercure. En acte, il existe à l'état blanc ; tandis qu'en puissance, il devient jaune (2).

D. — Le Philosophe n'a-t-il pas dit : « O natures célestes, créatrices des natures, vous triomphez des natures au moyen des transmutations ! ».

S. — Oui ; c'est pour cela qu'il a dit : « ... car si tu n'opères pas la transformation, il est impossible que l'effet attendu se produise. C'est en vain que prendront de la peine ceux qui approfondissent l'étude des matières, à moins qu'ils ne recherchent les natures des corps (métalliques) de la magnésie ». Car il est permis aux opérateurs et à ceux qui transcrivent les mêmes enseignements d'employer indifféremment telle ou telle manière. Donc il a dit : « le corps de la magnésie » ; ce qui signifie le mélange des substances. C'est pour cela qu'il dit, en poursuivant, dans l'introduction de (son livre sur) la fabrication de l'or : « Prenant du mercure, fixez- (le) avec le corps (métallique) de la magnésie » (3).

11. *D.* — Ainsi le mercure est l'élément qu'il faut préférer ?

S. — Oui, car c'est par lui que le Tout est défait, puis rétabli de nouveau : suivant le degré convenable pour chaque traitement, on réussit

---

(1) Ceci paraît signifier que tout métal renferme un élément mercuriel.

(2) Ceci est très clair : il s'agit ici d'un côté du mercure libre, et de l'autre du mercure combiné, existant en puissance dans le cinabre, son minerai.

(3) Il s'agit ici d'un alliage complexe, le métal de la magnésie, formé probablement par l'union des quatre corps ou métaux fondamentaux, et auquel on associe le mercure, pris dans son sens ordinaire, ou plutôt dans le sens mystique du mercure des philosophes (v. aussi *Introd.*, p. 256).

avec la chrysocolle (1), autrement dite *batrachion* (2), qui se rencontre parmi les pierres vertes.

D. — Qu'est-ce que la chrysocolle ou *batrachion* ? Quelle est la signification de ces mots : « qui se rencontre dans les pierres vertes » ?

S. — Il est nécessaire que nous le cherchions. Nous devons donc connaître ce qui est relatif aux couleurs vertes. Eh bien! parlons-en, d'après ce qui est relatif à l'homme. Car l'homme est le plus important de tous les animaux vivant à la surface de la terre. Nous disons de l'homme qui a pâli (3), qu'il est devenu vert; il est évident que, comme l'ocre, il change de qualité spécifique en passant à la couleur dorée. Ceci est encore plus évident, si on le compare à l'écorce de citron, qui représente la qualité même de la couleur jaune pâle. L'auteur poursuivant a parlé aussi de l'arsenic jaune (4), afin de montrer qu'il s'agit bien de la qualité spécifique de la couleur pâle.

12. Mais, pour que tu voies combien il a mis de circonspection pour exposer cela en détail, observe avec attention dans quel sens il dit : « Le mercure qui provient du cinabre, (c'est) le corps métallique de la magnésie » (5). Puis il ajoute la chrysocolle, le claudianos, l'arsenic. Il a introduit le nom de l'arsenic (6) (c'est-à-dire du masculin), afin de le distinguer des substances féminines (7). Après le claudianos, il parle de l'arsenic jaune : il met d'abord deux substances jaunes du genre féminin (8), puis deux substances du genre masculin. Il faut donc approfondir et voir ce que cela peut vouloir dire. Comme j'avance, Dioscorus ! Ici il transforme l'or, puis il reprend la

---

(1) Malachite; employée dans la soudure de l'or. — *Introd.*, p. 243.

(2) A proprement parler : la matière couleur de grenouille verte. Ce mot signifie aussi Renoncule aquatique.

(3) L'auteur joue sur le mot pâli, ὠχριάσαντα, signifiant littéralement jauni et qui peut être dérivé de ὤχρα, ocre jaune. Il veut expliquer comment la chrysocolle ou malachite, matière verte, sert à faire l'or qui est jaune ; il cherche donc à montrer la parenté de la couleur verte à la couleur jaune et le passage de l'une à l'autre : ces deux couleurs ou qualités des corps étant envisagées comme ayant une existence propre.

(4) Orpiment.

(5) C'est-à-dire la matière première du métal de la magnésie.

(6) L'auteur joue sur le double sens de ἀρσένικον : arsenic ou masculin.

(7) Il s'agit d'abord du mercure, qui est féminin, ἡ ὑδράργυρος; puis de la chrysocolle.

(8) Le mercure, c'est-à-dire le cinabre, et la chrysocolle, opposés au claudianos et à l'arsenic.

cadmie, ensuite l'androdamas ; or, l'androdamas et la cadmie sont des substances sèches. Il met en évidence la sécheresse (1) des corps, et afin de rendre cela bien manifeste, il a ajouté l'alun décomposé. Remarque quelle est la circonspection de l'auteur. Il voulait que les gens sensés comprissent dans quel sens il les instruisait, en parlant de l'alun décomposé ; car il devait se faire entendre en cela, même des non initiés. Mais, afin que la chose devint plus certaine pour toi-même, il a ajouté aussitôt le soufre apyre, c'est-à-dire le soufre non calciné. Le Tout, c'est-à-dire les espèces desséchées, signifie les corps métalliques amenés à l'unité (2). Ensuite il ajoute la pyrite désagrégée, ne désignant aucun autre corps et sans spécifier. Ceci est établi comme une vérité, à savoir que ce qui reste à la fin est sec. Faisant des subdivisions dans cette matière, il ajoute le minium du Pont (3). Ainsi, passant des substances sèches aux substances liquides, il a parlé du minium, et spécialement de celui du Pont. Car s'il n'avait pas ajouté « du Pont », il ne serait pas arrivé à se faire comprendre (4). Et voulant confirmer (son dire), il a ajouté l'eau du soufre natif, provenant du soufre seul.

13. *D.* — Tu as bien résolu (les difficultés), philosophe ; mais prends garde dans quel sens, il a dit : « si en le purifiant par la chaux... »

S. — O Dioscorus, tu ne fais pas attention. La chaux vive est blanche, et l'eau qui en provient est blanche et âpre, et l'eau de soufre, par ses exhalaisons, blanchit. Pour plus de clarté, il a ajouté aussitôt : « la vapeur de soufre ». N'a-t-il pas rendu tout cela évident pour nous ?

D. — Oui, tu as bien parlé. Après cela (il mentionne) le sory jaune, la couperose jaune et le cinabre (5).

S. — Le sory et la couperose, des substances jaunes ? Comment cela ? Tu n'ignores pas qu'elles sont vertes (6). Ayant donc en vue la réduc,

---

(1) La sécheresse, qualité, est prise ici avec un sens substantiel ; comme plus haut la couleur jaune.

(2) La fin de la phrase est inintelligible, le copiste ayant probablement répété le membre de phrase qui précède.

(3) *Introd.*, p. 261.

(4) Jeu de mots sur la mer, πόντος, matière humide par excellence, v. p. 62.

(5) Une variante indique ici le sel ammoniac, au lieu du cinabre.

(6) Le mot χάλκανθος, couperose, exprime à la fois le sulfate de cuivre bleu, le sulfate de fer vert et leurs mélanges. Le sory est un sulfate de cuivre basique,

tion du cuivre (à l'état métallique), c'est-à-dire sa recherche, ou plutôt la
teinture du Tout (1), il s'est exprimé ainsi, en apportant une nouvelle
confirmation, et il a ajouté sur la fin : « Après que l'on a fait disparaître la
rouille, opération appelée réduction, alors la projection des liquides ayant
eu lieu, il se produit un jaunissement stable. » Réellement la libéralité de
l'auteur est rendue ici manifeste.

14. En effet, vois comme aussitôt il réunit les choses dans son explication. « Quant aux substances susceptibles de former des liqueurs, ce sont
le safran de Cilicie (2), l'aristoloche, la fleur de carthame, la fleur du
mouron à fleurs bleues ». Que pouvait-il dire ou énumérer de plus, afin de
nous persuader, sinon parler de la fleur du mouron ? En effet, admire avec
moi. Il ne parle pas seulement « du mouron », mais encore de « sa fleur » ; le
mot mouron nous indiquant l'ascension de l'eau (3), et le mot fleur, l'ascension des âmes de ces plantes, c'est-à-dire celle de leurs esprits (4). En effet,

---

plus ou moins ferrugineux, provenant
de l'altération des pyrites. Mais le sulfate de fer pur, ou son mélange avec le
sulfate de cuivre, ne tarde pas à s'oxy-
der à l'air humide et à se changer en
sels basiques qui sont jaunes. Ces
composés peuvent donc passer du vert
au jaune, par des actions en apparence
spontanées. Quant au cinabre, sa couleur rouge est ici, comme précédemment, rangée sous la rubrique du jaune.

(1) Le mot Tout, πᾶν, revient dans tout
ce morceau avec un sens mystérieux,
qui semble s'appliquer à la matière
première des transmutations métalliques. C'était à proprement parler le
molybdochalque, ou encore le métal
de la magnésie (v. *Introd.*, p. 153).

Il s'agit toujours d'étudier comment
une même matière peut affecter des
couleurs diverses, suivant les traitements et les procédés de teinture.

(2) Au-dessus le signe du mercure
dans A. B.

(3) L'auteur joue sur la ressemblance
des mots ἀναγαλλίς (mouron) et ἀναγαγεῖν

(faire monter). Faire monter l'eau signifie la distillation ou la sublimation.

(4) Le jeu de mots continue, en s'appliquant à l'ascension (sublimation) des
matières volatiles, appelées esprits ou
fleurs des métaux, et assimilées aux âmes
des plantes ; lesquelles fleurs se produisent pendant les fusions et traitements
des minerais. Ce sont pour nous des
oxydes sublimés (oxyde de zinc), ou
entraînés par les gaz. On dit encore
aujourd'hui, dans un sens analogue qui
remonte aux alchimistes : *fleurs argen-
tines d'antimoine; fleurs de zinc ; fleur
de soufre.* On disait également au siècle dernier : *fleurs d'antimoine,* pour
le sublimé jaune et en partie oxydé
formé par le sulfure naturel; *fleurs rouges d'antimoine,* pour un sulfure rouge
formé en présence du sel ammoniac;
fleurs d'arsenic, pour l'acide arsénieux
sublimé; *fleurs de sel ammoniac,* pour
ce sel sublimé, *fleurs de benjoin.* pour
l'acide benzoïque sublimé, etc. (*Dict.
de Chimie* de Macquer, 1778). — On
lit de même dans le *Lexicon Alchemiæ*

s'il n'en est pas ainsi, il n'y a rien de sûr. Livrés à de vains efforts, les misérables qui sont ballottés sur cette mer, avec une multitude de peines et de fatigues, ne pourront jamais avoir aucun profit.

15. *D.* — Et pourquoi, encore une fois, ce philosophe généreux, ce maitre habile, a-t-il ajouté la rhubarbe du Pont ?

S. — Remarque la libéralité de l'auteur. Il a parlé de la rhubarbe elle-même, et afin de nous persuader, il a ajouté « du Pont ». Car y a-t-il un philosophe qui ne sache que la mer (πόντος) est alimentée de tous côtés par l'eau des fleuves (1) ?

D. — Tu as parlé véridiquement, Synésius, et tu m'as réjoui l'âme aujourd'hui ; car ces choses ne sont pas médiocres. Maintenant je te prie de m'enseigner en outre, pourquoi il a parlé plus haut de la couperose jaune ; tandis qu'ici, il ajoute ce mot, sans spécifier « avec la couperose bleue » (2).

S. — Ces mots, ô Dioscorus, indiquent les fleurs, car elles sont jaunes. mais, comme l'eau que l'on fait monter (3) a besoin d'éprouver une fixation, il a ajouté aussitôt : « la gomme d'acanthe ». Ensuite il a ajouté : « l'urine d'un impubère, l'eau de chaux, l'eau de cendres de chou, l'eau d'alun (4), l'eau de natron (5), l'eau d'arsenic et de soufre (6) ». Remarque comme il a mis en avant toutes les (substances) susceptibles de produire la dissolution et la dispersion, nous enseignant évidemment par là la dissolution des corps (métalliques).

16. *D.* — Oui, tu as bien parlé. Et dans quel sens a-t-il dit à la fin : « le lait de chienne » ? Est-ce afin de montrer que le Tout est tiré de la chose commune (7) ?

S. — Réellement, tu as compris, Dioscorus ; mais observe avec attention dans quel sens il dit : « Cette matière est celle de la Chrysopée. »

D. — Quelle matière ?

---

de Rulandus, p. 216 (1612) : *Flos est bolus per sublimationem extractus... Flos spirituosa rei substantia est... Omnis flos per se volatilis et spirituosus.*

(1) V. p. 62 et la note (4) de la p. 70.

(2) C'est-à-dire avec le sory (?) — Voir plus haut, p. 70, note 6.

(3) Par évaporation et distillation.

(4) Variante : l'eau de sel ammoniac, Fabr.

(5) Variante : l'eau de molybdochalque, Fabr.

(6) Variante : l'eau de couperose, Fabr.

(7) Y a-t-il là un jeu de mots, sur κυνός (de chienne) et κοινός (commun) ?

S. — Qui ne sait que toutes les choses (dont il s'agit) sont volatiles ? Car ni le lait (1) d'ânesse, ni le lait de chienne ne peuvent résister au feu. Le lait d'ânesse, si tu le déposes quelque part, pendant un nombre de jours convenable, finit par disparaître.

D. — Que signifient ces mots : « Telles sont les (substances) qui transforment la matière ; telles sont celles qui rendent les corps résistant au feu, étant elles-mêmes volatiles » ? Et ces mots : « En dehors de ces substances, il n'y a rien de sûr » ?

S. — C'est afin que les misérables pensent que ces choses sont vraies (2). Mais écoute encore ce qu'il dit et ajoute : « Si tu es intelligent et que tu procèdes comme il a été écrit » ; au lieu de : « Si tu es habile et que tu discernes le calcul qu'il faut employer ; alors tu seras bienheureux. » Et que dit-il ailleurs ? « Je m'adresse à vous qui êtes des gens sensés. »

Il faut donc que nous exercions nos esprits et que nous ne nous trompions pas, afin que nous évitions la maladie incurable de la pauvreté et que nous ne soyons pas vaincus par elle ; de crainte qu'étant tombés dans la vaine pauvreté nous ne soyons malheureux, étant devenus incapables de tirer profit de nos travaux. Nous devons exercer nos esprits, aiguiser notre intelligence.

17. *D.* — Pourquoi ajoute-t-il le mot « projeter » ?

S. — Il ne parle pas des choses dites au commencement, mais de celles qu'il faut entendre. Voilà pourquoi il dit encore : « Traitez par (projection) l'or, par le corail d'or ; l'argent, par l'or ; le cuivre, par l'or ; le plomb ou l'étain, par le molybdochalque » (3). Voici qu'il nous a fait monter les degrés

(1) Le mot *lait* est pris ici dans un sens symbolique ; de même que les mots *sang*, *bile*, *semence*, etc., dans la langue des prophètes ou prêtres égyptiens. (*Introd.*, p. 10). Ainsi, le lait de la vache noire a signifié le mercure (*Lexique*, p. 6). — Les mots *lait de chaux*, *lait de soufre*, se sont conservés jusqu'à notre temps dans la langue des chimistes.

(2) Les non initiés étant déçus, parce qu'ils prennent les noms dans leur sens littéral.

(3) Ainsi chaque métal est modifié par la projection d'un métal plus pré-cieux, destiné à le transformer en en changeant les propriétés ; de façon à le rendre identique à lui-même (*diplosis*), par une sorte de fermentation. Rappelons d'ailleurs que les recettes (7) et (60) du Papyrus (*Introd.*, p. 29, 41, 57) reposent sur une pratique analogue. On voit comment la préparation des alliages décrits dans le Papyrus de Leide (*Introd.*, p. 70, et dans les *Questions naturelles et mystérieuses*, p. 44 et suivantes) est devenue, par une interprétation mystique, la transmutation même des métaux.

de l'Art, (afin que) nous n'allions pas, en faisant de vains efforts, tomber dans le gouffre de l'ignorance et méconnaître les choses qu'ils ont voulu désigner (1). Grande est l'habileté de l'auteur ; car après qu'il a dit : «Ainsi a été exposée la matière de la Chrysopée » ; il ajoute ces mots : « maintenant, et à la suite, traitons amplement la question de l'Argyropée (2) » ; afin de montrer qu'il y a deux opérations (distinctes), et que l'Argyropée a été considérée avant toutes les autres ; elle les précède et, sans elle, rien ne se fera.

18. Écoute-le encore lorsqu'il dit: « Le mercure tiré de l'arsenic, ou du soufre (3), ou de la céruse, ou de la magnésie, ou de l'antimoine d'Italie. » Et (plus) haut dans la Chrysopée : « Le mercure, qui provient du cinabre » (4). Ici il dit : « le mercure, tiré de l'arsenic, ou de la céruse, etc.

D. — Et comment admet-il que la céruse se change en mercure ?

S. — Il n'a pas dit que nous extrayons le mercure de la céruse : mais il a voulu exprimer le blanchiment des corps (métalliques), c'est-à-dire leur retour (à une forme commune ?) (5). En effet, ici, il parle de toutes les (substances) blanches, et dans l'autre passage, des substances jaunes, afin que nous comprenions.

Vois comment il s'est exprimé : « Le corps (métal) de la magnésie (produit) seul le chrysocorail. » Là il s'agit du corps (métal) de la magnésie, de celui de la magnésie seulement, ou de celui de l'antimoine d'Italie.

Qu'il suffise de vous dire ceci brièvement. Mais il faut exercer l'esprit d'avance, afin que nous discernions les actions de la nature, relativement aux choses qui doivent être accomplies avec le concours de Dieu (6). Sachez qu'il

---

(1) Probablement il s'agit des anciens chimistes, ou prophètes égyptiens.

(2) Cette phrase et diverses autres, citées par Synésius, ne se retrouvent pas dans les *Questions naturelles* de Démocrite, telles que nous les possédons. Il est probable que nous avons seulement un extrait de l'ouvrage original.

(3) Var. : de la couperose, Fabr.

(4) Var. : du sel ammoniac, Fabr.

(5) Celle du mercure des philosophes ? — On pourrait encore appliquer ce passage à *l'asèm*, lequel désigne tout alliage doué d'un brillant argentin : qu'il ait été préparé, soit par amalgamation superficielle ; soit par blanchiment superficiel au moyen de l'arsenic ; ou bien encore, par des compositions diverses de cuivre, de plomb, d'étain, ou d'antimoine. — *Introd.*, p. 62.

(6) Cette phrase a une signification mystique et implique l'intervention d'actions supérieures à celles de l'homme. — Voir plus loin Olympiodore, § 1 et § 9.

faut d'abord faire macérer les espèces et, dans les fusions, amener celles qui ont des couleurs pareilles à l'identité de couleur. Les deux mercures (1) exercent ainsi leur action mercurifiante, et se séparent dans la décomposition.

Avec le secours de Dieu, je commencerai mon commentaire (2).

II. iv. — OLYMPIODORE, PHILOSOPHE D'ALEXANDRIE [3]

Commentaire sur le livre « Sur l'action » de Zosime, et sur les dires d'Hermès et des philosophes.

1. « La macération se fait depuis le 25 méchir (février) jusqu'au 25 mésori (août). Toutes les choses que tu peux faire macérer et lessiver, laisse-les déposer dans des vases (convenables) ; et, si tu le peux, accomplis l'œuvre de la macération, toi le meilleur des sages » (4).

Il était d'usage chez les anciens de cacher la vérité et les choses tout à fait évidentes pour les hommes, au moyen des allégories et (du langage) de

---

(1) Celui du cinabre et celui de l'arsenic (*Introd.*, p. 99 et 239).

(2) Il semble par ces mots que le petit traité de Synésius soit l'extrait et le préambule d'un ouvrage plus étendu.

(3) A ajoute ces mots intercalaires : « à Petasius, roi d'Arménie, sur l'art divin et sacré et sur la pierre des philosophes ». Les diverses copies de ce traité offrent des variantes considérables ; spécialement le manuscrit L, qui appartient à une classe à part. Petasius ou Petesis (Isidore), peut être un personnage réel ; mais le titre de roi d'Arménie est fictif, et ajouté par quelque adepte (v. *Orig. de l'Alchimie*, p. 139 et 168.)

(4) Ce premier paragraphe représente le texte proprement dit (de Zosime sans doute) ; puis vient le commentaire. Ce texte répondait à l'origine à l'opération de la lévigation des minerais d'or ; comme le montre l'insertion du morceau d'Agatharchide relatif aux mines d'or dans M.; (*Orig. de l'Alchimie*, p. 22), morceau abrégé et mutilé dans A (v. le présent volume, p. 27). Ce traitement des minerais naturels semble avoir été envisagé plus tard comme représentant symboliquement la transmutation.

C'est toujours le passage du sens matériel et positif d'une opération pratique, à un sens mystique postérieur. Peut-être s'agit-il d'ailleurs d'une opération réelle, accomplie sur les minerais destinés à fournir plus tard par des traitements convenables) non plus les paillettes d'or, mais un alliage imitant l'or.

l'art des philosophes (1). En effet, non seulement ils ont tenu dans l'ombre ces arts honorables et philosophiques par leur exposition obscure et ténébreuse; mais encore ils ont remplacé les termes communs par d'autres termes : comme cela a lieu quand on intervertit ce qui est dans le sujet et ce qui n'est pas dans le sujet. Tu sais toi-même, philosophe mon maître, que Platon et Aristote ont procédé de même par allégories et modifié le sens des mots. Ainsi Aristote dit que la substance n'est pas dans le sujet, mais que c'est l'accident qui est dans le sujet. Platon de son côté établit la même opposition : d'une part, il ne place pas la substance dans le sujet; et, d'autre part, il place l'accident dans le sujet. En un mot, de même qu'ils ont exposé beaucoup de choses de cette nature, suivant la manière qui leur a paru convenable ; de même, en ce qui concerne cet art honorable, les anciens y ont mis toute leur application, ayant pour unique affaire et pour art unique d'exposer (les faits) au moyen de certaines considérations et énigmes ; ils se proposaient d'aiguillonner les chercheurs et de les faire sortir des choses naturelles, pour les tourner vers la poursuite des choses mystérieuses : ce qui eut lieu en effet. C'est ce que montrera le présent traité.

2. « La macération s'effectue au moyen de la terre limoneuse ».

Ici le philosophe veut parler de la terre qui doit être lessivée. Car il faut laver et relaver, jusqu'à ce que la partie limoneuse disparaisse, suivant ce que dit la divine Marie. En effet toute terre de cette nature,

---

(1) Cp. *Origines de l'Alchimie*, p. 29. τὰς ἀρχὰς τῶν πραγμάτων ἀποκρύψαντες (Clément d'Alexandrie, Stromates, V). D'après la lettre apocryphe, mais antique, de Platon à Denis : les philosophes employaient des symboles, susceptibles de plusieurs explications, qui permissent de communiquer le secret à des personnes choisies, en maintenant les autres dans l'illusion. — On lit dans le Pseudo-Aristote arabe (*Bibl. Chemica* de Manget, t. I, p. 622, citation de Roger Bacon) : « Celui qui révèle les secrets naturels, rompt le sceau divin et il en résulte pour lui de grands maux. On rencontre dans les livres une multitude de choses que l'on ne peut entendre sans un maître ». — D'après Rhazès (même ouvrage, t. I, p. 923) : « Il a plù aux anciens de cacher le sens de ces choses sous tant de noms qu'on n'en peut guère inventer de nouveaux. — De même Morienus : « Rien n'a causé plus d'erreurs dans cet art que la multitude des noms. Les anciens se sont servi de comparaisons, d'énigmes, de fables poétiques. » — D'après Geber (p. 918) : « ils ont écrit de telle sorte, qu'ils ne peuvent être compris que par Dieu, ou par l'aide de sa grâce, etc. » — C'était là une tradition constante, jusqu'au temps de la science moderne.

contenant un corps (métallique), lorsqu'elle est lavée, est réduite à l'état de minerai (1).

Ainsi donc, après un lavage sérieux et purificateur, tu trouveras les corps métalliques dans les sables ; c'est-à-dire les paillettes d'or (2), argentées ou plombées (ce qui veut dire ayant la couleur de l'argent ou du plomb), ainsi que les pierres (3) ; le minerai qui contient la substance s'apercevant d'en haut. C'est celui que les anciens ont appelé par le nom propre de pierre d'argent, et il est permis d'y trouver le mot dont le nom a quatre syllabes et neuf lettres (4).

3. L'expression « depuis le mois de méchir » ne signifie rien (en soi) : elle a été placée là, afin que celui qui la rencontre croie que la poudre sèche (5) et la manipulation dépendent d'un certain intervalle de temps, et que, laissant de côté la droite voie, il recoure à la route incertaine et épineuse.

4. L'expression « déposer dans des vases », signifie les digesteurs de terre cuite. Zosime est le seul à en faire mention.

5. Par les mots « Accomplir l'art de la macération », il nous exhorte à l'œuvre efficace. Et en effet le mot « action » est pris ici dans le sens d'opération pratique. Sache que celui qui macère a besoin d'ingrédients, d'un certain (laps de) temps et d'une époque favorable (6). Ainsi donc le limon lessivé à cette époque, ayant été réduit à l'état de sable, est desséché.

---

(1) La lévigation isole ainsi les paillettes d'or et les autres minerais métalliques, plus denses que les matières argileuses et les gangues analogues, qui sont entraînées par l'eau.

(2) C'est-à-dire l'or, ou les métaux susceptibles de l'imiter par leur alliage.

(3) Les pierres, c'est-à-dire les fragments de roche volumineux, ne sont pas entraînés par la lévigation à cause de leur poids.

(4) Allusion à l'Énigme de la Sibylle (*Origines de l'Alchimie,* p. 136). Le mot grec λιθάργυρος ayant dix lettres, on ne voit pas bien comment Olympiodore l'applique à cette énigme ; à moins que les deux dernières lettres ne comptent que pour une seule, ou que l'on ne prenne une autre terminaison, telle que λιθάργυρα.

(5) La poudre de projection, ou pierre philosophale. — Ce paragraphe semble une interpolation postérieure.

(6) La nécessité d'une époque favorable, et d'un laps de temps déterminé, a toujours été reconnue par les alchimistes, conformément aux doctrines de l'astrologie. Sa dernière expression se trouve dans le *Lexicon Alchemiæ Rulandi,* p. 330, à l'article *Mensis philosophicus* (mois philosophique). « C'est dit-il, le temps de la décomposition,

6. L'expression « depuis le 25 du mois de méchir, jusqu'au 25 mésori »,
signifie que, à la suite de la macération, le minerai est traité par le feu. Or,
il n'a pas dit : « après la fin de mésori », il est traité par le feu ; mais à partir
de la macération, ou du lessivage, ou plutôt du desséchement.

7. Les mots : « Toutes les choses que tu peux faire macérer et lessiver »,
signifient l'espèce qui renferme la substance (1) et celle qui est obtenue par
le desséchement. « Toutes les choses », c'est l'espèce qui renferme la substance ; « macérer et lessiver », c'est l'espèce obtenue par le desséchement ;
car on a toujours besoin d'y recourir. Ainsi s'opère le lessivage. Ces mots :
« l'espèce qui renferme la substance » ont fait voir à mon maître ce que c'est que
la macération, le lessivage, la dessiccation, l'évaporation. Démocrite parle
quelque part de l'alun décomposé (2) : ce philosophe (n')a (pas) voulu que les
lecteurs imaginassent qu'il fallait prendre n'importe quels aluns, ou qu'ils
fussent égarés parmi les espèces, gaspillant (ainsi) tout leur temps. Il y a deux
sortes de lessivage, le lessivage mystique et le lessivage au sens propre. On
a donc parlé du lessivage mystique et du lessivage au sens propre. Le lessivage mystique est précisément celui qui se fait au moyen de l'eau divine.

C'est là le lessivage essentiel, celui dont on assure le succès par les paroles
de bon augure et l'obéissance (aux règles) (3) : il s'agit des matières fluides
qui s'écoulent ensemble, c'est-à-dire de la régénération à l'état métallique des
métaux qui en avaient été dépouillés, ainsi que des esprits, c'est-à-dire de
leurs âmes (4) : opération qui s'accomplit par la seule action de la nature,

---

dont la durée répond au mouvement
de la lune ; il est de trente jours pour les
uns ; de quarante pour les autres. Il
répond à la fabrication de la pierre philosophale ; et peut être renfermé dans
un moindre nombre de jours, étant
défini par la nature de l'objet et l'accomplissement de l'œuvre. »

(1) C'est-à-dire le minerai, dont l'or
(ou l'alliage qui offre l'apparence) sera
extrait ensuite par l'action du feu.

(2) P. 47 ; § 7. Il s'agit probablement
du sulfure d'arsenic, changé en acide
arsénieux par oxydation, à l'aide de
diverses opérations décrites plus loin

dans Olympiodore, § 12, et qui précisent les désignations vagues : macération, lessivage, etc.

(3) Réd. de l. : « en suivant les règles
de l'œuvre unique et excellent. »

(4) Les métaux purs ou alliés sont
d'abord transformés par des opérations
chimiques, qui les privent de leur état
ou apparence métallique. Puis, en y
fixant certains éléments volatils (esprits)
qui restituent aux métaux leurs âmes,
(principes intérieurs d'activité), on les
régénère avec une couleur et des propriétés nouvelles.

et non par la main des hommes, comme le croient quelques-uns. Car Hermès dit : « Lorsque tu auras pris (quelque substance) après le grand traitement, c'est-à-dire le lessivage du minerai... » Voilà donc qu'il a nommé le minerai, substance, et le lessivage, grand traitement. Agathodémon parle dans le même sens. Ah ! quelle libéralité chez le Philosophe ! Aucun des anciens n'a jeté ainsi la lumière sur l'œuvre ; aucun n'a appelé l'espèce par son nom, sinon cet homme excellent et doué de toute science ; car le lessivage purificateur est évidemment le grand traitement.

Je vais t'expliquer (maintenant) l'économie de la soudure d'or.

SUR LA SOUDURE D'OR

8. La soudure d'or, c'est (1) l'art de réunir l'or avec l'or, en opérant sur les paillettes d'or tirées du minerai. Comment faut-il unifier ces paillettes, c'est-à-dire les souder et les joindre entre elles, afin que l'esprit tinctorial de la chrysocolle y soit conservé (2) ?

Pour conserver cet esprit, il dit qu'il convient d'employer une combustion à feu modéré, afin que, par suite d'une grande incandescence, des choses non convenables n'arrivent pas. Il faut que le feu brûle avec modération et douceur, de crainte que la vapeur ne s'en aille en fumée et ne soit perdue. Il s'agit de la vapeur, qui tend à s'échapper. Cette vapeur, c'est le mercure. Cette vapeur donc, autrement dit le mercure (3), éprouvant l'action du feu, s'en va en fumée. Or, lorsqu'elle s'en va en fumée et sort du creuset, les paillettes d'or, celles que Zosime appelle paillettes de claudianos, brûlées maladroitement par la violence du feu, s'en vont aussi en fumée (4).

---

(1) C'est la réunion de l'or avec l'or. Les paillettes d'or sont les parties tirées du minerai. Le mot or comprend d'ailleurs aussi les alliages couleur d'or.

(2) Il s'agit de réunir les paillettes métalliques d'or (ou de l'alliage qui en offre l'apparence), en une masse unique, au moyen de la chrysocolle ; en leur donnant une couleur homogène, et sans qu'on voie la soudure.

(3) Réd. de L : « Donc cette vapeur, autrement dit l'eau d'argent, c'est-à-dire l'(élément) qui atténue l'argent ». Le mercure dont il s'agit ici paraît être l'arsenic métallique (*Introd.*, p. 61, 99 et 239).

(4) Toute cette description est obscure, quoiqu'elle paraisse se rapporter à des opérations réelles. La mention finale du claudianos, alliage de plomb, de

9. Apprends, ô ami des Muses, ce que signifie le mot économie (1), et ne va pas croire, comme le font quelques-uns, que l'action manuelle à elle seule soit suffisante; il faut encore celle de la nature, une action supérieure à l'homme (2). Lorsque tu as pris de l'or (3), tu dois le traiter, et si tu opères avec soin, tu obtiendras de l'or (4). Et ne suppose pas, dit-il, que la teinture aura lieu avec certaines autres idées et certaines autres plantes (5) ; mais travaille suivant une pratique conforme à la nature (6), et tu obtiendras l'objet cherché.

Quant au mot économie, il a été employé en mille endroits par tous les anciens (7); car ils veulent parler de la marche opératoire pour fixer la teinture (8). Or qu'est-ce que la fixation d'une teinture ? sinon la fixation de quelque mercure fugace. Car Zosime dit : « Fixe le mercure avec le corps (métallique) de la magnésie. »

---

cuivre, de zinc et autres métaux (*Introd.*, p. 244), y jette quelque jour ; car c'était là un alliage métallique, destiné à imiter l'or. — La description s'applique à la fois à l'or pur et à l'or simulé, c'est-à-dire au claudianos. Il semble que l'or véritable, aussi bien que le faux or, fussent obtenus d'abord à l'état de paillettes ; que l'on agglomérait ensuite au moyen du mercure (ou plutôt de l'arsenic métallique, envisagé comme un second mercure). Puis on chauffait à feu doux, en évitant la déperdition de la vapeur, du mercure, ou de l'arsenic par volatilisation ou oxydation.

La mention finale s'appliquerait à la destruction de l'alliage et à la vaporisation de certains de ses composants, tels que le zinc, sous forme d'oxydes, par l'influence d'une calcination trop énergique.

(1) Le mot économie est employé, même dans la pratique de notre temps, avec le même sens que dans ces textes. On dit, par exemple : « Voici toute l'économie du procédé », etc.

(2) Le côté mystique et magique des opérations apparaît ici.

(3) Il semble que dans cette phrase le mot or soit employé successivement dans deux sens différents : Lorsque tu as un métal qui a l'apparence de l'or..., etc.; tu obtiendras de l'or véritable. On peut encore entendre d'abord le métal en paillettes ; puis le métal aggloméré par la soudure.

(4) Réd. de L.: « Tu auras de l'or; mais travaille toujours conformément à la pratique de l'or ».

(5) *Plantes*, dans le même sens mystique que *fleurs*, p. 71.

(6) C'est-à-dire les opérations purement manuelles sont insuffisantes, etc.;

(7) Réd. de L : « Car ils veulent qu'il y ait dans l'art un principe fixateur, qui retienne les substances fugaces; ce principe, c'est le feu, qui fixe le mercure, c'est-à-dire la vapeur. Or ce n'est pas seulement le mercure qui fuit le feu, mais encore toutes les substances (de la même classe) du catalogue ».

(8) Κάτοχος fixation d'une matière colorante, sur une étoffe, par exemple.

10. On a dit que la soudure d'or est le mélange des deux substances; le principe fixateur qui en résulte, je sais le maintenir dans le composé. Nous savons en effet que la vapeur (mercurielle) (1) est fugace; et il est spécifié en mille endroits que ce n'est pas seulement la vapeur (mercurielle) qui est fugace, mais encore toutes les (substances de la même classe) du catalogue. Avant et après, le philosophe s'attache au mercure, comme à toutes les substances fugaces du catalogue, telles que celles dont les anciens ont fait mention, couleurs et plantes, et autres; parce que toutes ces substances, en éprouvant l'action du feu (2), sont fugaces.

11. Quant à moi, je ne t'en expose pas toutes les classes, vu leur grand nombre et les témoignages des anciens, tous d'accord sur ce point; afin de ne pas perdre le temps mal à propos. Mais je te soumettrai un petit nombre de choses, comme les plus intéressantes, les plus faciles à comprendre, et à l'abri du reproche de futilité.

Il fait allusion ici (3) aux anciens, dont quelques-uns ont dit des choses futiles et fait perdre aux chercheurs un temps infini. Sache donc, dans ta science excellente, que les anciens font trois teintures : La première est celle qui se dissipe promptement (4), comme les soufres; la seconde, celle qui se dissipe lentement, comme les matières sulfureuses ; la troisième, celle qui ne se dissipe pas du tout, comme les corps métalliques liquéfiés et les pierres (5).

12. *Première teinture*, teignant le cuivre en blanc au moyen de l'arsenic, comme il suit.

---

(1) Le mercure proprement dit (ou l'arsenic métallique), employé dans la teinture du métal, est volatil; mais le mercure des philosophes, fixé par l'action du feu, ne doit pas l'être : de telle façon que la teinture dont il fait partie demeure fixée sur le fond métallique. Il y a là un mélange d'idées réelles et d'idées mystiques.

(2) Le mot fugace s'applique ici à la teinture et aux agents qui la produisent. Il signifie, non seulement la volatilité de l'agent colorant, mais le défaut de fixité de la teinture, dû à une oxydation ou à une cause quelconque.

(3) C'est une glose du commentateur; la phrase précédente est probablement de Zosime.

(4) On avait d'abord traduit φευκτά par volatiles. Mais le sens semble comprendre aussi les corps colorants qui disparaissent par liquéfaction, dissolution, oxydation, etc. ; c'est-à-dire qu'il est plus général.

(5) L ajoute : « Et la terre ».

11

L'arsenic (sulfuré) est une espèce de soufre qui se volatilise promptement ; je veux dire, se volatilise au feu. Toutes les substances semblables à l'arsenic sont aussi appelées des soufres et des corps volatils (1). Or la préparation se fait ainsi : prenant de l'arsenic lamelleux couleur d'or, 14 onces (2), tu le coupes en morceaux, tu le porphyrises de façon à le réduire en parties aussi fines que du duvet ; puis tu fais tremper dans du vinaigre, pendant deux ou trois jours et autant de nuits, la matière renfermée dans un vase de verre à col étroit, en lutant le haut avec soin, afin qu'elle ne se dissipe pas. Agitant une fois ou deux par jour, fais cela pendant plusieurs jours ; puis, vidant le (vase), lave avec de l'eau pure, seulement jusqu'à ce que l'odeur du vinaigre ait disparu. Garde la partie la plus subtile de la substance ; mais ne la laisses pas s'écouler avec l'eau (3). Ensuite, laissant la masse se dessécher et se contracter à l'air, mélange et broie avec 5 onces de sel de Cappadoce.

Or l'emploi du sel a été imaginé par les anciens pour éviter que l'arsenic adhère au vaisseau de verre. Ce vaisseau de verre est nommé *asympoton*, par Africanus. Il est luté avec de l'argile (4) ; un couvercle de verre en forme de coupe est posé par-dessus. A la partie supérieure, une autre coupe enveloppe le tout ; elle est assujettie de tous les côtés, afin que l'arsenic brûlé ne se dissipe pas (5).

Fais-le donc brûler à plusieurs reprises et pulvérise-le, jusqu'à ce qu'il soit devenu blanc ; on obtient ainsi de l'alun blanc et compact (6). Puis on fait fondre le cuivre avec du cuivre dur de Nicée ; ensuite tu prends de la fleur

---

(1) Réd. de L. : « Or il se dissipe sous l'influence du feu, etc. ».

(2) Var. AL : 4 onces.

(3) C'est-à-dire : décante avec soin le dépôt du liquide surnageant.

(4) Réd. de L : « Ensuite lute la coupe et assujettis-la de tous les côtés ».

(5) Cette description répond à celle d'un appareil de sublimation, formé d'un récipient inférieur, surmonté de deux coupes ou chapiteaux, emboîtés l'un dans l'autre en forme d'aludel. Ce dernier appareil a été attribué aux Arabes ; mais la description actuelle le fait remonter jusqu'à Africanus (IIIe siè-cle). On lutait avec soin ; et on condensait dans ces chapiteaux la partie sublimée. — Voir *Introd.*, p. 143, 146, fig. 20 et 22. La double coupe répond à la figure 22, mais sans kérotakis ; ou bien encore aux figures 26 et 27, p. 150, 151. — Voir aussi fig. 44 et 45, p. 170, 172.

(6) Dans cette opération, on oxyde lentement l'orpiment ou sulfure d'arsenic, de façon à le changer en acide arsénieux. On voit que ce dernier est désigné ici sous le nom d'alun blanc.

de natron, tu en jettes au fond du creuset 2 ou 3 parties pour ramollir (1). Tu projettes alors la poudre sèche (arsenic brûlé), avec une cuiller de fer ; tu en jettes la valeur d'une once pour 2 livres de cuivre. Après cela, tu ajoutes dans le creuset pour une once (de cuivre) un peu (2) d'argent, en vue de rendre la teinture uniforme. Tu projettes encore dans le creuset une petite quantité de sel. Tu auras ainsi un très bel asèm (3).

13. *Deuxième teinture*, celle qui se volatilise lentement :

Le cuivre brûlé (4), la rubrique et les substances analogues ne se dissipent pas promptement, mais lentement. Or il faut savoir que la fabrication de l'émeraude se fait ainsi. Prends : deux onces de beau cristal ; cuivre brûlé, une demi-once. Chauffe d'abord le cristal, dans ses parties extrêmes, et jette-le dans l'eau pure ; puis nettoie-le, afin qu'il n'ait pas de crasse. Ensuite (5) tu le pulvérises dans un mortier propre, sans le réduire en poudre impalpable ; et tu délaies, avec la rubrique et le cuivre brûlé. Tu en fais fondre la valeur de 4 livres sur un feu de charbon. Après avoir luté tout autour et fermé le creuset à sa partie supérieure, et après avoir chauffé sur un feu bien régulier (6), tu auras ce que tu cherches. Or il est préférable d'opérer la fonte dans un creuset d'argile crue, non cuite ; parce que dans les creusets des orfèvres, l'émeraude fond avec la matière du creuset et donne lieu à un retrait qui fait éclater le creuset. Elle demande à être refroidie dans le fourneau même, et à être enlevée après refroidissement ; attendu que si tu l'enlève pendant que le fourneau est encore chaud, le creuset éclate aussitôt (7).

---

(1) C'est un fondant.

(2) μιλιαρίσιον ne se trouve pas dans les dictionnaires. — A moins que ce ne soit le mot latin millième, grécisé.

(3) Variante de A : argent. Cette variante est postérieure. La recette précédente est une préparation positive : c'est celle d'un arséniure de cuivre blanc, analogue à l'alliage appelé tombac. Elle rappelle quelques-unes des fabrications d'asèm du Papyrus de Leide traduit dans l'*Introduction*, p. 34, 45, 61.

(4) L'auteur ajoute μαργάρων : mot à mot, des perles ; sans doute parce que ce produit servait à colorer les perles artificielles. Le cuivre brûlé répond à notre protoxyde de cuivre : c'est une matière rouge (V. *Introd.*, p. 233).

(5) Réd. de L : « Ensuite pulvérise-le, ainsi que le cuivre brûlé et la rubrique, dans un mortier ; fais les fondre sur le feu. Lutant le creuset, le fermant à sa partie supérieure et chauffant sur un feu égal, etc. ».

(6) Glose insérée dans le texte : « le feu ne doit pas chauffer une partie, en n'échauffant pas une autre partie ».

(7) C'est là un procédé technique de fabrication d'un verre coloré en vert,

14. *Troisième teinture*, celle qui ne se dissipe pas du tout.

On a dit « se dissipe au feu »; et deux mystères sont exposés par là (1): l'un concerne le corps dissipé; l'autre, le corps qui détermine la dissipation. De même Démocrite a parlé quelque part des trois (teintures) antiques:

L'une se dissipe promptement, c'est-à-dire par le départ des liquides (2), ou par la montée de la vapeur (3). C'est pour cela qu'il dit: Les substances qui se dissipent promptement, telles que les soufres; car les soufres sont très prompts (à se réduire) en fumée.

Les autres se dissipent lentement, telles sont les matières sulfureuses. Et il parle du principe de la fixation des mêmes liquides fugaces, lorsqu'ils deviennent plus lents à se dissiper (étant composés par le mélange) des (substances) fugaces avec les substances fixes et les corps métalliques (4).

Ensuite il parle de la troisième classe: celle qui se dissipe à la façon des corps métalliques fusibles. C'est là ce que l'on appelle proprement la teinture. (On l'obtient) après avoir fait le traitement et placé séparément les corps qui ne se dissipent pas et les corps qui se dissipent.

En effet il est impossible de faire cela (en une seule fois); mais c'est en desséchant progressivement et jusqu'à la fin qu'avec la coopération de Dieu nous rendons les (substances) tout à fait fixes (5).

15. « Comme les corps métalliques fusibles. »

---

ou émeraude artificielle. C'est donc encore une teinture; mais il ne s'agit plus d'un métal (Voir *Origines de l'Alchimie*, p. 220, 222, 239).

(1) Réd. de l.: « et c'est pourquoi deux mystères sont exposés..... ».

(2) Réd. de l.: « mais Démocrite dit au sujet de ce qui se dissipe promptement, que cette chose se dissipe dans le départ des liquides, etc. ».

(3) La disparition de la teinture ou coloration peut avoir lieu: soit par l'évaporation (ou l'oxydation) de la matière qui teint; soit par son extraction au moyen d'un liquide, à l'aide duquel elle est dissoute ou décomposée.

(4) Réd. de L: « Quant à ce qui ne se dissipe pas du tout, il dit que cette (teinture est véritablement et proprement la troisième teinture: tels sont, par exemple, les corps fusibles et métalliques. Car après que nous avons traité et disposé ces (substances) séparément, les matières dissipables deviennent fixes et les corps non métalliques se changent en métaux ».

(5) La matière colorante se fixe par suite de l'évaporation du liquide qui la contenait. C'est la pratique de la teinture des étoffes qu'il faut prendre comme terme de comparaison, pour entendre tout ceci.

Il est évident que ces corps étaient d'abord dissipables par l'action du feu, parce qu'ils ne rencontraient rien qui pût les fixer ; lorsqu'ils ont au contraire été amenés à une fixité complète (1), la nature indélébile de la teinture les a fait passer à l'état de métaux. Ces corps ont reçu un nom semblable, en raison de leur résistance au feu et de leur fixité. Si le corps dissipable rencontre l'agent fixateur, il acquiert une nature indélébile. Entends par là, la nature qui existe dans le Tout ; conçois celle qui subsiste jusqu'à la fin, inextractible et demeurant toujours : c'est là l'indélébile, ce qui reste à jamais inaltérable. Car les anciens connaissaient toutes les (matières) sans stabilité qui existent dans le catalogue, et leur but était de faire comprendre aux gens intelligents de quelle nature sont les matières stables et les matières instables. C'est pour cela qu'ils ont établi que toute matière appartient soit à la classe des solides, soit à celle des liquides (2).

16. Sache que cet art ne se pratique pas au moyen d'un feu (violent). Ainsi donc, ils ont écrit comme s'entretenant avec des (lecteurs) intelligents, et tel était leur but. Zosime fait un discours particulier sur le feu ; néanmoins dans chacun de ses livres il s'occupe du feu, comme tous les anciens. Le feu est le premier agent, celui de l'art tout entier ; c'est le premier des quatre éléments. En effet, le langage énigmatique des anciens, par cette expression « les quatre éléments », désigne l'art. Que ta vertu examine avec soin dans les quatre livres de Démocrite les endroits où il parle des quatre éléments, dans le langage qui convient à un naturaliste. Il s'explique (ainsi) :

Il a exposé d'abord les choses qui ont besoin du feu, et qu'il convient de traiter tantôt sur un feu doux, tantôt sur un grand feu, tantôt sur des charbons (3).

-----

(1) Ceci désigne à la fois la résistance à la volatilisation, à la fusion et même à la dissolution.

(2) On voit que la liquidité est regardée ici comme le symbole de l'aptitude à se dissiper ; et la solidité, comme celui de la fixité.

(3) Réd. de L : « Car, naturellement, toutes les choses pourvues d'esprit ont besoin les unes du feu, comme les substances métalliques, celles qui se rattachent à l'art culinaire, etc. ;

Les autres ont besoin de l'air, comme les animaux qui vivent dans l'air ;

D'autres ont besoin de l'eau, comme les poissons ;

D'autres ont besoin de la terre, comme les plantes.

Mais les espèces qui sont dans ces quatre éléments, étant mâles et femel-

Puis il parle de l'air et des choses de l'air, telles que les animaux qui vivent dans l'air.

Pareillement des choses des eaux, telles que la bile, les poissons, tout ce qui se prépare au moyen des poissons et au moyen des eaux.

De même il parle des choses de la terre, telles que le sel, les métaux et les plantes. Il sépare en classes chacun de ces êtres, d'après leurs couleurs, leurs propriétés spécifiques et génériques, tous étant susceptibles d'être mâles et femelles.

17. Sachant cela, tous les anciens voilèrent l'art sous la multiplicité des discours. De toute manière l'art a besoin de quelqu'une de ces choses ; en dehors d'elles, il n'y a rien de sûr. Démocrite le dit : rien ne pourrait subsister sans ces (éléments). Mais sache-le, sache que j'ai écrit suivant mon pouvoir ; étant faible, non seulement dans mon langage, mais encore dans mon intelligence. Et je demande que par vos prières, vous empêchiez la justice divine de s'irriter contre moi, pour avoir eu l'audace d'écrire cet ouvrage : Qu'elle me soit propice de toute manière (1).

Voici les écrits des Égyptiens, leurs poésies (2), leurs opinions, les oracles des Démons, les expositions des prophètes : une intelligence infinie est nécessaire pour embrasser ce sujet, et il tend vers un but unique.

18. Que ta sagacité sache que les anciens ont employé plusieurs noms pour l'eau divine. Cette eau divine désigne ce que l'on cherche, et ils ont caché l'objet de la recherche sous le nom d'eau divine. Je vais te donner une petite explication : écoute, toi qui es en possession de toute vertu. Car je connais le flambeau de tes pensées, ta bonté, ta patience. Je veux te présenter l'esprit des anciens ; te dire comment, étant philosophes, ils ont le langage des philosophes et ils ont appliqué la philosophie à l'art, par le moyen de la science ; ne cachant rien aux (esprits) intelligents, mais décrivant toutes choses avec clarté. En cela ils tiennent bien leur ser-

---

les, ont été distinguées entre elles par des couleurs multiples et des natures multiples et réciproques, au point de vue particulier et au point de vue général ».

La rédaction de M, traduite dans le texte principal, semble la plus ancienne ;

car elle est en relation plus directe avec l'idée de classification, qui est la base du traité démocritain.

(1) V. p. 76 note (1).

(2) Ou leurs procédés opératoires, le mot grec ayant un double sens.

ment (1). Car leurs écrits traitent de la doctrine, et non des œuvres pratiques.

Quelques-uns des philosophes naturalistes rapportent aux principes le raisonnement sur les éléments, parce que les principes sont quelque chose de plus universel que les éléments. Disons donc comment le principe premier est plus universel que les éléments. En effet, c'est à lui que se ramène tout l'ensemble de l'art. Ainsi Agathodémon ayant placé le principe dans la fin, et la fin dans le principe, il veut que ce soit le serpent Ouroboros ; et s'il parle ainsi, ce n'est pas (pour cacher la vérité) par jalousie, comme le croient certaines personnes non initiées. Mais cela est (rendu) manifeste, ô initiateur, par le mot pluriel : les œufs (2).

Vois, toi qui sais tout, et apprends ce qu'est Agathodémon. Quelques-uns racontent que c'est un ancien, un personnage des plus vieux, qui philosopha en Egypte. D'autres disent que c'est un ange mystérieux ; ou que c'est le bon génie (3) de l'Egypte. D'autres l'ont appelé le Ciel, et peut-être tient-on ce langage parce que le serpent est l'image du monde. En effet, certains hiérogrammates égyptiens, voulant retracer le monde sur les obélisques, ou l'exprimer en caractères sacrés, ont gravé le serpent Ouroboros. Or son corps est constellé d'astres. Telles sont les choses que j'ai expliquées au sujet du principe, dit Agathodémon. C'est lui qui a publié le livre de la Chimie.

Après l'avoir personnifié, cherchons maintenant comment il se fait que le principe soit plus universel que les éléments. Nous disons que ce qui est pour nous un élément, est aussi un principe ; car les quatre éléments constituent le principe premier des corps. Mais tout principe n'est pas pour cela un élément. En effet le divin (4, l'œuf (5), l'intermédiaire, les

---

(1) Réd. de A : « Ils se sont parjurés en révélant le mystère ; car les écrits des étrangers, etc. » L ajoute ici : « Et en cela ils jurent par le mystère ». L met ce membre de phrase, après les œuvres pratiques.

(2) Il s'agit ici de l'assimilation entre le serpent qui se mord la queue et l'œuf philosophique, tous deux emblèmes de l'œuvre. La pluralité sur laquelle le texte insiste semble être celle des quatre éléments.

(3) C'est la traduction du grec Ἀγαθο-δαίμων écrit en deux mots. — C'était en effet le nom grec d'une divinité égyptienne.

(4) L'auteur joue sur le mot θεῖον, qui veut dire à la fois : le soufre et le divin.

(5) L'œuf philosophique, image du monde. L donne ὄν : l'être. La confusion des deux mots est peut-être voulue.

atomes (1), sont pour certains philosophes les principes des choses ; mais ce ne sont pas des éléments (2).

19. Cherchons donc, d'après certains signes, quel est le principe de toutes choses et s'il est un ou multiple. S'il est unique, est-il immuable, infini, ou déterminé ? S'il y a plusieurs principes, les mêmes questions se posent : sont-ils immuables, déterminés, ou infinis (3) ? Qu'il y ait donc un principe unique, immuable et infini de tous les êtres, c'était l'opinion de Thalès de Milet, disant que c'était l'être (de l'eau) (4), [c'est-à-dire l'être de l'eau divine, l'or ; c'est-à-dire l'œuf (5) de l'eau divine, l'or] (6). Car celui-ci est un et immuable ; il est exempt de toute mutation apparente ; il est de plus infini : en effet le divin (7) est d'une puissance infinie, et personne ne peut en dénombrer les puissances.

20. Parménide (8) prend aussi pour principe le divin (9), dont la puissance est une, immuable, déterminée ; car celui-ci, comme on l'a dit, est un et immuable, et l'énergie qui en émane est déterminée. Observe que Thalès de Milet, considérant l'essence de Dieu, disait qu'il est infini ; car Dieu est d'une puissance infinie. Mais Parménide, (ayant en vue) les choses qui proviennent de lui, disait qu'il est déterminé (10) ; en effet, il est partout évident que, la

---

(1) Au lieu de τὰ ἄτομα (M) : A porte τὸ ἅμα : l'ensemble ; ce qui semble une faute de copiste. — L, qui représente un arrangement postérieur : τὸ ἅμα καὶ τὰ ἄτομα. C'est-à-dire que le dernier copiste a ajouté les deux versions.

(2) Voir ARISTOTE, *Physica*, l. I.

(3) Réd. de L. : « Qu'il y ait un principe immuable et infini de tous les êtres, c'était l'opinion des anciens. C'est pourquoi Thalès de Milet disait que l'être était un. Il s'agit pour nous de l'eau de soufre et de l'or : c'est un principe un, beau, immobile ».

(4) Plusieurs manuscrits portent l'œuf, ᾠόν, identifié avec l'être, ὄν, ou le monde. Voir la note (5) de la page 87. — D'après Thalès, l'eau était le principe des choses. V. *Origines de l'Alchimie*, p. 251 et suiv.

(5) Mêmes remarques.

(6) Gloses d'alchimiste. L'or, en raison de son caractère un, inaltérable, divin, et de la puissance qu'il communique, est assimilé par ces gloses au principe universel.

Tout ce texte est rendu fort confus par le symbolisme alchimique. Il est probable qu'à l'origine, il était écrit en grande partie en signes à double sens, que les copistes ont ensuite transcrits et commentés de diverses façons.

(7) Ou le soufre. — Toujours le même emploi de mots à double sens.

(8) Réd. de L : « Parménide disait qu'une puissance est immuable et infinie et qu'une autre est limitée, le divin (ou le soufre) ».

(9) Ou le soufre.

(10) Parce que toute action s'exerce dans des conditions finies et limitées.

puissance étant déterminée, ce que Dieu produit répond à une puissance finie (1). Entends (par là) les choses périssables, à l'exception des choses intellectuelles. Ces deux hommes, je veux dire le Milésien et Parménide, Aristote est d'avis de les rejeter du chœur des naturalistes (2). En effet, ce sont des théologiens s'occupant de questions étrangères aux choses naturelles, et s'attachant aux choses immuables ; tandis que toutes les choses naturelles se meuvent, car la nature est le principe du mouvement et du repos.

21. Thalès a admis l'eau comme principe déterminé des êtres, parce qu'elle est féconde et plastique. Elle est féconde, puisqu'elle donne naissance aux poissons ; et plastique, puisqu'on peut lui communiquer la forme que l'on veut. En effet tu fais prendre à l'eau la forme que tu veux : dans quelque vase qu'on la mette, elle en prend la forme ; je veux dire dans un setier, ou dans un pot de terre, ou dans un vase triangulaire ou quadrangulaire, ou enfin dans tout autre que tu voudras. Ce principe unique est mobile ; l'eau se meut en effet ; elle est déterminée et non pas éternelle (3).

22. Diogène soutint que le principe est l'air, parce qu'il est opulent et fécond : car il engendre les oiseaux. L'air, lui aussi, est plastique ; car on lui donne la forme que l'on veut ; il est un, mobile et non éternel (3).

23. Héraclite et Hippasus ont soutenu que le feu est le principe de tous les êtres, parce qu'il est l'élément actif de toutes choses. Un principe en effet doit être la source de l'activité des choses issues de lui, d'après ce que disent quelques-uns. Le feu est aussi fécond ; car tous les êtres naissent dans l'échauffement.

24. Quant à la terre, nul n'en a fait le principe, sinon Xénophane de Colophon ; comme elle n'est pas féconde, nul n'en a fait un élément. Et que celui en qui réside toute vertu (4) remarque ce fait que la terre n'a pas été considérée par les philosophes comme un élément, parce qu'elle n'est

---

(1) « Il est déterminé quant à sa puissance » L..

(2) Parménide ἀφυσικος. Cp. *Arist. fragm.*, n° 33, (éd. Didot) ; — *Métaphys.*, I, 4, p. 472, l. 30-40. — Dans le fragment aristotélique tiré de Sextus Empiricus, on nomme Mélissus et Parménide. Le texte d'Olympiodore indique

« le Milésien et Parménide », et il est la conséquence du développement qui précède.

(3) L'auteur entend plutôt : non infinie, non illimitée.

(4) Son interlocuteur. Dans A le mot « remarque » est remplacé par « Acriboulos » nom propre ?

pas féconde : le sens de cet énoncé se rapporte à notre recherche. En effet Hermès dit quelque part :

« La terre vierge se trouve dans la queue de la Vierge » (1).

25. Anaximène professe que le principe de toutes choses, un, mobile, infini, est l'air. Il parle ainsi : L'air est voisin de l'incorporel, et comme nous existons grâce à son écoulement, il faut qu'il soit infini et opulent, puisqu'il ne fait jamais défaut.

Anaximandre dit que le principe est l'intermédiaire : ce qui désigne la vapeur humide, ou la vapeur sèche (fumée). Car la vapeur humide est intermédiaire entre le feu et la terre. En général, tout ce qui est intermédiaire entre le chaud et l'humide est vapeur ; tandis que l'intermédiaire entre le chaud et le sec c'est la fumée.

26. Venons à l'opinion propre de chacun des anciens, et voyons comment chacun veut établir la sienne et se poser en chef d'école, par son point de vue personnel. En effet, çà et là quelque omission a eu lieu, par suite de la complication de notre marche.

Récapitulons donc par parties, et montrons comment nos philosophes (chimiques), empruntant à ceux-là le point de départ, ont construit leur système. Zosime, la couronne des philosophes, dont le langage a l'abondance de l'Océan, le nouveau devin, suit en général Mélissus en ce qui concerne l'art et dit que l'art est un comme Dieu. C'est ce qu'il expose en mille endroits à Théosébie ; et son langage est véridique. Voulant nous affranchir de la confusion des raisonnements et de celle de toute la matière, il nous exhorte à chercher notre refuge dans le Dieu un et il dit (2) : « Reste assis à ton foyer, ne reconnaissant qu'un seul Dieu et qu'un seul art, et ne va pas t'égarer en cherchant un autre Dieu ; car Dieu viendra à toi, lui qui est partout ; il n'est pas confiné dans le lieu le plus bas, comme le Démon. Repose ton corps, et calme tes passions ; te

---

(1) Ceci est énigmatique. L'expression de la terre vierge se retrouve plusieurs fois dans les auteurs de ce temps (*Orig. de l'Alch.*, p. 258 et 333). On la lit aussi dans Theoctonicos, au xive siècle (*Introd.*, p. 210. V. aussi la note 4 de la p. 95, plus loin). —

J'ai interprété le texte d'Hermès en disant : « Hermès associe l'idée de la terre à celle de la vierge non fécondée ».

(2) Réd. de L : « C'est pourquoi il parle en ces termes à cette femme philosophe ».

dirigeant ainsi toi-même, tu appelleras à toi l'être divin, et l'être divin viendra à toi, lui qui est partout (1). Quand tu te connaitras toi-même, alors tu connaitras aussi le seul Dieu existant en soi ; agissant ainsi tu atteindras la vérité et la nature, rejetant avec mépris la matière ».

27. De même, Chymès suit Parménide et dit : « Un est le Tout, par lequel le Tout est ; car s'il ne contenait pas le Tout, le Tout ne serait rien. »

Les Théologiens parlent sur les choses divines, comme les naturalistes sur la matière.

Agathodémon, tourné vers Anaximène, parle de l'air (2).

Anaximandre parle de l'intermédiaire, c'est-à-dire de la vapeur humide et de la fumée sèche.

Pour Agathodémon, c'est tout à fait la vapeur sublimée. Zosime le dit aussi ; et il a été suivi de préférence par la plupart de ceux qui ont fait la philosophie de notre art.

Hermès parle de la fumée, à propos de la magnésie : « Laisse-la, dit-il, brûler en face du fourneau (3), en la soumettant à l'action des écailles de *cobathia* rouges » (4). Car la fumée des cobathia, étant blanche, blanchit les corps. La fumée (5) est intermédiaire entre le chaud et le sec ; et, dans le cas présent, cette fumée est la vapeur sublimée (6) et tout ce qui en résulte. Mais la vapeur humide (7) est intermédiaire entre le chaud et l'humide ; elle désigne les vapeurs sublimées humides, celles par exemple que distillent les alambics et les appareils analogues.

28. Pour éviter une vaine phraséologie, je te ferai une transmission brève ; je t'expliquerai clairement ce qu'ont dit les anciens, ô rejeton des nobles

---

(1) Il y a là quelque réminiscence de l'extase des philosophes alexandrins.

(2) D'après L : « Regarde l'air comme l'essentiel. Anaximandre dit que l'essentiel est l'intermédiaire, etc. ».

(3) A ajoute : « sur un feu blanc ».

(4) D'après le *Lexique* (p. 10) : La fumée des cobathia, ce sont les vapeurs de l'arsenic. Le mot *cobathia* semble donc signifier le sulfure rouge d'arsenic ou un arseniosulfure (v. *Introd.*, p. 245), qui en produirait par sa sublimation en vase clos. Le grillage de ces composés développe de l'acide arsénieux, qui se volatilise, et il joue un rôle dans le blanchiment du cuivre.

(5) Καπνός.

(6) Αἰθάλη, s'applique spécialement au mercure et à l'arsenic métallique sublimé, blanchissant le cuivre comme le mercure et assimilable par là à un second mercure (*Introd.*, p. 99 et 239).

(7) Ἀτμός.

Piérides, (je veux dire) des neuf Muses, ô chef des orateurs ; car Dieu t'a
envoyé pour cela. Apprends, au moyen d'un écrit de peu de prix, à faire
les plus grandes choses (1). Car Dieu veut t'éprouver de deux côtés, par ta
piété notoire aux êtres supérieurs, et par ton habileté bienfaisante à l'égard
des êtres terrestres. Sache donc, sache, pour abréger les choses que tu
devras prescrire, comment j'ajusterai mon discours aux écrits primitifs.

Or il vous a été dit, ô vous les hommes les plus considérables, que les
anciens ont parlé des quatre éléments. Sachez en effet, que c'est au moyen
des quatre éléments que sont constitués les choses sèches et les choses
humides ; les choses chaudes et les choses froides (2), le mâle et la femelle.
Deux (éléments) se portent en haut, et deux en bas. Les deux éléments
ascendants sont le feu et l'air ; les deux éléments descendants sont la terre
et l'eau. Ainsi donc, c'est au moyen de ces quatre (éléments) qu'ils ont constitué toute la description de l'art ; ils l'y ont renfermé (3), en en garan-
tissant les lois par des serments. Connaissez vous-mêmes toutes les substances du catalogue, telles qu'elles sont constituées par le feu, l'air, l'eau et
la terre.

Mais pour que la composition se réalise exactement, demandez par vos
prières à Dieu de vous enseigner, dit Zosime ; car les hommes ne transmettent point (la science) ; les démons sont jaloux, et l'on ne trouve pas
la voie. On cherche en vain ceux qui la savent, et les écrits n'ont pas de
précision. La matière est multiple ; l'embarras se produit ; et (l'œuvre) ne
s'accomplit pas sans une grande fatigue ; il y a lutte, violence et guerre. Le
démon Ophiuchus (4) introduit la négligence dans ces choses, entravant
notre recherche, rampant de tous côtés, du dedans et du dehors, amenant
tantôt des négligences, tantôt la crainte, tantôt l'imprévu, en d'autres
occasions les afflictions et les châtiments, afin de nous faire abandonner
(l'œuvre) (5). Mais moi, je lui dirai : Qui que tu sois, ô démon, je ne te céderai
point ; mais je tiendrai bon jusqu'à ce que, ayant consommé (l'œuvre), j'aie
connu le résultat. Je ne me laisserai pas abattre, étant doué de persévérance et

---

(1) Voir la note 6 de la page 37.
(2) Voir les éléments actifs d'Aristote,
Introd., p. 247 et p. 259, 260.
(3) A L ajoutent : «dans le monde ».

(4) Constellation, envisagée ici comme
un démon ennemi.
(5) Tout ce passage met en évidence
le côté mystique de l'œuvre alchimique.

luttant, en prenant mon appui sur une vie honnête et des purifications
philosophiques. Ainsi donc, ayant recueilli les préceptes utiles des sages, je
vous les présenterai (en commençant) par le commencement, d'après les
anciens ; car votre sagacité en présence d'un langage étranger n'est pas
déroutée par les milliers d'espèces, tant liquides que solides, dont les
anciens donnent le catalogue. Parmi ces couleurs diverses, les unes sont
crues, les autres cuites ; dans la cuisson, certains corps prennent les couleurs
et d'autres s'y conservent sans changer de couleur ; tantôt ils doivent être
traités sur un feu vif, tantôt sur un feu doux : (toutes circonstances) qui
exigent une grande circonspection dans (la pratique de) l'art (1).

29. Ces choses ont été dites par moi, afin que vous sachiez que les mille
classes (de corps) que les anciens établissent doivent passer par ces diverses
opérations et par mille autres encore, tel que pulvérisations, décoctions,
décompositions diverses, à chaud et à froid, expositions à la rosée, ou en
plein air, et mille autres choses. C'est pourquoi, en raison de la multiplicité
des explications et à cause des traitements dont on ne parle pas, l'esprit
de ceux qui abordent cet art est jeté dans la confusion. Or il nous affranchit
de tout cela, le Dieu dispensateur de tous les biens.

30. Entends donc, toi dont l'esprit est inspiré, ce qu'ils ont écrit en s'a-
dressant à des Égyptiens (2) ; c'est pourquoi ils n'expliquent pas clairement
l'objet cherché. Non seulement ils ont décrit mille procédés pour faire de
l'or ; mais encore ils ont ritualisé (3) ces choses. Ils ont donné les mesures
des excavations et des intervalles et assigné les positions (4) des entrées et
des sorties de leurs temples, en considérant les quatre points cardinaux (5) ;

---

(1) Réd. de L : « Dans la cuisson ces
choses font voir les couleurs et la qualité ; car elles changent leurs couleurs
suivant le mode de fabrication sur un
feu vif, ou sur un feu doux ; vu qu'il y
a une grande circonspection à mettre
dans la (pratique de) l'art ».

(2) Accoutumés au langage des symboles et écritures sacrées.

(3) Il semble que nous ayons ici affaire
à une interprétation alchimique des hiéroglyphes et des procédés mis en

œuvre par les Égyptiens pour ériger
leurs temples et creuser leurs mines.
(V. Introd., p. 235).

(4) Orientation.

(5) Après les mots : « en considérant
les points cardinaux », L continue : « en
effet ils ont attribué à l'Ourse (nord) le
noircissement, au levant le blanchiment, au midi la coloration en violet, au
couchant le jaunissement. D'un autre
côté, ils ont attribué au levant la substance blanche, c'est-à-dire l'argent, et

attribuant le levant à la substance blanche, et le couchant à la substance jaune. Les mines d'or de l'Arsenoéton (1) (sont) à la porte orientale, c'est-à-dire que tu trouves à l'entrée du temple la subtance blanche. A Térénouthi (2), dans le temple d'Isis, à l'entrée occidentale du temple, tu trouveras du minerai jaune, après avoir creusé (à une profondeur) de trois coudées (3) et demie. A la moitié des trois coudées tu trouveras une couche noire. Après l'avoir enlevée, traite-(la) [et tu en trouveras une verte ailleurs].

Ces choses relatives aux mines d'or, inscrites sur la montagne de l'Est, et sur la montagne Libyque, ont été dites dans un sens mystérieux. Ne passe pas légèrement à côté; ce sont de grands mystères : remarque qu'ils ont été tous démontrés vrais.

31. C'est de là qu'il fait partir son opération; c'est pour cette raison qu'il a dit : « Attribuant au levant la substance blanche », c'est-à-dire, assignant à l'origine des opérations le commencement du jour, le lever du soleil sur la terre. Car le blanchiment, par rapport au jaunissement, est le véritable commencement de l'opération; lors même que celle-ci ne se fait pas en débutant de suite par là, parce que l'on attend que la décomposition ait débuté sans le (secours du) feu.

Est-ce sans raison qu'Hermès (4) a voulu faire entendre au prêtre, outre le commencement, cette circonstance qui précède le blanchiment? Écoute Apollon (5) disant : « (la terre) est traitée, étant prise dès l'aurore ». Or l'ex-

---

au couchant le jaune, c'est-à-dire l'or. En effet Hermès, s'exprime ainsi : « Les mines d'or de l'Arsenoéton sont à la porte orientale, c'est-à-dire qu'à l'entrée du temple d'Isis tu trouveras des caractères où il est question de la substance blanche; et à l'entrée occidentale du temple tu trouveras le minerai jaune; en creusant (à une profondeur) de trois coudées; à une demi-coudée, tu trouveras une couche noire ou verte. Enlève-la toi-(même) et traite-(la). Ecoute aussi Apollon disant : Que le sable soit traité, étant pris dès l'aurore. Or l'expression « dès l'aurore, etc... »

(1) Voisines d'Arsinoé ('Αρσινόη), ville d'Égypte fondée par Ptolémée Philadelphe.

(2) Denderah et son temple consacré à Hathor ?

(3) Par suite d'une erreur de lecture, on avait traduit ailleurs, « trois sources » (πηγῶν), au lieu de « trois coudées » (πηχῶν).

(4) On suit ici le texte de A : la phrase, telle que la donnent les manuscrits, est peu intelligible; mais les mots ἀλόγως et ἱερῶν se retrouvent à la page suivante.

(5) Les Oracles d'Apollon, cités plusieurs fois dans les écrits alchimiques. C'était quelque recueil analogue aux livres Sibyllins et aux *Orphica*.

pression « dès l'aurore » fait voir que le moment qui précède le lever (du soleil), est aussi celui qui précède le blanchiment et le commencement de tout l'œuvre.

Ensuite l'achèvement de tout l'œuvre (j'entends par là le jaunissement), il l'a attribué au couchant, qui est l'accomplissement du jour entier. La phrase : « à la moitié de la hauteur des trois coudées, tu trouveras une couche noire (1) », a été dite au sujet des matières sulfureuses, c'est-à-dire au sujet de notre plomb (2), celui que l'on retire des scories (espèce de peu de valeur) aussitôt après le blanchiment, au moyen de la décomposition opérée à chaud et de la fixation. (C'est ce plomb), dit-il, que les prophètes des Egyptiens, s'efforçaient d'obtenir.

32. Sache que cet énoncé des minerais est une allégorie (3). Car ils n'entendent pas parler des minerais, mais des substances.

Sur quoi nous appuyons-nous (pour dire) que le levant a été attribué au masculin, et le couchant au féminin? Il s'agit d'Adam (4). Car celui-ci, le premier de tous les hommes, est issu des quatre éléments (5). On l'appelle aussi terre vierge (6) et terre ignée, terre charnelle et terre sanglante (7). Tu trouveras ces choses dans les bibliothèques de Ptolémée. Je les ai dites pour établir relativement aux choses sacrées, qu'aucun des êtres n'a été expliqué irrationnellement par les anciens. Car le couchant est attribué à l'élément

---

(1) L. ajoute : « ou verte ».

(2) Le plomb et le soufre étaient exprimés par un même signe (*Introd.*, p. 114, planche V, 1. 12, et *Lexique*, p. 13, article Osiris).

(3) Les anciennes descriptions positives des traitements de minerais sont devenues ainsi des récits symboliques pour les alchimistes (v. p. 75).

(4) Les quatre lettres du nom d'Adam étaient prises comme exprimant les quatre points cardinaux : Ἀνατολή, Δύσις, Ἄρκτος, Μεσημβρία (voir aussi *Origines de l'Alchimie*, p. 64). Les noms d'Adam et Eve ont conservé un sens mystique chez les alchimistes latins. On lit en effet dans la *Biblioth. des Philo-*

sophes chimistes, t. IV, p. 570 et 578 (1754): « Adam : terre rouge, mercure des sages; soufre, âme, feu de nature — Ève, terre blanche, terre de vie, mercure philosophique, humide radical, esprit. » De même dans le *Lexicon Alchemiæ Rulandi* (1612), p. 324 : « Matière première (18º sens), c'est l'épouse, Ève ». On voit par là que les expressions du texte : terre vierge et terre ignée, etc. devraient être attribuées à Ève. Il y a eu quelque erreur de copiste sur ce point.

(5) L ajoute : « et Dieu lui attribue le levant ».

(6) *Orig. de l'Alch.*, p. 64 et 333.

(7) L ajoute : « A Ève, le couchant a été attribué ».

féminin. Zosime dans son livre sur l'Action (1) (dit ceci) : « Je proclame et j'appelle Hermès comme témoin véridique, lorsqu'il dit : Va-t-en auprès d'Achaab le laboureur (2) et tu apprendras que celui qui sème le blé produit le blé ». Moi aussi je dis de même que les substances sont teintes par les substances, d'après ce qui est écrit. Or le fait d'être teint ne comporte pas d'autre distinction que celle de la substance corporelle (3) et de la substance incorporelle (4) : cet art admet l'une et l'autre. Il dit que les substances corporelles sont les substances (métalliques) fusibles ; tandis que les substances incorporelles (sont) les pierres. Il désigne comme n'ayant pas le caractère de substances (5) les minerais et les matières qui n'ont pas été traitées par le feu, à cause de la nécessité de ce premier traitement (6).

Pélage dit à Pausiris : « Veux-tu que nous le jettions dans la mer, avant que les mélanges soient effectués (7) ? » Et Hermès dit : « Tu parles très bien et avec une grande exactitude ». La mer, comme le dit Zosime, c'est l'élément hermaphrodite (8).

33. (La terre) est traitée, étant prise dès l'aurore, cela veut dire étant encore imprégnée de la rosée (9). En effet le soleil levant enlève par ses rayons la rosée répandue sur la terre, pour s'en nourrir. La terre (ainsi) se trouve comme veuve et privée de son époux, ce que dit aussi Apollon. Par l'eau divine, j'entends ma rosée, l'eau aérienne (10).

---

(1) L ajoute : « à propos du catalogue ».

(2) Voir plus haut (I, xiii) cet axiome, cité dans la lettre d'Isis à Horus, p. 33 : Le laboureur y est nommé Acharantus.

(3) Par exemple les métaux.

(4) Métal oxydé ou transformé.

(5) C'est-à-dire ne possédant pas le caractère d'un être défini, homogène. L, après les minerais, continue : « Nous appelons les minerais des corps sans substance ».

(6) Traitement nécessaire pour obtenir des produits définis proprement dits, existant par eux-mêmes et séparés du mélange confus primitif, qui constituait les minerais.

(7) L ajoute : « Et celui-ci répondit » au lieu d'Hermès).

(8) Pour l'élément hermaphrodite, Cp. *Origines de l'Alchimie*, p. 64. — Tout ce langage symbolique est difficile à interpréter. Peut-être s'applique-t-il à l'action de l'eau salée sur les minerais, qu'elle transforme, en en isolant certains composés, opération comparable à une fécondation. En chimie, même aujourd'hui, on dit : la génération des composés.

(9) Réd. de L : « Les mots qu'elle soit traitée, signifient qu'elle soit prise dès l'aurore et qu'elle soit imprégnée de rosée ».

(10) C'est-à-dire produite par la condensation dans l'alambic, après réduction sous forme aérienne par la distillation.

Vois combien il y a de témoignages pour établir que cette composition a besoin d'abord de quelque liquide; afin , dit-il, que la matière ayant été corrompue garde son caractère spécifique invariable. Par les mots « ayant été corrompue », il a fait entendre qu'il faut un certain temps pour que la décomposition ait lieu. Or la décomposition ne se produit jamais sans le concours de quelque liquide (1). En effet, c'est au catalogue des liquides, dit-il, que le mystère a été confié.

34. Au sujet des minerais : « Tous les anciens s'en sont préoccupés ». Comme ils adressent leurs discours aux Egyptiens, je t'alléguerai encore leur témoignage, à cause de ton incrédulité.

35. Zosime donc, dans son livre de l'Accomplissement (2), s'adressant à Théosébie, s'exprime ainsi : « Tout le royaume d'Egypte, ô femme, est soutenu par ces trois arts (3), l'art des choses opportunes (4), l'art de la nature et l'art de traiter les minerais. C'est l'art appelé divin, c'est-à-dire l'art dogmatique pour tous ceux qui s'occupent de manipulations et de ces arts (5) honorables, que l'on appelle les quatre (arts) chimiques (6). (Cet art divin), enseignant ce qu'il faut faire, a été révélé aux prêtres seuls. En effet la manipulation naturelle du minerai appartenait aux rois; aussi lorsqu'un prêtre, ou ce qu'on appelait un sage, expliquait les choses qu'il avait reçues en héritage des anciens, ou de ses ancêtres, lors même qu'il en possédait (complètement) la connaissance, il ne la communiquait pas sans réserve : car (autrement) il était puni. De même que les artisans chargés de frapper la monnaie royale ne la frappent pas pour eux-mêmes (7), attendu

---

(1) C'est l'axiome : *Corpora non agunt nisi soluta.*

(2) *Origines de l'Alchimie*, p. 183.

(3) Var. : Deux. — Le texte grec sera publié seulement dans la 3ᵉ partie, parmi les œuvres de Zosime. Mais on a cru utile d'en reproduire ici la traduc tion, afin de donner un caractère plus complet à l'ouvrage d'Olympiodore.

(4) καιρικῶν. — Peut-être l'astrologie.

(5) Le mot art divin comprend les quatre arts chimiques. On a préféré répéter le mot art, au lieu d'adopter dans le second cas une synonymie qui altérerait le sens.

(6) C'est-à-dire des quatre livres de Démocrite : relatifs à la Chrysopée, à l'Argyropée, et peut-être à l'art des vitrifications, et à l'art de la teinture des étoffes, conformément au titre de vieux traités conservés dans les manuscrits (*Origines de l'Alchimie*, p. 123; — le présent volume, p. 61, note 1).

(7) Réd. de L : « les artisans chargés de frapper les monnaies royales et qui les altèrent secrètement pour eux-mêmes ».

qu'ils seraient châtiés (1). De même aussi, sous les rois d'Egypte, les artisans préposés aux opérations faites par la voie du feu, ainsi que ceux qui avaient la connaissance du lavage du minerai et de la suite des opérations, ne travaillaient pas pour eux-mêmes ; mais ils étaient chargés d'accroître les trésors royaux. Ils avaient des chefs particuliers, préposés aux richesses du roi (2), et des directeurs généraux, qui exerçaient une autorité tyrannique sur le travail du minerai par le feu. C'était une loi chez les Égyptiens que personne ne divulguât ces choses par écrit.

« Quelques-uns reprochent à Démocrite et aux anciens de n'avoir pas fait mention de ces arts dans des termes appropriés, mais d'avoir exposé seulement ceux dont on parle publiquement (3). Il est injuste de le leur reprocher ; car ils ne pouvaient faire autrement. Etant amis des rois d'Egypte, et s'honorant d'occuper les premiers rangs en dignité parmi les prophètes, comment auraient-ils pu révéler au public des connaissances contraires aux (intérêts des) rois et donner à d'autres le pouvoir dominateur de la richesse ? Quand même ils l'auraient pu, ils ne l'auraient pas fait ; car ils étaient jaloux (de leur science). Les Juifs seuls parvinrent à en connaître la pratique, ainsi qu'à décrire et à exposer ces choses clandestinement. Voilà comment nous trouvons que Théophile, fils de Théogène, a parlé de toute la description topographique des mines d'or ; il en est de même de la description des fourneaux par Marie et des écrits des autres Juifs. »

36. Synésius s'adressant à Dioscorus parle du mercure (et) de la vapeur sublimée étésienne (4) et dit que tous les anciens savent que ce sublimé est blanc et volatil, et sans substance propre. Il s'unit à tous les corps fusibles ; il les attire en lui-même, comme l'expérience l'a enseigné ; l'auteur s'exprime ainsi : « Si tu veux savoir exactement les choses, etc. » — (Olympiodore

---

(1) « Car ils étaient châtiés s'ils le faisaient. » L. (Cp. *Origines de l'Alchimie*, p. 23, et *Diodore de Sicile*, l. iv, v. la note de la p. 76).

(2) *Origines de l'Alchimie*, p. 23.

(3) « Les arts principaux et honorables. » L. — Dans les livres hermétiques, promenés en procession, suivant la description de Clément d'Alexandrie, les traités relatifs aux métaux et aux industries chimiques ne sont pas mentionnés (*Origines de l'Alchimie*, p. 40 et 44). Même de nos jours, les industriels cherchent toujours à tenir leurs procédés secrets.

(4) Pierre étésienne ou chrysolithe (pierre d'or) : d'après le *Lexique*, p. 7. C'est la cadmie, qui sert à faire le laiton.

reproduit ici le passage de Synésius, donné de la p. 66 jusqu'à la p. 68).
— « Voilà pourquoi Pébéchius disait qu'il possède une puissante affinité. »

37. Que pouvons-nous entendre de plus? C'est que le mercure travaillé devient matière réceptive, échangeant sa substance contre celle de tout corps (métallique) fusible. Privé de nature propre, il devient volatil (1).

De même aussi notre magnésie, ou l'antimoine (sulfuré), ou les pyrites, ou les minerais, ou enfin, tous les corps métalliques que l'on peut nommer, transformés au moyen de l'huile de natron (2), soit dans le récipient à digestion spontanée (3), soit par l'action du soufflet (4), soit par un autre appareil, de quelque nom que tu veuilles l'appeler ; — je dis transformés conformément à leur aptitude naturelle, — sont réduits à l'état de cendres (5). En effet, le corps réceptif par excellence, celui qui est appelé parmi eux le plomb noir, celui qu'ont désiré connaître les prophètes des Égyptiens, celui que les oracles des Démons ont révélé, ce sont les scories et les cendres de Marie (6). Car ils savent que ces choses existent dès le principe. C'est pour cela qu'il y a coloration en noir et dans (le cours de) l'opération, décoloration, c'est-à-dire blanchiment ; car le mot blanchiment ne signifie pas autre chose que le fait de décolorer, par privation du noir. Vois l'exactitude de tout ceci, ô sage. Car tu possèdes ici le fruit de tout le labeur du captif ; tu possèdes ici ce que l'on cherche depuis des siècles : je sais la persévérance de ta sagesse.

38. Telle est la clef du discours, et le résumé de l'art dans son ensemble. Ne passe légèrement à côté d'aucune de ces choses ; car cette clef t'ouvrira les portes de la théorie et de la pratique ; tu as appris que les scories sont le mystère tout entier. Tous (les philosophes) sont suspendus et attentifs à ces (scories) ; des milliers d'énigmes s'y rapportent ; des livres en aussi grand

---

(1) L'auteur parle ici du mercure des philosophes, qui constitue la matière première de toute fluidité métallique, privée de substance propre, mais susceptible d'être associée aux diverses substances métalliques.

(2) Substance mal connue.

(3) M : αὐτοματαρείῳ — Dans A il s'agit du *botarion* (v. p. 65 ; v. surtout le *motarion*, p. 112).

(4) C'est-à-dire en chauffant dans un fourneau, avec le concours du soufflet.

(5) C'est la transformation des minérais métalliques en oxydes ou corps analogues, par grillage, ou après dissolution.

(6) Réd. de L : « les scories et les cendres. Et Marie a su que c'est le plomb lui-même, dès le principe » (v. p. 101).

nombre y font allusion; c'est le fondement du blanchiment et du jaunissement. En effet, il y a deux couleurs extrêmes : le blanc et le noir; le blanc est séparatif, et le noir compréhensif. Zosime faisant allusion à cette couleur, dit : « Elle entoure la pupille de l'œil (1), ainsi que l'arc en ciel. » Les gens sans intelligence ne saisissent pas ce que c'est que le séparatif et le compréhensif. Or le compréhensif, ainsi que ce qu'il comprend, est tiré des corps (métalliques) eux-mêmes. C'est ainsi que de l'essence liquide (2), on extrait la nature intime du plomb, comme le dit aussi le divin Zosime; et il s'appuie sur toute vérité et connaissance venant de Dieu. Cette nature intime, dis-je, c'est-à-dire cette âme (du plomb), cessant de manifester en elle-même le monde invisible, se manifeste dans un autre corps (métallique), celui de l'argent; et dans l'argent elle manifeste le sang rouge, c'est-à-dire l'or.

39. O mon ami, toi qui es généreux, institue ton discours pour ma justification, employant les moyens de défense que te suggère ton honnêteté; que ta douceur et ta patience, en présence de la négligence et du désordre de cette étude, ne s'en prenne pas au sujet de l'étude elle-même, mais à la négligence de la forme.

Ainsi le blanc est séparatif; car le blanc ne s'appelle pas à proprement parler une couleur. En effet toute couleur comprend et distingue (certaines variétés) : ainsi le noir est une couleur véritable, puisqu'il y a plusieurs variétés de noir (3). Lorsqu'ils discourent sur les couleurs, l'esprit des non-initiés tombe dans la confusion; mais nous, ne nous écartons pas du bon sens. Les anciens savent que le plomb est noir. Or le plomb possède l'essence liquide; remarque l'exactitude de ce que nous disions plus haut de l'âme attirée par l'essence liquide. Car par sa pesanteur celle-ci tend à descendre et attire tout à soi. Voici que tous les mystères t'ont été divulgués.

40. Il faut d'abord apporter quelques témoignages, puis revenir à notre

---

(1) L : « Ou pour mieux dire les trois couleurs de l'œil. »

(2) C'est-à-dire de la liquidité, envisagée comme substance ou élément; ou plutôt comme matière première des métaux (note 4 de la p. 103). — Ce paragraphe est un mélange de subtilités et d'allégories dont le sens est parfois difficile à pénétrer.

(3) Réd. de L : « mais la couleur noire est seule une couleur à proprement parler et il y a plusieurs variétés de noir; car la couleur noire est la source de toutes les autres couleurs. C'est pourquoi discourant, » etc.

opinion. Marie suppose que le plomb est noir dès le principe, et elle dit : « Si notre plomb noir est fabriqué, voici dans quel sens; car le plomb commun est noir dès le principe » (1). Ainsi elle ne parle pas du plomb commun, mais du (plomb) produit par l'art.

Or « comment est-il produit ? » dit Marie. « Si tu ne rends pas les substances corporelles incorporelles et si tu ne rends pas incorporelles les substances corporelles (2), et si des deux (corps) tu n'en fais pas un seul, aucun des (résultats) attendus ne se produira » (3).

Et ailleurs : « Si tous les corps métalliques ne sont pas divisés par l'action du feu, et si la vapeur sublimée, réduite en esprit, ne s'élève pas, rien ne sera mené à terme. »

Et ailleurs encore : « Le molybdochalque est la pierre étésienne (4). Toutes les (substances) fondues et coulées ensemble, (il) les change en or par l'action ignée. En puissance, il a la vertu de cuire les choses crues et de doubler les choses cuites (5). Mais si tu réussis à blanchir ou à jaunir, ce ne sera plus seulement en puissance, mais en acte. Voici ce que j'affirme, dit Marie : le molybdochalque existe par l'effet du traitement. »

Il s'agit du traitement des deux scories (6) et la doctrine est la suivante.

---

(1) Ceci semble indiquer une distinction entre le métal factice et le métal naturel ; distinction que l'on retrouve souvent chez les anciens; par exemple pour le mercure (Pline, *H. N.*, l. XXXIII, 32-42. — *Introd.*, p. 257).

(2) C'est-à-dire : si tu ne transformes pas les métaux, en leur ôtant leur état métallique, et si tu ne les régénères pas dans cet état, avec des propriétés nouvelles, en réunissant plusieurs métaux en un seul. C'est ce que nous appelons un alliage; mais il était assimilé aux métaux véritables.

(3) Au-dessus du premier mot « corporelles » dans M., une main du xv⁰ siècle a écrit « comment ? » ce qui a passé dans le texte de L sous la forme suivante : « comment cela peut-il arriver ? » Au-dessus du mot « deux » la même main a écrit dans M : « comment ? »

(4) Appelée aussi pierre d'or, dans le Lexique, p. 7 (v. la note 1 de la page 98).

(5) C'est la *diplosis*, ou art de doubler le poids de l'or et de l'argent, par l'addition de la cadmie.

(6) Ceci paraît vouloir dire que l'on réduit ensemble la pyrite de cuivre et le sulfure de plomb (ou d'antimoine), préalablement scorifiés, c'est-à-dire grillés par voie sèche, ou désagrégés par voie humide, ou sublimés sous forme de cadmies. Leur réduction simultanée fournit le molybdochalque, alliage des deux métaux, que l'on peut ensuite associer par fusion à l'or ou à l'argent pour en opérer la diplosis. Tout ce passage éclaircit ce qui précède, relativement au mystère des scories (p. 99).

Traite par le vinaigre la pierre étésienne, ou la pierre phrygienne; trempe (la) d'abord dans la liqueur, puis après l'avoir ramollie, broie-la et conserve.

Démocrite disait : « de l'antimoine (sulfuré) et de la litharge (1), retire le plomb », et il observe : « Je ne parle pas dans le sens propre, de peur que tu ne t'égares ; mais il s'agit de notre (plomb) noir » (2). Agathodémon, au moyen de notre plomb, fait les affinages ; il prépare une liqueur noire avec le plomb et les eaux (chimiques), liqueur destinée à désagréger l'or.

En général, ils préparent du plomb noir ; car, ainsi que je l'ai dit, si le plomb commun est noir dès le principe, le nôtre est noir par fabrication, ne l'étant pas d'abord.

41. L'expérience nous servira de maître et je m'efforcerai de nouveau d'expliquer la question par des démonstrations véridiques, en revenant à notre premier sujet. L'asèm ne devient pas or de lui-même, comme on le dit ; et il ne le deviendrait pas, sans le secours de notre œuvre.

Il n'est pas juste de déprécier les anciens ; car « la lettre tue, mais l'esprit vivifie ». Ce mot adressé par le Seigneur à ceux qui l'interrogeaient sans réflexion, s'applique à tout ce qu'ont dit les anciens qui se sont occupés de ces matières. Celui qui connaît l'art caché de la chimie, leur dit (3) : « Comment dois-je entendre maintenant la transmutation ? Comment l'eau et le feu, ennemis et contraires l'un à l'autre, opposés par nature, se sont-ils réunis dans le même (corps), par concorde et amitié ? etc. O l'incroyable mélange ! D'où vient cette amitié inattendue entre des ennemis ? » (4).

---

(1) Ceci montre que l'antimoine était assimilé au plomb (*Introd.*, p. 224, 238 et *Lexique*, p. 11).

(2) La tradition d'après laquelle le plomb jouait un rôle fondamental dans la transmutation, se retrouve chez les alchimistes du moyen âge, comme un souvenir des alchimistes grecs, qu'ils ne connaissaient pas directement. Ainsi on lit dans la *Bibl. Chem.* de Manget, t. I, p. 917. « Pythagore dit que tout le secret est dans le plomb. Hermés dit aussi qu'il existe dans Saturne (c'est-à-dire dans le plomb), joint aux natures complémentaires, la terre, l'eau, l'air et le feu. » Au lieu de la tétrasomie métallique, il parle ici des quatre éléments antiques.

(3) A ceux qui l'interrogent.

(4) Tout ce passage montre combien les phénomènes chimiques avaient excité l'admiration des premiers observateurs et revêtu dans leur esprit et dans leurs écrits une forme poétique. C'est le premier germe des poèmes alchimiques.

42. Ici encore les oracles d'Apollon déclarent la vérité, car ils parlent du tombeau d'Osiris (1). Or qu'est-ce que le tombeau d'Osiris? C'est un mort lié et entouré de bandelettes, n'ayant que le visage découvert (2). L'oracle dit, en désignant Osiris : « Osiris, c'est le tombeau étroitement resserré, cachant tous les membres d'Osiris et ne laissant voir aux mortels que son seul visage. Mais en cachant les corps, la nature a voulu exciter notre étonnement. Car Osiris (3) est le principe de toute liquidité (4) ; c'est lui qui opère la fixation dans les sphères du feu. C'est ainsi qu'il lie et resserre le Tout (5) du plomb, etc. »

43. Un autre oracle du même Dieu s'exprime ainsi : « Prends le chrysolithe, celui que l'on nomme le mâle de la chrysocolle (6), c'est-à-dire l'homme destiné à la combinaison. Ce sont ses gouttes (7) qui enfantent l'or de la terre Éthiopienne. Là une espèce de fourmi extrait l'or, le porte au jour et en jouit (8). Mets avec lui la femme de vapeur, jusqu'à ce qu'il soit transformé (9) : c'est l'eau divine, amère (10) et styptique (11), celle que l'on appelle la liqueur de Chypre et la liqueur de l'Egyptienne aux tresses d'or (12). Avec ce (produit), enduis les feuilles de la déesse lumineuse (13),

---

(1) *Origines de l'Alchimie*, p. 32.

(2) Momie dans sa gaine.

(3) Ce mot était traduit par soufre et plomb, dans le langage chimique. *Lexique*, p. 13.

(4) D'après les idées mystiques exposées ici, il semble que le plomb, métal fusible, ait été regardé à l'origine comme le support de la liquidité métallique et la matière première des métaux (v. p. 102, note 2) ; attributions qui ont passé depuis au mercure, dont la découverte est plus récente. C'est ainsi que le plomb paraît à l'origine avoir joué dans la dorure le rôle attribué plus tard au mercure (*Introd.*, p. 58).

(5) C'est-à-dire le molybdochalque.

(6) Chrysolithe est masculin, chrysocolle féminin.

(7) Le liquide résultant des traitements ignés (v. p. 101).

(8) *Origines de l'Alchimie*, p. 193.

(9) L'homme exprime ici le minerai primitif ; la femme de vapeur signifie l'eau divine, distillée.

(10) Réd. de L. Après l'eau divine : « elle est amère ; on l'appelle aussi l'espèce styptique, l'*ios* de Chypre, l'Égyptien aux tresses d'or, et le suc ».

(11) Dans le Papyrus de Leide, cette eau divine est un polysulfure, capable de colorer les métaux par voie humide et de dissoudre l'or par voie sèche (*Introd.*, p. 68).

(12) Hathor ou Cypris, c'est-à-dire le cuivre. Tout ce langage offre l'obscurité des oracles ; mais on entrevoit le sens des allusions. Il existait un livre alchimique désigné sous le nom d'« Oracles d'Apollon » (p. 94, note 5).

(13) C'est le synonyme d'Aphrodite, c'est-à-dire du cuivre (*Introd.*, p. 104, planche I, l. 6).

celles de Cypris la blonde, et fais fondre, en comprenant l'or dans ton invocation. »

A son tour, Petasius le philosophe, parlant du principe de l'œuvre, s'accorde
avec ce qui a été déjà exposé au sujet de notre plomb et dit : « La sphère de
feu est retenue et enserrée par celle du plomb » (1). Et le même, se faisant
son propre commentateur, ajoute : « Cela veut dire à partir du produit qui
vient de l'eau mâle » (2). Or c'est l'eau mâle qu'il a appelée la sphère de feu (3).
Il a dit (aussi) que le plomb est tellement possédé du démon (4) et livré à
l'impudence, que ceux qui veulent apprendre (la science) tombent dans la
folie, à cause de (leur) ignorance (de ses propriétés).

44. Voici ce qui a été dit dès le début au sujet des éléments, ce qui est proclamé ici. J'ai dit que le plomb est l'œuf (philosophique), composé des
quatre éléments ; Zosime l'expose aussi quelque part. Or le Tout (5) aboutit au
plomb. En effet, quelle que soit l'espèce qu'ils comprennent dans le catalogue, ils entendent par là l'ensemble : « les quatre sont un » dit Marie. Si
tu entends parler des minerais, comprends par là les espèces (métalliques) ;
et si tu entends parler des espèces, comprends les minerais. En effet, les
quatre corps forment la tétrasomie.

C'est au sujet de cette tétrasomie que Zosime dit : « Ensuite la malheu-
reuse (6), tombée et enchaînée dans le corps (métallique) du quadruple élément,
subit aussitôt les colorations voulues par celui qui l'assujettit au moyen de
l'art : telles que la coloration noire, ou la blanche, ou la jaune. Ensuite,
ayant reçu les couleurs et, parvenue peu à peu à l'adolescence, elle atteint
la vieillesse et finit dans le corps à quadruple élément : [ce qui signifie (l'en-

----

(1) L : « par le travail du plomb ».

(2) Il y a ici un jeu de mots, le même
terme signifiant mâle et arsenic.

(3) S'agit-il ici de la teinture en jaune
du plomb (ou des alliages fusibles confondus sous ce nom) par la vapeur des
sulfures d'arsenic, dans les instruments
à kérotakis des fig. 20, 21, 22, etc. ; ou
peut-être même par ces sulfures fondus
dans une certaine région des appareils ?
(v. *Introd.*, p. 144 et suiv.)

(4) Allusion allégorique à la difficulté

d'opérer les colorations et transmutations prétendues du plomb.

(5) Ce mot signifie à la fois l'ensemble
des quatre éléments, la composition
complète et le molybdochalque (*Introd.*,
p. 153).

(6) Allégorie relative à la matière métallique, envisagée en général, et aux
transformations et colorations qui l'in-
corporent dans les alliages métalliques,
jusqu'à transmutation totale.

semble constitué par) le cuivre, le fer, l'étain et le plomb (1)]. Elle finit avec
eux dans l'opération de l'iosis, comme détruite par ces (métaux) et surtout
ne pouvant plus s'échapper; [c'est-à-dire entrelacée avec eux et ne pouvant
s'en échapper (2)]. Et de nouveau elle se retourne avec eux, retenant lié avec
elle celui qui la poursuit du dehors, au sein de l'appareil circulaire » (3).
Or qu'est-ce que l'appareil circulaire? si ce n'est le feu et la cause de l'évaporation sans issue, opérée dans la fiole sphérique. De même que, dans la
maladie le premier sang étant corrompu, il se forme un nouveau sang dans
le rétablissement (de la santé); de même il manifeste dans l'argent le (nouveau)
sang couleur fauve, c'est-à-dire l'or.

45. Tels sont tous les témoignages. Autant que possible, je les ai résu-
més, les tirant de beaucoup de discours; non que nous manquions de
papier (4); en effet quelle quantité de papier suffirait pour exposer les puissances si vastes de l'art? Lors même que je préparerais un papier aussi étendu
que le ciel, je ne pourrais développer ici qu'une petite partie de ce qui concerne
la matière rendue corporelle. En cela, notre art ressemble à l'intelligence
parfaite et ineffable. C'est pourquoi nous devons nous exercer, selon le
divin Démocrite [c'est là une comparaison (5)], disant : « C'est pourquoi nous devons nous exercer et avoir une intelligence ouverte et per-
çante. » Zosime dit aussi : « Si tu es exercé, tu possèdes le fruit de tes
exercices ; en effet l'art demande de l'intelligence, et se développe par
elle. »

46. Vois comment toutes choses te sont devenues faciles à comprendre.
Après avoir recueilli ce qui a été dit dès le principe, j'ai fait un choix de
tout ce qui t'a été présenté (6).

Ce fait qu'ils ont parlé des substances liquides et sèches, induit les lecteurs
en erreur. En effet le mot liquidité a un double sens. Tantôt il s'agit d'un
liquide proprement dit, tel que l'eau ; tantôt on nomme liquidité, comme

---

(1) Glose.

(2) Glose.

(3) Ce langage allégorique répond à la
circulation des vapeurs opérées dans le
κακκάβος (*Introd.*, p. 145). C'est ce qu'explique d'ailleurs la phrase suivante.

(4) L ajoute : « afin de ne pas te paraître fatigant ».

(5) Glose omise dans L.

(6) L ajoute : « je te l'ai exposé, suivant mon pouvoir et mon goût ».

parmi les artisans, la qualité onctueuse des pierres (1). Or, il est impossible d'exprimer deux choses contraires par un seul (mot).

Ici s'applique vraiment la parole de Petasius le philosophe, disant que « le plomb est tellement possédé du démon (2) et présompteux, que ceux qui veulent apprendre tombent dans la folie et perdent l'esprit ». Mon cher ami, éclaire-moi sur les choses obscures. Il faut que tout mensonge disparaisse. Car les philosophes, ces modèles de générosité (3), connaissent toute vérité. J'ai besoin de pardon, car il est possible que vous ayez à corriger mes erreurs ; tandis qu'elles deviendront un voile pour ceux à qui il ne nous est pas permis de faire la révélation (4.

47. On (5 attribue au plomb les deux qualités contraires, attendu qu'il donne à la fois la sensation d'un corps liquide et celle d'un corps sec. Il possède trois propriétés en lui-même, il est blanc, jaune et noir (6) ; et il est aussi liquide (7). Voici qu'il se produit aussi (avec le plomb) quatre couleurs différentes du jaune (8). Le plomb comporte encore deux traitements. C'est à bon droit que (Petasius) fait reposer l'art sur lui ; mais c'est à tort qu'on lui adjuge le caractère théâtral et éclatant (9), le même en vérité qu'à la (pierre) astérie (10). C'est à cause d'une semblable nature, que la plupart des

---

(1) La notion de l'eau répond en effet à des sens multiples, chez les alchimistes et chez les philosophes anciens (Cp. *Orig. de l'Alch.*, p. 268). Citons encore, pour jeter quelque lumière sur ces opinions subtiles, celle d'Albert le Grand, *de Mineralibus*, liv. III, ch. 2; ch. 5, tr. 2 : « Dans les métaux, il y a deux humidités onctueuses, l'une extérieure, subtile et inflammable ; l'autre interne, retenue au fond du métal, et qui ne peut être ni brûlée, ni rendue combustible ; telle est celle des matières vitrifiables. » *Bibl. Chem.* de Manget, t. I, p. 936. Cette théorie semble voisine de celle d'Olympiodore.

(2) L ajoute : « et impur ».

(3) D'après L : « car les philosophes savent être des modèles de générosité dans le domaine des choses vraies ».

(4) Voir la note 1 de la p. 76.

(5) L : « Petasius attribue... »

(6) C'est-à-dire qu'il possède de lui-même chacune de ces trois couleurs, ou produit des composés qui les possèdent : Par exemple la céruse, blanche ; la litharge, jaune ; le sulfure de plomb, noir.

(7) Voir la note 4 de la page 103.

(8) Tels sont les oxydes et autres composés blancs (céruse), noirs (sulfure), rouge (minium), puce (bioxyde), et d'autres teintes encore, qui dérivent du plomb.

(9) Ce verbiage signifie peut-être que le plomb ne produit pas de composés doués de couleur éclatante.

(10) Pierre précieuse blanche, brillante et à reflet intérieur. Pline, *H. N.*, l. XXXVII, 47, distingue l'*asteria*

anciens placent l'art dans le plomb. Zosime le dit ainsi : « Le Tout aboutit au plomb. » Et ailleurs : « Le plomb, c'est notre magnésie ; il est liquide par nature. » En outre la scorie du plomb ressemble à la scorie produite par la fonte du minerai aurifère (1). C'est surtout pour cette raison, qu'on fait résider l'art dans le plomb.

48. Ainsi le corps (métallique) de la scorie, regardé par tous comme un produit sans application, vil et méprisé (2), mérite au contraire les éloges qui viennent de lui être décernés. On doit penser (à ce sujet) comme tous les anciens, lui rendre sa gloire et le traiter par l'art. « Ne sois pas intimidé par ton inexpérience, dit Zosime, et lorsque tu verras que tout est devenu cendre, comprends alors que tout va bien » (3). Pulvérise donc cette scorie et épuise-la de sa partie soluble, lave-la six ou sept fois dans des eaux édulcorées (4), après chaque fonte. Ces fontes ont lieu en raison de la richesse du minerai. En suivant cette marche et ce lavage, dit Marie, la composition s'adoucit.

Tout l'art repose sur les éléments ; car après la fin de l'iosis, une projection ayant lieu, le jaunissement stable des liquides se produit. En faisant cela, tu fais sortir au dehors la nature cachée à l'intérieur (5). En effet, transforme leur nature, et tu trouveras ce que tu cherches.

C'est là, pour nous, un sujet inépuisable : tant il est difficile de louer dans une mesure suffisante la gloire de l'art ; c'est donc par respect pour notre propre sujet que nous mettons un terme à notre discours.

Il fait aussi allusion à la demeure des âmes des philosophes et dit : « Il y avait une demeure sphéroïde, ou ovoïde (6), regardant le couchant, côté où elle avait son entrée ; elle était en forme de spirale. » Tu en trouveras la description dans le discours rappelé plus haut.

---

l'astrion, l'astroïtes et l'astrobolon ; congénères de la ceraunia et de l'iris. On attribuait à plusieurs de ces pierres à reflet des propriétés magiques.

(1) La coupellation, qui sert à purifier l'or, s'accomplit au moyen de la litharge.

(2) Voir la note 6 de la p. 37.

(3) Le texte grec des dix lignes qui suivent sera donné dans les œuvres de Zosime, III, XLVI, 2.

(4) Allusion au goût sucré des sels de plomb ?

(5) C'est-à-dire : tu développes une matière colorante, qui ne préexistait pas sous forme sensible.

(6) Œuf philosophique.

49. On rapporte encore l'art au soleil et à la lune ; or le soleil préside au levant, et la lune au couchant. On apporte comme démonstrations plausibles sur ces choses, ce qui a été dit du minerai, c'est-à-dire des substances que l'on en tire (1).

Quelques-uns font macérer les substances sulfureuses (2) : quand arrive le mois de pharmouthi (3), ils placent chacune des espèces dans une étoffe (4) de lin solide et d'un tissu serré. Ils les font bouillir dans de l'eau de mer (5), rejetant le bouillon produit et laissant de nouveau baigner dans de l'eau de mer. Ils ne connaissent pas à simple vue le résultat, mais par les (signes) dont parle Hermès en plusieurs endroits (lorsqu'il dit) : « Fais bouillir dans une étoffe de lin solide. »

Lui-même a dit de faire bouillir la plante (6), et (cela) avec raison : « en effet elle prend de l'accroissement ». Cet accroissement n'est pas une chose vaine, car les plantes croissent pour la nourriture et la production des semences.

Un grand nombre d'anciens ont mentionné les ébullitions. Marie et Démocrite (ont dit) : « Lave et relave, jusqu'à ce que l'antimoine ait perdu sa couleur noire » (7). Par ce lavage, ils veulent faire entendre le blanchiment, ainsi qu'il a été dit plus haut.

50. En s'occupant maintenant de la substance jaune, ils font le catalogue des espèces jaunes. C'est pourquoi l'on dit : « Il y a deux blanchiments, et deux jaunissements ; il y a deux compositions, l'une sèche, l'autre liquide » (8) ; c'est-à-dire que dans le catalogue du jaune, tu trouveras des plantes et des

---

(1) Le soleil, c'est l'or ; la lune, c'est l'argent : métaux que l'on extrait des minerais.

(2) Pyrites. Leur traitement jouait un grand rôle dans les pratiques des alchimistes.

(3) Avril, M. d'après une addition du xv° siècle.

(4) L. ajoute « blanche ».

(5) Traitement des sulfures métalliques par une solution de sel marin.

(6) S'agit-il ici du gonflement et de l'exfoliation de la pyrite soumise à l'action de l'air et de l'humidité, phénomènes assimilés à l'accroissement d'une plante ?

(7) Le sulfure d'antimoine peut être changé par là en oxychlorure.

(8) Rappelons ici que les recettes du Papyrus de Leide se rapportent à deux catégories, savoir : d'une part, par voie sèche, les argentures ou dorures, ainsi que les alliages couleur d'or ou d'argent ; et, d'autre part, par voie humide, les vernis jaunes ou blancs, ainsi que les couleurs d'amalgamation, appliqués à la surface des métaux (*Introd.*, p. 57 et 60).

minéraux. Tu trouveras aussi deux liqueurs : l'une dans le chapitre du jaune, et l'autre dans celui du blanc.

Dans le chapitre des liqueurs jaunes (1), figurent les produits obtenus avec les plantes jaunes, telles que le safran, la chélidoine et autres semblables.

Dans la liste des compositions blanches, et parmi les matières sèches, sont toutes les (substances) blanches, telles que la terre de Crète (la craie) (2), la terre de Cimole et autres analogues.

Dans le chapitre des liqueurs blanches, sont toutes les eaux blanches, telles que la bière, les sèves, les sucs propres des plantes.

Rangeant toutes ces choses parmi les couleurs, ils y ont appliqué leurs soins. Jugez-en vous-mêmes, gens intelligents, après vous être préalablement exercés en ces (matières). Quant à nous autres, dédaignant toutes ces choses, suivant Démocrite, « nous connaissons les diversités de la matière et nous allons au plus utile ».

Vois dans le traité de l'Action, au second livre, ce que dit Zosime au sujet du blanchiment : « Il y a deux blanchiments, comme aussi deux jaunissements, l'un par délaiement (3), et l'autre par cuisson. Voici comment on opère par délaiement : l'opération n'a pas lieu simplement, mais elle s'accomplit dans une demeure consacrée. A l'extérieur de cette demeure sacrée, distribués pareillement dans tous les sens, sont disposés à l'entour des pièces d'eau et des jardins, afin que le zéphir en soufflant (ne dessèche pas) la poussière et ne l'enlève pas hors du mortier. » C'est ainsi qu'il a parlé, en termes mystiques, du lieu de la pulvérisation. « Et vous-mêmes, gens intelligents, distinguez « le centre de la demeure » ; ainsi que le sens de ces mots : « les pièces d'eau et les jardins ».

51. Hermès suppose que l'homme est un petit monde (microcosme), lorsqu'il dit : « Tout ce que possède le grand monde, l'homme aussi le possède. Le grand monde a des animaux (4) terrestres et aquatiques ; l'homme a aussi des puces et des poux, en fait d'animaux terrestres, et des helminthes,

---

(1) Il manque, pour la symétrie, les matières jaunes sèches.

(2) Toute terre ou argile blanche était appelée de ce nom.

(3) Délaiement précédé d'une pulvérisation.

(4) AL : « petits et grands ».

en fait d'animaux aquatiques. Le grand monde a des fleuves, des fontaines, des mers; et l'homme a des intestins (1). Le grand monde a les animaux aériens, et l'homme a les cousins (2). Le grand monde a les souffles partout répandus, tels que les vents (3) ; et l'homme a les flatuosités (4). Le grand monde a le soleil et la lune (5); l'homme a ses deux yeux, et l'on consacre l'œil droit au soleil, et l'œil gauche à la lune. Le grand monde a des montagnes et des collines, et l'homme a des os (6). Le grand monde a le ciel (7) ; l'homme a la tête (8). Le grand monde a les douze signes du Zodiaque (9), savoir : le Bélier, le Taureau, les Gémeaux, le Cancer, le Lion, la Vierge, la Balance, le Scorpion, le Sagittaire, le Capricorne, le Verseau et les Poissons. L'homme a ces choses depuis la tête, c'est-à-dire depuis le Bélier, jusqu'aux pieds, qui répondent aux Poissons.

C'est là ce que les anciens expriment, en disant que l'homme est l'image du monde; ce que rapporte Zosime dans son livre de la Vertu. De même la terre est l'image du monde.

52. Ne pouvons-nous pas aussi délayer l'homme et en faire des projections ? dit le philosophe, s'adressant à Zosime. Or celui-ci dit : « Nous avons prouvé que cet œuf (philosophique) est la reproduction de l'univers. » Hermès, aussi, faisant entendre par énigme l'œuf dans la pyramide (10), disait que l'œuf était à proprement parler la substance de la chrysocolle et de l'argent (11). L'œuf est appelé le monde à la chevelure d'or; et Hermès désigne le coq (12) comme étant un homme maudit par le soleil. Voilà ce

---

(1) A ajoute : « des veines et des varices (?) ».

(2) AL ajoute : « les moucherons, etc. ».

(3) AL ajoutent : « les tonnerres et les éclairs ».

(4) AL ajoutent : « les ventosités, les maladies, les accidents, etc. ».

(5) AL, après le mot monde, ajoute : « a deux flambeaux ».

(6) AL : « et de la chair ».

(7) AL ajoutent : « et les astres ».

(8) A : « et les oreilles ».

(9) L'énumération de ces douze signes n'existe pas dans M. — Elle est tirée de AL. — Cette description répond exactement à la figure astrologique du folio 1 du ms. 2419 et aux développements traduits dans l'*Introd.*, p. 205.

(10) Dans le livre des Kyranides, A K. Cp. *Origines de l'Alchimie*, p. 47.

(11) C'est-à-dire la conjonction des métaux dans une même composition, susceptible d'engendrer l'or.

(12) Dans la *Bibl. des Philosophes chimiques*, t. IV, p. 575, on lit : « le coq pris pour le symbole de la chaleur naturelle, attachée à Mercure, qui la lui transmet du ciel astral, dès la pointe du crépusculaire de l'aurore matinale ». Est-ce le même symbole ?

qu'il dit dans le livre antique (1). C'est là qu'il fait mention de la taupe, disant que cet animal avait aussi été un homme ; il avait été maudit de Dieu, pour avoir révélé les mystères du soleil (2) et (Dieu) l'avait rendu aveugle. Et de fait, si la taupe monte à la face du soleil, la terre ne l'accueille plus jusqu'au soir. Il dit que cela est arrivé parce que cet homme avait connu la forme (mystérieuse) du soleil (3). (Dieu) le relégua dans la terre noire, comme ayant transgressé la loi, et révélé le mystère aux hommes.

53. Résumons tout ceci, pour abréger (4). On reconnaît que le genre (animal) existe en raison de ses générations successives et se distingue en espèces, telles que les êtres volatils (et ceux qui ne le sont pas), lesquels sont à la portée de la main, sans autre défense qu'eux-mêmes. De même les reptiles et les quadrupèdes, distincts entre eux quant à l'espèce, tandis qu'ils s'accordent par la puissance (de reproduction) (5). Mais l'homme est supérieur à tous les animaux sans raison, comme Synésius l'écrit à Dioscorus (6). Il dit : « L'homme est le plus important de tous les animaux vivant à la surface de la terre. »

« Le but propre de tout l'art, dit Horus, c'est d'avoir pris secrètement la semence du mâle (7) ; tandis que toutes choses sont mâles et femelles. » Comme le dit quelque part Marie : « Unissez le mâle et la femelle et vous trouverez ce qui est cherché. En effet sans le procédé de cette réunion, rien ne peut réussir, car la nature charme la nature, etc. »

54. Démocrite, à l'occasion de ces choses, a composé quatre livres sous ce titre : *Le Principe* (8).

Marie dit : « prenant une feuille d'argent..... » ; et la même, ailleurs : « prenant la feuille de la kérotakis (9) ». Or elle appelle kérotakis l'instru

---

(1) Il y a là quelques vieux mythes égyptiens défigurés. — Doit-on entendre que la taupe est citée ici parce qu'elle fouille la terre et révèle ainsi l'or ? — A-t-elle été aveuglée par l'éclat de l'or, assimilé au soleil ?

(2) C'est-à-dire de l'or ; le signe est le même.

(3) Var. dans A : « La forme de la Chrysopée. » — L'auteur joue sur l'identité du signe de l'or et du soleil.

(4) Ces paragraphes renferment une suite de notes et d'extraits incohérents.

(5) Tout ce passage est obscur ; il paraît fondé sur l'opposition des termes : genre et espèce.

(6) Cp. *Synésius*, § 11, p. 69.

(7) Allusion obscure au mythe d'Osiris. V. aussi la mention de la terre veuve, privée de la rosée fécondante, c'est-à-dire de son époux, comme Isis, p. 96.

(8) Cp. *Orig. de l'Alch.*, p. 131, l. 7, en montant : « Sur les dissertations. »

(9) V. *Introd.*, p. 144.

ment employé pour échauffer la feuille. [Le mot feuille désigne (aussi) un débris de plante (1)].

Et ailleurs, la même : « Dans le même *motarion* (mets) de la sandaraque jaune. » [Remarquez le nom féminin de la sandaraque. Quant aux *motaria*, comme vous le savez, ils sont faits avec du linge (2)].

Et sur la stèle, au-dessous de la figure de l'espèce masculine (3), il y a ces mots de Marie : « et avec toutes choses » ; et ailleurs : « la préparation ignée ». Marie dit encore : « Ne va pas toucher avec tes mains; tu n'es pas de la race d'Abraham; tu n'es pas de notre race » (4).

55. Remarque que l'art est spécial et non commun, comme quelques-uns le croient : ils ont parlé comme à des auditeurs ordinaires, capables de connaître et de comprendre. Mais toi, mon excellent fils, recueille les choses qui te paraissent utiles, conseillé par le philosophe en ces termes : « Je (vous) parle comme à des gens intelligents, exerçant vos esprits à connaître de quelles choses il faut se servir ». Si les modernes avaient été exercés dans ces matières, ils n'auraient pas échoué en s'engageant sans discernement dans les opérations. Et (encore) : « Devenez tels que les fils de médecins, afin de comprendre les natures ; en effet les fils de médecins, lorsqu'ils veulent préparer un remède salutaire, n'opèrent pas avec une précipitation inconsidérée, etc. »

Voici dans quel sens il a été dit que l'art est spécial et non livré à tous. Ecoutez, gens sans réflexion, ce que dit Horus (5) l'extracteur d'or à Cronammon, sur l'art des divisions et des espèces : « J'introduirai une petite explication, exposant l'interprétation de la véritable nature, seulement en ce qui touche les classes mentionnées parmi nous ; la vérité concernant

---

(1) Le mot feuille est pris ici pour lame métallique ; mais le glossateur rappelle son autre sens, qui veut dire partie de plante. Dans L., au lieu de cette phrase, il y a : « la feuille est travaillée dans le botarion » ; ce qui concorde avec les figures d'appareils plus modernes, telles que les fig. 37 et 38 de l'*Introd.*, p. 162, 163.

(2) Linge dans lequel on enveloppait le minerai, tel que la sandaraque, que l'on faisait digérer dans l'eau de mer. Voir plus haut, p. 108 et 99, note 3. La partie entre crochets est une glose.

(3) Ou arsénicale, opposée à la sandaraque féminine nommée plus haut.

(4) Var. de L : « Si tu n'es pas de notre race, tu ne peux le toucher, parce que l'art est spécial et non commun. »

(5) A. porte l'Amour, ἔρως, au lieu d'Horus : sur ce mot, Cp. *Origines de l'Alchimie*, p. 85.

les minerais et les pierres n'ayant été publiée nulle part. Je dis la vérité relative aux minerais; car les classes n'ont jamais été épuisées jusqu'au bout. En effet qui ne sait que l'or, l'argent, le cuivre, le fer, le plomb, l'étain, comme aussi les terres, les pierres, les minerais métalliques sont (extraits) de la terre et sont mis en œuvre? »

C'est d'après ces 'données' qu'ils ont fait leur écrit; ils exposent aussi les liqueurs tirées des sèves et des sucs des plantes, des arbres, des fruits, des bois secs et humides. En composant des liqueurs avec ces 'substances, ils ont constitué l'art. Ils ont partagé cet art unique comme un arbre divisé en mille rameaux, et ils en ont formé mille classes.

Tu as donc ici, en toute puissance, l'ensemble de l'œuvre. Il comprend le molybdochalque, la pierre étésienne et toutes les substances dorées, obtenues par cuisson et qui s'écoulent ensemble. Or ces mots : « les substances qui s'écoulent ensemble » ne signifient pas autre chose que les substances qui se liquéfient simultanément et par cet agent (1), c'est-à-dire au moyen du feu.

II. IV ᵇⁱˢ. — OLYMPIODORE. — APPENDICES

APPENDICE I

Texte anépigraphe. — Commentaire de la Formule de l'Ecrevisse (2).

Prenant le sédiment sec et noirci qui reste, blanchis-(le) de cette façon. Prends de l'eau de chaux préparée à l'avance, ou de l'eau de chaux fabriquée au moyen de la cendre d'albâtre, en guise de lessive pour savonner. Projette les matières dans le liquide et lave bien, jusqu'à ce que l'eau soit noircie; filtre, puis transvase l'eau qui en provient.

Ajoute d'autre eau, si tu veux; après avoir laissé l'eau digérer pendant quelques jours, filtre; lave encore le (contenu du) vase, en suivant l'ordre indiqué précédemment. Ensuite transvase de nouveau l'eau noircie, avec la précédente. Puis ayant

---

(1) C'est-à-dire la fabrication des alliages métalliques couleur d'or, dont les composants demeurent unis pendant la fusion et la coulée du métal, sans qu'il y ait séparation ou liquation.

(2) *Introd.*, p. 152. — On reproduit ici ce texte en petits caractères, parce qu'il est donné comme développement des §§ 31, 38, 40, 48 d'Olympiodore, relatifs aux scories (p. 95, 99, 101, 107).

fait digérer pendant le même nombre de jours, filtre le contenu du vase et lave.

En faisant cela plusieurs fois, la couleur noire disparaît à la surface, et la matière devient d'une couleur blanche. Quant aux eaux noircies auparavant, mets-(les) dans un vase de verre et, après avoir luté le vase tout autour, laisse sécher et fais digérer pendant quelques jours. Le produit passé à l'état d'*ios* doit être mis dans l'appareil à gorge. Il redevient ainsi blanc.

Après l'avoir blanchi d'abord, comme il a été dit précédemment, sèche-le et mets-le dans un mortier ; jettes-y de l'eau blanche, (provenant) des produits précédents. Ajoutes-en peu à peu et broie, jusqu'à ce que la matière soit bien lavée d'avance et arrive à l'état et à la forme voulue. Après l'avoir desséché, mets-le dans un alambic de verre luté soigneusement (1); fais digérer pendant quelques jours, c'est-à-dire jusqu'à ce que la cendre se délaie, puis parvienne à un blanchiment convenable. Qu'elle se délaie et se désagrège. Expose-la au-dessus du vinaigre : sous l'influence de vapeurs piquantes, la matière se divise et devient blanche comme la céruse provenant du plomb.

Il est possible de produire aussi cet effet avec de la chaux, en plaçant notre pierre au-dessus de la vapeur acide du vinaigre, à la façon d'une feuille de plomb (2).

Mais pour donner à ces matières la coloration jaune, après que la préparation a été convenablement lavée et desséchée, il faut d'abord l'arroser avec des eaux jaunes et faire macérer : la matière prend ainsi la couleur blanche : il faut ensuite dessécher et traiter convenablement (3).

Ainsi aura été accomplie, Dieu aidant, la pratique de Justinien.

——— ———

Cette recette s'applique à la transformation d'un composé métallique noir, tel qu'un sulfure ou un résidu de fusion, en oxyde blanc (ou carbonate), par l'action lente de l'eau et de l'air. Quant au rapport entre cette recette, qui s'applique au lavage des scories, et la formule de l'Ecrevisse, il résulte de ce que l'oxyde ainsi obtenu servait à la préparation de l'alliage appelé molybdochalque (*Introd.*, p. 153; voir aussi le présent volume, p. 101, texte et note 4).

APPENDICE II

§ 51. — *Rédaction de L pour le passage relatif au microcosme et au macrocosme.* — *Ces variantes ont été données en détail dans les notes de la Traduction du texte.*

———

(1) Ceci semble répéter l'alinéa précédent.

(2) C'est-à-dire comme dans la préparation de la céruse.

(3) Cette phrase est tronquée; on n'aperçoit pas l'agent qui détermine la coloration jaune.

APPENDICE III

§ 55. — *Rédaction de L. Après le passage :* « Horus à Cronammon exposant l'interprétation de la véritable nature », *le manuscrit poursuit en ces termes :*

Sachez donc, ô mes amis, vous les artisans de l'or, qu'il faut préparer les minerais convenablement et avec une grande habileté, ainsi que je l'ai expliqué précédemment; car autrement l'opération ne pourra être amenée à son terme. Or le nom de minerais est donné, d'après les anciens, à l'ensemble des sept métaux; car leurs minerais sont extraits de la terre, et de nature pierreuse : on les met en œuvre. Tous ont écrit sur ce sujet.

(Il y a), en outre, les liqueurs (extraites) des plantes et des sèves, des sucs des arbres, des fruits et des bois secs et humides. Avec ces données, ils ont constitué l'art et, le traitant comme un arbre divisé de tous côtés en mille rameaux, ils l'ont distribué en mille classes et opérations.

Tu possèdes donc ici, en toute puissance, l'ensemble de l'œuvre du cuivre, c'est-à-dire la pierre étésienne, les substances dorées, obtenues par cuisson et qui s'écoulent ensemble, et tout ce qui concerne l'art. Or ces mots : « les substances qui s'écoulent ensemble », ne signifient pas autre chose que les substances qui se liquéfient simultanément et par cet agent, c'est-à-dire au moyen du feu. — Fin d'Olympiodore.